THE SERIES OF TEACHING MATERIALS FOR THE 14TH FIVE-YEAR PLAN OF "DOUBLE-FIRST CLASS" UNIVERSITY PROJECT

"双一流"高校建设"十四五"规划系列教材

NEW TECHNOLOGY OF CIVIL ENGINEERING CONSTRUCTION AND MANAGEMENT

土木工程施工与管理新技术

主　编　李志鹏
副主编　张晋元　张彩虹　何金明

天津大学出版社
TIANJIN UNIVERSITY PRESS

内容简介

土木工程施工管理是保证土木工程施工顺利进行所采用的科学有效的管理方法。本书共分为10章，对施工组织设计、土方工程、桩基工程、混凝土结构工程、预应力混凝土工程、钢结构安装工程、砌体工程、防水工程、建筑装饰装修工程、BIM技术及应用等土木工程施工技术进行了系统的介绍。

本书可以作为普通高等院校土木工程、工程管理专业及其他相关专业的本科生教材，也可以作为相关工程技术及管理人员的参考书。

图书在版编目（CIP）数据

土木工程施工与管理新技术 / 李志鹏主编 ; 张晋元, 张彩虹, 何金明副主编. -- 天津 : 天津大学出版社, 2023.8
“双一流”高校建设“十四五”规划系列教材
ISBN 978-7-5618-7513-1

Ⅰ. ①土… Ⅱ. ①李… ②张… ③张… ④何… Ⅲ. ①土木工程－工程施工－高等学校－教材②土木工程－施工管理－高等学校－教材 Ⅳ. ①TU7

中国国家版本馆CIP数据核字(2023)第112442号

TUMU GONGCHENG SHIGONG YU GUANLI XINJISHU

出版发行 天津大学出版社
地 址 天津市卫津路92号天津大学内（邮编：300072）
电 话 发行部：022-27403647
网 址 www.tjupress.com.cn
印 刷 天津泰宇印务有限公司
经 销 全国各地新华书店
开 本 787mm×1092mm 1/16
印 张 23.5
字 数 587千
版 次 2023年8月第1版
印 次 2023年8月第1次
定 价 99.00元

凡购本书，如有缺页、倒页、脱页等质量问题，烦请与我社发行部门联系调换
版权所有 侵权必究

前　言

习近平总书记在中国共产党第二十次全国代表大会上的报告中指出:“教育、科技、人才是全面建设社会主义现代化国家的基础性、战略性支撑。必须坚持科技是第一生产力、人才是第一资源、创新是第一动力,深入实施科教兴国战略、人才强国战略、创新驱动发展战略,开辟发展新领域新赛道,不断塑造发展新动能新优势。”

随着我国经济的发展和社会的进步,土木工程建设数量逐渐增多,现代经济的发展加快了我国基础设施建设发展的脚步,同时也为我国工程建设施工企业创造了巨大的发展空间。作为现代工程建设施工企业管理工作的重点,土木工程施工项目管理对工程整体的施工质量、施工进度、施工成本及施工安全等有重要影响。运用现代土木工程施工项目管理理念开展土木工程施工项目管理工作,有效提高对工程施工过程的控制与管理,促进工程项目顺利开展,成为现代工程建设施工企业项目管理的首要工作。针对土木工程施工的特点,土木工程施工项目管理工作应从工程施工质量出发,对工程施工进度、施工成本等进行科学管理,有效保障工程项目的顺利开展。

土木工程施工是一项非常复杂的生产活动。它涉及的范围十分广泛,需要处理大量复杂的技术问题,耗费大量的人力和物资,动用大量的设备。为了保证施工的顺利进行,并在规定的时间内完成施工,必须对土木工程施工进行有效科学的管理。

土木工程施工项目管理是针对建设项目运行全过程所进行的管理。这一过程包含可行性研究、勘察、设计、施工等不同阶段,其中施工阶段(即从项目投标到竣工交付使用)的管理是整个工程项目管理的关键,其管理的好坏会对工程项目的质量、安全、进度、成本的控制产生重要影响,而施工企业承担了此阶段项目实施的主要任务。因此,施工企业在此阶段所进行的项目管理就成为整个项目管理的重中之重。

编者在编写本书过程中参考了最新的施工和验收规范，并引用了大量工程施工中的图片。本书可以作为普通高等院校土木工程、工程管理专业及其他相关专业的本科生教材，也可以作为相关工程技术及管理人员的参考书。

全书由天津大学李志鹏担任主编；天津大学张晋元、张彩虹、何金明担任副主编。在编写本书过程中，编者参考了许多专家、学者的著作及相关资料，在此表示衷心的感谢。由于编者水平有限，难免有差错之处，敬请读者批评指正。

编者

2023年6月

目　录

第 1 章　施工组织设计

【内容提要】

施工组织设计的繁简，一般要根据工程规模、结构特点、技术复杂程度和施工条件确定，以满足不同的实际需要。复杂和特殊工程的施工组织设计需较为详尽，小型建设项目或具有较丰富施工经验的工程则可较为简略。施工组织总设计是为解决整个建设项目施工的全局问题而编制的，要求简明扼要、重点突出，安排好主体工程、辅助工程和公用工程的相互衔接和配合。单位工程的施工组织设计是为具体指导施工而编制的，要求具体明确，解决好各工序、各工种之间的衔接和配合，合理组织平行流水和交叉作业，提高施工效率。施工条件发生变化时，必须及时修改和补充施工组织设计，以便施工顺利进行。施工组织设计的内容要结合工程对象的实际特点、施工条件和技术水平进行综合考虑。

1.1　概述

1.1.1　工程建设程序

工程建设程序是指建设项目在整个建设过程中各项工作的顺序关系。一个建设项目从决策到实施，主要经历 6 个阶段 15 个步骤，其先后顺序如图 1-1 所示。只有坚持建设程序，工程建设才能顺利进行。

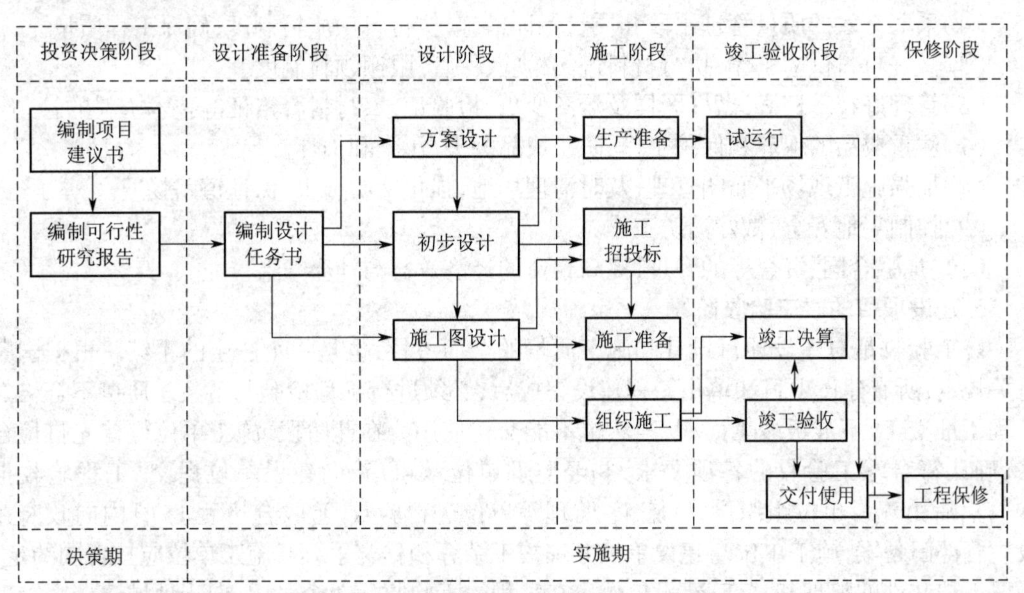

图 1-1　工程建设阶段划分及程序、步骤

1. 建设项目的投资决策阶段

在建设项目的投资决策阶段，项目的各项技术经济决策对项目建成后的经济效益具有决定性的影响。此阶段的主要工作是进行项目的可行性研究，提出项目的估算，将申请项目列入建设计划，进行项目的财务评价以及经济技术和建设地点的选择。

2. 建设项目的设计准备阶段

在建设项目立项得到批准以后，建设单位应编制设计任务书，办妥规划用地手续，做好前期的动迁、用电、用水等准备工作，组织设计招投标，委托设计，对设计方案进行技术经济分析，完成设计并进行建设准备。

3. 建设项目的设计阶段

建设项目的设计阶段包括方案设计、初步设计、施工图设计等。其中，方案设计是设计阶段的重要部分，内容包括设计要求、系统功能、原理方案等，该部分主要从分析需求出发，确定实现产品功能和性能所需要的总体对象，确定技术系统，从而实现产品功能与性能到技术系统的映像，并对技术系统进行初步评价和优化；初步设计是最终成果的前身，相当于一幅图的草图，一般最终定稿之前的设计统称为初步设计；施工图设计是工程设计的一个阶段，在方案设计、初步设计之后，该部分主要通过图纸把设计者的意图和全部设计结果表达出来，并作为后续施工的依据。

4. 建设项目的施工阶段

在开工报告得到批准以后，即可进行工程的全面施工。施工阶段是整个工程实施中最重要的阶段，它决定着施工工期、质量、成本和施工企业的经济效益。因此，要做好“四控”（质量、进度、安全、成本控制）、“四管”（现场、合同、生产要素、信息管理）和“一协调”（做好协调配合），具体要做好以下几个方面的工作。

（1）严格按照设计图和施工组织设计进行施工。

（2）注意协调配合，及时解决现场出现的问题，做好调度工作。

（3）把握施工进度，做好控制与调整，确保施工工期。

（4）采取有效的质量管理手段和质量保证措施，执行各项质检制度，确保工程质量。

（5）做好材料供应工作，执行材料进场检验、保管、限额领料制度。

（6）管理好技术档案，做好图样及洽商变更、检验记录、材料合格证等技术资料的管理。

（7）注重成品的保养和保护工作，防止成品丢失、污染和损坏。

（8）加强施工现场平面图管理，及时清理场地，强化文明施工，保证道路畅通。

（9）控制工地安全，做好消防工作。

（10）加强合同、资金等的管理，提高企业的经济效益与社会效益。

5. 建设项目的竣工验收阶段

竣工验收是对建设项目设计和施工质量的全面考核，也是一个法定的手续。根据国家有关规定，所有建设项目和单位工程建设完成后，必须进行工程检验与备案。质量不合格的工程不准交工、不准报竣工面积，当然也不能交付使用。在此阶段，施工单位应首先自检合格，确认符合竣工验收的各项要求，并经监理单位认可后，向建设单位提交“工程验收报告”；然后由建设单位组织设计、施工、监理等单位进行验收，验收合格后 15 日内向政府建设主管部门备案，施工单位与建设单位办理竣工结算和移交手续。施工单位应按合同约定，做好工程文件的整理和移交；建设单位应在工程竣工验收后 3 个月内，向当地城建档案管理机构移交一套符合规定的工程档案。

6. 建设项目的保修阶段

在法定及合同规定的保修期内，建设单位要对出现质量缺陷的部位进行返修，以保证满足原有的设计质量和使用要求。国家规定,房屋建筑工程的基础工程、主体结构工程在设计合理使用年限内均为保修期,防水工程的保修期为5年,装饰装修及所安装的设备保修期为2年。通过定期回访、保修和后评价,不但可以方便用户、提高企业信誉,同时也可以为以后的施工积累经验。

1.1.2 工程建设项目划分

工程建设项目的规模和复杂程度各不相同,按其大小可划分为建设项目、单位工程、分部工程、子分部工程和分项工程,如图1-2所示。

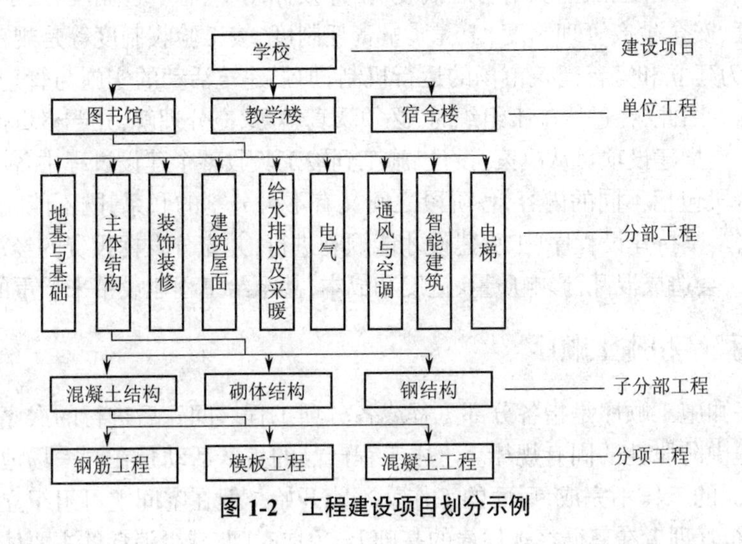

图1-2 工程建设项目划分示例

1. 建设项目

建设项目是指具有独立计划和总体设计文件,并能按总体设计要求组织施工,工程完成以后可以形成独立生产能力或使用功能的工程项目,例如一所学校、一个住宅区、一条道路等。

2. 单位工程

单位工程是建设项目的组成部分,指具有独立施工条件,并能形成独立使用功能的建筑物或构筑物,例如一个车间、一栋教学楼、一个构筑物、一段公路、一座桥梁等。

3. 分部工程

分部工程是单位工程的组成部分,可按单位工程的部位专业性质划分。例如,一栋教学楼,按其部位可分为地基与基础、主体结构、装饰装修和建筑屋面等分部工程,按其专业性质又可分为给水排水及采暖、电气、通风与空调等分部工程。

4. 子分部工程

子分部工程是对较大或复杂的分部工程,按材料种类、施工特点、施工程序、专业系统及类别等进行进一步划分得到的工程。例如,地基与基础可分为土方、桩基、地下防水、混凝土基础等子分部工程;主体结构可分为混凝土结构、砌体结构、钢结构、木结构等子分部工程。

5. 分项工程

分项工程是子分部工程的组成部分,是将子分部工程按主要工种、材料、施工工艺、设备类别等再细分得到的工程,是组织施工最基本的作业单位。例如,混凝土结构子分部工程可分为钢筋工程、模板工程、混凝土工程、预应力混凝土工程等分项工程。

1.2 工程项目施工组织原则

1.2.1 建设法规和建设程序

国家有关建设领域的法律法规是规范建筑活动的准绳,在改革与管理实践中逐步建立和完善的施工许可制度、从业资格管理制度、招标投标制度、总承包制度、发承包合同制度、工程监理制度、安全生产管理制度、工程质量责任制度、竣工验收制度等是规范建筑行业的重要保证,这为建立和完善建筑市场的运行机制,加强建筑活动的实施与管理,提供了重要的方法和依据。因此,在进行施工组织时,必须认真学习、充分理解,并严格贯彻执行。

建设程序是指建设项目从决策、设计、施工到竣工验收整个建设过程中各个阶段的顺序关系。不同阶段包括不同的内容,各阶段之间又有不可分割的联系,既不能相互替代,也不能颠倒或省略。坚持建设程序,工程建设才能顺利进行,并充分发挥投资的经济效益;反之,违背建设程序,会造成混乱,影响质量、进度和成本,甚至给工程建设带来严重的危害。

1.2.2 施工程序和施工顺序

施工程序和施工顺序是指各分部工程或各分项工程之间先后进行的次序,是土木工程产品生产过程中阶段性的固有规律。土木工程产品的生产活动是在同一场地上进行的,一般情况下,前面的工作不完成,后面的工作就不能开始。但在空间上可组织立体交叉、搭接施工,这是组织管理者在遵循客观规律的基础上,争取时间、减少消耗的主要体现。

虽然施工程序和施工顺序因工程项目的规模、施工条件与建设要求的不同而有所不同,但其遵循共同的客观规律。例如,在工程施工时,常采用"先准备,后施工""先地下,后地上""先结构,后围护""先主体,后装饰""先土建,后设备"的程序。例如,在基础工程中,施工顺序宜为先深后浅、先撑后挖,才有利于工程安全。又如,在混凝土柱分项工程中,施工顺序应为先扎筋再支模后浇筑混凝土,其中任何一道工序都不能颠倒或省略,这不仅是施工工艺的要求,也是保证质量的要求。

1.2.3 流水作业和网络计划

流水作业是组织土木工程施工的有效方法,可使施工连续、均衡、有节奏地进行,以达到合理使用资源,充分利用空间和时间的目的。网络计划是计划管理的科学方法,具有逻辑严密、层次清晰、关键问题明确,可进行计划优化、控制和调整,有利于在计划管理中应用计算机等优点,因而在组织施工时应尽量采用。

1.2.4 季节性施工项目

为了确保全年连续、均衡施工,并保证质量和安全,节约工程费用,在组织施工时,应充分了解当地的气象条件和水文地质条件,尽量避免把土方工程、地下工程、水下工程安排在雨期和洪水期施工,避免把防水工程、外装饰工程安排在冬期施工,避免把高空作业、结构吊装安排在雷暴、大风季节施工。对那些必须在冬雨期施工的项目，则应采取相应的技术措施，以确保工程质量和施工安全。

1.2.5 工厂预制和现场预制

建筑工业化的一个重要前提条件是广泛采用预制装配式构件。在拟订建造方案时，应贯彻工厂预制和现场预制相结合的方针，将受运输和起重设备限制的大型、重型构件放在现场预制；将大量的中小型构件交由工厂预制。这样，既可发挥工厂批量生产的优势，又可解决受运输、起重设备限制等主要问题。

1.2.6 发挥机械效能

机械化施工可加快工程进度，减轻劳动强度，提高劳动生产率。因此，在选择施工机械时，应考虑能充分发挥机械的效能，并使主导工程的机械（如土方机械、吊装机械）能连续作业，以减少机械费用；同时，还应采取大型机械与中小型机械相结合、机械化与半机械化相结合、扩大机械化施工范围、实现综合机械化等方法，以提高机械化施工程度。

1.2.7 先进技术和科学管理

先进的施工技术和科学的管理方法相结合是保证工程质量、加快工程进度、降低工程成本、促进技术进步、提高企业素质的重要途径。因此，在编制施工组织设计及组织工程实施时，应尽可能采用新技术、新工艺、新材料、新设备和科学的管理方法。

1.2.8 合理布置施工现场

施工现场的平面布置是施工组织设计的一项重要内容。对于大型项目施工，可按不同的施工阶段作出不同的施工平面图。布置施工现场时必须以尽量减少暂设工程数量、减少不必要投资、节约施工用地、文明施工为原则。因此，可以采取下述有效措施：

（1）尽量利用原有房屋和构筑物满足施工的需要；

（2）在安排施工顺序时，可为施工服务的正式工程（包括房屋、车间、道路、管网等）应尽量提前安排施工；

（3）建筑构件和制品应尽量安排地区内原有的加工企业生产，如确有必要，可在工地上自行成立加工企业；

（4）应优先采用可以移动、装拆的房屋和设备；

（5）合理组织建筑材料和制品的供应，减少它们的储量，把仓库、堆放场等的面积压缩到最低限度。

1.3 建筑产品及其生产特点

1.3.1 产品的固定性与生产的流动性

各种建筑物和构筑物都是通过基础固定于地基上，其建造和使用地点在空间上是固定不动的,这与一般工业产品有着显著区别。产品的固定性决定了生产的流动性。

一般的工业产品都是在固定的工厂、固定的车间或固定的流水线上进行生产的,而土木工程产品则是在不同的地区或不同的现场、不同的部位组织工人、机械围绕同一产品进行生产,因而参与生产的人员以及所使用的机具、材料只能在不同的地区、不同的建造地点及不同的高度空间流动,使生产难以做到稳定、连续、均衡。

1.3.2 产品的多样性与生产的单件性

土木工程产品不但要满足各种使用功能的要求,还要达到某种艺术效果,体现出地区特点、民族风格以及物质文明与精神文明的特色,同时也受到材料、技术、经济、地区的自然条件等多种因素的影响和制约,导致其产品类型多样、风格迥异、变化纷繁。产品的固定性和多样性决定了生产的单件性,即每一个土木工程产品必须单独设计和单独组织施工,不可能批量生产。即使选用标准设计的通用构配件,也往往由于施工条件、材料供应方式及施工队伍构成的不同,而采取不同的组织方案和施工方法,也即生产过程不可能重复进行,只能单件生产。

1.3.3 产品的庞大性与生产的综合性、协作性

土木工程产品为了满足各种使用功能的要求和所用材料的物理力学性能要求,需要占据广阔的平面与空间,耗用大量的物质资源,因而其体型大、高度大、质量大。产品庞大这一特点,会对材料运输、安全防护、施工周期、作业条件等方面产生不利影响;但同时也为建造者综合各个专业的人员、机具、设备,在不同部位进行立体交叉作业创造了有利条件。由于产品体型庞大、构造复杂,需要建设、设计、施工、监理、构配件生产、材料供应和运输等各个方面以及各个专业施工单位之间的通力协作。在企业内部,需要组织多专业、多工种的综合作业。在企业外部,需要城市规划、勘察设计、消防、公用事业、环境保护、质量监督、科研试验、交通运输、银行财政、机具设备、能源供应、劳务等社会各部门和各领域的协作配合。可见,土木工程产品的生产具有综合性、协作性,只有协调好各方面关系,才能保质保量如期完成工程任务。

1.3.4 产品的复杂性与施工的制约性

土木工程产品涉及范围广、类别杂、做法多样、形式多变,需使用数千种不同规格的材料,要与电力照明、通风空调、给水排水、消防、电信等多种系统配合,要使技术与艺术融为一体,这都充分体现了产品的复杂性。工程的施工过程,受政策法规、合同文件、设计图、人员素质、材料质量、能源供应、场地条件、周围环境、自然气候、安全隐患、基体特征与质量要求等多种因素的制约和影响。因此,必须在精神和物质上做好充分准备,以提高执行和应变的能力。

1.3.5 产品投资大,施工工期紧

土木工程产品的生产属于基本建设的范畴,需要大量的资金投入。工程量大、工序繁多、工艺复杂、交叉作业及间歇等待多,再加上各种因素的干扰,使其生产周期较长,占用流

动资金较多。建设单位（业主）为尽早使投资发挥效益，往往压缩工期。施工单位为获得较好的效益，需要寻求合理工期，并恰当安排资源投入。

1.4　工程项目施工准备工作

施工准备工作是指施工前为了保证整个工程能够按计划顺序施工，必须提前做好的各项准备工作。

施工准备工作的基本任务是调查研究各种有关工程施工的原始资料、施工条件以及业主要求，全面合理地部署施工力量，从计划、技术、物资、资金、劳力、设备、组织、现场以及外部施工环境等方面为拟建工程的顺利施工提供一切必要的条件，并对施工中可能发生的各种变化做好应变准备。

不管是整个建设项目、单项工程，还是其中任何一个单位工程，甚至单位工程中的分部、分项工程，在开工之前都必须进行施工准备。施工准备工作是施工阶段的一个重要环节，是施工管理的重要内容。施工准备工作的根本任务是为正式施工创造良好的条件。

开工前必须做好必要的施工准备工作，研究和掌握工程特点、工程施工的进度要求，摸清工程施工的客观条件，合理部署施工力量，从技术、组织和人力、物力等各方面为施工创造必要的条件。

施工准备工作的进行需要花费一定的时间，似乎推迟了建设进度，但实践证明，施工准备工作做到位，施工不但不会慢，反而会更快，而且可以避免浪费，有利于保证工程质量和施工安全，对提高经济效益具有十分重要的作用。

1.4.1　原始资料的调查研究

调查收集原始资料是开工前施工准备工作的主要内容之一，尤其是当施工单位进入一个新的城市或地区时，此项工作就显得尤为必要，它关系着施工单位的全局性部署与安排。为了形成符合实际情况且切实可行的最佳施工组织设计方案，在进行建设项目施工准备工作时，必须进行自然条件和技术经济条件调查，以获得施工组织设计的基础资料。这些基础资料称为原始资料，对这些资料的分析研究就称为原始资料的调查研究。

1. 自然条件资料

关于建设地区的自然条件，其主要资料如下。

1）地形资料

收集建设地区地形资料的目的在于了解建设地区的地形和特征，其主要内容有建设区域的地形图和建设工地及相邻地区的地形图。

建设区域的地形图，应标明：邻近的居民区、工业企业、自来水厂等的位置；邻近的车站、码头、铁路、公路、上下水道、电力电信网、河流湖泊的位置；邻近的采石场、采砂场及其他建筑材料基地等。该图的主要用途在于确定施工现场、建筑工人居住区、建筑生产基地的位置和场外路线管网的布置，以及各种临时设施的相对位置和大量建筑材料的堆放场等。

建设工地及相邻地区的地形图，应标明：主要水准点和坐标距为 100 m 或 200 m 的方格网，以便测定各个房屋和构筑物的轴线、标高和计算土方工程量；现有的一切房屋、地上地下管道、路线和构筑物、绿化地带、河流及水面标高、最高洪水警戒线等。

2)工程地质资料

收集工程地质资料的目的在于确定建设地区的地质构造、人为的地表破坏现象(如土坑、古墓等)和土壤特征、承载能力等。

根据这些资料,可以拟订特殊地区(如黄土、古墓、流砂等)的施工方法和技术措施,复核设计中规定的地基基础与当地地质情况是否相符,并确定土方开挖的坡度。

3)水文地质资料

水文地质资料包括地下水资料和地面水资料两部分。

收集地下水资料的目的在于确定建设地区的地下水在全年不同时期内水位的变化、流动方向、流动速度和水的化学成分等。根据这些资料,可以确定基础工程、排水工程、打桩工程、降低地下水位等工程的施工方法。

收集地面水资料的目的在于确定建设地区附近的河流、湖泊的水系、水质、流量和水位等。当建设工程的临时给水是依靠地面水作为水源时,上述资料可以作为考虑设置升水、蓄水、净水和送水设备的资料,还可以作为考虑利用水路运输可能性的依据。

4)气象资料

收集气象资料的目的在于确定建设地区的气候条件,其主要内容如下。

(1)气温资料,包括最低温度及持续天数、绝对最高温度和最高月平均温度。前者用以计算冬季施工技术措施的各项参数,后者用以确定防暑措施。

(2)降雨资料,包括每月平均降雨量、年降雨量、最大降雨量、降雪量及降雨集中的月份。根据这些资料,可以制订雨季施工措施、冬季施工措施,预先拟订临时排水设施,以免在暴雨后淹没施工地区,还可以在安排施工进度计划时将一些项目适当避开雨季施工。

(3)风的资料,包括常年风向、风速、风力和每个方向刮风次数等。根据这些资料,可以确定临时建筑物和仓库的布置、生活区与生产性房屋相互间的位置。

2. 技术经济条件资料

收集建设地区技术经济条件资料的目的在于查明建设地区地方工业、交通运输、动力资源和生活福利设施等地区经济因素的可能利用程度,其主要内容如下。

(1)从地方市政机关了解的资料,包括地方建筑工业企业情况,地方资源情况,当地交通运输条件,建筑基地情况,劳动力及生活设施情况,供水、供电条件。

(2)从建筑企业主管部门了解的资料,包括建设地区建筑安装施工企业的数量、等级、技术和管理水平以及施工能力、社会信誉等,主管部门对建设地区工程招投标、建设监理、建筑市场管理的有关规定和政策,建设工程开工、竣工、质量监督等所应申报的各种手续及其程序。

(3)现场实地勘测的资料。上述各项资料,必要时应进行实地勘测核实,包括施工现场实际情况,需要砍伐树木、拆除旧房屋的情况,场地平整的工作量,当地生活条件,当地居民生活水平、生活习惯、生活用品供应情况,以及建筑垃圾处理的地点等。

1.4.2 技术准备

1. 图纸会审和技术交底

1)图纸会审

建设单位应在开工前向有关规划部门送审初步设计文件及施工图。初步设计文件获得审批后,根据批准的年度基建计划,组织进行施工图设计。施工图是进行施工的具体依据,图纸会审是施工前的一项重要准备工作。

为了使工程技术与管理人员充分了解和掌握施工图的设计意图、结构与构造特点以及技术要求,以保证能够按照施工图的要求顺利进行施工;同时,发现施工图中存在的问题和错误,并在施工开始前改正,必须认真熟悉与审查施工图。

熟悉与审查施工图的内容具体如下。

(1)审查施工图是否完整、齐全,以及设计图和资料是否符合国家规划、方针和政策。

(2)审查施工图与说明书在内容上是否一致,以及施工图与其各组成部分(如各专业)之间有无矛盾和错误。

(3)审查建筑与结构施工图在几何尺寸、标高、说明等方面是否一致,技术要求是否正确。

(4)审查工业项目的生产设备安装图及与其配合的土建施工图在坐标、标高上是否一致,土建施工能否满足设备安装的要求。

(5)审查地基处理和基础设计与拟建工程地点的工程地质、水文地质等条件是否一致,以及建筑物与地下构筑物、管线之间的关系。

(6)明确拟建工程的结构形式和特点,摸清工程复杂、施工难度大和技术要求高的分部(分项)工程或新结构、新材料、新工艺,明确现有施工技术水平和管理水平能否满足工期和质量要求,找出施工的重点、难点。

(7)明确建设期限,分期分批投产或交付使用的顺序和时间,以及建设单位可以提供的施工条件。

图纸会审工作一般在施工承包单位完成自审的基础上,由建设单位主持,监理单位组织,设计单位、施工承包单位、银行、质量监督管理部门和物资供应单位等有关人员参加。对于复杂的大型工程,建设单位应先组织技术部门的各专业技术人员进行预审,将问题汇总并提出初步处理意见,做到在图纸会审前对设计心中有数。图纸会审的各方都应充分准备、认真对待,对设计意图及技术要求要彻底了解、融会贯通,并能发现问题,提出建议与意见,提高图纸会审的工作质量,在施工前完成对图纸差错和缺陷的纠正和补充。

图纸会审时要有专人做好记录,会审后形成会审纪要,注明会审时间、地点、主持单位及参加单位、参会人员。就会审中提出的问题,着重说明处理和解决的意见与办法。会审纪要经参加会审的单位签字认同后,一式若干份,分别送交有关单位执行及存档,并作为竣工验收依据文件的部分内容。

2)技术交底

在图纸会审的基础上,按施工技术管理程序,应在单位工程或分部、分项工程施工前逐级进行技术交底。例如,对施工组织设计中涉及的工艺要求、质量标准、技术安全措施、规范要求和采用的施工方法,以及图纸会审中涉及的要求及变更等内容向有关施工人员进行交底。

技术交底具体分工如下。

(1)由公司组织编制施工组织设计的工程,由公司主管生产技术的副经理主持,公司总工程师向有关项目经理部经理、主管工程师、栋号技术负责人以及有关职能负责人进行交底,交底内容以总工程师签发的会议记录或其他文字资料为准。

(2)由项目经理编制施工组织设计的工程,由项目经理部主管工程师向参与施工的技术负责人和经理部有关技术人员进行交底,交底后将主管工程师签署的技术交底文件交栋号技术负责人作为指导施工的技术依据。

(3)栋号技术负责人在施工前根据施工进度,按部位和操作项目,向工长及班组长进行技术交底。

在拟建工程施工的过程中,如果发现施工的条件与施工图的条件不符,或者发现施工图中仍然有错误,或者因为材料的规格、质量不能满足设计要求,或者因为施工单位提出了合理化建议等,需要对施工图进行修改时,应遵循技术核定和设计变更的签证制度,进行施工图的施工现场签证。如果设计变更的内容对拟建工程的规模、投资影响较大,要报请项目的原批准单位批准。施工现场的施工图修改、技术核定和设计变更资料,都要有正式的文字记录,归入拟建工程施工档案,作为指导施工、竣工验收和工程结算的依据。

2. 施工图预算的编制与审查

施工图预算应依据经过审定后的全套施工详图及说明书、施工组织设计及施工方案,严格按照工程量计算规则、预算定额、取费标准及有关材料调价、成品或半成品出厂价等规定编制,做到计量准确、取费合理、内容完整。

编制施工图预算应在设计技术交底、图纸会审的基础上,按需依据的有关文件和资料,计算工程量,汇总工程量,计算直接费、间接费、利润、税金和进行综合单价分析,并编写施工图预算说明书,报审立案无误后,提交建设单位。

建设单位在接到施工图预算后,为避免出现追加合同价款的情况,应重点审查以下内容:工程量计算规则是否有较大的差异;取费标准与调价指标的确定是否合理;预算是否存在漏算;预算额是否突破概算额。

3. 编制中标后的施工组织设计

中标后的施工组织设计是施工准备工作的重要组成部分,也是指导施工现场全部生产活动的技术经济文件。建筑施工生产活动的全过程是非常复杂的物质财富再创造过程,为了正确处理人与物、主体工程与辅助工程、工艺与设备、专业与协作、供应与消耗、生产与储存、使用与维修以及它们在空间布置、时间排列上的关系,必须根据拟建工程的规模、结构特点和建设单位的要求,在调查分析原始资料的基础上,编制出一份能切实指导该工程全部施工活动的科学方案(施工组织设计)。

1.4.3 物资准备

材料、构配件、制品、机具和设备是保证施工顺利进行的物质基础,这些物资的准备工作必须在工程开工前完成。根据各种物资的需要量计划,分别落实货源,安排运输和储备,使其满足连续施工的要求。

1. 物资准备工作的内容

物资准备工作主要包括建筑材料的准备、构配件和制品的加工准备、建筑安装机具的准备和生产工艺设备的准备。

1)建筑材料的准备

建筑材料的准备主要是根据施工预算进行分析,按照施工进度计划要求,按材料名称、规格、使用时间、储备定额和消耗定额进行汇总,编制建筑材料需要量计划,为组织备料、确定仓库及堆放场面积和组织运输等提供依据。

2)构配件和制品的加工准备

根据施工预算提供的构配件和制品的名称、规格、质量和消耗量,确定加工方案、供应渠道及进场后的存放地点和方式,编制构配件和制品需要量计划,为组织运输、确定堆放场面积等提供依据。

3)建筑安装机具的准备

根据采用的施工方案、安排的施工进度,确定施工机械的类型、数量和进场时间,确定施工机具的供应方法和进场后的存放地点及方式,编制建筑安装机具需要量计划,为组织运输、确定堆放场面积等提供依据。

4)生产工艺设备的准备

按照施工项目工艺流程及工艺设备的布置图,确定工艺设备的名称、型号、生产能力和需要量,确定分期分批进场时间和保管方式,编制工艺设备需要量计划,为组织运输、确定堆放场面积等提供依据。

2. 物资准备工作的程序

物资准备工作的程序是做好物资准备的重要保障,通常按如下程序进行物资准备工作,如图 1-3 所示。

(1)根据施工预算、分部分项工程施工方法和施工进度计划,拟订国拨材料、统配材料、地方材料、构配件及制品、施工机具和工艺设备等物资的需要量计划。

(2)根据各种物资需要量计划组织货源,确定加工、供应地点和供应方式,签订物资供应合同。

(3)根据各种物资的需要量计划和合同,拟订运输计划和运输方案。

(4)按照施工总平面图的要求,组织物资按计划时间进场,在指定地点按规定方式进行储存或堆放。

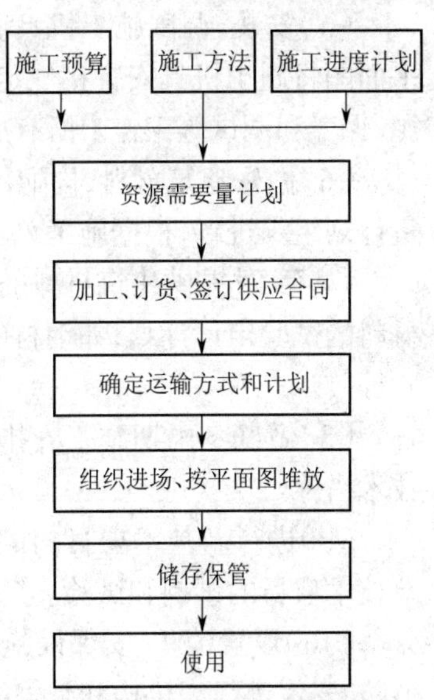

图 1-3　物资准备工作程序

1.4.4　施工现场准备

施工现场是施工的全体参与者为实现优质、高速、低耗的目标,而有节奏、均衡、连续地进行战术决战的活动空间。施工现场的准备工作主要是为了给施工项目创造有利的施工条件和提供物资保证,具体内容如下。

(1)做好施工场地的控制网测量。按照设计单位提供的建筑施工总平面图及给定的永久性经纬坐标控制网和水准控制基桩,进行场区施工测量,设置场区的永久性经纬坐标桩、水准控制基桩,建立场区工程测量控制网。

（2）做好“三通一平”。“三通一平”是指路通、水通、电通和场地平整。

①路通：施工现场的道路是组织物资运输的动脉。施工项目开工前，必须按照施工总平面图的要求，修好施工现场的永久性道路（包括场区铁路、公路）以及必要的临时性道路，形成完整、畅通的运输网络，为建筑材料进场、堆放创造有利条件。

②水通：水是施工现场生产和生活不可缺少的。施工项目开工前，必须按照施工总平面图的要求，接通施工用水和生活用水的管线，使其尽可能与永久性的给水系统结合起来，做好地面排水系统，为施工创造良好的环境。

③电通：电是施工现场的主要动力来源。施工项目开工前，必须按照施工组织设计的要求，接通电力和电信设施，做好其他能源（如蒸汽、压缩空气）的供应，确保施工现场动力设备和通信设备正常运行。

④场地平整：按照施工总平面图的要求，首先拆除场地上妨碍施工的建筑物或构筑物，然后根据施工总平面图规定的标高和土方竖向设计图纸，进行挖填土方的工程量计算，确定平整场地的施工方案，进行平整场地的工作。

（3）做好施工现场的补充勘探。对施工现场做补充勘探是为了进一步寻找枯井、防空洞、古墓、地下管道、暗沟和枯树根等隐蔽物，以便及时拟订处理隐蔽物的方案并实施，为基础工程施工创造有利条件。

（4）建造临时设施。按照施工总平面图的布置建造临时设施，为正式开工准备好生产、办公、生活、居住和储存等临时用房。

（5）安装、调试施工机具。按照施工机具需要量计划，组织施工机具进场，根据施工总平面图将施工机具安置在规定的地点及仓库。对于固定的施工机具要进行就位、搭棚、接电源、保养和调试等工作。所有施工机具都必须在开工前进行检查和试运转。

（6）做好建筑材料、构配件和制品的储存和堆放。按照建筑材料、构配件和制品的需要量计划组织进场，根据施工总平面图规定的地点和指定的方式进行储存和堆放。

（7）及时提供建筑材料的试验申请计划。按照建筑材料的需要量计划，及时提供建筑材料的试验申请计划，如钢材的力学性能和化学成分试验，混凝土或砂浆的配合比和强度试验等。

（8）做好冬雨期施工安排。按照施工组织设计的要求，落实冬雨期施工的临时设施和技术措施。

（9）进行新技术项目的试制和试验。按照设计图纸和施工组织设计的要求，认真进行新技术项目的试制和试验。

（10）设置消防、安保设施。按照施工组织设计的要求，根据施工总平面图的布置，建立消防、安保等组织机构和有关的规章制度，布置安排好消防、安保等设施。

1.4.5 劳动组织准备

一项工程的好坏在很大程度上取决于这一工程的劳动组织。施工现场劳动组织包括施工的组织指挥者和具体操作者两大部分。这些人员的选择和组合将直接影响工程质量、施工进度及工程成本。因此，施工现场劳动组织准备是施工项目开工前施工准备的一项重要内容。

1. 项目组的组建

施工组织机构的建立应遵循以下原则：根据工程规模、结构特点和复杂程度，确定施工组织的领导机构名额和人选；坚持合理分工与密切协作相结合的原则；把有施工经验、创新精神且工作效率高的人选入领导机构；认真执行因事设职、因职选人的原则。对于一般单位工程可设一名工地负责人，再配备施工员、质检员、安全员及材料员等即可。对于大型单位工程或群体项目，则需配备一套班子，包括技术、材料、计划等管理人员。

2. 基本施工班组的确定

基本施工班组应根据工程的特点、现有的劳动力组织情况及施工组织设计的劳动力需要量计划确定。

3. 外包工的组织

由于建筑市场的开放和用工制度的改革，施工单位仅靠自身的基本队伍已不能满足完成施工任务的需要，因而需要联合其他建筑队伍（一般称外包施工队）共同完成施工任务。

有一定技术管理水平、工种配套并拥有常用中小型机具的外包施工队，可独立承担某一单位工程的施工。而企业只需抽调少量的管理人员对工程进行管理，并负责提供大型机械设备、模板和架设工具及建筑材料。在经济上，可采用包工、包材料消耗的方法，即按定额包人工费，按材料消耗定额结算材料费，结余有奖，超耗受罚，同时提取一定的管理费。

外包施工队还可以就某个分部分项工程的施工单独提供劳务，而管理人员以及所有机械和材料均由企业负责提供。

4. 施工队伍的教育

施工前，企业要对施工队伍进行劳动纪律、施工质量和施工安全的教育，要求企业职工和外包施工队人员必须做到遵守劳动时间、坚守工作岗位、遵守操作规程、保证产品质量和施工工期，安全生产、服从调动、爱护公物等。同时，企业还应做好职工、技术人员的培训和技术更新工作。只有不断提高职工、技术人员的业务技术水平，才能从根本上保证建筑工程质量，不断提高企业的竞争力。此外，对于某些采用新工艺、新结构、新材料、新技术的工程，应该先将有关的管理人员和操作工人组织起来进行培训，使之达到标准后再上岗操作。这也是施工队伍准备工作的内容之一。

5. 建立、健全各种管理制度

施工现场的各项管理制度直接影响各项施工活动的顺利进行。施工现场的管理制度通常包括：工程质量检查与验收制度；工程技术档案管理制度；材料（构配件、制品）的检查验收制度；技术责任制度；施工图纸学习与会审制度；技术交底制度；职工考勤考核制度；工地及班组经济核算制度；材料出入库制度；安全操作制度；机具使用保养制度。

1.5　施工组织设计

施工组织设计是针对施工过程的复杂性，运用系统的思想，遵循技术经济规律，对拟建工程的各阶段、各环节以及所需的各种资源进行统筹安排的技术经济文件。施工组织设计针对复杂的生产过程，通过科学、经济、合理的规划安排，使建设项目能够连续、均衡、协调地进行施工，满足建设项目对工期、质量及投资等方面的各项要求。由于建筑产品的单件性，没有固定不变的施工组织设计适用于所有建设项目,所以根据不同工程特点编制相应的施工组织设计就成为施工组织管理中的重要一环。

1.5.1 施工组织设计的作用

施工组织设计是指导拟建工程项目进行施工准备和正常施工的基本技术经济文件,是对拟建工程在人力和物力、时间和空间、技术和组织等方面所做的全面、合理的安排。

施工组织设计作为指导拟建工程项目的全局性文件,应尽量适应施工过程的复杂性和具体施工项目的特殊性,并且尽可能保持施工生产的连续性、均衡性和协调性,以实现生产活动的最佳经济效果,其作用具体表现在以下方面:

(1)施工组织设计是施工准备工作的一项重要内容,同时又是指导其他各项准备工作的依据,它是整个施工准备工作的核心;

(2)通过编制施工组织设计,充分考虑施工中可能遇到的困难与障碍,并事先设法予以解决或排除,从而提高施工的预见性,降低盲目性,为实现建设目标提供技术保证;

(3)施工组织设计是为拟建工程制订的施工方案和施工进度等,是指导现场施工活动的基本依据;

(4)施工组织设计是统筹安排施工企业生产的投入与产出过程的依据和关键;

(5)施工组织设计是对施工场地所做的规划与布置,为现场的文明施工创造条件。

1.5.2 施工组织设计的分类

施工组织设计是一个总的概念,根据建设项目的类别、工程规模、编制阶段、编制对象范围,其在编制的深度和广度上有所不同。

1. 按编制阶段分类

施工组织设计,根据不同设计阶段可分为初步设计阶段的施工组织规划设计、技术设计阶段的施工组织总设计、施工组织设计阶段的单位工程施工组织设计;根据不同施工阶段可分为投标阶段的指导性施工组织设计、中标后施工阶段的实施性施工组织设计。

2. 按编制对象范围分类

施工组织设计按编制对象范围可分为施工组织总设计、单位工程施工组织设计、分部分项工程施工组织设计。

(1)施工组织总设计是以一个建筑群或一个建设项目为编制对象,用以指导整个建筑群或建设项目施工全过程的各项施工活动的综合性技术经济文件。施工组织总设计一般在初步设计或扩大初步设计批准后,在总承包企业的总工程师主持下进行编制。

(2)单位工程施工组织设计是以一个单位工程(一个建筑物或构筑物、一个交工系统)为编制对象,用以指导其施工全过程的各项施工活动的综合性技术经济文件。单位工程施工组织设计一般在施工图设计完成后,在拟建工程开工前,由工程处的技术负责人主持编制。

(3)分部分项工程施工组织设计也叫分部分项工程作业设计,它是以分部分项工程为编制对象,由单位工程的技术人员负责编制,用以具体指导分部分项工程施工全过程的各项施工活动的技术、经济和组织的综合性文件。对于工程规模大、技术复杂或施工难度大的建筑物或构筑物，在编制单位工程施工组织设计后，常需对某些重要的又缺乏经验的分部分项工程再深入编制分部分项工程施工组织设计，例如深基础工程、大型结构安装工程、高层钢筋混凝土主体结构工程、地下防水工程等。

1.5.3 施工组织设计的内容

施工组织设计的种类不同，其内容也有差异，但都要根据编制的目的与实际需要，结合工程对象的特点、施工条件和技术水平进行综合考虑，做到切实可行、经济合理。根据《建筑施工组织设计规范》(GB/T 50502—2009)的规定，各种施工组织设计主要包含以下几个方面内容。

1. 编制依据

编制依据主要包括：与工程建设有关的法律、法规和文件；国家现行标准和技术经济指标；行政主管部门的批准文件，建设单位的要求；施工合同或招投标文件；设计文件；现场、工程地质及水文地质、气象等自然条件；资源供应情况；施工企业的生产能力、机具设备状况、技术水平等。

2. 工程概况

工程概况要概括地说明工程的性质、规模、建设地点、结构特点、建筑面积、施工期限、合同要求；本地区地形、地质、水文和气象情况；施工力量；劳动力、机具、材料、构件等的供应情况；施工环境及施工条件等。

3. 施工部署

施工部署是对项目实施过程做出的统筹规划和全面安排，包括项目施工总目标、施工顺序及空间组织、施工组织安排等。施工部署是施工组织设计的纲领性内容，施工组织设计的其他内容都需围绕施工部署的原则编制。

4. 施工方案或方法

施工方案或方法是在主要施工过程中所采用的施工方法、施工机械、工艺流程、组织措施等。施工方案或方法直接影响施工进度、质量、安全以及工程成本，同时也为技术和资源的准备、各种计划制订及现场合理布置提供依据。因此，要遵循先进性、可行性、安全性和经济性兼顾的原则，结合工程实际，拟订几种可行的方案或方法，并进行分析和评价，择优选用。

5. 施工进度计划

施工进度计划是为实现项目设定的工期目标，对各个施工过程的施工顺序、起止时间和相互衔接关系所做的统筹策划和安排。施工进度计划对保证工程按期完成、保证施工的连续性和均衡性、节约施工费用具有重要作用。因此，需依据建筑工程施工的客观规律和施工条件，参考工期定额，综合考虑资金、材料、设备、劳动力等资源的投入进行编制。

6. 施工准备与资源配置计划

施工准备计划包括在技术准备、现场准备、资金准备等方面的计划安排，资源配置计划主要是对劳动力和物资的配置及计划安排，二者对工程开工和顺利实施具有重要作用。

7. 施工现场平面布置

施工现场平面布置是在施工用地范围内，对各项生产、生活设施及其他辅助设施等进行规划和布置，对保证工程施工顺利进行具有重要意义，应遵循方便、经济、高效、安全、环保、节能的原则进行布置。

8. 施工管理计划

施工管理计划主要包括进度、质量、安全、环境及成本等管理计划。施工管理计划是实现既定目标的重要保障。

1.5.4 施工组织设计的编制与审批

1. 投标施工组织设计的编制

投标施工组织设计的编制质量对能否中标具有重要意义,编制时要积极响应招标书的要求,明确提出对工程质量和工期的承诺以及实现承诺的方法和措施。其中,施工方案要先进、合理,针对性、可行性强;进度计划和保证措施要合理、可靠;质量措施和安全措施要严谨、有针对性;主要劳动力、材料、机具、设备需要量计划应合理;项目主要管理人员的资历和数量要满足施工需要;管理手段、经验和声誉等要适度呈现。

2. 实施性施工组织设计的编制

1)编制原则

(1)认真贯彻国家对工程建设的各项政策,严格执行建设程序。

(2)在充分调查研究的基础上,遵循施工工艺规律、技术规律及安全生产规律,合理安排施工程序及施工顺序。

(3)全面规划,统筹安排,保证重点,优先安排控制工期的关键工程,确保合同工期。

(4)采用国内外先进的施工技术,科学地确定施工方案,积极采用新材料、新设备、新工艺和新技术,努力提高产品质量水平。

(5)充分利用现有机械设备,扩大机械化施工范围,提高机械化程度,改善劳动条件,提高劳动效率。

(6)合理布置施工总平面图,尽量减少临时工程,减少施工用地,降低工程成本;尽量利用正式工程、原有或就近已有设施,做到暂设工程与既有设施、正式工程相结合;同时要注意因地制宜、就地取材,尽量减少消耗,降低生产成本。

(7)采用流水施工方法、网络计划技术编制施工进度计划,科学安排冬雨期项目施工,保证施工能连续、均衡、有节奏地进行。

2)编制方法

施工组织设计应由项目负责人主持编制,可根据需要分段编制和审批。

(1)对实行总包和分包的工程,由总包单位负责编制施工组织设计,分包单位在总包单位的总体部署下,编制所分包部分的施工组织设计。

(2)施工组织设计编制前应确定编制人,并召开由建设单位、设计单位及施工分包单位参加的设计要求和施工条件交底会。根据合同工期要求、资源状况及有关规定等进行广泛、认真的讨论,拟订主要工作部署,形成初步方案。

(3)对构造复杂、施工难度大以及采用新工艺和新技术的工程项目,要进行专业性的研究,组织专门会议,邀请有经验的人员参加,集中群众智慧,为施工组织设计的编制和实施打下坚实的群众基础。

(4)要充分发挥各专业、各职能部门的作用,吸收其人员参加施工组织设计的编制和审定，发挥企业整体优势，合理进行交叉配合的程序设计。

(5)较完整的施工组织设计方案提出后，要组织参加编制人员及单位进行讨论，逐项逐条地研究、修改，形成正式文件后，送主管部门审批。

3)编制要求

编制施工组织设计必须在充分研究工程的客观情况和施工特点的基础上根据合同文件的要求，并结合本企业的技术、管理水平和装备水平，从人力、财力、材料、机具和施工方法等五个环节入手，进行统筹规划、合理安排、科学组织，充分利用时间和空间，力争以最少的投入取得产品质量好、成本低、工期短、效益好、业主满意的最佳效果。在编制时应做到以下几点。

(1)方案先进、可靠、合理、针对性强，符合有关规定。例如，施工方法是否先进，工期、技术是否可靠，施工顺序是否合理以及是否考虑必要的技术间歇，施工方法与措施是否切合本工程的实际情况以及是否符合技术规范要求等。

(2)内容繁简适度。施工组织设计的内容不可能面面俱到，要有侧重点。对简单、熟悉的施工工艺不必详细阐述，而对高、新、难的施工内容，则应较详细地阐述施工方法并制订有效措施，以做到详略并举、因“需”制宜。

(3)突出重点，抓住关键。对于工程上的技术难点、协调及管理上的薄弱环节、质量及进度控制上的关键部位等应重点说明，做到有的放矢、注重实效。

(4)留有余地，利于调整。要考虑各种干扰因素对施工组织设计实施的影响，编制时应适当留出更改和调整的余地，以达到能够继续指导施工的目的。

3. 施工组织设计的审批

施工组织设计编制后，应履行审核、审批手续。施工组织总设计应由总承包单位的技术负责人审批，经总监理工程师审查后实施；单位工程施工组织设计应由施工单位技术负责人或其授权的技术人员审批，经总监理工程师审查后实施；重点、难点分部分项工程和专项工程施工方案应由施工单位技术负责人批准，经监理工程师审查后实施。

规模较大的分部分项工程和专项工程(如钢结构工程)的施工方案，应按单位工程施工组织设计进行编制和审批。

由专业承包单位施工的分部分项工程或专项工程的施工方案，应由专业承包单位技术负责人或技术负责人授权的技术人员审批；有总承包单位时，应由总承包单位项目技术负责人核准备案。

危险性较大的分部分项工程(如挖深3 m及以上基坑的土方开挖及支护、降水工程，采用大模板、滑模、爬模、飞模的工具式模板工程等)应编制安全专项施工方案，由施工单位和技术、安全、质量等部门的专业技术人员审核以及技术负责人签字，并报总监理工程师签字后实施。

对于超过一定规模的危险性较大的分部分项工程(如挖深5 m及以上基坑的土方开挖、支护及降水工程，采用滑模、爬模、飞模的工具式模板工程，搭设高度8 m、跨度18 m、施工总荷载15 kN/m²、集中线荷载20 kN/m及以上的混凝土模板支撑工程等)，施工单位应组织召开专家论证会(专家组由5名及以上符合相关专业要求的专家组成，且为非参建方人员)，并根据论证报告修改完善专项方案，经施工单位技术负责人、项目总监理工程师、建设单位项目负责人签字后，方可组织实施。

第2章 土方工程

【内容提要】

土方工程包括一切土的挖掘、填筑和运输等过程以及排水、降水、土壁支撑等准备工作和相关的辅助工程。在土木工程中最常见的土方工程有场地平整、基坑(槽)与管沟开挖及回填、路基开挖与填筑、地坪填土与碾压等。土方工程施工往往具有工程量大、劳动繁重和施工条件复杂等特点,且土方工程施工受气候、水文、地质、地下障碍等因素的影响较大,不可确定的因素较多。因此,在组织土方工程施工前应详细分析与核对各项技术资料(如地形图、工程地质和水文地质勘察资料、地下管道及电缆和地下构筑物资料、土方工程施工图等),进行现场调查,根据现有施工条件制订技术可行、经济合理的施工设计方案。

2.1 概述

土方工程是土木工程的重要组成部分,土方工程的顺利施工,不但能提高土方施工的劳动生产率,而且能为其他工程的施工创造有利条件,对加快工程建设速度具有重要意义。

土方工程施工的特点是工程量大、施工条件复杂。如新建一个大型工业企业,其场地平整、房屋及设备基础、场区道路及管线的土方工程量往往可以达到几十万至数百万立方米。合理选择土方机械、组织机械化施工,对于缩短工期、降低工程成本具有重要意义。土方工程多为露天作业,土、石又是天然物质,种类繁多,且施工受到地区、气候、水文地质和工程地质等条件的影响。在地面建筑物稠密的城市中进行土方工程施工还会受到施工环境的限制。因此,在土方工程施工前应做好调查研究,并根据本地区的工程及水文地质情况以及气候、环境等特点,制订合理的施工方案组织施工。

2.2 土的基本性质

2.2.1 土的结构与构造

1. 土的结构

土粒或土粒集合体的大小、形状、相互排列与联结等综合特征,称为土的结构。土的结构可分为以下三种基本类型。

1)单粒结构

单粒结构为碎石土和砂土的结构形式,这种结构由土粒在水中或空气中受自重下落堆积而成。由于土粒尺寸较大,土粒间的分子引力远小于土粒自重,故土粒间几乎没有相互联结作用,是典型的散粒状物体,简称散体。单粒结构可分为疏松的(图 2-1(a))与紧密的(图 2-1(b))两种。前者颗粒间的孔隙大,颗粒位置不稳定,在静载或动载下都很容易错位,产生较大下沉,特别在振动作用下尤甚(体积可减少 20%)。因此,疏松的单粒结构不经处理不宜作为地基。后者颗粒排列已接近稳定，在动载或静载下均不会产生较大下沉，是较理想的天然地基。

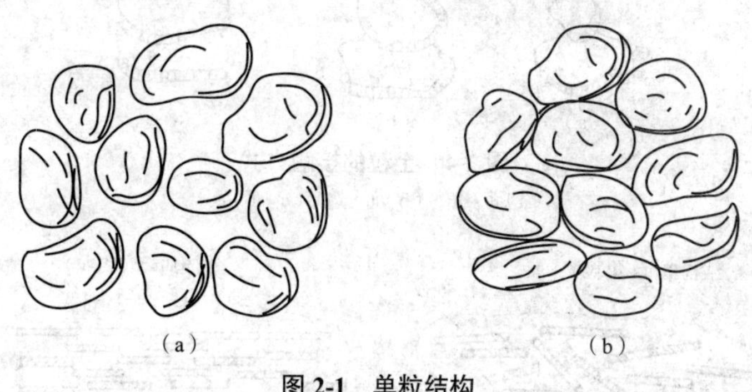

图 2-1　单粒结构

(a)疏松　(b)紧密

2)蜂窝结构

蜂窝结构(图 2-2)多为颗粒细小的黏性土具有的结构形式，有时粉砂也可能有。据研究，粒径在 0.002~0.02 mm 的土粒在水中沉积时，基本是单个土粒下沉，在下沉过程中碰上已沉积的土粒时，由于土粒间的分子引力对土粒自重而言足够大，因此土粒就停留在最初的接触点上不再下沉，从而形成有很大孔隙的蜂窝状结构。

蜂窝结构的孔隙一般远大于土粒本身的尺寸，如沉积后没有受到比较大的上覆压力，则在建筑物的荷载作用下可产生较大沉降。

3)絮状结构

絮状结构(图 2-3)为颗粒最细小的黏性土特有的结构形式。粒径小于 0.002 mm 的土粒能够在水中长期悬浮，不因自重而下沉。当在水中加入某些电解质后，土粒间的排斥力减弱，运动着的土粒凝聚成絮状物下沉，从而形成类似蜂窝而孔隙很大的结构，这种结构称为絮状结构。

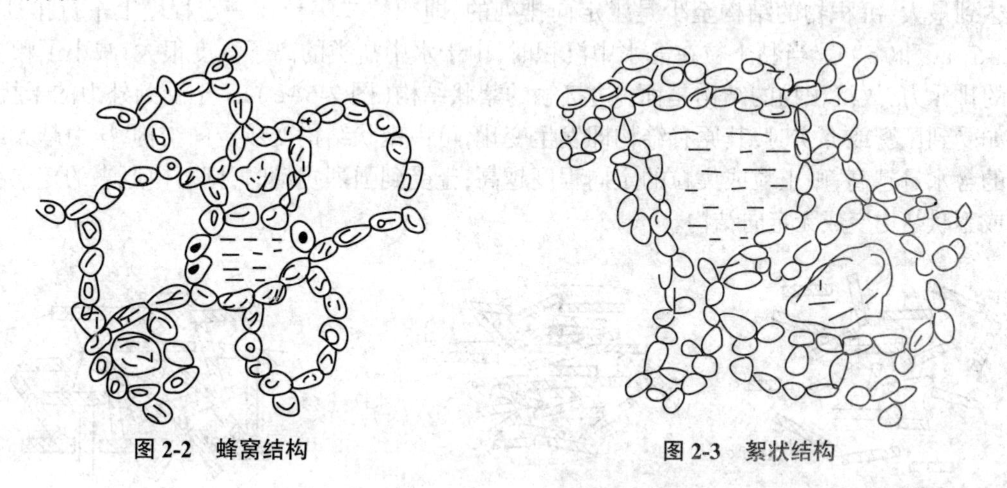

图 2-2　蜂窝结构　　**图 2-3　絮状结构**

近几十年来的研究表明，粒径小于 0.002 mm 的土粒多呈片状或针状，表面带负电荷，而在片的断口处有局部的正电荷，因此在土粒聚合时多半以面 - 角、面 - 边或面 - 面的方式结合，如图 2-4 所示。用电子显微镜观察得知，黏土中的颗粒更多的是以大小不等的集粒存在,而土的性质主要取决于集粒间的联系与排列,如图 2-5 所示。

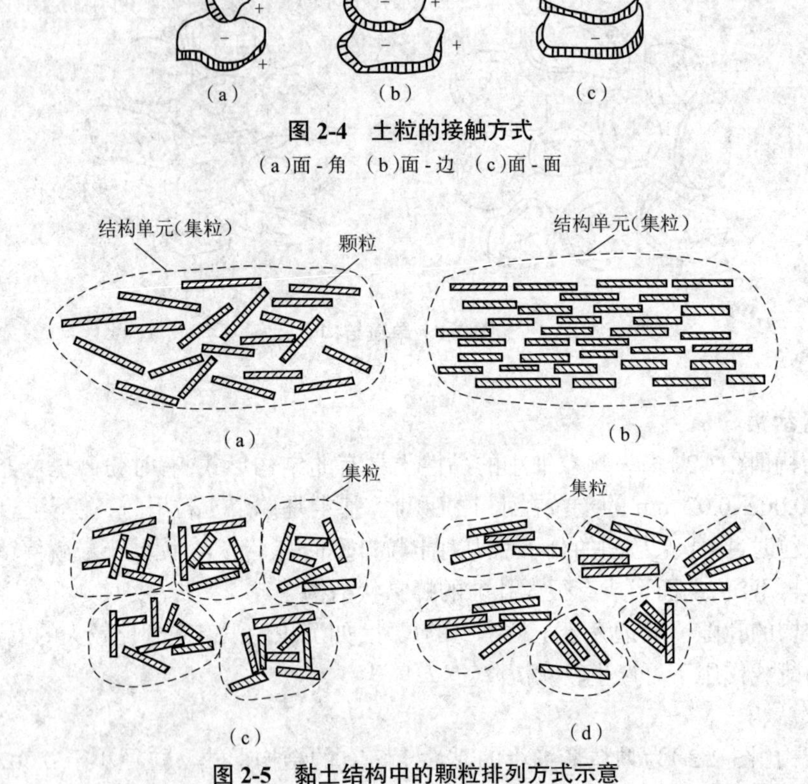

图 2-4 土粒的接触方式

(a)面 - 角 (b)面 - 边 (c)面 - 面

图 2-5 黏土结构中的颗粒排列方式示意

(a)部分定向结构 (b)完全定向结构 (c)颗粒无定向的集粒 (d)颗粒定向的集粒

黏土粒在淡水中沉积时,由于水中盐类的离子含量少,故黏土粒或集粒间的排斥力可以达到最大,沉积物的结构至少是半定向排列的,即颗粒或集粒在一定程度上平行排列(图 2-6(a)和(b))。当黏土粒在海水中沉积时,由于水中盐类的离子浓度很大,减小了颗粒间的排斥力,故沉积物的结构是面 - 边接触的絮状结构(图 2-6(c))。土受到外力的干扰时,如受到压密或夯实时,其原有结构即发生变化,可由絮状结构变成定向结构,压力越大或土的含水量越高,则土粒或集粒的定向程度越高;土受到强烈扰动时,则可由原来的定向结构或絮状结构变成无定向结构。

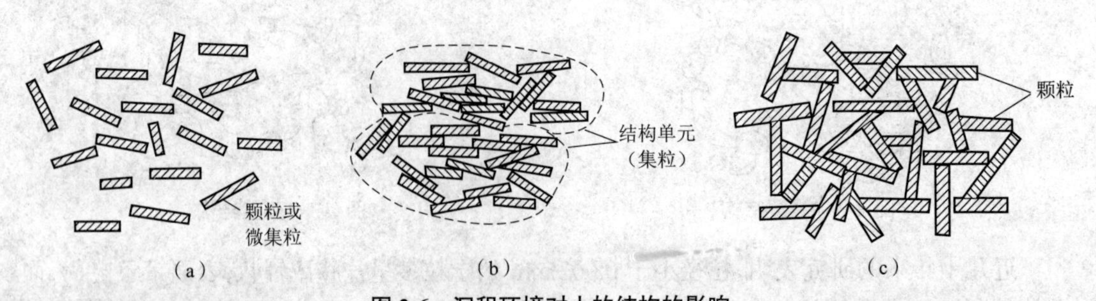

图 2-6 沉积环境对土的结构的影响

(a)在淡水中沉积的黏土结构(活性黏土) (b)在淡水中沉积的黏土结构(活性较低的黏土)
(c)在海水中沉积的黏土结构(面 - 边接触)

土粒或集粒的排列对土的均匀性有很大影响。图2-7(a)表示单粒与集粒二者都是不规则排列,土体显示各向同性。图2-7(b)表示单粒虽定向排列,但集粒却非定向排列,土体仍显示各向同性。图2-7(c)表示单粒的排列虽不定向,但集粒却定向排列,土体显示各向异性。图2-7(d)表示单粒和集粒都定向排列,土体显示各向异性。

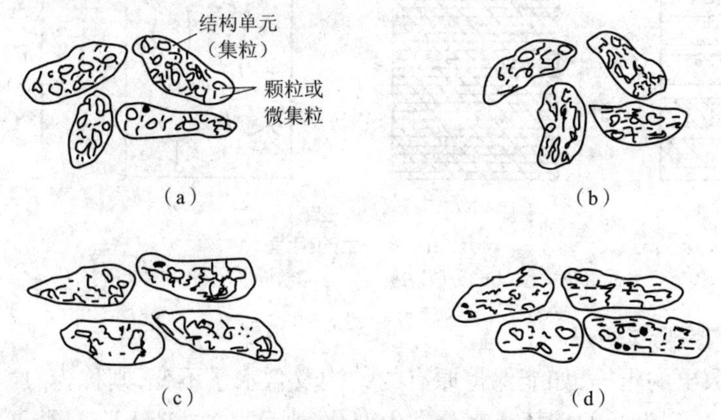

图2-7　土粒或集粒排列对土的性质的影响

(a)整个结构各向同性　(b)结构单元各向同性　(c)结构单元各向异性　(d)整个结构各向异性

2. 土的构造

土的构造是指同一土层中颗粒或集粒相互间的位置与充填空间的特点。土的构造大体可分为以下几种。

1)*层状构造*

层状构造(图2-8(a))也称为层理,是大部分细粒土的重要外观特征之一。其土层表现为由不同细度与颜色的颗粒构成的薄层交叠而成,薄层的厚度为零点几毫米至几毫米,成分上有细砂与黏土交互层或黏土交互层等。最常见的层理是水平层理(薄层互相平行,且平行于土层界面),此外还有波状层理(薄层面呈波状,总方向平行于土层界面)及斜层理(薄层倾斜,相对土层界面有一倾斜角)等。

层状构造使土在垂直层理方向与平行层理方向的性质不同,平行层理方向的压缩模量与渗透系数往往要大于垂直层理方向。

2)*分散构造*

分散构造(图2-8(b))土层中各部分的土粒组合无明显差别,分布均匀,各部分的性质亦相近。各种经过分选的砂、砾石、卵石形成的较大埋藏厚度,无明显层次,都属于分散构造。分散构造的土比较接近理想的各向同性体。

3)*裂隙状构造*

裂隙状构造(图2-8(c))的裂隙中往往充填盐类沉淀,不少坚硬与硬塑状态的黏土具有此种构造。裂隙破坏土的整体性,裂隙面是土中的软弱结构面,沿裂隙面的抗剪强度很低,而渗透性却很高,浸水以后裂缝张开,工程性质变差。

4)*结核状构造*

结核状构造(图2-8(d))在细粒土中明显掺有大颗粒或聚集的铁质、钙质集合体,贝壳等杂物,含砾石的冰碛黏土和含结核的黄土等均属此类构造。由于大颗粒或结核往往分散,故此类土的性质取决于细颗粒部分，在取小型试样进行试验时应注意将结核与大颗粒剔除，以免影响试验结果的代表性。

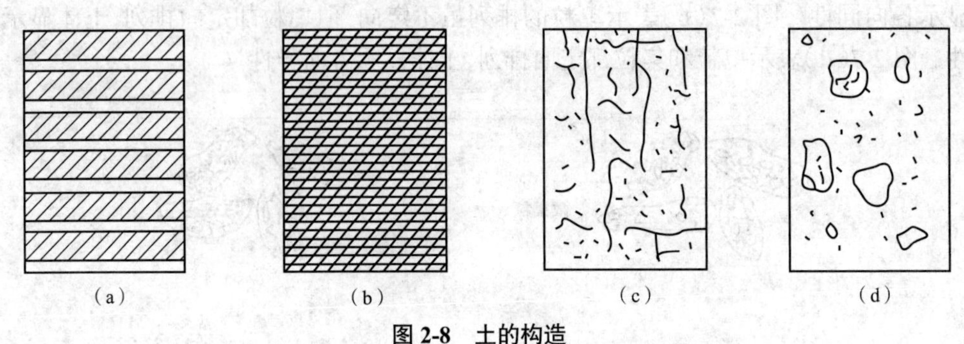

图 2-8 土的构造

(a)层状构造 (b)分散构造 (c)裂隙状构造 (d)结核状构造

3. 土的结构性与灵敏度

从地层中取出的土样，如能保持原有的结构及含水量不变，则称为“原状土”。如土样的结构、构造已受到人为的破坏或水分发生变化，则称为“扰动土”或“非原状土”。扰动土与具有相同密度和含水量的原状土相比，其力学性质往往变坏。土的性质受结构扰动的影响而改变的特性，称为土的结构性。黏性土是具有结构性的土，而砂土和碎石土则一般不具有结构性。

黏性土结构性的强弱用灵敏度 s_t 表示，有

$$s_t = \frac{q_u}{q_0} \tag{2-1}$$

式中 q_u——原状土的无侧限抗压强度（kPa），即单轴受压的抗压强度；

q_0——具有与原状土相同密度和含水量并彻底破坏其结构的重塑土的无侧限抗压强度（kPa）。

按灵敏度的大小，黏性土可分为低灵敏（s_t =1~2）、中灵敏（s_t =2~4）、高灵敏（s_t >4）三种类型。

软黏土在重塑后甚至不能维持自己的形状，无侧限抗压强度几乎等于零，灵敏度很大。对于灵敏度大的土，在基坑开挖时必须特别注意保护基槽，使其结构不受扰动。

2.2.2 土的组成

在一般情况下，土是由三相组成的：固相——矿物颗粒和有机质；液相——水溶液；气相——空气。矿物颗粒构成土的骨架，空气与水则填充骨架间的孔隙。土的性质取决于各相的特性及其相对含量与相互作用。

1. 土的固体颗粒

土的固相主要由矿物颗粒及有机质组成。矿物颗粒集合体的形式对土的性质的影响可从颗粒级配、矿物成分等方面来考虑。

为了便于研究，将土粒按大小及性质的不同划分成若干粒组，见表 2-1。由表 2-1 可以看出，颗粒越小，与水的相互作用就越强烈，粗颗粒和水之间几乎没有物理化学作用，而粒径

小于 0.005 mm 的黏土粒和胶粒会受到水的强烈影响，遇水时出现黏性、可塑性、膨胀性等粗颗粒所不具有的各种特性。很显然，土中所含的各个粒组的相对含量不同，表现出来的土的性质也就不同。

表 2-1　土粒的粒组

粒组名称	分界粒径 /mm	一般特性
漂石及块石 卵石及碎石 圆砾及角砾	200~800 20~200 2~20	透水性大，无黏性，毛细水上升高度极小，不能保持水分
砂　粒	0.05~2	易透水，无黏性，毛细水上升高度不大，遇水不膨胀，干燥不收缩，呈松散状，无可塑性，压缩性甚微
粉　粒	0.005~0.05	透水性小，毛细水上升高度较大，湿润时呈现微黏性，遇水时膨胀与干燥时收缩都不显著
黏土粒 胶　粒	0.002~0.005 <0.002*	几乎不透水，结合水作用显著，潮湿时呈现可塑性，黏性大，遇水时膨胀与干燥时收缩都较显著，压缩性大

注：* 在胶体化学中，粒径在 0.1 μm 以下的颗粒属于胶粒，但在土力学中，粒径在 0.001~0.002 mm 以下的颗粒就具有胶粒的某些特性，有人称之为准胶粒。

工程中常用的粒径分析法有筛分法（适用于粒径大于 0.074 mm 的土粒）与比重计法（适用于粒径小于 0.074 mm 的土粒）两种。如土中同时含有大于和小于 0.074 mm 的土粒，则两种方法并用。

颗粒分析的结果常用如图 2-9 所示的粒径级配曲线表示，其纵坐标表示小于某粒径的土粒占土总重的百分比，横坐标表示粒径。粒径级配曲线对土的颗粒组成给以明确的概貌，如由曲线 2 可以看出，试验土样含黏土粒 44%、粉粒 36%、砂粒 20%。

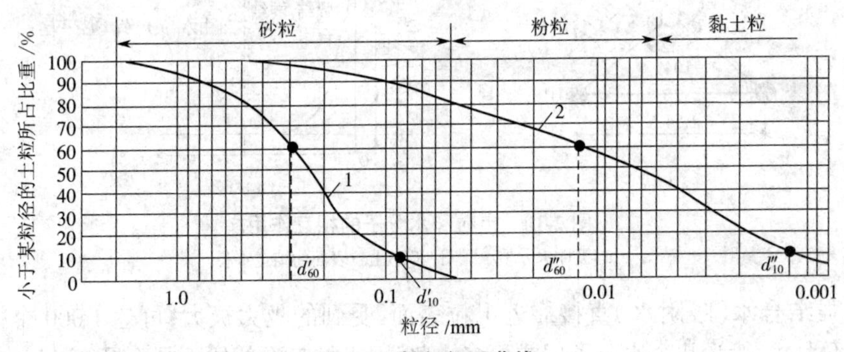

图 2-9　粒径级配曲线

若粒径级配曲线平缓，则表示土中各种大小的土粒都有，颗粒不均匀，级配良好；若粒径级配曲线陡峻，则表示颗粒均匀，级配不好。级配用不均匀系数 K_u 衡量，有

$$K_u = \frac{d_{60}}{d_{10}} \tag{2-2}$$

式中　d_{60}——限定粒径，土中小于该粒径的颗粒占土总重的 60%；

d_{10}——有效粒径，土中小于该粒径的颗粒占土总重的 10%。

工程上把 K_u <5 的土看作级配均匀；把 K_u > 10 的土看作级配良好，土中的大孔隙可被细颗粒填充，因而适合作为填方土料及混凝土工程的砂石料。

2. 土中水

土中水的存在形态包括固态的冰、气态的水蒸气、液态的水，还有矿物颗粒晶格中的结晶水。

水蒸气一般对土的性质影响不大。结晶水是土的固体颗粒的组成部分，不能自由移动，只有在高温（大于 105 ℃）下才能脱离晶格，其对土的性质的影响是通过矿物颗粒表现的，不需要单独讨论。土中存在固态的冰，也就是指冻土。在冻土地区，随着土中水的冻结和融化，会发生冻土现象，包括冻胀现象和融陷现象。下面着重讨论土中的液态水。土中的液态水可分为结合水和自由水。

1）结合水

结合水是借土粒的电分子引力吸附在土粒表面上的水，对土的性质影响极大。由于土粒与其周围介质（包围它的气体或液体）发生物理化学作用，使土粒表面带电（多为负电），并在周围的空间内形成电场，将介质中的水分子（它是极性分子，图 2-10（a））及游离阳离子吸附于表面，从而形成结合水膜（图 2-10（b））。结合水又可分为强结合水（吸附水）和弱结合水（扩散层水）。

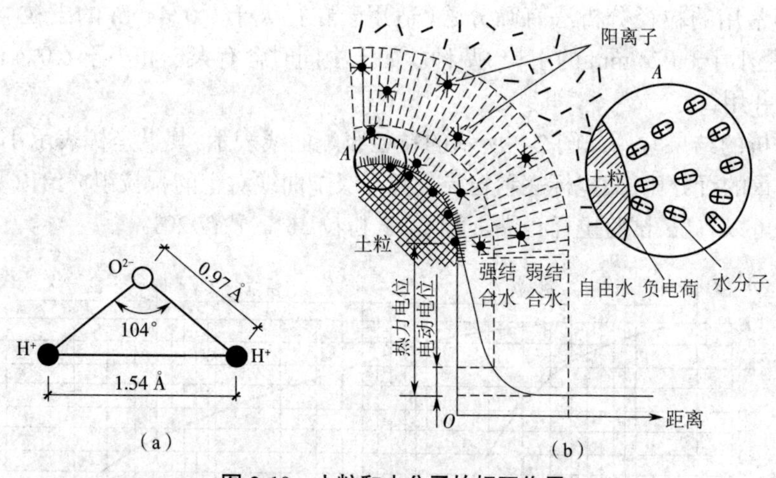

图 2-10　土粒和水分子的相互作用

（a）极性水分子示意图　（b）土粒表面的结合水膜

（1）强结合水（吸附水）直接靠近土粒表面，受到的吸力极大，可达 1 000 个标准大气压；厚度不大，一般为几个水分子层或更多一些，因土粒表面部位不同而异；密度比普通水高一倍左右，可以抗剪，不传递静水压力。因为土粒可以从潮湿的空气中吸收这种水，所以也称为吸附水或吸着水。吸附水在外界土压力作用下不能移动，在温度 105 ℃下将土烤干达恒重时，可将吸附水排除。黏土仅含吸附水时表现为固体状态。砂土也能有很少一点吸附水（占干土重的 2%~3%），仅含吸附水的砂土呈散粒状。

（2）弱结合水（扩散层水）是结合水膜中除强结合水以外的水，占结合水膜的绝大部分。由于受到的吸力较小，弱结合水的密度在 1~1.7 g/cm³，靠近强结合水的部分密度较大，距离越远则密度越小，其性质由固态渐变为半固态、黏滞状态和普通的液体状态。整体来说，这部分水是黏滞状态，在外界压力下可以挤压变形，或在相邻土粒的水膜厚度不一致时，由厚的地方向薄的地方转移；抗剪强度较小，在荷载下变形所需要的时间较长；在外部作用下（如压力、电流等）可根据其强弱而不同程度地脱离土粒。

弱结合水对黏性土的影响较大，黏性土的一系列物理力学特性都和弱结合水有关。砂土由于矿物成分不同及土粒的比表面小等原因，实际上可认为不含弱结合水。无论强结合水还是弱结合水，都可因加热蒸发而从土中逸出。

2）自由水

自由水除受到土粒的电分子引力外，还受到重力，不能抗剪，密度在 1 g/cm^3 左右。自由水可分为两种：位于地下水位以下的水，仅受本身的重力作用而运动，称为重力水；位于地下水位以上的水，除受重力外，还受毛细作用，称为毛细水。土粒间的孔隙是互相连通的，地下水沿这个不规则的通道上升，形成土中的毛细水上升带。毛细水的上升高度：碎石土不上升（一般认为粒径大于 2 mm 的土粒无毛细现象）；砂土在 2 m 以下；粉土及黏性土在 2 m 以上。

在工程中应注意毛细水的上升高度是否有可能使地基浸湿、地下室受潮或使地基产生冻胀等不利影响。毛细水上升带随地下水位的升降而变动，在考虑其影响时应从最不利的情况出发。

3. 土中气体

土中与大气连通的气体对土的性质没有影响，如为封闭气泡，则在受力时有弹性变形，卸荷后又恢复。封闭气泡可使土的压缩性增强，透水性减弱。

2.2.3　土的物理性质指标

土是固、液、气三相的分散系。土中三相组成的比例指标可反映土的物理状态，如干燥或潮湿、疏松或紧密。这些指标是最基本的物理性质指标，它们对于评价土的工程性质具有重要意义。

1. 土的重度 γ

土的重度是土在天然状态下单位体积的重量，单位为 kN/m^3 或 g/cm^3，可用下式表示：

$$\gamma = \frac{W}{V} \tag{2-3}$$

不同的土，其重度也不同，重度与土的密实程度、含水量等因素有关。一般土的重度在 1.3~2.2 g/cm^3，重度大的土比较密实，强度也较高。土的重度可用环刀法测定，即根据特制环刀所切取的土重除以环刀的容积确定土的重度。对不宜用环刀切取的土样或岩石也可用排开等体积的水银或蜡封等方法测定土的重度。饱和重度 γ_m 是指孔隙全部被水充满时土的重度。

2. 土粒的相对密度 d_s

土粒的相对密度是土粒重量与同体积的温度为 4 ℃的水的重量之比，可用下式表示：

$$d_s = \frac{W_s}{V_s \gamma_w} \tag{2-4}$$

一般土粒的相对密度在 2.65~2.80，其大小取决于土的矿物成分。砂土的相对密度约为 2.65，黏土的相对密度为 2.70~2.80。土中含有大量的有机质时，土粒相对密度显著减小。同一种类的土,其相对密度变化幅度很小。

土的相对密度可在实验室内用比重瓶法测定。

3. 土的含水量 w

土的含水量是土中水的重量与土粒重量的比值,以百分数表示,即

$$w=\frac{W_w}{W_s}\times100\% \tag{2-5}$$

土的含水量表示土的湿度,含水量越大说明土越湿,一般工程性质就越差。含水量小的土强度较高。土的含水量变化幅度是很大的,砂土在 0~40% 变化,黏性土在 20% ~100% 变化,有的甚至可高达百分之几百。

土的含水量一般采用烘干法测定。将土样在 100~105 ℃恒温下烘干,烘干后土中的自由水与结合水均排出,烘干前后的重量差与烘干后的土重之比即为水的含水量。

4. 土的孔隙比 e 及孔隙率 n

土的孔隙比是土中孔隙体积与土粒体积的比值,可用下式表示:

$$e=\frac{V_v}{V_s} \tag{2-6}$$

土的孔隙率(孔隙度)是土中孔隙体积与土总体积之比,以百分数表示,即

$$n=\frac{V_v}{V}\times100\% \tag{2-7}$$

孔隙比 e 与孔隙率 n 满足以下关系:

$$e=\frac{n}{1-n} \tag{2-8}$$

$$n=\frac{e}{1+e}\times100\% \tag{2-9}$$

土的孔隙比反映了土的密实程度,孔隙比越大,土越疏松;孔隙比越小,土越密实。一般天然状态的土,若 $e<0.6$,则其可作为建筑物的良好地基;若 $e>1$,说明土中孔隙体积比土粒体积还大,则其工程性质就差。

5. 土的饱和度 s_r

土的饱和度表示土中孔隙内充水的程度,即土中水的体积与孔隙体积的比值,常以百分数表示,即

$$s_r=\frac{V_w}{V_v}\times100\% \tag{2-10}$$

土的饱和度反映了土的潮湿程度,如 $s_r=100\%$,说明土中孔隙全部充水,土是饱和的;如 $s_r=0$,说明土是完全干的。

2.3 土的基本分类

土的基本分类具体如下。

(1)按土沉积年代可分为老沉积土、一般沉积土、新近沉积土。

(2)按地质成因可分为残积土、坡积土、洪积土、冲积土、淤积土、冰积土、风积土。

（3）按土中有机质含量可分为无机土、有机质土、泥炭质土和泥炭。

（4）按颗粒级配可分为碎石土、砂土。

（5）按塑性指数可分为粉土和黏性土。

（6）按特殊性质可分为湿陷性土、膨胀土、软土、残积土和人工填土。其中，人工填土根据其物质成分和堆填方式，又可分为素填土、杂填土、冲填土三类。

2.4　土的工程分类及工程性质

2.4.1　土的工程分类

土的分类繁多，其分类方法也很多，如可按土的沉积年代、颗粒级配、密实度、塑性指数分类等。在土木工程施工中，按土的开挖难易程度可分为八类（表2-2），这也是确定土木工程劳动定额的依据。

表2-2　土的分类

类别	土的名称	开挖方法	可松性系数	
			K_s	K_s'
第一类	砂，粉土，冲积砂土层，种植土，泥炭（淤泥）	用锹、锄头挖掘	1.08~1.17	1.01~1.04
第二类	粉质黏土，潮湿的黄土，夹有碎石、卵石的砂，种植土，填筑土和粉土	用锹、锄头挖掘，少许用镐翻松	1.14~1.28	1.02~1.05
第三类	软及中等密实黏土，重粉质黏土，粗砾石，干黄土，含碎石、卵石的黄土、粉质黏土，压实的填筑土	主要用镐，少许用锹、锄头，部分用撬棍	1.24~1.30	1.04~1.07
第四类	重黏土及含碎石、卵石的黏土，粗卵石，密实的黄土，天然级配砂石，软泥灰岩及蛋白石	先用镐、撬棍，然后用锹挖掘，部分用楔子及大锤	1.26~1.37	1.06~1.09
第五类	硬石炭纪黏土，中等密实的页岩、泥灰岩、白垩土，胶结不紧的砾岩，软的石灰岩	主要用镐或撬棍、大锤，部分用爆破方法	1.30~1.45	1.10~1.20
第六类	泥岩，砂岩，砾岩，坚实的页岩、泥灰岩，密实的石灰岩，风化的花岗岩，片麻岩	主要用爆破方法，部分用风镐	1.30~1.45	1.10~1.20
第七类	大理岩，辉绿岩，玢岩，粗、中粒花岗岩，坚实的白云岩、砾岩、砂岩、片麻岩、石灰岩，风化的安山岩、玄武岩	用爆破方法	1.30~1.45	1.10~1.20
第八类	安山岩，玄武岩，花岗片麻岩，坚实的细粒花岗岩、闪长岩、石英岩、辉长岩、辉绿岩，玢岩	用爆破方法	1.45~1.50	1.20~1.30

注：土的可松性系数定义见2.4.2节。

2.4.2　土的工程性质

土的工程性质对土方工程施工有直接影响，进行土方施工必须掌握有关土的工程性质的基本资料。与土方工程密切联系的土的主要工程性质有土的可松性、压缩性、渗透性等。

1. 土的可松性

土的可松性是指自然状态下的土经过开挖以后，结构联结遭受破坏，体积因松散而增大，之后虽经回填压实，仍不能恢复到原来的体积的性质。由于土方工程是以自然状态下的土体积进行计算的，因此应考虑土的可松性，否则回填会有余土或产生场地标高与设计标高不符的后果。土的可松性一般用可松性系数表示，具体如下。

最初可松性系数：

$$K_s=\frac{V_2}{V_1} \tag{2-11}$$

最终可松性系数：

$$K_s'=\frac{V_2'}{V_1} \tag{2-12}$$

式中 V_1——土在自然状态下的体积（m^3）；

V_2——土经开挖后的松散体积（m^3）；

V_2'——土经回填压实后的体积（m^3）。

2. 原状土经机械压实后的沉降量（土的压缩性）

原状土经机械反复压实或采取其他压实措施压实后，会产生一定的沉降，不同土的沉降量不同，一般在 3~30 cm。具体沉降量可按下述经验公式计算：

$$S=\frac{P}{C} \tag{2-13}$$

式中 S——原状土经机械压实后的沉降量（cm）；

P——机械压实的有效作用力（MPa）；

C——原状土的抗陷系数（MPa/cm）。

3. 孔隙水应力（土的渗透性）

饱和土由固体颗粒构成的骨架及充满水的孔隙组成。当饱和土受外力作用时，其将由孔隙水应力和土的有效应力平衡。由外荷载引起的孔隙水应力，称为超孔隙水应力。超孔隙水应力会随着时间的推移而逐渐消散，根据有效应力原理，相应土的有效应力会慢慢增加，同时土的体积发生压缩变形，这个过程又称为固结。

孔隙水应力是导致许多工程事故的直接原因。例如，在挤土桩基施工中，孔隙水应力就有较大的危害，可在桩基施工前插入塑料排水板来减小孔隙水应力。

2.5 土方开挖

2.5.1 土方工程量计算

在土方工程施工前，通常要计算土方的工程量。但由于土方工程的外形往往不规则，因此要得到精确的计算结果很困难。一般情况下，将土方工程假设或划分为一定的几何形状，采用具有一定精度并和实际情况近似的方法计算土方工程量。

1. 基坑(槽)和路堤土方量的计算

基坑(槽)和路堤的土方量可按拟柱体体积的公式计算(图2-11(a)和(b)),即

$$V=\frac{H}{6}(F_1+4F_0+F_2) \tag{2-14}$$

式中　V——土方工程量(m^3);

H, F_1, F_2——对基坑而言, H为基坑的深度(m), F_1和F_2分别为基坑的上、下底面面积(m^2),对基槽或路堤而言, H为基槽或路堤的长度(m), F_1和F_2分别为基槽或路堤两端的面积(m^2);

F_0——F_1和F_2之间的截面面积(m^2)。

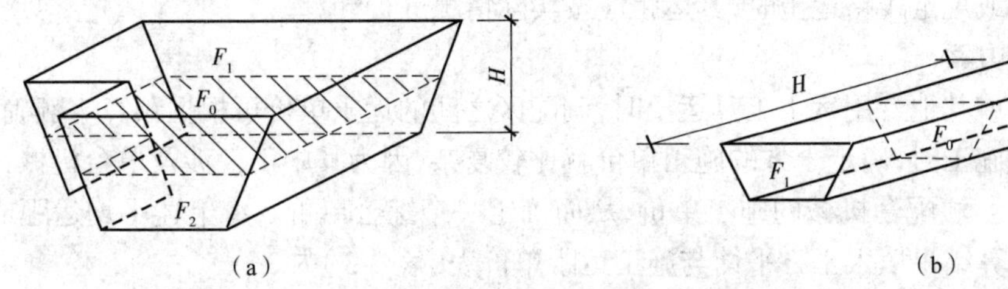

图2-11　土方量计算

(a)基坑土方量计算　(b)基槽、路堤土方量计算

基槽与路堤通常根据其形状(曲线、折线、变截面等)划分成若干段,先分段计算各段土方量,然后再累加求得总的土方工程量。如基槽、路堤为等截面,即F_1=F_2=F_0,由式(2-14)可得V=HF_1。

2. 场地平整土方量的计算

场地设计标高确定后,需平整的场地各角点的施工高度可通过计算求得,然后按每个方格角点的施工高度计算出填、挖土方量,并计算场地边坡的土方量,这样即可得到整个场地的填、挖土方总量。在计算前需先确定“零线”的位置,以有助于了解整个场地的挖、填区域分布状态。零线即挖方区与填方区的交线,在该线上施工高度为零。在相邻角点施工高度为一挖一填的方格边线上,用插入法求出零点(0)的位置,将各相邻的零点连接起来即为零线。如不需计算零线的确切位置,则绘出零线的大致走向即可。零线和零点确定后(图2-12),便可进行土方量的计算。方格中土方量的计算有两种方法:四方棱柱体法和三角棱柱体法。

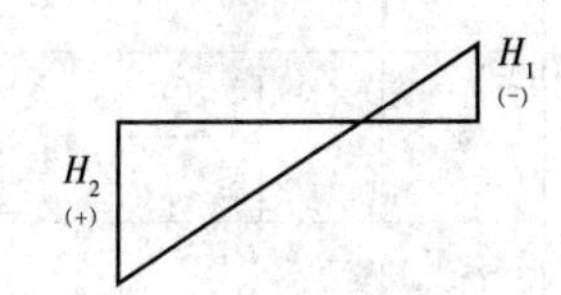

图2-12　零线和零点计算示意

2.5.2　土方调配

土方调配是大型土方施工设计的一个重要内容。土方调配的目的是在使土方总运输量最小或土方运输成本最低的前提下,确定填、挖方区域土方的调配方向和数量,从而达到缩短工期和降低成本的目的。

1. 调配区的划分原则

进行土方调配时,首先要划分调配区。划分调配区应注意以下几点:

(1)调配区的划分应该与工程建(构)筑物的平面位置相协调,并考虑它们的开工顺序、工程的分期施工顺序;

（2）调配区的大小应该满足土方施工主导机械（铲运机、挖土机等）的技术要求；

（3）调配区的范围应该和土方工程量计算用的方格网协调，通常可由若干个方格组成一个调配区；

（4）当土方运距较大或场地范围内土方不平衡时，可根据附近地形，考虑就近取土或就近弃土，这时每个取土区或弃土区都可作为一个独立的调配区。

2. 平均运距的确定

调配区的大小和位置确定后，便可计算各填、挖方调配区之间的平均运距。当用铲运机或推土机平土时，挖方调配区和填方调配区土方重心之间的距离，通常就是该填、挖方调配区之间的平均运距。当填、挖方调配区之间距离较远，采用汽车、自行式铲运机或其他运土工具沿工地道路或规定线路运土时，其运距应按实际情况进行计算。

3. 土方调配方案

当采用汽车或其他专用运土工具运土时，调配区之间的运土单价可根据预算定额确定。当采用多种机械施工时，确定土方的施工单价就比较复杂，因为其中不仅涉及单台机械核算问题，还要考虑运、填配套机械的施工单价，从而确定一个综合单价。将上述平均运距或土方施工单价的计算结果填入土方平衡与施工运距单价表（表 2-3）内。

表 2-3　土方平衡与施工运距单价表

挖方区	填方区												挖方量
	T_1		T_2		…		T_j		…		T_n		
W_1	x_{11}	c_{11} c'_{11}	x_{12}	c_{12} c'_{12}	…		x_{1j}	c_{1j} c'_{1j}	…		x_{1n}	c_{1n} c'_{1n}	a_1
W_2	x_{21}	c_{21} c'_{21}	x_{22}	c_{22} c'_{22}	…		x_{2j}	c_{2j} c'_{2j}	…		x_{2n}	c_{2n} c'_{2n}	a_2
⋮	⋮		⋮		x_{ef}	c_{ef} c'_{ef}	⋮		x_{eq}	c_{eq} c'_{eq}	⋮		⋮
W_i	x_{i1}	c_{i1} c'_{i1}	x_{i2}	c_{i2} c'_{i2}	…		x_{ij}	c_{ij} c'_{ij}	…		x_{in}	c_{in} c'_{in}	a_i
⋮	⋮		⋮		x_{pf}	c_{pf} c'_{pf}	⋮		x_{pq}	c_{pq} c'_{pq}	⋮		⋮
W_m	x_{m1}	c_{m1} c'_{m1}	x_{m2}	c_{m2} c'_{m2}	…		x_{mj}	c_{mj} c'_{mj}	…		x_{mn}	c_{mn} c'_{mn}	a_m
填方量	b_1		b_2		…		b_j		…		b_n		$\sum_{i=1}^{m} a_i = \sum_{j=1}^{n} b_j$

表 2-3 中，整个场地划分为 m 个挖方区 W_1, W_2, $\cdots$, W_m，其相应的挖方量分别为 a_1, a_2, $\cdots$, a_m；n 个填方区 T_1, T_2, $\cdots$, T_n，其相应的填方量分别为 b_1, b_2, $\cdots$, b_n；x_{ij} 表示由挖方区 i 到填方区 j 的土方调配数，由填、挖方平衡，得

$$\sum_{i=1}^{m} a_i = \sum_{j=1}^{n} b_j \tag{2-15}$$

从 W_1 到 T_1 的价格系数（平均运距，或单位土方运价，或单位土方施工费用）为 c_{11}，一般从 W_i 到 T_j 的价格系数为 c_{ij}。于是土方调配问题就可以用数学模型表达，即求一组 x_{ij} 的值，使下式目标函数为最小值：

$$Z = \sum_{i=1}^{m}\sum_{j=1}^{n} c_{ij}x_{ij} \tag{2-16}$$

且需要满足下列约束条件：

$$\sum_{j=1}^{n} x_{ij} = a_i \tag{2-17}$$

$$\sum_{i=1}^{m} x_{ij} = b_j \tag{2-18}$$

根据约束条件可知，未知量有 $m \times n$ 个，而方程数为（$m+n$）个。由填、挖方平衡可知，前面 m 个方程相加减去后面（$n-1$）个方程之和可以得到第 n 个方程，因此独立方程的数量实际上只有（$m+n-1$）个。

由于未知量个数多于独立方程数，因此该方程组有无穷多个解，而我们的目的是求出一组最优解，使目标函数为最小值。这属于“线性规划”中的“运输问题”，可以用“单纯形法”或“表上作业法”求解。运输问题用“表上作业法”求解较方便，用“单纯形法”求解则较烦琐。

土方调配应采取分区与全场相结合考虑的原则。分区土方的余额或欠额的调配，必须配合全场性的土方调配。调配区划分还应尽可能与大型地下建筑物的施工相结合，避免土方重复开挖。选择恰当的调配方向、运输路线，可使土方机械和运输车辆的功效得到充分发挥。

总之，进行土方调配必须根据现场的具体情况、有关技术资料、进度要求、土方施工方法与运输方法，综合考虑上述原则，经计算比较选择出经济合理的调配方案。

2.5.3　土方边坡及其稳定

土方边坡坡度以其高度 H 与其底宽 B 之比表示。边坡可做成直线形、折线形或踏步形。

$$\text{土方边坡坡度} = \frac{H}{B} = \frac{1}{m} \tag{2-19}$$

式中　m——坡度系数。

施工中，土方边坡坡度的留设应考虑土质、开挖深度、施工工期、地下水位、坡顶荷载及气候条件等因素。当地下水位低于基底时，在湿度正常的土层中开挖基坑或管沟，如敞露时间不长，在一定限度内可挖成直壁而不加支撑。

边坡稳定性的分析方法很多，如摩擦圆法、条分法等。有关这方面的计算，可参考有关文献。

土方施工中，除应正确确定边坡坡度外，还要进行护坡，以防边坡发生滑动。边坡的滑动一般是指土方边坡在一定范围内整体地沿某一滑动面向下和向外移动而丧失稳定性。边坡失稳往往是在外界不利因素影响下触动并加剧的。这些外界不利因素导致土体下滑力增加或抗剪强度降低。

土体的下滑使土体中产生剪应力。引起土体下滑力增加的因素主要有:坡顶上堆物、行车等荷载;雨水或地面水渗入土中使土的含水量提高,而使土的自重增加;地下水渗流产生一定的动水压力;土体竖向裂缝中的积水产生侧向静水压力等。引起土体抗剪强度降低的因素主要有:气候的影响使土质松软;土体内含水量增加,而产生润滑作用;饱和的细砂、粉砂受振动而液化等。

因此,在土方施工中,要预估各种可能出现的情况,采取必要的措施护坡防塌,特别要注意及时排除雨水、地面水,防止坡顶集中堆载及振动。必要时,可采用钢丝网细石混凝土(或砂浆)护坡面层加固。对于永久性土方边坡,则应采取永久性加固措施。

2.5.4 土壁支护

开挖基坑(槽)时,如地质条件及周围环境许可,采用放坡开挖是较经济的。但在建筑稠密地区施工,或有地下水渗入基坑(槽)时,往往不可能按要求的坡度放坡开挖,这就需要进行基坑(槽)支护,以保证施工的顺利和安全,并减少对相邻建筑、管线等的不利影响。

基坑(槽)支护结构的主要作用是支撑土壁。此外,钢板桩、混凝土板桩及水泥土搅拌桩等围护结构还兼有不同程度的隔水作用。

基坑(槽)支护结构的形式有多种,根据受力状态可分为横撑式支撑结构、板桩式支护结构、重力式支护结构,其中板桩式支护结构又可分为悬臂式和支护式。

1. 基槽支护

地下管线工程施工时,常需开挖沟槽。开挖较窄的沟槽,多采用横撑式支撑。横撑式支撑根据挡土板的不同,可分为水平挡土板式(图 2-13(a))以及垂直挡土板式(图 2-13(b))两类。水平挡土板的布置又可分为间断式和连续式两种。湿度小的黏性土挖土深度小于 3 m 时,可采用间断式水平挡土板支撑;对松散、湿度大的土,可采用连续式水平挡土板支撑,挖土深度可达 5 m;对松散和湿度很大的土,可采用垂直挡土板支撑,其挖土深度不限。

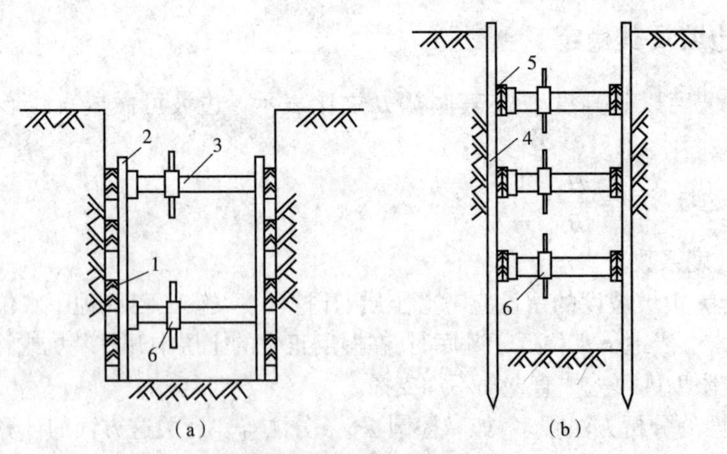

图 2-13 横撑式支撑

(a)水平挡土板式 (b)垂直挡土板式

1—水平挡土板;2—立柱;3—工具式横撑;4—垂直挡土板;5—横楞木;6—调节螺栓

支撑承受的荷载为土压力。土压力的分布不仅与土的性质、土坡高度有关,还与支撑的形式及变形有关。由于沟槽的支护多为随挖、随铺、随撑,支撑构件的刚度不同,撑紧的程度也难以一致,故作用在支撑上的土压力不能按库伦或朗肯土压力理论计算。实测资料表明,作用在横撑式支撑上的土压力的分布很复杂,也很不规则。土方工程中,通常按图 2-14 所示的几种简化图形进行土压力的计算。

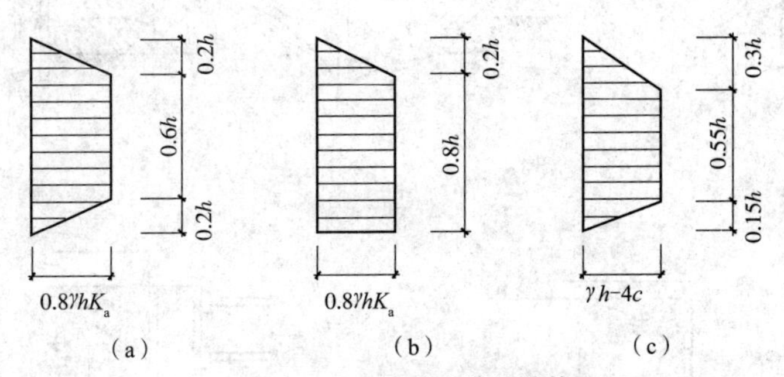

图 2-14　土压力分布简化计算图

(a)密砂　(b)松砂　(c)黏土

γ—土的天然重度;K_a—主动土压力系数;c—土的黏聚力

挡土板、立柱及横撑的强度、变形及稳定等可根据实际布置情况进行结构计算。对较宽的沟槽,不宜采用横撑式支撑,此时的土壁支护可采用类似于基坑的支护方法。

2. 基坑支护

在地下室或其他地下结构、深基础等施工中,常需要开挖基坑,为保证基坑侧壁的稳定,保护周边环境,满足地下工程施工要求,往往需要设置基坑支护结构。基坑支护结构一般根据地质条件、基坑开挖深度以及对周边环境的保护要求采取土钉墙、重力式水泥土墙、板式支护结构等形式。

2.5.5　基坑降水

在开挖基坑或沟槽时,土壤的含水层常被切断,地下水将会不断地渗入坑内或槽内。雨季施工时,地面水也会流入坑内或槽内。为了保证施工正常进行,防止边坡塌方和地基承载能力下降,必须做好基坑降水工作。基坑降水方法可分为重力降水(如集水井、明渠等)和强制降水(如轻型井点、深井泵、电渗井点等)。土方工程中采用较多的是集水井降水和轻型井点降水,下面仅介绍轻型井点降水。

1. 轻型井点降水的作用

井点降水就是在基坑开挖前,预先在基坑四周埋设一定数量的滤水管(井),在基坑开挖前和开挖中,利用真空原理,不断抽出地下水,使地下水位降到坑底以下。井点降水具有下述作用:防止地下水涌入坑内(图 2-15(a));防止边坡由于地下水的渗流引起塌方(图 2-15(b));使坑底的土层消除由地下水位差引起的压力,从而防止坑底的管涌(图 2-15(c));降低地下水位后,使板桩减少横向荷载(图 2-15(d));消除地下水的渗流,避免出现流砂现象(图 2-15(e));降低地下水位后,还能使土壤固结,增加地基的承载能力。

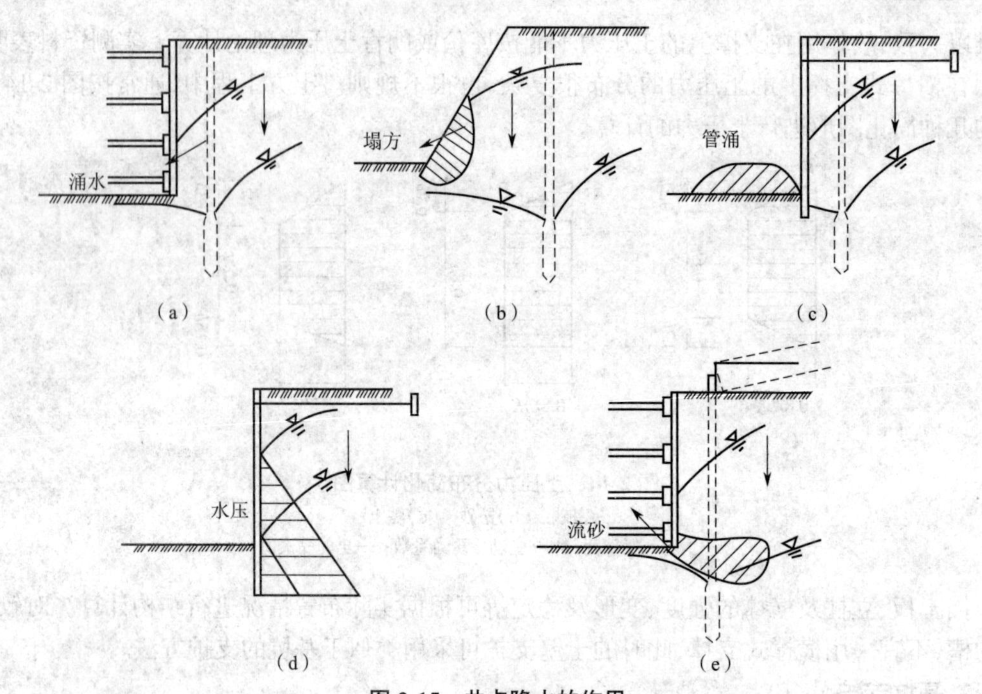

图 2-15　井点降水的作用

(a)防止涌水　(b)防止塌方　(c)防止管涌　(d)减少横向荷载　(e)防止流砂

2. 流砂的成因与防治

流砂现象是水在土中渗流所产生的动水压力对土体作用的结果。地下水的渗流对单位土体内骨架产生的压力称为动水压力，用 G 表示，它与单位土体内渗流水受到土体骨架的阻力 T 大小相等、方向相反。如图 2-16 所示，水在土体内从 A 向 B 流动，沿水流方向取一土柱体，其长度为 L，横截面面积为 F，两端点 A、B 之间的水头差为 H_A-H_B。计算动水压力时，考虑到地下水的渗流加速度很小，因而可忽略惯性力。

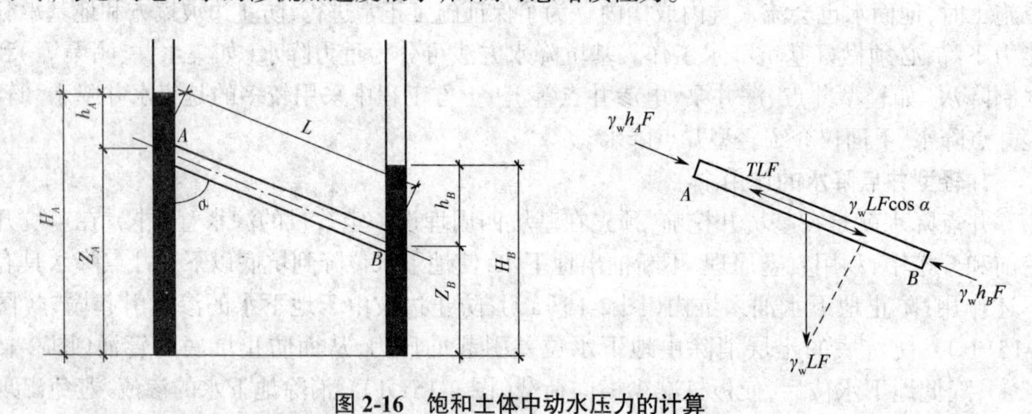

图 2-16　饱和土体中动水压力的计算

作用在土柱体内水体上的力有：

(1)A、B 两端的静水压力分别为 $\gamma_w h_A F$ 和 $\gamma_w h_B F$；

(2)土柱体内饱和土柱中孔隙的重量与土体骨架所受浮力的反力之和为 $\gamma_w LF$；

(3)土柱体骨架对渗流水的总阻力为 TLF。

由$\sum X=0$，得

$$\gamma_w h_A F-\gamma_w h_B F-TLF+\gamma_w LF\cos\alpha=0 \tag{2-20}$$

将$\cos\alpha=\dfrac{Z_A-Z_B}{L}$代入式(2-20),得

$$T=\gamma_w\frac{H_A-H_B}{L} \tag{2-21}$$

其中,$\dfrac{H_A-H_B}{L}$为水头差与渗透路径之比,称为水力坡度,用i表示,于是有

$$T=i\gamma_w \tag{2-22}$$

$$G=-T=-i\gamma_w \tag{2-23}$$

式中:负号表示G与所设水渗流时的总阻力T的方向相反,即与水的渗流方向一致。

由式(2-23)可知,动水压力G与水力坡度成正比,即水位差H_A-H_B越大,则G越大;而渗透路程L越长,则G越小。当水流在水位差的作用下对土粒产生向上的压力时,动水压力使土粒不但受到水的浮力作用,而且还受到向上的动水压力的作用。如果压力大于或等于土的浮重度,则土粒失去自重,处于悬浮状态,土的抗剪强度等于零,土粒会随着渗流的水一起流动,这种现象就是"流砂现象"。

细颗粒、均匀颗粒、松散及饱和的土容易产生流砂现象,因此流砂现象经常在细砂、粉砂及粉土中出现,但是否出现流砂主要取决于动水压力的大小,防治流砂应着眼于减小或消除动水压力。防治流砂的主要方法有水下挖土法、冻结法、枯水期施工、抢挖法、加设支护结构及井点降水法等,其中井点降水法是根除流砂的有效方法之一。

3. 井点降水法的种类

井点有轻型井点和管井点两大类,一般根据土的渗透系数、降水深度、设备条件及经济比较等因素确定,可参照表 2-4 选择。

表 2-4　各种井点的适用范围

井点类别		土的渗透系数 /(m/d)	降水深度 /m
轻型井点	一级轻型井点	3×10^{-4}~2×10^{-1}	3~6
	多级轻型井点	3×10^{-4}~2×10^{-1}	视井点级数而定
	喷射井点	3×10^{-4}~2×10^{-1}	8~20
	电渗井点	$<3\times10^{-4}$	视选用的井点而定
管井点	管井井点	7×10^{-2}~7×10^{-1}	3~5
	深井井点	3×10^{-2}~9×10^{-1}	>15

4. 一般轻型井点

1)一般轻型井点设备

轻型井点设备由管路系统和抽水设备组成,如图 2-17 所示。

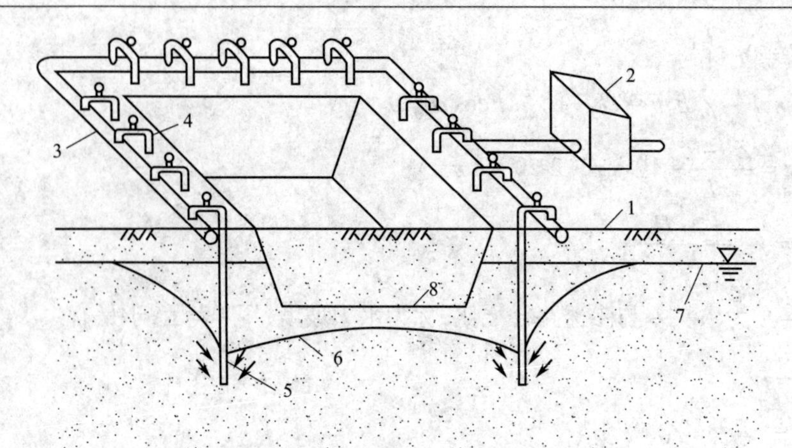

图 2-17 轻型井点降水法示意

1—自然地面;2—水泵;3—总管;4—井点管;5—滤管;6—降水后地下水位;7—原地下水位;8—基坑底面

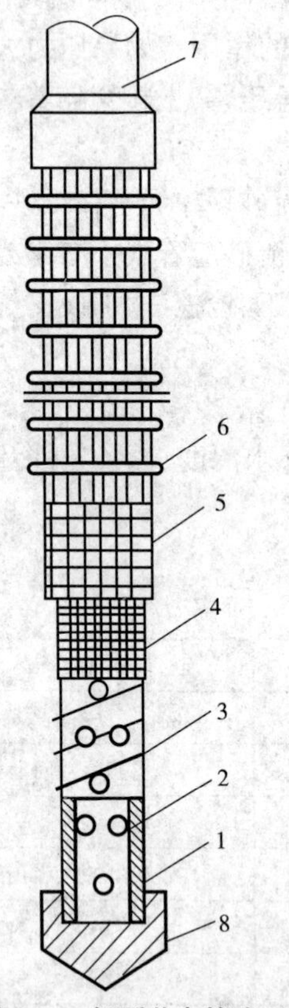

图 2-18 轻型井点管路系统

1—钢管;2—管壁;3—缠绕的塑料管;
4—细滤网;5—粗滤网;6—粗铁丝保护网;
7—井点管;8—铸铁塞头

管路系统包括滤管、井点管、弯联管及总管等,如图 2-18 所示。滤管为进水设备,通常采用长 1.0~1.5 m、直径 38~51 mm 的无缝钢管,管壁钻有直径 12~19 mm 的滤孔。骨架管外面包有两层孔径不同的生丝布或塑料布滤网。为使流水畅通,在骨架与滤网之间用塑料管或梯形铅丝隔开,塑料管沿骨架绕成螺旋形。滤网外面再缠绕一层粗铁丝保护网,滤管下端为一铸铁塞头,滤管上端与井点管连接。井点管为直径 38~51 mm、长 5~7 m 的钢管。井点管上端用弯联管与总管相连。集水总管为直径 100~127 mm 的无缝钢管,每段长 4 m,其上装有与井点管连接的短接头,间距为 0.8 m 或 1.2 m。

抽水设备由真空泵、离心泵和水气分离器(又叫集水箱)等组成,其工作原理如图 2-19 所示。抽水时先开动真空泵,在水气分离器内部形成一定程度的真空,使土中的水分和空气受真空吸力作用而被吸出,进入水气分离器。当进入水气分离器内的水达到一定高度时,即可开动离心泵。在水气分离器内的水和空气向两个方向流去:水经离心泵排出,空气集中在上部由真空泵排出,少量从空气中带入的水从放水口放出。一套抽水设备的负荷长度(即集水总管长度)为 100~120 m。常用的 W5、W6 型干式真空泵的最大负荷长度分别为 100 m 和 120 m。

2)轻型井点布置

Ⅰ. 平面布置

当基坑宽度小于 6 m,降水深度不超过 5 m 时,采用单排井点,并布置在地下水上游侧,两端延伸长度不小于基坑的宽度,如图 2-20(a)所示。当基坑宽度大于 6 m 或土质排水不良时,宜采用双排线状井点。

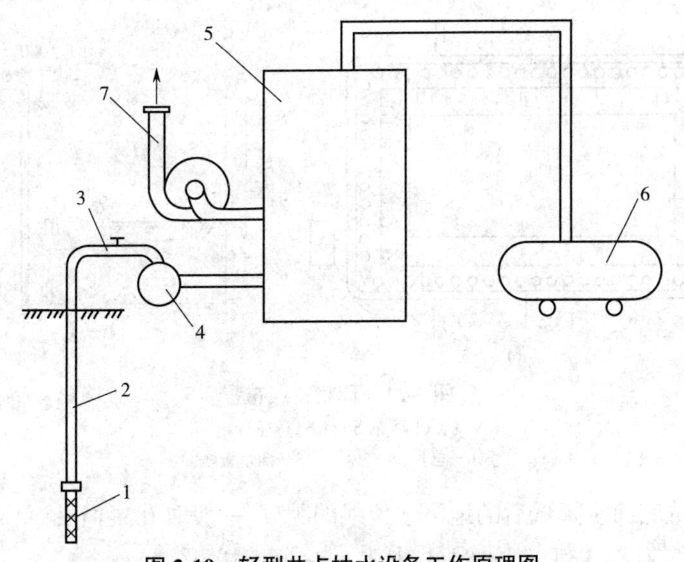

图 2-19　轻型井点抽水设备工作原理图

1—滤管；2—井点管；3—弯联管；4—总管；5—集水箱；6—真空泵；7—离心泵

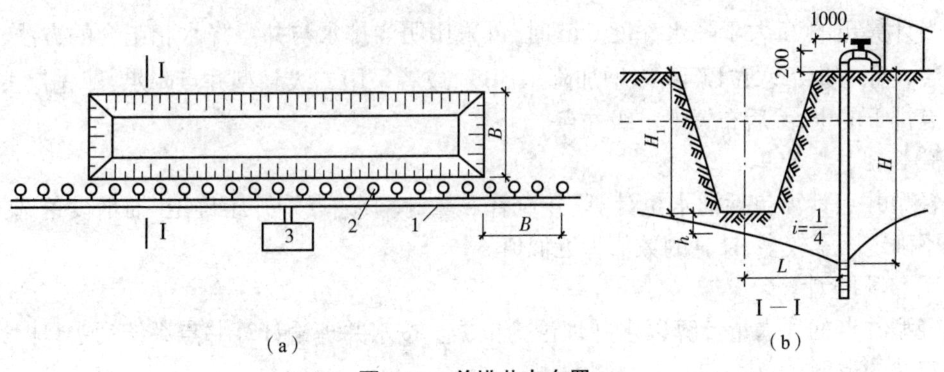

图 2-20　单排井点布置

(a)平面布置　(b)高程布置

1—总管；2—井点管；3—抽水设备

当基坑面积较大时，采用环状井点，如图 2-21(a)所示。有时为了施工需要，可留出一段(最好在地下水下游方向)不封闭。

井点管距基坑壁一般不少于 1 m，以防局部漏气。井点管间距应根据土质、降水深度、工程性质等按计算或经验确定。靠近河流处或总管四角部位，井点应适当加密。采用多套抽水设备时，井点系统应分成长度大致相等的段，分段位置宜在基坑拐弯处，各套井点总管之间应安装阀门隔开。

Ⅱ. 高程布置

轻型井点的降水深度，考虑抽水设备的水头损失后，一般不超过 6 m。在布置井点管时，应参考井点的标准长度以及井点管露出地面的长度(一般为 0.2~0.3 m)，而且滤管必须在透水层内。井点管的埋设深度 H(不包括滤管，图 2-20(b)和图 2-21(b))按下式计算：

$$H \geqslant h + iL + H_1 \tag{2-24}$$

式中　H_1——井点管埋置面至基坑底面的距离(m)；

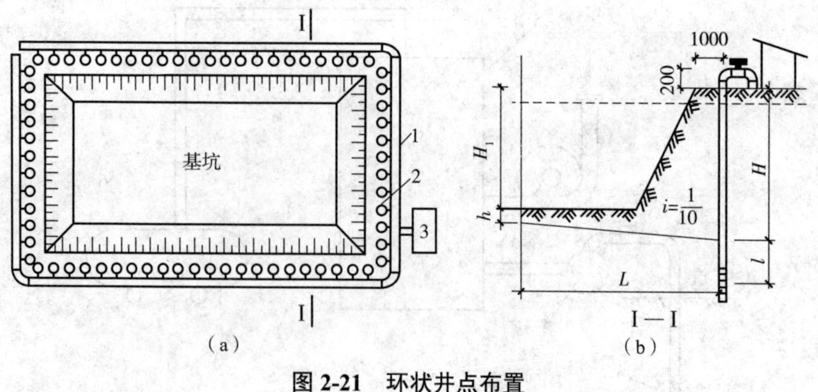

图 2-21 环状井点布置

(a)平面布置 (b)高程布置

1—总管;2—井点管;3—抽水设备

h——基坑底面至降低后的地下水位线的距离,一般取 0.5~1 m;

i——水力坡度,单排井点取 1/4,环状井点取 1/10;

L——井点管至基坑中心的水平距离。

计算出 H 后,为安全考虑,一般再增加 1/2 滤管长度。

当计算出的 H 大于降水深度 6 m 时,可采用明沟排水与井点降水相结合的方法,将总管安装在原有地下水位以下,以增加降水深度,或者采用二级轻型井点降水,即先挖去第一级井点排干的土,然后布置下一级井点。

3)轻型井点计算

轻型井点计算包括涌水量计算、井点管数量计算、井点管井距确定、抽水设备选择等。由于不确定因素较多,计算的数值为近似值。

Ⅰ. 涌水量计算

轻型井点的涌水量计算以水井理论为依据。按水井理论计算井点系统涌水量时,首先要判定井的类型。

水井根据其井底是否到达不透水层,可分为完整井和非完整井。井底到达不透水层的称为完整井,否则称为非完整井。

水井根据地下水有无压力可分为承压井和无压井。若滤管布置在地下两个不透水层之间,地下水面承受不透水层的压力,抽汲承压层间地下水,称为承压井;若地下水上部均为透水层,地下水是无压潜水,则称为无压井。

总体来讲,水井可分为以下四种类型。

(1)无压完整井:地下水上部为透水层,地下水无压力,井底到达不透水层,如图 2-22(a)所示。

(2)无压非完整井:地下水上部为透水层,地下水无压力,井底未到达不透水层,如图 2-22(b)所示。

(3)承压完整井:滤管布置在充满地下水的两个不透水层之间,地下水有压力,井底到达不透水层,如图 2-22(c)所示。

(4)承压非完整井:滤管布置在充满地下水的两个不透水层之间,地下水有压力,井底未到达不透水层,如图 2-22(d)所示。

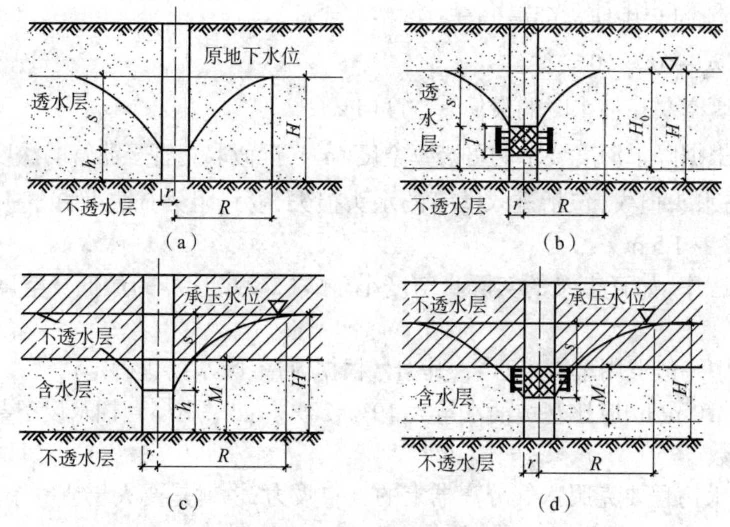

(a)　(b)　(c)　(d)

图 2-22　水井的分类

(a)无压完整井　(b)无压非完整井　(c)承压完整井　(d)承压非完整井

Ⅱ. 井点管数量计算与井距确定

井点管的数量取决于井点系统涌水量和单根井点管的最大出水量。单根井点管的最大出水量与滤管的构造、尺寸以及土的渗透系数有关，可按下式计算：

$$q = 65\pi dl\sqrt[3]{K} \tag{2-25}$$

式中　q——单根井点管的最大出水量(m³/d)；

d——滤管直径(m)；

l——滤管长度(m)；

K——渗透系数(m/d)。

井点管数量可按下式计算：

$$D = \frac{L}{n} \tag{2-26}$$

式中　D——井点管间距(m)；

L——总管长度(m)；

n——井点管数量。

在确定井点管间距时，还应考虑井距不能过小，否则彼此干扰大，影响出水量，因此井距必须大于 $5\pi d$；在总管拐弯处及靠近河流处，井点管宜适当加密；在渗透系数小的土中，考虑到抽水使水位降落所需的时间比较长，宜使井距缩小；井距还应与总管上的接头间距相配合。

Ⅲ. 抽水设备选择

由真空泵和离心泵组成的轻型井点机组，可根据所带动的总管长度、井点管数量及降水深度选用。一套抽水机组通常设真空泵一台、离心泵两台。两台离心泵既可轮换使用，又可在地下水量较大时同时使用。

干式真空泵常用的型号有 W5 和 W6 型。采用 W5 型真空泵时，总管长度一般不大于 100 m；采用 W6 型真空泵时，总管长度一般不大于 120 m。

真空泵的真空度最大可达 100 kPa，根据降水深度所需要的可吸真空度及各项水头损失，真空泵在抽水过程中所需的最低真空度按下式计算：

$$h_k = (h_a + \Delta h) \times 10^4 \tag{2-27}$$

式中　h_k——真空泵在抽水时的最低真空度（Pa）；

h_a——根据降水深度要求的可吸真空度（m），近似取总管至滤管的深度；

Δh——水头损失，包括进入滤管的水头损失、管路阻力损失及漏气损失等，近似取1~1.5 m。

在抽水过程中，如真空泵的实际真空度小于式（2-27）计算的最低真空度，则降水深度达不到要求。

轻型井点中一般选用单级离心泵，其型号根据流量、吸水扬程确定。

水泵的流量（m³/h）应比基坑涌水量大10%~20%。如采用多套抽水设备共同抽水，则涌水量要除以套数。

水泵的吸水扬程要克服水气分离器上的真空吸力，也就是要大于或等于井点处的降水深度加各项水头损失，即式（2-27）中的 $h_a + \Delta h$。

5. 轻型井点施工与运行

轻型井点的施工顺序：挖井点沟槽，敷设集水总管；冲孔，沉设井点管，填灌砂滤层；用弯联管连接井点管与集水总管；安装抽水设备；试抽。

井点管的埋设方法有射水法、冲孔（或钻孔）法及套管法，根据设备条件及土质情况选用。

（1）射水法是在井点管的底端安装冲水装置（称为射水式井点管）进行冲孔来下沉井点管，如图2-23所示。冲水装置内装有球阀和环阀，当用高压水冲孔时，球阀下落，高压水流在井点管底部喷出使土层形成孔洞，井点管依靠自重下沉，泥砂从井点管和土壁之间的空隙内随水流排出，较粗的砂粒随井点管下沉，形成滤层的一部分。当井点管达到设计标高后，冲水停止，球阀上浮，可防止土进入井点管内，然后立即填灌砂滤层。冲孔直径应不小于300 mm，冲孔深度应比滤管深0.5 m左右，以利于沉泥砂。井点管要位于砂滤层中间。

（2）冲孔法是用直径50~70 mm的冲水管冲孔后，再沉放井点管，如图2-24所示。冲水管长度一般比井点管长约1.5 m，下端装有圆锥冲嘴，在冲嘴的圆锥面上钻有三个喷水小孔，各孔之间焊有三角形立翼，以辅助冲水时扰动土层，便于冲水管更快下沉。冲水管上端用胶皮管与高压水泵连接。为加快冲孔速度，减少用水量，有时还在冲水管两旁加装压缩空气管。冲孔前，先在井点管位置开挖小坑，并用小沟渠将小坑连接起来，以便泄水。冲孔时，先将冲水管吊起并插在井点坑位内，然后开动高压水泵将土冲松，冲水管边冲边下沉。冲孔时，应使孔洞保持垂直，上下孔径一致。冲孔直径一般为300 mm，以保证管壁有一定厚度的砂滤层；冲孔深度一般比滤管深0.5 m左右。井孔冲成后，拔出冲水管，立即插入井点管，并在井点管与孔壁之间填灌砂滤层。砂滤层所用的砂一般为粗砂，滤层厚度一般为60~100 mm，充填高度至少要达到滤管顶以上1~1.5 m，也可充填到原地下水位线，以保证水流畅通。

（3）套管法是将直径150~200 mm的套管，用水冲法或振动水冲法沉至要求深度后，先在孔底填一层砂砾，然后将井点管居中插入，在套管与井点管之间分层填入粗砂，并逐步拔出套管。

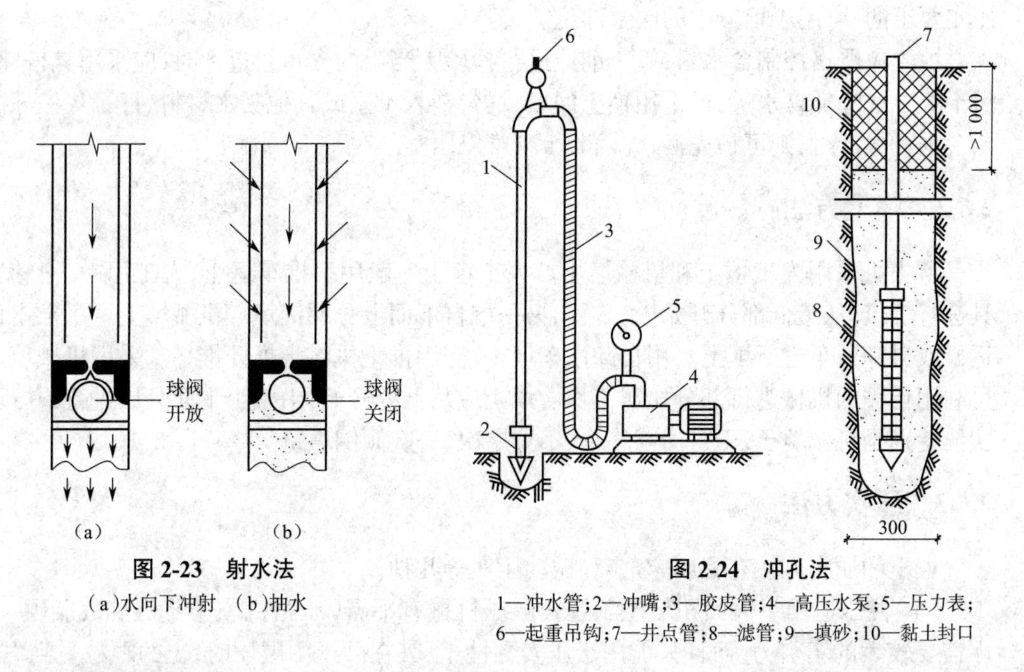

图 2-23　射水法

(a)水向下冲射　(b)抽水

图 2-24　冲孔法

1—冲水管;2—冲嘴;3—胶皮管;4—高压水泵;5—压力表;6—起重吊钩;7—井点管;8—滤管;9—填砂;10—黏土封口

每根井点管沉设后应检验渗水性能。井点管与孔壁之间填灌砂滤层时,管口应有泥浆水冒出,或向管内灌水时能很快下渗方为合格。

井点管沉设完毕,即可接通总管和抽水设备,然后进行试抽,全面检查管路接头的质量、井点出水状况和抽水机械运转情况等。如发现漏气和死井(井点管淤塞)要及时处理,检查合格后,井点管口到地面下 0.5~1 m 的深度范围内用黏土填塞,以防漏气。

使用轻型井点时一般应连续抽水。若时抽时停,滤网易堵塞,也易抽出泥砂,使出水混浊,并可能引发附近建筑物地面沉降。抽水过程中应调节离心泵的出水阀,控制出水量,使抽水保持均匀。降水过程应按时观测流量、真空度和井内的水位变化,并做好记录。采用轻型井点降水时,应对附近原有建筑物进行沉降观测,必要时应采取防护措施。

2.6　土方回填

2.6.1　土料选用与处理

填方土料应符合设计要求,保证填方的强度与稳定性,选择的填料应为强度高、压缩性小、稳定性好、便于施工的土石料。如设计无要求,应符合下列规定。

(1)碎石类土、砂土和爆破石渣(粒径不大于每层铺土厚度的 2/3)可用于表层下的填方。

(2)含水量符合压实要求的黏性土,可作为填土。在道路工程中,黏性土不是理想的路基填料,在使用其作为路基填料时,必须充分压实,并设有良好的排水设施。

(3)碎块草皮和有机质含量大于 8% 的土,仅用于无压实要求的填方。

(4)淤泥和淤泥质土一般不能用作填料,但在软土或沼泽地区,经过处理,含水量符合压实要求的,可用于填方中的次要部位。

填土应严格控制含水量,施工前应进行检验。当土的含水量过大时,应采用翻松、晾晒、风干等方法降低含水量,或采用换土回填、均匀掺入干土或其他吸水材料、打石灰桩等措施;当含水量偏低时,则可预先洒水湿润,否则难以压实。

2.6.2 填土方法

填土可采用人工填土和机械填土。人工填土一般用手推车运土,人工用锹、耙、锄等工具进行填筑,从最低部分开始由一端向另一端自下而上分层铺填。机械填土可用推土机、铲运机或自卸汽车进行填土。用自卸汽车填土,需用推土机将土推开推平。采用机械填土时,可利用行驶的机械进行部分压实工作。填土应从低处开始,沿整个平面分层进行,并逐层压实。特别是机械填土,不得居高临下、不分层次、一次倾倒填筑。

2.6.3 压实方法

填土的压实方法有碾压、夯实和振动压实等几种。

(1)碾压适用于大面积填土工程。碾压机械有平碾(压路机)、羊足碾和气胎碾。羊足碾需要较大的牵引力,而且只能用于压实黏性土,其在砂土中碾压时,土的颗粒受到"羊足"较大的单位压力后会向四周移动,从而使土的结构破坏。气胎碾在工作时是弹性体,给土的压力较均匀,填土压实质量较好。应用最普遍的是刚性平碾。利用运土工具碾压填土也可取得较大的密实度,但必须很好地组织土方施工,利用运土过程进行碾压。如果单独使用运土工具进行压实工作,在经济上是不合理的,其压实费用要比使用平碾压实高一倍左右。

(2)夯实主要用于小面积填土,可以夯实黏性土或非黏性土。夯实的优点是可以压实较厚的土层。夯实机械有夯锤、内燃夯土机和蛙式打夯机等。夯锤借助起重机提起并落下,其重量大于1.5 t,落距为2.5~4.5 m,夯土影响深度可超过1 m,常用于夯实湿陷性黄土、杂填土以及含有石块的填土。内燃夯土机作用深度为0.4~0.7 m,它和蛙式打夯机都是应用较广的夯实机械。人力夯土(木夯、石硪)方法已很少使用。

(3)振动压实主要用于压实非黏性土,采用的机械主要是振动压路机、平板振动器等。

2.6.4 影响填土压实的因素

填土压实质量与许多因素有关,其中主要影响因素为压实功、土的含水量以及每层铺土厚度。

1. 压实功的影响

填土压实后的重度与压实机械在其上所施加的功有一定的关系。土的重度与所耗的功的关系如图2-25所示。当土的含水量一定,在开始压实时,土的重度急剧增加,当接近土的最大重度时,压实功即使继续增加,土的重度也没有变化。实际施工中,对不同的土,应根据选择的压实机械和密实度要求选择合理的压实遍数。此外,松土不宜用重型碾压机械直接滚压,否则土层有强烈起伏现象,效率不高;如果先用轻碾压实,再用重碾压实,就会取得较好的效果。

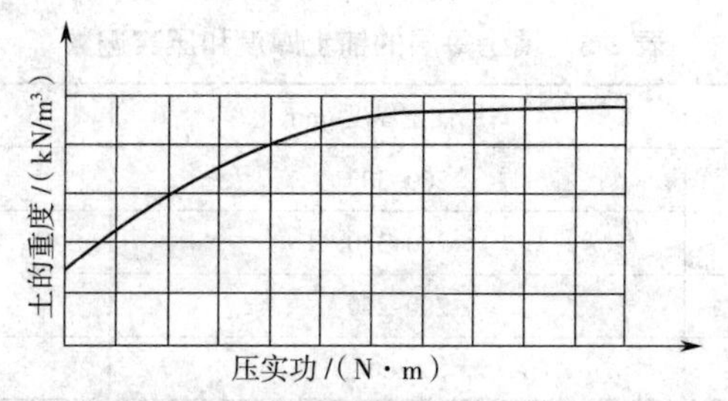

图 2-25　土的重度与压实功的关系

2. 含水量的影响

在同一压实功条件下，填土的含水量对压实质量有直接影响。较为干燥的土，由于土粒间的摩阻力较大而不易压实。当土的含水量适当时，水起到润滑作用，土颗粒之间的摩阻力减小，从而易压实。但当土的含水量过大时，土的孔隙被水占据，由于液体的不可压缩性，如土中的水无法排出，则难以将土压实。这在黏性土中尤为突出，含水量较高的黏性土压实时，很容易形成“橡皮土”而无法压实。每种土都有最佳含水量，土在最佳含水量的条件下，使用同样的压实功进行压实，所得到的重度最大，如图 2-26 所示。各种土的最佳含水量和所能获得的最大干重度，可由击实试验获得。施工中，土的含水量与最佳含水量之差可控制在 −4%~+2% 范围内。

3. 铺土厚度的影响

土在压实功的作用下，压应力随深度增加而逐渐减小，如图 2-27 所示。其影响深度与压实机械、土的性质和含水量等有关。铺土厚度应小于压实机械压土时的有效作用深度，而且还应考虑最优土层厚度。土铺得过厚，要压很多遍才能达到规定的密实度；土铺得过薄，则要增加机械的总压实遍数。最优的铺土厚度应能使土方压实，且机械的功耗费最少。填土每层的铺土厚度和压实遍数可参考表 2-5 选择。

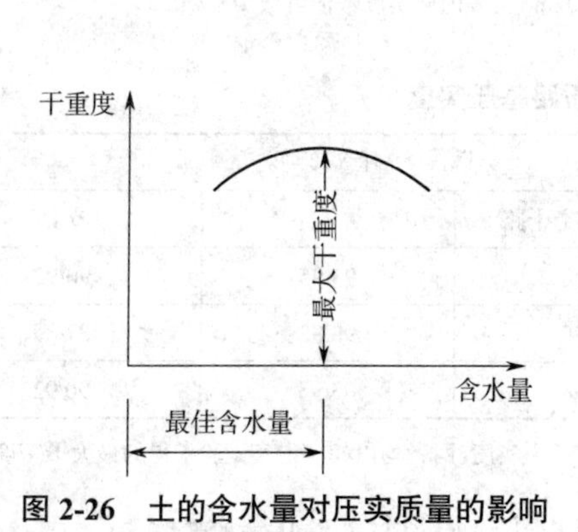

图 2-26　土的含水量对压实质量的影响

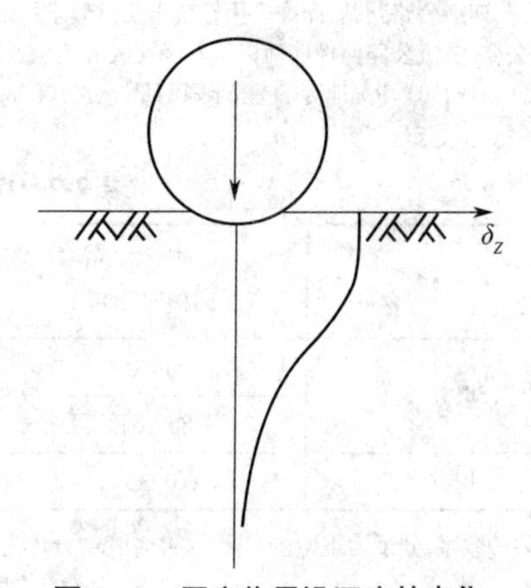

图 2-27　压实作用沿深度的变化

表 2-5 填土每层的铺土厚度和压实遍数

压实机具	每层铺土厚度 /mm	每层压实遍数
平 碾	200~300	6~8
羊足碾	200~350	8~16
蛙式打夯机	200~250	3~4
人工打夯	<200	3~4

2.6.5 填土压实的质量检查

填土压实后应达到一定的密实度及含水量要求。密实度要求一般根据工程结构性质、使用要求以及土的性质确定。例如，建筑工程中的砌体承重结构和框架结构，在地基主要持力层范围内，压实系数（压实度）应大于 0.96，在地基主要持力层以下，压实系数则应在 0.93~0.96。又如，道路工程土质路基的压实度应根据所在地区的气候条件、土质地基的水温度状况、道路等级及路面类型等因素综合考虑确定。我国公路和城市道路土质路基的压实度见表 2-6 及表 2-7。

表 2-6 公路土质路基压实度

填挖类别	路槽底面以下深度 /cm	压实度 /%
路 堤	0~80	>93
	80 以下	>93
零填及路堑	0~30	>93

注：①表列压实度是按《公路土工试验规程》（JTG 3430—2020）重型击实试验求得最大干密度的压实度。对于铺筑中级或低级路面的三、四级公路路基，允许采用轻型击实试验求得最大干密度的压实度。

②高速公路、一级公路路槽底面以下 0~80 cm 和零填及路堑 0~30 cm 范围内的压实度应大于 95%。

③特殊干旱或特殊潮湿地区（是指年降雨量不足 100 mm 或大于 2 500 mm），表内压实度数值可减少 2%~3%。

表 2-7 城市道路土质路基压实度

填挖深度	深度范围 /cm（路槽底算起）	压实度 /%		
		快速路及主干路	次干路	支路
填方	0~80	95/98	93/95	90/92
	80 以下	93/95	90/92	87/89
挖方	0~30	95/98	93/95	90/92

注：①表中数字，分子为重型击实标准的压实度，分母为轻型击实标准的压实度，两者均以相应击实试验求得的最大干密度为压实度的 100%。

②填方高度小于 80 cm 及不填不挖路段，原地面以下 0~30 cm 范围内土的压实度应不低于表列挖方的要求。

压实系数（压实度）为土的控制干重度与土的最大干重度之比，即

$$\lambda_c = \frac{\rho_d}{\rho_{dmax}} \tag{2-28}$$

ρ_d 可用环刀法或灌砂（或灌水）法测定，ρ_{dmax} 则用击实试验确定。标准击实试验方法

分为轻型标准和重型标准两种，两者的落锤质量、击实次数不同，即试件承受的单位压实功不同。压实度相同时，采用重型标准的压实要求比轻型标准的高。道路工程中，一般要求土质路基压实采用重型标准，确有困难时，可采用轻型标准。

2.7　土方机械化施工

2.7.1　主要挖土机械的性能

1. 推土机

推土机是土方工程施工的主要机械之一，它是在履带式拖拉机上安装推土板等工作装置而形成的机械。常用推土机的发动机功率有 55 kW，75 kW，90 kW，120 kW，160 kW，235 kW 等数种。推土板多用油压操纵。图 2-28 所示是由液压操纵的 T180 型推土机外形，液压操纵推土板的推土机除可以升降推土板外，还可以调整推土板的角度，因此具有更大的灵活性。

图 2-28　T180 型推土机外形

推土机操纵灵活，运转方便，所需工作面较小，行驶速度快，易于转移，能爬 30° 左右的缓坡，因此应用范围较广。推土机适用于开挖一至三类土，多用于平整场地，开挖深度不大的基坑，移挖作填，回填土方，堆筑堤坝，以及配合挖土机集中土方、修路开道等。推土机作业以切土和推运土方为主，切土时应根据土质情况，尽量采用最大切土深度在最短距离（6~10 m）内完成，以便缩短低速行进的时间，然后直接推运到预定地点。推土机的上下坡坡度不得超过 35°，横坡坡度不得超过 10°。几台推土机同时作业时，前后距离应大于 8 m。推土机经济运距在 100 m 以内，效率最高的运距为 60 m。为提高推土机的生产效率，可采用槽型推土、下坡推土以及并列推土等方法。

2. 铲运机

铲运机是一种能综合完成全部土方施工工序（挖土、装土、运土、卸土和平土）的机械。铲运机按行走方式可分为自行式铲运机（图 2-29）和拖式铲运机（图 2-30）。常用的铲运机土斗容量有 9 m^3，12 m^3，15 m^3 等数种，按铲斗的操纵系统又可分为机械操纵和液压操纵。

图 2-29　自行式铲运机外形

图 2-30　拖式铲运机外形

铲运机操纵简单，不受地形限制，能独立工作，行驶速度快，生产效率高。铲运机适用于开挖一至三类土，常用于坡度在 20° 以内的大面积土方挖、填、平整、压实，以及大型基坑开挖和堤坝填筑等。

铲运机运行路线和施工方法根据工程规模、运距、土的性质和地形条件等确定。其运行路线可采用环形路线或"8"字形路线，经济运距为 600~1 500 m，当运距为 200~350 m 时效率最高。采用下坡铲土法、跨铲法、推土机助铲法等，可缩短装土时间，提高土斗装土量，以充分发挥铲运机的效率。

3. 挖掘机

挖掘机按行走方式可分为履带式和轮胎式两种；按传动方式可分为机械传动和液压传动两种。常用的挖掘机土斗容量有 0.2 m^3，0.4 m^3，1.0 m^3，1.5 m^3，2.0 m^3，2.5 m^3，3.5 m^3，4.5 m^3 等多种，工作装置有正铲、反铲、抓铲，机械传动挖掘机还有拉铲，其中使用较多的是正铲与反铲。挖掘机利用土斗直接挖土，因此也称为单斗挖土机。

1）正铲挖掘机及装载机

正铲挖掘机外形如图 2-31 所示，可开挖停机面以上的土方，且需与汽车配合完成整个挖运工作。正铲挖掘机挖掘力大，适用于开挖含水量较小的一至四类土和经爆破的岩石及冻土，挖土时前进向上，强制切土。

正铲的生产效率主要取决于每斗作业的循环延续时间。为了提高其生产效率，除工作面高度必须满足装满土斗的要求外，还要考虑开挖方式和运土机械配合，尽量减小回转角度，缩短每个循环的延续时间。

图 2-31　正铲挖掘机外形

装载机主要用于铲装土壤、砂石、石灰、煤炭等散状物料，也可对矿石、硬土等进行轻度铲挖作业，如图 2-32 所示。装载机具有作业速度快、效率高、机动性好、操作轻便等优点。常用的装载机按功率可分为四类：功率小于 74 kW 的小型装载机；功率在 74~147 kW 的中型装载机；功率在 147~515 kW 的大型装载机；功率大于 515 kW 的特大型装载机。

图 2-32　装载机外形

2）反铲挖掘机

反铲挖掘机外形如图 2-33 所示，它适用于开挖一至三类的砂土或黏土，主要用于开挖停机面以下的土方，挖土时后退向下，强制切土，一般反铲的最大挖土深度为 4~6 m，经济合理的挖土深度为 3~5 m。反铲挖掘机也需要配备汽车进行运土。反铲挖掘机的开挖方式可以采用沟端开挖法，也可以采用沟侧开挖法。

(a) (b)

图 2-33 反铲挖掘机外形

(a)普通反铲挖掘机 (b)带有加长臂的反铲挖掘机

3)抓铲挖掘机

抓铲挖掘机外形如图 2-34 所示,它适用于开挖较松软的土,挖土时直上直下,自重切土。对施工面狭窄而深的基坑、深槽、深井,采用抓铲挖掘机可取得理想效果。抓铲挖掘机还可用于挖取水中淤泥,装卸碎石、矿渣等松散材料。新型的抓铲挖掘机可采用液压传动操纵抓斗作业。抓铲挖掘机挖土时,通常位于基坑一侧,对较宽的基坑则在两侧或四侧抓土。抓铲挖掘机抓挖淤泥时,抓斗易被淤泥"吸住",应避免起吊用力过猛,以防翻车。

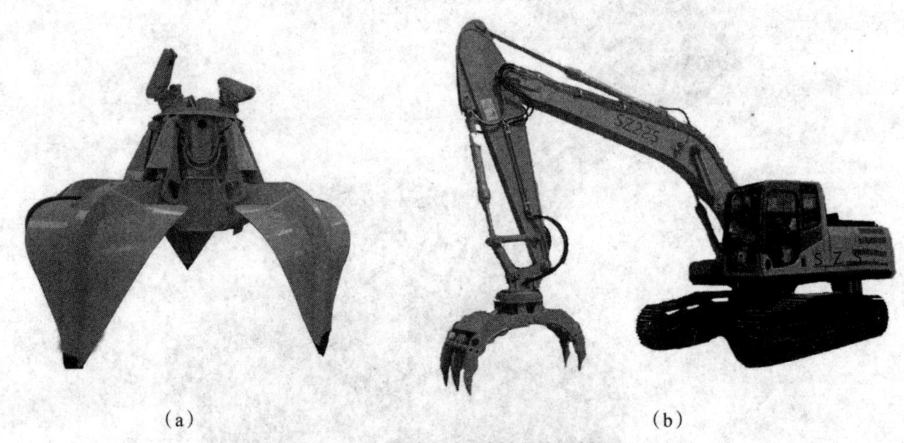

(a) (b)

图 2-34 抓斗及抓铲挖掘机外形

(a)抓斗 (b)抓铲挖掘机

4)拉铲挖掘机

拉铲挖掘机外形如图 2-35 所示,它适用于开挖一至三类土,可开挖停机面以下的土方,如较大基坑(槽)和沟渠、挖取水下泥土,也可用于填筑路基、堤坝等,挖土时后退向下,自重切土。

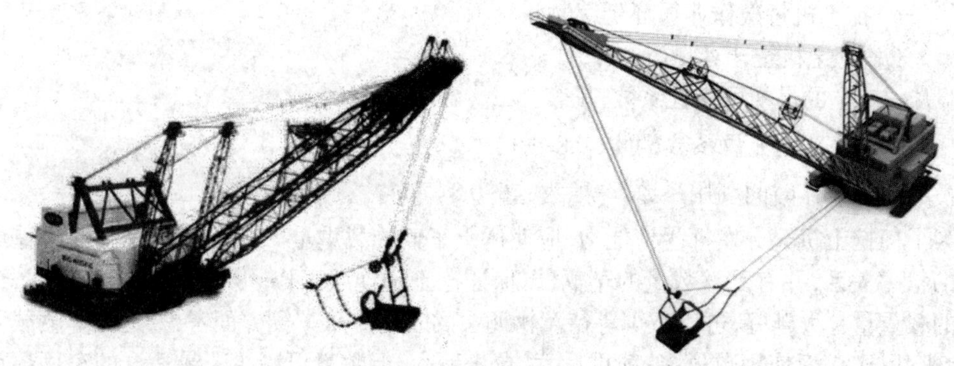

图 2-35　拉铲挖掘机外形

拉铲挖掘机挖土时，依靠土斗自重及拉索拉力切土，卸土时斗齿朝下，并利用惯性，较湿的黏土也能卸净。但其开挖的边坡及坑底平整度较差，需进行更多的人工修坡（底）。其开挖方式也有沟端开挖和沟侧开挖两种。

2.7.2　土方施工机械的选择

前面已经叙述了主要挖土机械的性能和使用范围，现将选择土方施工机械的要点综合如下。

1. 选择土方施工机械的依据

1）土方工程的类型及规模

不同类型的土方工程，如场地平整、基坑（槽）开挖、大型地下室土方开挖、构筑物填土等施工各具特点，应依据开挖或填筑的断面（深度及宽度）、工程范围、工程量来选择土方施工机械。

2）地质、水文及气候条件

土的类型、土的含水量、地下水等条件。

3）机械设备条件

现有土方施工机械的种类、数量及性能。

4）工期要求

如果有多种机械可供选择，应当进行技术经济比较，选择效率高、费用低的机械进行施工。一般可选用土方施工单价最低的机械进行施工，但在大型建设项目中，土方工程量很大，而现有土方施工机械的类型及数量常受到限制，此时必须将所有机械进行最优分配，使施工总费用最低，可应用线性规划的方法确定土方施工机械的最优分配方案。

2. 土方施工机械与运土车辆的配合

当挖土机挖出的土方需要运土车辆运走时，挖土机的生产效率不仅取决于本身的技术性能，还取决于所选的运输工具与之是否协调。由挖土机的技术性能，按下式可计算出挖土机的生产效率：

$$P=\frac{8\times 3\,600}{t}q\frac{K_c}{K_s}K_B \tag{2-29}$$

式中　P——挖土机的生产效率（m^3/h）；

t——挖土机每次作业循环延续时间(s);

q——挖土机土斗容量(m^3);

K_s——土的最初可松性系数,见表 2-2;

K_c——土斗的充盈系数,可取 0.8~1.1;

K_B——工作时间利用系数,一般为 0.6~0.8。

为了使挖土机充分发挥生产能力,应使运土车辆的载重量 Q 与挖土机的每斗土重保持一定的倍率关系,并有足够数量的车辆,以保证挖土机连续工作。从挖土机方面考虑,运土车辆的载重量越大越好,可以减少等待车辆调头的时间。从车辆方面考虑,运土车辆载重量小,台班费便宜,但使用数量多;载重量大,台班费高,但数量可减少。最适合的车辆载重量应当是使土方施工单价最低,可以通过核算确定。一般情况下,运土车辆的载重量以每斗土重的 3~5 倍为宜。运土车辆的数量 N,可按下式计算:

$$N = \frac{T}{t_1 + t_2} \tag{2-30}$$

式中 T——运土车辆每一个工作循环延续时间(s),由装车、重车运输、卸车、空车开回及等待时间组成;

t_1——运土车辆调头而使挖土机等待的时间(s);

t_2——运土车辆装满一车土的时间(s)。

$$t_2 = nt \tag{2-31}$$

$$n = \frac{10Q}{q\dfrac{K_c}{K_s}\gamma} \tag{2-32}$$

式中 n——运土车辆每车装土次数;

t——运土车辆装一土斗土的时间(s);

Q——运土车辆的载重量(t);

γ——实土重度(kN/m^3)。

为了减少车辆的调头、等待和装土时间,装土场地必须考虑调头方法及停车位置。例如,在坑边设置两个通道,使运土车辆不用调头,可以缩短调头、等待时间。

第 3 章　桩基工程

【内容提要】

桩基是土木工程中常用的深基础形式,它由桩和承台组成。桩按承载性质可分为摩擦型桩和端承型桩,前者又可分为摩擦桩、端承摩擦桩;后者又可分为端承桩、摩擦端承桩。桩按成桩时挤土状况可分为非挤土桩、部分挤土桩和挤土桩。桩按施工方法可分为预制桩和灌注桩。同时,桩也在基坑围护结构中有着广泛应用。

3.1　概述

桩因其承载力高、变形小、稳定性好等诸多特点,在当今的工程设计中有着广泛应用。桩种类繁多,可根据传力性质、制作方法、成桩工艺、断面形式、制作材料等进行分类。而根据桩的作用则可将其分为建(构)筑物的基础和深基坑的围护结构两大类。

3.1.1　建(构)筑物的基础

对于一般的建(构)筑物,当地基土层较好且上部结构荷载不大时,多采用天然浅基础,其造价低、施工简便。如天然浅土层较弱或存在软弱下卧层,也可采用搅拌、旋喷、压密注浆等方法进行浅层地基处理,形成复合地基。如地基土层较软弱,或者建(构)筑物上部荷载较大,而且对沉降有严格要求,天然浅基础往往无法满足要求,则需要采用深基础。

复合地基是指天然地基在地基处理过程中部分土体得到增强,或被置换,或在天然地基中设置加筋材料。其加固区是由基体(天然地基土体或被改良的天然地基土体)和增强体两部分组成的人工地基。如今,地下工程中较为常见的复合地基方法有砂石桩法、水泥粉煤灰碎石桩(CFG)法、夯实水泥土桩法、高压喷射注浆法、石灰桩法等。复合地基可有效提高基础承载力、降低造价,而且工期短、工艺简单、沉降小,地基承载力具有可补性,上部结构的设计、施工条件得到大大改善,所以适用于多种不同类型的土层。

深基础常见形式有桩基础、沉井基础、墩基础、管桩基础等,其中桩基础应用最为广泛。桩基础一般由桩和承台或地下室底板组成,桩身全部或者部分埋入土中,顶部和承台或地下室底板连成一体,在此上修筑上部结构。

桩基础按施工方法不同可分为预制桩和灌注桩。

1. 预制桩

预制桩是指在工厂或施工现场制成的各种材料、各种形式的桩(如木桩、混凝土方桩、预应力混凝土管桩或空心方桩、钢管桩、H 型钢桩等),采用沉桩设备将桩打入、压入或者冲入土中。

预制桩的施工工艺成熟、质量稳定、造价适中,被广泛应用在建筑工程中。

2. 灌注桩

灌注桩是指在施工现场通过钻孔、冲孔、挖孔、沉管等方法在桩位上成孔,然后在孔内灌注混凝土而形成的桩。灌注桩的承载力较大,尤其钻孔灌注桩的施工对周边环境影响较小,是城市建设中采用的主要桩基础形式。

3.1.2 深基坑围护结构的桩基

基坑围护是指在软弱土质、高地下水位的地区,为保证地下结构施工及基坑周边环境的安全,对基坑侧壁及周边环境采取的支挡、加固与保护措施。近年来,随着城市建设的发展,建筑高度越来越高,从而基坑深度越来越深,并且很多建筑工程基坑边坡紧临建筑物,使深基坑支护的安全性变得尤为重要。

基坑围护结构的主要作用是支撑土壁,此外部分围护结构还兼有止水帷幕的作用。基坑围护结构根据其受力状态可分为重力式围护结构和非重力式围护结构,在各种围护结构中桩基的应用极为广泛。

1. 重力式围护结构的桩基

重力式围护结构通常以挡墙的自重和刚度保护基坑侧壁,既挡土又挡水,常见形式有水泥土搅拌桩和土钉墙等。

1)水泥土搅拌桩

水泥土搅拌桩(或称深层搅拌桩)是通过搅拌桩机将水泥与土进行搅拌,形成柱状的水泥加固土(搅拌桩)。用于围护结构的水泥土的水泥掺量通常为12%~15%(单位土体的水泥掺量与土的重度之比),水泥土的强度可达0.8~1.2 MPa,其渗透系数很小,一般不大于10^{-6} cm/s。由水泥土搅拌桩搭接而形成的水泥土墙,既有挡土作用又有隔水作用,适用于4~6 m深的基坑。当基坑深度超过6 m时,水泥土墙宽度较大,经济性不佳,应采用桩锚体系挡土结构。

水泥土墙(图3-1)通常布置成格栅式,格栅置换率(即加固土的面积/水泥土墙的总面积)为0.6~0.8。墙体的宽度B和插入深度h_d根据基坑开挖深度h估算,一般如下:

$$B=(0.6\sim0.8)h \tag{3-1}$$

$$h_d=(0.8\sim1.2)h \tag{3-2}$$

2)土钉墙

土钉墙是一种原位土体加筋技术,通过在基坑边坡土体内设置一定长度和分布密度的土钉体,并在边坡表面铺设钢筋网片后,喷射一层细石混凝土面层,从而使混凝土面板、土钉和土体相结合形成挡墙,如图3-2所示。土钉通过钻孔、插筋、注浆设置,一般称砂浆锚杆,也可以直接打入角钢、粗钢筋形成土钉。土钉长度宜为开挖深度的50%~120%,间距为1~2 m,与水平面夹角宜为5°~20°。土体内的土钉与土共同作用,借助土钉与周围土体的黏聚力和摩擦力,弥补了土体抗拉、抗剪强度低的弱点,提高了土体的整体刚度,从而避免了土体整体性塌滑的发生。土钉墙墙面坡度不宜大于1∶0.1,土钉必须和面层有效连接,设置通长压筋、承压板或加强钢筋等,承压板或井字形钢筋应与土钉螺栓连接或与钢筋焊接连接。土钉墙基坑的深度不宜大于12 m。当地下水位高于基坑底面时,应采取降水或截水措施,并可在坡面设置泄水孔。

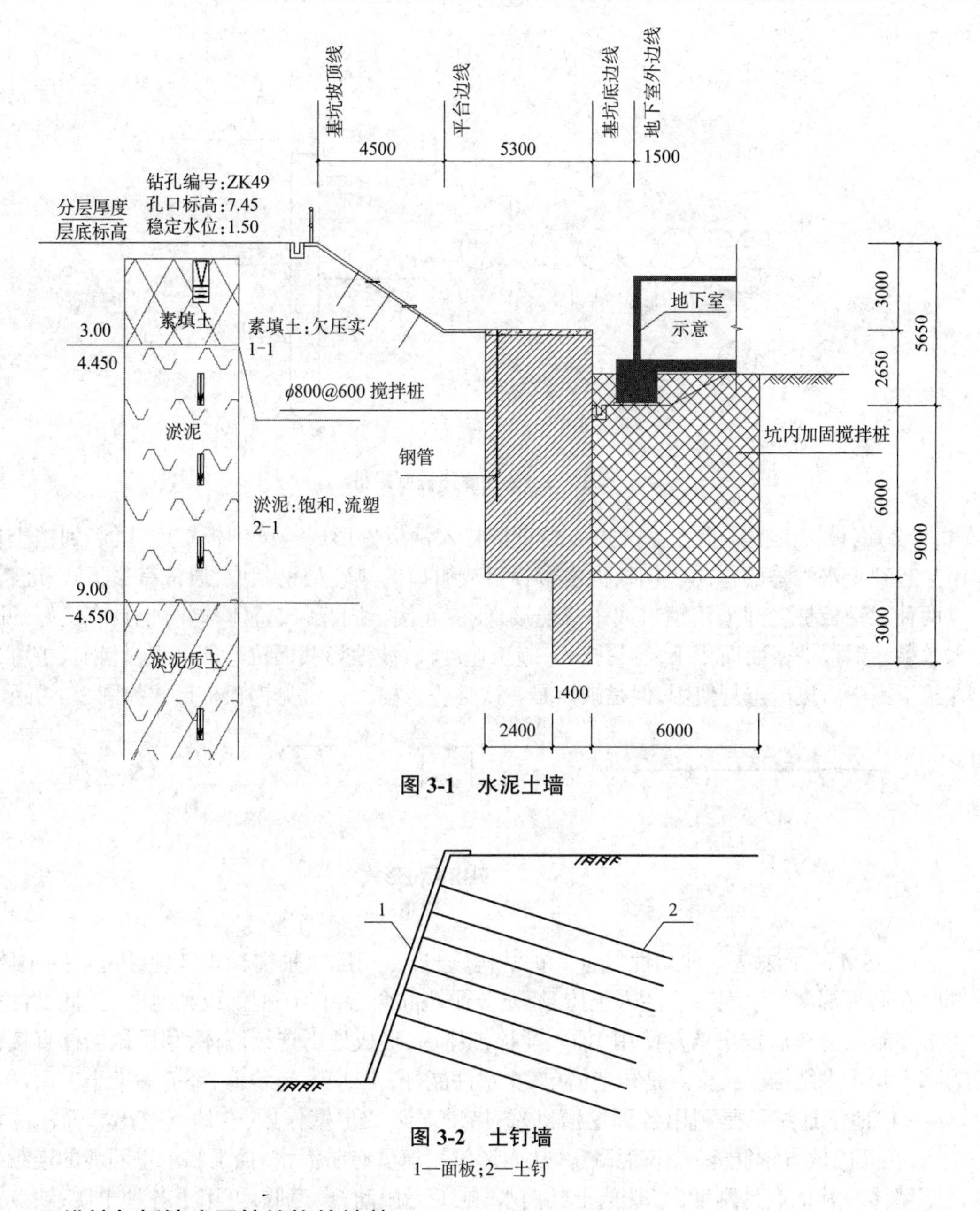

图 3-1　水泥土墙

图 3-2　土钉墙

1—面板;2—土钉

2. 排桩与板墙式围护结构的桩基

排桩与板墙式围护结构由排桩(有时加止水帷幕)或地下连续墙等作为基坑围护挡墙,有时另设内支撑或加外拉的土层锚杆。其常见的桩基形式有钻孔灌注桩、钢板桩、SMW 工法、地下连续墙等。

(1)钻孔灌注桩是指在工程现场通过机械钻孔在地基土中形成桩孔,并在其内放置钢筋笼(也称钢筋骨架)、灌注混凝土而形成的桩。在围护结构中常用直径 600~1 200 mm 的钻孔灌注桩形成排桩挡墙,顶部浇筑钢筋混凝土圈梁,设置内支撑系统。灌注桩挡墙刚度大,抗弯强度高,变形小,适应性好,振动小,噪声低,不需要很大的工作场地,但是排桩不能止水且其永久驻留在土层内,可能对将来的地下工程施工造成影响。钻孔灌注桩密排桩如

图 3-3 所示。

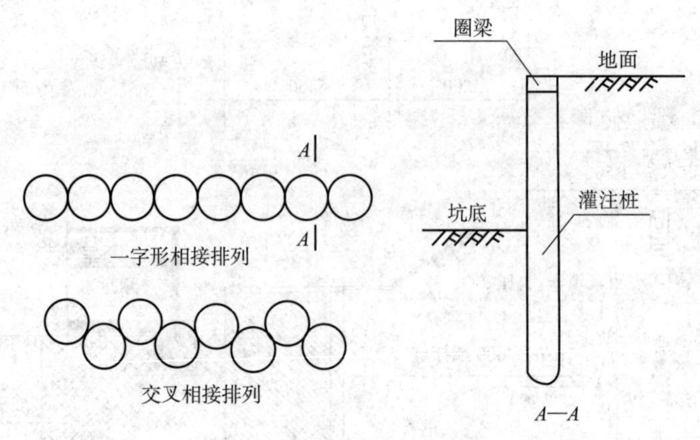

图 3-3 钻孔灌注桩密排桩

（2）钢板桩围护是指在基坑边坡中直接打入钢板桩形成连续钢板桩墙，既起到挡土作用又起到止水帷幕的作用。钢板桩由带锁口或钳口的热轧型钢制成，通常有平板式和波浪式两种。钢板桩之间采用锁口或钳口连接，使桩连接牢固，形成整体，同时也具有良好的隔水效果。钢板桩截面面积小，容易打入，施工速度快，波浪形截面抗弯能力强，且钢板桩可以在施工完毕后拔出重复使用，但是缺点是一次性投入较大。常见钢板桩形式如图 3-4 所示。

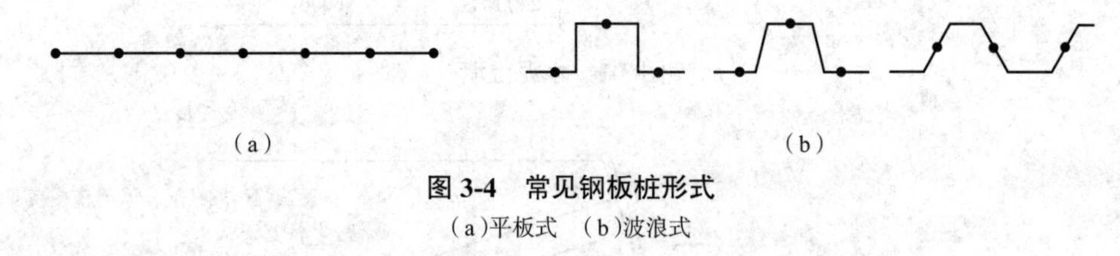

图 3-4 常见钢板桩形式

（a）平板式 （b）波浪式

（3）SMW 工法是一种劲性复合围护结构，通过专门的多轴搅拌机就地钻进切削土体，同时在钻头端部将水泥浆液注入土体，经充分搅拌混合后，将 H 型钢或其他型材（此劲性材料可在施工完毕后拔出重复使用）插入搅拌桩体内，形成地下连续墙体，利用该墙体直接作为挡土和止水结构。其优点是构造简单，止水性能好，工期短，造价低，环境污染小。

（4）地下连续墙是利用各种挖槽机械，借助泥浆的护壁作用，在地下挖出窄而深的沟槽，并在其内放置钢筋笼，浇筑混凝土，从而形成一道具有防渗水、挡土和承重功能的连续的地下墙体。其优点是刚度大，既挡土又挡水，施工无振动，噪声低，可用于各种土质；缺点是造价高，施工工艺复杂，施工中的泥浆对环境有污染。

3. 止水帷幕的桩基

止水帷幕是指在基坑围护结构中设置于挡土墙外侧用于阻截或减少基坑侧壁及基坑底地下水流入基坑而采用的连续止水体。其常见的桩基形式有水泥土搅拌桩、高压旋喷桩和压密注浆桩等。

（1）水泥土搅拌桩是利用水泥作为加固剂，使用特制的深层搅拌机械，在地基深部对软土、水和水泥进行强制搅拌，使软土硬结形成桩体，并通过三排桩依次施工，使桩与桩之间连成整体，从而提高地基的承载能力，形成止水帷幕，并阻挡基坑周边的水进入基坑。搅拌桩连接施工工序如图3-5所示。

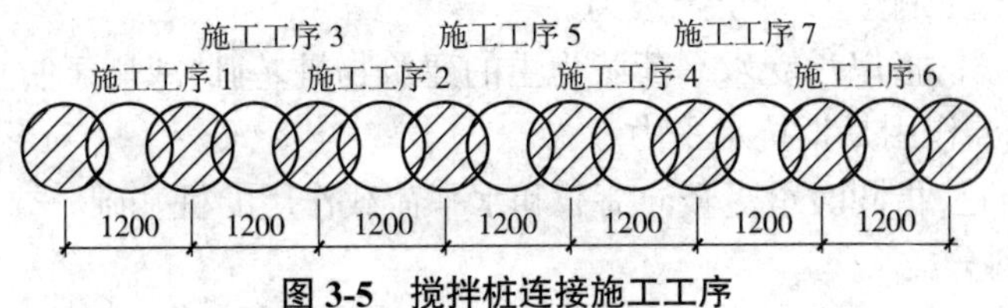

图3-5　搅拌桩连接施工工序

(2)高压旋喷桩是以高压旋转的喷嘴将水泥浆喷入土层与土体混合,形成连续搭接的水泥加固体,从而起到止水作用。其优点是施工占地少、振动小、噪声较低,但容易污染环境,成本较高,对于不能使喷出浆液凝固的土质不宜采用。

(3)压密注浆桩是利用较高的压力注入浓度较大的水泥浆或化学浆液,使土体内形成新的网状骨架结构,将土体挤密,从而改善土体的防渗性能。

3.2　桩基础工程

3.2.1　桩基础的分类

桩基可按不同的方法进行分类,不同类型的桩基具有不同的承载性能、环境影响、造价指标,适用于不同的条件。桩基的综合分类见表3-1。

表3-1　桩基的综合分类

桩基础分类方法	桩的类型				
按成桩方法划分	预制桩		灌注桩		
按成桩或成孔工艺划分	打入桩	静压桩	沉管桩	钻孔桩	人工挖孔桩
按对环境的影响划分	挤土	挤土	挤土	不挤土	不挤土
按桩身材料划分	钢、钢筋混凝土		钢筋混凝土、素混凝土		

1. 按桩的承载性质分类

(1)摩擦桩,指桩端没有良好持力层的纯摩擦桩,在极限承载力状态下,桩顶荷载由桩侧阻力承受。

(2)端承摩擦桩,指桩端具有比较好的持力层,有一些端阻力,但在极限承载力状态下,桩顶荷载主要由桩侧阻力承受。

(3)端承桩,指桩端有非常坚硬的持力层,且桩长不长,在极限承载力状态下,桩顶荷载由桩端阻力承受。

(4)摩擦端承桩,在极限承载力状态下,桩端荷载主要由桩端阻力承受。

2. 按桩的使用功能分类

(1)竖向抗压桩,由桩端阻力和桩侧摩阻力共同承受竖向荷载,工作时的桩身强度需验算轴心抗压强度。

(2)竖向抗拔桩,当建筑物有抗浮要求,或在水平荷载作用下会使基础的一侧出现拉力时，需验算桩的抗拔力。承受上拔力的桩，其桩侧摩阻力的方向相反，单位面积的摩阻力小于抗压桩，钢筋应通长配置以抵抗上拔力。

（3）水平受荷桩，指以承受水平荷载为主的建筑物桩基础，或用于防止土体或岩体滑动的抗滑桩，桩的主要作用是抵抗水平力。

（4）复合受荷桩，指同时承受竖向荷载和水平荷载作用的桩基础。

3. 按桩身材料分类

（1）混凝土桩，指由素混凝土、钢筋混凝土或预应力钢筋混凝土制成的桩，这种桩的价格比较便宜，截面刚度大，且易于制成各种尺寸的桩，但桩身强度受到材料性能与施工条件的限制，用于超长桩时不能充分发挥地基土对桩的支承能力。

（2）钢桩，能承受较大的锤击应力，可以进入比较密实或坚硬的持力层，获得很高的承载力，但价格比较昂贵。

（3）组合材料桩，指由两种材料组合而成的桩型，以发挥各种材料的特点，获得最佳的技术经济效果，如钢管混凝土桩就是一种组合材料桩。

4. 按成桩对环境的影响分类

（1）挤土桩，指在成桩过程中造成大量挤土，使桩周围土体受到严重扰动，土的工程性质有很大改变的桩，挤土过程中引起的挤土效应主要是地面隆起和土体侧移，导致对周边环境影响较大。这类桩主要有实心的预制桩、下端封闭的管桩、木桩以及沉管灌注桩，在锤击或振入的过程中要将桩位处的土大量排挤开。

（2）部分挤土桩，也称小量排土桩或微排土桩，在成桩过程中，桩周围的土仅受到轻微的扰动，土的原始结构和工程性质变化不大。由原状土测得的物理力学性质指标一般可用于估算部分挤土桩的承载力和沉降。这类桩主要有 I 和 H 型钢桩、钢板桩、开口钢管桩或预应力钢筋混凝土管桩、螺旋桩等。

（3）非挤土桩也称为非排土桩，指成桩过程中桩周土体基本不受挤压的桩，如钻孔灌注桩。在成桩过程中，将与桩同体积的土清除，故桩对周围的土没有排挤作用，桩周围的土较少受到扰动，但有应力松弛现象，反而可能向桩孔内移动。因而，非挤土桩的桩侧摩阻力通常有所减小。

5. 按桩径大小分类

桩径大小不同的桩，承载性能不同，设计的要求不同，更重要的是施工工艺和施工设备不同，它们适用于不同的工程项目和不同的经济条件。桩按照桩径大小可分为小桩（桩径 $d \leqslant 250$ mm）、中等直径桩（250 mm< d <800 mm）、大直径桩（$d \geqslant 800$ mm）。

6. 按成桩方法分类

（1）预制桩，指在地面上制作桩身，然后采用锤击、振动或静压的方法将桩沉至设计标高的桩型。

（2）灌注桩，指在设计桩位用钻、冲或挖等方法成孔，然后在孔中灌注混凝土成桩的桩型。

如上所述，桩的种类很多，在设计和施工中，应根据建筑结构类型、承受荷载性质、桩的使用功能、穿越土层、桩端持力层土类型、地下水位、施工设备、施工环境、施工经验、制桩材料供应条件等因素，选择经济合理、安全适用的桩型和成桩施工方法。

3.2.2　预制桩施工

预制桩是在工厂或施工现场制成的各种材料、各种形式的桩，采用沉桩设备将桩打入、压入或振入土中。预制桩主要包括钢筋混凝土预制桩、预应力混凝土预制桩、钢管预制桩等，其中以钢筋混凝土预制桩应用较多。本节以钢筋混凝土预制桩为例介绍预制桩的施工工艺，其他桩型施工方法基本类似，不再重复。

钢筋混凝土预制桩常用的截面形式有混凝土方形实心截面、圆柱体空心截面等。方形桩边长通常为 200~500 mm，长度为 7~25 m。如需打设长 30 m 以上的桩，或者受运输条件和桩架限制，可将桩分成几段预制，在施工过程中根据需要逐段接长。预应力混凝土管桩是采用先张法预应力、掺加高效减水剂、采用高速离心蒸汽养护工艺的空心管桩，包括预应力混凝土管桩（PC）、预应力混凝土薄壁管桩（PTC）和预应力高强混凝土管桩（PHC）三大类，外径一般为 300~1 000 mm，每节长度为 4~12 m，管壁厚为 60~130 mm，与实心桩相比可大大减轻桩的自重。

预制桩施工包括预制、起吊、运输、堆放和沉桩等过程，还应根据工艺条件、土质情况、荷载特点等综合考虑，以便制订合理的施工方法和技术组织措施。

1. 钢筋混凝土桩的预制、起吊、运输和堆放

钢筋混凝土桩的预制流程：施工准备（包括现场准备）→支模→绑扎钢筋骨架、安设吊环→浇筑混凝土→养护至 30% 设计强度拆模→达 100% 设计强度后起吊、运输、堆放。

对于长度较小（在 10 m 以内）的钢筋混凝土预制桩可在预制工厂预制；对于较长的预制桩，可在施工现场附近预制，或者在施工现场内就地预制。现场预制多采用工具式木模板或钢模板，模板应平整牢靠、尺寸准确。制作预制桩有并列法、间隔法、重叠法和翻模法等，现场预制多采用间隔重叠法，桩头部分使用钢模堵头板，并与两侧模板相互垂直，桩与桩之间用塑料薄膜、油毡、滑石粉隔离剂并刷废机油隔开，邻桩与上层桩的混凝土须待邻桩或下层桩的混凝土达到设计强度的 30% 以后浇筑，重叠层数一般不宜超过 4 层。混凝土空心管桩采用成套钢管模胎在工厂用离心法制成。

长桩可分节制作，单节长度应满足桩架的有效高度、制作场地条件、运输与装卸能力等方面的要求，并应避免在桩尖接近硬持力层或桩尖处于硬持力层中接桩。桩中的钢筋应严格保证位置正确，桩尖应对准纵轴线，钢筋骨架主筋连接宜采用对焊或电弧焊。主筋接头配置在同一截面内的数量需严格限制，对于受拉钢筋，不得超过 50%；相邻两根主筋接头截面的距离应大于 35 倍的主筋直径并不小于 500 mm；桩顶 1 m 范围内不应有接头。

混凝土强度等级应不低于 C30，粗骨料采用粒径为 5~40 mm 的碎石或卵石，并采用机械拌制混凝土，坍落度不大于 60 mm，混凝土浇筑应由桩顶向桩尖方向连续浇筑，不得中断，并应防止另一端的砂浆积聚过多，应用振捣器仔细捣实。桩的接头处要平整，使上下桩能互相贴合对准。浇筑完毕应遮盖、洒水养护不少于 7 d，如采用蒸汽养护，在其后尚应进行自然养护，达到设计强度等级后方可使用。当桩的混凝土达到设计强度的 70% 后方可起吊，吊点应设在设计规定的位置，如无吊环且设计无规定，应按照起吊弯矩最小的原则确定绑扎位置，如图 3-6 所示。在吊索与桩间应加衬垫，起吊时应平稳提升，采取措施保护桩身，防止桩起吊过程中发生撞击和受到振动。

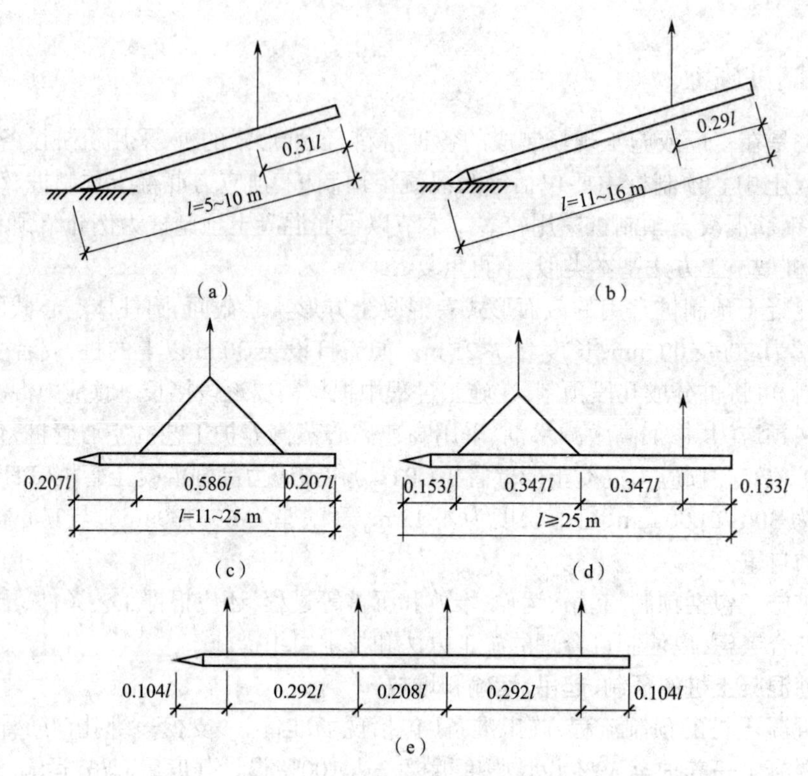

图 3-6 桩起吊吊点的合理位置

(a)(b)一个吊点 (c)两个吊点 (d)三个吊点 (e)四个吊点

桩运输时的强度应达到设计强度标准值的 100%。长桩运输可采用平板拖车、平台挂车或汽车后挂小炮车运输;短桩运输可采用载重汽车,现场运距较近时可采用轻轨平板车运输。装载时桩支承应按设计吊钩位置或接近设计吊钩位置叠放平稳并垫实,支承或绑扎牢固,以防运输中晃动或滑动;长桩采用挂车或小炮车运输时,桩不宜设活动支座,行车应平稳,并掌握好行驶速度,防止任何碰撞和冲击。严禁在现场以直接拖拉桩体的方式代替装车运输。

如要提前起吊或沉桩,必须采取必要的措施,并经验算合格后方可进行。

堆放场地应平整坚实,排水良好。桩应按规格、桩号分层叠置,垫木与吊点应保持在同一横断平面上,且各层垫木应上下对齐,并支承平稳,堆放层数不宜超过 4 层。

2. 打桩用的机械设备

打桩用的机械设备主要由桩锤、桩架及动力装置三部分组成。桩锤是对桩施加冲击力,将桩打入土中的机具;桩架的主要作用是支持桩身和桩锤,将桩吊到打桩位置,并在打入过程中引导桩的方向,保证桩锤沿着所要求的方向施加冲击力;动力装置包括启动桩锤所用的动力设施,如卷扬机、锅炉、空气压缩机等。

1)桩锤

施工中常用的桩锤有落锤、单动汽锤、双动汽锤、柴油桩锤和振动桩锤等。桩锤的适用范围及优缺点见表 3-2。桩锤的类型应根据施工现场情况、机具设备条件以及工作方式和工作效率等条件选择。

表 3-2 桩锤的适用范围及优缺点

桩锤种类	工作原理	适用范围	优缺点
落锤	桩锤为一铸铁块,重 1~2 t,用卷扬机提起桩锤,然后自由下落,利用桩锤重力冲击桩顶,使桩沉入土中	适用于打木桩及细长的混凝土桩;在一般土层及黏性土、含有砾石的土层中均可使用	构造简单、使用方便、冲击力大,能随意调整落距,但锤击速度慢(每分钟 6~20 次),效率较低
单动汽锤	利用蒸汽或压缩空气的压力将锤头上举,然后利用锤的自重向下冲击沉桩,常用锤重为 3~10 t	适用于打各种桩,最适用于套管法打就地灌注混凝土桩	结构简单、落距小,设备和桩头不易损坏,打桩速度及冲击力较落锤大,效率较高(每分钟 25~30 次)
双动汽锤	利用蒸汽或压缩空气的压力将锤头上举及下冲,增加夯击能量,常用锤重为 0.6~6 t	适用于打各种桩,并可用于打斜桩,使用压缩空气时,可用于水下打桩;也可用于拔桩、吊锤打桩	冲击次数多,冲击力大,工作效率高(每分钟 100~200 次),但设备笨重,移动较困难
柴油桩锤	利用燃油爆炸推动活塞,引起锤头跳动夯击桩头	适用于打钢板桩、木桩,可在软弱地基打 12 m 以下的混凝土桩	附有桩架、动力设备等,不需要外部能源,机架轻,移动便利,打桩快,燃料消耗少;但桩架高度低,遇硬土或软土不宜使用
振动桩锤	利用桩锤上的偏心轮产生高频振动,以高加速度振动桩身,使桩身周围的土产生液化,减少桩身与土体的摩阻力,然后靠锤和桩身自重将桩沉入土中	适用于打钢板桩、钢管桩、长度在 15 m 以内的打入式灌注桩;适用于粉质黏性土、松散砂土、黄土和软土,不宜用于岩石、砾石和密实的黏性土地基	沉桩速度快,适用性强,施工操作简易安全,能打各种桩,并能辅助卷扬机拔桩;但不适用于打斜桩

桩锤的重量可按照其冲击能计算选择,或按照经验选择,按照冲击能选择的计算公式如下:

$$E \geqslant 25P \tag{3-3}$$

式中 E——锤桩的一次冲击能(kN·m);

P——单桩的设计荷载(kN)。

按照冲击能选择时,还应按照桩重进行复核。其复核公式如下:

$$K = \frac{M + C}{E} \tag{3-4}$$

式中 K——适用系数;

M——锤重(t);

C——桩重,包括桩身、桩帽和桩垫重(t)。

不同的桩锤,应满足不同的适用系数要求,对于双动汽锤、柴油桩锤,$K \leqslant 5.0$;对于单动汽锤,$K \leqslant 3.5$;对于落锤,$K \leqslant 2.0$。

对于钢筋混凝土预制桩,按照经验选择锤重时,当锤重与桩重之比为 1.5~2 时,能取得良好的效果;但桩锤也不能过重,过重会将桩打坏;当桩重大于 2 t 时,可采用比桩轻的桩锤,但也不应小于桩重的 75%。在施工中应采用“重锤低击”。桩锤过重,所需动力设备就大,不经济;桩锤过轻,必将加大落距,锤击能很大部分被桩身吸收,桩不易打入,且桩头容易被打坏。轻锤高击所产生的应力,还会促使桩顶 1/3 桩长范围内的薄弱处产生水平裂缝,甚至使桩身断裂。因此,选择稍重的锤,并采用重锤低击和重锤快击的方法效果较好。

2）桩架

对于桩架，要求稳定性好，锤击落点准确，垂直度、机动性、灵活性好，工作效率高。常用桩架的基本形式有两种：一种是沿轨道或滚杠移动行走的多功能桩架；另一种是装在履带式底盘上自由行走的履带式桩架。

多功能桩架（图 3-7）由立桩、斜撑、回转工作台、底盘及传动机构等组成。它的机动性和适应性较好，在水平方向可做 360° 回转，导架可伸缩和前后倾斜，底盘下装有铁轮，可在轨道上行走。这种桩架可用于各种预制桩和灌注桩施工，缺点是机构较庞大，现场组装和拆卸、转运较困难。

履带式桩架（图 3-8）以履带式起重机为底盘，增加了立柱、斜撑、导杆等。其行走、回转、起升的机动性好，使用方便，适用范围广，也称履带式打桩机，可用于各种预制桩和灌注桩施工。

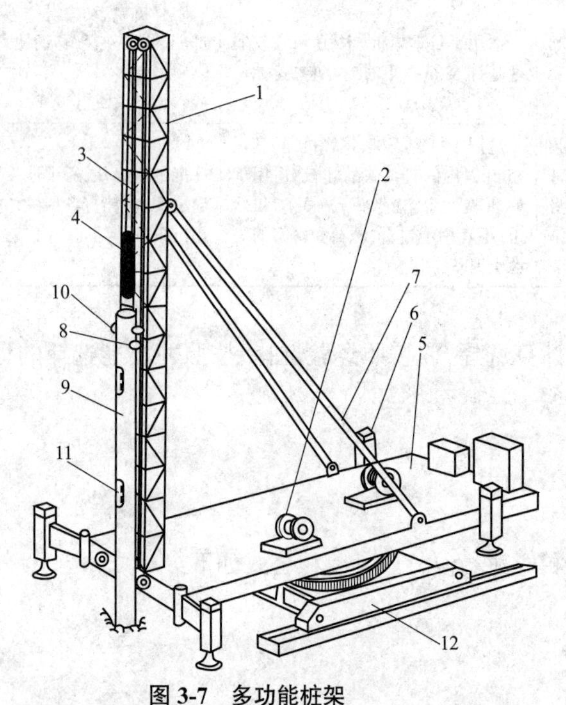

图 3-7 多功能桩架

1—竖井架；2—卷扬机；3—滑道；4—桩锤；5—桩机平台；6—支座；7—斜撑；8—夹持器；9—钢护筒；10—双耳；11—可开闭料口；12—齿轮转盘步履装置

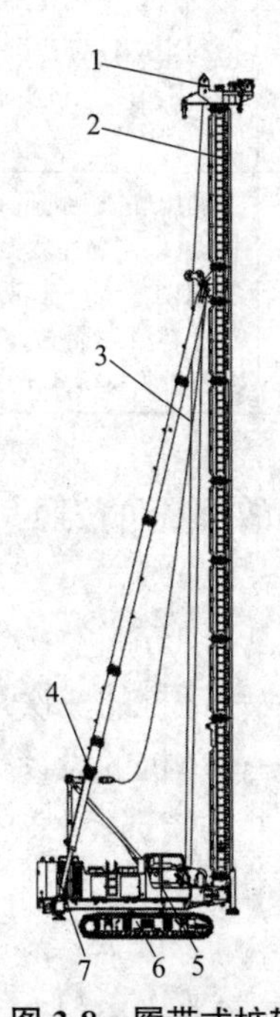

图 3-8 履带式桩架

1—鹅头；2—桅杆；3—斜撑；4—起架装置；5—平台总成；6—履带底盘；7—配重

3）动力装置

打桩机构的动力装置及辅助设备主要根据选定的桩锤种类确定。落锤以电源为动力，需配置电动卷扬机、变压器、电缆等；蒸汽锤以高压饱和蒸汽为驱动力，需配置蒸汽锅炉、蒸汽绞盘等；气锤以压缩空气为动力，需配置空气压缩机、内燃机等；柴油桩锤以柴油为能源，桩锤本身有燃烧室，不需外部动力设备。

3. 锤击沉桩法

1）施工前的准备工作

打桩前应做好各项准备工作，具体如下。

(1)对现场的地质和环境进行深入的了解,编制相应的施工组织设计,做好打桩施工的技术准备。

(2)平整压实场地,清除打桩范围内的高空、地面、地下障碍物;架空高压线,且距桩架不得小于 110 m;修筑桩机进出、行走道路,做好排水设施。

(3)按图纸进行测量放线,定出桩基轴线并定出桩位,在不受打桩影响的适当位置设置不少于 2 个水准点,以便控制桩的入土标高。

(4)检查桩的质量,将需用的桩按平面布置图堆放在打桩机附近,不合格的桩不能运至打桩现场。

(5)准备好施工机具,接通现场的水、电管线,进行设备架立组装和试打桩。

(6)打桩场地建(构)筑物有防震要求时,应采取必要的防护措施。

2)打桩顺序

在确定打桩顺序时,应考虑桩对土体的挤压位移对施工本身及附近建筑物的影响。为了保证打桩工程质量,防止周围建筑物受到挤压土体的影响,打桩前应根据桩的密集程度、桩的规格及长短和桩架移动方向正确选择打桩顺序。

打桩顺序一般有逐排打、自中间向两边方向对称打和自中央向四周打等三种,如图 3-9 所示。一般情况下,桩的中心距小于 4 倍桩的直径时,就要拟订打桩顺序;桩距大于 4 倍桩的直径时,打桩顺序与土体挤压情况关系不大。逐排打桩,桩架单向移动,桩的就位与起吊均很方便,故打桩效率较高。但逐排打桩会使土体向一个方向挤压,导致土体挤压不均匀,后面的桩不易打入,最终会引起建筑物的不均匀沉降。

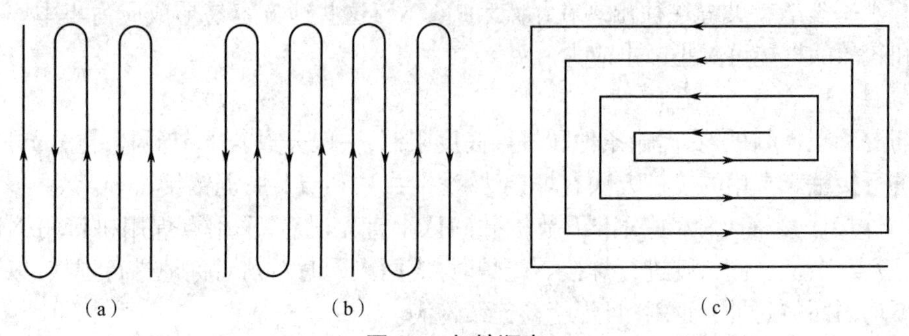

图 3-9　打桩顺序

(a)逐排打　(b)自中间向两边方向对称打　(c)自中央向四周打

当桩较密集时,即桩的中心距小于 4 倍桩的直径时,采用自中央向四周打或自中间向两边方向对称打比较合理。这样,打桩时土体由中央向两侧或向四周均匀挤压,易于保证施工质量。

当桩的规格、埋深、长度不同时,宜按先大后小、先深后浅、先长后短打设。当一侧毗邻建筑物时,由毗邻建筑物处向另一方向打设。当基坑较大时,应先将基坑分成数段,再在各段内分别打设。当桩头高出地面时,桩机宜采用往后退打,也可采用往前顶打。

3)吊桩就位

按预定的打桩顺序,将桩架移动至桩位处并用缆风绳拉牢,然后将桩运至桩架下,利用桩架上的滑车组,由卷扬机将桩提升为直立状态。在桩的自重和锤重的作用下,桩便会沉入土中一定深度,待桩下沉达到稳定状态,且桩位和垂直度经全面检查和校正符合要求后,即可开始打桩。

4）打桩

打桩时宜采用“重锤低击”，这样可使桩锤对桩尖的冲击小，桩的回弹小，桩头不易损坏，并且大部分能量都能用于沉桩，可取得良好效果。当桩开始打入时，桩锤落距应较小，一般为 0.5~0.8 m，使桩能正常沉入土中。待桩进入土中一定深度（1~2 m），桩尖不易产生偏移时，可适当增加落距，并逐渐提高到规定的数值，且连续锤击，直至将桩锤击到设计规定的深度。

打桩过程应做好测量和记录，以便工程验收。采用落锤、单动汽锤或柴油桩锤打桩时，从开始即需统计桩身每沉落 1 m 所需的锤击数。以一定落距击桩，每阵（10 击）的平均沉入值即为贯入度。当桩下沉至接近设计标高时，一般要求其最后贯入度小于或等于设计承载力所要求的最小贯入度。

在打桩过程中，遇到贯入度剧变，桩身突然发生倾斜、位移或有严重回弹，桩顶或桩身出现严重裂缝或破碎等异常现象时，应暂停打桩，及时研究处理。

如果沉桩尚未达到设计标高，而贯入度突然变小，则可能是土层中夹有硬土层，或遇到孤石等障碍物，此时切勿盲目施打，应会同设计勘探部门共同研究解决。此外，若打桩过程中断，由于土的固结作用，会使桩难以再打入，因此应保证施打连续进行。

打桩时，若桩顶过分破碎或桩身严重裂缝，应立即暂停打桩，在采取相应的技术措施后方可继续施打。打桩时，除注意桩顶与桩身由于桩锤冲击破坏外，还应注意桩身受锤击应力而导致的水平裂缝，在软土中打桩，桩顶以下 1/3 桩长范围内常会因反射的应力波使桩身受拉而引起水平裂缝。裂缝往往出现在吊点和蜂窝处，这些地方容易形成应力集中。采用重锤低击和较软的桩垫可减小锤击应力。

5）接桩

钢筋混凝土预制桩，受运输条件和桩架高度限制，一般分成若干节预制，再分节打入，并在现场进行接桩。常用的接桩方法有焊接法、法兰接法和硫黄胶泥锚接法等。

采用焊接法接桩时，必须对准下节桩并确认垂直无误后，采用点焊用拼接角钢连接固定，再次检查位置正确后，则进行焊接。施焊时，应两人同时对角对称地进行焊接，以防止节点变形不均匀而引起桩身歪斜，且焊缝要连续饱满。

采用硫黄胶泥锚接法时，首先将上节桩对准下节桩，使四根锚筋（ϕ20~25 mm）插入锚筋孔（孔径为锚筋直径的 2.5 倍），下落上节桩身，使其结合紧密；然后将桩上提约 200 mm（以四根锚筋不脱离锚筋孔为准），此时安设好施工夹箍，将熔化的硫黄胶泥注满锚筋孔和接头平面，再将上节桩下落；当硫黄胶泥冷却并拆除施工夹箍后，可继续加荷施压。硫黄胶泥锚接法接桩，可节约钢材，操作简便，接桩时间比焊接法大为缩短，但不宜用于坚硬土层中。

为保证硫黄胶泥锚接桩质量，应做到：锚筋应清刷并调直；锚筋孔内应有完好螺纹，无积水、杂物和油污；接桩时接点的平面和锚筋孔内应灌满硫黄胶泥；灌注时间不得超过 2 min。

6）打桩的质量控制

打桩的质量根据打入后的偏差是否在规范允许范围内，最后贯入度与沉桩标高是否满足设计要求，桩顶、桩身是否打坏以及对周围环境有无造成严重危害确定。打桩的控制，当桩端（指桩的全截面）位于一般土层时，以控制桩端设计标高为主，贯入度可作参考；当桩端位于坚硬和硬塑的黏性土以及中密以上的粉土、砂土、碎石类土、风化岩时，以控制贯入度为主，桩端标高可作参考。如贯入度已达到要求，而桩端标高未达到要求，应继续锤击 3 阵，按每阵 10 击的贯入度不大于设计规定的数值加以确认，必要时施工控制贯入度应通过试验由有关单位协商确定。

设计与施工中的控制贯入度应以合格的试桩数据为准。最后贯入度的测量应在下列正常条件下进行：桩顶没有破坏，锤击没有偏心；桩锤的落距符合规定；桩帽和弹垫层正常。

预制桩桩位的允许偏差应符合表 3-3 的规定。

表 3-3　预制桩桩位的允许偏差

序号	项目	允许偏差 /mm
1	单排或双排桩条形基础： ①垂直于条形桩基纵轴方向； ②平行于条形桩基纵轴方向	 100+0.01H 150+0.01H
2	桩数为 1~3 根桩基中的桩	100
3	桩数为 4~16 根桩基中的桩	1/3 桩径或边长
4	桩数大于 16 根桩基中的桩： ①最外边的桩； ②中间桩	 1/3 桩径或 1/3 边长 1/2 桩径或 1/2 边长

注：H 为施工现场地面标高与桩顶标高的差值。

7）打桩施工对环境的影响

打桩时引起的桩区及附近地区的土体隆起和水平位移虽然不属于单桩本身的问题，但由于邻桩相互挤压导致桩位偏移，产生浮桩现象，则会影响整个工程的质量。在已有建筑群中施工，打桩还会引起已有地下管线、地面交通道路和建筑物的损坏和不安全。为避免或减小沉桩挤土效应和对邻近建筑物、地下管线等的影响，施打大面积密集桩群时，可采取下列辅助措施。

（1）预钻孔沉桩，孔径比桩径（或方桩对角线）小 50~100 mm，深度视桩距和土的密实度、渗透性而定，深度宜为桩长的 1/3~1/2，施工时应随钻随打。

（2）桩架宜具备钻孔和锤击双重功能。

（3）设置袋装砂井或塑料排水板，以消除部分超孔隙水压力，减少挤土现象。袋装砂井直径一般为 70~80 mm，间距为 1~1.5 m，深度为 10~12 m；塑料排水板的深度、间距与袋装砂井相同。

（4）设置隔离板桩或地下连续墙。

（5）开挖地面防震沟，可消除部分地面震动，还可与其他措施结合使用，沟宽度为 0.5~0.8 m，深度按土质情况以边坡能自立为准。

（6）限制打桩速率。

（7）沉桩过程应加强对邻近建筑物、地下管线等的观测、监护。

4. 振动沉桩法

振动沉桩法与锤击沉桩法基本相同，其用振动箱代替桩锤，将桩头套入振动箱连固的桩帽上或用液压夹桩器夹紧，借助固定于桩头上的振动沉桩机所产生的振动力打桩，可以减小桩与土壤颗粒间的摩擦力，使桩在自重与机械力的作用下沉入土中。振动沉桩法主要适用于砂石、黄土、软土和粉质黏性土，在含水砂层中的效果更为显著，但在砂砾层中采用此法时尚需配以水冲法。该法沉桩工作应连续进行，以防间歇过久桩难以下沉。

5. 静力压桩法

静力压桩法是用静力压桩机将钢筋混凝土预制桩分节压入地基土层中成桩。该法为液压操作，自动化程度高；行走方便，运转灵活，桩位定点精确，可提高桩基施工质量；施工无噪声、无振动、无污染，沉桩采用全液压夹持桩身向下施加压力，可避免打碎桩头，混凝土强度等级可降低 1~2 级，配筋比锤击法节省 40% 左右；施工速度快，工期比锤击法可缩短 1/3。该法适用于软土、填土及一般黏性土层，特别适用于居民稠密、危房附近和环境保护要求严格的地区沉桩，但不宜用于地下有较多孤石、障碍物或有 2 m 以上硬隔离层的情况，以及单桩竖向承载力超过 1 600 kN 的情况。

静力压桩机由压拔装置、行走机构及起吊装置等组成，如图 3-10 所示。正桩时，桩机就位是利用行走装置完成的，它由横向行走（短船行走）、纵向行走（长船行走）和回转机构组成。把船体当作铺设的轨道，通过横向和纵向油缸的伸程和回程使桩机实现步履式的横向和纵向行走。当横向两油缸一只为伸程、另一只为回程时，可使桩机实现小角度回转。桩用起重机吊运或用汽车运至桩机附近，再利用桩机自身设置的起重机，可将预制混凝土桩吊入夹持器中，夹持油缸将桩从侧面夹紧，压桩油缸伸程，把桩压入土层中。伸程完后，夹持油缸回程松夹，压桩油缸回程，重复上述动作，可实现连续压桩操作，直至把桩压入预定深度土层中。如桩长不够，可压至桩顶离地面 0.5~1.0 m，用硫黄胶泥锚接将桩接长。一般下部桩留 50 mm 直径锚孔，上部桩顶伸出锚筋长度为（15~20）d，硫黄胶泥锚接方法同锤击法。当桩歪斜时，可利用压桩油缸回程，将压入土层中的桩拔出，实现拔桩作业。

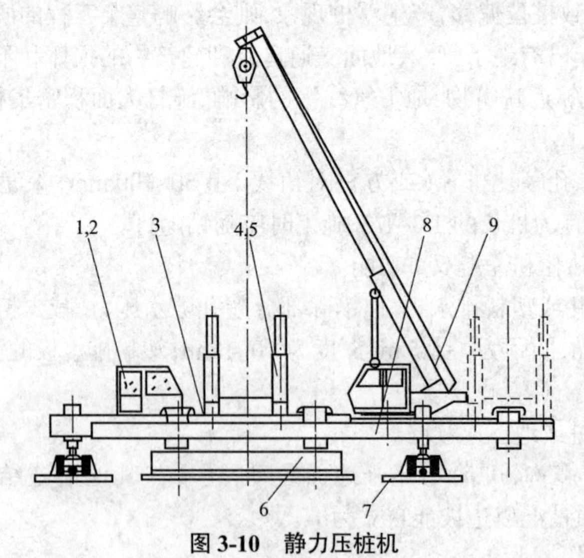

图 3-10 静力压桩机

1—操作室；2—操作台；3—机身；4—滑移式压桩台；5—液压系统；6—横移回转机构；7—纵移机构；8—配重系统；9—起重机

静力压桩的施工顺序：了解施工现场情况→编制施工方案→平整桩堆场地→制桩→压桩→检测压桩对周围土体的影响→测定桩位位移情况→验收。

施工时，静力压桩机应根据土质情况配足额定重量，桩帽、桩身和送桩的中心线应重合。压桩应连续进行，用硫黄胶泥接桩间歇不宜过长（正常气温下为 10~18 min）；接桩面应保持干净，浇筑时间不应超过 2 min，上下桩中心线应对齐，偏差不大于 10 mm；接点矢高不得大于 1% 桩长。压桩应控制好终止条件，对纯摩擦桩，终压时以设计桩长为控制条件；对长度大于 21 m 的端承摩擦型静压桩，应以设计桩长控制为主，终压力值作对照。对一些设计承载力较高的桩基，终压力值宜尽量接近静力压桩机满载值。对长度为 14~21 m 的静压桩，应以终压力达静力压桩机满载值为终压控制条件；对桩周土质较差且设计承载力较高的桩，宜复压 1~2 次为佳；对长度小于 14 m 的桩，宜连续多次复压，特别是对长度小于 8 m 的短桩，连续复压的次数应适当增加。

静力压桩的单桩竖向承载力，可通过桩的终压力值大致判断，但因土质的不同而异。桩的终压力不等于单桩的极限承载力，要通过静载对比试验来确定一个系数，然后再利用该系数和终压力，求出单桩竖向承载力标准值。如判断的终压力值不能满足设计要求，应立即采取送桩加深处理或补桩，以保证桩基的施工质量。

3.2.3　灌注桩施工

灌注桩是在施工现场的桩位上先成孔，然后在孔内灌注混凝土或加入钢筋骨架后再灌注混凝土而形成的桩。与预制桩相比，灌注桩不受土层变化的限制，而且不用截桩与接桩，避免了锤击应力，桩的混凝土强度及配筋只要满足设计与使用要求即可，因此灌注桩具有节约材料、成本低以及施工无振动、无挤压、噪声小等优点。但灌注桩施工操作要求严格，施工后混凝土需要一定的养护期，不能立即承受荷载，施工工期较长，在软土地基中易出现缩颈、断裂等质量事故。

根据成孔方法的不同，灌注桩可分为钻孔灌注桩、套管成孔灌注桩、挖孔灌注桩、冲孔灌注桩和爆扩灌注桩等。

1. 钻孔灌注桩

钻孔灌注桩是利用钻孔机在桩位上先成孔，然后在桩孔内放入钢筋骨架，再浇筑混凝土而形成的桩。它能在各种土层条件下施工，具有无振动、无挤土影响、无噪声，以及对周围建筑物影响小等特点；但其桩身混凝土强度比预制桩低，单桩承载力较低，沉降量较大。

根据地质条件的不同，钻孔灌注桩施工方法可分为干作业成孔和湿作业（泥浆护壁）成孔两种。钻孔灌注桩成孔方法的适用范围见表 3-4。

表 3-4　钻孔灌注桩成孔方法的适用范围

成孔方法		适用范围
干作业成孔	螺旋钻	地下水位以上的黏性土、砂土及人工填土
	钻孔扩底	地下水位以上的坚硬、硬塑的黏性土及中密以上的砂土
	机动洛阳铲	地下水位以上的黏性土、黄土及人工填土
湿作业成孔	冲抓钻 冲击钻 回转钻	地下水位以下的黏性土、粉土、砂土、填土、碎（砾）石土及风化岩层，以及地质情况复杂、夹层多、风化不均、软硬变化较大的岩层
	潜水钻	黏性土、淤泥、淤泥质土及砂土

1)干作业成孔灌注桩

干作业成孔的机械有手摇钻机、洛阳铲以及螺旋钻机。螺旋钻机(图 3-11)是利用电动机带动钻杆转动,使钻头螺旋叶片旋转削土,土块沿螺旋叶片上升排出孔外。一节钻杆钻入后,应停机接上第二节钻杆,持续钻进到要求的深度。操作时要求钻杆垂直,钻孔过程中如发现钻杆摇晃或难钻进,应立即停钻检查。在钻进过程中,应随时清理孔口积土,遇有塌孔、缩孔等异常情况,应及时研究解决。当钻到设计标高时,应在原位空钻清土,停钻后提出钻杆。

成孔完成后,将绑扎好的钢筋骨架一次整体吊入孔内,若过长也可分段吊,两段焊接后再慢慢沉入孔内。钢筋骨架吊放完毕,应及时浇筑混凝土,浇筑时混凝土应分层捣实。螺旋钻机成孔直径一般为 300~500 mm,最大可达 800 mm,钻孔深度为 8~12 m。

2)湿作业成孔灌注桩

湿作业成孔灌注桩的主要施工工序有桩基定位、泥浆制备、成孔与清孔、钢筋骨架制作与吊装就位、水下浇筑混凝土等。

Ⅰ.湿作业成孔方法

湿作业成孔也称泥浆护壁成孔,它是用泥浆来保护孔壁,防止孔壁塌落,排出土渣而成孔。常用的湿作业成孔机械有冲击式钻孔机、潜水钻机、回转钻机等。

Ⅰ)冲击式钻孔机成孔

冲击式钻孔机由钻架、冲锤、转向装置、护筒、掏渣筒以及双滚筒卷扬机等组成,如图 3-12 所示。

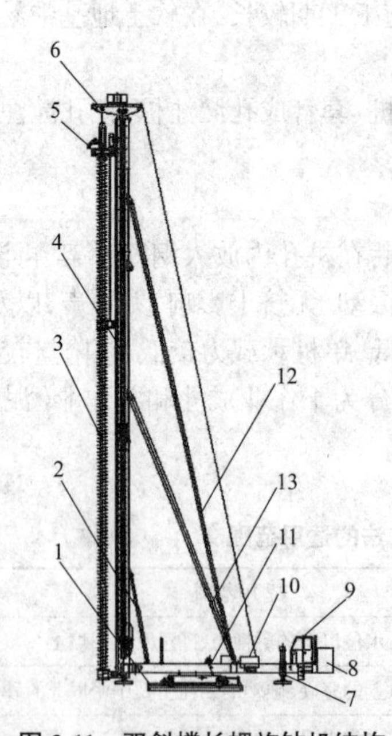

图 3-11 双斜撑长螺旋钻机结构

1—纵移机构;2—变幅油缸;3—空心螺旋钻杆;
4—桅杆总成;5—动力头总成;6—鹅头;
7—支腿油缸;8—配重;9—驾驶室;
10—主卷扬机;11—机身;12—主斜撑;13—副斜撑

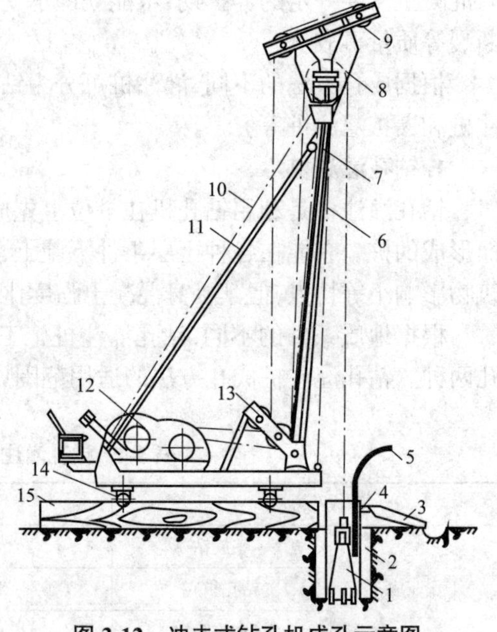

图 3-12 冲击式钻孔机成孔示意图

1—钻头;2—护筒回填土;3—泥浆流槽;4—溢流口;
5—供浆管;6—前拉索;7—主杆;8—主滑轮;9—副滑轮;
10—后拉索;11—斜撑;12—双滚筒卷扬机;
13—导向轮;14—钢管;15—垫木

冲击成孔是用冲击式钻孔机或卷扬机悬吊冲击钻头（又称冲锤）上下往复冲击，将硬质土或岩层破碎成孔，部分碎渣和泥浆挤入孔壁中，大部分成为泥渣，并用掏渣筒掏出成孔。

冲击成孔灌注桩具有设备构造简单，适用范围广，操作方便，所成孔壁较坚实、稳定，塌孔少，不受施工场地限制，无噪声和振动影响等特点，因此被广泛采用。但存在掏泥渣较费工费时，不能连续作业，成孔速度较慢，泥渣污染环境，孔底泥渣难以掏尽，使桩承载力不够稳定等问题。

Ⅱ）潜水钻机成孔

潜水钻机由潜水电机、齿轮减速器、钻头等，再加上配套机具设备（如机架、卷扬机、泥浆制配设备、砂石泵等）组成，如图 3-13 所示。潜水钻机钻孔直径为 500~1 500 mm，钻孔深度为 20~30 m，最深可达到 50 m。

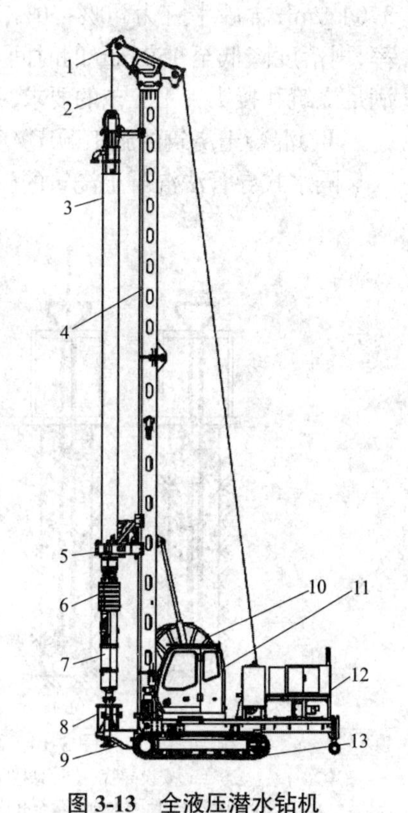

图 3-13　全液压潜水钻机

1—天车；2—液压卷扬机提升系统；3—矩形伸缩式钻杆；4—桅杆；5—导向保持架；6—配重；7—液压潜水动力头；8—钻头；9—液压支腿；10—液压绞盘；11—驾驶室；12—液压动力系统；13—履带行走底盘

潜水钻机成孔灌注桩是利用潜水钻机机构中密封的电动机、变速机构，直接带动钻头在泥浆中旋转削土，同时用泥浆泵压送高压泥浆（或用水泵压送清水），使其从钻头底端射出，并与切碎的土粒混合，以正循环方式不断由孔底向孔口溢出，且将泥渣排出，或用砂石泵或空气吸泥机采用反循环方式排出泥渣，如此连续钻进，直至形成需要深度的桩孔。

潜水钻机成孔灌注桩具有钻机设备体积较小，质量轻，移动灵活，维修方便，可钻深孔，成孔精度和效率高，质量好，扩孔率低，成孔率高，钻进速度快，施工无噪声和振动，操作简便，劳动强度低等特点；但设备较复杂，费用较高。

Ⅲ）回转钻机成孔

回转钻机是由动力装置带动钻机回转装置转动，再由其带动带有钻头的钻杆移动，由钻头削土。根据泥浆循环方式的不同，可分为正循环回转钻机和反循环回转钻机。

正循环回转钻机成孔是由空心钻杆内部通入泥浆或高压水，从钻杆底部喷出，携带钻下的土渣沿孔壁向上流动，由孔口将土渣带出并流入泥浆池。

反循环回转钻机成孔的泥浆带渣流动的方向与正循环回转钻机成孔的情形相反，其泥浆上流的速度较快，能携带较多的土渣。

回转钻机成孔灌注桩具有可利用地质部门常规地质钻机，可用于各种地质条件、各种孔径（300~2 500 mm）和深度（10~20 m），护壁效果好，成孔质量可靠，施工无噪声、振动和挤压，机具设备简单，操作方便，费用较低等特点，成为国内最为常用和应用范围较广的成桩方法之一；但其成孔速度慢、效率低，用水量大，泥浆排放量大，污染环境，扩孔率较难控制。

Ⅱ.混凝土的浇筑

Ⅰ)混凝土要求

混凝土的配合比除满足设计强度要求外,还应考虑采用导管法在泥浆中浇筑混凝土的施工特点以及施工方法对混凝土强度的影响。混凝土的强度应比设计强度提高 5 MPa,并要求混凝土的和易性好、流动度大且缓凝。水泥应采用 425 号或 525 号或普通水泥或矿渣水泥;石料宜用卵石,最大粒径不大于导管内径的 1/6 和钢筋最小间距的 1/4,且不宜大于 40 mm;碎石的粒径宜为 0.5~20 mm;砂宜用中、粗砂;水灰比不大于 0.6;水泥用量不大于 370 kg/m³;含砂率宜为 40%~50%;混凝土的坍落度宜为 18~200 mm,并有一定的流动保持率,坍落度降低至 150 mm 的时间不宜小于 1 h,扩散度宜为 34~80 mm,混凝土初凝时间应满足浇筑和接头施工工艺的要求,一般为 3~4 h。

Ⅱ)混凝土浇筑的施工顺序

隔水式导管法混凝土浇筑的施工顺序如图 3-14 所示。

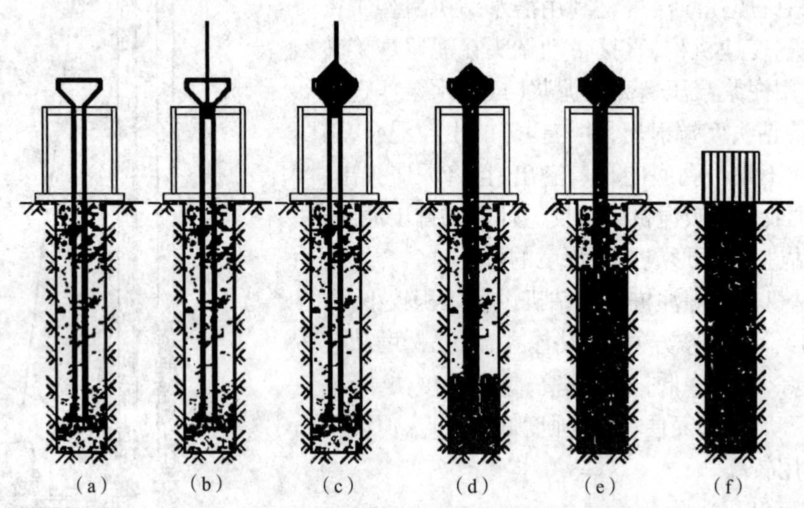

图 3-14 隔水式导管法混凝土浇筑的施工顺序

(a)安设导管 (b)悬挂隔水栓,使隔水栓与导管内水面紧贴 (c)浇筑首批混凝土
(d)剪断铁丝,使隔水栓下落至孔底 (e)连续浇筑混凝土,提升导管 (f)混凝土浇筑完毕,拔出护筒

Ⅲ)混凝土初灌量

首批混凝土的浇筑量(初灌量)必须经过计算确定,以保证完全排出导管内的泥浆,并使导管出口埋深在流态混凝土中不小于 0.8 m,防止泥浆卷入混凝土中。

混凝土初灌量可按下式计算:

$$V = h_1 \times \frac{\pi d^2}{4} + H_c A \tag{3-5}$$

式中 d——导管直径(m);

H_c——首批混凝土要求浇筑深度(m);

A——钻孔的横截面面积(m²);

h_1——孔内混凝土达到 H_c 时,导管内混凝土柱与导管外水压平衡所需要的高度(m)。

$$h_1 = \frac{H_w \gamma_w}{\gamma_c} \tag{3-6}$$

式中　H_w——预计浇筑混凝土顶面至钻孔口的高差(m);

γ_w——孔内泥浆的重度,取 12 kN/m^3;

γ_c——混凝土拌合物的重度,取 24 kN/m^3。

Ⅳ)混凝土浇筑施工要点

(1)混凝土要连续浇筑,并控制在 4~6 h 内浇完,以保证混凝土的均匀性,且间歇时间一般应控制在 15 min 内,任何情况下不得超过 30 min。

(2)浇筑混凝土时要保持孔内混凝土面均匀上升,且上升速度不大于 2 m/h。浇筑速度一般为 30~35 m^3 /h;导管提升速度应与混凝土的上升速度相适应,始终保持导管在混凝土中的插入深度不小于 1. 5 m。

(3)在混凝土浇筑过程中,要随时用探锤测量混凝土面的实际标高,计算混凝土上升高度,导管下口与混凝土的相对位置,统计混凝土浇筑量,并及时做好记录。

(4)搅拌好的混凝土应在 1.5 h 内浇筑完毕,夏季应在 1.0 h 内浇筑完毕,否则应掺加缓凝剂;混凝土浇筑到距顶部 3 m 时,可在孔内加水适当稀释泥浆,或将导管埋深减为 1 m,或适当放慢浇筑速度,以减小混凝土排出泥浆的阻力。

(5)混凝土应浇筑到设计桩顶标高以上规定的高度才能停止浇筑,以保证设计桩顶标高以下的混凝土质量。

2. 套管成孔灌注桩

套管成孔灌注桩又称沉管灌注桩,根据使用桩锤和成桩工艺的不同,可分为振动沉管灌注桩和锤击沉管灌注桩。

1)振动沉管灌注桩

振动沉管灌注桩是用振动沉桩机将带有活瓣桩尖或钢筋混凝土桩预制桩靴的桩管,利用振动锤产生的垂直定向振动和振动锤、桩管自重及卷扬机通过钢丝绳施加的拉力,对桩管施加压力,使桩管沉入土中,然后边向桩管内浇筑混凝土,边振边拔出桩管,使混凝土留在土中而形成的桩。常用沉管灌注桩的管径为 377 mm 和 426 mm。振动沉管灌注桩适用于一般黏性土、淤泥、淤泥质土、粉土、湿陷性黄土、稍密及松散的砂土及回填土;但在坚硬砂土、碎石土及有硬夹层的土层中,因易损坏桩尖而不宜采用。

振动沉管灌注桩成桩工艺如图 3-15 所示。将桩管对准桩位中心,桩尖活瓣合拢,放松卷扬机钢绳,利用振动锤及桩管自重,把桩尖压入土中;开动振动箱,桩管即在强迫振动下迅速沉入土中。沉管过程中,应经常探测管内有无水或泥浆,如发现水或泥浆较多,应拔出桩管,用砂回填桩孔后重新沉管。如发现地下水和泥浆进入套管,一般在桩管沉入前先灌入约 1 m 高的混凝土或水泥砂浆,并封住活瓣桩尖缝隙,然后再继续沉入。沉桩管时,为了适应不同土质条件,常用加压方法来调整土的自振频率,可利用卷扬机把桩架的部分重量传到桩管上实现加压,并根据桩管沉入速度,随时调整离合器,防止桩架抬起而发生事故。桩管沉到设计标高后,停止振动,用上料斗将混凝土注入桩管内,混凝土一般应灌满桩管或略高于地面。开始拔管时,应先启动振动箱片刻,再开动卷扬机拔桩管。用活瓣桩尖时拔管速度宜慢,用预制桩尖时拔管速度可适当加快。在软弱土层中,拔管速度宜慢,并用吊铊探测,确保桩尖活瓣已经张开,直到混凝土从桩管中流出后,方可继续抽拔桩管,边振边拔,桩管内的混凝土被振实而留在土中成桩。

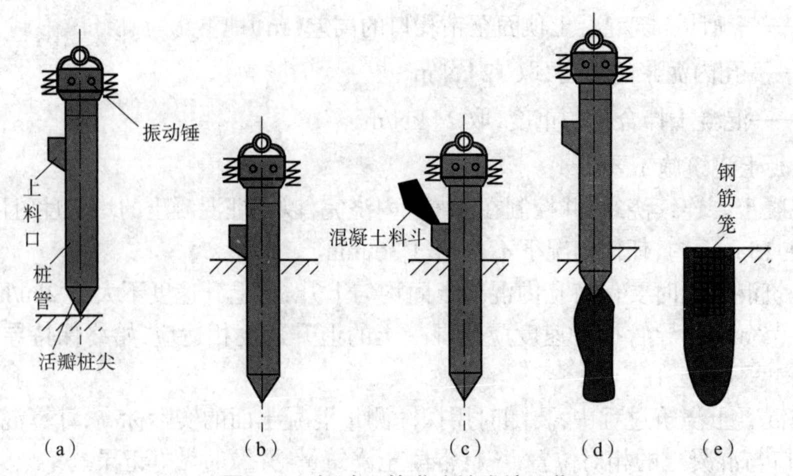

图 3-15 振动沉管灌注桩成桩工艺

(a)桩机就位合拢桩尖 (b)沉管 (c)混凝土上料 (d)边振边灌边拔桩管 (e)桩顶插筋并灌满混凝土

当桩身配有钢筋骨架时,先浇筑混凝土至钢筋骨架底部标高,然后安放钢筋骨架,再继续浇筑混凝土至桩顶标高。

根据承载力的不同要求,可分别采用以下拔管方法。

(1)单打法,即一次拔管。拔管时,先振动 5~10 s,再开始拔桩管,应边振边拔,每提升 0.5~1.0 m 停拔,振 5~10 s 后再拔管 0.5 m,再振 5~10 s,如此反复进行直至拔出地面。在一般土层中,拔管速度宜为 1.2~1.5 m/min,用活瓣桩尖时宜慢,用预制桩尖时可适当加快;在软弱土层中宜控制在 0.6~0.8 m/min。

(2)复打法,即在同一桩孔内进行两次单打,或根据需要进行局部复打。成桩后的桩身混凝土顶面标高应不低于设计标高 500 mm。全长复打桩的入土深度宜接近原桩长,局部复打应超过断桩或缩颈区 1 m 以上。全长复打时,第一次浇筑混凝土应达到自然地面。复打施工必须在第一次浇筑的混凝土初凝之前完成,应随拔管随清除粘在管壁上和散落在地面上的泥土,同时前后两次沉管的轴线必须重合。

(3)反插法,即先振动再拔管,每提升 0.5~1.0 m,再把桩管下沉 0.3~0.5 m(且不宜大于活瓣桩尖长度的 2/3),在拔管过程中分段添加混凝土,使管内混凝土面始终不低于地表面,或高于地下水位 1.0~1.5 m 以上,如此反复进行直至地面。反插次数按设计要求确定,并应严格控制拔管速度不大于 0.5 m/min。在桩尖的 1.5 m 范围内,宜多次反插以扩大桩端部截面。在淤泥层中,为消除混凝土缩颈,或混凝土浇筑量不足,以及设计有特殊要求时,宜采用此法。穿过淤泥夹层时,应当放慢拔管速度,并减小拔管高度和反插深度,在流动性淤泥中不宜使用此法。

拔管过程中,桩管内的混凝土应至少保持 2 m 高或不低于地面,可用吊铊探测,不足时及时补灌,以防混凝土中断而形成缩颈。混凝土的充盈系数(即灌注混凝土体积与桩孔体积之比)不得小于 1.0,对于混凝土充盈系数小于 1.0 的桩宜全长复打。群桩基础和桩中心距离小于 3.5 倍桩径的桩基,宜采用跳打法施工。跳打法就是根据设计的桩位布置图,第一根桩施工完后,跳过一根桩而进行下一根桩的施工,按照这样的规律打完全部的桩。相邻两根桩的施工必须有足够的时间间隔,应待先施工的桩的混凝土达到设计强度的 50% 后再进行下一根桩的施工。

振动沉管灌注桩能适应复杂地层,不受持力层起伏和地下水位高低的限制;能用小桩管打出大截面桩(一般单打法的桩截面比桩管扩大30%,复打法可扩大80%,反插法可扩大50%左右),使其具有较高的承载力;对砂土,可减轻或消除地层的地震液化性能;有套管护壁,可防止塌孔、缩孔、断桩,桩质量可控;采用低振幅、次中频振动(700~1 200次/min),对附近建筑物的振动影响以及噪声对环境的干扰都比常规打桩机小;能沉能拔,施工速度快,效率高,操作简便、安全,同时费用比较低,相比预制桩可降低工程造价30%左右。但由于其振动使土体受到扰动,会大大降低地基强度,因此当为软黏土或淤泥及淤泥质土时,土体至少需养护30 d;砂层或硬土需养护15 d,才能恢复地基强度。

2)锤击沉管灌注桩

锤击沉管灌注桩是用锤击打桩机将带有活瓣桩尖或钢筋混凝土预制桩靴的钢管锤击沉入土中,然后边浇筑混凝土边用卷扬机拔桩管成桩。锤击沉管灌注桩适用于黏性土、淤泥、淤泥质土、稍密的砂土及杂填土层,但不能在密实的砂砾石、漂石层中使用。

锤击沉管灌注桩成桩工艺如图3-16所示。锤击打桩机就位后吊起桩管,对准预先埋好的钢筋混凝土预制桩靴,放置麻(草)绳垫于桩管与桩靴连接处,作为缓冲层并防止地下水进入,然后缓慢放入桩管,套入桩靴压入土中。桩身上端扣上桩帽,先用低锤轻击,观察无偏移后,才正常施打,直至符合设计要求深度。如沉管过程中桩靴损坏,应及时拔出桩管,用土或砂填实后,另安桩靴重新沉管。沉管至设计标高后,检查管内有无吞桩靴现象。无泥浆或水时,应立即浇筑混凝土,混凝土应灌满桩管。拔管速度应均匀,对一般土可控制在不大于1 m/min;对淤泥和淤泥质软土不大于0.8 m/min;在软弱土层和软硬土层交界处宜控制在0.3~0.8 m/min。采用倒打拔管的打击次数:单动汽锤不得少于50次/min;自由落锤轻击不得少于40次/min。在管底未拔至桩顶设计标高前,倒打和轻击不得中断。第一次拔管高度不宜过高,应控制在能容纳第二次需要灌入的混凝土量为限,以后始终保持使管内混凝土量略高于地面。当混凝土灌至钢筋骨架底部标高时,放入钢筋骨架,继续浇筑混凝土及拔管,直到全部钢管拔完为止。

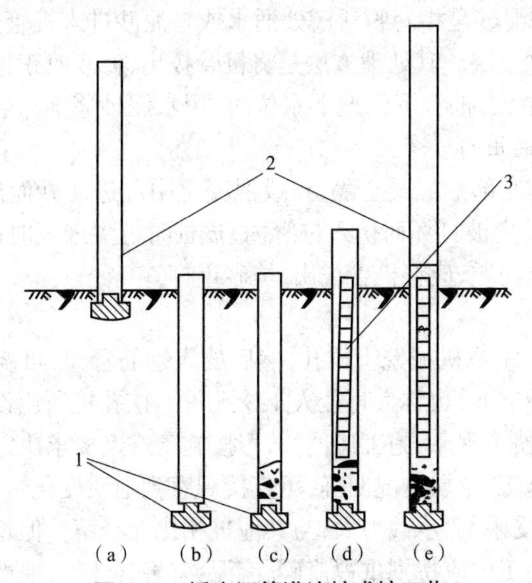

图3-16　锤击沉管灌注桩成桩工艺

(a)就位　(b)沉入套管　(c)开始浇筑混凝土　(d)下钢筋骨架,继续浇筑混凝土　(e)拔管成桩

1—桩靴;2—套管;3—钢筋骨架

混凝土的充盈系数(即灌注混凝土体积与桩孔体积之比)不得小于1.0,对于混凝土充盈系数小于1.0的桩宜全长复打。为扩大桩径,提高承载力或补救缺陷,亦可采用复打法。复打法的要求同振动沉管灌注桩,但以扩大一次为宜。当作为补救措施时,常采用半复打法或局部复打法。

锤击沉管灌注桩宜按桩基施工顺序依次退打,桩中心距在4倍桩管外径以内或小于2 m时均应跳打。

锤击沉管灌注桩可用小桩管打较大截面桩,承载力大;可避免塌孔、缩颈、断桩、移位、脱空等缺陷;可采用普通锤击打桩机施工,机具设备和操作简便,沉桩速度快。

3)套管成孔灌注桩施工常见问题及处理方法

套管成孔灌注桩易发生断桩、缩颈、桩尖进水或进泥砂及吊脚桩等质量问题,施工中应加强检查并及时处理。

(1)断桩是指桩身裂缝呈水平状或略有倾斜且贯通桩的全截面,常出现于地面以下1~3 m的不同软硬土层交界处。断桩的原因主要是桩距过小,邻桩施打时的挤压所产生的横向水平推力和隆起上拔力的共同作用,使混凝土强度较低的桩身产生相应的裂缝。避免断桩的措施有:桩的中心距宜大于3.5倍桩径;考虑打桩顺序及桩架行走路线时,应注意减少对新打桩的影响;采用跳打法或控制时间法,以减少对邻桩的影响。对断桩的检查,目前常用开挖检查法和动测法,一旦发现断桩,应将断桩段拔去,将孔清理干净后,略增大面积或加上钢箍连接,重新浇筑混凝土。

(2)缩颈桩又称瓶颈桩,即浇筑混凝土后的桩身局部直径小于设计截面尺寸,不符合要求。产生缩颈的原因:在含水量大的黏性土中沉管时,土体受强烈扰动和挤压,产生很高的孔隙水压力,桩管拔出后,这种水压力便作用到新浇筑的混凝土桩上,使桩身发生不同程度的缩颈现象;拔管过快,管内混凝土存量过少或和易性差,使混凝土出管时扩散差等。对于此问题,施工中应经常测定混凝土下落情况,发现问题及时纠正,一般可用复打法处理。

(3)桩尖进水或进泥砂是指套管活瓣处涌水或是泥砂进入桩管内,常见于地下水位高、含水量大的淤泥和粉砂土层。其处理方法是将桩管拔出,修复改正桩尖缝隙后,用砂回填桩孔并重打。当地下水量大,桩管沉到地下水位时,用水泥砂浆灌入管内约0.5 m做封底,再浇筑1 m高混凝土,然后重打。

(4)吊脚桩是指桩底部的混凝土隔空,或混凝土中混进泥砂而形成松软层的桩。造成吊脚桩的原因是预制桩尖被打坏而挤入桩管内,拔桩时桩尖未及时被混凝土压出或桩尖活瓣未及时张开。发现此问题,应将桩管拔出,填砂重打。

3. 挖孔灌注桩

挖孔灌注桩是用人工或机械挖土成孔,然后放入钢筋骨架,再浇筑混凝土而成,我国多用人工开挖,直径为0.8~5 m,也称大直径人工挖孔桩。挖孔桩所用设备简单;施工现场较干净;振动小,噪声小;无挤土现象;施工速度快,可按施工进度要求决定同时开挖桩孔的数量,必要时各桩孔可同时施工;土层情况明确,可直接观察到地质变化情况,桩底沉渣清除干净,施工质量可靠;桩径不受限制,承载力大;与其他桩相比较经济。但挖孔桩施工时,工人在井下作业,劳动条件差,施工中应特别重视流砂、流泥、有害气体等,要严格按操作规程施工,制订可靠的安全措施。

1)挖孔灌注桩的施工程序

挖孔灌注桩的施工程序如下:

(1)场地整平,放线,定桩位;

(2)第一节桩身挖土,支模浇筑第一节护壁;

(3)在护壁上二次投测标高及桩位十字轴线;

(4)第二节桩身挖土,清理桩孔四壁,校核桩孔垂直度和直径;

(5)拆第一节模板,支第二节模板,浇筑第二节护壁;

(6)重复挖土、支模、浇筑护壁工序,循环作业直至设计深度;

(7)检查持力层后进行扩底;

(8)清理虚土,排除积水,检查尺寸和持力层;

(9)吊放钢筋骨架就位,浇筑桩身混凝土。

2)常用护壁施工

常用的护壁有现浇混凝土护壁和钢套管护壁等,有时也可用喷锚混凝土护壁代替现浇混凝土护壁,这样可省去模板。当深度不大、地下水较少、土质较好时,甚至可利用砖石砌筑护壁。

(1)现浇混凝土护壁采用混凝土护壁进行挖孔桩施工,边开挖土方边构筑混凝土护壁,护壁的结构形式为斜阶形,如图3-17所示。混凝土护壁厚度不宜小于100 mm,每节护壁高度为1.0 m左右。遇有松散砂卵石层、淤泥质土层等或地下水渗流较大时,应减少每层护壁的高度,护壁厚度和下挖速度根据桩径及安全情况确定。混凝土强度等级不得低于桩身混凝土强度等级且不得低于C20。采用多节护壁时,上下节护壁宜用钢筋拉结。对于土质较好的地层,护壁可以用素混凝土,土质较差地段应加少量钢筋(环筋ϕ10~12@200,竖筋ϕ10~12@400)。

浇筑护壁的模板宜采用工具式钢模板,它多由三块模板以螺栓连接拼成,使用方便。每节护壁要保证同心,第一节护壁应高出地面150~200 mm,上下节护壁的搭接长度不得小于50 mm。每节护壁均应在当日连续施工完毕,护壁混凝土必须保证密实。护壁井圈应与土体紧密接触,不得留有空隙。根据土层渗水情况使用速凝剂,护壁模板的拆除宜在24 h后进行。发现护壁有蜂窝、漏水现象时,应及时补强,以防造成事故。同一水平面上的井圈任意直径的极差不得大于50 mm。

(2)钢套管护壁适用于流砂地层、地下水位高的强透水地带或承压水地层,即在桩位测量定位并构筑井圈后,用打桩机将钢管强行打入土层中穿越流砂等强透水层,钢管下端要打入不透水的基岩层一定深度,以截断水流。这样在钢套管保护下,人工挖孔和底部扩孔既安全又可靠。待桩孔挖掘结束,下放钢筋骨架,浇筑混凝土结束后,立即拔出钢管。拔钢管可用振动锤和人字拔杆,即用振动锤产生振动,减少钢管壁与土层及混凝土间的摩阻力,并强行将钢管拔出。

3)土方开挖

土方开挖是在桩孔内由人工进行挖掘,桩孔上端需架立小型机架,用链式电动葫芦和掏渣筒垂直运输土方,桩孔内的渗漏水要用高扬程的潜水泵排出。桩孔内用低压照明灯具进行照明,并用1.5 kW的小型鼓风机通过直径100 mm的塑料送风管向桩孔内送风,风量不宜少于 25 L/s。

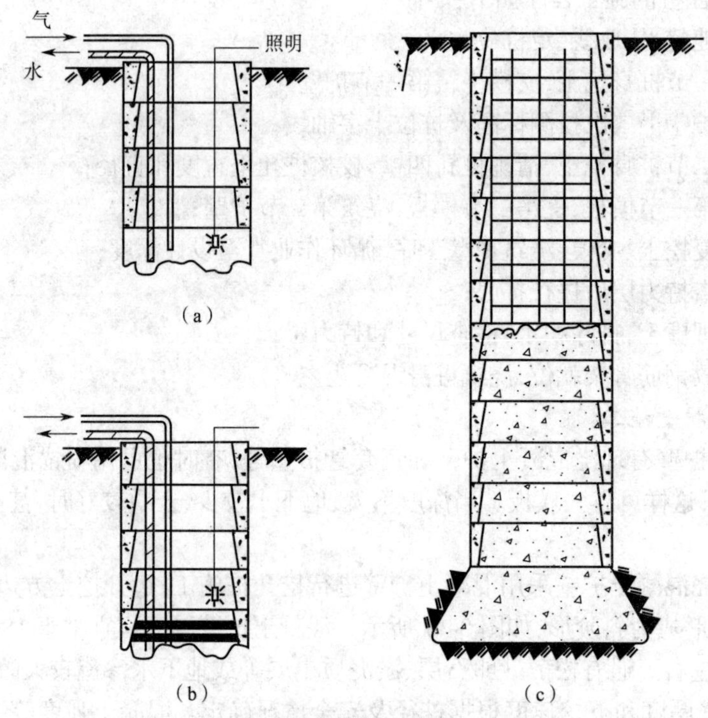

图 3-17 现浇混凝土护壁

(a)在护壁保护下挖土 (b)支横板浇筑混凝土护壁 (c)浇筑桩身混凝土

由于是人工在桩孔内挖掘,所以降低桩区的地下水位很重要。降水可用专设的降水井,也可用桩孔自身降水。降水有时会引起混凝土护壁下沉和断裂,须采取措施加以防范。

4)混凝土浇筑

人工挖孔桩的混凝土浇筑有下列方法。

(1)混凝土水下导管浇筑法,无须井内抽水,采用直径 200 mm、250 mm 的导管进行水下浇筑,一般水泥用量不少于 420 kg/m³,坍落度为 160~180 mm,砂率为 40% 左右。采用此法浇筑混凝土能够保证质量。

(2)串筒法浇筑,对于桩孔内无水或渗水量小的挖孔桩,可用串筒直接进行浇筑,此时混凝土的坍落度一般为 50~60 mm。

(3)直接投料法,对于无水和能疏干的桩孔,在急速排水后,立即投下数包水泥,然后用混凝土搅拌运输车将商品混凝土大量急速地直接投入桩孔,进行快速浇筑。浇筑时由于落差大,从高处投下的混凝土高速撞击下面已浇筑的混凝土,达到混凝土自行捣实的目的,并向四周挤压扩散,事实证明这种方法浇筑的混凝土的密实度很高。待浇筑的混凝土面上升到接近地面时,由于落差减小,冲击力不足,可改用导管进行浇筑。混凝土浇筑后,对质量有所怀疑的挖孔桩,可钻取芯样进行检查。对不密实者,可用压力灌浆进行补救;对质量不合格者,可在其四周打设钢管桩进行补强,或报废重做。

5)人工挖孔桩施工安全措施

人工挖孔桩施工应采取以下安全措施。

（1）孔内必须设置应急软爬梯，供人员上下井；使用的电动葫芦、吊笼等应安全可靠，并配有自动卡紧保险装置，不得使用麻绳和尼龙绳或脚踏井壁凸缘上下；电动葫芦宜用按钮式开关，使用前必须检验其安全起吊能力。

（2）每日开工前必须检测井下的有毒有害气体含量，并应有足够的安全防护措施；桩孔开挖深度超过 10 m 时，应有专门向井下送风的设备，风量不宜少于 25 L/s。

（3）孔口四周必须设置护栏，一般加 0.8 m 高围栏围护。

（4）挖出的土石方应及时运离孔口，不得堆放在孔口四周 1 m 范围内，机动车辆的通行不得对井壁的安全造成影响。

（5）施工现场的一切电源、电路的安装和拆除必须由持证电工操作，必须遵守《施工现场临时用电安全技术规范》（JGJ 46—2005）的规定。

4. 混凝土灌注桩的质量检验标准

混凝土灌注桩的质量检验标准包括成孔质量、钢筋骨架质量和整体质量等，应分阶段进行验收。混凝土灌注桩成孔质量验收标准见表 3-5，钢筋笼（钢筋骨架）质量验收标准见表 3-6，整体质量验收标准见表 3-7。

表 3-5　混凝土灌注桩成孔质量验收标准

成孔方法		桩径允许偏差 /mm	垂直允许偏差 /%	桩位允许偏差 /mm	
				条形桩基沿中心线方向和群桩基础的中间柱	1~3 根、单排桩基垂直于中心线方向和群柱基础的边桩
泥浆护壁冲钻孔桩	$d \leqslant$ 1 000 mm	± 50	<1	d/5 且不大于 100	d/5 且不大于 105
	d>1 000 mm	± 50		100+0.01H	150+0.01H
锤击振动、振动冲击沉管	$d \leqslant$ 500 mm	−20	<1	70	150
	d>500 mm			100	150
螺旋钻、机动洛阳铲钻孔扩底		−20	<1	70	150
人工挖孔桩	混凝土护壁	+50	<0.5	50	150
	钢套管护壁	+50	<1	100	200

注：①桩径允许偏差的负值是指个别断面。
②采用复打法、反插法施工的柱径允许偏差不受本表的限制。
③ H 为施工现场地面标高与桩顶标高的差值，d 为设计桩径。

表 3-6　混凝土灌注桩钢筋笼（钢筋骨架）质量验收标准

检查项目	允许偏差 /mm	检查方法
钢筋材料质量检验*	满足设计要求	抽样送检
主筋间距*	± 10	尺量
钢筋间距或螺旋筋间距	± 20	尺量
钢筋笼直径	± 10	尺量
钢筋笼长度*	± 100	尺量

续表

项　目		允许偏差 /mm	检查方法
主筋保护层	水下浇筑混凝土	50 ± 10	尺量
	非水下浇筑混凝土	30 ± 5	尺量
钢筋笼安装深度*		± 100	尺量

注:* 项为主控项目。

表 3-7　混凝土灌注桩整体质量验收标准

检查项目		允许偏差或允许值		检查方法
		单位	数值	
沉渣厚度*	端承桩	mm	<30	用沉渣仪或重锤测量
	摩擦桩	mm	<150	
孔深		mm	−0 +300	只深不浅,用重锤测量,或测钻杆、套管长度,嵌岩桩应确保进入设计要求的嵌岩深度
泥浆比(黏土或砂性土中)		—	1.15~1.20	用比重计测量,清孔后在距孔底 50 cm 处取样
泥浆面积(高于地下水位)		m	0.5~1.0	目测
混凝土坍落度	水下灌注	mm	160~220	坍落度仪
	干施工	mm	70~100	
导管插入混凝土中的深度		m	2~4	测导管长度
套管拔管速度		m/min	0.8~1.2	目估
混凝土充盈系数		—	>1	检查每根桩的实际灌注量
桩顶标高		mm	+150 −50	水准仪,扣除桩顶劣质混凝土 1.0~2.0 m
混凝土强度*		满足设计要求		试块报告或钻芯取样送检
桩体完整性检验*		满足设计要求		低应变动测试验
荷载试验*		满足设计要求		单桩静载试验

注:* 项为主控项目。

3.3　地下连续墙和逆作法施工

在我国,地下连续墙经过几十年的发展,其技术已经相当成熟。近年来,随着基础埋置深度的不断加大,再加上周围环境及施工场地的限制,很多传统施工方法已不再适用,地下连续墙已成为深基坑施工的有效手段。目前,地下连续墙已广泛应用于民用建筑、工业厂房和市政工程,包括建筑物的地下室、地下铁道车站、盾构工作井、引水或排水隧道防渗墙、地下停车场、大型污水泵站等工程。而且通过开发使用许多新技术、新设备和新材料,地下连续墙已由原来单一地用作围护结构,发展成用作结构物的一部分或用作主体结构。

地下连续墙的优点:墙体刚度大,抗弯强度高,变形小,具有良好的抗渗性能,能抵抗较高的水压力;施工适应性强,可以用于各种土质条件,施工时噪声低、无振动、不挤土,可在建(构)筑物密集区域施工,对邻近建筑物和地下管线的影响较小;可用于逆作法施工,即将地下连续墙与逆作法结合,形成一种深基坑和多层地下室施工的有效方法。其缺点是施工工艺复杂,需要较多的专用设备,成本较高;施工中产生的废泥浆需妥善处理,否则易污染环境。

3.3.1　地下连续墙

1. 施工工艺

地下连续墙的施工工艺流程如图3-18所示。

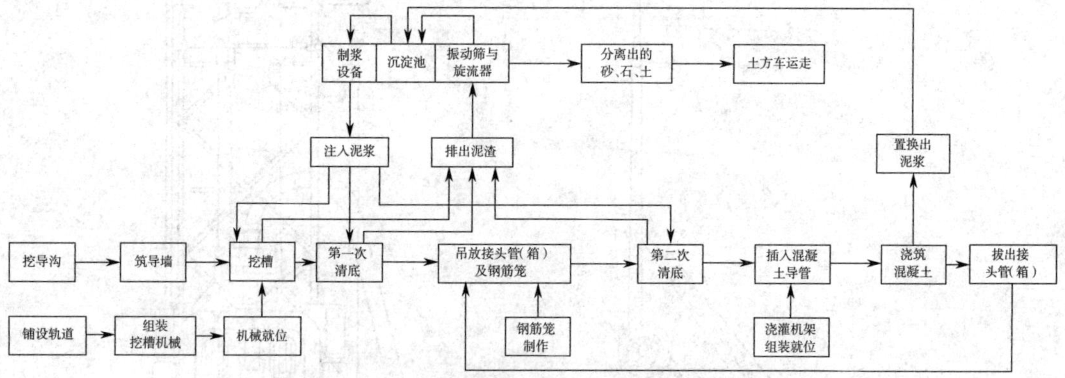

图3-18　地下连续墙施工工艺流程示意图

2. 施工工法

地下连续墙在挖槽前,要先沿设计轴线修筑导墙,如图3-19所示。导墙属临时结构,其主要作用是提供挖槽导向、承受挖槽机械荷载、防止槽段上口塌方、存蓄泥浆、保证地下连续墙设计的几何尺寸和形状,并作为安装钢筋骨架的基准。导墙多呈"R"形或"T"形,厚度一般为0.15~0.2 m,深度一般为1~2 m;顶面应高出施工地面,以防止地面水流入槽段;内墙面应竖直,内外两墙墙面间距为地下墙设计厚度加施工余量(40~60 mm);导墙顶面应水平,每个槽段内的导墙应设一个及以上溢浆孔。导墙通常为就地灌注的钢筋混凝土结构,宜筑于密实的黏性土地基上,墙背侧用黏性土回填并夯实,防止漏浆,且不能设在松散的土层或地下水位波动的部位。导墙水平钢筋必须通长连接,以保证导墙成为一个整体。导墙拆模后,应立即在墙间加设支撑,其水平间距一般为2.0~2.5 m。混凝土养护期间,起重机等不应在导墙附近作业或停置,以防导墙开裂和产生位移。

挖槽是地下连续墙施工中的主要工序,它的施工工期约占整个地下连续墙施工工期的一半。槽宽取决于设计墙厚,一般为600~800 mm。挖槽是在泥浆中进行的,目前我国常用的挖槽设备为导板抓斗、导杆抓斗(图3-20)、冲击钻挖槽机和多头钻挖槽机(图3-21)等,施工时应根据地质条件和筑墙深度选用。一般土质较软,深度在15 m左右时,可选用普通导板抓斗;对密实的砂层或含砾土层,可选用多头钻挖槽机或加重型液压导板抓斗;对含有大颗粒卵砾石的土层或岩基,以选用冲击钻挖槽机为宜。

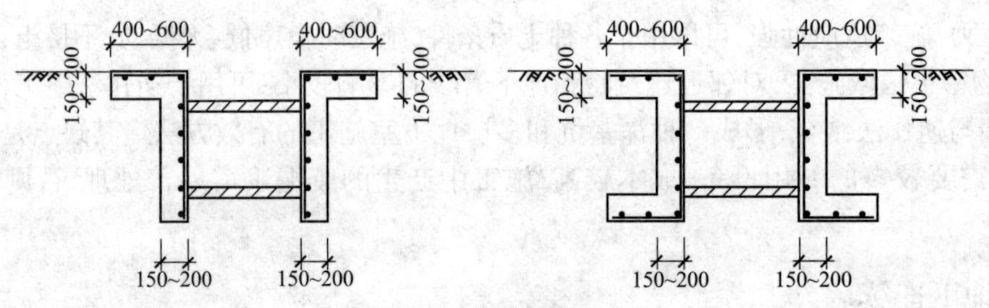

图 3-19 常见导墙形式

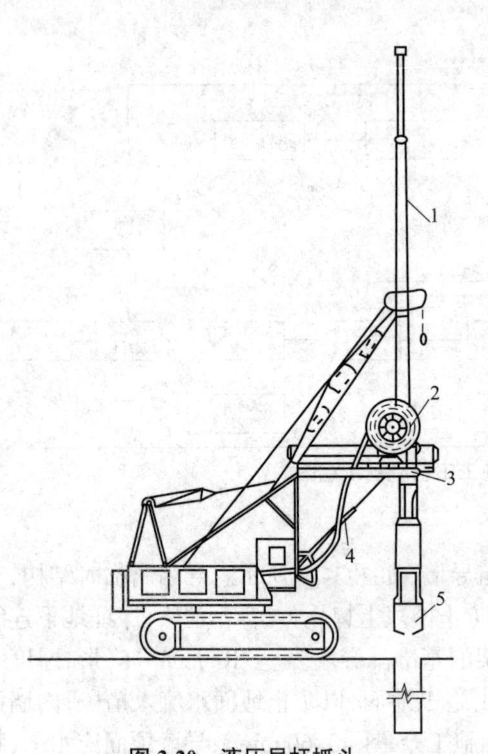

图 3-20 液压导杆抓斗

1—导杆；2—液压抓斗回收轮；3—平台；4—调整倾斜度用的千斤顶；5—抓斗

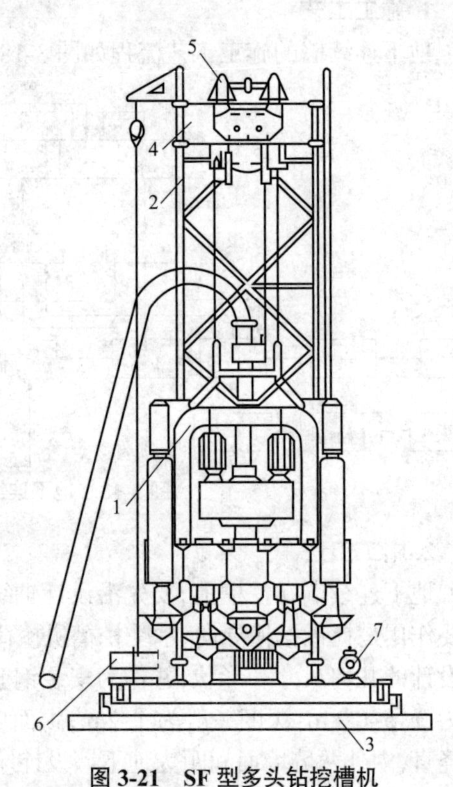

图 3-21 SF 型多头钻挖槽机

1—多头钻；2—机架；3—底盘；4—顶部圈梁；5—顶梁；6—电缆收线盘；7—空气压缩机

挖槽按单元槽段进行，在施工前需预先沿墙体长度方向划分施工的单元槽段，单元槽段的长度一般为 6~8 m，通常结合土质情况、机械性能、泥浆池容积、钢筋骨架重量、结构尺寸、划分段落等确定。槽挖至设计标高后，要先进行清底（清除沉于槽底的沉渣），然后尽快下放接头管和钢筋笼，并立即浇筑混凝土，以防槽段塌方。有时在下放钢筋笼后，要进行第二次清底。清底方法一般有沉淀法和置换法两种。沉淀法是在土渣沉淀到槽底之后再进行清底，其常用的方法有砂石吸力泵排泥法、压缩空气升液排泥法、带搅动翼的潜水泥浆泵排泥法等。置换法是在挖槽结束后，土渣还未沉淀前，就用新的泥浆把原有的泥渣置换出来。

泥浆护壁是通过泥浆对槽壁施加压力以保护挖成的深槽形状不变，防止槽段塌方，浇筑混凝土把泥浆置换出来；在采用多头钻成槽时，还利用泥浆的循环将钻下的土携带出槽段。泥浆在成槽过程中应保持其应有的性能，泥浆的使用方法可分为静止式和循环式两种。泥浆在循环式使用时,应用振动筛、旋流器等净化装置,在指标恶化后,要考虑采用化学方法进行处理,或废弃旧浆,换用新浆。

钢筋笼在施工现场根据墙体配筋图和单元槽段的划分进行加工制作,一般每个单元槽段的钢筋笼宜制作成一整体(过长者可分段制作,钢筋接头采用焊接或者机械连接)。钢筋笼制作时应预留混凝土导管位置,并在其周围增设钢筋加固。为便于起重机整体起吊,钢筋笼需加强刚度。钢筋笼插入槽段时,务必使吊点中心对准槽段中心,并缓慢下放,防止碰撞槽壁造成塌方而加大清底的工作量。

地下连续墙的混凝土浇筑是在泥浆中进行的,因此需采用导管法进行浇筑,且混凝土必须按水下混凝土配制。在用导管开始浇筑混凝土前,为防止泥浆进入混凝土,可在导管内吊放一管塞,依靠灌入的混凝土压力将管内泥浆挤出。混凝土要连续浇筑,并测量混凝土浇筑量及上升高度,浇筑过程中所溢出的泥浆应送回泥浆沉淀池,以免污染环境。由于混凝土的顶面存在一层浮浆,因此混凝土一般需超灌 300~500 mm,在混凝土硬化后将设计标高以上的浮浆层凿除。

地下连续墙按单元槽段施工(图 3-22),槽段之间在垂直面上存在接头。常见接头形式有锁口管接头、接头箱接头、隔板式接头等。如果地下连续墙只用作支护结构,接头只需满足密实不漏水,则可用锁口管接头,使槽段紧密相接,以增强抗渗能力。锁口管为一根钢管,其在成槽后、吊入钢筋笼前插入槽段的端部,浇筑的混凝土初凝后,用吊车或液压顶升架将其逐渐拔出,拔出后单元槽段端部形成半凹榫状接头。如果地下连续墙用作主体结构侧墙或结构的地下墙,则除要求接头具有抗渗能力外,还要求接头具有抗剪能力,此时就需在接头处增加钢板,使相邻墙段有力地连接成整体。

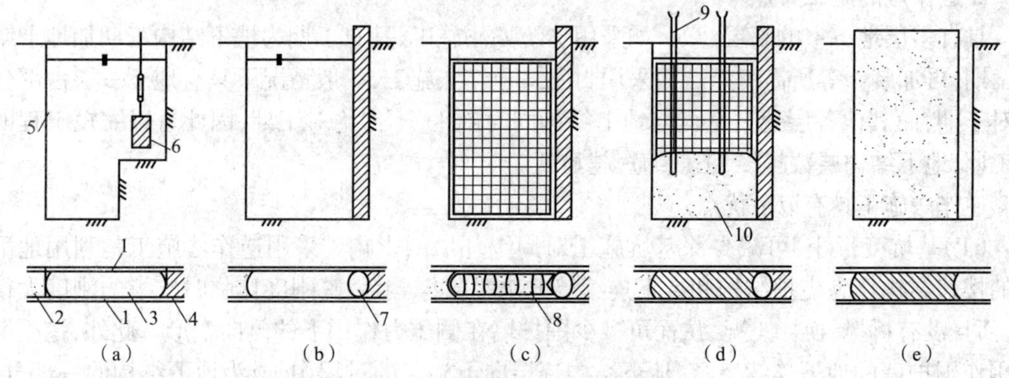

图 3-22 地下连续墙施工过程示意图

(a)开挖槽段 (b)插入接头管 (c)吊放钢筋笼 (d)浇筑混凝土 (e)拔出锁口管形成接头

1—导墙;2—已完成槽段;3—开挖槽段;4—未开挖槽段;5—泥浆;6—成槽机;

7—锁口管;8—钢筋笼;9—导管;10—混凝土

3.3.2 逆作法施工

1. 逆作法的工艺原理

对于深度大的多层地下室结构,传统的方法是开敞式自下而上施工,即放坡开挖或支护结构围护后垂直开挖,挖土至设计标高后,浇筑混凝土底板,然后自下而上逐层进行地下室结构施工,出地面后再逐层进行地上结构施工。

逆作(筑)法的工艺原理是在土方开挖前,先沿建筑物地下室轴线(适用于两墙合一情况)或建筑物周围(地下连续墙只用作支护结构)浇筑地下连续墙,作为地下室的边墙或基坑支护结构的围护墙,同时在建筑物内部的有关位置(多为地下室结构的柱子或隔墙处,根据需要经计算确定)浇筑或打下中间支承柱(亦称中柱桩);然后开挖土方至地下一层顶面底标高处,浇筑该层的楼盖结构(留有部分工作孔),这样已完成的地下一层顶面楼盖结构即用作周围地下连续墙刚度很大的支撑,人和设备通过工作孔逐层向下进行各层地下室结构施工。与此同时,由于地下一层的顶面楼盖结构已完成,为进行上部结构施工创造了条件,所以在向下进行各层地下室结构施工的同时,可向上逐层进行地上结构施工,这样上、下同时进行施工,直至工程结束。但是在地下室浇筑混凝土底板之前,上部结构允许施工的层数要经计算确定。

逆作法施工,根据地下一层的顶板结构封闭还是敞开,可分为封闭式逆作法和敞开式逆作法。前者在地下一层的顶板结构完成后,上部结构和地下结构可以同时进行施工,有利于缩短总工期;后者上部结构和地下结构不能同时进行施工,只是地下结构自上而下进行逆向逐层施工。

还有一种方法称为半逆作法,又称局部逆作法。其施工特点是开挖基坑时,先放坡开挖基坑中心部位的土体,靠近围护墙处留土以平衡坑外的土压力,待基坑中心部位开挖至坑底后,由下而上顺作施工基坑中心部位地下结构至地下一层顶,然后同时浇筑留土处和基坑中心部位地下一层的顶板,用作围护墙的水平支撑,而后进行周边地下结构的逆作施工,上部结构亦可同时施工。

2. 逆作法的施工特点

具有多层地下室的高层建筑,如采用传统方法施工,其总工期为地下结构工期加地上结构工期,再加装修等所需工期。而采用封闭式逆作法施工,一般情况下只有地下一层占部分绝对工期,而其他各层地下室可与地上结构同时施工,不占绝对工期,因此可以缩短工程的总工期,地下结构层数越多,工期缩短越显著。

逆作法施工具有以下优点。

(1)基坑变形小,可减少深基坑施工对周围环境的影响。采用逆作法施工是利用地下室的楼盖结构作为支护结构和地下连续墙的水平支撑体系,其刚度比临时支撑的刚度大得多,而且没有拆撑、换撑工况,从而可减少围护墙在侧压力作用下的侧向变形。此外,挖土期间用作围护墙的地下连续墙,在地下结构逐层向下施工的过程中,成为地下结构的一部分,而且与柱(或隔墙)、楼盖结构共同作用,可减少地下连续墙的沉降,即减少竖向变形。这一切都使逆作法施工可最大限度地减少对周围相邻建筑物、道路和地下管线的影响,在施工期间可保证其正常使用。

(2)简化基坑的支护结构,有明显的经济效益。采用逆作法施工,一般地下室外墙与基坑围护墙采用两墙合一的形式,一方面可不再单独设立围护墙,另一方面可在工程用地范围内最大限度地扩大地下室面积,增加有效使用面积。此外,围护墙的支撑体系由地下室楼盖结构代替,可省去大量支撑费用;而且楼盖结构即支撑体系,还可以克服特殊平面形状建筑或局部楼盖缺失所带来的布置支撑的困难,并使受力更加合理。由于上述原因,再加上总工期的缩短,在软土地区对于具有多层地下室的高层建筑,采用逆作法施工具有明显的经济效益。

（3）施工方案与工程设计密切相关。按逆作法施工，中间支承柱位置及数量的确定、施工过程中结构的受力状态、地下连续墙和中间支承柱的承载力以及结构节点构造、软土地区上部结构施工层数控制等，都与工程设计密切相关，需要施工单位与设计单位密切合作研究解决。

（4）施工期间楼面恒载和施工荷载等通过中间支承柱传入基坑底部，压缩土体，可减少土方开挖后的基坑隆起。同时，中间支承柱作为底板的支点，使底板内力减小，而且无抗浮问题存在，使底板设计更趋合理。

对于具有多层地下室的高层建筑，采用逆作法施工虽有上述一系列优点，但逆作法施工和传统的顺作法相比，亦存在一些问题，主要表现在以下几方面。

（1）由于挖土是在顶部封闭状态下进行的，基坑中还分布有一定数量的中间支承柱和降水用井点管，使挖土的难度增大，在目前尚缺乏小型、灵活、高效的小型挖土机械情况下，多利用人工开挖和运输，虽然费用并不高，但机械化程度较低。

（2）逆作法用地下室楼盖作为水平支撑，支撑位置受地下室层高的限制，无法调整。如遇较大层高的地下室，有时需另设临时水平支撑或加大围护墙的断面及配筋。

（3）逆作法施工需设中间支承柱，并作为地下室楼盖的中间支承点，承受结构自重和施工荷载，如中间支承柱数量过多，会使施工不便。在软土地区，由于单桩承载力低，中间支承柱数量少，会使底板封底之前上部结构允许施工的高度受限，不能有效地缩短总工期，如加设临时钢立柱，则会提高施工费用。

（4）对地下连续墙、中间支承柱与底板和楼盖的连接节点需进行特殊处理。在设计方面尚需研究减少地下连续墙（其下无桩）和底板（软土地区其下皆有桩）的沉降差异。

（5）在地下封闭的工作面内施工，安全上要求使用低于36 V的低电压，因此需要特殊机械，有时还需增设一些垂直运输土方和材料设备的专用设备，以及地下施工需要的通风、照明设备。

3. 逆作法施工技术

1）施工前准备

Ⅰ. 编制施工方案

在编制施工方案时，根据逆作法的特点，要选择逆作法施工形式、布置施工孔洞、确定降水方法，并拟订中间支承柱施工方法、土方开挖方法以及地下结构混凝土浇筑方法等。

Ⅱ. 选择逆作法施工形式

前面介绍了逆作法可分为封闭式逆作法、敞开式逆作法和半逆作法三种施工形式。

从理论上讲，封闭式逆作法由于地上、地下同时交叉施工，可以大幅度缩短工期；但由于地下工程在封闭状态下施工，给施工带来一定不便，如通风、照明要求高，中间支承柱承受的荷载大，其数量相对增多、断面增大，工程成本增大。因此，对于工期要求紧，或经过综合比较经济效益显著的工程，在技术可行的条件下应优先选用封闭式逆作法。当地下室结构复杂、工期要求不紧、技术力量相对不足时，应考虑采用敞开式逆作法或半逆作法，半逆作法多用于地下结构面积较大的工程。

Ⅲ. 布置施工孔洞

封闭式逆作法施工，需布置一定数量的施工孔洞，以便于出土，机械和材料出入，施工人员出入和通风，其中主要有出土口、上人口和通风口。

Ⅰ)出土口

出土口的作用：开挖土方的外运、施工机械和设备的出入；模板、钢筋、混凝土等的运输通道；开挖初期施工人员的出入。

出土口的布置原则：应选择结构简单、开间尺寸较大处；靠近道路便于出土处；有利于土方开挖后开拓工作面处；便于完工后进行封堵处。要根据地下结构布置、周围运输道路情况等研究确定出土口。

出土口的数量主要取决于土方开挖量、工期和出土机械的台班产量。其计算公式如下：

$$n = K\frac{Q}{TW} \tag{3-7}$$

式中 n——出土口数量；

K——其他材料、机械设备等通过出土口运输的备用系数，取 1.2~1.4；

Q——土方开挖量（m^3）；

T——挖土工期（d）；

W——出土机械的台班产量（m^3/d）。

Ⅱ)上人口

在地下室开挖初期，一般将出土口同时用作上人口，当挖土工作面扩大后，宜设置上人口，一般一个出土口宜对应设一个上人口。

Ⅲ)通风口

地下室在封闭状态下开挖土方时，不能形成自然通风，故需要进行机械通风。通风口分为送风口和排风口，一般情况下出土口可作为排风口，在地下室楼板上另外预留孔洞作为送风口。随着地下挖土工作面的推进，当露出送风口时，应及时安装大功率轴流风机，启动风机向地下施工作业面送风，新鲜空气由各送风口流入，经地下施工操作面从排风口（出土口）流出，形成空气流通，保证施工作业面的安全。

送风口的数量目前不进行定量计算，一般其间距不宜大于 10 m，上海恒基大厦进行封闭式逆作法施工时，按 8.5 m 间距设置送风口。

一般情况下，逆作法施工中的通风设计和施工应注意以下几点：

（1）在封闭状态下挖土，尤其是目前我国多以人力挖土为主，劳动力比较密集，其换气量要大于一般隧道和公共建筑的换气量；

（2）送风口应使风吹向施工作业面，送风口与施工作业面的距离一般不宜大于 10 m，否则应接长风管；

（3）单件风管的重量不宜太大，要便于人力拆装；

（4）送风口与排风口（出土口）的距离应大于 20 m，且高出地面 2 m 左右，保证送入新鲜空气；

（5）为便于已完工楼板上的施工操作，在满足通风需要的前提下，宜尽量减少预留通风孔洞的数量。

2）中间支承柱施工

底板以上的中间支承柱的柱身，多为钢管混凝土柱或 H 型钢柱，断面小而承载能力大，而且便于与地下室的梁、柱、墙、板等进行连接。

由于中间支承柱上部多为钢柱，下部为混凝土柱，所以多用灌注桩方法进行施工，成孔方法根据土质和地下水位确定。

在泥浆护壁下采用反循环或正循环潜水钻机钻孔时，顶部要放护筒，钻孔后吊放钢管、型钢。钢管、型钢的位置要十分准确，若与上部钢柱不在同一垂线上会对受力不利，因此钢管、型钢吊放后要用定位装置进行定位。采用传统方法控制型钢或钢管的垂直度，其垂直误差一般在1/300左右，其是在相互垂直的两个轴线方向架设经纬仪，根据上部外露钢管或型钢的轴线校正中间支承柱的位置，由于只能在柱上端进行纠偏，下端的误差很难纠正，因而垂直误差较大。

国外使用的一种定位装置（图3-23）能使钢管、型钢准确定位。它的主要原理是制作一个长6~8 m的定位框架，在框架两端各装一副导向装置，导向装置受地表面设备的控制。当灌注桩混凝土浇筑完毕后，先将导向架装入孔内，然后将型钢吊入导向架，使用导向装置调节定位，最后将型钢压入混凝土中或者浇筑混凝土。

使用这种定位装置可以将平面误差控制在1 cm以内，垂直误差控制在1/600以内。当钢管或型钢定位后，利用导管浇筑混凝土，钢管的内径要比导管接头处的直径大50~100 mm。而用钢管内的导管浇筑混凝土时，超压力不可能将混凝土压很高，所以钢管底端埋入混凝土不能很深，一般为1 m左右。为使钢管下部与现浇混凝土柱能较好地结合，可在钢管下端加焊竖向分布的钢筋。混凝土柱的顶端一般高出底板30 mm左右，高出部分在浇筑底板时会被凿除，以保证底板与中间支承柱连成一体。混凝土浇筑完毕，吊出导管，由于钢管外面不浇筑混凝土，钻孔上段中的泥浆需进行固化处理，以便在清除开挖的土方时，防止泥浆到处流淌而污染施工环境。泥浆的固化处理方法是在泥浆中掺入水泥形成自凝泥浆，使其自凝固化，其中水泥掺量约10%，可直接投入钻孔内，用空气压缩机通过软管进行压缩空气吹拌，使水泥与泥浆很好地拌合。中间支承柱在泥浆护壁下用反循环钻孔灌注桩施工，如图3-24所示。

中间支承柱亦可用套管式灌注桩施工，如图3-25所示。它是边下套管，边用抓斗挖孔。由于其有钢套管护壁，可用串筒浇筑混凝土，亦可用导管浇筑混凝土，要边浇筑混凝土，边上拔钢套管。中间支承柱上部采用H型钢或钢管，下部浇筑成扩大的桩头，混凝土柱浇至底板标高处，套管与H型钢间的空隙用砂或土填满，以增加上部钢柱的稳定性。

有时中间支承柱用预制打入桩（多数为钢管桩），要求打入桩的位置十分准确，以便其处于地下结构柱、墙的位置，且要便于与水平结构连接。

3）降低地下水位

在软土地区进行逆作法施工，降低地下水位是必不可少的。通过降低地下水位，使土壤产生固结，可便于封闭状态下进行挖土和运土，可减少地下连续墙的变形，更便于地下室各层楼盖利用土模进行浇筑，防止底模沉陷过大而引起质量事故。

由于采用逆作法施工的地下室一般都较深，在软土地区施工多采用深井泵或加真空的深井泵降低地下水位。

确定深井数量时要合理有效，不能过多也不能少。如果深井数量过多、间隔小，一方面费用高，另一方面给地下室挖土带来困难，由于挖土和运土时都不允许碰撞井管，会使挖土效率降低。如果深井数量过少，则降水效果差，或不能完全覆盖整个基坑，会使坑底土质松软，不利于在坑底土体上浇筑楼盖。在上海等软土地区，一般以200~250 m^3/井为宜。

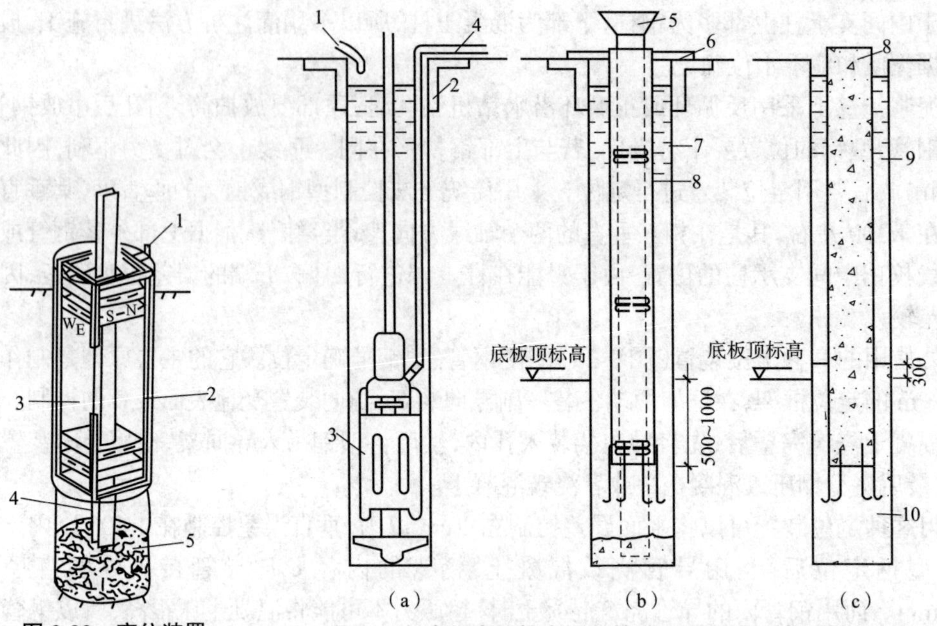

图 3-23　定位装置

1—导向器；2—外框架；
3—桩孔；4—H 型钢或钢管；
5—浇筑的混凝土

图 3-24　中间支承柱在泥浆护壁下用反循环钻孔灌注桩施工

（a）泥浆反循环钻孔　（b）吊放钢管、浇筑混凝土　（c）形成自凝泥浆
1—补浆管；2—护筒；3—潜水钻机；4—排浆管；5—混凝土导管；
6—定位装置；7—泥浆；8—钢管；9—自凝泥浆；10—混凝土柱

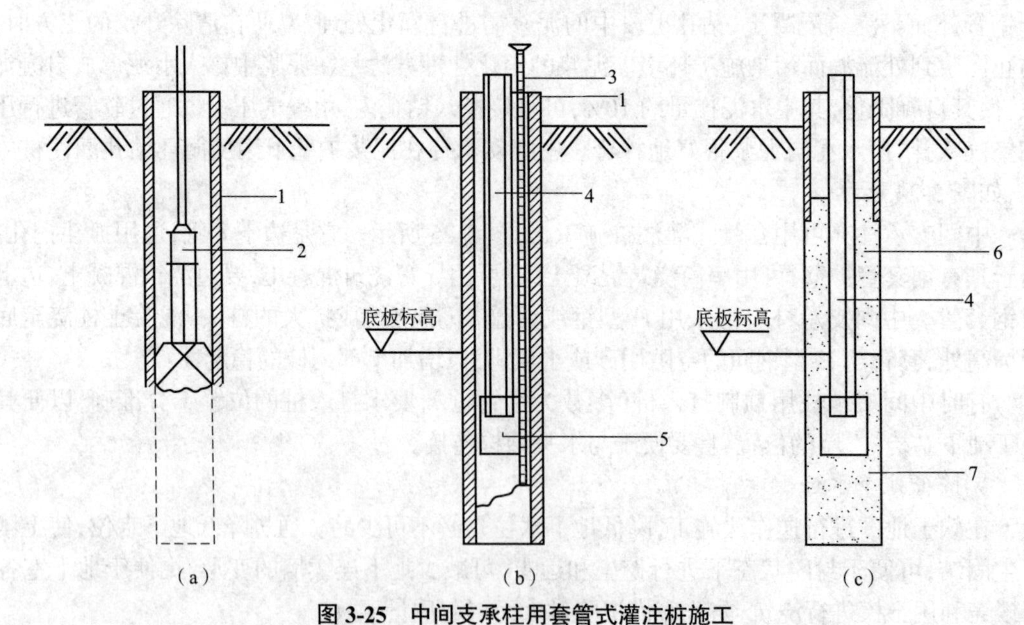

图 3-25　中间支承柱用套管式灌注桩施工

（a）成孔　（b）吊放 H 型钢、浇筑混凝土　（c）抽套管、填砂
1—套管；2—抓斗；3—混凝土导管；4—H 型钢；5—扩大的桩头；6—填砂；7—混凝土桩

在布置井位时，要避开地下结构的重要构件（如梁等），因此要用经纬仪精确定位，将误差控制在 20 mm 以内。定位后埋设成孔钢护筒，成孔机械就位后用经纬仪校正钻杆的垂直度。成孔后清孔，吊放井管时要在井管上设置限位装置，以确保井管在井孔的中心。在井四周填砂时，要四周对称填砂，确保井位归中。

降水时,一定要在坑内水位降至各工况挖土面以下 1.0 m 以后,方可进行挖土。在降水过程中,要定时观察、记录坑内外的水位,以便掌握挖土时间和降水的速度。

4)地下室土方开挖

在封闭式逆作法中,挖土是在封闭环境中进行的,具有一定的难度。在逆作法的挖土过程中,随着挖土的进展和地下、地上结构的浇筑,作用在周边地下连续墙和中间支承柱上的荷载越来越大。若挖土周期过长,不但会因为软土的时间效应而增加围护结构的变形,还可能造成地下连续墙和中间支承柱间的沉降差异过大,而导致直接威胁工程结构的安全和对周围环境的保护。

在确定出土口之后,要在出土口上设置提升设备,用来提升地下挖土后集中运输至出土口处的土方,并将其装车外运。

挖土要在地下室各层楼板浇筑完成后,在地下室楼板底下逐层进行。各层的地下挖土,先从出土口处开始,形成初始挖土工作面后,再向四周扩展。挖土采用开矿式逐皮逐层推进,挖出的土方均运至出土口处提升外运。

在挖土过程中,要保护深井泵管,避免碰撞失效,同时要进行工程桩的截桩(如果工程桩是钻孔灌注桩等)。

挖土可用小型机械或人力开挖。小型高效的机械开挖,优点是效率高、进度快,有利于缩短挖土周期;但缺点是在地下封闭环境中挖土,各种障碍较多,难以高效率地挖土,遇工程桩和深井泵管,需先凿桩和临时解除井管,然后才能挖土;机械在坑内的运行,会扰动坑底的原土;如降水效果不十分好,会使坑底土壤松软泥泞,影响楼盖的土模浇筑;柴油挖土机在施工过程中会产生废气污染,加重通风设备的负担。

人力挖土和运土便于绕开工程桩和深井泵管等障碍物;对坑底土壤扰动少;随着挖土工作面的扩大,可以投入大量人力挖土,施工进度可以控制;从目前我国的情况看,在挖土成本方面,用人力比机械更低。由于上述原因,目前我国在逆作法的挖土工序上主要采用人力挖土。

挖土要逐皮逐层进行,开挖的土方坡面不宜大于 75°,以防止塌方,更严禁掏挖,以防止土方塌落伤人。人力挖土多采用双轮手推车运输,运输路线上均应铺设脚手板,以利于坑底土方的水平运输。地下室挖土与楼盖浇筑交替进行,每挖土至楼板底标高,即进行楼盖浇筑,然后再开挖下一层的土方。

5)地下室结构的施工

根据逆作法的施工特点,地下室结构不论是哪种结构形式都是由上而下分层浇筑。地下室结构的浇筑尽可能利用土模浇筑梁板、楼盖结构。

对于地面梁板或地下各层梁板,挖至其设计标高后,将土面整平夯实,浇筑一层 C10 的厚约 100 mm 的素混凝土(土质好,抹一层砂浆亦可),然后刷一层隔离层,即构成楼板模板。对于梁模板,如土质好可用土胎模,按梁断面挖出槽穴(图 3-26(a))即可;如土质较差可用钢模板搭设或用砖砌筑梁模板(图 3-26(b))。所浇筑的素混凝土层,待下一层挖土时一同挖去。

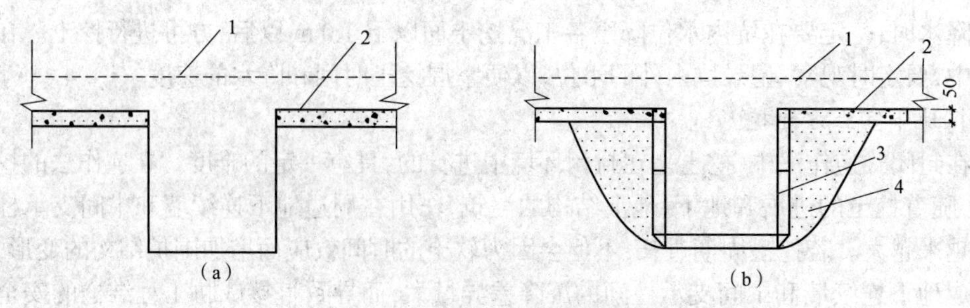

图 3-26 利用土模浇筑梁板

(a)梁模用土胎模 (b)用钢模板组成梁模

1—楼板面;2—素混凝土层与隔离层;3—钢模板或用砖砌筑;4—填土

柱头模板如图 3-27 所示,施工时先把柱头处的土挖出至梁底以下 500 mm 左右处,设置柱的施工缝模板,为使下部柱易于浇筑,该模板宜呈斜面安装,柱钢筋通穿模板向下伸出接头长度,在施工缝模板上面组装柱头模板与梁模板相连接。如土质好,柱头可用土胎模,否则就用模板搭设。下部柱挖出后,搭设模板进行浇筑。

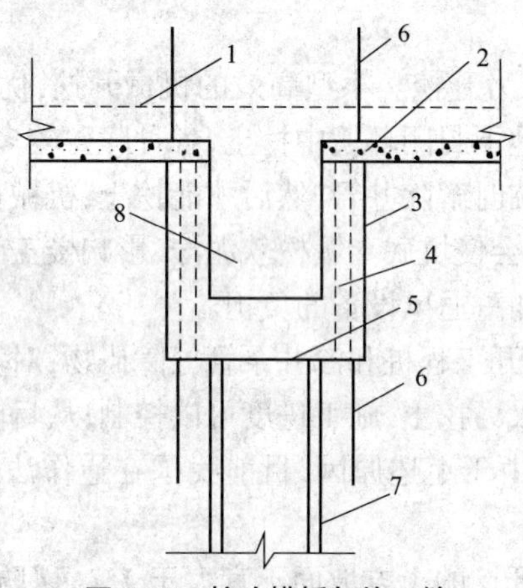

图 3-27 柱头模板与施工缝

1—楼板面;2—素混凝土层与隔离层;3—柱头模板;4—预留浇筑孔;5—施工缝;6—柱筋;7—H 型钢;8—梁

对于施工缝处的浇筑,国内外常用的方法有三种,即直接法、充填法和注浆法。

(1)直接法(图 3-28(a)),即在施工缝下部继续浇筑混凝土时,仍然浇筑相同的混凝土,有时添加一些铝粉以减少收缩。为浇筑密实,可做一假牛腿,混凝土硬化后可凿去。

(2)充填法(图 3-28(b)),即在施工缝处留出充填接缝,待混凝土面处理后,再在接缝处充填膨胀混凝土或无浮浆混凝土。

(3)注浆法(图 3-28(c)),即在施工缝处留出缝隙,待后浇混凝土硬化后,用压力压入水泥浆充填。

在上述三种方法中,直接法施工最简单,成本最低,施工时可对接缝处混凝土进行二次振捣,以进一步排出混凝土中的气泡,确保混凝土密实和减少收缩。

钢筋的连接可用电焊和机械连接(锥螺纹连接、套筒挤压连接)。由于焊接时产生废气,封闭施工时对环境污染较大,宜少用。

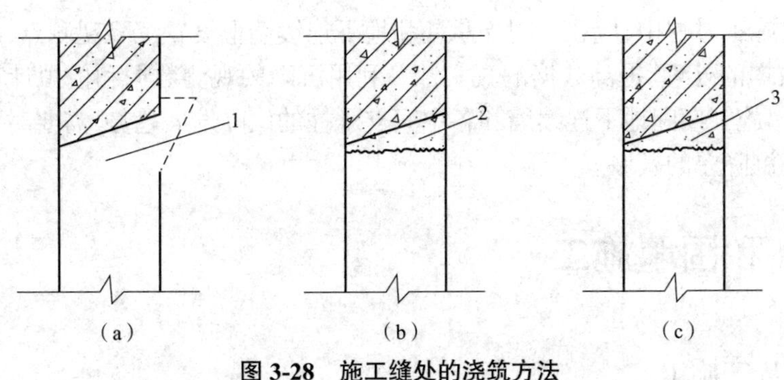

图 3-28　施工缝处的浇筑方法

(a)直接法　(b)充填法　(c)注浆法

1—浇筑混凝土;2—充填无浮浆混凝土;3—压入水泥浆

混凝土的输送宜采用混凝土泵,用输送管直接输送至浇筑地点。由于逆作法施工工程的挖深一般较大,对于向下配管,《混凝土泵送施工技术规程》(JGJ/T 10—2011)已有明确规定:倾斜向下配管时,应在斜管上端设排气阀;当高差大于 20 m 时,应在斜管下端设 5 倍高差长度的水平管;如条件受限,可增加弯管或环形管,满足 5 倍高差的长度要求,斜管下端水平管的长度实际上还与混凝土的坍落度有关,它随混凝土坍落度的减小而缩短,当不能满足规程中的规定时,宜设法减小混凝土的坍落度。

竖向结构混凝土的浇筑,由于混凝土是从顶部的侧面注入,为便于浇筑和保证连接处的密实性,除对竖向钢筋的间距适当调整外,竖向结构顶部的模板宜做成喇叭形。

由于上、下层竖向结构的结合面在上层构件的底部,再加上地面土的沉降和刚浇筑混凝土的收缩,在结合面处易出现缝隙,这对于受压构件是不利的。因此,宜在结合面处的模板上预留若干压浆孔,需要时可用压力灌浆消除缝隙,保证竖向结构连接处的密实性。

6)施工中结构沉降的控制

结构沉降的控制是逆作法施工的关键问题之一,进行逆作法施工时,在地下室底板浇筑混凝土并达到要求的强度前,地上、地下的结构自重和施工荷载全部由中间支承柱和周边的地下连续墙入土部分的摩阻力及端承力来承受,端承力还需上部荷载达到一定数值后才能发挥作用。在逆作法施工过程中,一方面随着上部结构施工层数的增加,作用在中间支承柱和地下连续墙上的荷载逐渐增加;另一方面随着地下室开挖深度的逐渐增大,中间支承柱和地下连续墙与土的摩擦接触面逐渐减小,使其承载力逐渐降低。同时,随着土方的开挖,其卸载作用还会引起坑底土体的回弹,使中间支承柱有抬高的趋势。由于逆作法施工时中间支承柱上的荷载逐渐增大,土体回弹的作用不像一般基坑开挖那样明显。

由于上述地下连续墙、中间支承柱荷载的增加和承载力的降低,在整个结构平面内是不均匀的,因而会引起结构在施工期间的不均匀沉降。结构分析表明,当地下连续墙与中间支承柱的沉降差以及相邻中间支承柱的沉降差超过 20 mm 时,在水平结构中将产生过大的附加应力,因此一般规定沉降差不得超过 20 mm,以确保结构的安全。

根据上述 20 mm 的极限沉降差,再参照地质勘探报告提供的地基土壤摩擦力、工程桩试桩求得的 *P-S* 曲线,以及相似工程地下连续墙的垂直荷载与沉降关系的数据等,通过计算机模拟计算,可求得施工各工况下地下连续墙和中间支承柱的沉降值,以此确定在地下室底板浇筑前上部结构允许施工的高度。

在逆作法施工过程中,应在中间支承柱和地下连续墙上设置沉降观测点,通过二次闭合测量和观测数据的处理,提高数据的真实性。利用沉降的观测数据和模拟计算沉降数据的对比,可以看出施工期间地下连续墙和各中间支承柱的沉降发展趋势,需要时可采取有效的技术措施控制沉降差的发展。

3.4 沉井和围堰施工

3.4.1 沉井基础施工

沉井是用混凝土或钢筋混凝土制成的井筒(下有刃脚,以利于下沉和封底)结构物。施工时,先按基础的外形尺寸,在基础的设计位置上制造井筒;然后在井内挖土,使井筒在自重(有时需配重)作用下,克服土的摩阻力缓慢下沉,当第一节井筒顶下沉接近地面时,再接第二节井筒,并继续挖土,如此循环往复,直至下沉到设计标高;最后浇筑封底混凝土,用混凝土或砂砾石充填井孔,在井筒顶部浇筑钢筋混凝土顶板,即成为深埋的实体基础,如图 3-29 所示。

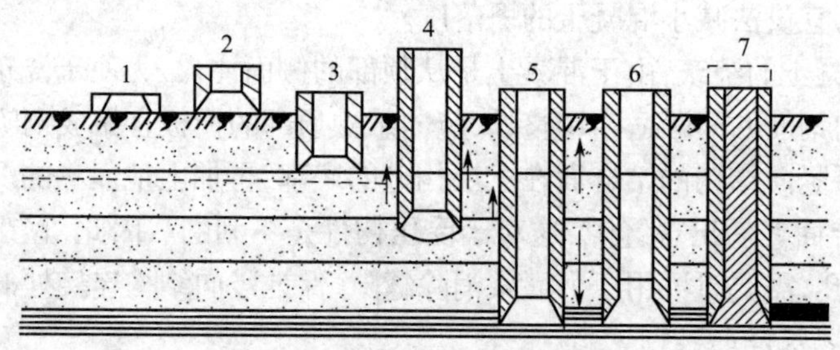

图 3-29 沉井施工过程示意图

1—开始浇筑;2—接高;3—开始下沉;4—边下沉边接高;5—下沉至设计标高;6—封底;7—施工完成

沉井基础既是结构基础,又是施工时的挡土、防水围堰结构物,其埋置深度大,整体性强,稳定性好,刚度大,能承受较大的上部荷载,且施工设备和施工技术简单,节约场地,所需净空高度小。沉井可在墩位筑岛制造,井内取土靠自重下沉,也可采用辅助下沉措施,如采用泥浆润滑套、空气幕等方法,以便减小下沉时井壁的摩阻力和井壁厚度等。

刃脚在井筒最下端,形如刀刃,在沉井下沉时起切入土中的作用。井筒是沉井的外壁,在下沉过程中起挡土作用,同时还需有足够的重量克服筒壁与土之间的摩阻力和刃脚底部的土阻力,使井筒能在自重作用下逐步下沉。

在沉井施工时,要注意均衡挖土、平稳下沉,如有倾斜,需及时纠偏。

3.4.2 围堰施工

1. 各类围堰工程适用范围

各类围堰工程适用范围见表 3-8。

表 3-8　各类围堰工程适用范围

分类		适用条件
土石围堰	土围堰	水深小于 2 m,流速小于 0.3 m/s,河床透水性较小的土壤,河边浅滩处
	草土围堰	与上同,流速小于 1.0 m/s
	草(麻)袋围堰	水深小于 3 m,流速小于 1.5 m/s,河床透水性较小
	木(竹)桩编条围堰	水深小于 3 m,流速小于 2.0 m/s,河床透水性较小,可以打小木桩
	竹篱围堰	同上
	竹笼片石围堰	水深 3~4 m,较大流速,河床无法打桩
	堆石围堰	石块就地取材,流速小于 3.0 m/s,河床坚实、透水性较小
木质围堰	木板围堰	水深 2 m 左右,流速小于 0.3 m/s,河床透水性较小
	木笼围堰	适用于深水、流速较大处,河床坚实平坦,不能打桩,或有少量流水的河流
	木套箱	基础埋设较浅,面积不大,流速小于 2.0 m/s
	木板桩围堰	水深 3~4 m,坑底至水面 5 m 左右,河床透水性较大,但可以打桩
钢板桩围堰		水深 4 m 以上,河床为硬土、卵石层或软质岩层,适用于较深基坑,防水性能较好
钢筋混凝土围堰		适用于河滩浅基开挖不稳定性土壤,或在既有线旁开挖桥涵基坑,用以代替板桩,保护既有建筑物的安全

2. 施工方法

1)草(麻)袋围堰

草(麻)袋围堰的主要填料为黏性土,堰顶宽取 1~2 m,内侧边坡坡率取 1∶0.2~1∶0.5,外侧边坡坡率取 1∶0.5~1∶1,具体施工方法如下。

用草(麻)袋盛装松散黏性土,装填量为袋容量的 1/2~2/3,袋口用细麻线或铁丝缝合,施工时将土袋平放,上下左右互相错缝堆码整齐,水中土袋用带钩的木杆钩送就位。截面取双层草(麻)袋,中间设黏土心墙时,可用砂性土装袋。水流流速较大时,外围草(麻)袋可用小卵石或粗砂装袋,或增加抛片石堰外防护。

草(麻)袋围堰结构如图 3-30 所示。

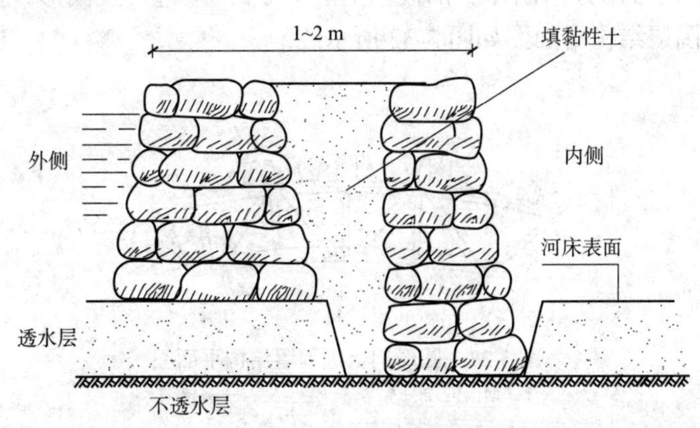

图 3-30　透水河床上草(麻)袋围堰结构示意图

2)木板桩围堰

木板桩围堰由定位桩、导框及木板组成,根据需要可分为单层和双层。木板的厚度一般为 5~15 cm,具体视长度而定,厚度在 8 cm 以下者多用人字榫,厚度在 8 cm 以上者用凹凸榫,桩材要选用质地良好、抗锤击的木材,板桩制造采用机械加工,以确保榫口质量,定位桩一般用圆木制作。围堰填料为黏性土,堰顶宽取 1~2 m,当采用单层木板桩时,填土外侧边坡坡率取 1∶1.5。木板桩围堰结构如图 3-31 所示。

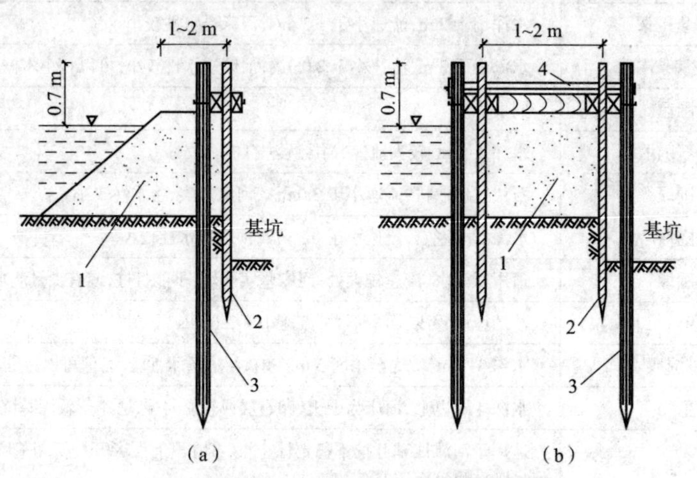

图 3-31　木板桩围堰结构示意图

(a)单层木板桩围堰　(b)双层木板桩围堰

1—填黏性土;2—木板桩;3—定位桩;4—拉杆

木板桩围堰的施工方法如下:先打好定位桩,在定位桩上安装内外导框,导框间安置短垫木,保持插桩的间距,待板桩插到垫木处即拆除短垫木。打桩时,桩头应安装桩箍,如遇硬土或夹有卵石的土层,桩尖上应安装桩靴。插桩一般先插角桩,从角桩向两侧进行。插桩时,应将榫舌朝前安放,桩尖部分应自榫舌向后做成斜面,使桩体借桩尖处土壤及力向后紧贴已打成的板桩榫舌。

3)钢板桩围堰

钢板桩围堰由定位桩、导框及钢板桩组成。定位桩可用木桩或钢筋混凝土管柱,导框一般多由型钢组成,也可用方木制作。钢板桩围堰有矩形、多边形及圆形,也可分为单层和双层。圆形钢板桩围堰结构平面图如图 3-32 所示。

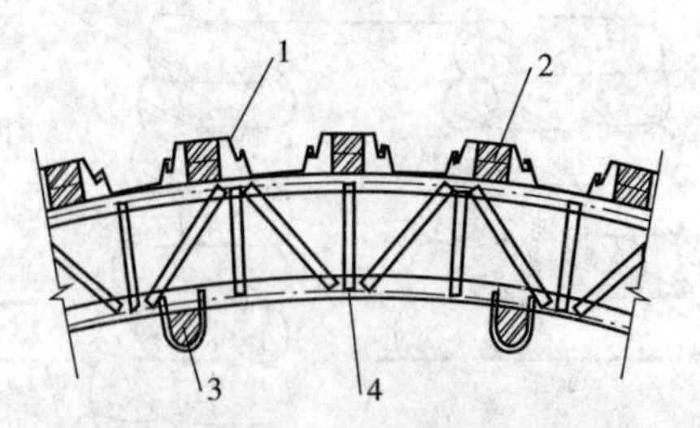

图 3-32　圆形钢板桩围堰结构平面图

1—钢板桩;2—木楔;3—定位桩;4—钢导梁

一般的钢板桩围堰可仅以内导框做框架,水深时需设立多层导框,并设外导框,临时连接成整体分层安装,以固定钢板插入的正确位置。钢板桩根据现场打桩设备条件,可单块插打或成组插打,打桩时安装桩帽,水深时需设立多层导框。

3. 工艺流程

（1）草（麻）袋围堰施工工艺流程如图3-33所示。

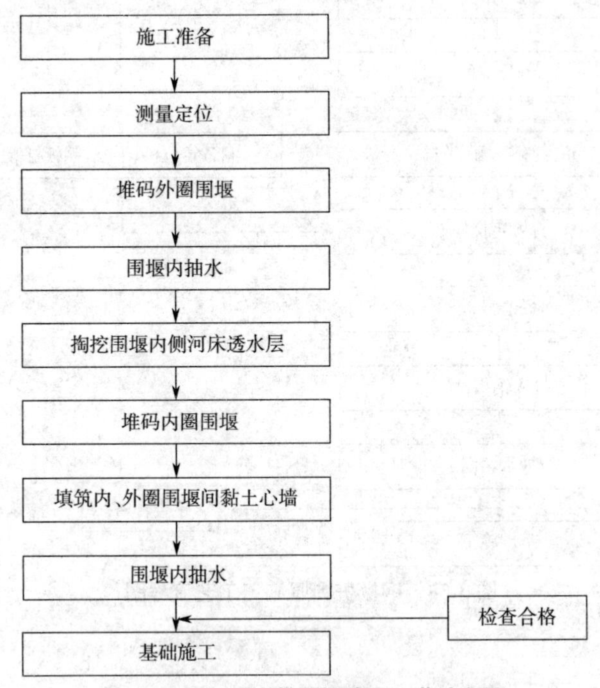

图3-33　草（麻）袋围堰施工工艺流程图

（2）木板桩围堰施工工艺流程如图3-34所示。

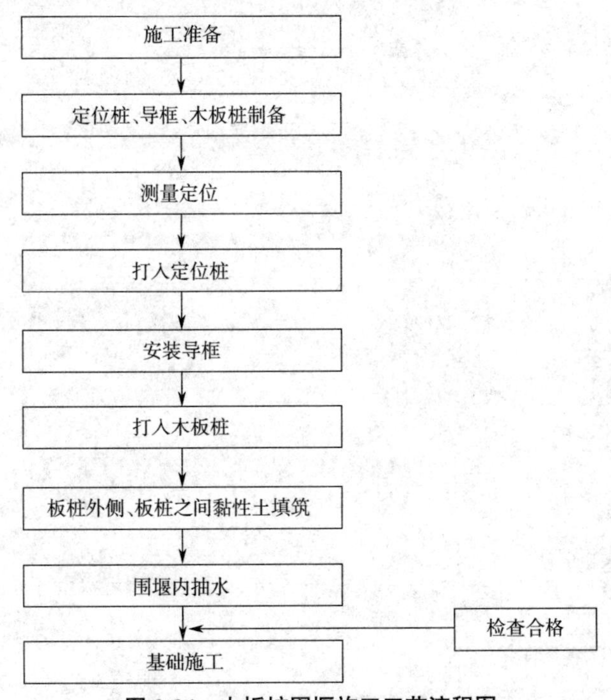

图3-34　木板桩围堰施工工艺流程图

(3)钢板桩围堰施工工艺流程如图 3-35 所示。

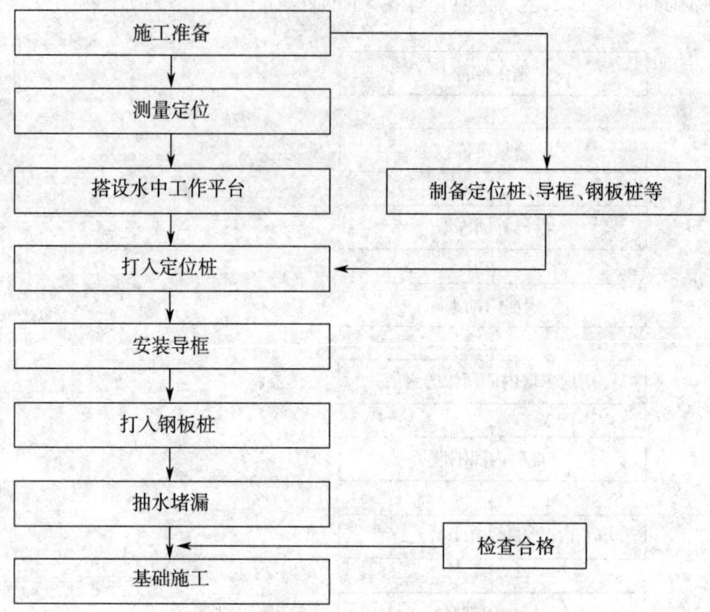

图 3-35 钢板桩围堰施工工艺流程图

第 4 章　混凝土结构工程

【内容提要】

混凝土结构工程在工业与民用建筑中应用广泛,因此在建筑施工领域混凝土结构工程在人力、物资消耗和工期等方面都占有极重要的地位。

4.1　概述

混凝土是由水泥、砂、石、水、矿物掺合料和外加剂按一定比例拌合而成的混合物,经凝结硬化后形成一种“人造石”。混凝土是脆性材料,抗压强度高,而抗拉强度低,受拉时容易产生断裂。因此,在结构构件的受拉区域配置适当的钢筋,可充分利用钢筋抗拉强度高的特点,使构件既能受压,又能受拉,以满足建筑功能和结构的需要。

4.2　钢筋工程

钢筋的性能与多方面因素有关。钢筋按生产工艺可分为热轧钢筋、余热处理钢筋等。热轧钢筋是经过热轧成型并自然冷却的成品钢筋,其又可分为热轧光圆钢筋和热轧带肋钢筋。热轧光圆钢筋表面光滑,如 HPB300 级热轧钢筋,常用公称直径范围一般为 6~14 mm。热轧带肋钢筋表面有纵肋和横肋(月牙肋),公称直径为 6~50 mm。钢筋按强度可分为 HPB300、HRB335、HRBF335、HRB400、HRBF400、RRB400、HRB500、HRBF500 等 8 个等级,钢筋的强度和硬度逐级提高,但塑性则逐级降低。钢筋按化学成分可分为碳素钢钢筋和普通低合金钢钢筋。碳素钢钢筋又可分为低碳钢(含碳量低于 0.25%)钢筋、中碳钢(含碳量 0.25%~0.7%)钢筋和高碳钢(含碳量大于 0.7%)钢筋。普通低合金钢钢筋是在低碳钢钢筋和中碳钢钢筋中加入少量的硅、锰、钛、钒、铬等合金元素,以提高钢材的强度和改善钢材的性能。HPB300 级热轧钢筋含碳量不大于 0.25%,属于低碳钢钢筋;HRB335、HRB400、HRB500 和 RRB400 属于普通低合金钢钢筋。

4.2.1　钢筋的性能与检验、存放

1. 钢筋的性能

施工中需要特别注意的钢筋性能主要包括冷作硬化、松弛和可焊性。

1)钢筋的冷作硬化

在常温下,通过强力可使钢材发生塑性变形,钢材的强度、硬度大大提高,这种现象称为钢筋的冷作硬化。根据这一性能,对钢筋进行冷拔、冷轧等冷加工,可节约钢材。但由于钢筋脆性加大,影响结构的延性,目前冷加工仅用于工厂制作高强钢丝和定位焊接网片,而现场则将其原理用于直螺纹连接。

2)钢筋的松弛

钢筋的松弛是指在高应力状态下,钢筋的长度不变,但其应力随时间推移逐渐减小的性能。但钢材的松弛是有限的,一旦完成将不再松弛。在预应力施工中应采取措施,以防止或减少该性能造成的预应力损失。

3)钢筋的可焊性

钢筋均具有可焊性,但其焊接性能差异较大。影响钢筋焊接性能的主要因素包括钢材的强度或硬度、化学成分、焊接方法及环境等。一般强度越高的钢材越难以焊接;含碳、锰、硅、硫等越多的钢材越难以焊接,而含钛、铌多的钢材则易于焊接。

2. 钢筋质量检验

钢筋进场时,应检查产品合格证及出厂检验报告等质量证明文件以及钢筋外观,并抽样检验钢筋的力学性能和质量偏差。钢筋应全数进行外观检查,要求钢筋平直、无损伤,表面无裂纹、油污、颗粒状或片状锈迹。钢筋抽样检验应按国家标准分批次、规格、品种,每5~60 t 抽取 2 根钢筋制作试件,通过试验检验其屈服强度、抗拉强度、伸长率、弯曲性能和质量偏差,检验结果应符合相关标准规定。

为保证重要结构构件的抗震性能,对有抗震设防要求的结构,其纵向受力钢筋的强度应满足设计要求;当设计无具体要求时,按一、二、三级抗震等级设计的框架和斜撑(含梯段)中的纵向受力普通钢筋应采用 HRB400、HRB500、HRBF400、HRBF500 级钢筋,其强度和最大荷载下总伸长率的实测值应符合下列规定:

(1)钢筋的抗拉强度实测值与屈服强度实测值的比值不应小于 1.25;

(2)钢筋的屈服强度实测值与屈服强度标准值的比值不应大于 1.30;

(3)钢筋在最大荷载下总伸长率不应小于 9%。

当施工中发生钢筋脆断、焊接性能不良或力学性能显著不正常等现象时,应对该批钢筋进行化学成分检验或其他专项检验。

3. 钢筋进场存放

钢筋进场后,要求按施工平面图规划的位置,分牌号、规格、炉罐号等分批存放,并挂牌标识,注明牌号、规格、数量、产地、进货日期等,不得混淆。不同时间进场的同批钢筋,当确有可靠依据时,可按一次进场钢筋处理。钢筋存放地要进行平整夯实,为防止雨水和污泥造成钢筋锈蚀和污染,下方应做成混凝土硬化地面,并采取排水措施,在堆放时钢筋下面应加垫木,使钢筋距离地面一定高度。

成型钢筋不宜露天存放,当只能露天存放时,宜选择平坦坚实的场地,并应采取措施防止锈蚀、碾压和污染。

4.2.2 钢筋连接

钢筋连接有三种常用的方法:焊接连接、机械连接(冷挤压连接和螺纹套筒连接)和绑扎连接。

1. 钢筋焊接连接

钢筋采用焊接连接,可以节约钢材,提高钢筋混凝土结构和构件质量,加快施工进度。钢筋焊接前,应做好焊接准备工作,清除钢筋、钢板焊接部位以及钢筋与电极接触处表面上的锈斑、油污、杂物等；当钢筋端部弯折、扭曲时，应予以矫直或切除。

钢筋常用的焊接方法有闪光对焊、电弧焊、电渣压力焊、电阻点焊、气压焊等。

1）闪光对焊

闪光对焊广泛用于钢筋连接及预应力钢筋与螺丝端杆的焊接。热轧钢筋的焊接宜优先采用闪光对焊。

钢筋闪光对焊（图 4-1）是利用对焊机使两段钢筋接触，并通以低电压的强电流，待钢筋被加热到一定温度变软后，进行轴向加压顶锻，形成对焊接头。

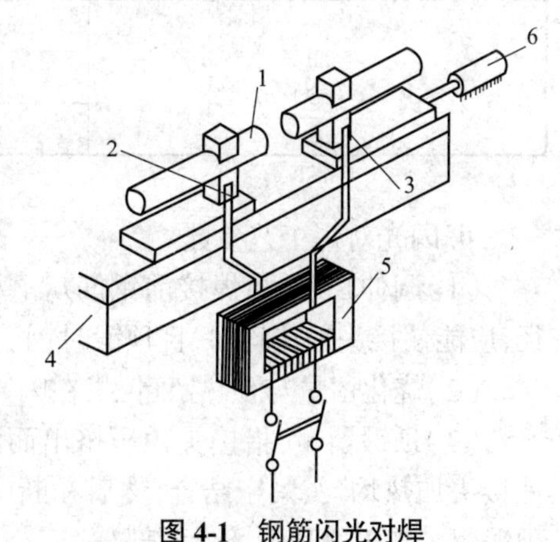

图 4-1　钢筋闪光对焊

1—焊接的钢筋；2—固定电极；3—可动电极；4—机座；5—变压器；6—手动顶压机构

Ⅰ. 闪光对焊工艺

根据钢筋的牌号、直径和选用的对焊机容量，钢筋闪光对焊工艺可分为连续闪光焊、预热闪光焊和闪光 - 预热闪光焊。

（1）连续闪光焊是先将钢筋连入对焊机的两极中，闭合电源，然后使两根钢筋端面轻微接触，此时由于钢筋端部表面不平，接触面很小，电流通过时电流密度和电阻很大，接触点很快熔化，产生金属蒸气飞溅，形成闪光现象，缓慢移动钢筋，形成连续闪光；最后当钢筋烧化规定长度后，以一定的压力迅速进行顶锻，使两根钢筋焊牢，形成对焊接头。

（2）预热闪光焊是在连续闪光焊前增加一次预热过程，以使钢筋均匀加热。其工艺过程为预热—闪光—顶锻，即先闭合电源，使两根钢筋端面交替轻微接触和分开，发出断续闪光使钢筋预热，当钢筋烧化到规定的预热留量后，将两根钢筋持续接触，连续闪光，最后进行顶锻。

（3）闪光 - 预热闪光焊是在预热闪光焊前增加一次闪光过程，使两根钢筋端面烧化平整，并预热均匀，施焊时首先连续闪光，使钢筋端部闪平，然后是预热—闪光—顶锻，同预热闪光焊。

对于以上三种焊接工艺，当钢筋直径较小，钢筋强度等级较低时，在表 4-1 的规定范围内，可采用连续闪光焊；当超过表 4-1 的规定，且钢筋端面较平整时，宜采用预热闪光焊；当超过表 4-1 的规定，且钢筋端面不平整时，应采用闪光 - 预热闪光焊。

表 4-1　连续闪光焊接钢筋上限直径

焊机容量 /（kV·A）	钢筋牌号	钢筋上限直径 /mm
160（150）	HPB300	22
	HRB335、HRBF335	22
	HRB400、HRBF400	20
100	HPB300	20
	HRB335、HRBF335	20
	HRB400、HRBF400	18

续表

焊机容量 /（kV·A）	钢筋牌号	钢筋直径 /mm
80 （75）	HPB300	16
	HRB335、HRBF335	14
	HRB400、HRBF400	12

Ⅱ.闪光对焊工艺参数

（1）调伸长度：指焊接前钢筋从电极钳口伸出的长度。其数值取决于钢筋的牌号和直径，应能使接头加热均匀，且顶锻时钢筋不致弯曲。

（2）烧化留量与预热留量：指在闪光和预热过程中烧化的钢筋长度。

（3）顶锻留量：指接头顶压挤出而消耗的钢筋长度。顶锻时，先在有电流作用下顶锻，使接头加热均匀、紧密结合，然后在断电情况下顶锻而后结束。所以，顶锻留量可分为有电顶锻留量与无电顶锻留量两部分。

（4）变压器级数：用来调节焊接电流的大小，根据钢筋直径确定。

2）电弧焊

电弧焊是利用高温熔化金属等进行焊接，包括焊条电弧焊和二氧化碳气体保护电弧焊。其中，钢筋焊条电弧焊是以焊条作为一极，钢筋作为另一极，利用焊接电流通过产生的电弧热进行焊接的一种熔焊方法；而钢筋二氧化碳气体保护电弧焊则是以焊丝作为一极，钢筋作为另一极，并以二氧化碳气体作为电弧介质，保护金属熔滴、焊接熔池和焊接区高温金属的一种熔焊方法。二氧化碳气体保护电弧焊简称 CO_2 焊，其优点是工艺简单，焊接能耗小，成本低，生产效率高，焊缝内含氢少，抗冷裂性能好；缺点是焊接时抗风能力差，多用于室内作业。

钢筋电弧焊的接头形式有搭接焊接头（单面焊缝或双面焊缝）、帮条焊接头（单面焊缝或双面焊缝）、剖口焊接头（平焊或立焊）和熔槽帮条焊接头。

电弧焊焊机有直流与交流之分，常用的为交流电弧焊焊机。焊条的种类很多，如 E4303、E5003、E5503 等，钢筋焊接根据钢筋等级和焊接接头形式选择焊条。焊接电流和焊条直径根据钢筋级别、直径、接头形式和焊接位置选择。

电弧焊接头的质量检查，应按检验批进行外观质量检查和力学性能检验。在现浇混凝土结构中，以 300 个同牌号钢筋、同形式接头作为一个检验批；在房屋结构中，以不超过二楼层中 300 个同牌号钢筋、同形式接头作为一个检验批；在装配式结构中，可按生产条件制作模拟试件，每批 3 个，做拉伸试验。外观质量检查要求：焊缝表面应平整，不得有凹陷或焊瘤；焊接接头区域不得有肉眼可见的裂纹；焊缝咬边深度、气孔、夹渣等缺陷及接头尺寸的偏差，应满足规程要求；焊缝余高应为 2~4 mm。力学性能检验，应从每个检验批随机切取 3 个接头，做拉伸试验。拉伸试验要求：3 个热轧钢筋接头试件的抗拉强度均大于或等于钢筋母材抗拉强度标准值；至少有 2 个试件断于钢筋母材，并应呈延性断裂。

3）电渣压力焊

电渣压力焊是将两根钢筋安放成竖向对接形式，通过直接引弧法或间接引弧法，利用焊接电流通过两根钢筋端面间隙，在焊剂层下形成电弧过程和电渣过程，产生电弧热和电阻热，熔化钢筋，并加压完成焊接的一种压焊方法。电渣压力焊适用于柱、墙等现浇钢筋混凝土结构中竖向或斜向（倾斜角不大于 10°）受力钢筋的连接。受力钢筋为 HPB300 级钢筋时，适用直径范围为 12~22 mm；受力钢筋为 HRB335、HRB400 和 HRB500 级钢筋时，适用直径范围为 12~32 mm。电渣压力焊比电弧焊效率高、成本低，且易于掌握。

电渣压力焊焊机有手动和自动之分。手动电渣压力焊焊机由焊接变压器、夹具及控制箱等组成，如图 4-2 所示。

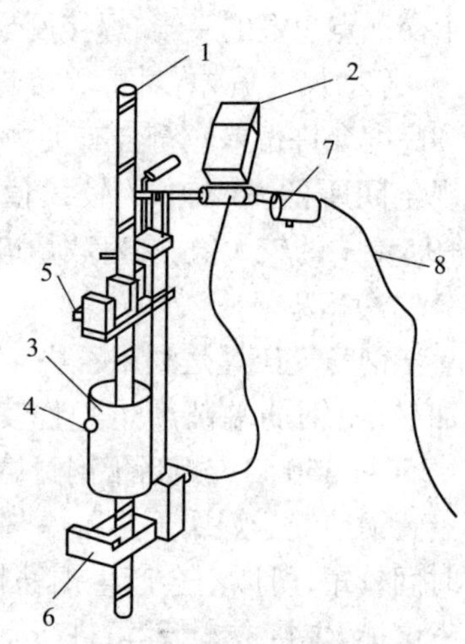

图 4-2　手动电渣压力焊焊机

1—钢筋；2—监控仪表；3—焊机盒；4—焊机盒扣环；5—活动夹具；6—固定夹具；7—操作手柄；8—控制电缆

施焊前，先将钢筋端部 120 mm 范围内的铁锈、杂质刷净，把钢筋安装于夹具钳口内夹紧，在两根钢筋接头处放一铁丝小球（钢筋端面较平整而焊机功率又较小时）或导电剂（钢筋直径较大时），然后在焊剂盒内装满焊剂。施焊时，接通电源使铁丝小球（或导电剂）、钢筋端部及焊剂相继熔化，形成渣池。维持数秒后，操纵操作手柄使钢筋缓缓下降，熔化量达到规定数值（用标尺控制）后，切断电路，用力迅速顶压，挤出金属熔渣和熔化金属，形成焊接接头，待冷却 1~3 min 后，打开焊剂盒，卸下夹具。

电渣压力焊接头的质量检查与电弧焊类似，按检验批进行外观质量检查和力学性能检验。在现浇混凝土结构中，以 300 个同牌号钢筋接头作为一个检验批；在房屋结构中，以不超过二楼层中 300 个同牌号钢筋接头作为一个检验批，当接头不足 300 个时，仍应作为一个检验批。外观质量检查要求：四周焊包凸出钢筋表面的高度，当钢筋直径 ≤ 25 mm 时不得小于 4 mm，当钢筋直径 ≥ 28 mm 时不得小于 8 mm；钢筋与电极接触处，应无烧伤缺陷；接头处的弯折角不得大于 2°；接头处的轴线偏移不得大于 1 mm。力学性能检验，应从每个检验批随机切取 3 个接头，做拉伸试验。拉伸试验要求：3 个热轧钢筋接头试件的抗拉强度均大于或等于钢筋母材抗拉强度标准值；至少有 2 个试件断于钢筋母材，并应呈延性断裂。

4）电阻点焊

电阻点焊主要用于小直径钢筋的交叉连接，如焊接近年来推广应用的钢筋网片、钢筋骨架等。电阻点焊生产效率高、节约材料，故应用广泛。

电阻点焊的工作原理是当钢筋交叉点焊时，接触点只有一个，且接触电阻较大，在接触的瞬间，电流产生的全部热量都集中在一点上，因而使金属受热熔化，同时在电极加压下使焊点金属得到焊合。

常用的点焊机有单点点焊机、多头点焊机（一次可焊数点，用于焊接宽大的钢筋网）、悬挂式点焊机（可焊接钢筋骨架或钢筋网片）、手提式点焊机（用于施工现场）。

电阻点焊的主要工艺参数为变压器级数、通电时间和电极压力。在焊接过程中，应保持一定的预压和锻压时间。

通电时间根据钢筋直径和变压器级数确定，电极压力则根据钢筋级别和直径确定。若无专门规定，电阻点焊质量检查应按检验批只进行外观质量检查。凡钢筋牌号、直径及尺寸相同的焊接骨架和焊接网应视为同一类型制品，以 300 件作为一个检验批，一周内不足 300 件的亦按一个检验批计算，每周至少检查 1 次。

电阻点焊外观质量检查内容包括焊点压入深度和尺寸偏差。

（1）焊点压入深度：每件制品焊点有无脱落、漏焊或开焊；对于焊接骨架，焊点脱落、漏焊数量不得超过焊点总数的4%，并且相邻两焊点不得有漏焊及脱落；对于焊接网，焊点开焊数量不应超过整张网片交叉点总数的1%，并且任一根钢筋上开焊点不得超过该根钢筋上交叉点总数的一半，焊接网最外边钢筋上的交叉点不得开焊。

（2）尺寸偏差：对于焊接骨架，应抽查纵、横方向3~5个网格的尺寸，骨架的长度、宽度和高度允许偏差应符合有关规定；对于焊接网，钢筋焊接网间距的允许偏差应取+10 mm和规定间距的+5%中的较大值，网片长度和宽度的允许偏差应取+25 mm和规定长度的+0.5%中的较大值，网格数量应符合设计规定。

5）气压焊

钢筋气压焊是利用乙炔 - 氧混合气体燃烧的高温火焰对已有初始压力的两根钢筋端面加热，使钢筋端部产生塑性变形，并促使钢筋端面的金属原子互相扩散，当钢筋加热到1 250~1 350 ℃（相当于钢材熔点的80%~90%）时进行加压顶锻，使钢筋焊接在一起。

钢筋气压焊属于热压焊，在焊接加热过程中，加热温度为钢材熔点的80%~90%，且加热时间较短，所以不会产生钢筋材质劣化倾向。另外，气压焊设备轻巧、使用灵活、效率高、节省电能、焊接成本低，可进行全方位（竖向、水平和斜向）焊接。所以，气压焊在我国已得到普遍的运用。气压焊设备主要包括加热系统与加压系统两部分。

气压焊接头的质量检查，同样按检验批进行外观质量检查和力学性能检验。在现浇混凝土结构中，以300个同牌号钢筋接头作为一个检验批；在房屋结构中，以不超过二楼层中300个同牌号钢筋接头作为一个检验批，当接头不足300个时，仍应作为一个检验批。

外观质量检查要求：接头处的轴线偏移不得大于钢筋直径的10%，且不得大于1 mm；接头处表面不得有肉眼可见的裂纹；接头处的弯折角不得大于2°；固态气压焊接头镦粗直径不得小于钢筋直径的1.4倍，熔态气压焊接头镦粗直径不得小于钢筋直径的1.2倍；镦粗长度不得小于钢筋直径的1.0倍，且凸起部分平缓圆滑。

力学性能检验要求：在柱、墙的竖向钢筋连接中，应从每个检验批中随机切取3个接头做拉伸试验；在梁、板的水平钢筋连接中，应另取3个接头做弯曲试验；在同一检验批中，不同直径钢筋气压焊接头可只做拉伸试验。拉伸试验要求：3个热轧钢筋接头试件的抗拉强度均大于或等于钢筋母材抗拉强度标准值；至少有2个试件断于钢筋母材，并应呈延性断裂。弯曲试验要求：弯至90°时，应有2个或3个试件外侧（含焊缝和热影响区）未产生宽度达到0.5 mm的裂纹。

2. 钢筋机械连接

钢筋的机械连接是利用与连接件的咬合作用来传力的连接方法。机械连接接头质量稳定、可靠，操作简便，施工速度快，且不受气候、环境影响，无污染，无火灾隐患，施工安全等。机械连接被广泛用于大直径钢筋的连接中。

1）连接方法与接头等级

常用的机械连接方法有冷挤压连接和直螺纹套筒连接，适用范围见表4-2。

表 4-2　常用机械连接方法及适用范围

常用机械连接方法		适用范围	
		钢筋牌号	钢筋直径范围
冷挤压连接		HRB335~HRB500、RRB400、HRBF335~HRBF500	16~50 mm
直螺纹套筒连接	镦粗直螺纹	HRB335、HRB400	
	滚轧直螺纹	HPB300、HRB335~HRB500、RRB400、HRBF335~HRBF500	

钢筋接头根据抗拉强度、残余变形、延性及承受反复拉压性能的差异可分为三个等级。钢筋接头等级及其抗拉强度见表 4-3，工程中常采用Ⅱ级接头。

表 4-3　钢筋接头等级及其抗拉强度

钢筋接头等级	Ⅰ级	Ⅱ级	Ⅲ级
接头抗拉强度	$\geqslant f_{stk}$ 断于钢筋 或$\geqslant 1.1f_{stk}$ 断于钢筋	$\geqslant f_{stk}$	$\geqslant 1.25f_{yk}$

注：f_{stk} 为钢筋抗拉强度标准值；f_{yk} 为钢筋屈服强度标准值。

2）直螺纹套筒连接

钢筋直螺纹套筒连接是通过钢筋端头特制的直螺纹和直螺纹套管，将两根钢筋通过螺纹咬合连接在一起的连接方法。钢筋等强直螺纹加工工艺有两种形式：一种是在钢筋端头先采用对辊滚轧（或剥肋后滚轧），使钢筋端头材质硬化、强度增加，而后采用冷压螺纹（滚螺纹）工艺加工成钢筋直螺纹（螺纹应力二次增强）端头，简称滚轧直螺纹接头；另一种是在钢筋端头先采用设备顶压增径（镦头），使钢筋端头强度增加，而后采用套螺纹工艺加工成等直径螺纹端头，简称镦粗直螺纹接头。无论采用滚轧工艺还是采用镦粗工艺，这两种工艺都能有效地增强钢筋端头母材强度，使螺纹对母材的削弱大为减少，螺纹端头的抗拉强度基本等同于钢筋母材的实际抗拉强度。这种接头形式使结构强度的安全度和地震情况下的延性有更好的保证，钢筋混凝土截面对钢筋接头百分率可放宽，大大地方便了设计与施工。同时，与钢筋锥螺纹套筒连接相比，直螺纹套筒连接可提高施工效率，节省套筒钢材。此外，直螺纹套筒连接具有设备简单、经济合理、应用广泛等优点。

按连接钢筋使用条件，等强直螺纹套筒连接可分为多种类型：标准型，用于正常条件下的钢筋连接；扩口型，用于较难对中的钢筋连接；正反丝扣型，用于两端钢筋均不能转动的场合；异径型，用于不同直径的钢筋连接；加螺母型，用于钢筋完全不能转动，通过转动连接套筒连接钢筋，用螺母锁紧套筒，等等。

3）冷挤压连接

冷挤压连接是将两根待连接钢筋均匀插入钢套筒后，用液压设备沿径向挤压套筒，使之产生塑性变形，通过钢套筒与钢筋肋纹的咬合将两根钢筋连接成整体。这种接头质量稳定可靠，受力性能不低于母材；但只能连接带肋钢筋，施工速度较慢，操作强度大，钢套筒体型大，且对其强度及塑性要求较高，故综合成本高。连接时，钢筋应表面洁净，端头齐平，肋纹完整；钢筋插入套筒前应做标记，端头距套筒中点不宜大于 10 mm，以确保连接长度，防止压空；钢筋应与套筒同轴对正。挤压应从套筒中央逐道向端部进行，每端挤压点数量随钢筋直径和等级增大而增多，一般每侧为 3~8 道。压痕深度为套筒外径的 10%~15%，压后套筒不得有肉眼可见的裂纹。接头的质量检验批及要求同直螺纹连接。

3. 钢筋绑扎搭接

纵向钢筋绑扎搭接是采用 20 号、22 号铁丝（火烧丝）或镀锌铁丝（铅丝），将两根满足规定搭接长度要求的纵向钢筋绑扎连接在一起，其中 22 号铁丝只用于直径 12 mm 以下的钢筋。钢筋绑扎搭接时，用铁丝在搭接部分的中心和两端扎牢。

轴心受拉及小偏心受拉杆件的纵向受力钢筋不得采用绑扎搭接连接，其他构件中的钢筋采用搭接连接时，受拉钢筋直径不宜大于 25 mm，受压钢筋直径不宜大于 28 mm。纵向受拉钢筋的最小搭接长度见表 4-4。

表 4-4　纵向受拉钢筋的最小搭接长度

钢筋类型		混凝土强度等级								
		C20	C25	C30	C35	C40	C45	C50	C55	≥ C60
光面钢筋	300 级	48*d*	41*d*	37*d*	34*d*	31*d*	29*d*	28*d*		
带肋钢筋	335 级	46*d*	40*d*	36*d*	33*d*	30*d*	29*d*	27*d*	26*d*	25*d*
	400 级		48*d*	43*d*	39*d*	36*d*	34*d*	33*d*	31*d*	30*d*
	500 级		58*d*	52*d*	47*d*	43*d*	41*d*	39*d*	38*d*	36*d*

注：① d 为钢筋直径。两根不同直径钢筋的搭接长度，以较细钢筋的直径计算。
②当纵向受拉钢筋搭接接头面积百分率不大于 25% 时，取表中数值；当纵向受拉钢筋搭接接头面积百分率为 50% 时，表中数值乘以修正系数 1.15；当纵向受拉钢筋搭接接头面积百分率为 100% 时，表中数值乘以修正系数 1.35；当纵向受拉钢筋搭接接头面积百分率为 25%～100% 时，修正系数可按内插法取值。
③当带肋钢筋的直径大于 25 mm 时，其最小搭接长度应按表中数值乘以修正系数 1.1 取用。
④环氧树脂涂层的带肋钢筋，其最小搭接长度应按表中数值乘以修正系数 1.25 取用。
⑤当施工过程中受力钢筋易受扰动时，其最小搭接长度应按表中数值乘以修正系数 1.1 取用。
⑥末端采用弯钩或机械锚固措施的带肋钢筋，其最小搭接长度可按表中数值乘以修正系数 0.6 取用。
⑦当带肋钢筋的混凝土保护层厚度为搭接钢筋直径的 3 倍且配有箍筋时，其最小搭接长度可按表中数值乘以修正系数 0.8 取用；当带肋钢筋的混凝土保护层厚度为搭接钢筋直径的 5 倍且配有箍筋时，其最小搭接长度可按表中数值乘以修正系数 0.7 取用；当带肋钢筋的混凝土保护层厚度大于搭接钢筋直径的 3 倍且小于 5 倍，并配有箍筋时，修正系数可按内插法取值。
⑧对有抗震要求的受力钢筋的最小搭接长度：一、二级抗震等级应按表中数值乘以修正系数 1.15 取用；三级抗震等级应按表中数值乘以修正系数 1.05 取用。
⑨当上述修正系数多于一项时，可按连乘计算。
⑩在任何情况下，受拉钢筋的搭接长度不应小于 300 mm。

纵向受压钢筋搭接时，其最小搭接长度应按上述纵向受拉钢筋的最小搭接长度数值乘以系数 0.7 取用。同时，在任何情况下，受压钢筋的搭接长度不应小于 200 mm。

为提高搭接区域钢筋的传力性能，应在梁、柱类构件的纵向受力钢筋搭接长度范围内按设计要求配置箍筋，并应符合下列要求：

（1）箍筋直径不应小于搭接钢筋较大直径的 1/4；

（2）受拉搭接区段的箍筋间距不应大于搭接钢筋较小直径的 5 倍，且不应大于 100 mm；

（3）受压搭接区段的箍筋间距不应大于搭接钢筋较小直径的 10 倍，且不应大于 200 mm；

（4）当柱中纵向受力钢筋直径大于 25 mm 时，应在搭接接头两端外 100 mm 范围内设置两个箍筋，其间距宜为 50 mm。

4.2.3　钢筋配料

钢筋配料是根据施工图计算构件中各牌号钢筋的下料长度、根数及质量，然后编制钢筋配料单，为配料、加工、验收及结算提供依据。

在施工图上，通过构件尺寸减去保护层厚度可以得到钢筋的外包尺寸。而钢筋弯折处的外包尺寸大于轴线尺寸，其差值称为量度差值。此外，在钢筋末端因构造要求所做的弯钩，其增加值未包含在外包尺寸内。钢筋的下料长度

L= 各段外包尺寸之和 − 各弯折处的量度差值 + 末端弯钩的增加值

1. 钢筋中部弯折处的量度差值

钢筋中部弯折处的量度差值与钢筋弯弧内直径 D 及弯折角度 α 有关，如图 4-3 所示，有

$$\begin{aligned}量度差值 &= 外包尺寸 - 轴线尺寸 \\ &= A'B' + B'C' - ABC \\ &= 2A'B' - ABC = 2\left(\frac{D}{2}+d\right)\tan\frac{\alpha}{2} - \pi(D+d)\frac{\alpha}{360^\circ}\end{aligned} \tag{4-1}$$

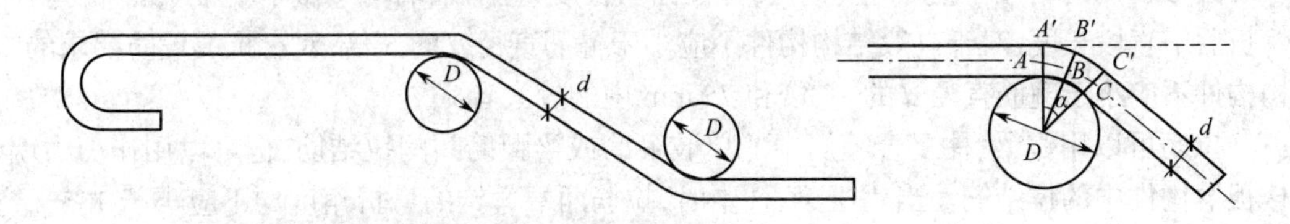

图 4-3　钢筋中部弯折处量度差值计算简图

考虑钢筋的弯曲性能，相关规范要求钢筋弯折的弯弧内直径 D 符合下列规定。

（1）对于光圆钢筋，不应小于钢筋直径的 2.5 倍。

（2）对于 335 MPa 级、400 MPa 级带肋钢筋，不应小于钢筋直径的 4 倍。

（3）对于 500 MPa 级带肋钢筋，当直径 ≤ 25 mm 时，不应小于钢筋直径的 6 倍；当直径 ≥ 28 mm 时，不应小于钢筋直径的 7 倍。

（4）对于位于框架结构顶层端节点处的梁上部纵向钢筋和柱外侧纵向钢筋，在节点角部弯折处，当直径 ≤ 25 mm 时，不应小于钢筋直径的 12 倍；当直径 ≥ 28 mm 时，不应小于钢筋直径的 16 倍。

（5）箍筋弯折处除满足上述规定外，尚不应小于纵向受力钢筋直径；当纵向受力钢筋为搭接钢筋或并筋时，应按钢筋实际排布情况确定弯弧内直径。为了节省钢筋，计算弯弧内直径 D 取规范规定的最小值，可计算得到常见的量度差值见表 4-5。框架结构顶层端节点处的梁上部纵向钢筋和柱外侧纵向钢筋，在节点角部弯折处，当直径 ≤ 25 mm 时量度差值为 3.79d，当直径 ≥ 28 mm 时量度差值为 4.65d。

表 4-5 钢筋量度差值

钢筋类型		钢筋弯折角度			
		30°	45°	60°	90°
光圆钢筋	300 MPa 级	0.29d	0.49d	0.77d	1.75d
带肋钢筋	335 MPa 级、400 MPa 级	0.30d	0.52d	0.85d	2.07d
	400 MPa 级（$d \leqslant 25$ mm）	0.31d	0.56d	0.95d	2.50d
	500 MPa 级（$d \leqslant 28$ mm）	0.32d	0.59d	1.01d	2.72d

注：实际量度差值取值应根据工程加工经验予以调整。

2. 钢筋末端弯钩时下料长度

1）HPB300 级钢筋末端做 180° 弯钩时下料长度的增长值

根据规范要求，光圆钢筋末端做 180° 弯钩时，弯钩的弯折后平直段长度不应小于钢筋直径 d 的 3 倍。当取 HPB300 级光圆钢筋弯弧内直径 D=2.5d 时，可计算出对于每一个 180° 弯钩，钢筋下料长度的增长值为 6.25d（包括量度差值和平直部分长度）。

2）箍筋、拉筋的下料长度

对于一般结构构件，箍筋的末端要做弯钩，箍筋弯钩的弯折角度不应小于 90°，弯折后平直段长度不应小于箍筋直径 d 的 5 倍；对有抗震设防要求或设计有专门要求的结构构件，箍筋弯钩的弯折角度不应小于 135°，弯折后平直段长度不应小于箍筋直径 d 的 10 倍和 75 mm 中的较大者。

圆形箍筋的搭接长度不应小于其受拉锚固长度，且两末端均应做不小于 135° 的弯钩，弯折后平直段长度，对于一般结构构件不应小于箍筋直径 d 的 5 倍；对有抗震设防要求的结构构件不应小于箍筋直径 d 的 10 倍和 75 mm 中的较大者。

拉筋可以用作梁、柱复合箍筋中的单肢箍筋或梁腰筋间的拉结筋，也可以用作剪力墙、楼板等构件中的拉结筋。当用于梁、柱中时，拉筋两端弯钩的弯折角度均不应小于 135°，弯折后平直段长度与箍筋要求相同；当用于剪力墙、楼板等构件中时，拉筋两端弯钩可采用一端 135°、另一端 90°，弯折后平直段长度不应小于箍筋直径 d 的 5 倍。

计算箍筋、拉筋的下料长度时，应首先根据现场钢筋的实际情况确定弯折的弯弧内直径和箍筋量度差值，然后根据两末端弯钩的弯折角度、弯折后平直段长度的要求确定下料长度。

对于焊接封闭式箍筋，下料长度应根据弯弧内直径、量度差值和焊接时的烧化留量、顶锻留量确定。

4.3 模板工程

模板是新浇混凝土成型的模型，由与混凝土直接接触的面板及支撑、连接件组成。模板工程费用是工程措施费的重要组成部分。据统计，在一般的工业与民用建筑中，模板工程费用约占钢筋混凝土造价的 30%。模板工程对于保证施工质量和安全、降低成本、加快施工进度都具有很重要的作用。模板工程施工前，应编制专项施工方案。对于危险性较大的滑模、爬模等工具式模板工程及高大模板支架工程，专项施工方案应由施工单位组织专家进行技术论证，确保方案的可行性、安全性。

模板的种类较多，可进行以下分类。

（1）按结构类型分，有基础模板、柱模板、墙模板、梁模板、楼板模板、楼梯模板等。

（2）按作用及承载种类分，有侧模板、底模板。

（3）按构造及施工方法分，有拼装式模板，如木模板、胶合板模板；组合式模板，如定型组合式钢模板、铝合金模板、钢框胶合板模板；工具式模板，如大模、台模等；移动式模板，如爬模、滑模等；永久式模板，如压型钢板模板、预应力混凝土薄板、叠合板等。

对模板的基本要求如下：

（1）要保证结构和构件的形状、尺寸、位置和饰面效果；

（2）具有足够的承载力、刚度和整体稳定性；

（3）构造简单、装拆方便，且便于钢筋安装和混凝土浇筑、养护；

（4）表面平整、拼缝严密，能满足混凝土内部及表面质量要求；

（5）材料轻质、高强、耐用、环保，利于周转使用。

4.3.1　模板形式

1. 一般现浇构件的模板构造

1）基础模板

由于基础下一般铺设素混凝土垫层，不需要设置底模，所以基础模板主要由侧模板及支撑构成。基础侧模板多采用砖模，砖模外回填土并夯实作为砖模的侧向支撑，可节省拆模工序。砖模内可以抹灰、铺贴防水卷材，进行地下防水工程施工。阶梯形基础模板可采用钢模板，侧模板外需要设置侧向支撑，如图 4-4 所示。杯形基础杯口处在模板的顶部中间装杯芯模板。条形基础的上一台阶需要采用吊模或设置底部支撑，如图 4-5 所示。

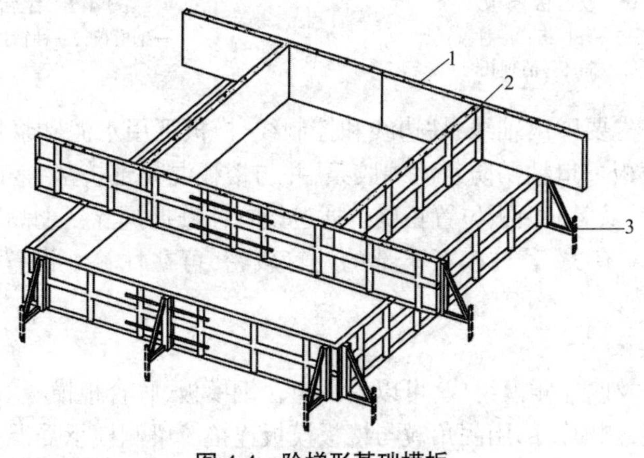

图 4-4　阶梯形基础模板

1—钢模板；2—T 形连接件；3—三角撑

2）柱模板

柱模板由侧模板构成，可以采用胶合板模板（图 4-6）、组合钢模板（图 4-7）、钢框胶合板模板等。模板的拼板用拼条连接，两两相对组成矩形。

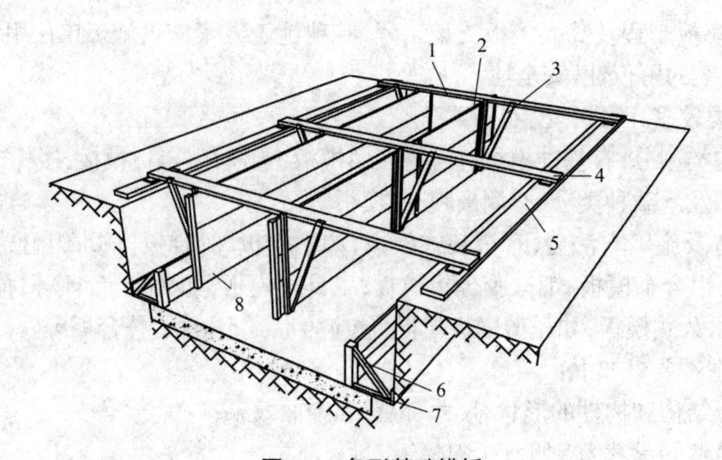

图 4-5　条形基础模板

1—轿杠；2—吊木；3，6—斜撑；4—木楔；5—垫板；7—平撑；8—侧板

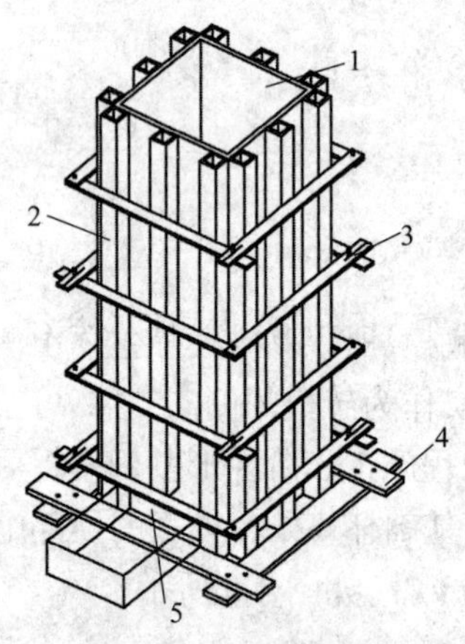

图 4-6　胶合板模板

1—内拼板；2—外拼板；3—柱箍；
4—底部木框；5—清理孔

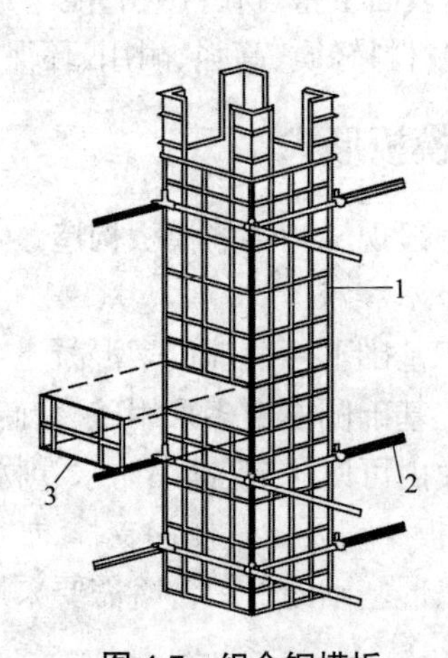

图 4-7　组合钢模板

1—钢模板；2—柱箍；3—浇筑孔盖板

柱模板支模首先要弹出轴线、柱边线和控制线，模板下用水泥砂浆找平。为防止漏浆，可以在安装前在模板下口粘贴防水海绵胶条，并与楼板混凝土挤密。可以采用在楼面预埋钢筋头等措施定位，以保证模板位置正确。通过设置柱箍抵抗混凝土侧压力，其间距与混凝土侧压力、拼板厚度有关，若柱模板下部的柱箍较密，可在柱箍上设置斜撑来调整柱的垂直度。

3）梁及楼板模板

梁模板由底模及两片侧模组成，可以采用组合钢模板、胶合板模板等。底模与两片侧模间用连接角模连接，侧模顶部用阴角模与楼板模板连接。梁侧模承受混凝土侧压力，根据需要可以在两侧模间设对拉螺栓、梁卡具等。

楼板模板可以由胶合板模板拼成，其周边用阴角模与梁或墙模板连接。

梁及楼板模板如图 4-8 所示。

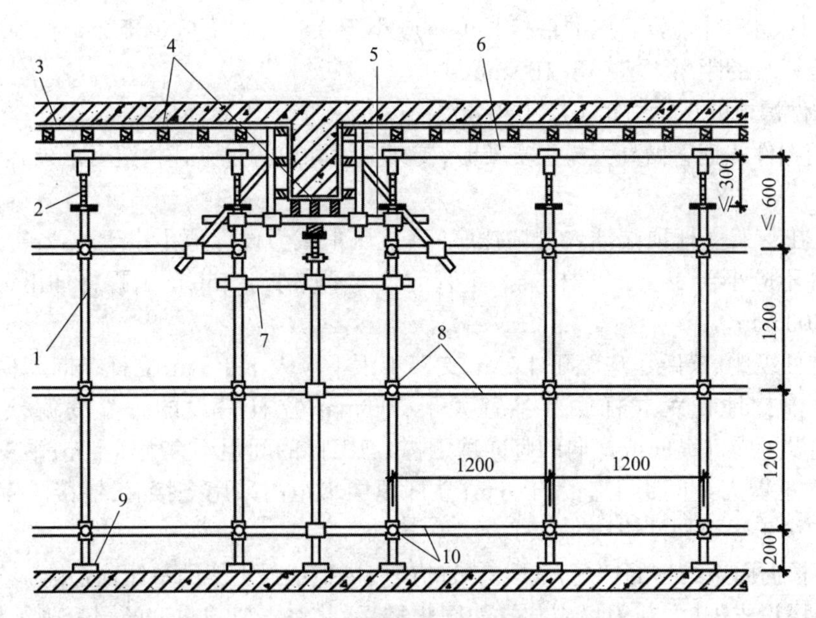

图 4-8　梁及楼板模板

1—碗扣立杆；2—可调托撑；3—12 mm 厚竹胶板；4—50 mm × 100 mm 木方次龙骨；5— ϕ48 mm 钢管主龙骨；6—100 mm × 100 mm 木方主龙骨；7—钢管；8—纵横拉杆；9—垫木；10—纵横扫地杆

考虑到构件自重荷载的影响以及施工过程中在荷载作用下支架的压缩和模板的挠度，对于跨度不小于 4 m 的现浇钢筋混凝土梁、板，其模板应起拱，施工起拱高度宜为跨度的 1/1 000~3/1 000。

为了保证梁、板模板的位置，并承受施工中模板传递来的竖向荷载，梁、板下部应设置模板支架。模板支架可以采用钢管支柱（宜增加纵、横向拉结）、扣件式钢管、门式钢管架、碗扣式钢管架、承插式钢管架和盘销式钢管架搭设而成，其中扣件式钢管用作模板支架，由于其灵活性好、通用性强，在建筑工程中应用较为广泛。

试验研究和经验教训表明，为保证模板支架安全，不仅要进行设计计算，而且必须满足一定的构造要求。当采用扣件式钢管做模板支架时，支架搭设应满足以下构造要求。

（1）立杆纵距、横距不宜大于 1.2 m，立杆步距不宜大于 1.8 m，立杆伸出顶层水平杆中心线至支撑点的长度不应超过 0.5 m；立杆纵向和横向宜设置扫地杆，有利于提高支架的整体稳定性，纵向扫地杆距立杆底部不宜大于 200 mm，横向扫地杆宜设置在纵向扫地杆的下方；立杆底部宜设置底座或垫板，立杆搭设的垂直度偏差不宜大于 1/200。

（2）为保证立杆稳定，立杆步距的上下两端应设置双向水平杆，水平杆与立杆的交错点应采用扣件连接，双向水平杆与立杆交错点处的连接扣件的距离不应大于 150 mm。

（3）为确保支架为不可变体系，支架周边应连续设置竖向剪刀撑。当支架长度或宽度大于 6 m 时，应设置中部纵向或横向的竖向剪刀撑，剪刀撑的间距和单幅宽度均不宜大于 8 m，剪刀撑与水平杆的夹角为 45° ~60° ；当支架高度大于 3 倍步距时，支架顶部宜设置一道水平剪刀撑，剪刀撑应延伸至周边。

（4）当立杆需接长时，除顶层步距可采用搭接外，其余各层步距接头应采用对接扣件连接，两个相邻立杆接头不应设置在同一步距内。

（5）立杆、水平杆、剪刀撑的搭接长度不应小于 0.8 m，且不应少于 2 个扣件连接，扣件盖板边缘至杆端的距离不应小于 100 mm。

（6）扣件螺栓的拧紧力矩不应小于 40 N·m，且不应大于 65 N·m。

当采用扣件式钢管做高大模板支架时，支架搭设除应满足上述构造要求外，尚应符合下列规定。

（1）宜在支架立杆顶端插入可调托座（其抗压承载力设计值不小于 40 kN），可调托座螺杆的外径不应小于 36 mm，螺杆插入钢管的长度不应小于 150 mm，螺杆伸出钢管的长度不应大于 300 mm。

（2）立杆纵距、横距不应大于 1.2 m，支架步距不应大于 1.8 m；立杆纵向和横向应设置扫地杆，纵向扫地杆距立杆底部不宜大于 200 mm；立杆搭设的垂直度偏差不宜大于 100 mm；宜设置中部纵向或横向的竖向剪刀撑，剪刀撑的间距不宜大于 5 m；沿支架高度方向搭设的水平剪刀撑间距不宜大于 6 m；立杆顶层步距内采用搭接时，搭接长度不应小于 1 m，且不应少于 3 个扣件连接。

（3）应根据周边结构的情况，采取有效的连接措施加强支架的整体稳定性。

（4）在搭设支架时，剪刀撑应与支架同步搭设，并将支架与成型的混凝土结构拉结，保证支架结构的整体稳定性。对于现浇多、高层混凝土结构，上、下楼层模板支架的立杆应上下对齐，以减少模板支架在楼板上引起的附加应力。

（5）后浇带的模板及支架应独立设置。

4）墙模板

墙模板由面板、纵横杆、对拉螺栓及支撑构成，如图 4-9 所示。面板常采用钢模板、铝模板或胶合板模板，通过纵横钢肋组拼成大块模板，以提高刚度和便于安装。对拉螺栓应能承受混凝土的侧压力、冲击力及振捣荷载，其间距、直径应经计算确定。对拉螺栓上应套塑料管，以便拆模后能抽出重复使用。

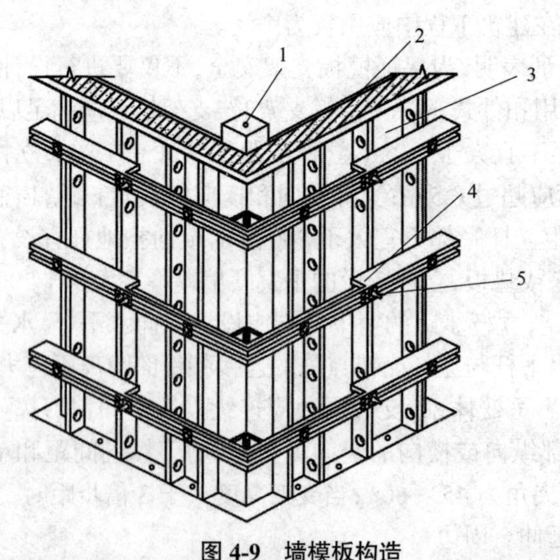

图 4-9 墙模板构造

1—内角模；2—外角模；3—平模；4—主肋；5—穿墙对拉螺栓

墙模板首先要弹出轴线、边线和控制线，模板下用水泥砂浆找平。为防止漏浆，可以安装前在模板下口粘贴防水海绵胶条，并与楼板混凝土挤密。为保证模板位置正确，可以在楼面预埋钢筋头、设置导墙等。通过对拉螺栓等可抵抗混凝土侧压力，在钢楞上设置斜撑可调整墙的垂直度。外墙一般需设支架模板或采用爬升模板等。

2. 组合式模板

1）组合式钢模板

组合式钢模板是一种由 Q235 钢板制成的工具式模板，由钢模和配件两大部分组成，配件包括连接件和支撑件。

组合式钢模板的优点是通用性强，而且装拆灵活、搬运方便、节省用工；浇筑的构件尺寸准确、棱角整齐、表面光滑；模板周转次数多，可大量节约木材。其缺点是模板单块面积小、拼缝多、拆装烦琐、平整度差等。

Ⅰ. 钢模板的类型及规格

钢模板由通用模板和专用模板两种类型构成。通用模板是最常使用的模板类型，包括平面模板、阴角模板、阳角模板及连接角模四种，如图 4-10 所示。平面模板代号为 P，阴角模板代号为 E，阳角模板代号为 Y，连接角模代号为 J。其中，平面模板用于各种平面部位；阴角模板用于墙体和各种构件的内角及凹角的转角部位；阳角模板用于柱、梁及墙体等外角及凸角的转角部位；连接角模用于柱、梁及墙体等外角及凸角的转角部位。钢模板厚度，对于宽度≤ 300 mm 的平面模板，为 2.50 mm 或 2.75 mm；对于宽度≥ 350 mm 的平面模板，为 2.75 mm 或 3.00 mm。钢模板采用模数制设计，宽度以 100 mm 为基础，以模数 50 mm 进级，宽度超过 600 mm 时，以 150 mm 进级；长度以 450 mm 为基础，以模数 150 mm 进级，长度超过 900 mm 时，以 300 mm 进级。

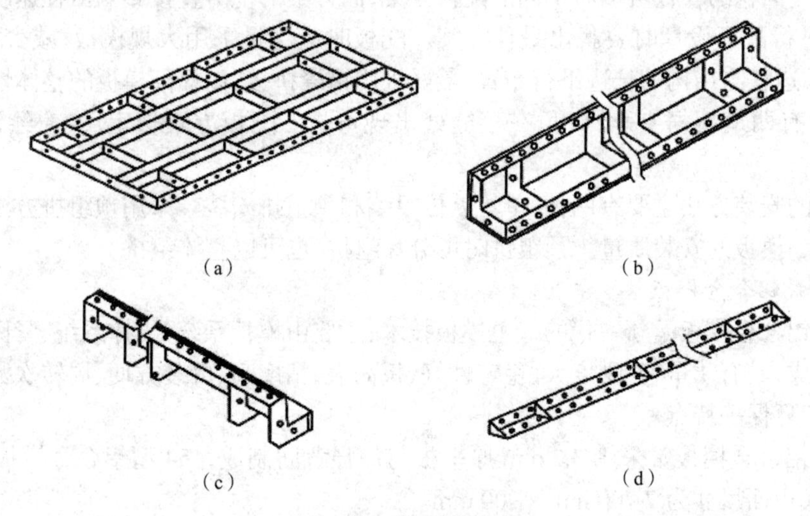

图 4-10　钢模板类型

(a)平面模板　(b)阴角模板　(c)阳角模板　(d)连接角模

Ⅱ. 连接件

组合式钢模板的连接件主要有 U 形卡、L 形插销、钩头螺栓、紧固螺栓、对拉螺栓等，如图 4-11 所示。

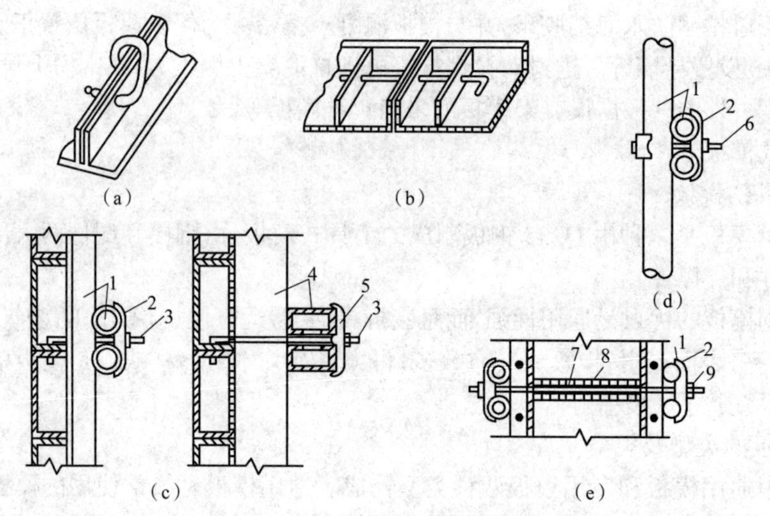

图 4-11 组合式钢模板连接件

(a)U 形卡连接 (b)L 形插销连接 (c)钩头螺栓连接 (d)紧固螺栓连接 (e)对拉螺栓连接
1—圆钢管钢楞;2—紧固螺栓;3—钩头螺栓;4—内卷边槽钢钢楞;5—蝶形扣件;
6—紧固螺栓;7—对拉螺栓;8—塑料套管;9—螺母

Ⅲ. 支撑件

组合式钢模板支撑件包括支撑梁、钢模板的托架、支撑桁架和顶撑以及支撑墙模板的斜撑等。

Ⅳ. 钢模板配板与安装

由于同一面积的模板可以有不同的配板方案,而方案的优劣直接影响工程速度、质量和成本,所以进行配板设计时要找出最佳方案。配板时应尽量采用大规模板,减少木模嵌补量;模板的长边宜与结构的长边平行布置,最好采用错缝拼接,以提高模板的整体性;每块钢模板应至少有两道钢楞支承,以免在接缝处出现弯折。配板方案选定后,应绘制模板配板图。

钢模板的安装方法主要有两种:单块就位组装和预组拼安装。采用预组拼方法,可以提高施工效率和模板的安装质量。预组拼时可分片组拼,也可以整体组拼。

2)组合式铝合金模板

组合式铝合金模板是新一代的绿色模板技术,主要由模板系统、支撑系统、紧固系统、附件系统等构成,具有质量轻、刚度大、稳定性好、板面大、精度高、拆装方便、周转次数多、回收价值高、利于环保等特点。

组合式铝合金模板常采用 3.2 mm 厚平板与加强背肋制成, 54 型铝合金模板共有 135 种规格,最大板面尺寸为 2 700 mm × 900 mm。

组合式铝合金模板以销连接为主,施工方便快捷;可将墙与楼板或梁与楼板模板拼装为一体,实现一次性浇筑,且稳定性好;顶板模板和支撑系统实现一体化设计,支撑杆件少,且可采用早拆技术,提高模板的周转率。

组合式铝合金模板,质量轻,可采用全人工拼装,也可以拼成中型或大型模板后再用机械吊装,可作为柱、梁、墙、楼板的模板以及爬模等使用。

3）钢框胶合板模板

钢框胶合板模板由钢框和防水木胶合板或竹胶合板组成。胶合板平铺在钢框上，用沉头螺栓与钢框连接牢固，通过钢边框上的连接孔，可以用连接件进行纵横连接，组装成各种尺寸的模板。钢框胶合模板具有组合式钢模板的优点，且质量轻、易脱模、保温好、可打钉、能周转 50 次以上，还可翻转或更换面板。

3. 工具式模板

1）大模板

大模板是用于墙体施工的大型工具式模板，具有施工速度快、机械化程度高、混凝土表观质量好等优点，但其通用性较差，在剪力墙结构施工中应用最为广泛。大模板的设计需要考虑起重机的起重能力，还要最大限度地提高大模板的通用性，通常一面墙可以设计采用一块模板（外墙外模板高度为层高 +（10~30）mm，其余模板高度为层高 - 楼板厚度 +10~30 mm；模板长度为墙面长度 - 角模尺寸，如有阴角模板，需要扣除阴角模板的支拆余量 3~5 mm）。

大模板主要由面板、主次肋、操作平台、稳定机构和附件组成。

（1）面板用 5~6 mm 厚的钢板制成，表面平整光滑，拆模后墙表面可不再抹灰。

（2）次肋的作用是固定模板、保证模板刚度，并将力传递到主肋。次肋可单向设置或者双向设置，常用 8 号槽钢或钢管制作，间距一般为 300~500 mm。

（3）主肋的作用是保证模板刚度，并作为穿墙螺栓的固定点，承受模板传来的水平力和垂直力。主肋一般用背靠背的两根 8 号以上槽钢或铝、钢管制作，间距为 0.9~1.2 m。

（4）穿墙螺栓的主要作用是承受主肋传来的混凝土侧压力，并控制墙体厚度。为保证抽拆方便，穿墙螺栓常做成锥形，也可加设塑料套管。

（5）稳定机构的作用是调整模板的垂直度，并保证模板的稳定性。一般通过旋转花篮螺栓套管，即可达到调整模板垂直度的目的。

大模板停放时，应按照其自稳角度面对面放置，对没有稳定机构的大模板，应放在插放架内，避免倾覆伤人；在安装前，应做好表面清理，并涂刷隔离剂。

大模板安装时，应按照布置图对号入座，按安装控制线调整位置，连接对拉螺栓后，调整垂直度，并做好缝隙处理；转角处用特制角模连接，阳角模板与相邻平模之间宜采用型钢直芯带和钢楔子连接，以保证连接点刚度和接缝严密。

混凝土浇筑后，强度达到 1~2 MPa 以上方可拆除大模板。大模板拆除时，应先解除对拉螺栓，再旋转稳定机构的花篮螺栓套管使模板后仰脱模。塔式起重机起吊时要缓慢，防止碰撞墙体。

2）滑升模板

滑升模板简称滑模，它是随着混凝土的浇筑，通过千斤顶或提升机等设备，带动模板沿着混凝土表面向上滑动而逐步完成浇筑的模板装置，主要用于现浇高耸的构筑物和建筑物，如剪力墙结构、筒体结构的墙体，尤其是烟囱、水塔、筒仓、桥墩、沉井等。

滑模仅需一次安装和一次拆除，可节省大量模板、脚手架材料和装拆用工用时，并可降低工程费用，加快施工进度。但滑模设备一次性投资较大，对施工技术和管理水平要求较高，质量控制难度较大。

Ⅰ. 滑模的构造

滑模由模板系统、操作平台系统和提升系统三部分组成。

(1)模板系统由模板、围圈和提升架组成。为保证结构准确成型,模板应具备一定的强度和刚度,以承受新浇混凝土的侧压力、冲击力,以及滑升时与混凝土产生的摩阻力。模板的高度取决于滑升速度和混凝土达到出模强度(0.2~0.4 MPa)所需要的时间,一般取1.0~1.2 m。模板宽度一般不超过500 mm,且多为钢模板或钢木混合模板。为保证刚度,模板背面设有加劲肋。相邻模板用螺栓或U形卡连接到一起,模板挂在或搭在围圈上。为减小滑升摩阻力,便于混凝土脱模,内外模板应形成上口小、下口大的形式,一般单面倾斜度为0.2%~0.5%。围圈多用槽钢制作,其作用是固定模板和保证模板刚度,并将模板与提升架连接起来。当提升架上升时,通过围圈带动模板上升。提升架的作用是固定围圈的位置,防止模板侧向变形,承受模板系统和操作平台系统传来的全部荷载,并将其传给千斤顶,多用槽钢或工字钢制作。

(2)操作平台系统包括操作平台、内外吊脚手架和外挑三脚架,承受施工时的荷载。操作平台应具有足够的强度、刚度和稳定性,多用型钢制作骨架,上铺木板制成。当采用滑一层墙体浇一层楼板工艺时,操作平台的中间部分应做成便于拆卸的活动式结构,以便现浇楼板的施工。

(3)常用提升系统包括支承杆、液压千斤顶和操作台等,是滑模的动力装置。支承杆既是千斤顶的导轨,又是整个滑模的承重支柱。其接头可采用丝扣连接、榫接或焊接,接头部位应处理光滑,以保证千斤顶顺利通过。液压穿心式千斤顶有楔块卡头式和钢珠卡头式两种。它可以通过给油和回油,沿支承杆单向上升,从而带动模板系统向上滑升。

Ⅱ.滑升工艺

滑模应根据混凝土凝结速度、出模强度、气温情况等,采用适宜的滑升速度。若速度过快,会引起混凝土出模后流淌、坍落;若速度过慢,会因与混凝土黏结力过大,使滑升困难。滑升速度一般为100~350 mm/h,一般每滑升300 mm高度浇筑一层混凝土。滑升时,要保证全部千斤顶同步上升,防止结构倾斜。

滑模主要用来浇筑竖向结构,如柱、墙等,而现浇楼板常采用逐层空滑法,即当每层墙体混凝土建筑至上一层楼板底部标高后,将滑模空滑至其下口脱离墙体一定高度后,吊走操作平台的活动平台板,进行楼板的支模、扎筋和浇筑混凝土工作,然后再继续滑升,如此逐层进行;也可采用楼板后跟或最后降模施工。

3)爬升模板

爬升模板是由大模板与爬升或提升系统结合而形成的模板体系,适用于现浇混凝土竖直或倾斜结构(如墙体、桥墩、塔柱等)施工,目前已逐步形成单块爬升、整体爬升等工艺。其中,前者适用于较大面积房屋的墙体施工,后者多用于筒、柱、墩的施工。

爬升模板由大模板、爬架和爬升设备三部分组成。大模板可通过爬升设备,随结构混凝土的升高而交替升高。爬架可利用提升葫芦与模板互爬,或利用导轨通过液压千斤顶爬升。

爬升模板综合了大模板与滑升模板的工艺和特点,具有大模板和滑升模板的优点,适用于高层、超高层建筑的墙体或核心筒施工。

爬架支撑点在施工层下1~2层,混凝土的强度易于满足承受模板系统荷载的要求,可加快施工速度(如2天一层)。其带有爬升机构,减少了施工中吊运大模板的工作量;本身装有操作脚手架,施工时有可靠的安全围护,故不需搭设外脚手架;模板逐层分块安装,垂直度和平整度易于调整和控制,可避免施工误差的积累。但由于爬升模板的位置固定,无法实行分段流水施工,因此模板周转率低,配置量多于大模板。

4. 永久式模板

永久式模板在浇筑混凝土时起模板作用,而施工后不需拆除,并可成为结构的一部分。其种类有压型钢板、混凝土薄板、玻纤水泥波形板等。其特点是施工简便、速度快,可减少大量支撑,不但节约材料,也可减少施工层之间的干扰和等待,从而缩短工期。

1)压型钢板模板

压型钢板模板在钢框架结构的楼板施工中应用最为广泛,它是采用镀锌等防腐处理的薄钢板,冷轧成具有开口或闭口的梯形、燕尾形截面的槽状钢板。安装时,板块相互搭接,并通过栓钉与钢梁焊接,不但可固定模板,也能使混凝土楼板与钢框架连成一体,以提高结构的刚度。近几年,在压型钢板上焊接钢筋桁架而使刚度大大提高的楼承板得到了进一步应用。

2)混凝土薄板模板

混凝土薄板模板一般在构件厂预制,可分为普通板和预应力板。混凝土薄板可作为现浇楼板的永久性模板,又可与现浇混凝土结合而形成叠合板构成受力结构,即在预制薄板中配置楼板全部或部分钢筋,安装后绑扎构造钢筋或其余钢筋,再浇筑混凝土叠合层,其在装配整体式的混凝土剪力墙结构、框架结构中广泛应用。

混凝土薄板底面光滑,可以免除顶棚的抹灰作业。为了加强薄板与后浇混凝土的结合,在薄板生产时,应采取设肋或将板的上表面扫毛,或加工压痕、凹坑,以及设置抗剪钢筋等措施。

4.3.2　模板的设计

在确定模板工程施工方案时,应进行模板及支架的设计或验算,以确保工程质量和施工安全,防止浪费。

模板及支架设计内容包括:模板及支架的选型及构造,荷载及其组合效应计算,承载力、刚度、整体稳定性验算,支架的抗倾覆验算,绘制模板及支架施工图。

模板及支架作为一种特殊的工程结构,其选型及构造应根据工程结构形式、荷载大小、地基土类别、施工设备和材料供应等条件,并考虑经济性等确定。

1. 模板及支架的荷载

1)荷载标准值

(1)模板及支架自重(G_1),应依据模板施工图确定。梁、楼板模板及支架的自重标准值可按表4-6确定。

表4-6　梁、楼板模板及支架的自重标准值　(kN/m^2)

构件模板名称	木模板	组合式钢模板
无梁楼板的模板及小楞	0.3	0.5
有梁楼盖模板(包含梁的模板)	0.5	0.75
楼板模板及支架(楼层高度为4 m以下)	0.75	1.10

（2）新浇混凝土的自重（G_2），根据混凝土实际重力密度确定，普通混凝土可取 24 kN/m³。

（3）钢筋自重（G_3），应依据施工图确定。对一般梁板结构，每立方米混凝土的钢筋用量可取：楼板 1.1 kN；梁 1.5 kN。

（4）新浇混凝土的侧压力（G_4），新浇筑混凝土对模板的侧压力与混凝土的骨料种类、坍落度、外加剂及浇筑速度等有关。当采用插入式振动器，且在高度方向浇筑速度不大于 10 m/h、混凝土坍落度不大于 180 mm 时，新浇筑混凝土对模板的侧压力可按下列两式分别计算，并取其中的较小值：

$$F=0.28\gamma_c t_0 \beta V \tag{4-2}$$

$$F=\gamma_c H \tag{4-3}$$

式中 F——新浇筑混凝土对模板的最大侧压力标准值（kN/m²）；

γ_c——混凝土的重度（kN/m³）；

t_0——新浇筑混凝土的初凝时间（h），可按实测确定，当缺乏试验资料时，可按 $t_0=200/(T+15)$ 计算，T 为混凝土的温度（℃）；

β——混凝土坍落度影响修正系数，当坍落度为 50~90 mm 时取 0.85，为 90~130 mm 时取 0.9，为 130~180 mm 时取 1.0；

V——混凝土在高度方向的浇筑速度（m/h）；

H——混凝土侧压力计算位置处新浇筑混凝土顶面的总高度（m）。

当浇筑速度大于 10 m/h，或混凝土坍落度大于 180 mm 时，侧压力可按式（4-3）计算。

（5）施工人员及设备荷载（Q_1），可按实际情况计算，且不小于 2.5 kN/m²。

（6）混凝土下料产生的水平冲击荷载（Q_2），若施工采用泵管、导管或溜槽、串筒下料，取 2 kN/m²；若采用吊头下料或小车直接倾倒，取 4 kN/m²。该荷载的作用范围可取为有效压头高度之内。

（7）附加水平荷载（Q_3），采用泵送混凝土或不均匀堆载等因素对模板支架产生的附加水平荷载。该荷载可取计算工况下竖向永久荷载标准值的 2%，并应作用在模板支架上端水平方向。

（8）风荷载（Q_4），可按《建筑结构荷载规范》（GB 50009—2012）的有关规定确定，此时基本风压可按 10 年一遇取值，但不小于 0.2 kN/m²。

2）荷载效应组合

Ⅰ. 荷载组合

进行模板及支架承载力计算时，其荷载可按表 4-7 组合确定，并应采用最不利者。而进行模板及支架刚度或变形验算，则仅取组合永久荷载（G_i）。

表 4-7 参与模板及支架承载力计算的各项荷载

计算内容		参与荷载项
模板	底面模板的承载力	$G_1+G_2+G_3+Q_1$
	侧面模板的承载力	G_4+G_2

续表

计算内容		参与荷载项
支架	支架水平杆及节点的承载力	$G_1+G_2+G_3+Q_1$
	立杆的承载力	$G_1+G_2+G_3+Q_1+Q_4$
	支架结构的整体稳定	$G_1+G_2+G_3+Q_1+Q_3$ $G_1+G_2+G_3+Q_1+Q_4$

Ⅱ. 设计荷载效应值(S)

模板及支架的荷载基本组合的效应设计值按下式计算：

$$S = 1.35\sum_{i\geqslant 1} S_{G_{ik}} + 1.4\psi_{cj} S_{Q_{jk}} \tag{4-4}$$

式中　$S_{G_{ik}}$——第 i 个永久荷载标准值产生的效应值；

$S_{Q_{jk}}$——第 j 个可变荷载标准值产生的效应值；

ψ_{cj}——第 j 个可变荷载的组合系数，宜取 $\psi_{cj} \geqslant 0.9$。

2. 模板及支架的承载力、刚度、整体稳定性验算

1)模板及支架的承载力验算

模板及支架结构构件承载力应按短暂设计状况，并考虑荷载的基本组合进行验算，要求：

$$\gamma_0 S \leqslant \frac{R}{\gamma_R} \tag{4-5}$$

式中　γ_0——结构重要性系数，对重要的模板及支架宜取 $\geqslant 1.0$，对一般的模板及支架应取 $\geqslant 0.9$；

S——模板及支架按荷载基本组合计算的荷载效应设计值；

R——模板及支架结构构件的承载力设计值，应根据模板及支架选型，按国家现行有关标准计算；

γ_R——承载力设计值调整系数，应根据模板及支架重复使用情况取用，不应小于 1.0。

2)模板及支架的刚度验算

为保证混凝土构件的质量、尺寸和外观，需要对模板及支架的刚度进行验算，保证模板和支架变形满足：

$$\alpha_{fG} \leqslant \alpha_{f,lim} \tag{4-6}$$

式中　α_{fG}——按永久荷载标准值计算的构件变形值；

$\alpha_{f,lim}$——构件变形限值，应根据结构工程要求确定，且满足对于结构表面外露的模板，其挠度限值宜为模板构件计算跨度的 1/400，对于结构表面隐蔽的模板，其挠度限值宜为模板构件计算跨度的 1/250，支架的轴向压缩变形限值或侧向挠度限值，宜为计算高度或计算跨度的 1/1 000。

3)支架的整体稳定性验算

支架结构除要满足结构构造要求外，为保证支架的整体稳定性，搭设支架的高宽比不宜大于 3。

当支架结构与周边具有一定强度的混凝土结构可靠拉结时，可不验算支架结构的整体稳定性。对相对独立的支架，在其高度方向上与周边结构无法拉结的情况下，可按相应荷载基本组合的两种工况分别计算泵送混凝土或不均匀堆载等因素产生的附加水平荷载（Q_3）作用下和风荷载（Q_4）作用下支架结构的整体稳定性。

支架的整体稳定性验算和支架的形式有关，多采用扣件式钢管以及门式、碗扣式、承插式支架和盘销式支架脚手架，计算时可参考相应规范。

3. 支架的抗倾覆验算

支架应按混凝土浇筑前（荷载组合 G_1+Q_4）和浇筑时（荷载组合 $G_1+G_2+G_3+Q_3$）两种工况进行抗倾覆验算。支架的抗倾覆验算应满足：

$$\gamma_0 M_0 \leqslant M_r \tag{4-7}$$

式中 M_0——支架的倾覆力矩设计值，按荷载基本组合计算，其中永久荷载的分项系数取1.35，可变荷载的分项系数取1.4；

M_r——支架的抗倾覆力矩设计值，按荷载基本组合计算，其中永久荷载的分项系数取0.9，可变荷载的分项系数取0。

4.3.3 模板的安装与拆除

1. 模板的安装

安装现浇结构的上层模板及其支架时，下层楼板应具有承受上层荷载的承载能力，或加设支架；涂刷模板隔离剂时，不得沾污钢筋和混凝土接槎处；模板的起拱高度应满足要求，接缝不应漏浆；固定在模板上的预埋件和预留孔洞不得遗漏，且应安装牢固。在浇筑混凝土前，应对模板工程进行验收。现浇结构模板安装的允许偏差应符合表4-8的规定。

表4-8 现浇结构模板安装的允许偏差及检验方法

检验内容		允许偏差/mm	检验方法
轴线位置		5	钢尺检查
底模上表面标高		±5	水准仪或拉线、钢尺检查
截面内部尺寸	基础	±10	钢尺检查
	柱、墙、梁	+4，-5	钢尺检查
层高垂直度	层高不大于5 m	6	经纬仪或吊线、钢尺检查
	层高大于5 m	8	经纬仪或吊线、钢尺检查
相邻两板表面高低差		2	钢尺检查
表面平整度		5	2 m靠尺或塞尺检查

注：检查轴线位置时，应沿纵、横两个方向量测，并取其中的较大值。

2. 模板的拆除

模板拆除时，可按照先支后拆，后支先拆，先拆非承重模板，后拆承重模板的顺序，并应从上向下拆除。现浇整体式结构的模板拆除期限应满足设计规定，如设计无规定，应满足下列要求。

（1）侧模应在混凝土强度能保证其表面及棱角不受损伤后，方可拆除。

（2）底模及其支架应在混凝土的强度达到设计要求后再拆除。当设计无具体要求时，与结构构件同条件养护的混凝土试件的抗压强度应满足：跨度小于或等于 2 m 的板，达到设计强度标准值的 50% 以上；跨度为 2~8 m 的板和跨度小于或等于 8 m 的梁、拱、壳，应达到设计强度标准值的 75%；跨度大于 8 m 的梁、板、拱、壳以及任何跨度的悬臂构件，应达到设计强度标准值的 100%。

（3）多个楼层的梁板支架拆除，宜保证在施工层下有 2~3 个楼层的连续支撑，以分散和传递较大的施工荷载。

（4）对后张法施工的预应力混凝土构件，侧模宜在预应力筋张拉前拆除，底模及支架应在预应力建立后拆除。

（5）模板拆除时，不得强砸硬撬、损坏构件，不应对楼层形成冲击，拆下的模板和支架宜分散堆放并及时清运和修复。

此外，对于高层建筑混凝土结构，侧模拆除时，要求柱混凝土强度≥ 1.5 MPa，墙混凝土强度≥ 1.2 MPa；后浇带拆模时，混凝土强度达到 100%。当混凝土强度达到拆模强度后，应对已拆除侧模板的结构及其支承结构进行检查，确认混凝土没有影响结构性能的缺陷，而结构又有足够的承载能力后，方可拆除承重模板和支架。

4.4　混凝土工程

混凝土工程包括配料、搅拌、运输、浇灌、振捣、养护以及质量检查与缺陷修复。为保证混凝土的强度、刚度、密实性和整体性，需要保证每一道工序的质量。

4.4.1　混凝土制备

1. 原材料质量控制

制备混凝土的原材料主要包括水泥、骨料（砂、石）及拌合用水等，它们的质量均应符合现行国家有关标准规定。对于长期处于潮湿环境的重要混凝土结构（如地下室），为了防止发生碱骨料反应，应严格选用低碱水泥、砂、石、掺合料和外加剂等，确保混凝土中的碱含量不大于 3.0%。

1）水泥

水泥的品种与强度等级应根据设计、施工要求以及工程环境条件确定，普通混凝土宜选用硅酸盐水泥；有抗渗、抗冻融要求的混凝土宜选用硅酸盐水泥或普通硅酸盐水泥；对于潮湿环境的混凝土结构，当使用碱活性骨料时，宜选用低碱水泥。

水泥进场时，应检查产品合格证、出厂检验报告，并抽样复验其强度、安定性及凝结时间等指标。同种水泥，袋装者不超过 200 t、散装者不超过 500 t 作为一个检验批。水泥出厂时间超过三个月，应进行复验，并按复验结果使用。

2）骨料

细骨料宜选用级配良好、质地坚硬、颗粒洁净的天然砂或机制砂，并应优先选用级配适宜的Ⅱ区砂。骨料以 400 m^3 或 600 t 作为一个检验批，应检验其颗粒级配、氯离子含量、含泥量等。细骨料中氯离子含量，对于钢筋混凝土不得大于 0.06%，对于预应力混凝土不得大于 0.02%。粗骨料宜选用粒形良好、质地坚硬的洁净碎石或卵石,并应优先选用连续级配。对于一般构件,最大粒径不应超过其最小截面尺寸的 1/4 和 3/4 钢筋净距;对于楼板,则不应超过板厚的 1/3 和 40 mm。

3)拌合用水

饮用水可直接使用,使用其他水时应检验其成分,水质应符合现行的国家标准,但严禁使用海水。

2. 混凝土试配强度

混凝土配合比是根据工程要求、组成材料的质量、施工方法等,通过实验室计算及试配后确定的。所确定的试验配合比应使拌制出的混凝土能保证达到结构设计中所要求的强度等级、耐久性,并满足混凝土工作性能的要求,同时还要减少水泥和水的用量。

试配时,首先要根据设计混凝土强度等级,正确确定混凝土配制强度,以保证混凝土工程质量。考虑到实际施工条件的差异和变化以及各种偶然因素的影响,按结构可靠度的要求,混凝土的试配强度应比设计的混凝土抗压强度标准值提高一定数值。

当混凝土设计强度等级低于 C60 时,试配强度取

$$f_{cu,0} \geqslant f_{cu,k}+1.645\sigma \tag{4-8}$$

式中 $f_{cu,0}$——混凝土配制强度(MPa);

$f_{cu,k}$——设计的混凝土立方体抗压强度标准值(MPa);

σ——施工单位的混凝土强度标准差(MPa)。

当混凝土设计强度等级≥ C60 时,试配强度取

$$f_{cu,0} \geqslant 1.15f_{cu,k} \tag{4-9}$$

混凝土强度标准差 σ,宜根据近期同品种混凝土统计资料计算求得。计算时,强度试件组数不应少于 30 组。当混凝土强度等级低于 C30 时,如计算所得到的 σ<3.0 MPa,则取 σ=3.0 MPa;当混凝土强度等级≥ C30 且 <C60 时,如计算得到的 σ<4.0 MPa,则取 σ=4.0 MPa。当无统计资料时,若混凝土强度等级≤ C20,可取 σ=4.0 MPa;若混凝土强度等级≥ C25 且≤ C45,可取 σ=5.0 MPa;若混凝土等级为 C50 或 C55,可取 σ=6.0 MPa。

3. 混凝土的施工配合比

混凝土的配合比是在实验室根据初步计算的配合比经过试配和调整确定的,称为实验室配合比(或设计配合比)。确定实验室配合比所用的骨料(砂、石)都是干燥的,而生产现场使用的砂、石都具有一定的含水率。为保证混凝土工程质量和按配合比投料,在生产时要按砂、石实际含水率对实验室配合比进行生产适应性调整。根据生产现场砂、石实际含水率,调整后的配合比称为施工配合比。

假定实验室配合比为水泥∶砂∶石子 =1∶x∶y,水胶比为 W/C。若现场测得砂含水率为 W_x,石子含水率为 W_y,则施工配合比为

$$水泥∶砂∶石子∶水 =1∶x(1+W_x)∶y(1+W_y)∶(W-xW_x-yW_y) \tag{4-10}$$

4. 混凝土的拌制

为了获得均匀、优质的混凝土拌合物,应严格控制原材料质量,正确确定搅拌制度,包括装料量、投料顺序和搅拌时间等。

1)装料量

搅拌机一次能装各种材料的松散体积之和称为装料量。经搅拌后,各种材料由于互相

填补空隙而使总体积变小，即出料量小于装料量，一般出料系数为 0.5~0.75。搅拌机不宜超量装料，如超过 10%，将会因搅拌空间不足而影响拌合物的均匀性；反之，装料过少又会降低生产率。因此，必须根据搅拌机的装料量和施工配合比计算各种材料的投料量。

2）投料顺序

投料顺序是指各种材料投入搅拌机的先后顺序。投料顺序将影响混凝土的搅拌质量、搅拌机的磨损程度、拌合物与机械内壁的黏结程度以及能否改善操作环境等。具体有以下三种投料顺序。

（1）一次投料法。该法是在上料斗中先装石子，再装水泥和砂，然后一次投入搅拌筒内，水泥夹在石子和砂之间，减少飞扬，且水泥和砂后进入搅拌筒内形成水泥砂浆，可缩短水泥包裹石子的时间。对于出料口在下部的立轴强制式搅拌机，为防止漏水，应在投入原料的同时，缓慢均匀地加水。

（2）两次投料法。该法也叫砂浆裹石法，是先投入砂、水泥、水，待搅拌 1 min 左右后再投入石子，再搅拌 1 min 左右。该法可避免水向石子表面集聚的不良影响，水泥包裹砂子，水泥颗粒分散性好，泌水性小，可提高混凝土的强度。

（3）两次加水法。该法也叫造壳法，是先将全部石子、砂和 70% 的拌合水倒入搅拌机，拌合 15 s，使骨料湿润后，再倒入全部水泥进行造壳搅拌 30 s 左右，然后加入剩下的 30% 的拌合水再搅拌 60 s 左右即可。与前两者相比，其具有提高混凝土强度或节约水泥的优点。

粉煤灰、矿粉等掺合料宜与水泥同步投入，液体外加剂宜滞后于水和水泥投入，粉状外加剂宜溶解后再投入。

3）搅拌时间

搅拌时间是指从全部材料装入搅拌筒中起至开始卸料止的时间，其过长或过短都会影响混凝土的质量。当采用强制式搅拌机搅拌混凝土时，最短搅拌时间应满足表 4-9 的规定。当使用自落式搅拌机时，应各增加 30 s；当掺有外加剂或矿物掺合料时，搅拌时间应适当延长。

表 4-9　强制式搅拌机搅拌混凝土的最短时间　（s）

混凝土坍落度 /mm	搅拌机出料量 /L		
	<250	250~500	>500
≤ 40	60	90	120
>40 且 <100	60	60	90
≥ 100	60		

4.4.2　混凝土运输与输送

1. 混凝土运输

混凝土运输一般是指混凝土从施工现场外制备出料处运送至施工现场的过程。预拌混凝土长距离运输至施工现场宜采用混凝土搅拌运输车。

采用混凝土搅拌运输车运送混凝土时，为保证混凝土的配合比，要求搅拌运输车接料前应排净罐内积水；在运输途中及等待卸料时，应保持搅拌运输车罐体正常转速，不得停转；卸料前，搅拌运输车罐体宜快速旋转搅拌 20 s 以上后再卸料。当在运输过程中混凝土坍落度损失较大不能满足施工要求时，可在搅拌运输车罐内加入适量的与原配合比相同成分的减水剂，严禁加水。减水剂的加入量应事先由试验确定，并做记录。加入减水剂后，搅拌运输车罐体应快速旋转搅拌均匀，达到要求的工作性能后再泵送或浇筑。

2. 混凝土输送

混凝土输送是指对运输至现场的混凝土，采用混凝土泵送设备或其他机具送至浇筑位置的过程。混凝土输送方式有泵送、吊车配备斗容器、升降设备配备小车等，可能情况下应优先采用泵送方式。

泵送混凝土是利用混凝土泵的压力将混凝土通过管道输送到浇筑地点，一次完成水平运输和垂直运输。混凝土泵送具有输送能力大、连续作业、节省人力等优点，是施工现场运输混凝土较先进的方法，已得到广泛应用。

1）泵送混凝土设备

泵送混凝土设备有混凝土泵、输送管和布料装置。

Ⅰ. 混凝土泵

混凝土泵按结构形式可分为挤压式、活塞式和水压隔膜式三种，目前最常用的是液压活塞式混凝土泵（图 4-12），它是利用活塞的往复运动将混凝土吸入和压出。将搅拌好的混凝土卸入泵的料斗内，此时压出端片阀关闭，吸入端片阀开启，在液压作用下，活塞向液压缸体方向移动，混凝土在自重及真空吸力作用下进入混凝土管内；然后活塞向混凝土缸体方向移动，吸入端片阀关闭，压出端片阀开启，混凝土被压入管道中，输送至浇筑地点。单缸混凝土泵出料是脉冲式的，所以一般混凝土泵都有并列的两套缸体交替出料，以使出料稳定。

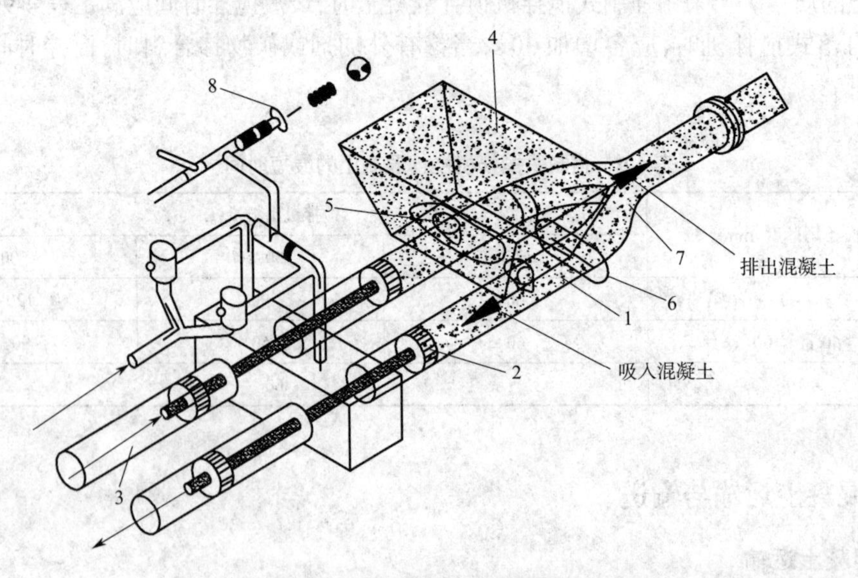

图 4-12　液压活塞式混凝土泵

1—混凝土缸；2—活塞；3—液压缸；4—进料；5—控制吸入的水平分配阀；6—控制排出的竖向分配阀；7—Y 形输送管；8—冲洗系统

常用的混凝土泵有固定泵、汽车泵、搅拌车载泵。汽车泵将混凝土泵装在汽车底盘上，其转移方便、布置灵活,无须运输、装卸和安装。搅拌车载泵集搅拌机、混凝土泵于一体,搅拌机一般为强制式搅拌机,能独立完成转移、搅拌、泵送任务。

对于混凝土泵,需要确定混凝土泵的型号、数量和配套搅拌运输车的数量。

Ⅱ. 混凝土输送管

混凝土输送管有直管、弯管、锥形管和浇筑胶管等。其中,直管、弯管的管径以 100 mm、125 mm 和 150 mm 三种为主;直管标准长度以 4.0 m 为主,另有 3.0 m、2.0 m、1.0 m、0.5 m 四种管长供调整布管长度使用;弯管的角度有 15°、30°、45°、60°、90° 五种,以适应管道改变方向的需要。

锥形管长度一般为 1.0 m,用于两种不同管径输送管的连接。直管、弯管、锥形管用合金钢制成,浇筑胶管用橡胶与螺旋形弹性金属制成,胶管接在管道出口处,在不移动钢干管的情况下,可扩大布料范围。

混凝土输送管规格应该根据输送泵的型号、拌合物性能、混凝土总输出量和单位输出量、输送距离以及粗骨料最大粒径等进行选择。混凝土输送管规格越大,单位输送量越大,但向上输送管阻力越大,换算得到的水平输送距离越大。当混凝土粗骨料最大粒径不大于 25 mm 时,可采用内径不小于 125 mm 的输送管;当混凝土粗骨料最大粒径不大于 40 mm 时,可采用内径不小于 150 mm 的输送管。在同一条管线中,应采用相同管径的混凝土输送管。除终端出口外,不得采用胶管。

Ⅲ. 布料装置

混凝土泵输送的混凝土量很大,为使输送的混凝土直接浇筑到模板内,应设置具有输送和布料两种功能的布料装置。

布料装置根据施工现场的实际情况和条件选择,图 4-13 所示为一种移动式布料装置,可放在楼面上使用,其臂架可回转 360°,可将混凝土输送到其工作范围内的浇筑地点。此外,还可将布料杆装在塔式起重机上;也可将混凝土泵和布料杆装在汽车底盘上,组成布料杆泵车,用于基础工程或多层建筑混凝土浇筑。

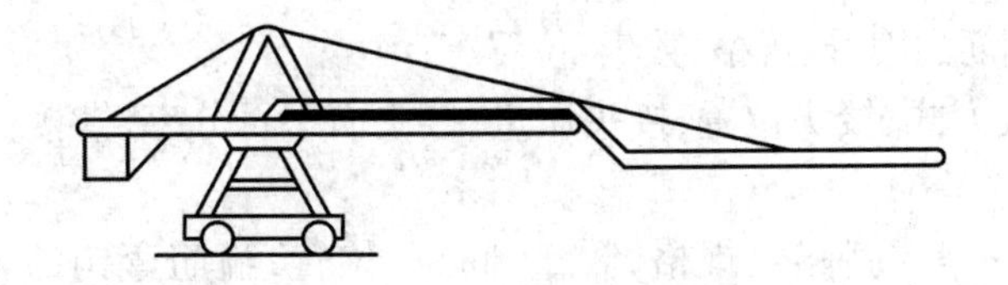

图 4-13　移动式布料装置

2)混凝土泵送设备和管道的布置

混凝土泵的位置应满足混凝土浇筑施工要求,而且要求场地平整坚实,道路通畅,供料方便,其位置应靠近浇筑地点,方便布管,接近排水设施,供水供电方便。在混凝土泵的作业范围内,不得有高压线等障碍物。混凝土输送泵的位置应有防范高空坠物的设施。

混凝土输送管应根据工程和施工场地特点、混凝土浇筑方案进行布置,管线长度宜短,少用弯管和胶管,以减少压力损失。输送管的铺设应保证安全施工,并便于清洗管道、排除故障和装拆维修。向上输送混凝土时,为控制输送管内混凝土在自重作用下对混凝土泵产生过大的压力,要求地面水平输送管的直管和弯管总的折算长度不宜小于竖向输送高度的

20%,且不宜小于15 m;倾斜或垂直向下输送混凝土,且高差大于20 m时,为防止输送管内混凝土在自重作用下下落而造成空管、堵管,要求在倾斜或垂直管下端设置直管和弯管,直管和弯管总的折算长度不宜小于高差的1.5倍。输送高度大于100 m时,混凝土输送泵出料口处的输送管位置应设置截止阀,防止管中混凝土在重力作用下产生反流现象。输送管安装连接应严密,输送管道转向宜平缓。输送管应用支架固定,支架应与结构牢固连接,在输送管转向处为抵抗泵送推力,支架应加密。支架应通过计算确定,设计位置的结构应进行验算,必要时采取加固措施。

布料装置的数量、位置应根据其工作半径、施工作业面大小以及使用要求确定,应覆盖整个混凝土浇筑范围。布料装置作业范围内不得有阻碍物。布料装置应安装牢固,且应采取抗倾覆措施;布料装置安装位置处的结构或专用装置应进行验算,必要时采取加固措施。

3)泵送混凝土

泵送混凝土前,应先泵水检查,并湿润混凝土泵的料斗、活塞及输送管内壁等直接与混凝土接触部位,泵水检查后,应清除输送泵内积水,再输送水泥砂浆对混凝土泵和输送管内壁进行润滑。

输送混凝土时应先慢后快,逐步加速,在系统运转顺利后,再按正常速度输送混凝土。泵送混凝土的过程中,为防止进入杂物,应设置输送泵集料斗网罩,并保证集料斗内有足够的混凝土,防止吸入空气形成阻塞。混凝土泵送完毕,应及时将混凝土泵和输送管清洗干净。在高温或低温环境下,输送管路应分别用湿帘或保温材料覆盖。

4.4.3 混凝土浇筑与养护

1. 混凝土浇筑与成型

1)浇筑前准备工作

混凝土浇筑前应做好必要的准备工作,对模板及其支架、钢筋、预埋件和预埋管线必须进行检查,并做好隐蔽工程的验收,符合设计要求后方能浇筑混凝土。

验收内容包括:

(1)纵向受力钢筋的牌号、规格、数量、位置等;

(2)钢筋的连接方式、接头位置、接头质量、接头面积百分率、搭接长度、锚固方式及锚固长度;

(3)箍筋、横向钢筋的牌号、规格、数量、间距、位置,箍筋弯钩的弯折角度及平直段长度;

(4)预埋件的规格、数量和位置。

验收完毕,还要做好隐蔽工程验收记录。

为保证混凝土质量,要避免各种杂物混入新浇筑的混凝土中,而影响混凝土材料质量和配合比。浇筑混凝土前,应将垫层上或模板内的杂物清除干净,表面干燥的地基、垫层、木模板上应洒水湿润。当现场环境温度高于35 ℃时,宜对热惰性较小的金属模板进行洒水降温。洒水后,地基、垫层、模板不得积水。钢筋上如有油污,应清除干净。

为保证每一连续区域混凝土能够连续浇筑,应做好混凝土供应、输送机具和运输准备。为保证施工顺利进行,应做好施工组织工作和安全、技术交底。

2)浇筑的一般规定

(1)混凝土浇筑倾落高度:当骨料粒径在 25 mm 及以下时不得超过 6 m,当骨料粒径大于 25 mm 时不得超过 3 m。否则,应使用串筒、溜管、溜槽等,以防下落动能大的粗骨料积聚在结构底部,造成混凝土分层离析。

(2)不宜在降雨降雪时露天浇筑。必须浇筑时,应采取确保混凝土质量的有效措施。

(3)对非自密实混凝土必须分层浇筑、分层捣实。每层浇筑的厚度依振捣方法而定:采取插入式振捣时,不超过振动棒长度的 1.25 倍;采取表面式振捣时,不超过 200 mm。

(4)同一结构或构件混凝土宜连续浇筑,即各层、各块之间不得出现初凝现象。如分层浇筑,上层混凝土应在下层混凝土初凝之前浇筑完毕。

(5)混凝土运输、输送入模的过程应保证混凝土连续浇筑。按规范要求,混凝土从运输到输送入模的延续时间宜按表 4-10 的规定控制;若在运输、输送及浇筑中出现间歇,其总的时间也应以表 4-10 的规定时间 +90 min 为限。

表 4-10　混凝土从运输到输送入模的延续时间　(min)

条件	气温		条件	气温	
	≤ 25 ℃	>25 ℃		≤ 25 ℃	>25 ℃
不掺外加剂	90	60	掺外加剂	150	120

(6)浇筑后的混凝土,其强度应至少达到 1.2 MPa 以上后,方可上人作业。

3)混凝土施工缝和后浇带的留设

由于施工技术或组织(如划分施工段)的原因,导致混凝土不能连续浇筑完毕,如果浇筑间歇时间较长,混凝土可能会出现初凝。混凝土凝结后,如果强度过低,再继续浇筑混凝土,后浇筑混凝土的振捣会导致先浇筑混凝土结构的破坏,故要求混凝土浇筑间歇超过一定时间应留置施工缝。施工缝是指按设计要求或施工需要分段浇筑,先浇筑混凝土达到一定强度后再继续浇筑混凝土所形成的接缝。

后浇带是指为降低环境温度变化、混凝土收缩、结构不均匀沉降等因素影响,在梁、板(包括基础底板)、墙等结构中预留的具有一定宽度且经过一定时间后再浇筑的混凝土带。后浇带的宽度一般为 800~1 000 mm,间距一般不超过 40 m。为防止钢筋锈蚀,后浇带处应采取钢筋防锈或阻锈等保护措施。

施工缝和后浇带的留设位置应在混凝土浇筑前确定,宜留设在结构受剪力较小且便于施工的部位。对于受力复杂的结构构件或有防水抗渗要求的结构构件,施工缝的留设位置应经过设计单位确认。

施工缝、后浇带留设界面,应垂直于结构构件和纵向受力钢筋。结构构件厚度或高度较大时,施工缝或后浇带界面应采用定制模板、快易收口网、钢板网、钢丝网等专用材料封挡,以保证界面附近先浇筑混凝土的施工质量。

Ⅰ. 水平施工缝留设位置

竖向结构柱、墙以及高度较大的梁、厚度较大的基础等浇筑混凝土,需要留设水平施工缝。留设水平施工缝的要求如下。

(1)柱、墙施工缝可留设在基础、楼层结构的顶面,其中柱施工缝与结构上表面的距离宜为 0~100 mm，墙施工缝与结构上表面的距离宜为 0~300 mm。

（2）竖向结构与水平结构分开施工时，柱、墙施工缝可留设在楼层结构的底面下，施工缝与结构下表面的距离宜为 0~50 mm；当板下有梁托时，可留设在梁托下 0~20 mm。

（3）高度较大的柱、墙、梁及厚度较大的基础，可根据施工需要在其中部留设水平施工缝。当因施工缝留设改变结构受力状态而需要调整构件配筋时，应经设计单位确认。

（4）特殊结构部位留设水平施工缝应经设计单位确认。

Ⅱ. 竖向施工缝和后浇带留设位置

水平结构梁、板及墙等根据施工需要，可留设竖向施工缝，后浇带处继续浇筑混凝土也将形成竖向施工缝。留设竖向施工缝和后浇带的要求如下。

（1）有主次梁的楼板、次梁，施工缝宜留设在次梁跨度的中间 1/3 范围内。

（2）单向板施工缝可留设在与跨度方向平行的任何位置。

（3）楼梯梯段施工缝宜留设在梯段板跨度端部 1/3 范围内。

（4）墙的竖向施工缝宜留设在门洞口过梁跨中 1/3 范围内，也可留设在纵横墙的交接处。

（5）后浇带的留设位置应符合设计要求。

（6）特殊结构部位留设竖向施工缝应经设计单位确认。

Ⅲ. 设备基础施工缝留设位置

设备与设备基础是通过地脚螺栓相互连接的，水平和竖向施工缝留设时必须保证地脚螺栓的传力可靠。留设设备基础施工缝的要求如下。

（1）水平施工缝应低于地脚螺栓底端，与地脚螺栓底端的距离大于 150 mm；当地脚螺栓直径小于 30 mm 时，水平施工缝可留设在深度不小于地脚螺栓埋入混凝土部分长度的 3/4 处。

（2）竖向施工缝与地脚螺栓中心线的距离不应小于 250 mm，且不应小于螺栓直径的 5 倍。

（3）承受动力作用的设备基础施工缝留设位置应经设计单位确认。

4）框架、剪力墙结构的浇筑

同一施工段内每排柱子应按由外向内对称的顺序浇筑，不应按自一端向另一端的顺序浇筑，以防柱模板向一侧推移倾斜，造成误差积累过大而难以纠正。

为防止混凝土墙、柱“烂根”（根部出现蜂窝、麻面、露筋、露石、孔洞等现象），在浇筑混凝土前，除对模板根部缝隙进行封堵外，还应在底部先浇筑与所浇筑混凝土浆液同成分的水泥砂浆 20~30 mm 厚，然后再浇筑混凝土，并加强根部振捣，且控制每层浇筑厚度，以保证振捣密实。

竖向构件（柱、墙）与水平构件（梁、板）宜分两次浇筑，做好施工缝留设与处理。若欲将柱、墙与梁、板一次浇筑完毕，不留施工缝，则应在柱、墙浇筑完毕后停歇 1~1.5 h，待其混凝土初步沉实后，再浇筑上面的梁、板结构，以防止柱、墙与梁、板之间由于沉降、泌水不同而产生缝隙。

对有窗口的剪力墙，在窗口下部应薄层慢浇、加强振捣、排净空气，以防止出现孔洞；窗口两侧应对称下料，以防压斜窗口模板。

当柱、墙混凝土强度比梁、板混凝土高两个等级及以上时，必须保证节点为高强度等级混凝土。施工时，应在距柱、墙边缘不少于500 mm的梁、板内，用快易收口网或钢丝网等进行分格，然后先浇筑节点的高强度等级混凝土，在其初凝前及时浇筑梁、板混凝土。

梁混凝土宜自两端节点向跨中用赶浆法浇筑。楼板混凝土浇筑应拉线控制厚度和标高。在混凝土初凝前和终凝前，应分别对混凝土裸露表面进行抹面处理。

5）大体积混凝土浇筑

大体积混凝土是指结构或构件的最小边长尺寸在1 m以上，或可能由于温度变形而开裂的混凝土，在工业与民用建筑中多为设备基础、桩基承台或基础底板等。

由于基础的整体性要求高，大体积混凝土需连续浇筑，不留施工缝。其在施工工艺上既要做到分层浇筑、分层捣实，又必须保证上下层混凝土在初凝之前结合好，不致形成“冷缝”。在特殊情况下，方可留设施工缝和后浇带。

Ⅰ. 浇筑方案确定

大体积混凝土常用的浇筑方案有全面水平分层和斜面分层两种，应根据结构形状及大小、钢筋疏密、混凝土供应等具体情况选用，一般宜采用斜面分层法。

（1）全面水平分层：在整个基础内按水平分层浇筑混凝土，要做到第一层全部浇筑完毕后，在浇筑第二层时，所到之处的第一层混凝土均未初凝，如此逐层进行，直至浇筑完毕。这种方案适用于结构的平面尺寸不太大的工程。

（2）斜面分层：适用于结构的长度较大的工程，是目前大型建筑基础底板或承台最常用的方法。当结构宽度较大时，可采用多台机械分条同步浇筑，使其形成连续整体。分条宽度不宜大于10 m，每条的振捣应从浇筑层斜面的下端开始，逐渐上移，或在不同高度处分区振捣，以保证混凝土施工质量。

大体积混凝土浇筑的分层厚度取决于振动器的棒长和振动力的大小，也需要考虑混凝土的供应能力和浇筑的量，一般不宜超过500 mm。

为保证结构的整体性，在初定浇筑方案后，要计算混凝土的浇筑强度Q，以检验在现有混凝土供应能力下方案的可行性，或采用初定浇筑方案确定资源配置。

$$Q=\frac{FH}{T} \tag{4-11}$$

式中 Q——混凝土最小浇筑强度（m^3/h）；

F——初定浇筑方案中每层的面积（m^2）；

H——每层浇筑厚度（m）；

T——从开始浇筑到混凝土初凝的延续时间（h）。

Ⅱ. 水化热对大体积混凝土浇筑质量的影响

大体积混凝土浇筑后，水泥水化作用放出热量，使混凝土温度升高。由于体积较大，混凝土内部水化热不易散出，而混凝土表面热量相对散失较快，则混凝土内部温度上升较快，导致混凝土内外产生温差，即产生温度应力。混凝土内部因高温体积膨胀较大，受到外侧混凝土的约束而产生压应力，外侧混凝土受拉而产生拉应力。如果温差较大，温度应力会使混凝土表面产生裂缝。一般如果不采取降温措施，3~5 d混凝土内部温度会达到最高。然后随着水泥水化作用的减弱，混凝土内部温度逐渐降低而产生收缩，由于受到基底或其他已浇筑结构构件的限制，裂缝甚至会贯穿整个混凝土断面。一般混凝土内外温差越大，内部温度越高，混凝土越容易出现升温引起的裂缝，危害越大，尤其使混凝土收缩裂缝问题更加突出。

Ⅲ.防止开裂措施

要防止大体积混凝土浇筑后产生裂缝,需尽量减少水化热,避免水化热的积聚,避免过早过快降温。因此,应选用低水化热水泥,如矿渣、火山灰、粉煤灰类水泥等;掺入适量的粉煤灰以减少水泥用量;扩大浇筑面和散热面,降低浇筑速度或减小浇筑层厚度;在低温时浇筑。必要时,采取人工降温措施,例如采用风冷却,用冰水拌制混凝土,在混凝土内部埋设冷却水管,用循环水来降低混凝土温度等;还可控制入模温度不高于 30 ℃,最大温升不超过 50 ℃;在混凝土浇筑后,采取保温措施,延缓降温时间,提高混凝土的抗拉能力,减小收缩阻力等。

此外,现代施工中,对超长体型的混凝土结构或构件,为避免温度裂缝,常采用留设后浇带、设置膨胀加强带、采用跳仓法施工等措施。留设后浇带时,需待两侧混凝土收缩完成且龄期不少于 14 d 后,补浇强度高一等级的微膨胀混凝土。采用跳仓法施工时,补仓浇筑应待周围块体龄期不少于 7 d 后进行。

6)混凝土振捣密实成型

混凝土浇筑进入模板后,由于骨料间的摩阻力和水泥浆的黏结作用,一般不能自动充满模板内部,而且混凝土浇筑过程中会夹带空气,使其内部存在很多孔隙,不能达到要求的密实度,而混凝土的密实性直接影响其强度和耐久性,所以在混凝土浇筑到模板内后,必须进行振捣,排出新浇混凝土中的空气,使混凝土下沉填补空隙以提高密实性,并排出多余的游离水,达到设计要求的结构形状、尺寸和设计强度等级。

混凝土振捣一般采用机械振捣,必要时可采用人工辅助捣实。

混凝土机械振捣是利用机械偏心转动产生高频振动,振动力使混凝土产生强迫振动,新浇筑的混凝土在振动力作用下,骨料之间的黏结力和摩阻力大大减小,流动性增加。振捣时粗骨料由于自重作用下沉,水泥浆均匀分布并填充骨料空隙,气泡上浮逸出,空隙减少,游离水被挤压、上升,混凝土充满模板内部,混凝土密实度得到提高。振动停止后,混凝土重新恢复其凝聚状态,并逐渐凝结硬化。机械振捣比人工振捣效果好,混凝土密实度高。

混凝土振捣不可漏振、欠振、过振,应使模板内各个部位的混凝土密实、均匀。漏振、欠振会造成混凝土不密实,而过振容易造成混凝土泌水以及粗骨料下沉,使结构构件混凝土不均匀。

混凝土机械振捣的机具主要有插入式振动棒、平板振动器和附着振动器等,施工现场主要使用插入式振动棒和平板振动器。

Ⅰ.插入式振动棒

插入式振动棒又称内部振动器(图 4-14),通常用于振捣现浇基础、柱、梁、墙等结构构件和厚度较大的板混凝土。

采用插入式振动棒振捣混凝土时,插入式振动棒应垂直于混凝土表面,并快插慢拔均匀振捣。混凝土分层浇筑、逐层振捣时,为使上下层混凝土结合成连续的整体,振动棒应插入前一层混凝土中,且插入深度不小于 50 mm。当混凝土表面无明显塌陷、有水泥浆出现、不再冒气泡时,表明该部位振捣已满足要求,应结束振捣。

为避免漏振,振动棒与模板的距离不应大于振动棒作用半径的 1/2;振动棒插点间距不应大于作用半径的 1.4 倍;并应避免碰撞钢筋、模板、芯管、吊环或预埋件等,以防止其产生超出允许范围的位移。

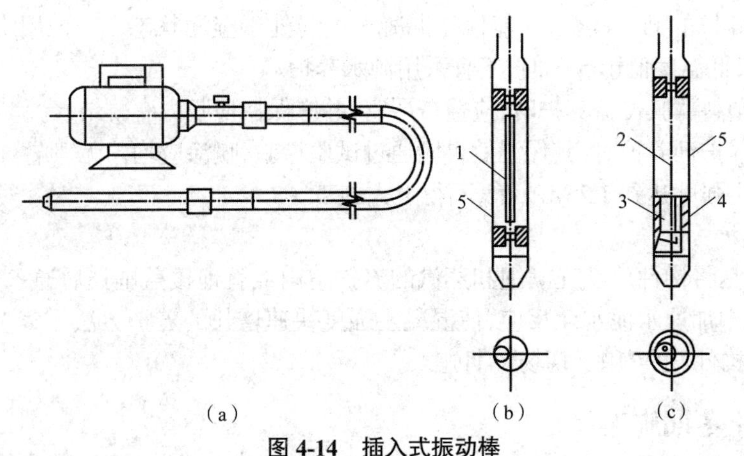

图 4-14 插入式振动棒

(a)整体 (b)偏心式 (c)行星式

1—偏心转轴;2—滚动轴;3—滚锥;4—滚道;5—振动棒外壳

Ⅱ. 平板振动器

平板振动器又称表面振动器,它是将振动器安装在底板上,振捣时将振动器放在浇筑好的混凝土结构表面,振动力通过底板传给混凝土。使用时,振动器底板与混凝土接触,每一位置振捣到混凝土不再下沉,表面返出水泥浆为止,然后再移动到下一个位置。

平板振动器通常可用于配合振捣棒辅助振捣混凝土结构表面,也可单独用于厚度较小的板混凝土振捣。

采用平板振动器振捣混凝土时,平板振动器应覆盖振捣平面各边角,移动间距应能覆盖已振实部分混凝土的边缘,以免漏振;振捣倾斜表面时,应由低处向高处进行振捣,以保证高处混凝土的密实。

2. 混凝土养护

混凝土的养护是指混凝土浇筑后,在硬化过程中进行温度和湿度环境的控制,使其达到设计强度。混凝土的主要养护方法有自然养护和人工环境养护(如蒸汽养护)。施工现场多采用自然养护法,构件厂常采用蒸汽养护法。

1)自然养护

自然养护是通过洒水、覆盖、喷涂养护剂等方式,使混凝土在规定的时间内保持足够的温湿状态,使其强度得以增长。选择养护方式时应合理考虑现场条件、环境温湿度、构件特点、技术要求、施工操作等因素,可单独使用或组合使用。覆盖法是在混凝土裸露表面覆盖塑料薄膜,或塑料薄膜加麻袋、草帘等。养护剂法是将养护剂喷涂在已凝结的混凝土表面,溶剂挥发后形成一层薄膜来保湿,常用于大面积结构或不易覆盖者(如墙体)。

混凝土的自然养护应符合如下规定。

(1)混凝土终凝抹面后应及时进行养护,防止失水开裂。对高性能混凝土,宜在浇筑时即开始喷雾保湿。

(2)混凝土的养护时间:硅酸盐水泥、普通硅酸盐水泥或矿渣硅酸盐水泥拌制的混凝土,不得少于 7 d;采用缓凝型外加剂或大掺量矿物掺合料配制的混凝土、大体积混凝土、后浇带、抗渗混凝土以及 C60 以上混凝土,不得少于 14 d;地下室底层和结构首层的柱、墙混凝土宜适当增加养护时间,且带模养护不宜少于 3 d。

(3)洒水养护的洒水次数,应能保持混凝土始终处于湿润状态。养护用水应与拌制用水相同;当日最低温度低于 5 ℃时,不宜采用洒水养护。

(4)采用塑料薄膜覆盖养护时,应覆盖严密,并应保持薄膜内有凝结水。

(5)喷涂养护剂养护时,其保湿效果应通过试验检验,喷涂应均匀无遗漏。

(6)混凝土强度达到 1.2 MPa 前,不得上人施工。

2)蒸汽养护

蒸汽养护是将构件放在充满饱和蒸汽的养护室内或就地覆盖围挡后通入蒸汽,在较高的温湿度环境中加速水泥水化反应,使混凝土强度快速增长的养护方法。蒸汽养护主要用于构件厂制作构件,也可用于现场冬期施工。

4.4.4 混凝土冬期施工

1. 冬期施工原理

根据当地多年气象资料,当室外日平均气温连续 5 d 稳定低于 5 ℃时,混凝土工程应采取冬期施工措施,并应及时采取气温突然下降的防冻措施。

冻结会对早期混凝土造成严重危害。其主要原因是混凝土内部的水结成冰后体积膨胀,冰晶应力使强度还很低的混凝土内部产生无法弥补的微裂纹;而且导热性强的钢筋、粗骨料表面易形成冰膜,削弱砂浆与石子、混凝土与钢筋间的握裹力,导致混凝土最终强度受损。试验证明,混凝土受冻时间越早,水胶比越大,则强度损失越多;反之则越少。

混凝土受冻后,当温度恢复至正常温度时,其强度还能继续增长。当混凝土达到某一初期强度值后遭到冻结,解冻后再经 28 d 标准条件养护,其强度如还能达到设计强度的 95% 以上,则受冻前的初期强度值称为混凝土的允许受冻临界强度。

2. 冬期施工措施

采取冬期施工措施的主要目的就是使混凝土受冻前达到受冻临界强度,主要方法有蓄热法、综合蓄热法、电加热法、暖棚法、负温养护法和硫铝酸盐水泥混凝土负温施工法(后两种方法,混凝土中掺防冻剂,可以在负温条件下使强度增长)等,其中最常用的是蓄热法、综合蓄热法。

蓄热法是在混凝土浇筑后,利用原材料加热以及水泥水化热,并采取适当保温措施延缓混凝土冷却,在混凝土温度降到 0 ℃以前达到受冻临界强度的施工方法。蓄热法施工简单,混凝土养护仅需保湿保温,不需要外加热源,冬季施工费用相对低廉。当室外最低气温不低于 −15 ℃时,地面以下的工程或混凝土表面系数不大于 5 m^{-1} 的结构,宜采用蓄热法养护。

综合蓄热法是对掺有早强剂或早强型复合外加剂的混凝土采取的施工方法,早强剂或早强型复合外加剂有助于混凝土提早达到受冻临界强度。当室外最低气温不低于 −15 ℃时,对于混凝土表面系数不大于 5~15 m^{-1} 的结构,宜采用综合蓄热法养护。

混凝土受冻临界强度的取值各国标准不一,我国《建筑工程冬期施工规程》(JGJ/T 104—2011)规定如下。

(1)采用蓄热法、暖棚法、电加热法等施工的普通混凝土,采用硅酸盐水泥、普通硅酸盐水泥配制时,其受冻临界强度不应小于混凝土设计强度的 30%;采用矿渣硅酸盐水泥、粉煤灰硅酸盐水泥、火山灰质硅酸盐水泥、复合硅酸盐水泥时,不应小于混凝土设计强度的 40%。

（2）当室外最低气温不低于 −15 ℃时，采用综合蓄热法、负温养护法施工的混凝土受冻临界强度不应小于 4.0 MPa；当室外最低气温不低于 −30 ℃时，采用负温养护法施工的混凝土受冻临界强度不应小于 5.0 MPa。

（3）对强度等级等于或高于 C50 的混凝土，受冻临界强度不宜小于混凝土设计强度的 30%。

（4）对有抗渗要求的混凝土，受冻临界强度不宜小于混凝土设计强度的 50%。

（5）对有抗冻耐久性要求的混凝土，受冻临界强度不宜小于混凝土设计强度的 70%。

冬期施工可对混凝土原材料加热，且宜加热水。如果加热水仍不能满足要求，可再对骨料加热，水泥不得直接加热。水、骨料加热的最高温度与水泥强度等级有关，当水泥强度等级小于 42.5 时，水、骨料的最高加热温度分别为 80 ℃、60 ℃；否则，水、骨料的最高加热温度分别为 60 ℃、40 ℃。当水和骨料的温度仍不能满足热工计算要求时，水可加热到 100 ℃，但水泥不得与 80 ℃以上的水直接接触。

冬期施工混凝土的搅拌时间应适当延长，保证搅拌均匀、冷热一致。

混凝土在运输、浇筑过程中的温度和覆盖的保温材料热阻、厚度，应经热工计算确定，且入模温度不应低于 5 ℃。

混凝土运输和输送机械应具有保温功能或加热装置。在泵送混凝土前应对泵管进行保温，并应采用与施工混凝土浆液成分相同的水泥砂浆预热。

混凝土浇筑前，应清除模板和钢筋上的冰雪和污垢。不得在强冻胀性地基上浇筑混凝土；在弱冻胀性地基上浇筑混凝土时，地基土不得受冻。大体积混凝土分层浇筑时，已浇筑层的混凝土在未被上一层混凝土覆盖前，温度不应低于 2 ℃。

混凝土浇筑后，应采用塑料薄膜等防水材料对裸露表面进行覆盖并保温，对边角部位保温层的厚度应增大至表面部位的 2~3 倍。

采用蓄热法或综合蓄热法时，应对混凝土温度进行监测，在达到受冻临界强度前，应每隔 4~6 h 测量一次。

4.4.5 混凝土质量检查与缺陷处理

1. 混凝土的质量检查

混凝土的质量检查包括施工过程中的质量检查及成品的强度、外观检查。

1）施工过程中的质量检查

在拌制和浇筑混凝土的过程中，对拌制混凝土所用原料的品种、规格和用量进行检查，每一工作班至少两次；当混凝土配合比由于外界影响有变动时，应及时检查并调整；混凝土的搅拌时间，应随时检查。

2）混凝土试块的留置

为了检查混凝土的强度等级是否达到设计或施工阶段的要求，应制作试块，并进行抗压强度试验。混凝土试块的尺寸及强度换算系数见表 4-11。

表 4-11　混凝土试块的尺寸及强度换算系数

骨料最大粒径 /mm	试块尺寸 /mm × mm × mm	强度换算系数
≤ 31.5	100 × 100 × 100	0.95
≤ 40	150 × 150 × 150	1.00
≤ 63	200 × 200 × 200	1.05

注：对 C60 及以上的混凝土试块，其尺寸和强度换算系数可通过试验确定。

Ⅰ. 检查混凝土是否达到设计强度等级

检查方式是制作标准养护试块，经过 28 d 养护后做抗压强度试验，将其结果作为确定结构或构件的混凝土强度是否达到设计要求的依据。

标准养护试块应在浇筑地点随机取样制作，其组数应按下列规定留置：

（1）每个工作班、每一楼层、每拌制 100 盘、每 100 m^3 的同配合比的混凝土，取样均不得少于一次；

（2）每次取样应至少留置一组（3 个）标准试块，每组试块应在同盘混凝土中取样制作。

Ⅱ. 检查施工各阶段混凝土的实体强度

为了确定结构或构件能否拆模、运输、吊装、施加预应力或临时负荷等，或应结构实体要求，尚应留置与结构或构件同条件下养护的试块。其数量按实际需要确定，但不得少于 3 组，且取样应均匀分布在施工周期内。

3）混凝土强度的评定

Ⅰ. 每组试块强度代表值的确定

混凝土强度应分批进行验收。同一验收批的混凝土应由强度等级、龄期、生产工艺和配合比相同的混凝土组成。每一验收批的混凝土强度，应以同批次各组标准试块的强度代表值来评定。每组试块的强度代表值按以下规定确定：

（1）取 3 个试块试验结果的平均值，作为该组试块的强度代表值；

（2）当 3 个试块中的最大或最小强度值与中间值相比超过 15% 时，取中间值代表该组试块的强度；

（3）当 3 个试块中的最大和最小强度值与中间值相比均超过 15% 时，该组试块作废。

Ⅱ. 混凝土强度评定方法

根据混凝土生产情况，在混凝土强度检验评定时，有以下三种评定方法。

（1）标准差已知统计法：当混凝土的生产条件在较长时间内能保持一致，且同一品种混凝土的强度变异性能保持稳定时，由连续的三组试块代表一个验收批进行强度评定。

（2）标准差未知统计法：当混凝土的生产条件不能满足上述规定，或在前一个检验期内的同一品种混凝土没有足够的数据用以确定标准差时，应由不少于 10 组的试块代表一个验收批进行强度评定。

（3）非统计法：对零星生产的预制构件的混凝土或现场搅拌的批量不大的混凝土，可采用非统计法评定。此时，验收批混凝土的强度必须满足：同一验收批混凝土立方体抗压强度平均值不低于 1.15 倍设计标准值，且其中最小值不低于 95% 设计标准值。

4)现浇结构的外观检查

Ⅰ.检查内容与处理要求

现浇钢筋混凝土结构拆模后,应检查构件的轴线位置、标高、截面尺寸、表面平整度、垂直度、外观缺陷、连接及构造做法;预埋件数量、位置;结构的轴线位置、标高、全高垂直度等。不影响受力和使用功能的外观和尺寸偏差属于一般缺陷,其他属于严重缺陷。严重缺陷不得擅自处理,施工单位应制订专项修整方案,经论证审批后再实施。

Ⅱ.现浇结构拆模后的尺寸允许偏差

现浇结构拆模后的尺寸允许偏差和检验方法应符合表 4-12。

表 4-12　现浇结构拆模后的尺寸允许偏差和检验方法

项目			允许偏差 /mm	检验方法
轴线位置	基础		15	钢尺检查
	独立基础		10	
	墙、柱、梁		8	
	剪力墙		5	
垂直度	层高	≤ 5 m	8	经纬仪或吊线、钢尺检查
		>5 m	10	经纬仪或吊线、钢尺检查
	全高 H		H/1 000 且≤ 30	经纬仪、钢尺检查
标高	层高		± 10	水准仪或拉线、钢尺检查
	全高		± 30	
截面尺寸			+8,-5	钢尺检查
电梯井	井筒长、宽定位中心线		+25,0	钢尺检查
	井筒全高(H)垂直度		H/1 000 且≤ 30	经纬仪、钢尺检查
表面平整度			8	2 m 靠尺和塞尺检查
预埋设施中心线	预埋件		10	钢尺检查
	预埋螺栓		5	
	预埋管		5	
预埋洞中心线位置			15	钢尺检查

注:检查轴线、中心线位置时,应沿纵、横两个方向两侧进行,并取其中的较大值。

2. 混凝土的结构缺陷处理

1)外观缺陷处理

混凝土结构外观一般缺陷,应做如下修整处理。

(1)对于露筋、蜂窝、孔洞、夹渣、疏松、外表缺陷,应凿出胶结不牢固部分的混凝土,并清理表面,洒水湿润后,再用 1∶2~1∶2.5 的水泥砂浆抹平。

(2)对于裂缝,应进行修补封闭。

(3)对于连接部位缺陷、外形缺陷,可以与面层装饰施工一并处理。

混凝土结构外观严重缺陷,应做如下修整处理。

（1）对于露筋、蜂窝、孔洞、夹渣、疏松、连接部位缺陷，应凿除胶结不牢固部分的混凝土至密实部位，并清理表面，支设模板，洒水湿润后，涂抹混凝土界面剂，再用比原混凝土强度等级高一等级的细石混凝土浇筑密实，养护时间不少于 7 d。

（2）对于裂缝，如为地下室、卫生间、屋面等有防水要求的构件，以及工业建筑中接触腐蚀性介质的所有构件，应采用注浆封闭处理；其他构件，可采用注浆封闭、聚合物砂浆粉刷或其他表面封闭材料进行封闭。

（3）对于清水混凝土外形和外表缺陷，宜在水泥砂浆或细石混凝土修补后用磨光机械抹平。

2）尺寸偏差缺陷处理

对于混凝土结构尺寸偏差一般缺陷，可结合装饰工程进行修整；而对于混凝土结构尺寸偏差严重缺陷，应同设计单位共同制订专项修整方案，结构修整后需要重新检查验收。

第5章 预应力混凝土工程

【内容提要】

预应力混凝土结构，就是在结构受拉区预先施加压力产生预压应力，从而使结构在使用阶段产生的拉应力首先抵消预压应力，从而推迟裂缝的出现和限制裂缝的开展，提高结构的刚度。这种施加预应力的混凝土，称为预应力混凝土。与普通混凝土相比，预应力混凝土除能提高构件的刚度外，还具有减轻自重、增加构件的耐久性、降低造价等优点。

5.1 概述

5.1.1 预应力混凝土的特点

普通钢筋混凝土构件的抗拉极限应变只有 0.000 1~0.000 15。构件混凝土受拉不开裂时，构件中受拉钢筋的应力只有 20~30 MPa；即使是允许出现裂缝的构件，因受裂缝宽度的限制，受拉钢筋的应力也仅达到 150~200 MPa，故钢筋的抗拉强度未能充分发挥。

预应力混凝土是解决这一问题的有效方法，即在构件承受外荷载前，预先在构件的受拉区对混凝土施加预压应力。构件在使用阶段的外荷载作用下产生的拉应力，首先要抵消预压应力，这就推迟了混凝土裂缝的出现，并限制了裂缝的发展，从而提高了构件的抗裂度和刚度。

对混凝土构件受拉区施加预压应力的方法是张拉受拉区的预应力钢筋，通过预应力钢筋或锚具，将预应力钢筋的弹性收缩力传递到混凝土构件上并产生预应力。

5.1.2 预应力钢筋的种类

1. 高强钢筋

高强钢筋可分为热处理钢筋和冷拉热轧钢筋两类，其中冷拉热轧钢筋已经被逐渐淘汰，目前常用的高强钢筋为预应力混凝土用高强钢筋。预应力混凝土用螺纹钢筋也称精轧螺纹钢筋，主要用于制造高强度、大跨度的预应力混凝土结构，如桥梁、隧道、厂房、大坝等工程。其在整根钢筋上轧有外螺纹，具有直径大、精度高的特点；在整根钢筋的任意截面都能旋上带有螺纹的连接器进行连接，或旋上螺纹帽进行锚固。预应力螺纹钢筋的强度设计值和弹性模量见表 5-1。

表 5-1 预应力螺纹钢筋的强度设计值和弹性模量

钢筋种类	钢筋直径 /mm	符号	f_{ptk}/MPa	f_{py}/MPa	f'_{py} /MPa	E_s/（$\times 10^5$ N/mm^2）
预应力螺纹钢筋	18、25、32、40、50	Φ^T	980	650	400	2
			1 080	770		
			1 230	900		

高强钢筋的含碳量和合金含量对钢筋的焊接性能有一定的影响，尤其当钢筋中含碳量达到上限或直径较粗时，焊接质量不稳定。而预应力螺纹钢筋很好地解决了这一问题，预应力螺纹钢筋在端部用螺纹套筒连接接长。目前，我国生产的螺纹钢筋品种直径有 25 mm 及 32 mm，其屈服点分别可达 750 MPa 及 950 MPa 以上。

碳素钢丝由高碳钢盘条经淬火、酸洗、拉拔制成。为了消除钢丝拉拔中产生的内应力，还需经过矫直回火处理。钢丝直径一般为 4~9 mm，按外形可分为光面、刻痕和螺旋肋三种。钢丝强度高，冷拔后表面光滑，为了保证高强钢丝和混凝土可靠黏结，钢丝的表面常通过刻痕处理形成刻痕钢丝，或加工成螺旋肋，如图 5-1 所示。

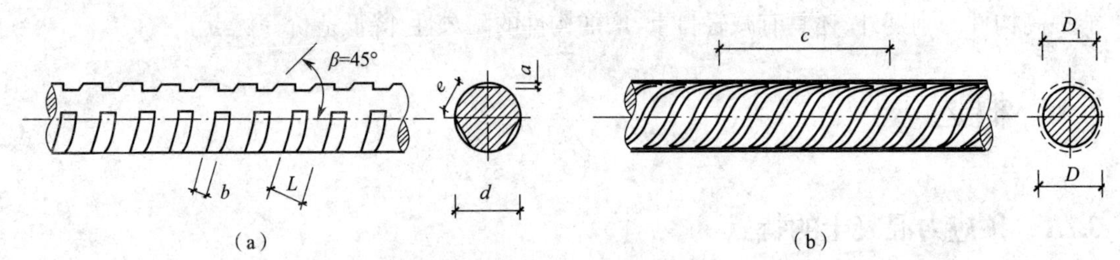

图 5-1 刻痕和螺旋肋钢丝的外形

(a)刻痕钢丝 (b)螺旋肋钢丝

预应力钢丝经矫直回火后，可消除钢丝冷拔过程中产生的残余应力，其比例极限、屈服强度和弹性模量等也会提高，塑性有所改善，同时解决了钢丝的矫直问题。这种钢丝被称为消除应力钢丝。消除应力钢丝的松弛值虽比消除应力前低一些，但仍然较高。于是，人们又发展了一种叫作“稳定化”的特殊生产工艺，即在一定的温度（如 350 ℃）和拉应力下进行应力消除回火处理，然后冷却至常温。经“稳定化”处理后，钢丝的松弛值仅为普通钢丝的 25%~33%。这种钢丝被称为低松弛钢丝，目前已在国内外广泛应用。我国消除应力钢丝的强度设计值和弹性模量见表 5-2。

表 5-2 我国消除应力钢丝的强度设计值和弹性模量

钢丝种类		符号	钢筋直径 /mm	f_{ptk}/MPa	f_{py}/MPa	f'_{py} /MPa	E_s/（$\times 10^5$ N/mm²）
消除应力钢丝	光面 螺旋肋	Φ^P Φ^H	5	1 570	1 110	410	2.05
				1 860	1 320		
			7	1 570	1 110		
			9	1 470	1 040		
				1 570	1 110		
中强度预应力钢丝	光面 螺旋肋	Φ^{PM} Φ^{HM}	5、7、9	800	510		
				970	650		
				1 270	810		

2. 钢绞线

钢绞线是由冷拔钢丝绞扭而成的，即在绞线机上以一根稍粗的直钢丝为中心，其余钢丝则围绕其进行螺旋状绞合（图 5-2），再经低温回火处理即可。钢绞线根据深加工的要求不同可分为普通松弛钢绞线（消除应力钢绞线）、低松弛钢绞线、镀锌钢绞线、环氧涂层钢绞线和模拔钢绞线等。

钢绞线规格有 2 股、3 股、7 股和 19 股等。7 股钢绞线由于面积较大、柔软、施工定位方便，适用于先张法和后张法预应力结构与构件，是目前国内外应用最广的一种预应力筋。

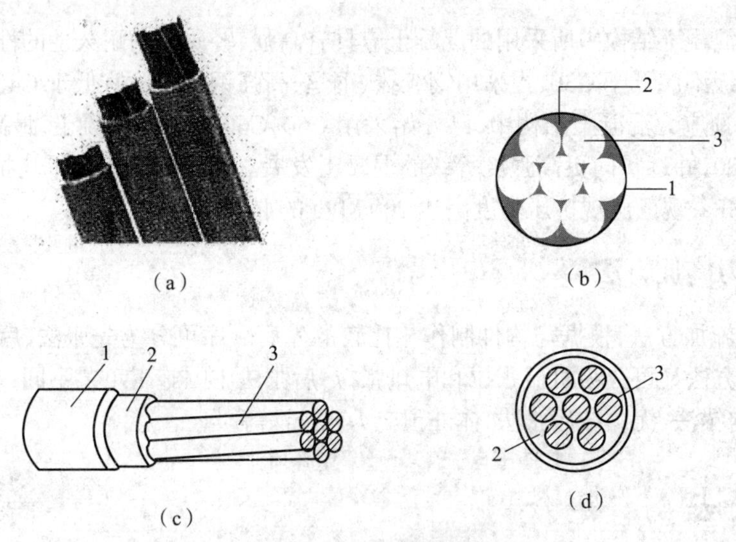

图 5-2　预应力钢绞线

（a）实物照片　（b）截面照片　（c）轴测图　（d）截面投影

1—高压聚乙烯外皮；2—无黏结专用油脂；3—钢绞线

3. 无黏结预应力筋

无黏结预应力筋是一种在施加预应力后沿全长与周围混凝土不黏结的预应力筋，它由预应力钢材、涂料层和包裹层组成。无黏结预应力筋的高强钢材和有黏结预应力筋的要求完全一样，常用的为由 1 根直径为 5 mm 的碳素钢丝束及 6 根直径为 5 mm 或 4 mm 的钢丝绞合而成的钢绞线，如图 5-3 所示。无黏结预应力筋的制作，通常采用挤压涂塑工艺，外包聚乙烯或聚丙烯套管，套管内涂防腐油脂，经挤压成型，塑料包裹层裹覆在钢绞线或钢丝束上。

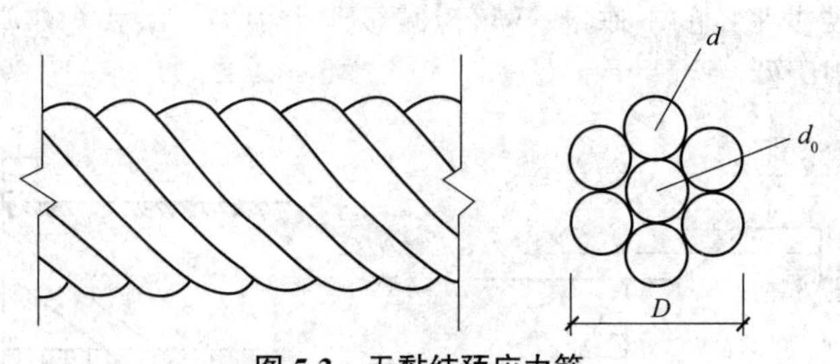

图 5-3　无黏结预应力筋

D—预应力筋直径；d_0—中心钢丝直径；d—外层钢丝直径

4. 非金属预应力筋

非金属预应力筋主要是指用纤维增强塑料（FRP）制成的预应力筋，主要有玻璃纤维增强塑料（GFRP）、芳纶纤维增强塑料（AFRP）及碳纤维增强塑料（CFRP）预应力筋等。

5. 非预应力筋

预应力混凝土结构中一般也配置有非预应力筋，非预应力筋可选用热轧钢筋 HRB335 以及 HRB400，也可选用 HPB300 或 RRB400，箍筋宜选用热轧钢筋 HPB300。

5.1.3 对混凝土的要求

在预应力混凝土结构中所采用的混凝土应具有高强、轻质和高耐久性的性质，一般要求混凝土强度等级不应低于 C30，当采用钢绞线、钢丝、高强钢筋时不宜低于 C40。目前，我国在一些重要的预应力混凝土结构中，已开始采用 C50~C60 的高强混凝土，最高混凝土强度等级已达到 C80，并逐步向更高强度等级的混凝土发展。国外混凝土的平均抗压强度每 10 年提高 5~10 MPa，现已出现抗压强度高达 200 MPa 的混凝土。

5.1.4 预应力施加方法

预应力的施加方法，根据与构件制作相比较的先后顺序可分为先张法、后张法两大类。按钢筋的张拉方法又可分为机械张拉和电热张拉，后张法中因施工工艺不同，又可分为一般后张法、后张自锚法、无黏结后张法、体外预应力张拉法等。

5.2 先张法

5.2.1 张拉设备与夹具

1. 台座

台座是先张法生产的主要设备，将承受预应力筋的全部张拉力，故应有足够的强度、刚度和稳定性。

台座种类有固定于地面的墩式、槽式以及钢模台座。

1）墩式台座

墩式台座主要靠台座自重和土压力来平衡张拉力及其引起的倾覆力矩。其基本形式有重力式（图 5-4）和架构式（图 5-5）等。其长度一般为 100~150 m，张拉一次预应力筋可生产多个构件，不但能减少张拉的工作量，还可以减少应力损失。墩式台座常用于生产屋架、空心板、平板等中小型构件。

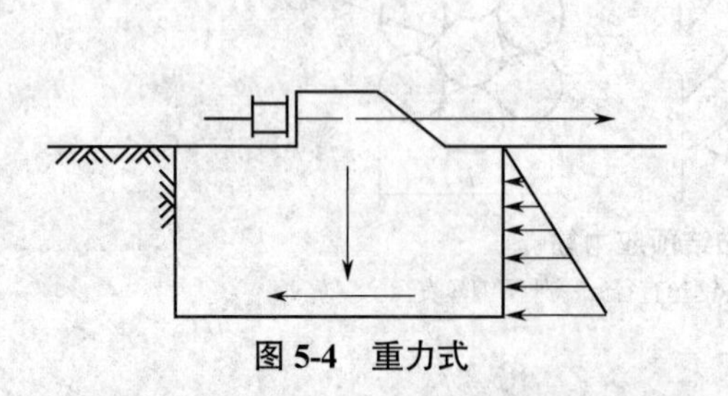

图 5-4 重力式

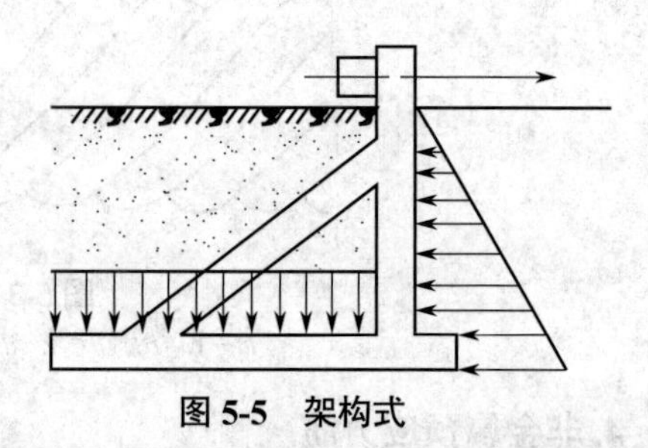

图 5-5 架构式

2）槽式台座

槽式台座具有通长的钢筋混凝土压杆（图 5-6），故可承受较大的张拉力和倾覆力矩。

由于其压杆上加砌砖墙等形成槽状，故便于覆盖进行蒸汽养护。槽式台座常用于生产梁、屋架等预应力较大的构件或双向预应力构件。

3）钢模台座

钢模台座是将具有足够刚度的钢模板作为预应力筋的锚固支座，一块模板中可制作一个或几个构件，便于移位和吊运至蒸汽池养护，常在流水线上使用。钢模台座主要用于楼板、管桩、轨枕等较小构件的制作。

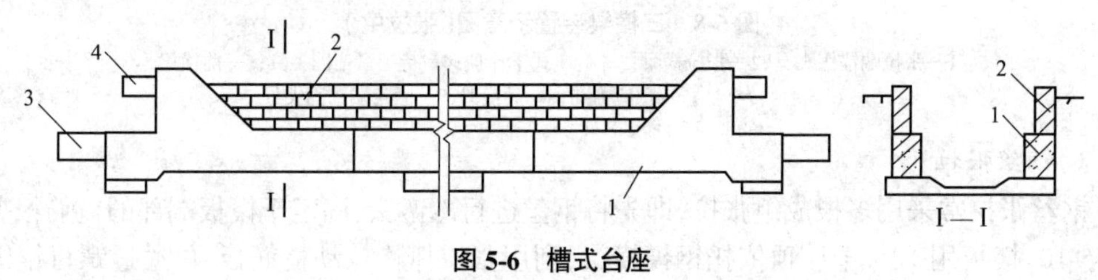

图 5-6 槽式台座

1—钢筋混凝土压杆；2—砖墙；3—下横梁；4—上横梁

2. 张拉机具和夹具

预应力张拉的主要设备为液压千斤顶，还需要悬吊、支撑、连接等配套组件。夹具是在先张法施工中用于夹持或固定预应力筋的工具，可重复使用。将预应力筋与张拉机械相连的夹持工具称为张拉夹具，张拉后将预应力筋固定于台座的工具称为锚固夹具。应根据预应力筋的种类及数量、张拉与锚固方式，选用相应的张拉机具和夹具。

1）单根钢筋张拉

单根钢筋的张拉常用拉杆式千斤顶，如图 5-7 所示。张拉时，将千斤顶的螺母头与钢筋螺纹旋紧实现连接。张拉后，将钢筋通过垫板和拧紧的螺母锚具锚固于台座横梁。

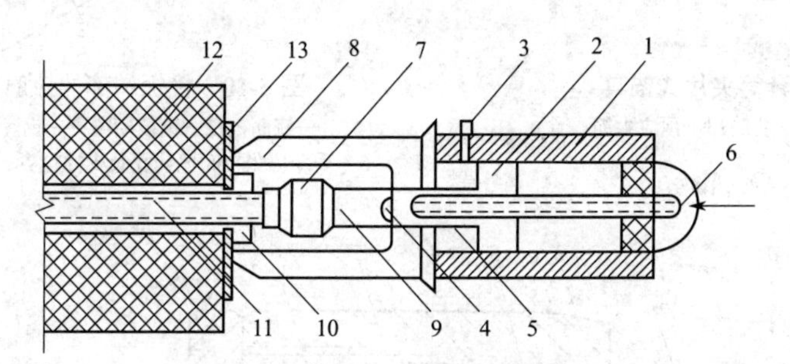

图 5-7 拉杆式千斤顶张拉单根钢筋

1—主缸；2—主缸活塞；3—主缸进油孔；4—副缸；5—副缸活塞；6—副缸进油孔；7—连接器；8—传力架；9—拉杆；10—螺母；11—预应力筋；12—台座横梁；13—钢板

2）多根钢筋成组张拉

多根钢筋成组张拉时，可采用三横梁装置，通过台座式液压千斤顶对横梁进行张拉，如图 5-8 所示。其张拉夹具固定于张拉横梁上，张拉后，将锚固夹具锁固于前横梁上。所用锚固夹具，对螺纹钢筋可采用螺母锚具，对非螺纹钢筋可采用套筒夹片式锚具（图 5-9），通过楔形原理夹持住预应力筋。张拉时，应使各钢筋锚固长度和松紧程度一致。

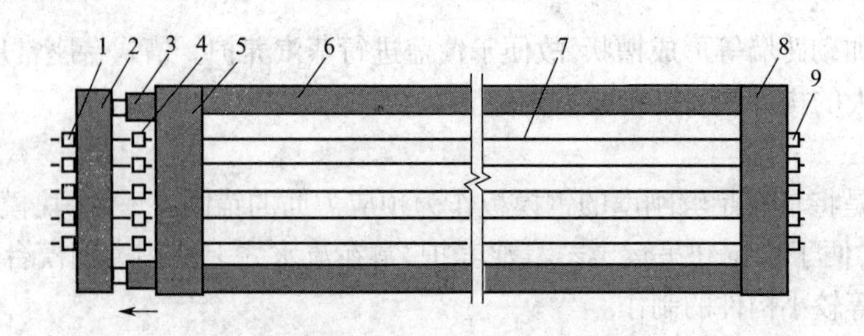

图 5-8　三横梁装置示意图（张拉中）

1—张拉端锚固夹具；2—张拉横梁；3—台座式千斤顶；4—待锁紧锚固夹具；5—前横梁；6—台座传立柱；7—预应力筋；8—后横梁；9—固定端锚固夹具

3）钢丝张拉

钢丝张拉常采用多根成组张拉，即先将钢丝进行冷镦头，固定于模板端部的梳筋板夹具（图 5-10，楼板用）上，千斤顶依托钢模横梁，利用张拉抓钩拉动梳筋板，再通过螺母锚固于钢模横梁上。当采取单根张拉时，可使用夹片式夹具（图 5-11）。

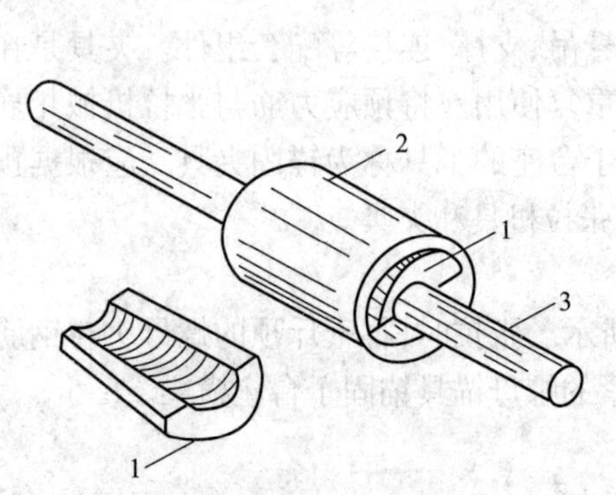

图 5-9　套筒夹片式锚具

1—夹片；2—套筒；3—预应力筋

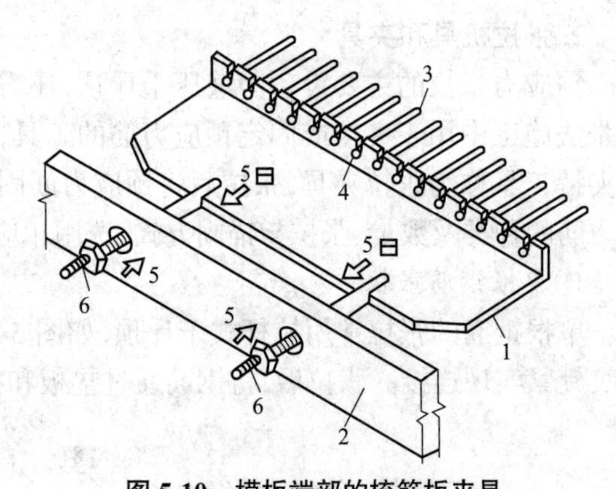

图 5-10　模板端部的梳筋板夹具

1—梳筋板；2—钢模横梁；3—钢丝；4—镦头；5—千斤顶张拉时抓钩孔及支撑位置；6—固定用螺母

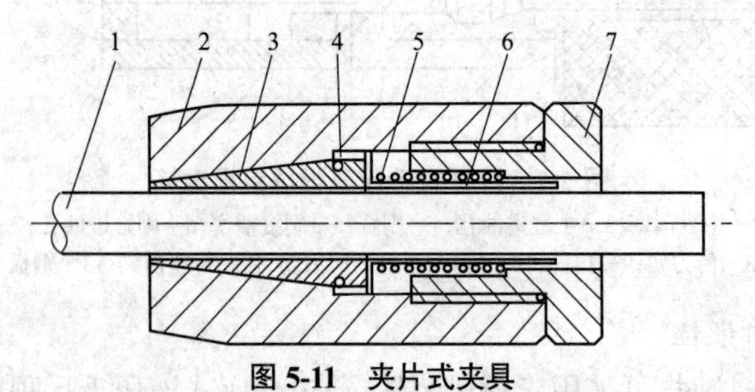

图 5-11　夹片式夹具

1—钢丝；2—套筒；3—夹片；4—钢丝圈；5—弹簧圈；6—顶杆；7—顶盖

5.2.2　先张法施工

先张法施工是先在台座上张拉预应力筋，并临时固定于台座上，然后浇筑混凝土，养护至设计强度的 75% 以上后进行放张，最后预应力筋回弹，对构件混凝土施加预压应力。先张法施工主要工艺顺序如图 5-12 所示。先张法具有钢筋和混凝土黏结、可靠度高、构件整体性好、节省锚具、经济效益高等优点；缺点是生产占地面积大，养护要求高，必须有承载能力强且刚度大的台座。因此，先张法仅适用于在构件厂生产中小型构件。

先张法预应力混凝土构件在台座上生产时，其工艺流程如图 5-13 所示。

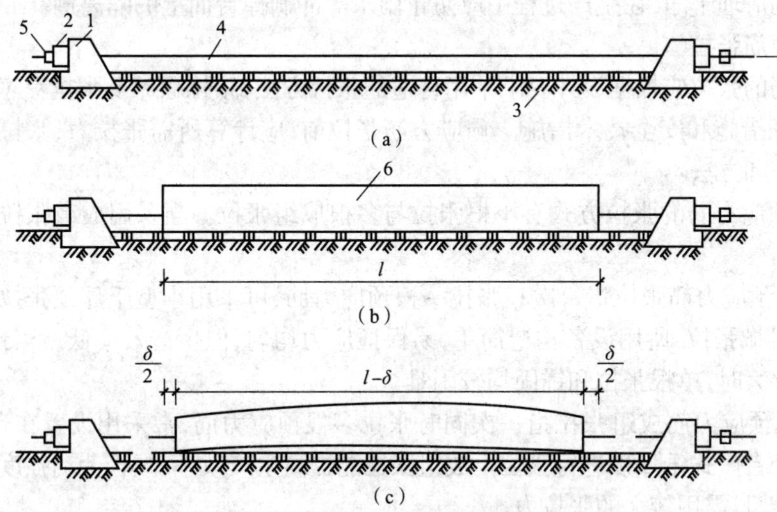

图 5-12　先张法施工主要工艺顺序示意图

(a)张拉、固定预应力筋　(b)浇筑、养护混凝土　(c)切断预应力筋

1—台座；2—横梁；3—台面；4—预应力筋；5—锚固夹具；6—混凝土构件

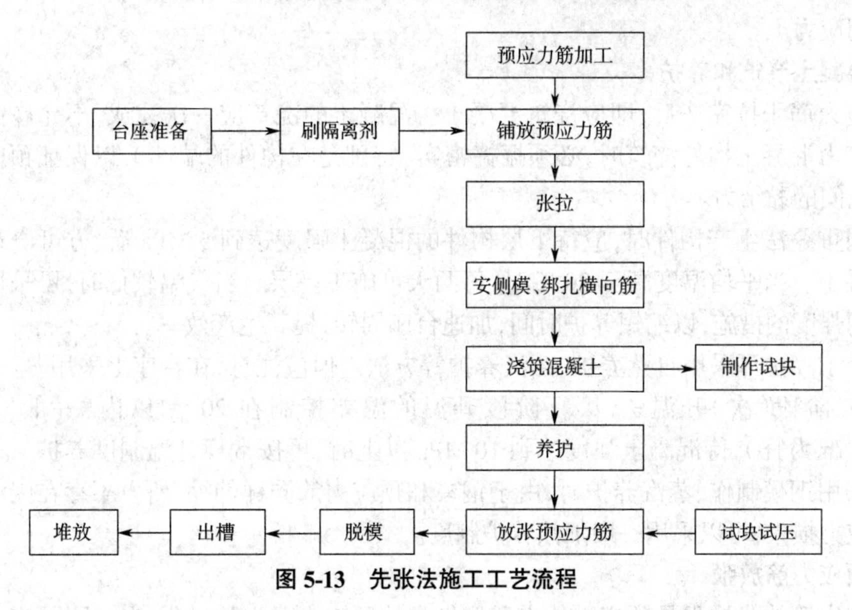

图 5-13　先张法施工工艺流程

1. 预应力筋加工

先张法预应力筋之间的净间距，不宜小于预应力筋公称直径或等效直径的 2.5 倍和混凝土粗骨料最大粒径的 1.25 倍，且对预应力钢丝、三股钢绞线和七股钢绞线分别不应小于 15 mm、20 mm 和 25 mm。当混凝土振捣密实性有可靠保证时，先张法预应力筋之间的净间距可放宽至粗骨料最大粒径的 1.0 倍。

预应力钢丝和钢绞线下料，应采用砂轮切割机切割，不得采用电弧切割。

2. 预应力筋铺设

为了便于脱模，在铺设预应力筋前，应对台面与模板先涂刷隔离剂，同时应采取措施防止隔离剂沾污预应力筋，避免影响预应力筋与混凝土之间的黏结。若预应力筋被污染，应采用适当的溶剂清理干净，在生产过程中应防止雨水等冲刷掉台面上的隔离剂。

3. 预应力筋张拉

预应力筋的张拉应根据设计要求采用合适的张拉方法、张拉顺序及张拉程序，并应有可靠的质量保证措施和安全技术措施。预应力筋张拉前，应计算所需张拉力、张拉伸长值，并说明张拉顺序和方法。

先张法预应力筋的张拉方式有单根张拉与多根成组张拉。当采用成组张拉时，应预先调整初应力。

（1）单根预应力筋张拉指每次只张拉一根预应力筋，可采用小型千斤顶张拉，钢丝也可用专用张拉机械张拉，所用设备构造简单，易保证应力均匀，但生产效率低。当预应力筋过密或间距不够大时，单根张拉和锚固均较困难。

（2）多根预应力筋成组张拉指一次同时张拉多根预应力筋，常采用设置在台墩与钢模横梁间的两个台座式千斤顶进行张拉。成组张拉能提高生产效率，减轻劳动强度，但所用装置构造较复杂，且需用较大的张拉力。

预应力筋张拉工作量较大，宜采用一次张拉程序，即 $0 \rightarrow (1.03 \sim 1.05)\sigma_{con}$，然后锚固。其中，1.03~1.05 是考虑测量误差、温度影响、台座横梁刚度不足等影响而引入的系数，σ_{con} 是张拉控制应力。

4. 混凝土浇筑和养护

预应力筋张拉完毕后，即应浇筑混凝土。混凝土的浇筑应一次完成，不允许留设施工缝。预应力混凝土构件浇筑时，必须振捣密实（特别是在构件的端部），以保证预应力筋和混凝土之间的黏结力。

采用重叠法生产构件时，应待下层构件的混凝土强度达到 5 MPa 后，方可浇筑上层构件的混凝土。当平均温度高于 20 ℃时，每两天可施工一层。当气温较低时，可采用提高混凝土早期强度的措施，以缩短养护时间，加速台座周转，提高生产效率。

混凝土养护可采用自然养护、蒸汽养护等方法。但应注意，在台座上采用蒸汽养护时，应采用二阶段（次）升温法，第一阶段升温的温差控制在 20 ℃以内（一般以不超过 10~20 ℃/h 为宜），待混凝土强度达到 10 MPa 以上时，再按常规升温制度养护。在采用机组流水法用钢模制作、蒸汽养护时，由于钢模和预应力筋同样伸缩，所以不存在因温差而引起的预应力损失，可以采用一般加热养护制度。

5. 预应力筋放张

预应力筋放张过程是预应力传递和构件有效预应力建立的过程，对先张预应力构件质量有重要影响。应根据预应力筋的放张要求，确定合理的放张顺序、放张方法及相应的技术措施。

1）放张要求

放张预应力筋时，混凝土强度应符合设计要求。当设计无要求时，同条件养护的混凝土立方体抗压强度不应低于混凝土设计强度标准值的 75%；采用消除应力钢丝或钢绞线的，尚不应低于30 MPa。对于采用重叠法生产的构件,要求最上一层构件的混凝土强度不低于设计强度标准值的75%时,方可进行预应力筋的放张,过早放张会引起较大的预应力损失或产生预应力筋滑动。预应力筋放张前,要测试同条件养护的混凝土立方体试块抗压强度,以确定混凝土的实际强度。

2)放张顺序

预应力筋放张应根据构件类型与配筋情况,选择正确的顺序与方法,避免引起构件翘曲、开裂和预应力筋断裂等。预应力筋放张顺序应符合设计要求;当设计无具体要求时,可按下列规定放张:

(1)对轴心受压的构件(如压杆、桩等),所有预应力筋宜同时放张;

(2)对受弯构件(如梁等),应先同时放张压力较小区域的预应力筋,再同时放张压力较大区域的预应力筋;

(3)当不能按上述规定放张时,应分阶段、对称、相对交错地放张。

放张后预应力筋的切断顺序,宜从张拉端开始,依次切向另一端。

3)放张方法

预应力筋的放张宜采取缓慢放张工艺,逐根或整体进行,防止直接冲击构件。预应力筋放张前,应拆除模板,使放张时构件能自由收缩,避免损坏模板或使构件开裂。

Ⅰ.逐根放张

对配筋不多的预应力钢丝,可用机械剪切、锯割等方法逐根放张,不得采用电弧切割。

Ⅱ.同时放张

对配筋较多的预应力钢丝,所有预应力筋应同时放张。其常用的放张方法是用千斤顶拉动单根螺杆(图5-14),并松开螺母,放张时由于混凝土与预应力筋已连成整体,松开螺母所需的间隙只能是最前端构件外露钢筋的伸长,因此所施加的应力往往超过控制应力。

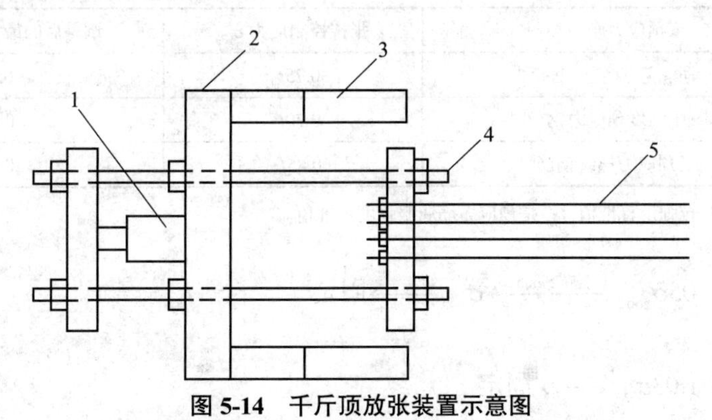

图5-14 千斤顶放张装置示意图

1—千斤顶;2—横梁;3—台座牛腿;4—螺杆;5—预应力筋

在活动横梁与台座间布置的两个千斤顶整体缓慢放松,其受力均匀,更为安全可靠。放张用的千斤顶可专用或与张拉合用。为防止千斤顶长期受力,可采用垫块顶紧。

当然,也可采用砂箱放张。砂箱装置放置在台座和横梁之间,它由钢制的套箱和活塞组成,内装石英砂或铁砂,如图5-15所示。预应力筋张拉时,砂箱中的砂被压实,承受横梁的反力。预应力筋放张时,将出砂口打开,砂缓慢流出,从而使预应力筋缓慢放张。砂箱装置中的砂应采用干砂,并选定适宜的级配,防止出现砂子压碎而产生流不出的现象或者增加砂的空隙率，使预应力筋的预应力损失增加。采用砂箱放张，能控制放张速度，工作可靠，施工方便，可用于张拉大于 1 000 kN 的情况。

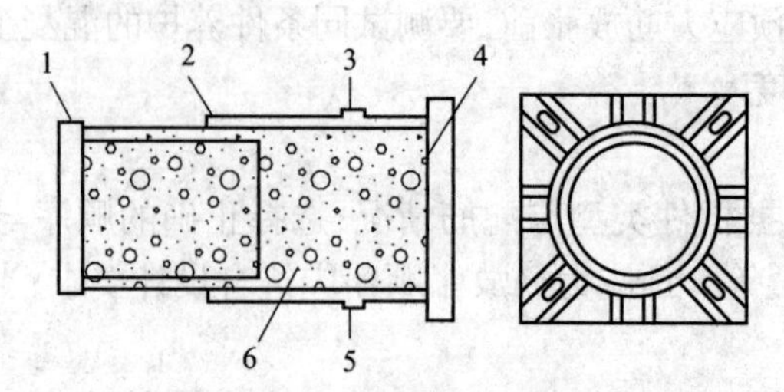

图 5-15 砂箱装置示意图

1—活塞；2—钢套箱；3—进砂口；4—钢套箱底板；5—出砂口；6—砂子

此外，架式或折线式吊车梁按折线预应力筋布置时，可采用在台座上布置上、下圆钢管，支点按垂直直线方向张拉；也可将预制混凝土双肢柱体作为台座压杆，对按直线布置的预应力筋，采用水平折线横向水平张拉。

4）其他构件放张方法

目前常用的先张法预制混凝土构件中，板类构件主要有预应力混凝土圆孔板、SP 板、叠合板、预应力混凝土双 T 板、预应力混凝土管桩等，其施工方法及相关措施在国家及行业标准图集中有具体规定。

6. 张拉控制应力

根据《混凝土结构设计规范（2015 年版）》（GB 50010—2010）的规定，预应力筋的张拉控制应力 σ_{con} 应满足表 5-3 的要求。

表 5-3 张拉控制应力和张拉允许最大应力

项次	预应力筋种类	张拉控制应力 σ_{con}	调整后的最大应力限值 σ_{max}
1	消除应力钢丝、钢绞线	$0.75f_{ptk}$	$0.80f_{ptk}$
2	中强度预应力钢丝	$0.70f_{ptk}$	$0.70f_{pyk}$
3	预应力螺纹钢筋	$0.85f_{pyk}$	$0.90f_{pyk}$

注：f_{ptk} 是预应力筋极限抗拉强度标准值；f_{pyk} 是预应力筋屈服强度标准值。

$$0 \longrightarrow 1.05\sigma_{con} \xrightarrow{\text{持荷2 min}} \sigma_{con} \longrightarrow \text{固定}$$

或

$$0 \longrightarrow 1.03\sigma_{con} \longrightarrow \text{固定}$$

上述张拉程序中，有超过张拉控制应力的步骤，其目的是减少预应力筋松弛造成的预应力损失。在高应力状态下，钢筋在 1 min 内可完成应力松弛的 50%，24 h 可完成 80%。先超张拉 5% σ_{con}，经持荷 2 min 再调整到控制应力，则可减少大部分松弛损失，建立的预应力值较为准确，但功效较低，且所用锚固夹具应能允许反复拆装或调整；也可超张拉 3%，作为松弛损失的补偿，无须调整到控制应力。

5.3　后张法

5.3.1　锚具与张拉设备

在后张法预应力混凝土结构或构件中，为保持预应力筋的拉力并将其传递到混凝土上所用的永久性锚固装置称为锚具。用于后张法施工的夹具称为工具锚，它是在后张法预应力混凝土结构或构件施工时，在张拉千斤顶或设备上夹持预应力筋的临时性锚固装置。

1. 锚具的种类

锚具的种类很多，不同类型的预应力筋所配用的锚具不同。目前，我国采用最多的锚具是支承式锚具、锥塞式锚具、夹片式锚具和握裹式锚具。

1）支承式锚具

Ⅰ. 螺母锚具

螺母锚具属于螺母锚具类，它由螺丝端杆、螺母和垫板三部分组成，如图 5-16 所示。其型号有 LM18 至 LM36，适用于直径 18~36 mm 的Ⅱ级和Ⅲ级预应力钢筋。螺母锚具长度一般为 320 mm，当为一端张拉或预应力筋的长度较长时，螺杆的长度应增加 30~50 mm。

螺母锚具可采用拉杆式千斤顶或穿心式千斤顶张拉。

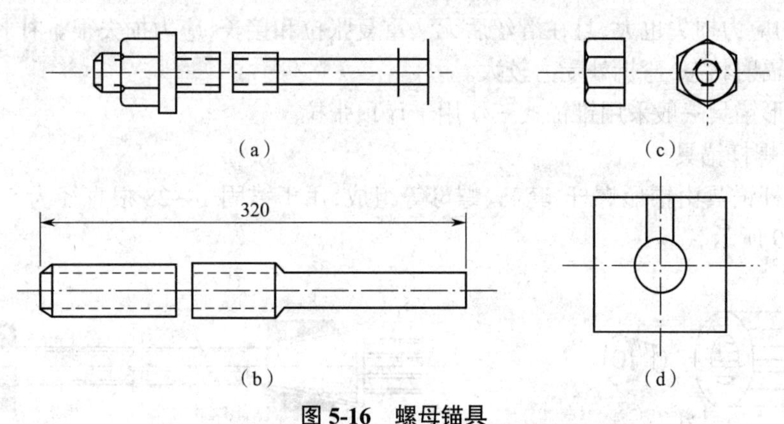

图 5-16　螺母锚具

（a）螺母锚具整体　（b）螺丝端杆　（c）螺母　（d）垫板

Ⅱ. 镦头锚具

镦头锚具主要用于锚固多根钢丝束。钢丝束镦头锚具可分为 A 型与 B 型，其中 A 型由锚环与螺母组成，用于张拉端；B 型为锚板，用于固定端，如图 5-17 所示。

钢丝束镦头锚具的工作原理是将预应力筋穿过锚环的蜂窝眼后，用专门的镦头机将钢筋或钢丝的端头镦粗，将镦粗端头的预应力钢丝束直接锚固在锚环上，待千斤顶拉杆旋入锚环内螺纹后即可进行张拉，当锚环带动钢筋或钢丝伸长到设计值时，将锚圈沿锚环外的螺纹旋紧顶在构件表面，则锚圈通过支撑垫板将预应力传到混凝土上。

镦头锚具的优点是操作简便迅速，不会出现锥形锚具易发生的“滑丝”现象，也就不会发生相应的预应力损失；缺点是下料长度要求很准确，否则在张拉时会因各钢丝受力不均匀而发生断裂现象。

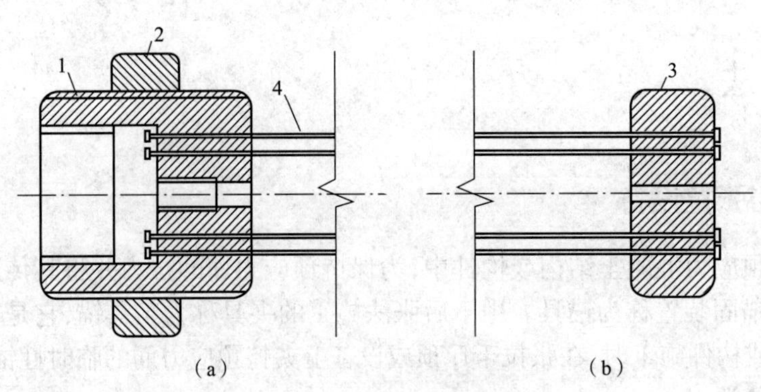

图 5-17　钢丝束镦头锚具

(a)张拉端锚具(A 型)　(b)固定端锚具(B 型)

1—锚环;2—螺母;3—锚板;4—钢丝束

镦头锚具一般也采用拉杆式千斤顶或穿心式千斤顶张拉。

2)锥塞式锚具

Ⅰ.锥形锚具

锥形锚具由钢质锚环和锚塞组成(图 5-18),用于锚固钢丝束。锚环内孔的锥度应与锚塞的锥度一致。锚塞上刻有细齿槽,可夹紧钢丝,防止滑动。

锥形锚具的尺寸较小,便于分散布置。其缺点是易产生单根滑丝现象,钢丝回缩量较大,所引起的应力损失也大,且在滑丝后无法重复张拉和接长,应力损失很难补救。此外,钢丝锚固时呈辐射状态,弯折处受力较大。

钢质锥形锚具一般采用锥锚式三作用千斤顶张拉。

Ⅱ.锥形螺杆锚具

锥形螺杆锚具由锥形螺杆、套筒、螺母等组成,用于锚固 14~28 根直径为 5 mm 的钢丝束,如图 5-19 所示。

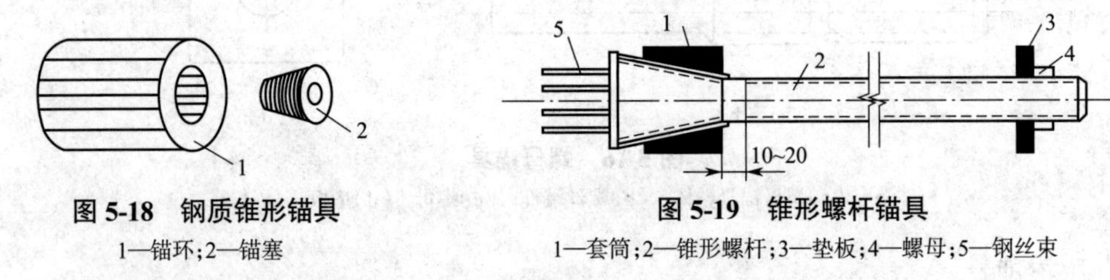

图 5-18　钢质锥形锚具

1—锚环;2—锚塞

图 5-19　锥形螺杆锚具

1—套筒;2—锥形螺杆;3—垫板;4—螺母;5—钢丝束

锥形螺杆锚具一般与拉杆式千斤顶配套使用,也可采用穿心式千斤顶张拉。

3)夹片式锚具

Ⅰ.JM 型锚具

JM 型锚具为单孔夹片式锚具,由锚环和夹片组成。JM12 型锚具可用于锚固 4~6 根直径为 12 mm 的钢筋或 4~6 根直径为 12 mm 的钢绞线。JM15 型锚具可用于锚固直径为 15 mm 的钢筋或钢绞线。JM12 型锚具的构造如图 5-20 所示。

JM12 型锚具性能好,锚固时钢筋束或钢绞线束被单根夹紧,不受直径误差的影响,且预应力筋在直线状态下被张拉和锚固,受力性能好。为适应小吨位高强钢丝束的锚固,近年来还发展了可锚固 6~7 根直径为 5 mm 的碳素钢丝的 JM5-6 和 JM5-7 型锚具,其原理完全相同。

JM12 型锚具是一种利用楔块原理锚固多根预应力筋的锚具,它既可作为张拉端的锚具,也可作为固定端的锚具,或作为重复使用的工具锚。

JM12 型锚具宜选用相应的穿心式千斤顶来张拉预应力筋。

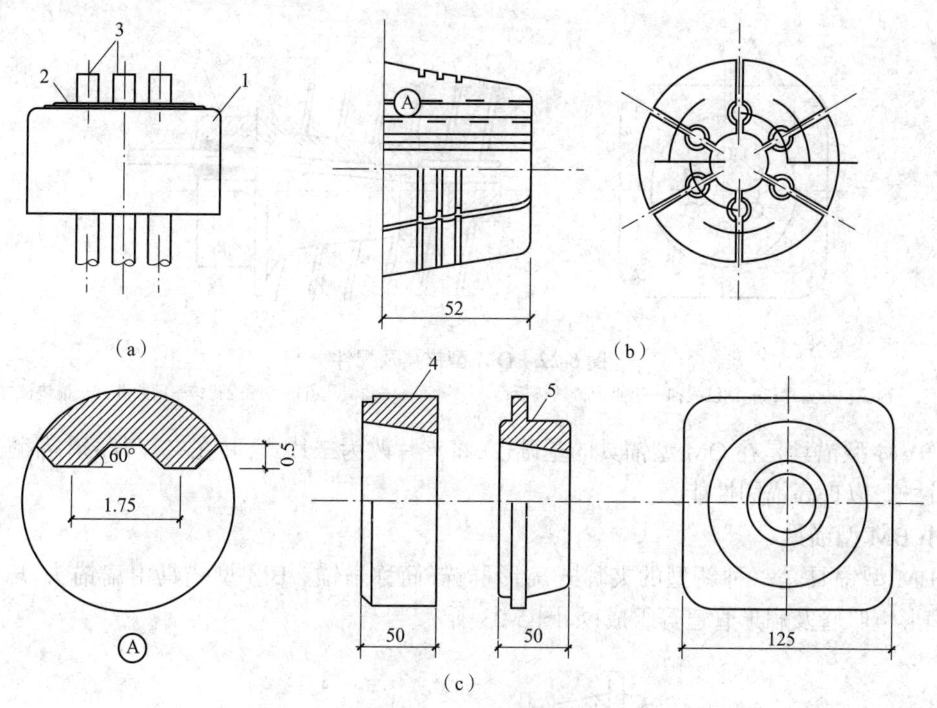

图 5-20　JM12 型锚具

(a)JM12 型锚具　(b)JM12 型锚具的夹片　(c)JM12 型锚具的锚环

1—锚环;2—夹片;3—钢筋束或钢绞线束;4—圆钳环;5—方锚环

Ⅱ.XM 型锚具

XM 型锚具属于多孔夹片锚具,是一种新型锚具。它是在一块多孔的锚板上,利用每个锥形孔装一副夹片来夹持一根钢绞线的楔紧式锚具。XM 型锚具的优点是任何一根钢绞线锚固失效,都不会引起整束钢绞线的锚固失效,并且每束钢绞线的根数不受限制。

XM 型锚具由锚板与三片夹片组成,如图 5-21 所示。它既适用于锚固钢绞线束,又适用于锚固钢丝束;既可锚固单根预应力筋,又可锚固多根预应力筋。当用于锚固多根预应力筋时,既可单根张拉、逐根锚固,又可成组张拉、成组锚固。另外,它还既可用作工作锚具,又可用作工具锚具。实践证明,XM 型锚具具有通用性强、性能可靠、施工方便、便于高空作业的特点。

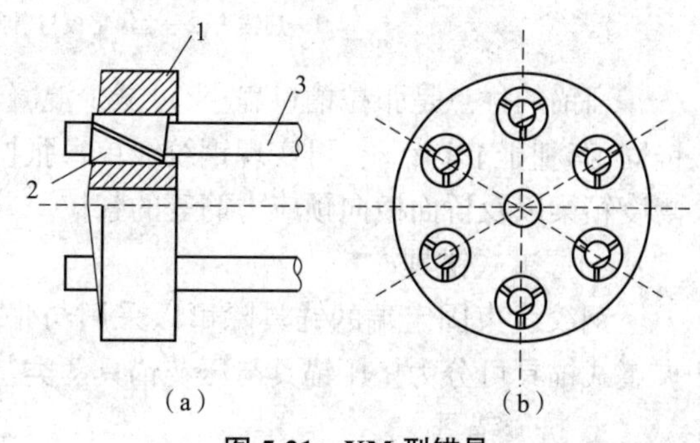

图 5-21　XM 型锚具

(a)装配图　(b)锚板

1—锚板;2—夹片(三片);3—钢绞线

Ⅲ.QM 型及 OVM 型锚具

QM 型锚具也属于多孔夹片锚具，它适用于锚固钢绞线束。QM 型锚具由锚板与夹片组成，如图 5-22 所示。QM 型锚固体系配有专门的工具锚，以保证每次张拉后退楔方便，并减少安装工具锚所花费的时间。

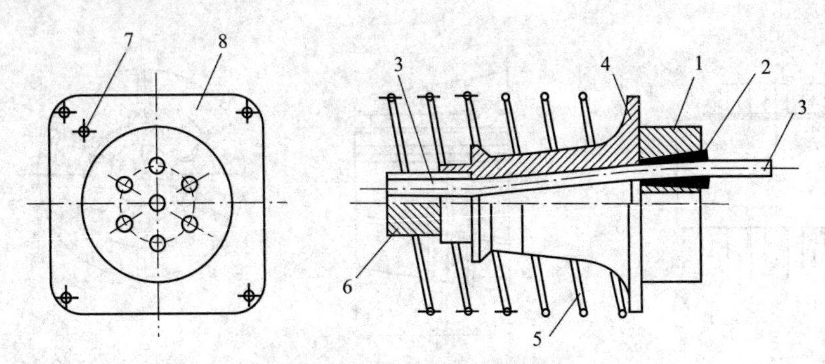

图 5-22 QM 型锚具及配件

1—锚板；2—夹片；3—钢绞线；4—喇叭形铸铁垫板；5—弹簧管；6—预留孔道用的螺旋孔；7—灌浆孔；8—锚垫板

OVM 型锚具是在 QM 型锚具的基础上，将夹片改为二片式，并在夹片背部上部锯有一条弹性槽，以提高锚固性能。

Ⅳ.BM 型锚具

BM 型锚具是一种新型的夹片式扁形群锚，简称扁锚。BM 型锚具由扁锚头、扁形垫板、扁形喇叭管及扁形管道等组成，如图 5-23 所示。

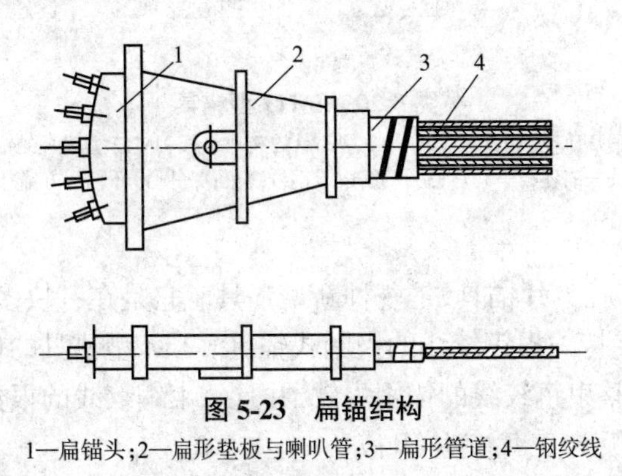

图 5-23 扁锚结构

1—扁锚头；2—扁形垫板与喇叭管；3—扁形管道；4—钢绞线

扁锚的优点是张拉槽口扁小，可减少混凝土板厚，便于梁的预应力筋按实际需求切断后锚固，有利于节省钢材；可实现钢绞线单根张拉，施工方便。这种锚具特别适用于空心板、低高度箱梁以及桥面横向预应力筋等的张拉。

4）握裹式锚具

钢绞线束固定端的锚具除可以采用与张拉端相同的锚具外，还可以选用握裹式锚具。握裹式锚具可分为挤压锚具与压花锚具两类。

Ⅰ. 挤压锚具

挤压锚具是利用液压压头机将套筒挤紧在钢绞线端头上的一种锚具，如图 5-24 所示。套筒内衬有硬钢丝螺纹圈，在挤压后硬钢丝全部脆断，一半嵌入外钢套，另一半压入钢绞线，从而增加钢套筒与钢绞线之间的摩阻力。锚具下设有钢垫板与螺旋筋。这种锚具适用于构件端部的设计拉力大或端部尺寸受到限制的情况。

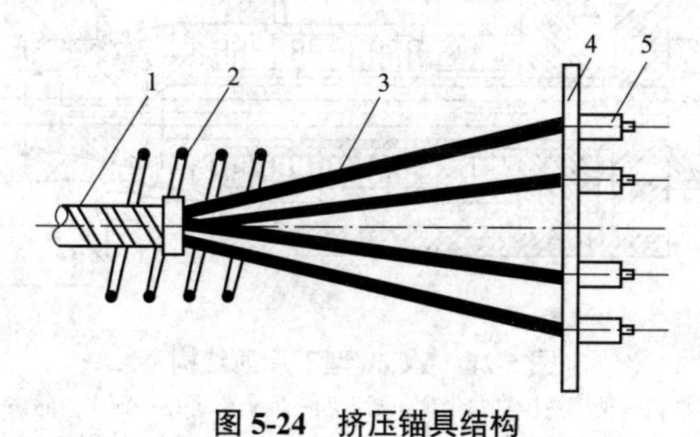

图 5-24　挤压锚具结构

1—波纹管;2—螺旋筋;3—钢绞线;4—锚环;5—夹具

Ⅱ.压花锚具

压花锚具是利用液压压花机将钢绞线端头压成梨形散花状的一种锚具,如图 5-25 所示。梨形头的尺寸对于直径为 15 mm 的钢绞线,应不小于 95 mm × 150 mm。多根钢绞线梨形头应分排埋置在混凝土内。为提高压花锚四周混凝土及压花头根部混凝土的抗裂强度,在散花头的头部配置构造筋,在散花头的根部配置螺旋筋,压花锚距构件截面边缘不小于 30 cm。第一排压花锚的锚固长度,对直径 15 mm 的钢绞线不小于 95 cm,每排相隔至少 30 cm。

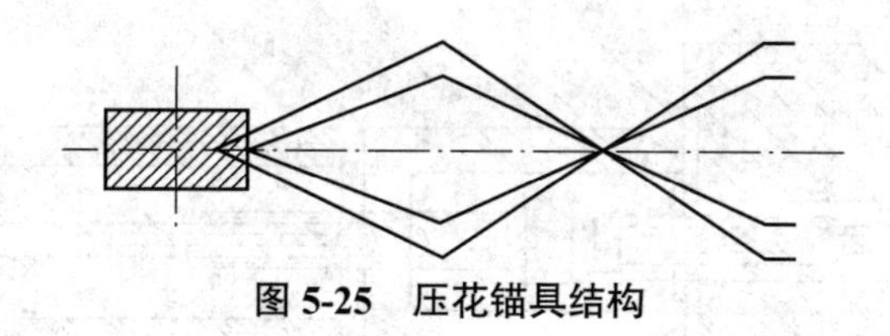

图 5-25　压花锚具结构

2. 张拉设备

后张法的张拉设备由液压千斤顶、高压液压泵、悬吊支架和控制系统组成。常用的液压千斤顶有穿心式、拉杆式、锥锚式、前置内卡式和大孔径穿心式。

1)穿心式千斤顶

穿心式千斤顶是将预应力筋穿过中心孔而锚固于尾部,并利用双液压缸完成预应力筋张拉和顶紧锚具夹片的双作用千斤顶。穿心式千斤顶既适用于需要顶压的锚具,配上撑脚与拉杆后,也可用于螺杆锚具和镦头锚具。该系列产品有 YC20D、YC60、YC120 和 YC200 等型号。

YC60 型千斤顶的最大张拉力为 600 kN,其结构如图 5-26 所示。张拉预应力筋时,张拉缸油嘴进油、顶压缸油嘴回油,顶压液压缸带动撑脚右移顶住锚环;张拉液压缸带动工具锚左移,从而张拉预应力筋。顶压锚固时,在保持张拉力稳定的条件下,顶压缸油嘴进油,顶压活塞右移,将夹片强力顶入锚环内。张拉缸采用液压回程,此时张拉缸油嘴回油、顶压缸油嘴进油。顶压活塞采用弹簧回程,此时张拉缸和顶压缸油嘴同时回油,顶压活塞在弹簧力作用下回程复位。

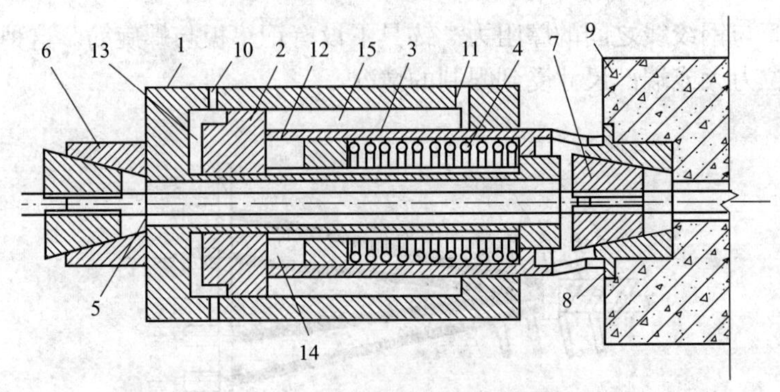

图 5-26　YC60 型千斤顶结构

1—张拉液压缸；2—顶压液压缸；3—顶压活塞；4—回程弹簧；5—预应力筋；6—工具锚；
7—楔块；8—锚环；9—构件；10—张拉缸油嘴；11—顶压缸油嘴；12—油孔；
13—张拉工作油室；14—顶压工作油室；15—张拉回程油室

2)拉杆式千斤顶

拉杆式千斤顶适用于张拉使用螺母锚具、镦头锚具等的预应力筋，其结构如图 5-27 所示。张拉预应力筋时，首先使连接器与预应力筋的螺丝端杆相连接，传力架支撑在构件端部的预埋钢板上。高压油进入主缸时，推动主缸活塞向右移动，并带动拉杆和连接器以及螺丝端杆同时向右移动，对预应力筋进行张拉。达到设定拉力时，拧紧预应力筋的螺母完成锚固。高压油再进入副缸，推动副缸使主缸活塞和拉杆向左移动，使其回到初始位置。

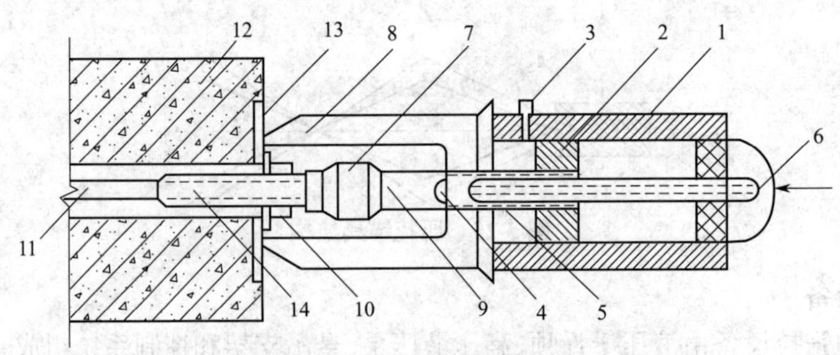

图 5-27　拉杆式千斤顶结构

1—主缸；2—主缸活塞；3—主缸进油孔；4—副缸；5—副缸活塞；6—副缸进油孔；
7—连接器；8—传力架；9—拉杆；10—螺母；11—预应力筋；
12—混凝土构件；13—预埋钢板；14—螺纹筋或螺丝端杆

3)锥锚式千斤顶

锥锚式千斤顶是具有张拉、顶锚和退楔功能的三作用千斤顶，适用于张拉使用钢质锥形锚具的钢丝束。锥锚式千斤顶常见的型号有 YZ38 型、YZ60 型和 YZ85 型。锥锚式千斤顶由主缸、副缸、退楔装置、锥形卡环等组成，如图 5-28 所示。其工作原理是当主缸进油时，主缸活塞被压移，使固定在其上的预应力筋被张拉；张拉后，改由副缸进油，其活塞将锚塞顶入锚环中；主缸、副缸同时回油，活塞在弹簧作用下回程复位。

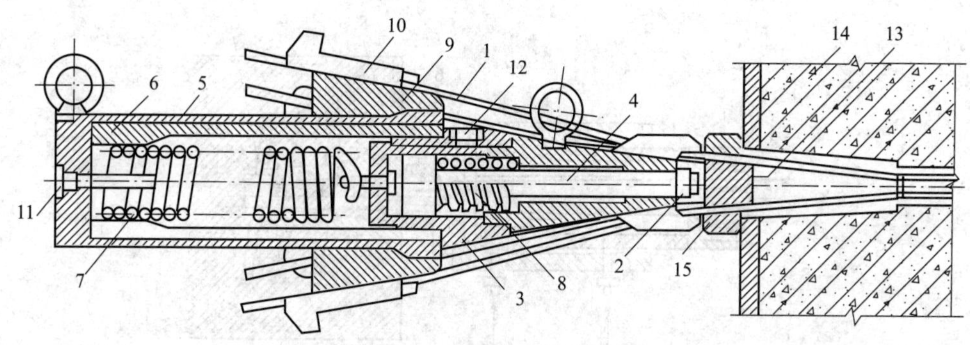

图 5-28　锥锚式千斤顶结构

1—预应力筋；2—预压头；3—副缸；4—副缸活塞；5—主缸；6—主缸活塞；7—主缸拉力弹簧；
8—副缸压力弹簧；9—锥形卡环；10—楔块；11—主缸油嘴；
12—副缸油嘴；13—锚塞；14—构件；15—锚环

4）前置内卡式千斤顶

前置内卡式千斤顶是将工具锚安装在前端体内的穿心式千斤顶。由于其工作夹具在千斤顶前端，只要钢绞线外露长度在 200 mm 以上即可张拉。其优点是节约预应力筋、小巧灵活、操作简单快捷、张拉时可自锁锚固、使用安全可靠且效率高，适用于单根钢绞线张拉或多孔锚具单根张拉。前置内卡式千斤顶结构及工作空间如图 5-29 所示。

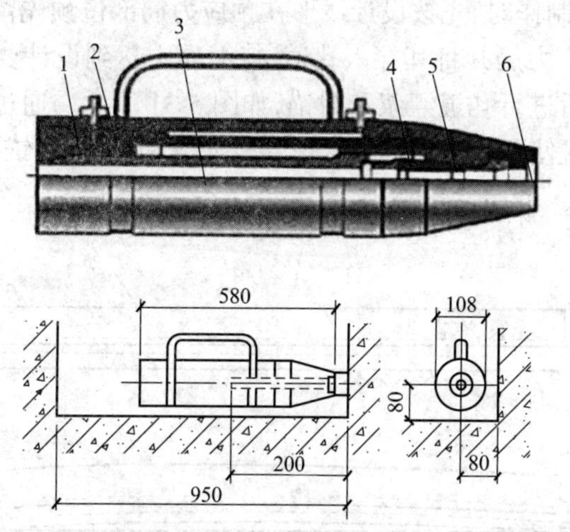

图 5-29　前置内卡式千斤顶结构及工作空间示意图

1—液压缸；2—活塞；3—穿心套；4—工具夹片；5—锚环；6—承压头

5）大孔径穿心式千斤顶

大孔径穿心式千斤顶主要用于群锚钢绞线束的整体张拉。该类千斤顶有多种型号，张拉力为 650~12 000 kN，穿心孔径为 72~280 mm，外形尺寸为 200 mm × 300 mm~720 mm × 900 mm，每次张拉行程为 200 mm，不但张拉力大、操作简单，而且性能可靠。大孔径穿心式千斤顶结构如图 5-30 所示。

张拉机具设备及仪表，应定期维护和校验。张拉设备应配套标定，且配套使用张拉设备的标定期限不应超过半年。

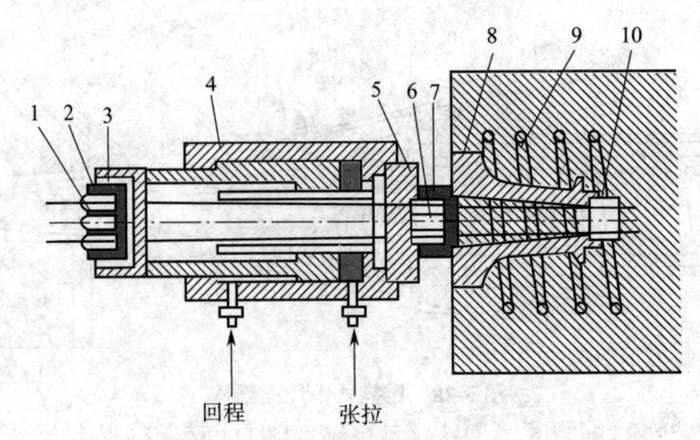

图 5-30 大孔径穿心式千斤顶结构

1—工具夹片;2—工具锚环;3—过渡套;4—千斤顶;5—限位板;6—工作夹片;
7—工作锚环;8—锚垫板;9—螺旋筋;10—波纹管

5.3.2 后张法施工

后张法是结构或构件浇筑成型,待混凝土达到设计要求的强度后,对结构或构件中布置的预应力筋进行张拉,并在其上建立预应力的方法。后张法施工无须台座,较先张法灵活,广泛用于现浇预应力混凝土结构和施工现场生产的大型预应力混凝土构件。

混凝土结构或构件制作时,先按设计线形在预应力筋部位预先留设孔道;然后浇筑混凝土并进行养护,制作预应力筋并将其穿入孔道;待混凝土达到设计要求的强度后,张拉预应力筋并用锚具锚固;最后进行孔道灌浆和封锚,如图 5-31 所示。通过孔道灌浆,预应力筋与混凝土结构相互黏结,可使预应力筋的强度得到较充分利用,提高锚固的可靠性与预应力筋的耐久性。

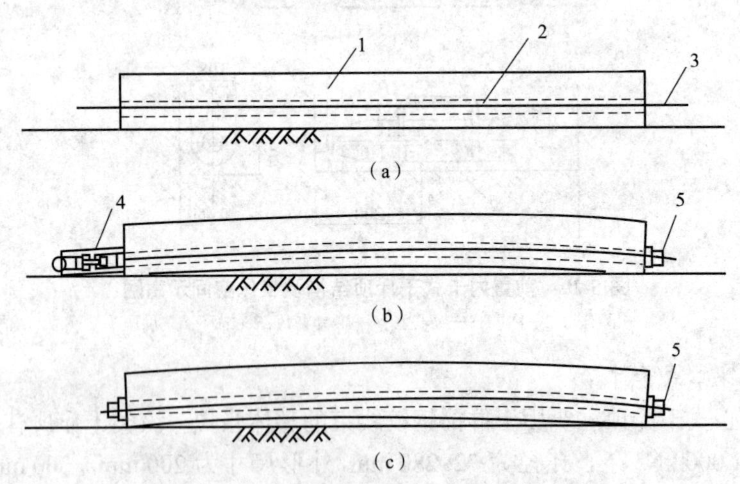

图 5-31 预应力混凝土构件后张法生产示意图

(a)制作混凝土构件 (b)张拉钢筋 (c)锚固和孔道灌浆

1—混凝土构件;2—预留孔道;3—预应力筋;4—千斤顶;5—锚具

后张法有黏结预应力构件在工程结构中普遍应用,其施工工艺包括预应力孔道留设、预应力筋穿管、预应力筋张拉与锚固、孔道灌浆和封锚等主要工序,如图 5-32 所示。

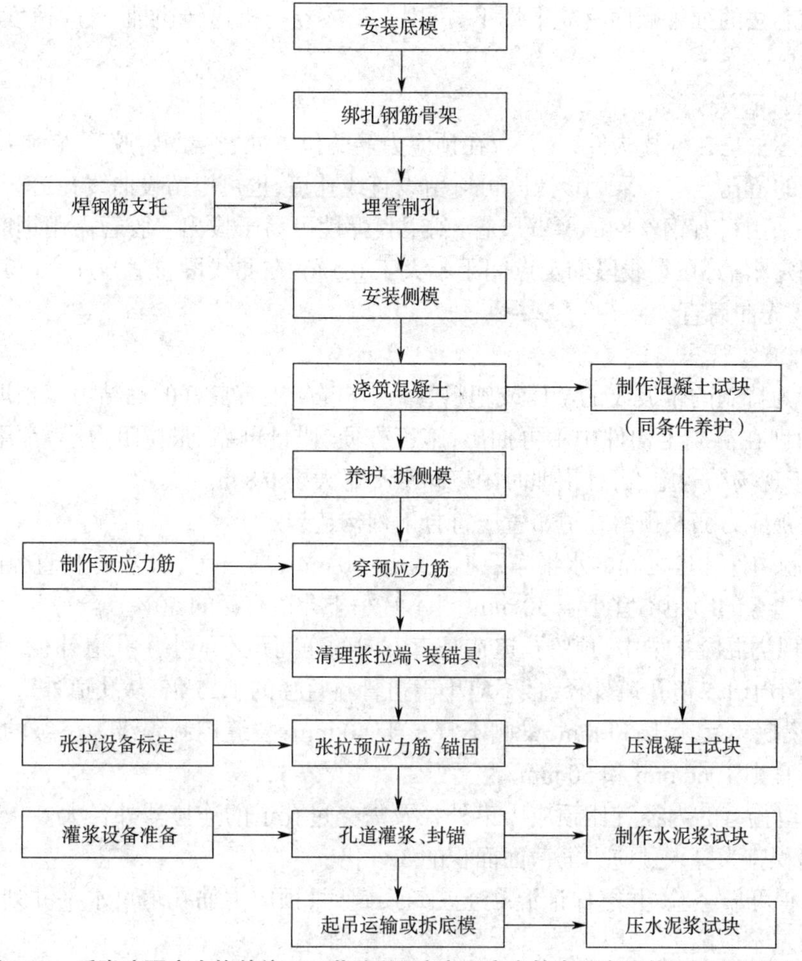

图 5-32　后张法预应力构件施工工艺流程图（穿预应力筋也可在浇筑混凝土前进行）

1. 孔道留设

孔道留设方法有钢管或胶管抽芯法及预埋波纹管法，抽芯法仅适用于构件厂。孔道留设位置应准确、内壁光滑，端部预埋钢板应与孔道中心线垂直。孔道的直径应比预应力筋及连接器外径大 6~15 mm，截面面积为钢筋的 3~4 倍，以利于预应力筋穿入、张拉和注浆黏结。在留设曲线孔道时，对峰谷差较大者还应留设排气孔。

1）*孔道留设方法*

Ⅰ. 钢管抽芯法

钢管抽芯法是在制作构件时，在预应力筋位置预先安置钢管，在混凝土浇筑后，每隔 10~15 min 缓慢转动钢管，使之不与混凝土黏结，在混凝土初凝后、终凝前，再将钢管旋转抽出的留孔方法。

钢管要平直，表面要光滑，安放位置要准确。为防止在浇筑混凝土时钢管产生位移，需用钢筋井字架固定钢管，且间距不超过 1 m。钢管长度一般不超过 15 m，外露长度不少于 0.5 m，以便于旋转和抽管。较长构件可用两根钢管采用木塞对接，且接头处外包长度为 30~ 40 cm 的薄钢板套管。钢管抽芯法仅适用于留设直线孔道。

钢管抽芯法的抽管顺序宜先上后下，可用人工或卷扬机边转边抽，且应速度均匀，并与孔道成直线。

Ⅱ. 胶管抽芯法

胶管抽芯法是在绑扎构件钢筋时，在预应力筋的位置处安装固定胶管，待混凝土终凝后将胶管拔出的留孔方法。采用该法既可以留设直线孔道，也可以留设曲线孔道。

胶管常采用衬有钢丝网的厚壁胶管，利用其弹性可易于拔出。胶管需用钢筋井字架与其他钢筋固定牢靠，在直线段固定点间距不大于 0.5 m，在曲线段应适当加密。其抽管顺序宜先上后下、先曲后直。

Ⅲ. 预埋波纹管法

波纹管为特制的带波纹的金属或塑料管，它与混凝土有良好的黏结力。预埋波纹管法将波纹管预埋在混凝土构件中不再抽出，施工方便、质量可靠、张拉阻力小，常用于大型构件，更适用于现场结构施工，且预埋时固定间距不得大于 0.8 m。

后张法预应力筋及预留孔道布置应符合下列构造规定。

（1）预制构件孔道之间的水平净距不宜小于 50 mm，且不宜小于粗骨料直径的 1.25 倍；孔道至构件边缘的净距不宜小于 30 mm，且不宜小于孔道直径的 50%。

（2）在现浇混凝土梁中，预留孔道在竖直方向的净间距不应小于孔道外径，水平方向的净间距不应小于 1.5 倍孔道外径，且不应小于粗骨料直径的 1.25 倍；从孔道外壁至构件边缘的净间距，梁底不宜小于 50 mm，梁侧不宜小于 40 mm；裂缝控制等级为三级的梁，上述净间距分别不宜小于 60 mm 和 50 mm。

（3）预留孔道的内径宜比预应力束外径及需穿过孔道的连接器外径大 6~15 mm，且孔道的截面面积宜为穿入预应力筋截面面积的 3~4 倍。

（4）当有可靠经验，并能保证混凝土浇筑质量时，预应力筋孔道可水平并列贴近布置，但并排的数量不应超过 2 束。

（5）在现浇楼板中采用扁形锚固体系时，穿过每个预留孔道的预应力筋数量宜为 3~5 根；在常用荷载情况下，孔道在水平方向的净间距取值不应超过 8 倍板厚和 1.5 m 中的较大者。

（6）板中单根无黏结预应力筋的间距不宜大于板厚的 6 倍，且不宜大于 1 m；带状束的无黏结预应力筋根数不宜多于 5 根，带状束间距不宜大于板厚的 12 倍，且不宜大于 2. 4 m。

（7）梁中集束布置的无黏结预应力筋，集束的水平净间距不宜小于 50 mm，集束至构件边缘的净距不宜小于 40 mm。

2）灌浆孔、排气孔和泌水孔留设

孔道留设时，还应设置灌浆孔和排气孔。构件两端可利用锚具或锚垫板上的留孔，中间部位需利用灌浆管引至构件外，孔径不宜小于 20 mm。对抽芯成型孔道，灌浆孔和排气孔的间距不宜大于 12 m。

曲线预应力筋孔道的每个波峰处，应设置泌水管，其间距不大于 30 m，伸出构件顶面的高度不宜小于 0.3 m，泌水管也可兼作灌浆孔和排气孔，如图 5-33 所示。波峰应留在孔道顶部，而波谷则应从孔道侧面引出。对现浇预应力结构金属波纹管，可用带嘴的塑料弧形压板接塑料管留设（图 5-34）；一般预制构件的灌浆孔，也可采用木塞留设。

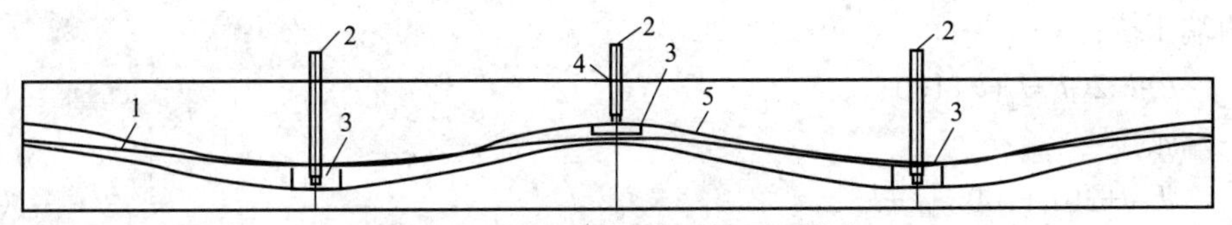

图 5-33　曲线孔道排气孔设置及做法

1—预应力筋；2—排气孔；3—弧形盖板；4—塑料管；5—波形管孔道

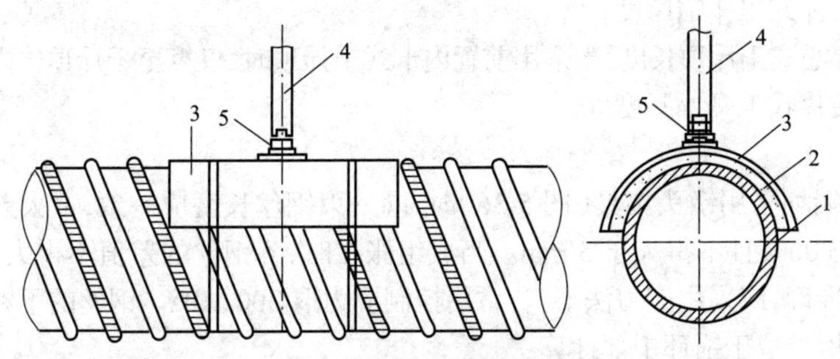

图 5-34　金属波纹管留孔构造

1—波纹管；2—海绵垫；3—塑料弧形盖板；4—塑料管；5—固定卡子

2. 预应力筋制作

1）下料长度

预应力筋应采用砂轮锯或切断机切断，下料长度应经计算确定。

Ⅰ. 钢绞线束

钢绞线一般成盘供应，开盘后，按照计算的下料长度切断。切断前，应在切口两侧各 50 mm 处用钢丝绑扎，以免松散。

如图 5-35 所示，采用夹片式锚具时，钢绞线束的下料长度 L 按下列两式计算。

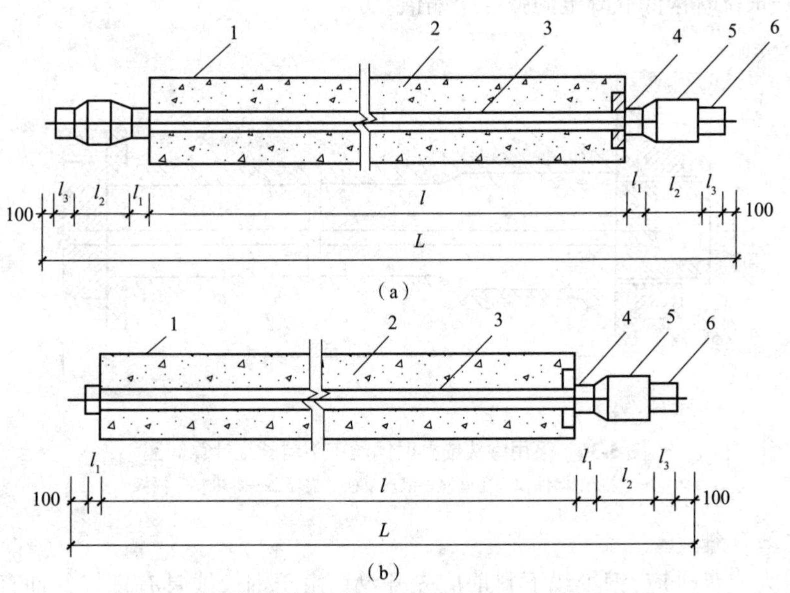

图 5-35　采用夹片式锚具时钢铰线束下料长度计算简图

（a）两端张拉　（b）一端张拉

1—波纹管；2—海绵垫；3—塑料弧形盖板；4—塑料管；5—固定卡子；6—锚具

两端张拉：

$$L=l+2(l_1+l_2+l_3+100) \tag{5-1}$$

一端张拉：

$$L=l+2(l_1+100)+l_2+l_3 \tag{5-2}$$

式中 l——构件的孔道长度，对抛物线形孔道长度 l_p，可按 $l_p=(1+8h^2/3l_2)l$ 计算，其中 h 为预应力筋抛物线的矢高；

l_1——夹片式工作锚厚度；

l_2——穿心式千斤顶长度，当采用前置内卡式千斤顶时，仅算至千斤顶体内工具锚处；

l_3——夹片式工具锚厚度。

Ⅱ. 钢丝束

钢丝束两端均采用镦头锚具（图 5-36）时，同一束钢丝长度应一致，最大差值不得超过钢丝长度的 1/5 000，且不得大于 5 mm。当成组张拉时，各钢丝的差值不得大于 2 mm。为保证下料长度准确，应采用应力法下料，常用控制应力取 300 MPa。钢丝的下料长度 L 可按钢丝束张拉后螺母位于锚环中部计算：

$$L=l+2(h+s)-K(H-H_1)-\Delta L-c \tag{5-3}$$

式中 l——构件的孔道长度；

h——锚环底部厚度或锚板厚度；

s——钢丝镦头留量，对 Φ^{p5} 取 10 mm；

K——系数，一端张拉时取 0.5，两端张拉时取 1.0；

H——锚环高度；

H_1——螺母高度；

ΔL——钢丝束张拉伸长值；

c——张拉时构件混凝土的弹性压缩值。

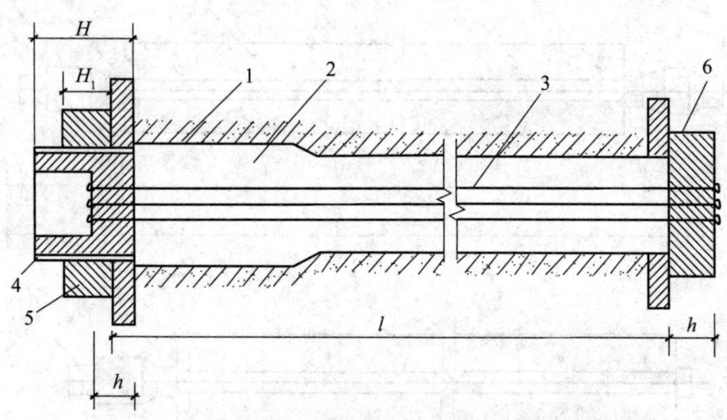

图 5-36 采用镦头锚具时钢丝束下料长度计算简图

1—混凝土构件；2—孔道；3—钢丝束；4—锚环；5—螺母；6—锚板

2）钢绞线下料

钢绞线为成盘供应，钢绞线下料前应先开盘。由于钢绞线具有良好的伸直性，弹力较大，应将成盘钢绞线放置在专用盘架上后，再将包装钢板带剪断。下料时应防止钢绞线紊乱并弹出伤人，以保证作业人员安全。下料时转动转盘按所需的下料长度，采用砂轮切割机切断。钢绞线切断前，在切口两侧 50 mm 处应用铅丝绑扎，以免钢绞线松散。钢绞线束、预应力筋的编束，主要是为了保证穿入构件孔道中的预应力筋束不发生扭结。成束预应力筋宜采用穿束网套穿束，穿束前应逐根理顺，用铁丝每隔 1 m 左右绑扎成束，不得紊乱。

3）固定端锚具组装

下料时，在确定长度上采用挤压机将挤压锚具安装到钢绞线上，或采用液压轧花机将钢绞线挤压形成梨形头。

4）预应力钢丝下料

消除应力钢丝开盘后，可直接下料。为保证张拉时钢丝束中每根钢丝应力值的均匀性，钢丝束制作时必须等长下料。一般有两种方法：一种是牵引索拉紧下料法，即将钢丝拉至 300 MPa 应力状态下，画定长度，放松后剪切下料；另一种是钢管限位法，即将钢丝通过小直径的钢管（钢管内径比钢丝直径大 3~5 mm），钢丝穿过钢管至另一端角钢限位器时，用切断装置将钢丝切断，切断装置与限位器之间的距离，即为钢丝下料长度，如图 5-37 所示。

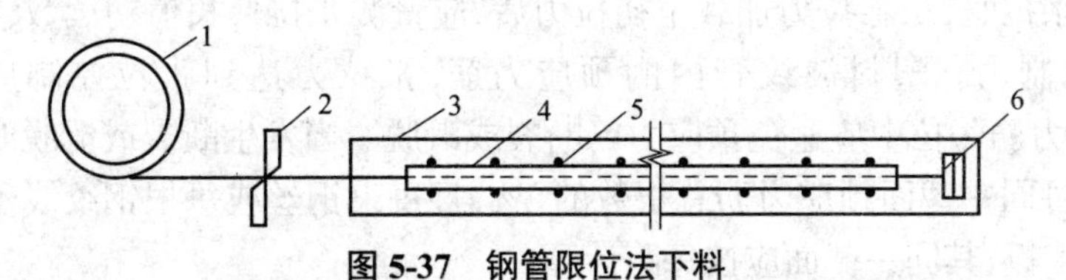

图 5-37　钢管限位法下料

1—钢丝；2—切断装置刀口；3—模板；4—直径 10 mm 黑钢管；5—铁钉；6—角钢挡头

为保证钢丝束两端钢丝的排列顺序一致，穿束与张拉时不紊乱，每束钢丝均需编束。为简化编束，钢丝一端先穿入锚环，在另一端距端部约 200 mm 处编束，并沿钢丝束的整个长度适当编扎几处。采用镦头锚具时，按钢丝沿锚环分圈布置。首先按内圈和外圈分别用铁丝顺序编扎，然后将内圈钢丝放在外圈钢丝内扎牢。

5）预应力筋穿束

预应力筋穿束可分为混凝土浇筑前穿束的先穿束法和浇筑后穿束的后穿束法。前者省时省力，但若未能及时张拉，钢绞线易生锈；后者在混凝土养护期进行，不占工期，但应在钢绞线束端部放置护帽，防止损伤波纹管。

长度不大于 30 m 的曲线束，可采用人工穿束；孔径较小、束长较长时，可用卷扬机及穿束机穿束。

3. 预应力筋张拉

预应力筋张拉前，应确定张拉力计算值、张拉伸长计算值及标定油泵压力表读数，并根据工程需要搭设安全可靠的张拉作业平台。张拉前，应清理锚垫板和张拉端预应力筋，清理混凝土或水泥浆残渣，检查锚垫板的混凝土密实性，如发现孔洞，应剔凿修补。

张拉时，混凝土强度应符合设计要求，且同条件养护的混凝土标准立方体抗压强度实测值不应低于混凝土设计强度标准值的 75%，梁板的现浇混凝土龄期分别不宜少于 7 d 和 5 d。为防止混凝土早期裂缝而施加预应力时，可不受混凝土强度要求限制，但应满足锚具下混凝土局部受压承载力要求。

若预应力筋通过后浇带，后浇带的混凝土也应符合强度要求后再张拉，张拉时环境温度不应低于 −15 ℃。

1)锚具与张拉机具准备

张拉机具经检验合格和标定后,方可使用。对于多孔夹片锚具,夹片应塞入锚环打紧,并外露相同长度。

张拉时,应详细记录张拉力值、压力表读数、张拉伸长值、锚固回缩值及异常情况处理等。

后张法预应力筋应根据设计和专项施工方案的要求采用一端张拉或两端张拉。采用两端张拉时,宜两端同时张拉,也可一端先张拉锚固,另一端再张拉。当设计无具体要求时,有黏结预应力筋长度不大于 20 m 时,可一端张拉,大于 20 m 时,宜两端张拉;预应力筋为直线形时,一端张拉的长度可延长至 35 m;无黏结预应力筋长度不大于 40 m 时,可一端张拉,大于 40 m 时,宜两端张拉。

后张法有黏结预应力筋应整束张拉。对直线形或平行编扎的有黏结预应力钢绞线束,当能确保各根钢绞线不受叠压影响时,也可逐根张拉。

预应力筋张拉时,从零拉力加载至初拉力后,应量测张拉伸长值初读数,再以均匀速率加载至张拉控制力。塑料波纹管内的预应力筋,张拉力达到张拉控制应力后宜持荷 2~5 min。预应力筋张拉中应避免预应力筋断裂或滑脱。当发生断裂或滑脱时,断裂或滑脱的数量严禁超过同一截面预应力筋总根数的 3%,且每束钢丝或每根钢绞线不得超过一丝;对多跨双向连续板,其同一截面应按每跨计算。

锚固阶段张拉端锚具变形和预应力筋内缩量应符合设计要求。当设计无具体要求时,应符合表 5-4 的规定。

表 5-4 张拉端预应力筋的内缩量限值

锚具类别		内缩量限值 /mm
支承式锚具 (螺母锚具、镦头锚具)	螺母缝隙	1
	每块后加垫块的缝隙	1
夹片式锚具	有顶压	5
	无顶压	6~8

张拉后锚固时,夹片缝隙均匀,外露长度一致(一般为 2~3 mm),且不应大于 4 mm。张拉锚固后,切断多余预应力钢绞线后,外露出锚具。

2)预应力筋张拉顺序

应根据结构受力特点、施工方便、操作安全等因素确定预应力筋的张拉顺序。对现浇预应力混凝土楼面结构,宜先张拉楼板、次梁,后张拉主梁。对预制屋架等平卧叠浇构件,应从上而下逐榀张拉。

预应力筋的张拉顺序应符合设计要求,当设计无具体要求时,可采用分批、分阶段对称张拉。张拉不应使混凝土产生超应力,且构件不扭转、不侧弯,结构不变位等。因此,对称张拉是一项重要原则。同时,还要考虑尽量减少张拉机械的移动次数。

对配有多根预应力筋的预应力混凝土构件,由于不可能同时一次张拉,应分批、对称地进行张拉。分批张拉时,要考虑后批预应力筋张拉时对混凝土产生的弹性压缩,会引起前批张拉并锚固好的预应力筋预应力值降低，所以对前批张拉预应力筋的张拉应力值应适当增加：

$$\alpha_E \sigma_{pci} = \frac{E_p(\sigma_{con} - \sigma_{l_1}) A_p}{E_c A_n} \tag{5-4}$$

式中　α_E——预应力筋弹性模量与混凝土弹性模量的比值；

σ_{pci}——后批张拉的预应力筋对前批张拉的预应力筋重心处的混凝土法向应力（MPa）；

E_p——预应力筋的弹性模量（MPa）；

σ_{l_1}——前批张拉预应力筋的预应力损失；

A_p——预应力筋的截面面积（mm^2）；

E_c——混凝土的弹性横量（MPa）；

A_n——扣除孔道的截面面积（mm^2）。

3）张拉方式

多跨连续梁板分段施工时，可对通长的预应力筋逐段进行张拉，完成前一段混凝土浇筑与预应力筋锚固后，采用连接器接长其相邻段预应力筋。

当采用后浇带时，可先张拉后浇带两侧预应力筋，待后浇带混凝土达到设计强度后，再张拉后浇带所在跨搭接布置的预应力筋。

在后张预应力筋转换结构中，由于其上部竖向荷载分阶段逐步施加到转换结构上，预应力筋难以一次张拉完成，应按荷载平衡的思路，分阶段施加。可按对全部预应力筋多次张拉或按设计张拉控制力分阶段张拉的方式进行。其中，前一种锚具多次受力；后一种完成施工后可及时灌浆，更为常用。

4. 孔道灌浆

1）灌浆前准备

全面检查孔道、灌浆孔、排气孔、泌水孔是否畅通。管道成孔不应用水冲洗孔道，必要时可用压缩空气。灌浆机具应能保证连续工作，并检查完好。应采用水泥浆、水泥砂浆等封闭端部锚具缝隙，也可采用封闭罩封闭外露锚具。当采用真空灌浆工艺时，应确认孔道系统的密封性。

2）灌浆材料制备及使用

灌浆用水泥浆的水灰比不应大于 0.45，3 h 自由泌水率宜为 0，且不应大于 1%，泌水应在 24 h 内全部被水泥浆吸收；24 h 自由膨胀率，采用普通灌浆工艺时不应大于 6%，采用真空灌浆工艺时不应大于 3%。孔道灌浆应填写灌浆记录。

水泥浆宜采用高速搅拌机进行搅拌，搅拌时间不应超过 5 min；水泥浆使用前应经筛孔尺寸不大于 1.2 mm × 1.2 mm 的筛网过滤；搅拌后不能在短时间内灌入孔道的水泥浆，应保持缓慢搅动；水泥浆应在初凝前灌入孔道，搅拌后至灌浆完毕的时间不宜超过 30 min。

灌浆施工时，宜先灌注下层孔道，后灌注上层孔道；灌浆应连续进行，直至排气孔排出的浆体稠度与注浆孔处相同且无气泡后，再顺浆体流动方向一次封闭排气孔；全部出浆口封闭后，宜继续加压 0.5~0.7 MPa，并应稳压 1~2 min 后封闭灌浆口；当泌水较大时，宜进行二次灌浆和对泌水孔进行重力补浆；若因故中途停止灌浆，应用压力水将未灌注完孔道内已注入的水泥浆冲洗干净。

真空辅助灌浆时，孔道抽真空负压宜稳定保持为 0.08~0.10 MPa。真空灌浆前，切除多余钢绞线，并进行封锚。

普通灌浆时，水泥浆的可灌性以流动度控制，采用流锥法测定时应为 12~20 s，采用流淌法测定时不应小于 150 mm，且满足灌浆要求。真空灌浆时，流动度宜控制在 18~25 s。

5. 封锚

张拉完成后，应用砂轮锯切断多余预应力筋，为防止锚具锈蚀，宜涂刷防锈漆或环氧树脂保护层。

张拉端可采用外凸式和内凹式，并按施工图设计文件要求布置构造钢筋，封堵细石混凝土，采取措施使后封堵混凝土与构件端面黏结牢固。

5.4 无黏结预应力混凝土

5.4.1 无黏结预应力束制作与锚具

无黏结预应力束由预应力钢丝、防腐涂料和外包层以及锚具组成。无黏结预应力混凝土结构的混凝土等级，对于板不应低于 C30，对于梁及其他构件不应低于 C40。

1. 无黏结预应力筋

制作无黏结预应力筋宜选用高强度低松弛预应力钢绞线，一般选用 7 根 Φ^{s4} 或者 Φ^{s5} 的钢绞线，其性能应符合现行国家标准《预应力混凝土用钢绞线》(GB/T 5224—2014)的规定。

2. 无黏结预应力筋表面涂料

无黏结预应力筋需长期保护，使其不受腐蚀，其表面涂料应符合下列要求：

(1)在 -20~+70 ℃温度范围内不流淌、不裂缝、不变脆，并有一定韧性；

(2)使用期内化学稳定性高；

(3)对周围材料无侵蚀作用；

(4)不透水、不吸湿；

(5)防腐性能好；

(6)润滑性能好，摩擦阻力小。

根据上述要求，目前一般选用 1 号或 2 号建筑油脂作为无黏结预应力筋的表面涂料。

3. 无黏结预应力束外包层

无黏结预应力束外包层的包裹物必须具有一定的抗拉强度、防渗漏性能，同时还应符合下列要求：

(1)在 -20~+70 ℃温度范围内低温不脆化，高温化学性能稳定；

(2)具有足够的韧性、抗磨性；

(3)对周围材料无侵蚀作用；

(4)保证预应力束在运输、储存、铺设和浇筑混凝土过程中不发生不可修复的破坏。

一般常用的包裹物有塑料布、塑料薄膜或牛皮纸，其中塑料布或塑料薄膜防水性能、抗拉强度和延伸性较好。此外，还可选用聚氯乙烯、高压聚乙烯、低压聚乙烯和聚丙烯等挤压成型作为预应力束的涂层包裹层。

4. 无黏结预应力束的制作

无黏结预应力束的制作一般有缠纸工艺和挤压涂层工艺两种方法。

无黏结预应力束制作的缠纸工艺是在缠纸机上连续作业，完成编束、涂油、镦头、缠塑料布和切断等工序。无黏结预应力束制作的挤压涂层工艺主要是钢丝通过涂油装置涂油，涂油后的钢丝束通过塑料挤压机涂刷塑料薄膜，再经冷却筒槽成型塑料套管。该工艺与电线、电缆包裹塑料套管的工艺相似，具有效率高、质量好、设备性能稳定的特点。

5. 锚具

无黏结预应力构件中，锚具是把预应力束的张拉力传递给混凝土的工具，外荷载引起的预应力束内力的变化全部由锚具承担。因此，无黏结预应力束的锚具不仅受力比有黏结预应力筋的锚具大，而且承受的是重复荷载。因而，对无黏结预应力束的锚具应有更高的要求。一般要求无黏结预应力束的锚具至少应能承受预应力束最小规定极限强度的 95%，而不超过预期的滑动值。

无黏结预应力筋锚具的选用，应根据无黏结预应力筋的品种、张拉值及工程应用的环境类别选定。对常用的单根钢绞线无黏结预应力筋，其张拉端宜采用夹片锚具，即圆套筒式或垫板连体式夹片锚具；埋入式固定端宜采用挤压锚具或经预紧的垫板连体式夹片锚具。

我国主要采用高强钢丝和钢绞线作为无黏结预应力束。高强钢丝预应力束主要采用镦头锚具，钢绞线预应力束则可采用 XM 型锚具。图 5-38 所示是无黏结预应力钢丝束的一种锚固方式，埋入端和张拉端均采用镦头锚具。

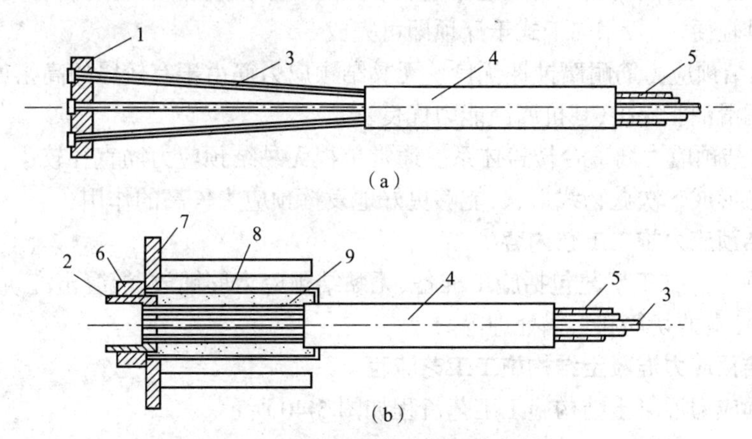

图 5-38　无黏结预应力钢丝束的锚固

（a）锚固端　（b）张拉端

1—锚板；2—锚环；3—钢丝；4—塑料外包层；5—涂料层；6—螺母；7—预埋件；8—塑料套筒；9—防腐油脂

5.4.2　无黏结预应力施工

后张法无黏结预应力混凝土结构工艺流程如图 5-39 所示。这种工艺的优点是无须预留孔道与灌浆，施工简单，张拉时摩阻力小，预应力筋具有良好的抗腐蚀性，并易布置成多跨曲线状。

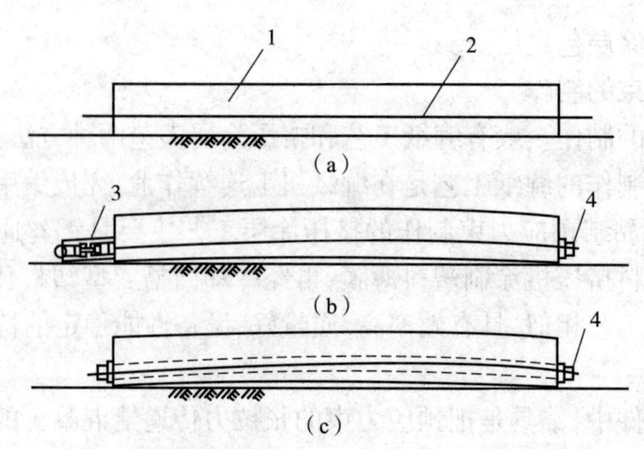

图 5-39 后张法无黏结预应力混凝土结构工艺流程

(a)制作混凝土构件 (b)张拉钢筋 (c)封锚

1—混凝土构件;2—无黏结预应力筋;3—张拉千斤顶;4—锚具

1. 后张法无黏结预应力施工工艺的主要特点

(1)后张法无黏结预应力施工工艺简便。

①无黏结预应力筋可以直接铺放在混凝土构件中,不需要铺设波纹管和灌浆施工,施工工艺比有黏结预应力筋简便。

②无黏结预应力筋都是单根筋锚固,张拉端做法比有黏结预应力张拉端(带喇叭管)做法所占用的空间要小很多,在梁、柱节点钢筋密集区域容易通过,张拉端易于浇筑密实,组装张拉端比较容易。

③无黏结预应力筋的张拉都是逐根进行,单根预应力筋的张拉力比群锚的张拉力要小,因此张拉机具轻便,一般用前卡式千斤顶即可完成。

(2)无黏结预应力筋耐腐蚀性优良。无黏结预应力筋由于有较厚的高密度聚乙烯套及内侧的防腐润滑油脂保护,其抗腐蚀能力优良。

(3)无黏结预应力筋适合楼盖体系。通常单根无黏结预应力筋直径较小,在板、扁梁结构构件中容易形成二次抛物线形状,能够更好地发挥预应力矢高的作用。

2. 无黏结预应力施工工艺内容

无黏结预应力施工工艺包括施工准备、无黏结预应力筋铺放、混凝土浇筑和养护、预应力筋张拉、张拉端的切筋和封锚处理等。

3. 无黏结预应力混凝土结构施工工艺流程

无黏结预应力混凝土结构施工工艺流程如图 5-40 所示。

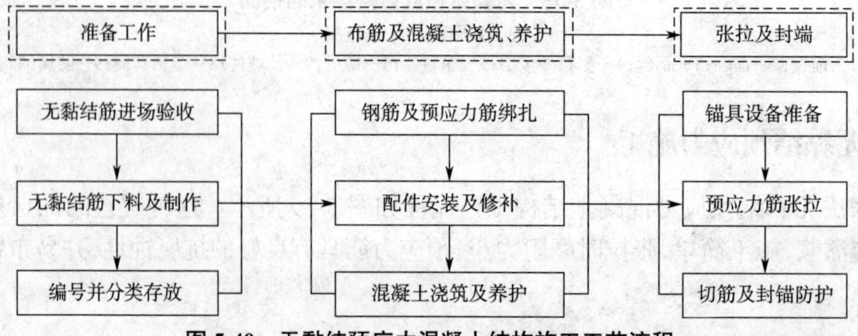

图 5-40 无黏结预应力混凝土结构施工工艺流程

1)施工准备

无黏结预应力筋为整盘包装进场,可在施工现场开盘下料,并对固定端安装挤压锚具及相应的锚垫板;若场地条件受限,也可在加工厂完成开盘下料,但应按要求编号。下料长度的计算应依据施工图技术文件,考虑预应力筋按曲线布置的线性实际长度、张拉用千斤顶的操作预留长度。板中的预应力筋,通常可忽略预应力筋组合曲线的影响,即按其在水平方向的投影长度考虑,但梁高大于 1 000 mm 时或多跨连续梁则应按其设计线形的实际长度及其他要求下料。下料时,应用砂轮锯切割,严禁使用电气焊切割。

下料前,应检查无黏结预应力筋及配套锚具外观,并按要求对无黏结预应力筋的力学性能及其配套锚具的相关物理性能进行送检,取样要求及检查方法按国家与行业标准规定进行。在三 a、三 b 类环境条件下对无黏结预应力筋所用锚具系统,应按有关规范的相关规定检验其防水性能。相关检验合格后,方可进行后续作业。

还应注意,在无黏结预应力筋搬运过程中,要防止其防护套破损,局部破损的防护套,应采用防水聚乙烯胶带缠绕修补,每圈胶带搭接宽度一般大于胶带宽度的 1/2, 缠绕层不少于两层,缠绕长度应超过破损长度 30 mm。进场的无黏结预应力筋应避免夏季阳光暴晒,堆放时防止泥水影响,避免锚具锈蚀。

2)无黏结预应力筋布设

单向连续无黏结预应力筋可按与非预应力筋相同的方法布设在设计位置上。双向连续布置的无黏结预应力筋一般为双向曲线配筋,两个方向的无黏结预应力筋需相互穿插,给施工操作带来困难,必须先确定无黏结预应力筋的布设顺序。布设双向的无黏结预应力筋时,应先布设标高低的预应力筋,再布设标高较高的预应力筋,应避免两个方向的预应力筋互相穿插编结。布设时,可在施工放样图上将双向预应力筋的各交叉点的标高标出,对其进行比较后,将标高低的预应力筋布设在交叉点下面。

无黏结预应力筋应严格按设计要求的曲线形状就位并固定牢靠。布设无黏结预应力筋时,无黏结预应力筋的曲率可通过垫马凳(由公称直径 12 mm 的钢筋焊接制成)控制,马凳高度应根据设计要求的无黏结预应力筋曲率确定,马凳间隔不宜大于 1.2 m,并应用铁丝将其与无黏结预应力筋扎紧。板中无黏结预应力筋定位间距可适当放宽,如 2 m。也可以用铁丝将无黏结预应力筋与非预应力钢筋绑扎牢固,以防止无黏结预应力筋在浇筑混凝土过程中发生位移,绑扎点的间距为 0.7~1.0 m。

板中单根无黏结预应力筋的水平间距不宜大于板厚的 6 倍,且不宜大于 1 m;带状束的无黏结预应力筋根数不宜多于 5 根,束间距不宜大于板厚的 12 倍,且不宜大于 2.4 m。梁中集束布置的无黏结预应力筋,集束的水平净间距不宜小于 50 mm,集束至构件边缘的净间距不宜小于 40 mm。布置无黏结预应力筋时,应平顺,防止相互扭绞(若成束布设)。

3)张拉端、固定端安装

应按施工图技术文件中规定的无黏结预应力筋的位置在张拉端模板上钻孔。张拉端锚垫板可采用钉子固定在端模板上或采用点焊固定在钢筋上。无黏结预应力曲线筋或折线筋末端的切线应与承压板相垂直,曲线段的起始点至张拉锚固点应有不小于 300 mm 的直线段。

固定端挤压锚具应放置在梁支座内,成束预应力筋的锚固端应顺直散开放置。螺旋筋应紧贴锚固端承压板位置放置,并绑扎牢固。

应注意,将张拉端承压板装设牢固,防止混凝土浇筑时移位,并保证预应力筋垂直于锚垫板,穴模应保证密闭,防止浇筑时混凝土进入。应将螺旋筋第一圈压平焊接在张拉端锚板上,或与固定端锚板连接牢靠,防止施工过程中移位。施工中使用电气焊时,应对无黏结预应力筋做好防护,避免火花灼伤无黏结预应力筋的护套,布设的无黏结预应力筋应检查护套受损情况,并采取前述防水聚乙烯胶带缠绕修复措施。

4)混凝土浇筑与养护

浇筑前,应进行隐蔽工程验收,主要确认预应力筋的品种、规格、级别、数量、位置,局部加强钢筋的牌号、规格、数量及位置,预应力锚具、连接管、锚垫板的品种、规格、数量和位置等。

浇筑设计强度等级的混凝土,应保证密实,特别是锚垫板附近严禁漏浆。浇筑时,留置2~3组同条件混凝土立方体试块,以备测试混凝土强度。

5)预应力张拉

后张法无黏结预应力筋的张拉、张拉机具、混凝土强度要求、张拉控制力、张拉伸长值、张拉顺序等与后张法有黏结预应力施工工艺相同。

后张法无黏结预应力筋张拉时,宜按预应力筋反摩擦损失、摩擦损失相应计算结果在设计和施工方案中体现,若无具体要求,无黏结预应力筋的长度不大于40 m时可一端张拉,大于40 m时宜两端张拉。当无黏结预应力筋的长度超过60 m时,为减少支承构件的约束影响,宜将无黏结预应力筋分段张拉和锚固。

需要注意的是,预应力筋张拉前,严禁拆除结构下的支撑,对于超长结构,若仅是按温差应力要求设置无黏结预应力筋,设计时未考虑其承担竖向荷载的情况,可不受此限制。成束无黏结预应力筋正式张拉前,宜先用千斤顶往复张拉1~2次,以降低张拉摩擦损失。无黏结预应力筋的张拉过程中,当有个别钢绞线发生滑脱或断裂时,可相应降低张拉力,但滑脱数量不应超过结构同一截面无黏结预应力筋总量的3%;发生断丝时,断丝的数量不应超过构件同一截面钢绞线、钢丝总数的3%,且每根钢绞线断丝不得超过一丝。对于多跨双向连续板,其同一截面应按每一跨计算。

6)封锚

张拉端封锚处理取决于使用环境等级、无黏结预应力筋及锚具种类。无黏结预应力筋的锚固区,必须有严格的密封防护措施。

无黏结预应力筋锚固后的外露长度不小于30 mm,多余部分用砂轮锯等机械切割,不得采用电弧切割。

在外露锚具与锚垫板表面涂以防锈漆或环氧树脂,为使无黏结预应力筋端头全封闭,可在锚具端头涂防腐润滑油脂后,罩上封闭塑料帽或金属密封盖。对凹入式锚固区,锚具表面经上述处理后,要再用微膨胀混凝土将圈梁封闭。外包圈梁不宜突出外墙面,其混凝土强度等级宜与构件混凝土一致。对留有后浇带的锚固区,可采取二次浇筑混凝土的方法进行封锚。

张拉端锚具主要有圆套筒式、垫板连体式、全封闭垫板连体夹片式三种。圆套筒式锚具由锚环、夹片、承压板和间接钢筋组成,宜凹进混凝土表面布置,如图5-41所示。

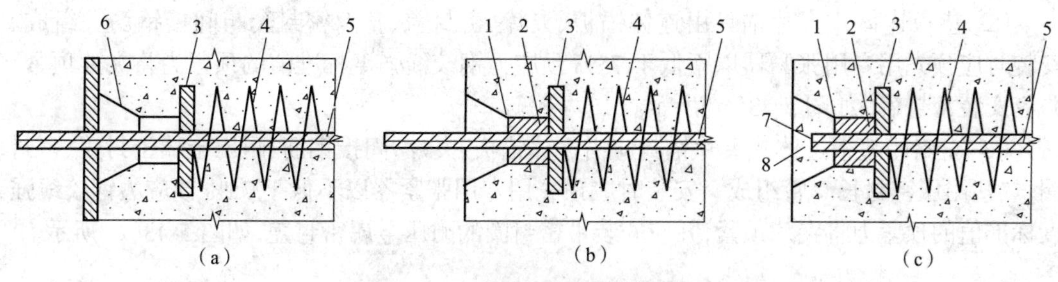

图 5-41　圆套筒式锚具构造示意图

(a)组装状态　(b)拆模后张拉状态　(c)封闭状态

1—夹片;2—锚环;3—承压板;4—间接钢筋;5—无黏结预应力钢绞线;6—穴模;

7—塑料帽;8—微膨胀细石混凝土或无收缩砂浆

用于一类环境的锚固系统,封闭时应采用塑料保护套进行防腐保护,埋入式固定端也可采用挤压锚具。

垫板连体式夹片锚具由连体锚板、夹片、穴模、密封连接件及螺母、间接钢筋、密封盖、塑料密封套等组成,宜凹进混凝土表面布置,如图 5-42 所示。

用于三 a、三 b 类环境的锚具系统,封闭时采用耐压密封盖、密封圈、热塑耐密封长套管进行防腐蚀保护。

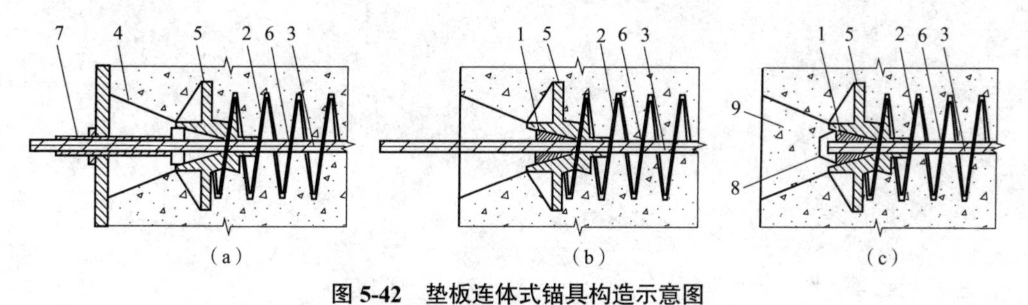

图 5-42　垫板连体式锚具构造示意图

(a)组装状态　(b)拆模后张拉状态　(c)封闭状态

1—夹片;2—间接钢筋;3—无黏结预应力钢绞线;4—穴模;5—连体锚板;6—塑料密封套;

7—密封连接件及螺母;8—密封盖;9—微膨胀细石混凝土或无收缩砂浆

张拉端封锚的具体要求是当采用凹入式节点时,采用无收缩砂浆或混凝土封闭保护,其锚具或预应力筋端部的保护层厚度:一类环境时不应小于 20 mm;二 a、二 b 类环境时不应小于 50 mm;三 a、三 b 类环境时不应小于 80 mm。混凝土或砂浆不能包裹的部位,应对无黏结预应力筋的锚具全部涂以与无黏结预应力筋防腐涂层相同的防腐材料,并应用具有可靠防腐和防水性能的保护罩将锚具全部封闭。

当锚具凸出式布置时,还应注意封锚混凝土与构件混凝土应可靠黏结,锚具封闭前应将周围混凝土界面凿毛并冲洗干净,且宜配置 1~2 片钢筋网,钢筋网应与构件混凝土拉结;锚具或预应力筋端部的保护层厚度应同凹入式。

固定端锚具系统埋设在混凝土中,采用的挤压锚具、垫板连体式夹片锚具或全封闭垫板连体式夹片锚具应符合如下的相关要求。

(1)挤压锚具由挤压锚、承压板和间接钢筋组成,并应用专用设备将套筒等挤压锚具组装在钢绞线端部,如图 5-43(a)所示。

（2）垫板连体式夹片锚具由连体锚板、夹片、密封盖、塑料密封套与间接钢筋等组成。安装时应预先用专用张紧器以不低于75%预应力钢绞线强度标准值的顶紧力将夹片顶紧，并应安装密封盖，如图5-43（b）所示。

（3）全封闭垫板连体式夹片锚具应由连体锚板、夹片、间接钢筋、耐压金属密封盖、密封圈、热塑耐压密封长套管组成。安装时应预先用专用张紧器以不低于75%预应力钢绞线强度标准值的顶紧力将夹片顶紧，并应安装带密封圈的耐压金属密封盖，如图5-43（c）所示。

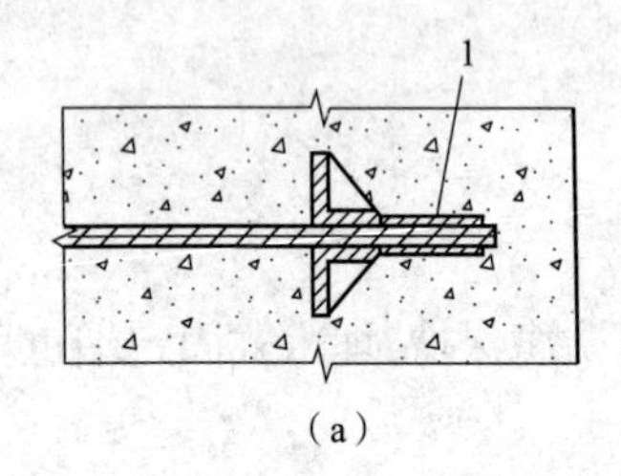

（a）

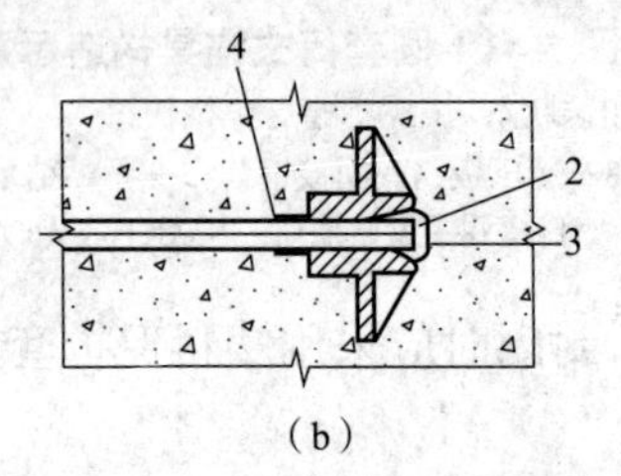

（b）

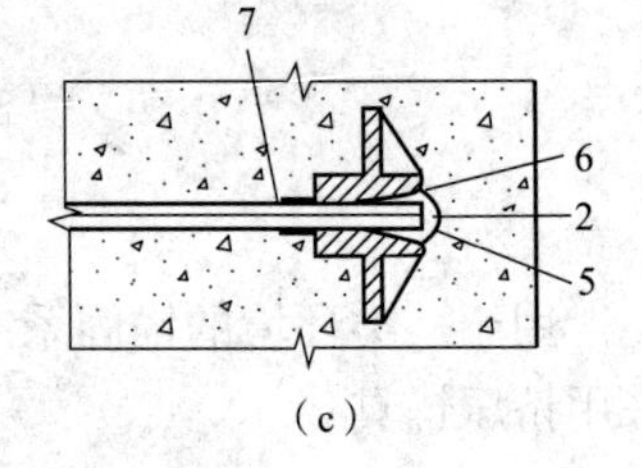

（c）

图5-43 固定端锚具构造示意

（a）挤压锚具 （b）垫板连体式夹片锚具 （c）全封闭垫板连体式夹片锚具

1—挤压锚具；2—专用防腐油脂；3—密封盖；4—塑料密封套；5—耐压密封盖；6—密封圈；7—热塑耐压密封长套管

第 6 章　钢结构安装工程

【内容提要】

钢结构工程,从广义上讲是指以钢铁为基材,经过机械加工组装而成的结构。一般意义上的钢结构仅限于工业厂房、高层建筑、塔桅、桥梁等,即建筑钢结构。由于钢结构具有强度高、结构轻、施工周期短和精度高等特点,因而在建筑、桥梁等土木工程中被广泛采用。

6.1　概述

6.1.1　钢结构发展

钢结构具有强度高、自重轻、安装容易、施工周期短、抗震性能好、投资回收快、环境污染少等优势,与钢筋混凝土结构相比,更具有在高、大、轻三个方面发展的独特优势。因此,钢结构在土木工程中得到了合理、迅速的应用。我国钢结构建筑与国外相比,起步较晚,一直到 20 世纪 90 年代才得到快速发展,尤其是 1996 年以来,我国钢产量突破 1 亿吨大关。国家鼓励钢结构建筑政策的引导,为钢结构建筑的发展提供了非常广阔的空间。钢结构这一新的建筑结构体系的出现和发展,无疑将会给整个建筑领域带来深刻的影响,极大地促进我国建筑产品结构的调整和扩展。

6.1.2　钢结构材料

国民经济建设的各行各业几乎都需要钢材,但由于各自用途的不同,对钢材性能的要求也各异。例如,机械加工的切削工具需要钢材有很高的强度和硬度;石油化工设备需要钢材具有耐高温和耐腐蚀性能;一些机器零件需要钢材有较高的强度、耐磨性和中等的韧性,等等。

钢材的种类繁多,但适用于建筑钢结构的钢材只占其中的一小部分。至今为止,我国建筑钢结构采用的钢材仍以碳素结构钢和低合金结构钢为主。

建筑钢结构用钢的性能要求主要有以下几点。

(1)较高的抗拉强度 f_u 和屈服点 f_y。f_y 是衡量结构承载能力的指标,f_y 高则可减轻结构自重,节约钢材和降低造价。f_u 是衡量钢材经过较大变形后的抗拉能力,直接反映钢材内部组织的优劣,f_u 高可以增加结构的安全保障。

(2)较好的塑性和韧性。塑性和韧性好,结构在静载和动载作用下有足够的应变能力,既能减轻结构脆性破坏的倾向,又能通过较大的塑性变形调整局部应力,同时还具有较好的抵抗重复荷载作用的能力。

(3)良好的工艺性能(冷加工、热加工和可焊性)。良好的工艺性能使钢材不但易于加工成各种形式的结构,而且不致因加工而对结构的强度、塑性和韧性等造成较大的不利影响。

此外，根据钢结构的具体工作条件，有时还要求钢材具有适应低温、高温和腐蚀性环境的能力。

碳素结构钢是应用最普遍的钢材，按含碳量可粗略分为低碳钢、中碳钢和高碳钢。通常把含碳量在0.03%～0.25%的钢材称为低碳钢，把含碳量在0.25%～0.6%的钢材称为中碳钢，把含碳量在0.6%～2.0%的钢材称为高碳钢。目前，在建筑钢结构中，应用最为广泛的是低碳钢。

钢材作为结构用料与其他材料相比有着明显的优势。从结构应用的角度看，钢材两个最主要的性能是力学性能和工艺性能。前者要满足结构的功能，后者要满足加工过程的需要。

6.2 起重机械

常用的起重机械包括桅杆式起重机、自行杆式起重机（履带式起重机、轮胎式起重机、汽车式起重机）和塔式起重机等，其中桅杆式起重机属于非标准起重装置。

6.2.1 桅杆式起重机

桅杆式起重机是结构吊装工程中最简单的起重设备。它的特点是能在比较狭窄的场地使用，制作简单，装拆方便，起重量大，能在其他起重机械不能安装的特殊工程中和重大结构吊装时使用。但这类起重机的灵活性较差，移动较困难，起重半径小，且需要设较多的缆风绳，对操作工的技能要求较高，操作安全度较低，故一般只适用于安装工程量比较集中、施工现场极为狭小的情况。例如，超高层结构施工封顶后，大型内爬式塔式起重机最后需要桅杆式起重机协助进行高空拆除作业。

桅杆式起重机按构造不同，可分为独脚拔杆、人字拔杆、悬臂拔杆和牵缆式桅杆起重机等。

1. 独脚拔杆

独脚拔杆由拔杆、起重滑车组、卷扬机、缆风绳和锚锭等组成，如图6-1所示。其特点是只能举升重物，不能做水平移动。使用时，拔杆顶部应保持一定的倾角（$\beta \leqslant 10^\circ$），以保证吊装构件时不碰撞拔杆，拔杆底部应设置拖子，以便移动。拔杆的稳定主要依靠缆风绳，缆风绳的一端固定在桅杆顶端，另一端固定在锚锭上，缆风绳一般设4～8根，与地面的夹角α一般取30°～45°，该角度过大会对拔杆产生较大的压力。

独脚拔杆根据制作所用材料的不同，可分为木独脚拔杆、钢管独脚拔杆、金属格构式独脚拔杆等。

1）木独脚拔杆

木独脚拔杆常用圆木制成，圆木梢径为200～320 mm，起重高度一般在15 m以内，起重量在100 kN以下。

2）钢管独脚拔杆

钢管独脚拔杆一般用直径200~400 mm、壁厚8～12 mm的无缝钢管制作，起重高度在20 m以内，起重量不超过300 kN。

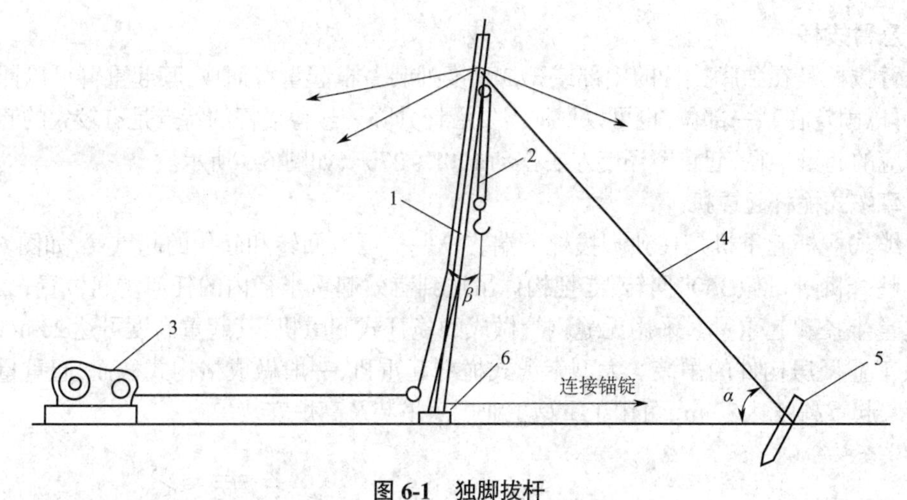

图 6-1　独脚拔杆

1—拔杆；2—起重滑车组；3—卷扬机；4—缆风绳；5—锚锭；6—拖子

3）金属格构式独脚拔杆

金属格构式独脚拔杆是由较大的四根角钢作肢杆（主肢），若干个较小的角钢作腹杆（缀条）焊接而成的。其截面一般为方形，整根拔杆由多节拼成，吊装中根据安装高度及构件重量确定所需要的长度。金属格构式独脚拔杆起重量可达 1 000 kN，起重高度达 70～80 m，拔杆所受的轴向力很大，对地基及支座要求严格，需进行计算。

2. 人字拔杆

人字拔杆由两根圆木或钢管、缆风绳、滑车组及导向滑车组等组成，如图 6-2 所示。两根圆木或钢管在顶部相交成 20°～30° 夹角，并用钢丝绳绑扎或铁件铰接，顶部交叉处悬挂滑车组，底部设有拉杆或拉绳，以平衡拔杆本身的水平推力，其中一根拔杆的底部装有导向滑车组，起重索通过导向滑车组连接卷扬机，另用一根钢丝绳连接到锚锭，以保证起重时底部稳定。拔杆下端两脚的距离为高度的 1/3～1/2，缆风绳的数量根据拔杆的起重量和起重高度确定，一般不少于 5 根。

人字拔杆的优点是侧向稳定性较好，缆风绳较少；缺点是构件起吊后活动范围小，一般仅用于安装重型柱或其他重型构件。

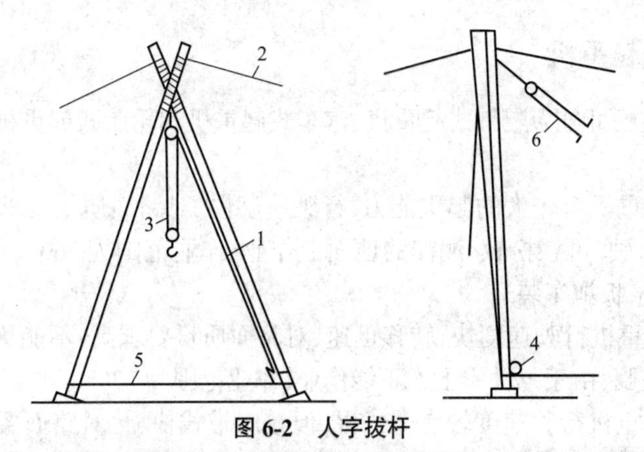

图 6-2　人字拔杆

1—圆木或钢管；2—缆风绳；3—起重滑车组；4—导向滑车组；5—拉索；6—主缆风绳

3. 悬臂拔杆

悬臂拔杆是在独脚拔杆的中部或2/3高度处装一根起重臂而成,其起重臂可以回转和起伏,可以固定在某一部位,也可以根据需要沿杆升降。悬臂拔杆的特点是有较大的起重高度和相应的起重半径,起重臂还能左右摆动120°~270°,如图6-3所示。

4. 牵缆式桅杆起重机

牵缆式桅杆起重机是在独脚拔杆下端装设一根可以回转和起伏的起重臂,如图6-4所示。其整个机身可做360°回转,能把构件吊送到有效起重半径内的任何空间位置,具有较大的起重半径和起重量。采用无缝钢管做成的桅杆式起重机,其起重高度可达25 m,可用于一般工业厂房构件的吊装。大型牵缆式桅杆起重机,一般做成格构式截面,起重量可达600 kN,起重高度达80 m,可用于重型工业厂房吊装及高炉安装。

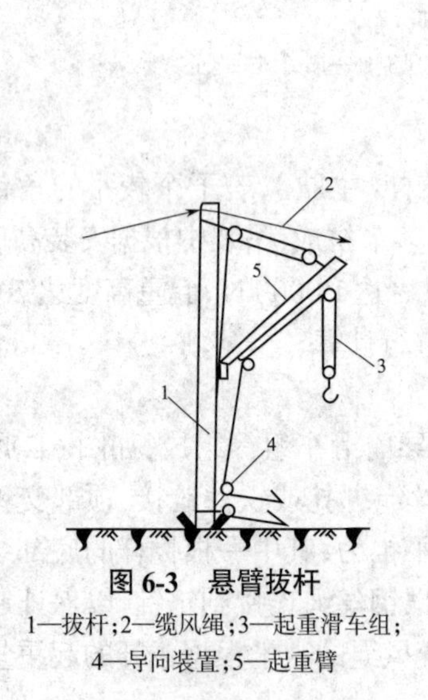

图6-3 悬臂拔杆

1—拔杆;2—缆风绳;3—起重滑车组;4—导向装置;5—起重臂

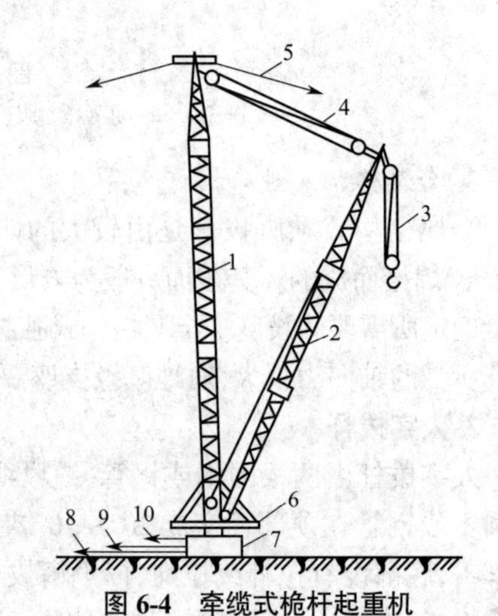

图6-4 牵缆式桅杆起重机

1—桅杆;2—起重臂;3—起重滑车组;4—变幅滑车组;5—缆风绳;6—回转盘;7—底座;8—回转索;9—起重索;10—变幅索

牵缆式桅杆起重机的缆风绳至少为6根,根据缆风绳最大拉力选择钢丝绳和地锚,地锚必须安全可靠。

6.2.2 自行杆式起重机

自行杆式起重机可分为履带式起重机、汽车式起重机和轮胎式起重机,它们各自的特点如下。

(1)履带式起重机有较大的起重能力,行驶速度慢,对路面质量要求不高,在平坦坚实的地面上能负荷行驶,可在松软、泥泞的地面上作业,作业范围为360°;但履带对地面破坏大,故转移时多用平板拖车装运。

(2)汽车式起重机行驶速度快,转移迅速,对路面质量要求高,不能负荷行驶,作业时设有可伸缩的工作支腿;由于驾驶室上方不能作业,作业范围为270°。

(3)轮胎式起重机行驶速度较汽车式慢,但较履带式快,且对路面要求较高,不适于在松软、泥泞的地面上工作,轮距较宽、稳定性好、车身短、转弯半径小,起重臂可全方位旋转,作业范围为 360°。

1. 履带式起重机

履带式起重机由行走装置、回转机构、机身及起重臂等组成。起重臂为用角钢组成的格构式杆件，下端铰接在机身的前面，并随机身回转，可分节接长，设有两套滑车组（起重滑车组及变幅滑车组），钢丝绳通过起重臂顶端连到机身内的卷扬机上。若变换起重臂端的工作装置，可构成单斗挖土机等，以提高设备的工作效率。

目前，在装配式结构施工中，特别是单层工业厂房结构安装中，履带式起重机得到广泛应用。常用履带式起重机如图 6-5 所示，外形尺寸见表 6-1，技术规格见表 6-2。

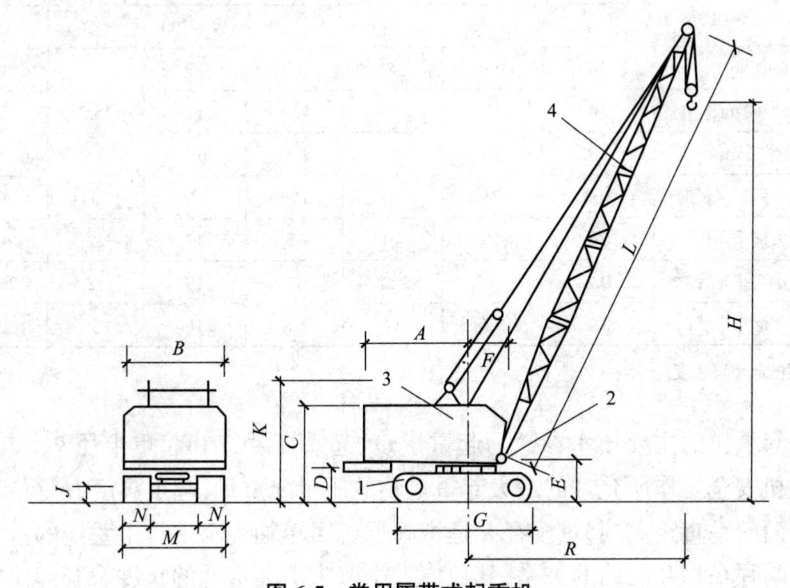

图 6-5　常用履带式起重机

L—起重臂长；H—起重高度；R—起重半径

1—行走装置；2—回转机构；3—机身；4—起重臂

表 6-1　履带式起重机外形尺寸　（mm）

符号	参数	型号		
		W_1-50	W_1-100	W_1-200
A	机身尾部距回转中心的距离	2 900	3 300	4 500
B	机身宽度	2 700	3 120	3 200
C	机身顶部距地面高度	3 220	3 675	4 125
D	机身底部距地面高度	1 000	1 045	1 190
E	起重臂下铰点中心距地面高度	1 555	1 700	2 100
F	起重臂下铰点中心距回转中心宽度	1 000	1 300	1 600
G	履带长度	3 420	4 005	4 950
M	履带架宽度	2 850	3 200	4 050
N	履带板宽度	550	675	800

续表

符号	参数	型号		
		W_1-50	W_1-100	W_1-200
J	行走架距地面高度	300	275	390
K	机身上部支架距地面高度	3 480	4 170	6 300

表 6-2　履带式起重机技术规格

参数		型号							
		W_1-50			W_1-100			W_1-200	
起重臂长度 /m		10	18	18*	13	23	15	30	40
最大起重半径 /m		10	17	10	12.5	17	15.5	22.5	30
最小起重半径 /m		3.7	4.5	6	4.23	6.5	4.5	8	10
起重量 / kN	最小起重半径时	100	75	20	150	80	500	200	80
	最大起重半径时	26	10	10	35	17	82	43	15
起重高度 /m	最小起重半径时	9.2	17.2	17.2	11	19	12	26.8	36
	最大起重半径时	3.7	7.6	14	5.8	16	3	19	25

注:* 表示带鸟嘴的起重臂长度。

履带式起重机的主要技术参数为起重量 Q 、起重高度 H 和起重半径 R 。其中,起重量 Q 是指起重机安全工作所允许的最大起重重物的质量或重量,起重高度 H 是指起重吊钩的中心至停机面的垂直距离,起重半径 R 是指起重机回转轴线至吊钩中垂线的水平距离。这三个参数之间存在相互制约的关系,其数值大小取决于起重臂的长度及其仰角的大小。各型号起重机都有几种臂长。当臂长一定时,随着起重臂仰角的增大,起重量和起重高度随之增加,而起重半径减小。当起重臂仰角一定时,随着起重臂长度的增加,起重半径和起重高度增加,而起重量减小。

履带式起重机三个主要参数之间的关系可用工作性能表来表示,也可用起重机工作曲线来表示,在起重机手册中均可查阅。

2. 汽车式起重机

汽车式起重机是将起重机构安装在普通载重汽车或专用汽车底盘上的一种自行式全回转起重机,其行驶驾驶室与起重操纵室分开设置,如图 6-6 所示。其起重臂可自动逐节伸缩,并具有各种限位和报警装置。汽车式起重机的优点是行驶速度快,转移迅速、灵活,对路面破坏性小;缺点是吊装作业时稳定性差,不能负荷行驶,因此起重机装有可伸缩的支腿,作业时支腿落地,以增加机身的稳定性。

汽车式起重机按起重量大小可分为轻型、中型和重型三种,起重量在 200 kN 以内的为轻型,在 200 ~ 500 kN 的为中型,在 500 kN 以上的为重型;按起重臂形式可分为伸缩箱形臂和桁架臂两种;按传动装置形式可分为机械传动(代号 Q)、电力传动(代号 QD)、液压传动(代号 QY)三种。目前,使用最多的是液压式伸缩臂汽车式起重机,吊臂内装有液压伸缩机构控制其伸缩,适用于中小型构件及大型构件的吊装。

3. 轮胎式起重机

轮胎式起重机的外形和上部构造与履带式起重机基本相似，但其行驶装置采用轮胎，起重机构与机身安装在由加重型轮胎和轮轴组成的特制底盘上，能实现 360° 全回转，如图 6-7 所示。其底盘下装有若干根轮轴，根据起重量的大小，配备 4~10 个或更多个轮胎，并装有 4 个可伸缩的支腿，作业时支腿落地，以增加机身的稳定性，且保护轮胎。其在平坦地面上，可不用支腿进行小起重量吊装低速行驶。

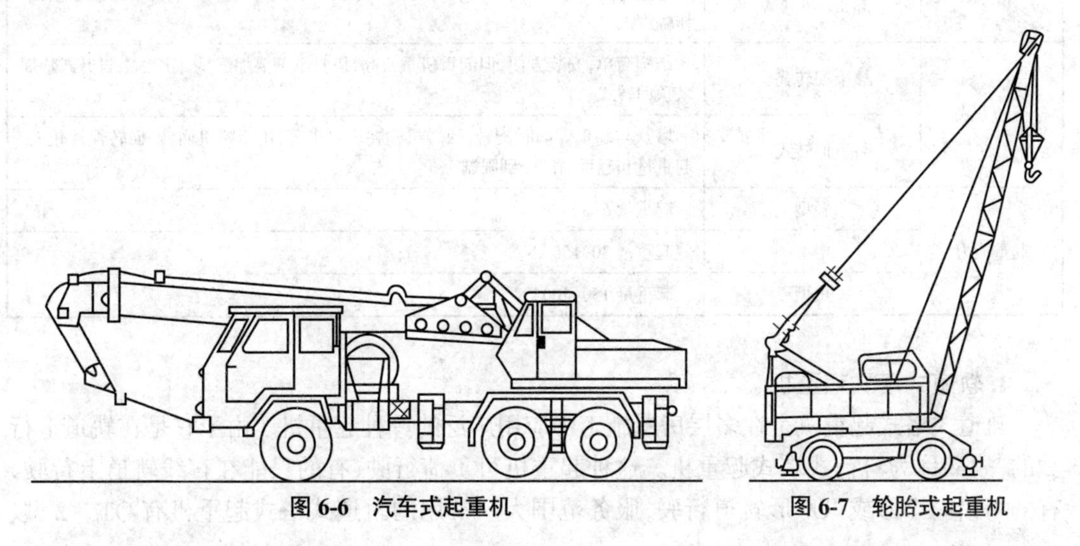

图 6-6　汽车式起重机　　图 6-7　轮胎式起重机

与汽车式起重机相比，轮胎式起重机轮距较宽、稳定性好、车身短、转弯半径小；但行驶速度慢，不适合在松软或泥泞的地面上作业，适用于作业地点相对固定而作业量较大的现场施工。

常用的轮胎式起重机按传动方式可分为机械式、电动式和液压式。近几年来，机械式已被淘汰，液压式逐步替代电动式。

6.2.3　塔式起重机

塔式起重机具有竖直的塔身，起重臂安装在塔身顶部，并与塔身组成“Γ”形，使塔式起重机具有工作空间较大、起重高度和工作幅度均较大、运行速度快、作业范围大、效率高、使用和装拆方便等优点。塔式起重机的安装位置能够最大限度地靠近施工的建筑物，有效工作半径较其他类型起重机大，广泛应用于多层及高层民用建筑和多层工业厂房结构与设备的安装。

塔式起重机种类繁多，按行走机构、变幅方式、回转方式、起重能力等可分为多种类型，各类型起重机的特点见表 6-3。常用的塔式起重机有轨道式塔式起重机（上旋式和下旋式）、爬升式塔式起重机和附着式塔式起重机。

表 6-3 塔式起重机的类型和特点

分类方法	类型	特点
行走机构	固定式	整机稳定性好，与轨道行走式相比，起重量、起重高度较大
	轨道行走式	转移方便、机动性强，较固定式稳定性差
变幅方式	起重臂变幅	起重臂与塔身铰接，变幅时调整起重臂的仰角
	起重小车变幅	起重臂处于水平状，下弦装有起重小车，变幅简单，操作方便，并能带载变幅，工作幅度大
回转方式	上回转式	结构简单，安装方便，但起重机重心高，塔身下部要加配重，固定式、自升式均属塔顶回转式
	下回转式	塔身与起重臂同时旋转，回转机构在塔身下部，由于整机回转，回转惯性较大，起重量和起重高度受到限制
起重能力	轻型	起重量 5~30 kN
	中型	起重量 30~150 kN
	重型	起重量 150~400 kN

1. 轨道式塔式起重机

轨道式塔式起重机是在多层房屋施工中应用广泛的一种起重机。由于它是在轨道上行驶的，故又称为自行式塔式起重机。这种起重机可负荷行驶，有的只能在直线轨道上行驶，有的可沿“L”形或“U”形轨道行驶，服务范围大。常用的轨道式塔式起重机有 QT_1-2 型、QT_1-6 型、QT60/80 型等。

轨道式塔式起重机由于整机在轨道上行驶，稳定性差，因此起重量、起重高度和起重半径都受到限制。

1）QT_1-2 型塔式起重机

QT_1-2 型塔式起重机是一种塔身回转式（下回转）轻型塔式起重机，主要由塔身、起重臂和底盘等组成，如图 6-8 所示。由于其是下回转，重心低，故稳定性好。这种起重机最大的特点就是可以自行折叠与架设，并可整体拖运；缺点是回转平台较大，起重高度小，适用于五层以下民用建筑结构安装和预制构件厂装卸作业。

QT_1-2 型塔式起重机的起重力矩为 160 kN•m，起重量为 10 ~ 20 kN，轨距为 2.8 m，起重速度为 14.1 m/min，自重为 13 t。

2）QT_1-6 型塔式起重机

QT_1-6 型塔式起重机是一种塔顶旋转式（上回转）中型塔式起重机，由底座、塔身、起重臂、塔顶及平衡重等组成，如图 6-9 所示。其塔顶有齿式回转机构，塔顶通过该齿式回转机构可围绕塔身回转 360°。其底座有两种：一种有 4 个行走轮，只能直线行驶；另一种有 8 个行走轮，能转弯行驶，内轨半径不小于 5 m。其起重高度可按需要增减塔身、互换节架。这种起重机适用于一般工业与民用建筑结构安装和材料仓库装卸作业。

QT_1-6 型塔式起重机的最大起重力矩为 400 kN•m，起重量为 20 ~ 60 kN，轨距为 3.8 m，起重半径为 8.5 ~ 20 m，起重高度为 16.2 ~ 40.6 m，具体起重性能见表 6-4。

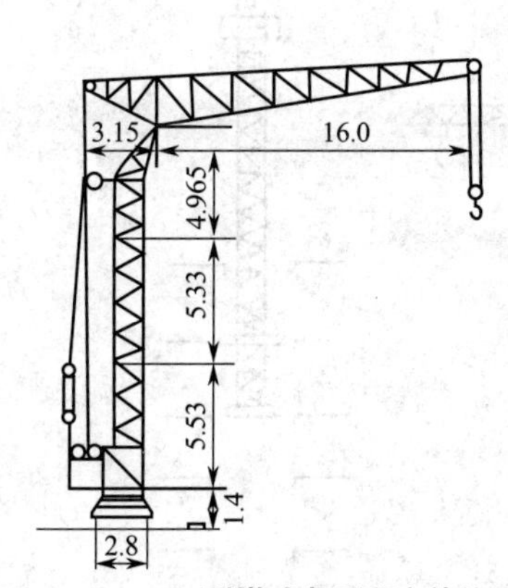

图 6-8　QT_1-2 型塔式起重机（单位：m）

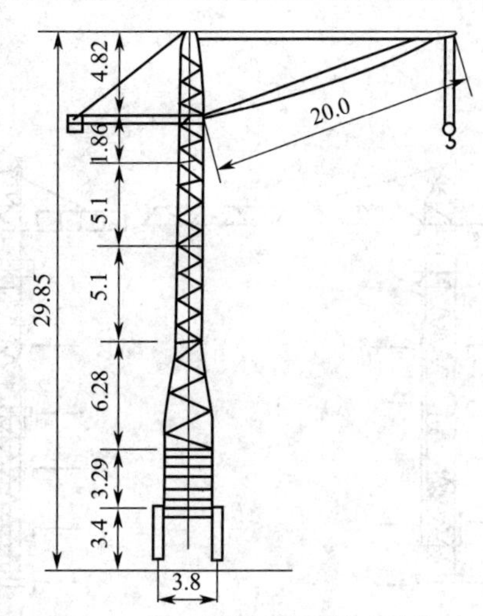

图 6-9　QT_1-6 型塔式起重机（单位：m）

表 6-4　QT_1-6 型塔式起重机的起重性能

幅度 /m	起重量 /t	起重绳数（最少）	起重速度 /（m / min）	起重高度 /m		
				无高节架	一节高节架	二节高节架
8.5	6	3	11.4	30.4	35.5	40.6
10	4.9	3	11.4	29.7	34.8	39.9
12.5	3.7	2	17	28.2	33.6	38.4
15	3	2	17	26	31.1	36.2
17.5	2.5	2	17	22.7	27.8	32.9
20	2	1	34	16.2	21.3	26.4

2. 爬升式塔式起重机

爬升式塔式起重机是自升式塔式起重机的一种，一般情况下将它安装在高层装配式结构的电梯井、楼梯间或特设开间内，每 2~3 层楼向上爬升一次。这种起重机主要用于高层（10 层以上）框架结构安装。

爬升式塔式起重机的优点是不需铺设轨道，机身体积小、质量轻，安装简单，不占用施工场地，适用于现场狭窄的高层建筑结构安装；缺点是安装部位必须最后施工，起重机拆卸困难。

爬升式塔式起重机由底座、套架、塔身、塔顶、行车式起重臂、平衡臂等组成，型号有 $QT_5-4/40$ 型、$QT_5-4/60$ 型、QT_3-4 型，以及用原有 2 ~ 6 t（20 ~ 60 kN）上旋式塔式起重机改装的爬升式塔式起重机。

爬升式塔式起重机的底座及套架上均设有可伸出和收回的活动支腿，在吊装构件过程中及爬升过程中可将支腿支撑在框架梁上，每层楼的框架梁上均需埋设地脚螺栓，用以固定活动支腿。

爬升式塔式起重机的爬升过程如图 6-10 所示，即固定下支座→提升套架→固定套架→下支座脱空→提升塔身→固定下支座。爬升式塔式起重机的起重性能见表 6-5。

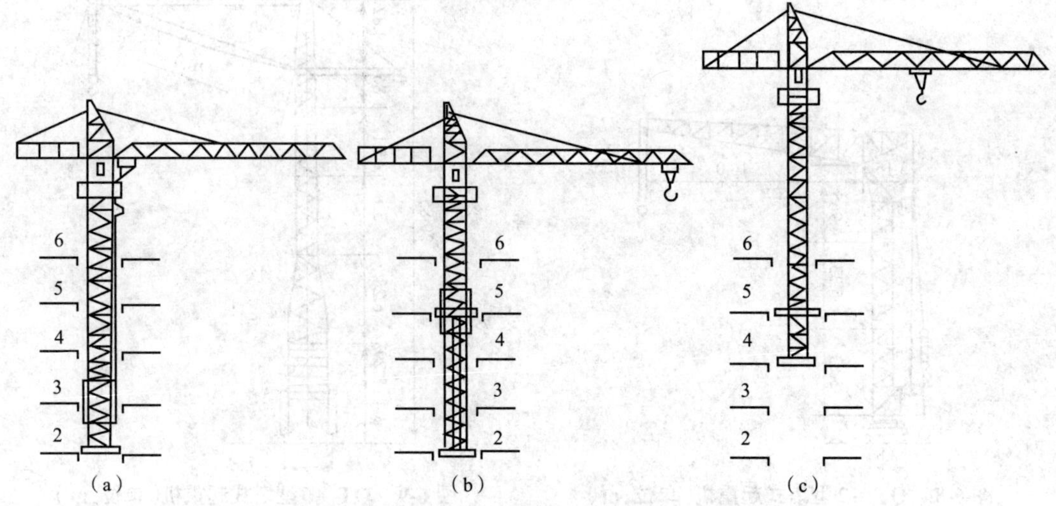

图 6-10　爬升式塔式起重机爬升过程示意图

(a)套架提升前　(b)提升套架　(c)提升塔身

表 6-5　爬升式塔式起重机的起重性能

型号	起重量/t	幅度 /m	起重高度 /m	一次爬升高度 /m
$QT_5-4/40$	4	2~11	110	8.6
	4~2	11~20		
QT_3-4	4	2.2~15	80	8.87
	3	15~20		

3. 附着式塔式起重机

附着式塔式起重机是一种能适应多种工作情况的起重机，如图 6-11 所示。附着式塔式起重机直接固定在建筑物近旁的混凝土基础上，可随建筑物的施工进度，借助顶升系统将塔身自行向上接高和向下拆卸。为了减小塔身的自由长度，增加其稳定性，规定每隔 10~20 m 将塔身与建筑物用锚固装置连接，以实现更大的起升高度，它适用于高层建筑施工。附着式塔式起重机还可装在建筑物内部作为爬升式塔式起重机使用，或作为轨道式塔式起重机使用。

常用的附着式塔式起重机的型号有 QT_4-10 型、QT_1-4 型、ZT100 型等。QT_4-10 型附着式塔式起重机的起重力矩可达 1 600 kN•N，起重量为 5~10 t，起重半径为 3~30 m，起重高度为 160 m，一次顶升高度为 2.5 m。

附着式塔式起重机的液压顶升系统主要包括顶升套架、长行程液压千斤顶、支撑座、顶升横梁及定位销等。液压千斤顶的缸体装在塔吊上部结构的底端承座上，活塞杆通过顶升横梁(扁担梁)支撑在塔身顶部。其顶升过程可分以下五个步骤。

(1)将标准节吊到摆渡小车上，并将过渡节与标准节相连的螺栓松开，准备顶升，如图 6-12(a)所示。

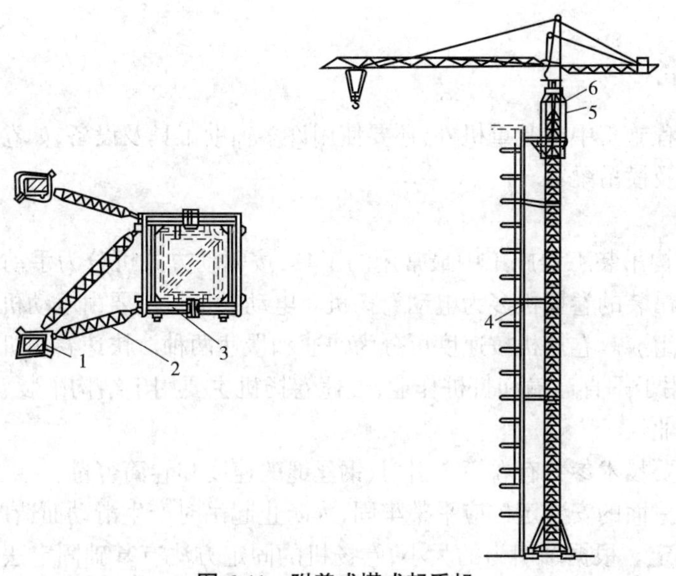

图 6-11　附着式塔式起重机

1—柱套箍；2—撑杠；3—塔身套箍；4—锚固装置；5—顶升套架；6—液压千斤顶

(2)启动液压千斤顶，将塔吊上部结构包括顶升套架向上顶升到超过一个标准节的高度，然后用定位销将套架固定，塔吊上部结构的重量通过定位销传递到塔身，如图 6-12(b)所示。

(3)液压千斤顶回缩，形成引进空间，将装有标准节的摆渡小车开到引进空间内，如图 6-12(c)所示。

(4)利用液压千斤顶稍微提起接高的标准节，退出摆渡小车，将标准节平稳地落在下面的塔身上，并用螺栓拧紧，如图 6-12(d)所示。

(5)拔出定位销，下降过渡节，使之与已接高的塔身连成整体，如图 6-12(e)所示。

一次若要接高若干节塔身标准节，则可重复以上工序。在顶升前，必须按规定将平衡重和起重小车移到指定位置，以保证顶升过程的稳定。

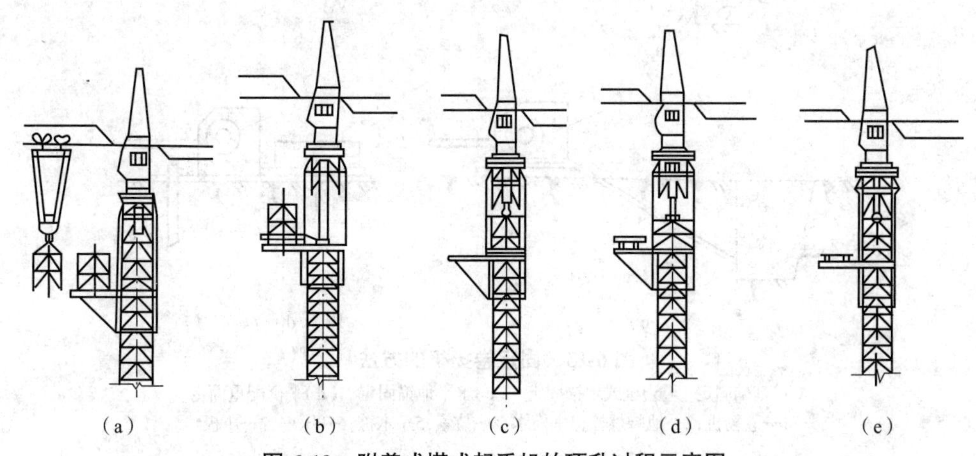

图 6-12　附着式塔式起重机的顶升过程示意图

(a)准备状态　(b)顶升塔顶　(c)推入标准节　(d)安装标准节　(e)塔顶和塔身连成整体

6.2.4 索具设备

结构吊装工程施工中除起重机外，还要使用许多辅助工具及设备，如卷扬机、钢丝绳、滑车组、吊索、卡环及横吊梁等。

1. 卷扬机

卷扬机是结构吊装工程施工中最常用的工具，按驱动方式可分为手动卷扬机和电动卷扬机。用于结构吊装的卷扬机多为电动卷扬机。电动卷扬机主要由电动机、卷筒、电磁制动器和减速机构等组成。卷扬机按速度可分为快速和慢速两种。快速卷扬机又可分为单向和双向两种，主要用于垂直运输和打桩作业；慢速卷扬机主要用于结构吊装、钢筋冷拉和预应力钢筋张拉等作业。

卷扬机的主要技术参数有卷筒牵引力、钢丝绳的速度和卷筒容量。

卷扬机与支撑面的安装定位应平整牢固，为防止起吊时产生滑动而造成倾覆，必须对卷扬机加以安全固定。根据牵引力的大小，卷扬机的固定方法有基础固定法、地锚固定法、平衡配重固定法三种，如图 6-13 所示。

(1)基础固定法将卷扬机安放在水泥基础上，用地脚螺栓将卷扬机底座固定，一般适用于码头、仓库、矿井等长期使用情况。

(2)地锚固定法利用地锚将卷扬机固定，又可分为水平地锚固定和桩式地锚固定，这是工地常用的方法。

(3)平衡配重固定法将卷扬机固定在木垫板上，前端设置挡桩，后端加压重物，既防滑移，又防倾覆。

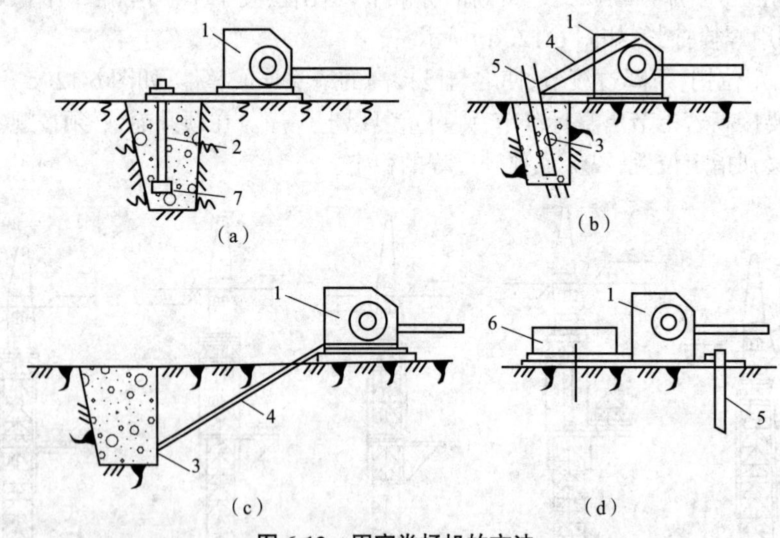

图 6-13 固定卷扬机的方法

(a)基础固定 (b)桩式地锚固定 (c)水平地锚固定 (d)平衡配重固定

1—卷扬机;2—地脚螺栓;3—横木;4—拉索;5—木桩;6—压重;7—压板

卷扬机布置及使用时，应注意下列问题。

(1)在卷扬机正前方应设置导向滑轮，导向滑轮至卷筒轴线的距离应不小于卷筒长度的 15 倍，即倾角 α 不大于 2°，以免钢丝绳与导向滑车槽缘产生过多的磨损，使钢丝绳能自动在卷筒上往复缠绕。

（2）钢丝绳绕入卷筒的方向应与卷筒轴线垂直，并应从卷筒的下面引入，以减少卷扬机的倾覆力矩。

（3）缠绕在卷筒上的钢丝绳至少应保留 2 圈的安全储存长度，不可全部拉出，以防钢丝绳松脱钩发生事故。

（4）卷扬机至构件安装位置的水平距离应大于构件的安装高度，即当构件被吊到安装位置时，操作者视线仰角应小于 45°。

（5）为保证卷扬机安全工作，在使用前，应对卷扬机的相关项目进行严格验收。

（6）卷扬机操作时，周围严禁站人及跨越钢丝绳。

2. 钢丝绳

钢丝绳是吊装工作中的主要绳索，它具有强度高、弹性大、韧性好、耐磨、能承受冲击荷载等优点。结构吊装中常用的钢丝绳是由 6 股钢丝绳围绕一根绳芯（一般为麻芯）捻成，每股钢丝绳又由许多根直径为 0.4~2 mm 的高强钢丝按一定规则捻制而成，如图 6-14 所示。

钢丝绳按照捻制方法不同，可分为单绕、双绕和三绕，土木工程施工中常用的是双绕钢丝绳。

双绕钢丝绳按照捻制方向不同，可分为同向绕、交叉绕和混合绕三种，如图 6-15 所示。

（1）同向绕是指钢丝捻成股的方向与股捻成绳的方向相同，这种钢丝绳绕性好、表面光滑，与滑轮或卷筒凹槽的接触面大，磨损较轻，但易松散和扭结卷曲，吊装重物时易打转，常用于缆风绳。

（2）交叉绕是指钢丝捻成股的方向与股捻成绳的方向相反，这种钢丝绳较硬，吊装时不宜松散和扭结，广泛用于起重吊装中。

（3）混合绕是指相邻的两股钢丝绕向相反，它同时具有前两种钢丝绳的优点，但制造复杂，用得不多。

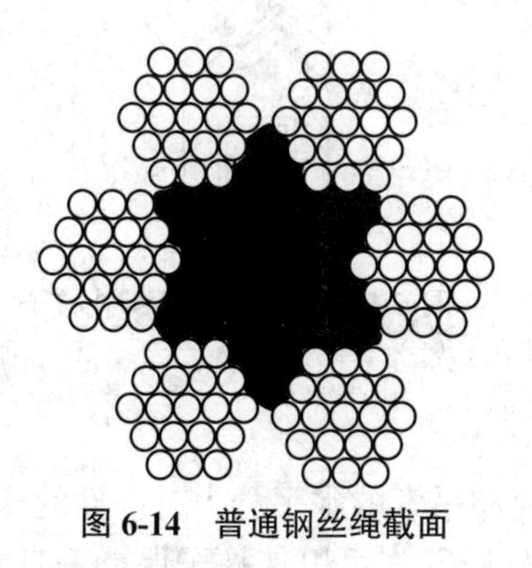

图 6-14　普通钢丝绳截面

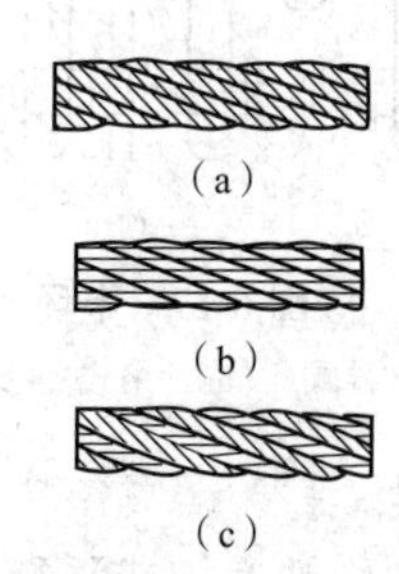

图 6-15　双绕钢丝绳绕向

(a)同向绕　(b)交叉绕　(c)混合绕

3. 滑车组

滑车组由一定数量的定滑轮和动滑轮以及穿绕的钢丝绳所组成，具有省力和改变力的方向的功能，是起重机械的重要组成部分。滑车组共同承担重物的钢丝绳的根数，称为工作线数。滑车组的名称，以组成滑车组的定滑轮与动滑轮的数目来表示，如由 4 个定滑轮和 4

个动滑车组成的滑车组称四四滑车组，由 5 个定滑轮和 4 个动滑轮组成的滑车组称五四滑车组。

4. 吊索

吊索又称千斤绳、绳套，主要用于绑扎构件，以便起吊，有环状吊索（又称万能吊索或闭式吊索）和 8 股头吊索（又称轻便吊索或开口吊索），如图 6-16 所示。

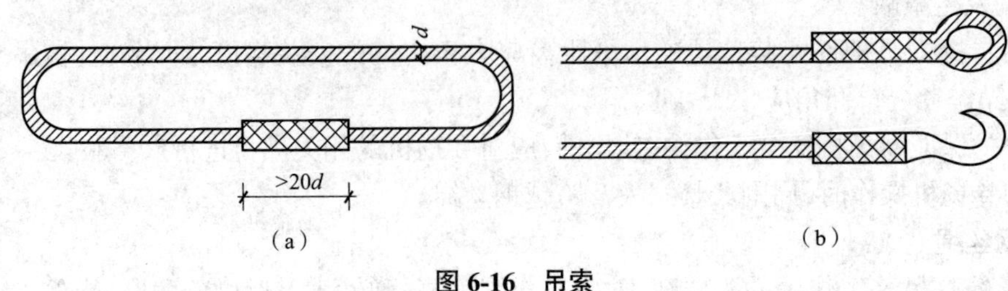

图 6-16　吊索

（a）环状吊索　（b）8 股头吊索

5. 卡环

卡环用于吊索和吊索或吊索和构件吊环之间的连接，由弯环与销子两部分组成。卡环按弯环形式可分为螺栓式卡环和活络式卡环，如图 6-17 所示。螺栓式卡环的销子和弯环采用螺纹连接，活络式卡环的销子端头和弯环孔眼无螺纹，可直接抽出，销子断面有圆形和椭圆形两种。活络式卡环用于吊装柱子，可避免高空作业，如图 6-18 所示。其绑孔时使柱子起吊后销子尾部朝下，在构件起吊前用白棕绳将销子与吊索末端的圆圈连在一起，用铅丝将弯环与吊索末端的圆圈捆在一起，柱子就位临时固定后，放松吊索使其不受力，拉动白棕绳将销子拉出。

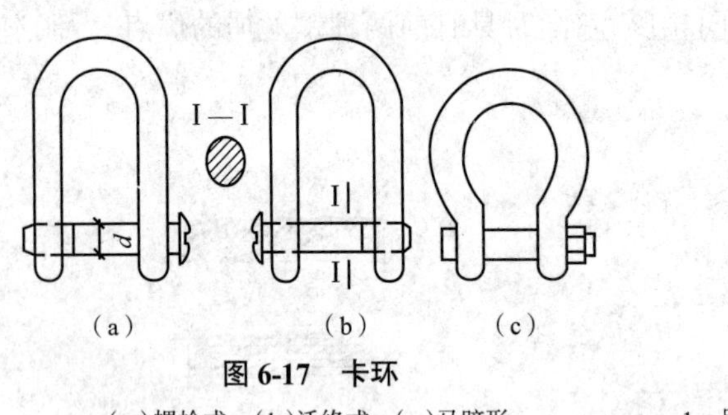

图 6-17　卡环

（a）螺栓式　（b）活络式　（c）马蹄形

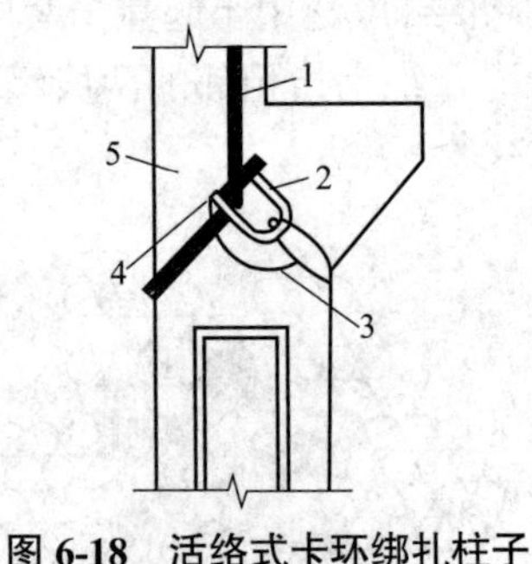

图 6-18　活络式卡环绑扎柱子

1—吊索；2—活络式卡环；3—销子安全绳；4—白棕绳；5—柱

6. 横吊梁

横吊梁又称铁扁担或平衡梁，其可减少吊索高度和吊索的水平分力对构件的压力。横吊梁常用于起吊柱子和屋架等构件。采用横吊梁吊柱子时，可以使柱子保持垂直，便于安装；采用横吊梁吊屋架时，可以降低起吊高度，减少吊索的水平分力对屋架的压力。

常用的横吊梁有滑轮横吊梁、钢板横吊梁、桁架横吊梁和钢管横吊梁等，如图 6-19 所示。

（1）滑轮横吊梁由吊环、滑轮和轮轴等组成，一般用于吊装 80 kN 以下的柱。

（2）钢板横吊梁由 Q235 钢板制成，一般用于吊装 100 kN 以下的柱。

(3)桁架横吊梁用于双机抬吊柱子安装。

(4)钢管横吊梁的钢管长6~12 m,也可用两个槽钢焊接成方形截面来代替,一般用于屋架的吊装。

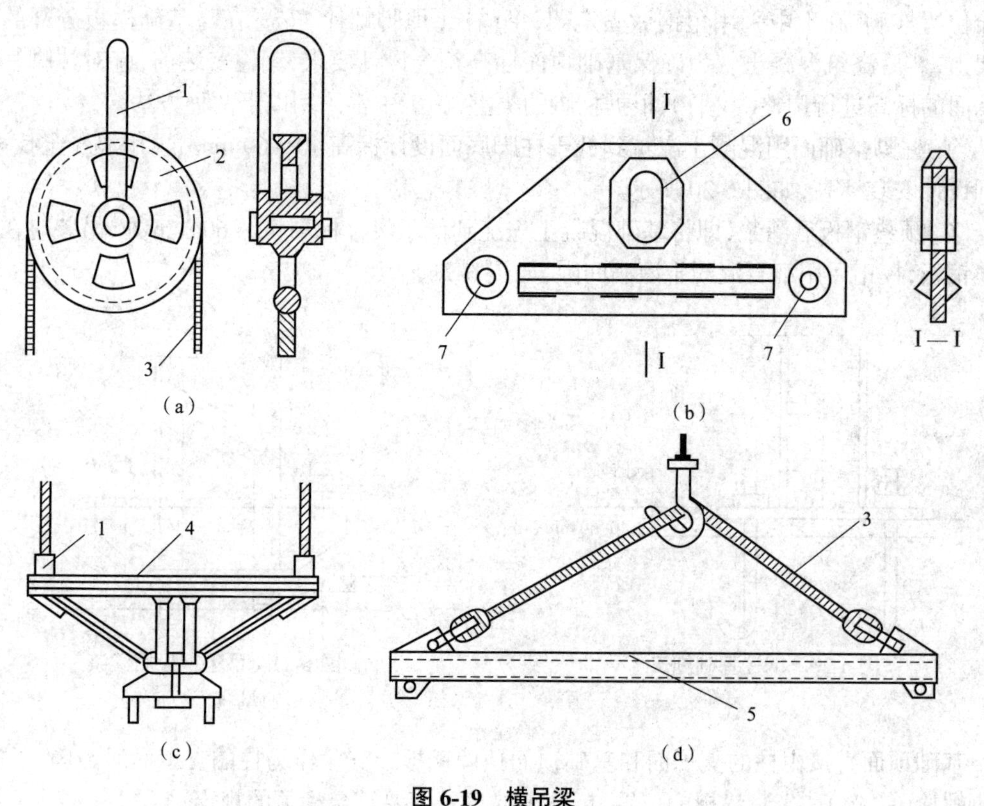

图6-19 横吊梁

(a)滑轮横吊梁 (b)钢板横吊梁 (c)桁架横吊梁 (d)钢管横吊梁

1—吊环;2—滑轮;3—吊索;4—桁架;5—钢管;6—挂吊钩孔;7—挂卡环孔

6.3 钢结构安装

6.3.1 安装前的准备工作

钢结构构件包括柱、梁、吊车梁、桁架、天窗架、檩条及墙架等,吊装前要做好各项准备工作。吊装前的准备包括构件检查、钢柱基础准备、构件弹线及验算构件的吊装稳定性。

1. 构件检查

钢结构构件进场前,对所有构件的品种、规格、性能进行全检,应全部符合现行国家标准及设计要求;尤其是焊接材料及连接用的紧固标准件必须符合现行国家规范及设计要求。对构件的质量证明书等技术资料亦应认真仔细核查。

2. 钢柱基础准备

钢柱基础的准备包括对基础进行检查验收,并对基础支承面进行找平及基础顶面弹线。

基础的检查验收包括基础混凝土的强度,预埋件的位置、尺寸、数量,预埋螺栓(地脚螺栓）的位置、尺寸、数量等是否符合设计及规范的要求。

钢柱基础的顶面常设计为平面，通过覆盖固定于基础面上的锚栓钢板将钢柱与基础连成整体；也有不准备盖板，只有几个地脚螺栓用混凝土事先固定于基础面上的情况。为保证锚栓位置准确，施工中采用角钢做固定架，将锚栓（地脚螺栓）安置在与基础模板分开的固定架上，然后浇筑混凝土。为确保基础顶面标高符合设计要求，钢柱安装前，应对柱脚基础支承面的标高进行调整（找平），根据柱脚的类型，施工中常采用以下两种方法。

（1）柱脚基础面用混凝土浇筑到低于柱脚底面设计标高 40 ~ 60 mm，再用混凝土找平，达到设计安装标高，如图 6-20 所示。

（2）预垫钢板后灌浆，即将基础混凝土先浇到低于设计标高 40 ~ 60 mm 处，吊装时在其上垫钢板，校正后用细石混凝土灌满间隙，如图 6-21 所示。

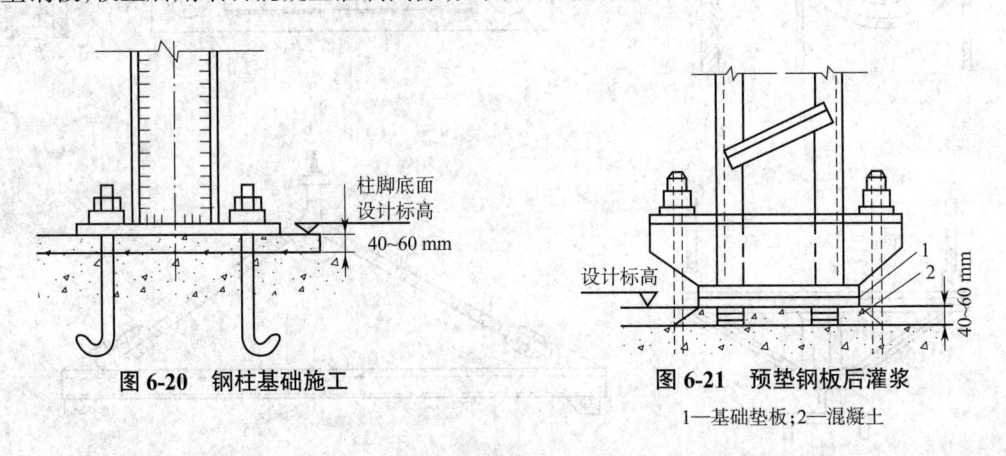

图 6-20 钢柱基础施工

图 6-21 预垫钢板后灌浆

1—基础垫板；2—混凝土

基础顶面直接由柱的支承面和基础顶面预埋钢板或支座作为柱的支承面时，其支承面、地脚螺栓（锚栓）和坐浆垫板的位置、标高等的偏差值要符合相关的规定。

3. 构件弹线

构件吊装前，应在其表面弹出吊装中心线，作为构件吊装对位、校正的依据。对形状复杂的构件，还要标出其重心及绑扎点的位置。

4. 验算构件的吊装稳定性

对稳定性较差的构件，起吊前应进行稳定性验算，必要时应进行临时加固。

6.3.2 安装流程

1. 钢结构安装概述

1）安装重要性

对不同的钢结构，就安装方法而言，如何科学地根据多种因素在安全、经济的情况下采取最优方案是人们关心的问题。

2）安装方法

根据钢结构的结构形式选用合理的安装工艺。

（1）一般单层工业厂房钢结构工程，分两段进行安装。第一阶段用“分件流水法”，即安装钢柱—柱间支撑—吊车梁（或连系梁等）；第二阶段用“节间综合法”安装屋盖系统。

（2）高层钢结构工程，根据结构平面选择适当位置先做样板间构成稳定结构，采用“节间综合法”，即安装钢柱—柱间支撑（或剪力墙）—钢梁（主次梁、隅撑），由样板间向四周发展，然后采用“分件流水法”。

（3）网架结构，一般指平板型网架结构，其安装方法根据网架受力和构造特点，在满足质量、安全、进度和经济要求的前提下，结合当地的施工技术条件综合确定，分别有高空散装法、分条分块安装法、高空滑移法、逐条积累滑移法、整体吊装法、整体提升法和整体顶升法。

（4）网壳结构，可沿用网架施工的多种安装方法，但可根据某种网壳的特点选用特殊的安装方法，从而达到优质安全及经济合理的要求。

（5）球面网壳，可采用“内扩法”，即可逐圈向内拼装，利用开口壳来支承壳体自重，这种方法视网壳尺寸大小，应经过验算确定是否采用无支架拼装或小支架拼装；也可采用“外扩法”，即在中心部位立一个提升装置，从内向外逐圈拼装，随提升随拼装，直至拼装完毕，且提升到设计位置。为防止网壳变形，要经计算确定吊点的位置及点数。

（6）悬索结构，根据结构形式可分为单向单层悬索屋盖、单向双层悬索屋盖、双层辐射状悬索屋盖、双向单层（索网）悬索屋盖，不同的悬索结构采取不同的钢索制作及张拉工艺。

2. 钢结构的安装

1）钢柱的安装和校正

Ⅰ. 钢柱的安装

一般钢柱的弹性和刚性都很好，吊装时为了便于校正，一般采用一点吊装法。常用的钢柱吊装法有旋转法、递送法和滑行法。对于重型钢柱可采用双机抬吊法。

采用双机抬吊法时，应注意以下事项：

（1）尽量选用同类型起重机；

（2）根据起重机能力，对起吊点进行荷载分配；

（3）各起重机的荷载不宜超过其起重能力的 80%；

（4）双机抬吊，在操作过程中，要互相配合、动作协调，以防一台起重机失重，而使另一台起重机超载，造成安全事故；

（5）信号指挥，分指挥必须听从总指挥。

Ⅱ. 钢柱的校正

（1）柱基标高调整，根据钢柱实际长度、柱底平整度、钢牛腿顶部距柱底部距离，重点保证钢牛腿顶部标高值，以此控制基础找平标高。

（2）平面位置校正，在起重机不脱钩的情况下，将柱底定位线与基础定位轴线对准，并缓慢落至标高位置。

（3）钢柱校正，优先采用缆风绳校正（柱脚底板与基础间隙同时垫上垫铁），对于不便采用缆风绳校正的钢柱，可采用可调撑杆校正。

2）钢梁的安装方法

Ⅰ. 高层钢结构钢梁安装

（1）主梁采用专用卡具，为防止在高空因风或碰撞而落下，卡具应放在钢梁端部 500 mm 处。

（2）若一节柱有 2、3、4 层梁，原则上竖向构件由下向上逐件安装，由于上部和周边都处于自由状态，易于安装测量和保证质量。习惯上，同一列柱的钢梁从中间跨开始对称地向两端扩展；同一跨钢梁，先安装上层梁再安装中下层梁。

（3）在安装和校正柱与柱之间的主梁时，先把柱子撑开，跟踪测量、校正，预留偏差值和接头焊接收缩量，此时柱子产生的内力会在焊接完毕焊缝收缩后消失。

（4）柱与柱接头和梁与柱接头的焊接，要互相协调，一般可以先焊一节柱的顶层梁，再从下向上焊各层梁与柱的接头，柱与柱的接头可以先焊，也可以最后焊。

（5）同一根梁两端的水平度，允许偏差为（L/1 000+3）mm，最大不超过 10 mm，如果钢梁水平度超标，主要原因是连接板位置或螺栓孔位置有误差，可采取换连接板或塞焊孔重新制孔措施进行处理。

Ⅱ. 钢吊车梁的安装

钢吊车梁安装一般采用工具式吊耳或捆绑法进行。在安装前，应将吊车梁的分中标记引至吊车梁的端头，以利于吊装时按柱牛腿的定位轴线临时定位。

Ⅲ. 钢吊车梁的校正

钢吊车梁的校正包括标高、纵横轴线和垂直度的调整。注意，吊车梁的校正必须在结构形成刚度单元以后才能进行。

（1）用经纬仪将柱子轴线投到吊车梁牛腿面等高处，根据图纸计算出吊车梁中心线到该轴线的理论长度值。

（2）每根吊车梁测出两点，用钢尺和弹簧秤校核这两点到柱子轴线的距离是否等于（1）中的理论长度值，以此对吊车梁纵横轴线进行校正。

（3）当吊车梁纵横轴线误差符合要求后，复查吊车梁跨度。

（4）吊车梁的标高和垂直度的校正可通过调整钢垫板来实现。注意，吊车梁的垂直度校正应和吊车梁纵横轴线校正同时进行。

3）钢屋架的安装方法

钢屋架侧向刚度较差，安装前需要进行强度验算，强度不足时应进行加固。钢屋架吊装时的注意事项如下。

（1）绑扎时必须绑扎在钢屋架节点上，以防止钢屋架在吊点处发生变形。绑扎节点的选择应符合钢屋架标准图要求或经设计计算确定。

（2）钢屋架吊装就位时，应以钢屋架下弦两端的定位标记和柱顶的轴线标记严格定位，并点焊加以临时固定。

（3）第一榀钢屋架吊装就位后，应在钢屋架上弦两侧对称设缆风绳固定，第二榀钢屋架就位后，每坡用一个钢屋架间调整器，进行钢屋架垂直度校正，再固定两端支座处，并安装钢屋架间水平及垂直支撑。

钢屋架的垂直度的校正方法如下：在屋架下弦一侧拉一根通长钢丝（与屋架下弦轴线平行），同时在屋架上弦中心线反出一个同等距离的标尺，用线锤校正；也可用一台经纬仪放在柱顶一侧，与轴线平移 a 距离，在对面柱子上同样有一距离为 a 的点，从屋架中线处用标尺挑出 a 距离，三点在一个垂面上即可使屋架垂直。

4）一般单层钢屋架结构安装要点

Ⅰ. 构件吊装顺序

（1）最佳的施工顺序是先吊装竖向构件，后吊装平面构件，这样施工的目的是减少建筑物的纵向长度安装累积误差，保证工程质量。

（2）竖向构件吊装顺序：柱（混凝土、钢）—连系梁（混凝土、钢）—柱间钢支撑—吊车梁

(混凝土、钢)—制动桁架—托架(混凝土、钢)等,单种构件吊装流水作业既能保证体系纵列形成排架、稳定性好,又能提高生产效率。

(3)平面构件吊装顺序:主要以形成空间结构稳定体系为原则。

Ⅱ.样板间安装

选择有柱间支撑的钢柱,柱与柱形成排架,将屋盖系统安装完毕,形成空间稳定体系,各项安装误差都在允许范围内或更小,依次安装,并控制有关间距尺寸,相隔几间,复核屋架垂偏值。只要制作孔合适,安装效率是非常高的。

Ⅲ.几种情况说明

(1)并列高低跨吊装:考虑屋架下弦伸长后柱子向两侧偏移问题,先吊装高跨,后吊装低跨,凭经验可预留柱的垂偏值。

(2)并列大跨度与小跨度:先吊装大跨度,后吊装小跨度。

(3)并列间数多的与间数少的屋盖吊装:先吊装间数多的,后吊装间数少的。

(4)并列有屋架跨与露天跨吊装:先吊装有屋架跨,后吊装露天跨。

以上几种情况也适用于门式刚架轻型钢结构施工。

5)多、高层钢结构安装要点

(1)总平面规划,主要包括结构平面纵横轴线尺寸、主要塔式起重机的布置及工作范围、机械开行路线、配电箱及电焊机布置、现场施工道路、消防道路、排水系统、构件堆放位置等。

(2)竖向构件标准层的钢柱一般为最重构件,它受起重机起重能力、制作和运输等的限制,钢柱制作一般为2~4层一节。对框架平面而言,除考虑结构本身刚度外,还需考虑塔吊爬升过程中框架稳定性及吊装进度,进行流水段划分。应先组成标准的框架体,科学地划分流水作业段,再向四周发展。

(3)一节柱的一层梁安装完毕后,立即安装本层的楼梯及压型钢板。

(4)钢构件安装和楼层钢筋混凝土楼板的施工,两项作业不宜超过5层。

第 7 章　砌体工程

【内容提要】

砌体结构的历史悠久,在中国已经有几千年。其中,万里长城是 2 000 多年前建造的迄今为止世界上最具代表性的砌体工程;都江堰水利工程到现如今仍在为人类所所用,并造福着人类; 1 000 多年前修建的赵州桥,现在已经被美国土木工程师学会选入世界第十二个土木工程里程碑,该桥是用块石砌筑的世界上最早的敞肩式拱桥。砌体结构由于具有取材方便、施工简便、保温隔热等优点,而具有广泛的应用范围。

7.1　概述

7.1.1　砌体结构的概念及特点

1. 砌体结构的概念

砌体结构是指由天然的或人工合成的石材、黏土、混凝土、工业废料等材料制成的块体和水泥、石灰膏等胶凝材料与砂、水拌合而成的砂浆砌筑而成的墙、柱等作为建筑物主要受力构件的结构。

由烧结普通砖、烧结多孔砖、蒸压灰砂砖、蒸压粉煤灰砖作为块体与砂浆砌筑而成的结构称为砖砌体结构;由天然毛石或经加工的料石与砂浆砌筑而成的结构称为石砌体结构;由普通混凝土、轻骨料混凝土等材料制成的空心砌块作为块体与砂浆砌筑而成的结构称为砌块砌体结构;根据需要在砌体的适当部位配置水平钢筋、竖向钢筋或钢筋网作为建筑物主要受力构件的结构则统称为配筋砌体结构。砖砌体结构、石砌体结构和砌块砌体结构以及配筋砌体结构统称为砌体结构。

2. 砌体结构的特点

砌体结构具有与其他结构迥然不同的特点,其主要优点如下。

(1)砌体结构所用的主要材料来源方便,易就地取材。天然石材易于开采加工;黏土、砂等几乎到处都有,且块材易于生产;利用工业固体废弃物生产的新型砌体材料既有利于节约天然资源,又有利于保护环境。

(2)砌体结构造价低。砌体结构不仅比钢结构节约钢材,而且较钢筋混凝土结构节约水泥和钢筋;砌筑砌体时不需要模板及特殊的技术设备,可以节约木材。

(3)砌体结构比钢结构和钢筋混凝土结构有更好的耐火性,且具有良好的保温、隔热性能,节能效果明显。

(4)砌体结构施工操作简单快捷。一般新砌筑的砌体即可承受一定荷载,因而可以连续施工;在寒冷地区,必要时还可以用冻结法施工。

(5)当采用砌块或大型板材做墙体时,可以减轻结构自重、加快施工进度、进行工业化生产和施工。采用配筋混凝土砌块的高层建筑较现浇钢筋混凝土高层建筑可节省模板,加快施工进度。

（6）随着高强度混凝土砌块等块体的开发和利用，专用砌筑砂浆和专用灌孔混凝土材料的配套使用，以及对芯柱内放置钢筋的砌体受力性能的研究和理论分析的发展，配筋砌块砌体剪力墙结构由于具有造价低、材料省、施工周期短，在等厚度墙体内可随平面和高度方向改变质量、刚度、配筋，砌块竖缝的存在一定程度上可以吸收能量、增加延性，有利于抗震，总体收缩量比混凝土小等优点，在地震区、高层民用建筑中的应用取得了较大的进展。

砌体结构的以上优点使得它具有广泛的应用范围。目前，一般民用建筑中的基础、内外墙、柱和过梁等构件都可用砌体建造。由于砖砌体质量的提高和计算理论的进一步发展，国内住宅、办公楼等 5 层或 6 层的房屋采用以砖砌体承重的砌体结构非常普遍，不少城市此类建筑已建到 7 层或 8 层。重庆市在 20 世纪 70 年代建成了高达 12 层的以砌体承重的住宅，在国外已建成 20 层以上的砖墙承重房屋。在我国某些产石地区，建成了不少以毛石或料石做承重墙的房屋，毛石砌体做承重墙的房屋高达 6 层。中小型单层厂房和多层轻工业厂房以及影剧院、食堂、仓库等建筑，也广泛地采用砌体做墙身或立柱的承重结构。在交通运输方面，砌体可用于建造桥梁、隧道、涵洞、挡土墙等；在水利建设方面，可以用石料砌筑坝、堰和渡槽等。此外，砌体还用于建造各种构筑物，如烟囱、水池、管道支架、料仓等。

砌体结构除具有上述优点外，也存在下列缺点。

（1）砌体结构的自重大。因为砖石砌体的抗弯、抗拉性能很差，强度较低，故必须采用较大截面尺寸的构件，致使其体积大，自重也大（在一般砖砌体结构居住建筑中，砖墙重约占建筑物总重的一半），材料用量多，运输量也随之增加。因此，应加强轻质高强材料的研究，以减小截面尺寸，并减轻自重。

（2）由于砌体结构工程多为小型块材经人工砌筑而成，砌筑工作相当繁重（在一般砖砌体结构居住建筑中，砌砖用工量占总用工量的 1/4 以上）。因此，在砌筑时，应充分利用各种机具来搬运块材和砂浆，以减轻劳动强度；但目前的砌筑操作基本上还是采用人工方式，因此必须进一步推广砌块和墙板等工业化施工方法。

（3）现场的人工操作，不仅速度缓慢，而且施工质量不易保证。在设计时应十分注意提出对块材和砂浆的质量要求，在施工时要对块材和砂浆等材料的质量以及砌体的砌筑质量进行严格的检查。

（4）砂浆和块材间的黏结力较弱，使无筋砌体的抗拉、抗弯及抗剪强度都很低，造成砌体抗震能力较差，有时需采用配筋砌体。

（5）采用烧结普通黏土砖建造砌体结构，不仅毁坏大量的农田，严重影响农业生产，而且对环境造成污染。所以，应加强采用工业废料和地方性材料代替实心黏土砖的研究，现在我国一些大城市已禁止使用实心黏土砖。

砌体结构的缺点限制了它在某些场合的应用。为有效提高砌体结构房屋的抗震性能，在抗震设防区建造砌体结构房屋，除保证施工质量外，还需采取适当的构造措施，如设置钢筋混凝土构造柱和圈梁。震害调查和抗震研究表明，抗震设防烈度在六度以下地区，一般的砌体结构房屋能经受地震的考验；如按抗震设计要求进行改进和处理，完全可以在七度或八度抗震设防区建造砌体结构房屋。

7.1.2 构成砌体的材料

砌筑工程所使用的材料包括各种砖、砌块、石材和砌筑砂浆用水泥、石灰、砂等。砂浆通过胶结作用将块材结合形成砌体，以满足正常作用要求及承受结构的各种荷载。因此，块材与砂浆的质量对砌体质量具有决定意义。

1. 砌筑块体

砌筑块体一般可分为砖、砌块、石材三大类。

1)砖

砖是砌筑砖砌体整体结构中的块体材料。我国目前用于砌体结构的砖主要可分为烧结砖和非烧结砖两大类。

Ⅰ. 烧结砖

烧结砖可分为烧结普通砖与烧结多孔砖，一般以黏土、煤矸石、页岩或粉煤灰等为主要原料，压制成坯后经烧制而成。烧结砖按其主要原料种类又可分为烧结黏土砖、烧结煤矸石砖、烧结页岩砖及烧结粉煤灰砖等。

烧结普通砖是指实心或孔洞率不大于 25% 且外形尺寸符合规定的砖，其规格尺寸为 240 mm×115 mm×53 mm，如图 7-1(a)所示。烧结普通砖重力密度在 16~18 kN/m^3，具有较高的强度、良好的耐久性和保温隔热性能，且生产工艺简单、砌筑方便，故生产应用最为普遍，但由于烧结黏土砖占用和毁坏农田，在一些大中城市已逐渐被禁止使用。

烧结多孔砖是指孔洞率不小于25%且不大于 35%，孔的尺寸小而数量多，多用于承重部位的砖。烧结多孔砖可分为P型砖与M型砖以及相应的配砖，P型砖的规格尺寸为 240 mm × 115 mm × 90 mm，如图 7-1(b)所示；M 型砖的规格尺寸为 190 mm × 190 mm × 90 mm，如图 7-1(c)所示。此外，用黏土、页岩、煤矸石等原料还可焙烧成孔洞较大、孔洞率大于 35% 的烧结空心砖，如图 7-1(d)所示，多用于砌筑围护结构。一般烧结多孔砖重力密度在 11~14 kN/m^3，而烧结空心砖重力密度则在 9~11 kN/m^3。多孔砖与实心砖相比，可以减轻结构自重、节省砌筑砂浆、减少砌筑工时，此外其原料用量与耗能亦可相应减少。

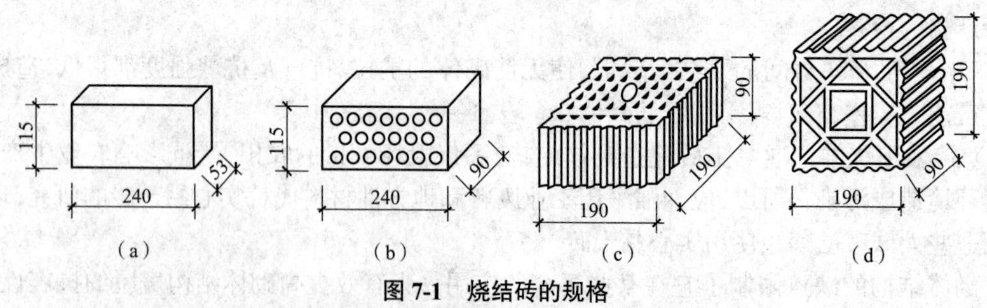

图 7-1 烧结砖的规格

(a)烧结普通砖 (b)P 型砖 (c)M 型砖 (d)烧结空心砖

Ⅱ. 非烧结砖

非烧结砖包括蒸压灰砂砖和蒸压粉煤灰砖。蒸压灰砂砖是以石灰和砂为主要原料，经坯料制备、压制成型、蒸压养护而成的实心砖，简称灰砂砖。蒸压粉煤灰砖是以粉煤灰、石灰为主要原料，掺加适量石膏和集料，经坯料制备、压制成型、高压蒸汽养护而成的实心砖，简称粉煤灰砖。蒸压灰砂砖与蒸压粉煤灰砖的规格尺寸与烧结普通砖相同。

烧结砖中以烧结黏土砖的应用最为久远,也最为普遍,但由于黏土砖生产要侵占农田,影响社会经济的可持续发展,且我国人口众多、人均耕地面积较少,更应逐步限制或取消黏土砖的生产和应用,并进行墙体材料的改革,积极发展黏土砖的替代产品,利用当地资源或工业废料研制生产新型墙体材料。烧结黏土砖在我国目前已被列入限时、限地禁止使用的墙体材料。蒸压灰砂砖与蒸压粉煤灰砖均属硅酸盐制品,这类砖的生产不需黏土,且可大量利用工业废料,减少环境污染,是值得大力推广应用的一类墙体材料。

Ⅲ. 砖的强度

砖的强度等级按试验实测值进行划分。实心砖的强度等级是根据标准试验方法所得到的砖的极限抗压强度值来划分的;多孔砖强度等级的划分除考虑抗压强度外,尚应考虑其抗折荷重。

承重结构的烧结普通砖、烧结多孔砖的强度等级有MU30、MU25、MU20、MU15和MU10,其中MU表示砌体中的块体,其后的数字表示块体的抗压强度值(单位为MPa)。蒸压灰砂砖与蒸压粉煤灰砖的强度等级有MU25、MU20和MU15。确定粉煤灰砖的强度等级时,其抗压强度应乘以自然碳化系数,当无自然碳化系数时,可取人工碳化系数的1.15倍。烧结普通砖、烧结多孔砖的强度等级指标分别见表7-1和表7-2。

表7-1 烧结普通砖的强度等级指标 (MPa)

强度等级	抗压强度平均值$\bar{f}\geqslant$	变异系数 $\delta\leqslant 0.21$	
		抗压强度标准值 $f_k\geqslant$	单块最小抗压强度 $f_{min}\geqslant$
MU30	30.0	22.0	25.0
MU25	25.0	18.0	22.0
MU20	20.0	14.0	16.0
MU15	15.0	10.0	12.0
MU10	10.0	6.5	7.5

表7-2 烧结多孔砖的强度等级指标

强度等级	抗压强度/MPa		抗折荷重/kN	
	平均值≥	单块最小值≥	平均值≥	单块最小值≥
MU30	30.0	22.0	13.5	9.0
MU25	25.0	18.0	11.5	7.5
MU20	20.0	14.0	9.5	6.0
MU15	15.0	10.0	7.5	4.5
MU10	10.0	6.5	5.5	3.0

2)砌块

砌块是以普通混凝土或混凝土与硅酸盐材料制作的块材。砌块按尺寸大小和质量可分为手工砌筑的小型砌块和采用机械施工的中型及大型砌块;按使用目的可分为承重砌块和非承重砌块(包括隔墙砌块和保温砌块);按是否有孔洞可分为实心砌块和空心砌块(包括单排孔砌块和多排孔砌块);按使用的原材料可分为普通混凝土砌块、粉煤灰硅酸盐砌块、煤矸石混凝土砌块、浮石混凝土砌块、火山灰混凝土砌块、蒸压加气混凝土砌块等。纳入《砌体结构设计规范》(GB 50003—2011)的砌块主要有普通混凝土小型空心砌块(图 7-2(a))和轻集料混凝土小型空心砌块(图 7-2(b))。各类砌块的规格尺寸见表 7-3。

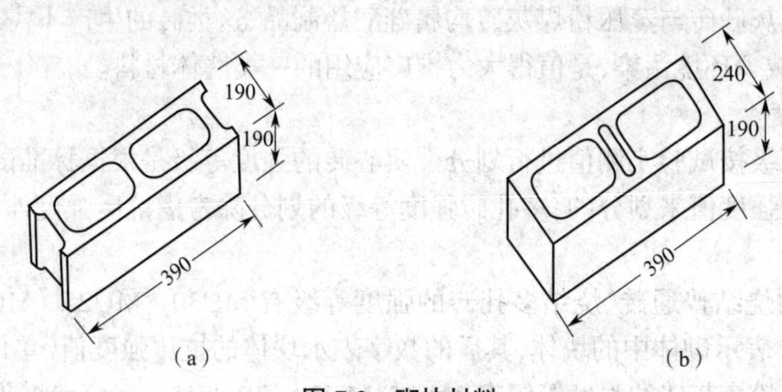

图 7-2 砌块材料

(a)普通混凝土小型空心砌块 (b)轻集料混凝土小型空心砌块

表 7-3 各类砌块的规格尺寸

砌块名称	长 × 宽 × 高 /mm × mm × mm
小型砌块	390 × 190 × 190
中型砌块	580 × 380 × 190、880 × 380 × 190
普通混凝土小型空心砌块	390 × 190 × 190
蒸压加气混凝土砌块	600 × 250 × 250
粉煤灰砌块	880 × 380 × 240、880 × 430 × 240

Ⅰ. 普通混凝土小型空心砌块

普通混凝土小型空心砌块以水泥、砂、碎石或卵石、水为原料制成,最小外壁厚度应不小于 30 mm,最小肋厚应不小于 25 mm,空心率一般在 25%~50%。混凝土小型空心砌块的孔洞沿厚度方向只有一排孔洞的为单排孔小型砌块;有双排条形孔洞的为双排孔小型砌块;有多排条形孔洞的为多排孔小型砌块。

Ⅱ. 轻集料混凝土小型空心砌块

轻集料混凝土小型空心砌块以水泥、轻集料、砂、水等为原料预制而成。其中,轻集料品种包括粉煤灰、煤矸石、浮石、火山灰以及各种陶粒等。

Ⅲ. 蒸压加气混凝土砌块

蒸压加气混凝土砌块是以水泥、矿渣、砂、石灰等为主要原料,加入发气剂,经搅拌成型、蒸压养护而成的实心砌块。蒸压加气混凝土砌块及板材的重力密度在 10 kN/m³ 以下,可用作隔墙。采用较大尺寸的砌块代替小块砖砌筑砌体,可减少劳动量,从而加快施工进度,这是墙体材料改革的一个重要方向。

3)石材

石砌体常用于基础、墙体、挡土墙和桥涵工程,砌筑用石有毛石和料石两类。形状不规则、中部厚度不小于 150 mm 的块石称为毛石，毛石又可分为乱毛石和平毛石，如图 7-3 所示。其中，乱毛石是指形状不规则的石块；而平毛石是指形状不规则，但有两个平面大致平行的石块。料石根据加工程度可分为细料石、粗料石和毛料石，如图 7-4 所示。料石的宽度、厚度均不宜小于 200 mm，长度不宜大于厚度的 4 倍。

（a）

（b）

图 7-3　毛石

（a）乱毛石　（b）平毛石

（a）

（b）

（c）

图 7-4　料石

（a）细料石　（b）粗料石　（c）毛料石

砌体中的石材应选用无明显风化的石材。由于石材的大小和规格不一,通常用边长为70 mm的立方体试块进行抗压试验,并取3个试块破坏强度的平均值作为确定石材强度等级的依据。石材的强度等级有MU100、MU80、MU60、MU50、MU40、MU30和MU20。

2. 砌筑砂浆

将砖、石、砌块等黏结成砌体的砂浆称为砌筑砂浆,砌筑砂浆在砌体中的作用主要是将块材连成整体,从而提高砌体的强度和稳定性,并使上层块材所受的负荷均匀地传递到下层块材。同时,砌筑砂浆填充块材之间的缝隙,可提高建筑物的保温、隔音、防潮性能。

砌筑砂浆主要由胶凝材料、细骨料、掺加料和水配制而成,根据胶凝材料的不同,砌筑砂浆可分为水泥砂浆、石灰砂浆、混合砂浆、黏土砂浆及石灰黏土砂浆等。砂浆种类及等级应根据设计要求确定,合理使用砂浆对节约胶凝材料、方便施工、提高工程质量具有重要的作用。

1)材料要求

水泥砂浆和混合砂浆宜用于处于潮湿环境和强度要求较高的砌体;石灰砂浆宜用于处于干燥环境和强度要求不高的砌体和抹灰层,不宜用于处于潮湿环境的砌体,因为石灰属气硬性胶凝材料,在潮湿环境中,石灰膏不但难以结硬,而且会出现溶解流散现象;黏土砂浆及石灰黏土砂浆一般情况下可代替石灰砂浆使用。

水泥是砂浆的主要胶凝材料,砌筑砂浆使用的水泥品种、强度等级应根据砌体部位和所处环境确定。水泥砂浆采用的水泥强度不宜大于42.5 MPa,水泥混合砂浆采用的水泥强度不宜大于52.5 MPa。水泥应保持干燥,如遇水泥标号不明或出厂日期超过三个月等情况,应经试验鉴定合格后方可使用,不同品种的水泥不得混合使用。

砌筑砂浆用砂应符合建筑用砂的技术性质要求,砖砌砂浆用砂宜选用中砂,粒径不得大于2.5 mm;毛石砌体宜采用粗砂,最大粒径应为砂浆层厚度的1/5~1/4,砂中不得含有杂物和土粒等。由于砂的含泥量对砂浆强度、稠度及耐久性影响较大,对于砂浆强度等级大于或等于M5的水泥混合砂浆,砂的含泥量不应超过5%;对于强度等级小于M5的水泥混合砂浆,砂的含泥量不应超过10%。同时,拌制砂浆应采用不含有害物质的洁净水或饮用水。

砂浆的和易性是指砂浆是否容易在砖、石等表面铺成均匀、连续的薄层,且与基层紧密黏结的性质。砂浆的和易性与流动性和保水性有关。为改善砌筑砂浆的和易性,常加入掺合料,如石灰膏、黏土粉、电石膏、粉煤灰和生石灰等。掺入生石灰或石灰膏时,应用孔径不大于3 mm×3 mm的网过滤;掺入熟石灰时,其熟化时间不得少于7 d;不得采用脱水硬化的石灰膏作为掺合料。除上述掺合料外,目前还采用有机的微沫剂(如松香热聚物)来改善砂浆的和易性。微沫剂的掺量应通过试验确定,一般为水泥用量的0.5/10 000~1.0/10 000(微沫剂按100%纯度计)。水泥石灰砂浆中掺入微沫剂时,石灰用量最多可减少一半,水泥黏土砂浆中不得掺入微沫剂。

2)性能指标

砂浆的强度等级、保水性、可塑性是衡量砂浆性能的几个重要指标,在砌体工程的设计和施工中一定要保证砂浆的这几个性能指标符合要求,将其控制在合理的范围内。

Ⅰ. 强度等级

砂浆的强度等级是根据其试块的抗压强度确定的,试验时应采用同类块体作为砂浆试块底模,由边长为70.7 mm的立方体标准试块,在温度为15~25 ℃的环境下硬化,龄期为

28 d(石膏砂浆为 7 d)的抗压强度来确定。砌筑砂浆的强度等级有 M15、M10、M7.5、M5 和 M2.5,其中 M 表示砂浆,其后的数字表示砂浆的强度(单位为 MPa)。混凝土小型空心砌块砌筑砂浆的强度等级用 Mb 标记,其强度等级有 Mb20、Mb15、Mb10、Mb7.5 和 Mb5;蒸压灰砂砖与蒸压粉煤灰砖砌筑砂浆的强度等级用 Ms 标记,其强度等级有 Ms15、Ms10、Ms7.5 和 Ms5,其后的数字同样表示砂浆的强度(单位为 MPa)。当验算施工阶段砂浆尚未硬化的新砌体强度时,可按砂浆强度为零来确定其砌体强度。

砌体施工时,应高度重视配制砂浆的强度等级和质量,应使用强度和安定性均符合标准要求的水泥,不同品种的水泥不得混用;并应严格按设计配合比计量,采用机械拌制,使配制的砂浆达到设计强度等级,减小砂浆强度和质量上的离散性。

Ⅱ. 保水性

砂浆的保水性是指新拌砂浆在存放、运输和使用过程中能够保持其中水分不致很快流失的能力。保水性不好的砂浆在施工过程中容易泌水、分层、离析、失水而降低砂浆的可塑性。在砌筑时,保水性不好的砂浆中的水分很容易被砖或砌块迅速吸收,砂浆会很快干硬失去水分,影响胶结材料的正常硬化,从而降低砂浆的强度,最终导致降低砌体强度,影响砌筑质量。

Ⅲ. 可塑性

砂浆的可塑性是指砂浆在自重和外力作用下所具有的变形性能。砂浆的可塑性可用标准圆锥体沉入砂浆中的深度来测定,并用砂浆稠度表示。可塑性良好的砂浆在砌筑时容易铺成均匀密实的砂浆层,既便于施工操作,又能提高砌筑质量。砂浆的可塑性可通过在砂浆中掺入塑性掺料来改变。试验表明,在砂浆中掺入一定量的石灰膏等无机塑化剂和皂化松香等有机塑化剂,可提高砂浆的可塑性,从而提高劳动效率,还可提高砂浆的保水性,保证砌筑质量,同时还可节省水泥。

根据砂浆的用途,一般规定标准圆锥体的沉入深度(即稠度)如下:用于砖砌体的为 70~100 mm;用于石材砌体的为 40~70 mm;用于振动法石块砌体的为 10~30 mm。对于干燥及多孔的砖、石,采用上述较大值;对于潮湿及密实的砖、石,则应采用较小值。

砂浆应采用机械搅拌,搅拌时间自投料完算起:水泥砂浆和水泥混合砂浆不得少于 120 s;水泥粉煤灰砂浆和掺用外加剂的砂浆不得少于 180 s。拌成后的砂浆应符合设计要求的种类和强度等级,应具有良好的保水性,分层度不宜大于 20 mm。如砂浆出现泌水现象,应在砌筑前再次拌合。现场拌制的砂浆应随拌随用,拌制的砂浆应在 3 h 内使用完毕;当施工期间最高气温超过 30 ℃时,应在 2 h 内使用完毕。预拌砂浆及蒸压加气混凝土砌块专用砌筑砂浆的使用时间,应按照厂方提供的说明书确定。

工程中由于砂浆强度低于设计规定的强度等级造成的事故是十分严重的。对于砌体所用砂浆,总的要求如下:砂浆应具有足够的强度,以保证砌体结构的强度;砂浆应具有适当的保水性,以保证砂浆硬化所需要的水分;砂浆应具有一定的可塑性,即和易性应良好,以便于砌筑和提高工效,并保证质量和提高砌体强度。

3. 砌体材料的选择

砌体结构所用材料应因地制宜、就地取材,并确保砌体在长期使用过程中具有足够的承载力和符合要求的耐久性,还应满足建筑物整体或局部处于不同环境条件下正常使用时建筑物对材料的特殊要求。除此之外,还应贯彻执行国家墙体材料最新政策,研制使用新型墙体材料代替传统的墙体材料,以满足建筑结构设计经济、合理、技术先进的要求。

砌体材料的耐久性应满足以下规定:地面以下或防潮层以下的砌体以及潮湿房间墙所用材料的最低强度等级要求见表 7-4;长期受热 200 ℃以上、受急冷急热或有酸性介质侵蚀的建筑部位,不得采用蒸压灰砂砖和蒸压粉煤灰砖,MU15 及以上的蒸压灰砂砖可用于基础及其他建筑部位,蒸压粉煤灰砖用于基础或受冻融和干湿交替作用的建筑部位必须使用一等砖;5 层及以上房屋的墙以及受振动或层高大于 6 m 的墙、柱所用材料的最低强度等级为砖 MU10、砌块 MU30、砌筑砂浆 M5;对于安全等级为一级或设计使用年限大于 50 年的房屋,墙、柱所用材料的最低强度等级还应比上述规定至少提高一级。

表 7-4 地面以下或防潮层以下的砌体以及潮湿房间墙体所用材料的最低强度等级要求

基土的潮湿程度	烧结普通砖、蒸压灰砂砖		混凝土砌块	石材	水泥砂浆
	严寒地区	一般地区			
稍湿的	MU10	MU10	MU7.5	MU30	M5
很湿的	MU15	MU10	MU7.5	MU30	M7.5
含水饱和的	MU20	MU15	MU10	MU40	M10

7.2 砌体建筑的墙体构造

在进行砌体结构房屋设计时,不仅要求砌体结构和构件在各种受力状态下具有足够的承载力,而且还应确保房屋具有良好的工作性能和足够的耐久性。然而,有的砌体结构和构件的承载力计算尚不能完全反映结构和构件的实际抵抗能力,有的在计算中未考虑诸如温度变化、砌体收缩变形等因素的影响。因此,为确保砌体结构的安全和正常使用,采取必要和合理的构造措施就显得尤为重要。

砌体结构房屋墙、柱构造要求主要包括以下三个方面:

(1)墙、柱高厚比的要求;

(2)墙、柱的一般构造要求;

(3)防止或减轻墙体开裂的主要措施。

本节主要介绍墙、柱的一般构造要求,影响墙体质量的因素和防止或减轻墙体开裂的主要措施。

7.2.1 墙、柱的一般构造要求

1. 墙、柱的最小截面尺寸

墙、柱截面尺寸越小,其稳定性越差,越容易失稳。此外,截面局部削弱对施工质量和墙、柱承载力的影响更加明显。因此,承重的独立砖柱截面尺寸不应小于 240 mm × 370 mm。对于毛石墙,其厚度不宜小于 350 mm;对于毛料石柱,其截面较小边长不宜小于 400 mm。当有振动荷载时,墙、柱不宜采用毛石砌体。

2. 墙、柱中设混凝土垫块和壁柱的构造要求

1）垫块设置

屋架、大梁搁置于墙、柱上时，屋架、大梁端部支承处的砌体处于局部受压状态。当屋架、大梁的受荷面积较大而局部受压面积较小时，容易发生局部受压破坏。因此，对于跨度大于 6 m 的屋架和跨度大于 4.8 m（采用砖砌体时）、4.2 m（采用砌块或料石砌体时）、3.9 m（采用毛石砌体时）的梁，应在支承处砌体上设置混凝土或钢筋混凝土垫块；当墙中设有圈梁时，垫块与圈梁宜浇筑成整体。

2）壁柱设置

当墙体高度较大且厚度较薄，而所受的荷载却较大时，墙体平面外的刚度和稳定性往往较差。为了提高墙体的刚度和稳定性，可在墙体的适当部位设置壁柱。当梁的跨度大于或等于 6 m（采用 240 mm 厚的砖墙）、4.8 m（采用 180 mm 厚的砖墙，或采用砌块、料石墙）时，其支承处宜加设壁柱，或采取其他加强措施。山墙处的壁柱宜砌至山墙顶部，屋面构件应与山墙可靠拉结。

3. 混凝土砌块墙体的构造要求

为了增强混凝土砌块房屋的整体刚度，提高其抗裂能力，混凝土砌块墙体应符合下列要求。

（1）砌块砌体应分皮错缝搭砌，上、下皮搭砌长度不得小于 90 mm。当搭砌长度不满足上述要求时，应在水平灰缝内设置不少于 2 根直径为 4 mm 的焊接钢筋网片（横向钢筋的间距不宜大于 200 mm），网片每端均应超过该垂直缝，其长度不得小于 300 mm。

（2）砌块墙与后砌隔墙交接处，应沿墙高每 400 mm 在水平灰缝内设置不少于 2 根直径为 4 mm、横筋间距不应大于 200 mm 的焊接钢筋网片，如图 7-5 所示。

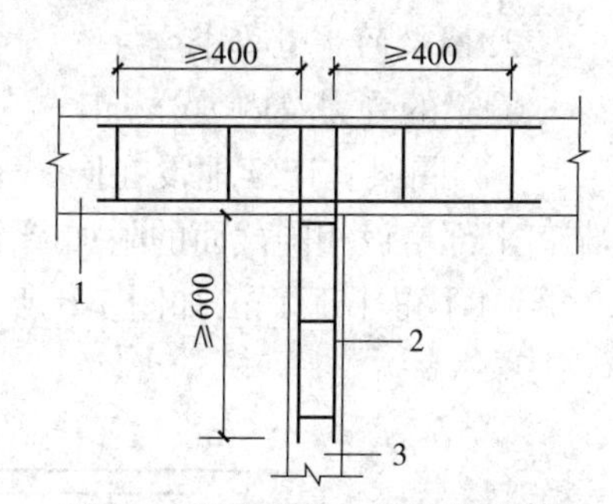

图 7-5　砌块墙与后砌隔墙连接

1—砌块墙；2—焊接钢筋网片；3—后砌隔墙

（3）混凝土砌块房屋，宜将纵横墙交接处，距墙中心线每边不小于 300 mm 范围内的孔洞，采用不低于 Cb20 灌孔混凝土灌实，灌实高度应为墙身全高。

（4）混凝土砌块墙体的下列部位，如未设圈梁或混凝土垫块，应采用不低于 Cb20 灌孔混凝土将孔洞灌实：

①搁栅、檩条和钢筋混凝土楼板的支承面下，高度不小于 200 mm 的砌体；

②屋架、梁等构件的支承面下，高度不小于 600 mm、长度不小于 600 mm 的砌体；

③挑梁支承面下，距墙中心线每边不小于 300 mm、高度不小于 600 mm 的砌体。

4. 砌体中预留槽洞及埋设管道的构造要求

在砌体中预留槽洞及埋设管道对砌体的承载力影响较大，尤其是对截面尺寸较小的承重墙体、独立柱更加不利。因此，不应在截面长边小于 500 mm 的承重墙体或独立柱内埋设管线，不宜在墙体中穿行暗线或预留、开凿沟槽，无法避免时应采取必要的措施或按削弱后的截面验算墙体的承载力。对受力较小或未灌孔的砌块砌体，允许在墙体的竖向孔洞中设置管线。

5. 圈梁的设置及构造要求

为了增强房屋的整体刚度，防止由于地基不均匀沉降或较大振动荷载等对房屋产生不利影响，应在房屋的檐口、窗顶、楼层、吊车梁顶或基础顶面标高处，沿砌体墙水平方向设置封闭状的现浇钢筋混凝土圈梁。设在房屋檐口处的圈梁，常称为檐口圈梁；设在基础顶面标高处的圈梁，常称为基础圈梁。

1）圈梁的设置

圈梁设置的位置和数量通常取决于房屋的类型、层数、所受的振动荷载以及地基情况等因素。

（1）厂房、仓库、食堂等空旷的单层房屋，檐口标高为5~8 m（砖砌体房屋）或4~5 m（砌块及料石砌体房屋）时，应在檐口标高处设置一道圈梁；檐口标高大于8 m（砖砌体房屋）或5 m（砌块及料石砌体房屋）时，应增加圈梁设置数量。

（2）有吊车或较大振动设备的单层工业房屋，当未采取有效的隔振措施时，除在檐口或窗顶标高处设置现浇钢筋混凝土圈梁外，尚应增加圈梁设置数量。

（3）住宅、办公楼等多层砌体民用房屋，当层数为3~4层时，应在底层、檐口标高处各设置一道圈梁；当层数超过4层时，除应在底层和檐口标高处各设置一道圈梁外，至少应在所有纵横墙上隔层设置一道圈梁。

（4）多层砌体工业房屋，应每层设置现浇钢筋混凝土圈梁。

（5）设置墙梁的多层砌体房屋应在托梁、墙梁顶面和檐口标高处设置现浇钢筋混凝土圈梁。

（6）建筑在软弱地基或不均匀地基上的砌体房屋，除按上述规定设置圈梁外，尚应符合《建筑地基基础设计规范》（GB 50007—2011）的有关规定。

2）圈梁的构造要求

圈梁的受力及内力分析比较复杂，目前尚难以进行计算，故一般均按构造要求设置。

（1）圈梁宜连续地设在同一水平面上，并形成封闭状；当圈梁被门窗洞口截断时，应在洞口上部增设相同截面的附加圈梁。附加圈梁与圈梁的搭接长度不应小于两者垂直间距的2倍，且不得小于1 m，如图7-6所示。

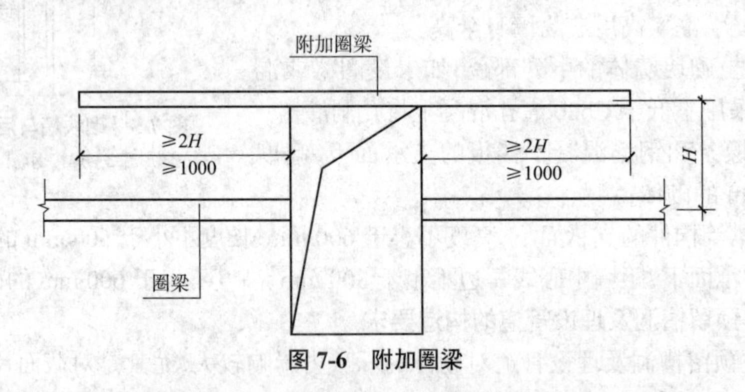

图7-6　附加圈梁

（2）纵横墙交接处的圈梁应有可靠的连接。刚弹性和弹性方案房屋中的圈梁应与屋架、大梁等构件可靠连接。

（3）钢筋混凝土圈梁的宽度宜与墙厚相同，当墙厚 $h \geqslant 240$ mm 时，圈梁宽度不宜小于 $2h/3$，圈梁高度不应小于120 mm，纵向钢筋数量不应少于4根，直径不应小于10 mm，绑扎接头的搭接长度按受拉钢筋考虑，箍筋间距不应大于300 mm。

（4）圈梁兼作过梁时，过梁部分的钢筋应按计算用量另行增配。

（5）由于预制混凝土楼（屋）盖普遍存在裂缝，因此目前许多地区大多采用现浇混凝土楼板。采用现浇钢筋混凝土楼（屋）盖的多层砌体结构房屋的层数超过5层时，除应在檐口标高处设置一道圈梁外，还可隔层设置圈梁，并应与楼（屋）面板一起现浇。未设置圈梁的楼面板嵌入墙内的长度不应小于120 mm，并沿墙长配置不少于2根直径为10 mm的纵向钢筋。

6. 夹心复合墙的构造要求

夹心复合墙是一种具有承重、保温和装饰等多种功能的墙体，一般在北方寒冷地区房屋的外墙使用。它由两片独立的墙体组合在一起，分为内叶墙和外叶墙，中间夹层为高效保温材料，如图7-7所示。内叶墙通常用于承重，外叶墙用于装饰等，内、外叶墙之间采用金属拉结件拉结。

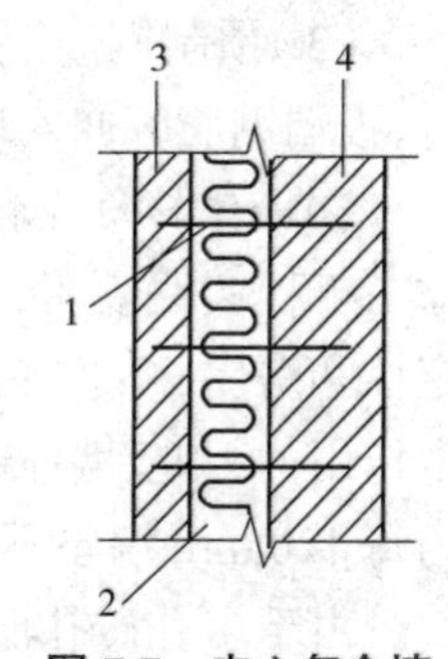

图7-7　夹心复合墙

1—拉结件；2—夹层；3—外叶墙；4—内叶墙

墙体的材料、拉结件的布置和拉结件的防腐等必须保证墙体在不同受力情况下的安全性和耐久性。因此，《砌体结构设计规范》（GB 50003—2011）规定必须符合以下构造要求。

（1）夹心墙应符合下列规定。

①外叶墙的砖及混凝土砌块的强度等级不应低于MU10。

②夹心复合墙的夹层厚度不宜大于120 mm。

③夹心复合墙外叶墙的最大横向支承间距不宜大于9 m。

④夹心复合墙的有效厚度可取内、外叶墙厚度的平方和再开方。

⑤夹心复合墙的有效面积应取承重或主叶墙的面积。

（2）夹心墙内、外叶墙的连接应符合下列规定。

①内、外叶墙应用经过防腐处理的拉结件或钢筋网片连接。

②当采用环形拉结件时，钢筋直径不应小于4 mm；当采用Z形拉结件时，钢筋直径不应小于6 mm。拉结件应沿竖向梅花形布置，拉结件的水平和竖向最大间距分别不宜大于800 mm和600 mm；对有振动或抗震设防要求的建筑，拉结件的水平和竖向最大间距分别不宜大于800 mm和400 mm。

③当采用钢筋网片作为拉结件时，网片横向钢筋的直径不应小于4 mm，其间距不应大于400 mm；网片的竖向间距不宜大于600 mm，对有振动或抗震设防要求的建筑，不宜大于400 mm。

④拉结件在内、外叶墙上的搁置长度不应小于叶墙厚度的2/3，且不应小于60 mm。

⑤门窗洞口周边300 mm范围内应附加间距不大于600 mm的拉结件。

⑥对安全等级为一级或设计使用年限大于50年的房屋，当采用夹心墙时，夹心墙的内、外叶墙间宜采用不锈钢拉结件。

7. 墙、柱稳定性的一般构造要求

1）板的支承、连接构造要求

为保证结构安全和房屋整体性，预制钢筋混凝土板之间应有可靠连接，预制钢筋混凝土板在圈梁或墙上应有足够的支承长度，这样才能保证楼面板的整体作用，增加墙体约束，减小墙体竖向变形，也可避免楼板在较大位移时发生坍塌。具体来说，应符合下列构造要求。

（1）预制钢筋混凝土板与圈梁的连接：预制钢筋混凝土板在混凝土圈梁上的支承长度不应小于 80 mm，板端伸出的钢筋应与圈梁可靠连接，且同时浇筑。

（2）预制钢筋混凝土板与墙的连接：预制钢筋混凝土板在墙上的支承长度不应小于 100 mm，板支承于内墙时，板端钢筋伸出长度不应小于 70 mm，且与支座处沿墙配置的纵筋绑扎，并采用强度等级不低于 C25 的混凝土浇筑成板带；板支承于外墙时，板端钢筋伸出长度不应小于 100 mm，且与支座处沿墙配置的纵筋绑扎，并采用强度等级不低于 C25 的混凝土浇筑成板带。

（3）预制钢筋混凝土板与现浇板在墙支承处的对接：预制钢筋混凝土板与现浇板对接时，板端钢筋应伸入现浇板中进行连接后，再浇筑现浇板。

2）墙体转角处和纵横墙交接处的构造要求

工程实践表明，墙体转角处和纵横墙交接处设拉结钢筋或焊接钢筋网片是提高墙体稳定性和房屋整体性的重要措施之一，同时对防止墙体因温度或干缩变形而引起开裂也有一定作用。因此，墙体转角处和纵横墙交接处应沿竖向每隔 400~500 mm 设拉结钢筋，其数量为每 120 mm 墙厚不少于 1 根直径 6 mm 的钢筋或采用焊接钢筋网片。

由于多孔砖孔洞的存在，钢筋在多孔砖砌体灰缝内的锚固承载力小于同等条件下在实心砖砌体灰缝内的锚固承载力。对于孔洞率不大于 30% 的多孔砖，墙体水平灰缝拉结筋的锚固长度应为实心砖墙体的 1.4 倍。因此，上述在墙体转角处和纵横墙交接处所设的拉结钢筋或焊接钢筋网片的埋入长度从墙的转角或交接处算起，对普通砖墙每边应不小于 500 mm，对多孔砖墙和砌块墙应不小于 700 mm。

除此之外，填充墙、隔墙应采取措施与周边构件进行可靠连接。例如，在框架结构中的填充墙可在框架柱上预留拉结钢筋，沿高度方向每隔 500 mm 预埋 2 根直径 6 mm 的钢筋，锚入钢筋混凝土柱内 200 mm 深、外伸 500 mm（抗震设防时外伸 1 000 mm），砌砖时将拉结钢筋嵌入墙体的水平灰缝内。

8. 多层砌体房屋抗震的一般构造要求

为了加强房屋的整体性、提高结构的延性和抗震性能，除进行抗震验算以保证结构具有足够的承载能力外，《建筑抗震设计规范（2016 年版）》（GB 50011—2010）和《砌体结构设计规范》（GB 50003—2011）还规定了墙体的一系列构造要求。这里只介绍有关多层砖房的混凝土构造柱的设置规定和多层砖房墙体间、楼（层）盖与墙体间的连接，对其他砌块房屋的要求可参阅有关规范。

多层砖房墙体间、楼（屋）盖与墙体间的连接应符合下列要求。

（1）现浇钢筋混凝土楼板或屋面板伸入纵、横墙内的长度均不应小于 120 mm。装配式钢筋混凝土楼板或屋面板，当圈梁未设在板的同一标高时，板端伸入外墙的长度不应小于 120 mm，伸入内墙的长度不应小于 100 mm，在梁上不应小于 80 mm。

（2）板的跨度大于 4.8 m，并与外墙平行时，靠外墙的预制板侧边应与墙或圈梁拉结。

（3）房屋端部大房间的楼盖、8 度时房屋的屋盖和 9 度时房屋的楼屋盖，当圈梁设在板底时，钢筋混凝土预制板应相互拉结，并应与梁、墙或圈梁拉结。

（4）7 度时长度大于 7.2 m 的大房间以及 8 度和 9 度时房屋的外墙转角及内外墙交接处，应沿墙高每隔 500 mm 配置 2 根直径 6 mm 的拉结钢筋，且每边伸入墙内不宜小于 1 m。

（5）后砌的自承重砌体隔墙应沿墙高每 500 mm 配置 2 根直径 6 mm 的钢筋与承重墙

或柱拉结，每边伸入墙内长度不应小于 500 mm；8 度和 9 度时，长度大于 5 m 的后砌隔墙的墙顶，尚应与楼板或梁拉结。

7.2.2　影响墙体质量的因素

墙体质量的好坏主要取决于其是否达到施工验收规范的要求、是否满足使用功能的要求以及设计的要求。而影响墙体质量的因素多而复杂，大体来讲包括施工方面、设计方面、使用方面的因素，每个方面又有许多具体的影响因素，从而造成墙体出现许多形状的裂缝。

1. 墙体施工因素的影响

砖砌体是砖块和砂浆黏结成的组合体，砖与砂浆的接触面是不平整的，砖块处于受压、受弯、受剪、受拉的复杂应力状态下。砖砌体的受压破坏实质上是砖块折断后的竖向裂缝与竖向灰缝相连形成半砖小柱，而后在压力作用下产生失稳破坏。因此，砖砌体的施工质量问题涉及以下几个方面。

1）砂浆灰缝的饱满度

理论上，砖砌体的全部灰缝都应铺满砂浆，砂浆层越不饱满、不均匀，砖块在受压砌体中的受力状态越不利。实际上，很难做到全部灰缝铺满砂浆，施工验收规范要求水平灰缝的砂浆饱满度不得低于 80%；砖柱和宽度小于 1 m 窗间墙的竖向灰缝砂浆饱满度不得低于 60%。

同时，水平砂浆层也不宜过厚或过薄。过厚，在砌体受压时会增加砂浆层的横向变形，使砖块所受的拉力增加；过薄，对砖块受力状态不利。实际上，水平灰缝的厚度和竖向灰缝的宽度均不应小于 8 mm 且不应大于 12 mm，以 10 mm 为宜。

2）错缝

错缝是关系到砖砌体整体性的重要问题。一般规定上下两皮砖的搭接长度小于 25 mm 的错缝为通缝，上下 4 皮砖连续通缝则为不合格。连续通缝的皮数越多，在砖砌体受压时越容易形成纵向通缝和半砖小柱，对砖砌体的强度和整体性的影响就越大。还有两点属于这方面的质量问题要特别注意：

（1）不得采用先砌四周后填心的包心砌法，因为这是出现连续通缝最严重的情况；

（2）所有丁砌层均用整砖砌筑，因为若用半截砖拼砌实际上就存在形成大面积通缝的情况。

3）接槎

保证墙体转角处和纵横交接处砌体的接槎质量也是确保墙体整体性的重要措施。由于施工时一层墙体的砌筑工作面不可能全面铺开，总存在怎样留槎的问题。为施工方便，应多留直槎，但直槎的砖不易砌得平直，灰缝处不易塞满砂浆；又由于接槎时槎口部分往往不再浇水湿润，使得砂浆和砖的黏结很不密实，从而影响砌体的整体性，故应避免留直槎。砌体的转角处和交接处应同时砌筑；对不能同时砌筑又必须留槎的临时间断处，应砌成斜槎，斜槎的长度不应小于高度的 2/3。如留斜槎确有困难，也可做成直槎，但应加设拉结钢筋，而墙转角处不得留直槎。

4）砖砌体酥松脱皮

在北方寒冷地区，许多砌体房屋使用若干年后，会发生砖块酥松脱皮现象，使砖表面坑洼不平、砌体内部结构松软，不但影响建筑物的外形美观，也会降低砖砌体的强度和砖构件的承载力。

2. 砌块、砖、砂浆本身强度的影响

块体和砂浆本身的强度是影响墙体强度的主要因素之一，材料强度越高，砌体的抗压强度越高。试验证明，提高砖的强度等级比提高砂浆的强度等级对增大砌体抗压强度的效果要好。由于砂浆强度等级提高后，水泥用量增多，所以在砖的强度等级一定时，过多地提高砂浆强度等级并不适宜。同时，砂浆具有明显的弹塑性，在砌体内采用变形率大的砂浆，单块砖内受到的弯应力、剪应力和横向拉应力增大，对砌体抗压强度产生不利影响。而和易性好的砂浆，可以减小在砖内产生的复杂应力，使砌体强度提高。

3. 设计因素的影响

影响砖砌体承载力的因素，一方面是上述砖、砂浆和砌块的质量问题，它们多数与施工因素有关；另一方面是设计人员设计墙、柱等构件的结构做法及截面尺寸。而影响给予砖砌体作用力的因素，则是作用于房屋的各种荷载和房屋的墙、柱布置，它们往往表现为设计人的意图，但有时也会和施工人员自作主张地变更设计意图有关。所以，要保证墙体的设计质量，设计人员应在以下几个方面严格把关：

（1）设计人员充分考查、研究当地块材的性能及节能要求，选择合适的材料；

（2）选择合理的结构方案，确定符合实际的计算方法；

（3）采用合理的构造设计；

（4）注明砌体施工的具体要求。

7.2.3 防止或减轻墙体开裂的主要措施

按照温度变化、砌体收缩、地基不均匀沉降等在墙体中引起的裂缝形式和分布的规律，应分别采取相应的措施。

1. 防止或减轻由温差和砌体收缩引起的墙体竖向裂缝的措施

墙体因温差和砌体收缩引起的拉应力与房屋的长度成正比。当房屋很长时，为了防止或减轻房屋在正常使用条件下由温差和砌体收缩而引起墙体出现竖向裂缝，应在因温差和砌体收缩可能引起应力集中、裂缝产生可能性最大的墙体中设置伸缩缝，如房屋平面转折处、体型变化处、房屋的中间部位以及房屋的错层处。伸缩缝的间距与屋（楼）盖的类别、砌体的类别以及是否设置保温层或隔热层等因素有关。当屋（楼）盖的刚度较大，砌体的收缩变形较大，且无保温层或隔热层时，可能产生较大的温差和砌体收缩，此时伸缩缝的间距则宜小些。表 7-5 规定了各类砌体房屋伸缩缝的最大间距。

表 7-5 各类砌体房屋伸缩缝的最大间距 （m）

屋盖或楼盖类别		间距
整体式或装配整体式钢筋混凝土结构	有保温层或隔热层的屋盖、楼盖	50
	无保温层或隔热层的屋盖	40
装配式无檩体系钢筋混凝土结构	有保温层或隔热层的屋盖、楼盖	60
	无保温层或隔热层的屋盖	50

续表

屋盖或楼盖类别		间距
装配式有檩体系钢筋混凝土结构	有保温层或隔热层的屋盖	75
	无保温层或隔热层的屋盖	60
瓦材屋盖、木屋盖或楼盖、轻钢屋盖		100

注:①对烧结普通砖、烧结多孔砖、配筋砌块砌体房屋,取表中数值;对石砌体、蒸压灰砂砖、蒸压粉煤灰砖、混凝土砌块、混凝土普通砖和混凝土多孔砖房屋,取表中数值乘以系数 0.8;当墙体有可靠外保温措施时,可取表中数值。
②在钢筋混凝土屋面上挂瓦的屋盖应按钢筋混凝土屋盖采用。
③层高大于 5 m 的烧结普通砖、烧结多孔砖、配筋砌块砌体结构单层房屋,其伸缩缝间距可按表中数值乘以系数 1.3。
④温差较大且变化频繁地区和严寒地区不采暖的房屋及构筑物墙体的伸缩缝的最大间距,应按表中数值予以适当减小。
⑤墙体的伸缩缝应与结构的其他变形缝相重合,缝宽应满足各种变形缝的变形要求;在进行立面处理时,必须保证缝隙的变形作用。

2. 防止或减轻房屋墙体裂缝的措施

1)防止或减轻房屋顶层墙体的裂缝

为了防止或减轻房屋顶层墙体的裂缝,可采取降低屋盖与墙体之间的温差,选择整体性和刚度较小的屋盖,减小屋盖与墙体之间的约束,以及提高墙体本身的抗拉、抗剪强度等措施。具体来说,可根据实际情况采取下列措施。

(1)屋面应设置保温隔热层。墙体中的温度应力与温差几乎呈线性关系,屋面设置的保温隔热层可降低屋面顶板的温度,缩小屋盖与墙体的温差,从而推迟或阻止顶层墙体裂缝的出现。

(2)屋面保温隔热层或屋面刚性面层及砂浆找平层应设置分格缝。分格缝间距不宜大于 6 m,并与女儿墙隔开,缝宽不小于 30 mm。该措施的主要目的是减小屋面板温度应力以及屋面板与墙体之间的约束。

(3)采用装配式有檩体系钢筋混凝土屋盖和瓦材屋盖。屋面的整体性和刚度越小,温度变化时屋面的水平位移就越小,墙体所受的温度应力也随之降低。

(4)顶层屋面板下设置现浇钢筋混凝土圈梁,并沿内外墙拉通,房屋两端圈梁下的墙体内宜适当设置水平钢筋。现浇钢筋混凝土圈梁可增加墙体的整体性和刚度,从而缩小屋盖与墙体之间刚度的差异。房屋两端墙体易出现水平裂缝或斜裂缝,在该部位墙体内配置水平钢筋,可提高墙体本身的抗拉、抗剪强度。

(5)顶层墙体有门窗等洞口时,在过梁上的水平灰缝内设置 2~3 道焊接钢筋网片或 2 根直径为 6 mm 的钢筋,并应伸入过梁两端墙内不小于 600 mm。门窗洞口过梁上的水平灰缝内配置焊接钢筋网片或钢筋的作用与顶层挑梁下墙体内配筋的作用相同,主要是为了提高墙体本身的抗拉或抗剪强度。

(6)顶层及女儿墙砂浆强度等级不低于 M7.5(Mb7.5,Ms7.5)。

(7)女儿墙应设置构造柱,构造柱间距不宜大于 4 m,构造柱应伸至女儿墙顶,并与现浇钢筋混凝土压顶整浇在一起。

(8)对顶层墙体施加竖向预应力,顶层及女儿墙受外界温度变化的影响较大,施加竖向预应力后,砌体的抗拉、抗剪强度增大,这是一种有效的防裂方法。

2)防止或减轻房屋底层墙体的裂缝

房屋底层墙体受地基不均匀沉降的影响较其他楼层大,底层窗洞边则会受墙体干缩和温度变化的影响而产生应力集中。增大基础圈梁的刚度，尤其增大圈梁的高度以及在窗台下墙体灰缝内配筋，可提高墙体的抗拉、抗剪强度。工程中，可根据具体情况采取下列措施：

（1）增大基础圈梁的刚度；

（2）在底层的窗台下墙体灰缝内设置3道焊接钢筋网片或2根直径为6 mm的钢筋，并伸入两边窗间墙内不小于600 mm。

3. 墙体防裂的措施

在每层门窗过梁上方的水平灰缝内及窗台下第一道和第二道水平灰缝内，宜设置焊接钢筋网片或2根直径为6 mm的钢筋，焊接钢筋网片或钢筋应伸入两边窗间墙内不小于600 mm。

当实体墙长度超过5 m时，由于砌体的干缩变形较大，往往在墙体中部出现两端小、中间大的竖向收缩裂缝，为防止或减轻这类裂缝的出现，宜在每层墙高度中部设置2~3道焊接钢筋网片或3根直径为6 mm的通长水平钢筋，竖向间距为500 mm。

4. 防止或减轻房屋两端和底层第一、第二开间门窗洞处裂缝的措施

房屋两端和底层第一、第二开间门窗洞处因应力集中、受力复杂而更容易出现裂缝，可采取下列措施：

（1）在门窗洞口两边墙体的水平灰缝中，设置长度不小于900 mm、竖向间距为400 mm的2根直径为4 mm的钢筋；

（2）在顶层和底层设置通长钢筋混凝土窗台梁，窗台梁高宜为块材高度的模数，设置不少于4根直径为10 mm的梁内纵筋，箍筋直径不小于6 mm且间距为200 mm，混凝土强度等级不低于C20；

（3）在混凝土砌块房屋门窗洞口两侧不少于一个孔洞中设置直径不小于12 mm的竖向钢筋，竖向钢筋应在楼层圈梁或基础内锚固，孔洞用不低于Cb20的混凝土灌实。

5. 设置竖向控制缝

工程上，根据砌体材料的干缩特性，通过设置沿墙长方向能自由伸缩的缝，将较长的砌体房屋的墙体划分成若干个较小的区段，使砌体因温度、干缩变形引起的应力小于砌体的抗拉、抗剪强度或者裂缝很小，从而达到可以控制的地步，这种允许在墙平面上产生自由变形的灰缝称为控制缝。

在裂缝的多发部位设置控制缝是一种有效的措施。当房屋刚度较大时，可在窗台下或窗台角处墙体内、墙体高度或厚度突然变化处设置竖向控制缝。竖向控制缝宽度不宜小于25 mm，缝内填以压缩性能好的填充材料，且外部用密封材料密封，并采用不吸水的闭孔发泡聚乙烯实心圆棒（背衬）作为密封膏的隔离物，如图7-8所示。

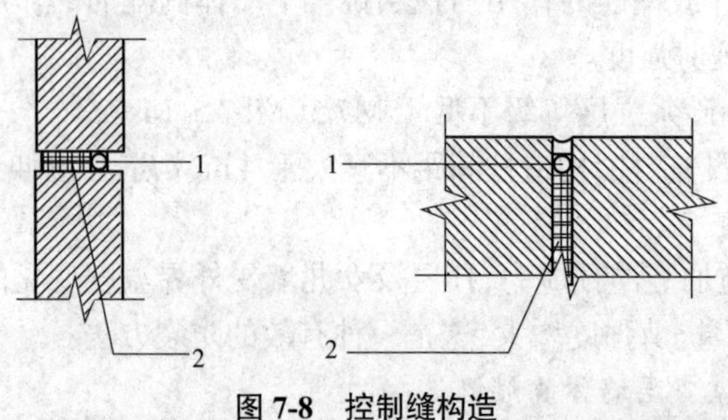

图7-8 控制缝构造

1—不吸水的闭孔发泡聚乙烯实心圆棒；2—柔软的可压缩的填充物

6. 防止地基不均匀沉降引起墙体裂缝的措施

1)设置沉降缝

沉降缝与温度伸缩缝的不同是必须自基础起将两侧房屋在结构构造上完全分开。砌体结构房屋的下列部位宜设置沉降缝:

(1)建筑平面的转折部位;

(2)存在高度差异或荷载差异处;

(3)长高比过大的房屋的适当部位;

(4)地基土的压缩性有显著差异处;

(5)基础类型不同处;

(6)分期建造房屋的交界处。

沉降缝最小宽度的确定要考虑避免相邻房屋因地基沉降不同产生倾斜而引起相邻构件碰撞,并考虑房屋的高度。沉降缝的最小宽度一般为二~三层房屋取50~80 mm,四~五层房屋取80~120 mm,五层以上房屋不小于120 mm。

2)增强房屋的整体刚度和强度

对于砌体结构房屋,为防止因地基发生过大不均匀沉降而使墙体产生各种裂缝,宜采取下列措施。

(1)对于三层和三层以上的房屋,其长高比 L/H_f 宜小于或等于2.5(其中,L 为建筑物长度或沉降缝分格的单元长度,H_f 为自基础底面标高算起的建筑物高度);当房屋的长高比为 $2.5<L/H_f\leqslant 3.0$ 时,宜做到纵墙不转折或少转折,并应控制其内横墙间距或增强基础刚度和强度。当房屋的预估最大沉降量小于或等于120 mm时,其长高比可不受限制。

(2)墙体内宜设置钢筋混凝土圈梁。

(3)在墙体上开洞时,宜在开洞部位配筋或采用构造柱及圈梁加强。

7. 具体措施

基于以上分析,对于防止或减轻砌体结构房屋墙体开裂,下述措施是有效的。

墙体裂缝最容易在房屋顶层、底层产生(八字形裂缝、包角裂缝以及水平裂缝等),因此可从以下两个方面采取措施。

(1)防止或减轻房屋顶层墙体裂缝:

①在屋面上设置保温层、架空隔热板;

②对顶层墙体施加竖向预应力;

③女儿墙设置贯通全高的构造柱,并与顶部钢筋混凝土压顶整浇。

(2)防止或减轻房屋底层墙体裂缝:

①增大基础圈梁的刚度;

②在底层窗台下墙体灰缝内设置3道焊接钢筋网片或2根直径为6 mm的钢筋,并伸入两边墙内不小于600 mm;

③提高砂浆强度等级;

④在顶层及底层设置通长钢筋混凝土窗台梁。

采用轻骨料混凝土小型空心砌块砌筑框架填充墙,施工时应注意:砌块龄期不应小于28 d;不得与其他砌块混砌;水平和竖向砂浆饱满度均不应小于80%;砌块的搭接长度不应小于90 mm;竖向通缝不应大于2皮。

7.3 砌体建筑施工

砖和砂浆的强度等级必须符合设计要求。用于清水墙、柱表面的砖,应边角整齐、色泽均匀。砌体砌筑时,混凝土多孔砖、混凝土实心砖、蒸压灰砂砖、蒸压粉煤灰砖等块体的产品龄期不应小于 28 d。有冻胀环境和条件的地区,地面以下或防潮层以下的砌体,不应采用多孔砖。不同品种的砖不得在同一楼层混砌。砌筑烧结普通砖、烧结多孔砖、蒸压灰砂砖、蒸压粉煤灰砖砌体时,砖应提前 1~2 d 适度湿润,严禁采用干砖或处于吸水饱和状态的砖砌筑,块体湿润程度宜符合下列规定:烧结类块体的相对含水率应在 60%~70%;混凝土多孔砖及混凝土实心砖不需要浇水湿润,但在气候干燥炎热的情况下,宜在砌筑前对其喷水湿润;其他非烧结类块体的相对含水率应在 40%~50%。

7.3.1 组砌方法

组砌方法指砖块在砌体中的排列方式。为了使砌体坚固稳定并形成整体,须将上下皮砖块之间的垂直砌缝有规律地错开,这种方法称为错缝,错缝还能使清水墙立面构成有规则的图案。砖砌体组砌方法应正确,内外搭砌,上下错缝。清水墙、窗间墙无通缝;混水墙中不得有长度大于 300 mm 的通缝,长度 200~300 mm 的通缝每间不超过 3 处,且不得位于同一面墙体上。砖柱不得采用包心砌法。

砖墙的组砌方法主要有以下几种。

1. 一顺一丁

一顺一丁砌法是一种常用的组砌形式,由一皮顺砖(砖的长边与墙身长度方向平行)、一皮丁砖(砖的长边与墙身长度方向垂直)间隔相砌而成,上下皮砖间的竖向灰缝都错开 1/4 砖长。这种砌法整体性好、效率较高,多用于一砖厚的墙,但当砖的规格不一致时,竖缝难以整齐,如图 7-9(a)所示。

2. 三顺一丁

三顺一丁砌法是最常见的组砌形式,由三皮顺砖、一皮丁砖组砌而成,上下皮顺砖间竖缝错开 1/2 砖长,上下皮顺砖与丁砖竖缝错开 1/4 砖长。这种砌筑方法,由于顺砖较多,砌筑速度快,适用于砌筑一砖或一砖以上厚的墙,如图 7-9(b)所示。

3. 梅花丁

梅花丁砌法又称沙包式、十字式,是每皮中顺砖与丁砖间隔相砌,上皮丁砖坐中于下皮顺砖,上下皮砖的竖缝相互错开 1/4 砖长。这种砌法内外竖缝每皮上下都能错开,故整体性较好、灰缝整齐、比较美观,但砌筑效率较低。砌筑清水墙或当砖的规格不一致时,采用这种砌法较好,如图 7-9(c)所示。

为了使砖墙的转角处各皮间竖缝相互错开,必须在外角处砌七分头砖(即 3/4 砖长),如图 7-10(a)所示。砖墙的丁字交接处,应分皮互相砌通,内角相交处竖缝应错开 1/4 砖长,并在横端头处加砌七分头砖,如图 7-10(b)所示。砖墙的十字交接处,应分皮相互砌通,交角处的竖缝相互错开 1/4 砖长,如图 7-10(c)所示。

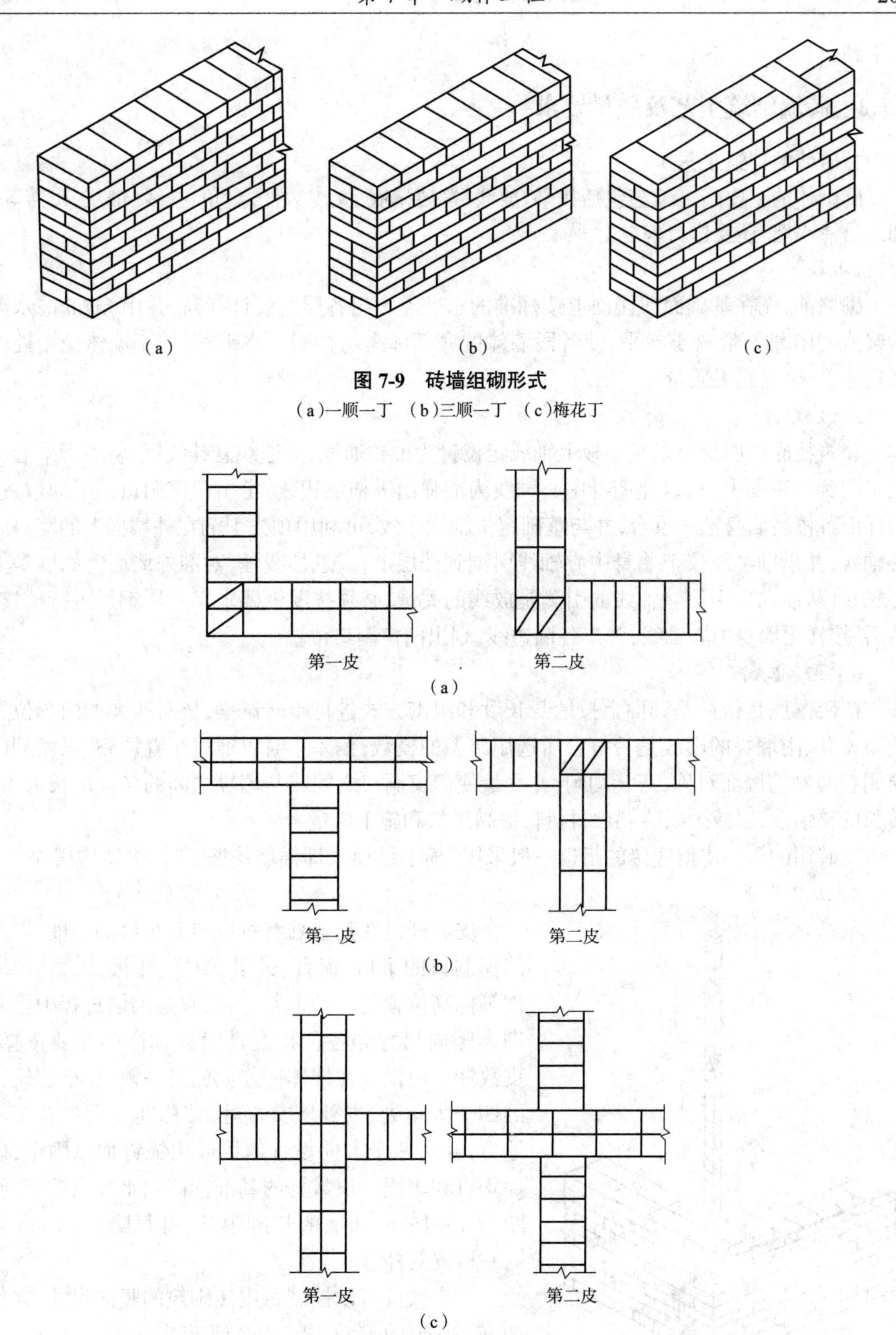

图 7-9　砖墙组砌形式

（a）一顺一丁　（b）三顺一丁　（c）梅花丁

图 7-10　砖墙交接处组砌

（a）砖墙转角（一顺一丁）（b）砖墙丁字交接处（一顺一丁）（c）砖墙十字交接处（一顺一丁）

240 mm 厚承重墙的每层墙的最上一皮砖，砖砌体的台阶水平面及挑出层的外皮砖应整砖丁砌。

7.3.2 砖墙砌筑工艺及质量要求

1. 砖墙的砌筑工艺

砖砌体的主要施工工艺包括找平、放线、摆砖撂底、立皮数杆、盘角、挂线、铺灰、砌砖等。如果是清水墙，还要进行勾缝。

1）找平

砌墙前，先在基础面或楼面上按标准的水准点定出各层的设计标高，并用 M7.5 的水泥砂浆或 C10 细石混凝土找平，使各段墙体的底部标高均在同一水平，以便于墙体交接处的搭接施工，确保施工质量。

2）放线

建筑物底层墙身可以龙门板上轴线定位钉为准拉通线，沿通线悬挂线锤，将墙身中心轴线引测到基础面上，再以此墙身中心轴线为准弹出纵横墙边线，定出门窗洞口的平面位置。为保证各楼层墙身轴线重合，并与基础定位轴线一致，可利用预先引测在外墙面上的墙身中心轴线，并借助经纬仪把墙身中心轴线引测到楼层上；或悬挂线锤，对准外墙面上的墙身中心轴线，从而向上引测。轴线的引测是放线的关键，必须按图纸要求尺寸用钢尺进行校核。然后，按楼层墙身中心轴线，弹出各墙边线，划出门窗洞口位置。

3）摆砖撂底

摆砖撂底是指在基础面上按墙身长度和组砌方式进行干砖试摆，核对所弹的门洞位置线及窗孔、附墙垛的墨线是否符合所选用砖型的模数，偏差小时可通过竖缝调整，以做到门窗洞口两侧的墙面对称，灰缝均匀，并尽量使门窗洞口之间或与墙垛之间的各段墙长为 1/4 砖长的整倍数，以减少砍砖、节约材料，提高工效和施工质量。

摆砖用的第一皮撂底砖的组砌一般采用“横丁纵顺”，即横墙均摆丁砖，纵墙均摆顺砖。

4）立皮数杆

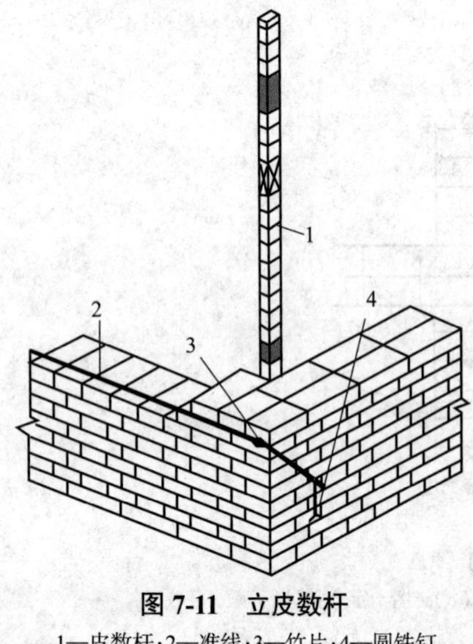

图 7-11 立皮数杆

1—皮数杆；2—准线；3—竹片；4—圆铁钉

皮数杆是在其上划有每皮砖和灰缝的厚度，以及门窗洞口的下口、窗台、过梁、圈梁、楼板、大梁、预埋件等标高位置的一种木制标杆，它是砌墙过程中控制砌体竖向尺寸和各种构配件设计标高的主要依据。皮数杆一般设置在墙体操作面的另一侧，立于建筑物的四个大角处、内外墙交接处、楼梯间及洞口较多的地方，并从两个方向设置斜撑或用锚钉加以固定，确保垂直和牢固。皮数杆的基准标高用水准仪校正，间距为 10~15 m，如墙的长度很长，可每隔 10~15 m 再立一根皮数杆。

立皮数杆可以控制每皮砖砌筑的竖向尺寸，并使铺灰、砌砖的厚度均匀，保证砖皮水平，如图 7-11 所示。

5）盘角、挂线

盘角是指砌墙前对照皮数杆的砖层和标高先砌

墙角，保证转角垂直、平整。每次盘角不超过五皮，并进行吊靠，发现偏差及时纠正。挂线是指将准线挂在墙侧，作为墙身砌筑的依据，每砌一皮或两皮，准线向上移动一次。

6）铺灰、砌砖

砖墙砌筑宜优先采用“三一”砌砖法和铺浆法。

“三一”砌砖法，即一铲灰、一块砖、一揉压，并随手将挤出的砂浆刮去的砌筑方法。其优点是灰浆饱满、黏结力好、整体性好、墙面清洁、质量高。

铺浆法是用灰勺、大铲或铺灰器在墙顶上铺一段砂浆，然后用力将砖挤入砂浆中一定厚度并放平，其优点是施工速度快、灰缝饱满。当采用铺浆法砌筑时，铺浆长度不得超过 750 mm；当施工期间气温超过 30 ℃时，铺浆长度不得超过 500 mm。

2. 砖墙的砌筑质量要求

砌体的质量应符合规范的要求，做到横平竖直、灰浆饱满、错缝搭接、接槎可靠。

1）砌体灰缝横平竖直、灰浆饱满

为了使砌块受力均匀，保证砌体紧密结合，不产生附加剪应力，砖砌体的灰缝应横平竖直、厚薄均匀，并应填满砂浆，不准产生游丁走缝（竖向灰缝上下不对齐称为游丁走缝），因此厚度在 370 mm 以上的墙应双面挂线，砌体水平灰缝的砂浆饱满度不得小于 80%，不得出现透亮缝，砌体的水平灰缝厚度和竖向灰缝厚度一般规定为 10 mm，不应小于 8 mm，也不应大于 12 mm。

砖柱的水平灰缝和竖向灰缝饱满度不应小于 90%，竖缝宜采用挤浆或加浆方法。

2）错缝搭接

为了提高砌体的整体性、稳定性和承载力，砖块排列应遵守上下错缝、内外搭接的原则，不准出现通缝，错缝或搭接长度一般不小于 1/4 砖长（即 60 mm）。在砌筑时，尽量少砍砖，承重墙最上一皮砖应采用丁砖砌筑，在梁或梁垫的下面、砖砌体台阶的水平面上以及砌体的挑出层（挑檐、腰线）也应采用整砖丁砖砌筑。砖柱或宽度小于 1 m 的窗间墙，应采用整砖砌筑。砖柱严禁采用包心砌法（先砌四周后填中心，整个砖柱形不成整体）。

3）接槎可靠

砖墙的转角处和交接处一般应同时砌筑，若不能同时砌筑，应将留置的临时间断做成斜槎，如图 7-12（a）所示。实心墙的斜槎水平投影长度不应小于墙高的 2/3；多孔砖砌体的斜槎长高比不应小于 1/2，斜槎高度不得超过一步脚手架高度。接槎时，必须将接槎处的表面清理干净，浇水湿润，填实砂浆，并保持灰缝顺直。如临时间断处留斜槎确有困难，非抗震设防及抗震设防烈度为 6 度、7 度地区，除转角处外也可留直槎，但必须做成凸槎，并加设拉结筋，如图 7-12（b）所示。拉结筋的数量为每 12 cm 墙厚放置一根直径为 6 mm 的钢筋，间距沿墙高不得超过 50 cm，埋入长度从墙的留槎处算起，每边均不得少于 500 mm，对抗震设防烈度为 6 度、7 度地区不得小于 1 000 mm，末端应有 90° 弯钩。

4）砌筑顺序的规定

基底标高不同时，应从低处砌起，并应由高处向低处搭砌。当设计无要求时，搭接长度不应小于基底的高差，搭接长度范围内下层基础应扩大砌筑。

砌体的转角处和交接处应同时砌筑，以保证墙体的整体性，从而大大提高砌体结构的抗震性能。当不能同时砌筑时，应按规定留槎、接槎。

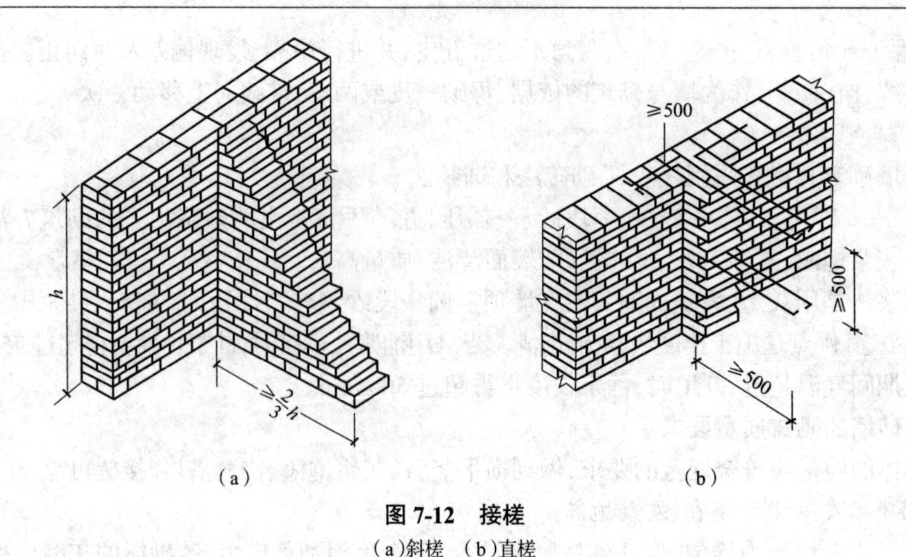

图 7-12 接槎

(a)斜槎 (b)直槎

5)砌体与构造柱接槎

带混凝土柱的砌体,应按照先砌砌块墙体,后浇筑混凝土柱的顺序施工。与混凝土柱(如构造柱)相邻部位砌体应砌成马牙槎,马牙槎应先退后进,每个马牙槎沿高度方向的尺寸不超过 300 mm,凹凸尺寸宜为 60 mm。砌筑时,砌体与构造柱间应沿墙高每隔 500 mm 设拉结筋,拉结筋数量及伸入墙内长度应满足设计要求。

6)临时施工洞、孔、脚手眼的设置规定

在墙上留置临时施工洞口,其侧边离交接处墙面不应小于 500 mm,洞口净宽度不应超过 1 m,洞口顶部宜设置过梁,也可在洞口上部采取逐层挑砖的方法进行封口,并应预埋水平拉结筋,临时施工洞口应做好补砌。

注意,不得在下列墙体或部位设置脚手眼:

(1)120 mm 厚墙、料石墙、清水墙、独立柱和附墙柱;

(2)过梁上与过梁成 60° 的三角形范围内,以及过梁净跨度 1/2 的高度范围内;

(3)宽度小于 1 m 的窗间墙;

(4)砌体门窗洞口两侧 200 mm(石砌体为 300 mm)和转角处 450 mm(石砌体为 600 mm)范围内;

(5)梁或梁垫下及其左右 500 mm 范围内;

(6)设计不允许设置脚手眼的部位。

7.3.3 混凝土小型空心砌块的施工

混凝土小型空心砌块是一种新型的墙体材料,目前在我国房屋工程中已得到广泛应用。混凝土小型空心砌块包括普通混凝土小型空心砌块、轻骨料混凝土小型空心砌块等。小型砌块使用时的生产龄期不应小于 28 d。由于小型砌块墙体易产生收缩裂缝,充分的养护可使其收缩量在早期完成大部分,从而减少墙体的裂缝。

小型砌块施工前,应分别根据建(构)筑物的尺寸、砌块的规格和灰缝厚度确定砌块的皮数和排数。

混凝土小型空心砌块与砖不同,这类砌块的吸水率很小,如砌块的表面有浮水或在雨天都不得施工。若在雨天或表面有浮水时进行砌筑施工,其表面水会向砂浆渗出,造成砌体游动,甚至造成砌体坍塌。

使用单排孔小型砌块砌筑时,应对孔错缝搭砌;使用多排孔小型砌块砌筑时,应错缝搭砌,搭接长度不应小于 120 mm。如个别部位不能满足以上要求,应在灰缝中设置拉结钢筋或铺设钢筋网片,但竖向通缝不得超过 2 皮砌块。

砌筑时,小型砌块应底面朝上反砌于墙上。这是由于小型砌块制作上的缘故,其成品底部的肋较厚,而上部的肋较薄,为便于砌筑时铺设砂浆,将其底部朝上放置。

小型砌块砌体的水平灰缝应平直,砂浆饱满度按净面积计算不应小于 80%;竖向灰缝应采用加浆方法,严禁用水冲浆灌缝,竖向灰缝的砂浆饱满度不宜小于 80%。竖缝不得出现瞎缝或透明缝。水平灰缝的厚度与垂直灰缝的高度应控制在 8~12 mm。

小型砌块砌体的转角或内外墙交接处应同时砌筑,必须设置临时间断处,则应砌成斜槎。对非抗震设防地区,除外墙转角处,可在临时间断处留设直槎,即从墙面伸出 200 mm 的凸槎,并沿墙高每隔 600 mm 设 2 根直径为 6 mm 的拉结筋或钢筋网片。拉结筋或钢筋网片必须准确埋入灰缝或芯柱内,埋入长度从留槎处算起,每边均不小于 600 mm。

在常温条件下,小型砌块砌体每日砌筑高度宜控制在 1.5 m 或一步脚手架高度内。

7.3.4 砌块的冬期施工

当室外日平均气温连续 5 d 稳定低于 5 ℃时,或当日最低气温低于 0 ℃时,砌体工程应采取冬期施工措施。

1. 材料及质量要求

砌体工程冬期施工应有完整的冬期施工方案。冬期施工所用材料应符合下列规定:石灰膏、电石膏等应防止受冻,如遭冻结,应经融化后使用;拌制砂浆用砂,不得含有冰块和大于 10 mm 的冻结块;砌体用块体不得遭水浸冻。

冬期施工砂浆试块的留置,除符合常温规定要求外,尚应增加 1 组与砌体同条件养护的试块,用于检验转入常温 28 d 的强度。如有特殊需要,可另外增加相应龄期的同条件养护试块。

当地基土有冻胀性时,应在未冻的地基上砌筑,并应防止在施工期间和回填土前地基受冻。

冬期施工中,砖、小型砌块浇(喷)水湿润应符合下列规定。

(1)烧结普通砖、烧结多孔砖、蒸压灰砂砖、蒸压粉煤灰砖、烧结空心砖、吸水率较大的轻骨料混凝土小型空心砌块在气温高于 0 ℃条件下砌筑时,应浇水湿润;在气温低于或等于 0 ℃条件下砌筑时,可不浇水,但必须增大砂浆稠度。

(2)普通混凝土小型空心砌块、混凝土多孔砖、混凝土实心砖及采用薄灰砌筑法的蒸压加气混凝土砌块施工时,不应对其浇(喷)水湿润。

(3)对抗震设防烈度为 9 度的建筑物,当烧结普通砖、烧结多孔砖、蒸压粉煤灰砖、烧结空心砖无法浇水湿润时,如无特殊措施,不得砌筑。

拌合砂浆时水的温度不得超过 80 ℃,砂的温度不得超过 40 ℃。采用砂浆掺外加剂法、暖棚法施工时，砂浆使用温度不应低于 5 ℃。

采用外加剂法配制的砌筑砂浆，当设计无要求且最低气温等于或低于 15 ℃时，砂浆强度等级应较常温施工提高一级，配筋砌体不得采用掺氯盐的砂浆施工。

冬期施工的砖砌体，应按“三一”砌砖法施工，灰缝宽度不应大于 10 mm。冬期施工中，每日砌筑后，应及时在砌筑表面进行保护性覆盖，砌筑表面不得留有砂浆。在继续砌筑前，应扫净砌筑表面。

砌筑工程的冬期施工应优先选用外加剂法。对绝缘、装饰等有特殊要求的工程，可采用其他方法。加气混凝土砌块承重墙体及围护外墙不宜在冬期施工。

2. 外加剂法

冬期砌筑采用外加剂法时，可使用氯盐或亚硝酸钠等盐类外加剂拌制砂浆，其中氯盐应以氯化钠为主；当气温低于 15 ℃时，也可与氯化钙复合使用，氯盐外加剂掺量应按表 7-6 选用。

表 7-6 氯盐外加剂掺量(占用水重量 %)

氯盐及砌体材料种类			日最低气温 /℃			
			≥10	-15~-11	-20~-16	-25~-21
氯化钠(单盐)		砖、砌块	3	5	7	—
		砌石	4	7	10	—
复盐	氯化钠	砖、砌块	—	—	5	7
	氯化钙		—	—	2	3

注：掺盐量以无水盐计。

在氯盐砂浆中掺加微沫剂时，应先加氯盐溶液后，再加微沫剂溶液。外加剂溶液应设专人配制，并应先配制成规定浓度溶液置于专用容器中，然后再按规定加入搅拌机中拌制成所需砂浆。

采用氯盐砂浆时，砌体中配置的钢筋及钢预埋件，应预先做好防腐处理。

氯盐砂浆砌体施工时，每日砌筑高度不宜超过 1.2 m；墙体留置的洞口，距交接墙处不应小于 50 cm。

掺用氯盐的砂浆不得在下列情况下采用：

(1)对装饰工程有特殊要求的建筑物；

(2)使用湿度大于 80% 的建筑物；

(3)配筋、钢预埋件无可靠的防腐处理措施的砌体；

(4)接近高压电线的建筑物(如变电所、发电站等)；

(5)经常处于地下水位变化范围内以及在地下未设防水层的结构。

3. 暖棚法

暖棚法适用于地下工程、基础工程以及量小又急需砌筑使用的砖体结构。

采用暖棚法施工时，块材在砌筑时的温度不应低于 5 ℃，距离所砌的结构底面 0.5 m 处的棚内温度也不应低于 5 ℃。在暖棚内的砌体养护时间，应根据暖棚内温度，按表 7-7 确定。

表 7-7　暖棚法砌体的养护时间

暖棚温度 /℃	5	10	15	20
养护时间 /d	≥ 6	≥ 5	≥ 4	≥ 3

第8章　防水工程

【内容提要】

在土木工程中,防水一般可分为地下防水、屋面防水、外墙防水和厨卫防水,本章主要介绍地下防水和屋面防水两部分。防水工程质量的优劣,不仅关系到建筑物或构筑物的使用寿命,而且直接关系到它们的使用功能。影响防水工程质量的因素有设计的合理性、防水材料的选择、施工工艺及施工质量、保养与维修管理等。其中,防水工程的施工质量是关键因素。

8.1　概述

8.1.1　防水发展历史

1. 古代防水

人类很早以前从穴居开始,就利用植物的根茎、叶子搭建棚子;后以土为墙,在植物的枝干或者天然石板上铺上草叶、夯土为盖建成房子。自秦汉以后,我国开始使用砖瓦,利用坡度将水排走,主要是以排为主、以防为辅的方式,由于受到当时经济条件的限制,老百姓的住房在南方多雨地区大多是以草屋、瓦屋面为主。至宋元代以后,宫殿庙宇的建筑,则大部分采用琉璃瓦防水。目前尚存的故宫,青砖墙,用石灰加糯米汁或杨桃藤汁调制为灰浆,磨砖对缝砌筑,具有相当好的防水功能,屋顶则采用五道(层)以上防水层。首先在木望板上铺薄砖,上铺贴桐油浸渍的油纸,并上铺灰泥层,再将石灰加上糯米汁等拌合铺抹一层,后将麻丝均匀地拍入,它是一层具有一定强度、韧性很大、致密且不会开裂的防水层;灰泥层上铺一层金属锡合金,用焊锡连接成整体,它是一层耐腐蚀的惰性金属;上又铺一层灰泥加麻丝,最后坐浆铺琉璃瓦勾缝。如故宫太和殿,历时300多年未曾大修,不但用材考究、做工精心,每道工序的工艺相当严格,每道防水层均具有可靠的防水能力,是综合治理的典范,是中国建筑防水史上辉煌的一页,值得我们后人骄傲和借鉴。

古代地下工程以墓穴最为著称,十三陵地下宫殿的发掘展示了我国古代防水工程的精湛技艺,地下宫殿以石砌墙、铺地,同样采用灰泥中加入糯米汁和杨桃藤汁,而且在地下和墙外面有1 m厚的灰土层。灰土防水能力很强,具有极大的强度和韧性,因此十三陵地下宫殿几百年来经历地震、大水诸多自然灾害,依然完好无损,它就是地下防水的典范。古代的大型储水池很多也是采用灰土来防水的。

2. 近代防水

近代防水应从天然沥青作为防水材料开始,后又使用炼油厂的渣子——石油沥青为原料制成油毛毡,延续使用了上百年。近百年来,人们习惯采用单一的沥青卷材叠层做法进行防水,即所谓三毡四油、二毡三油。新中国成立前,国内大多数建筑仍采用坡瓦屋面。新中国成立后，主要在平屋面上采用了三毡四油或二毡三油的做法，当时少量地下建筑也采用热沥青和油毡防水。20 世纪 80 年代，为防止出现质量事故，开始在技术上采取措施，如增加保护层等，并开始考虑严格工艺和操作规程、加强施工管理等，以提高防水工程质量。

20 世纪 50 年代末，采用水泥砂浆和水泥浆交替多层涂抹形成刚性水泥砂浆防水层的防水堵漏法是刚性防水最早、最有效的工艺，它开始考虑为操作者提供良好的工作环境，并赢得了广泛推崇。另外，在湖南等地推出的塑料油膏、聚氯乙烯胶泥等产品，也有广泛的应用，这是由热施工工艺改为冷作工艺的变革，影响深远。这个阶段，防水工程施工均在土建企业进行，新型涂料则由厂家自行组织施工。

新中国成立初期，我国的防水工程技术标准是翻译自苏联 20 世纪 50 年代的技术标准，并作为东北地区的技术规范，20 世纪六七十年代经修订成为《屋面与地下防水工程施工及验收规范》，而后逐渐制定了全国和地方的标准、大样图，到 20 世纪 70 年代逐渐形成了防水专业的标准工艺，对提高防水工程质量和技术进步起到很大作用。

3. 现代防水

我国现代防水应从 20 世纪 80 年代初开始，我国建筑业急速兴起，各种形式的建筑，尤其是高层、深埋地下的大型建筑的建造，大大推动了建筑防水技术的提高和发展。我国引进了国外先进的防水材料和生产技术、设备，大大推动了我国防水事业的发展。

20 世纪 80 年代初，我国从日本、意大利等引进的防水卷材生产线，较大地提高了我国防水材料的生产能力，施工方法也开始使用冷黏结施工；自行研制开发的各种涂料形成了完整的涂料体系，配套的密封材料也有了长足的进步，它们和卷材配套复合使用或单独应用都已经成熟；地下工程的刚性混凝土防水体系发展也已成熟，开始使用聚合物防水砂浆解决外墙和地下工程背面防水的难题。

20 世纪 90 年代以来，我国开发了新型防水材料，解决了潮湿基面不可立即施工的难题，并可采取热熔施工、自粘贴施工、机械固定焊接施工、涂卷复合施工等新型材料和施工工艺；同时，成立了全国性的防水协会，每年组织全国性防水材料会议，增进了交流，推动了防水技术的进步与发展；还对工人进行培训并给他们颁发施工资质证书，建立工人持证上岗制度等，这些都有效地提高了防水工程质量。

从 20 世纪 80 年代初开始，我国多次修订与防水相关的国家标准和图集，部分地区还制定了地方标准，规范了产品的生产、规格、性能指标和试验方法，这些无疑对防水工程质量都有一定的积极作用。

8.1.2　防水施工的重要性与特点

1. 防水施工的重要性

防水工程的质量直接影响房屋建筑的使用功能和寿命，关系到人民生活和生产能否正常进行。防水工程的功能就是使建（构）筑物在设计耐用年限内，防止雨水及生产、生活用水的渗漏和地下水的侵蚀，确保建（构）筑物结构、室内设施不受损害，为人们提供一个舒适、安全的生活和生产的空间环境。

防水工程尽管是一个分项工程，但它又是一项系统工程，涉及材料、设计、施工、管理等各个方面。防水工程的任务就是综合上述诸方面的因素，进行全方位的材料评价、选择，完善设计、精心组织、准确施工，确保工程的质量和技术水平，以满足建（构）筑物的防水耐用年限和使用功能,并有良好的技术经济效益。因此,防水工程的质量优劣与防水材料、防水设计、防水施工以及维修管理等密切相关,其中防水工程的施工质量是关键。这是因为防水工程最终是通过施工来实现的,而目前我国的防水施工操作仍多以手工作业为主,操作人员的技术水平、心理素质、责任心、工艺繁简难易程度以及施工队伍的管理水平等还存在许多问题,稍有疏忽便可能出现渗漏,国内有关工程渗漏的多次调查结果都证明了这一点。

2014 年 7 月 4 日,中国建筑防水协会与北京零点市场调查与分析公司联合发布《2013 年全国建筑渗漏状况调查项目报告》,本次抽样调查涉及全国 28 个城市、8 501 个社区,共计勘察 2 849 栋楼房,访问 3 674 名住户,抽样调查了建筑屋面样本 2 849 个,其中有 2 716 个出现不同程度渗漏,渗漏率高达 95.33%,几乎全部漏水;地下建筑抽查样本 1 777 个,其中有 1 022 个出现不同程度渗漏,渗漏率达到 57.51%;抽查住户样本 3 674 个,其中有 1 377 个出现不同程度渗漏,渗漏率高达 37.48%,几乎每三家就有一家渗漏。

20 世纪 80 年代对渗漏工程的调查报告统计分析表明:造成渗漏的原因是多方面的,其中最主要的因素为材料、设计、施工、管理维护四个方面,且材料占 20%,设计占 26%,施工占 48%,管理维护占 6%。20 世纪 90 年代曾出现房屋渗漏严重的局面,随后全国积极开展"质量、品种、效益年活动"等,防水工程质量才有所改观。可见施工质量低劣造成的工程渗漏是最主要的原因,因此防水施工在防水工程中是非常重要的环节,起着关键性的作用。

2. 防水施工的特点

根据防水功能要求和防水层所处的工作环境条件,防水工程具有自己的特点。防水功能一般要求做到滴水不漏,不能有针孔般大小的孔洞、发丝般粗细的裂纹,而且要求在设计耐用年限内都不能出现这些现象。虽然这个要求很高,但它是防水功能所必需的,因此对施工质量就提出了很高的要求。

防水层所处的工作环境条件差,施工位置可能在地下、地上、室内;施工的部位可能是地下的构筑物、屋面、墙面、楼地面。因此,其质量不但受防水材料、设计、施工部位等的影响,还受大气自然环境、自身结构变形和相邻层次质量等条件的影响。

防水施工的特点主要如下。

1)材料品种多

随着科学技术的不断发展,防水材料日益丰富,不同的材料具有各自的性能特点,施工时应根据不同的质量要求选择不同的材料。

2)施工工期长

由于防水工程施工工艺复杂、工程量大、质量要求高,故施工时间一般较长。

3)成品保护难

一般情况下,防水工程和其他工程交叉施工,防水工程材料强度相对较低,容易破坏,成品保护难度大。

4)薄弱部位多

施工缝、变形缝、后浇带、穿墙管、螺栓、预埋件、预留洞、阴阳角等节点防水薄弱部位,施工操作复杂,节点处理难度大,需要采取不同的防水措施,才能达到防水的目的。

5)管理难度大

防水工程施工工艺的复杂性,施工的流动性和单件性,以及受自然条件影响大、高处作业、立体交叉作业、地下作业和临时用工量大,协作配合关系较复杂,决定了其施工组织与管理的复杂性。

6)造价高

防水工程一般有合理的耐用年限,选择质量好的材料、合理的设计和施工方法是保证防水工程质量的关键。实践证明,工程一旦发生渗漏,损失及治理的费用十分昂贵,对于地下工程,仅治理费用可达原来防水费用的 5~10 倍。

在实际防水工程施工过程中,政策措施未执行到位,使用假冒伪劣材料,防水设计不规范,施工质量难以提高等,最终都会制约防水工程质量并造成渗漏。

8.1.3　防水施工质量影响因素

1. 人

防水施工队伍和管理人员的素质直接影响防水施工质量,故应选择专业的防水施工队伍和优秀的管理人员,并根据施工要求合理地配备防水施工小组成员,严禁使用非防水专业人员;施工前积极准备,编制并优化防水施工组织设计,防水施工的技术人员和工人明确施工任务、技术要求、施工工艺、操作规程、节点处理方法和要求等注意事项;施工过程中严格按照施工组织设计施工,加强监督检查,发现问题及时处理;提高建筑师和监理工程师的防水技术水平,强化全社会对防水工程重要性的认识,增加建设单位对防水工程的投入,从而保证防水工程的质量。

2. 防水材料

防水材料是防水工程的基础。目前,国内防水材料的品种、规格较多,性能、产品质量各异,施工方法和要求也有较大的差别。随着新型防水材料不断出现,选择耐候性好、寿命长、绿色环保、施工方便、经济的防水材料将是保证防水施工质量的关键。而目前国内的防水材料市场比较混乱,不少劣质防水材料充斥市场,如将不合格的防水材料使用到防水工程上,必将严重降低防水工程质量。

3. 环境

防水工程的施工大部分是露天作业,必然受到外界环境影响。施工期间的雨、雪、霜、雾以及高温、低温、大风等天气情况,对防水层的施工作业和防水层的质量都会产生不同程度的影响。不同防水材料适应外界环境的能力不同,外界环境条件限制了防水材料的使用,对防水施工方法也有某种程度上的制约。为了保证施工顺利进行和施工质量,施工前必须提前根据季节做好时间安排,尽量避开冬雨期施工,否则要采取相应的季节施工措施;防水层施工期间,必须掌握好天气变化,根据天气的变化做好调整,以确保防水施工质量。

1)温度

由于防水材料性能各异、工艺不同,对气温的要求略有不同,防水施工一般宜在 5~35 ℃的气温条件下进行,最适宜在 20~25 ℃的气温条件下进行,这时工人施工最方便,工程质量最易保证。热熔卷材和溶剂型涂料可在 -10 ℃以上的气温条件下施工,高聚物改性沥青卷材、合成高分子卷材、沥青卷材不宜在 0 ℃以下施工;沥青基涂料、高聚物水乳型涂料及刚性防水层等不宜在 5 ℃以下施工,这些材料低温时或不易开卷,或不易涂刷,或在硬化过程中易受冻而破坏;气温超过 35 ℃时,所有防水材料均不宜施工,因为温度过高不仅工作操作不便,而且涂料涂刷后干燥过快,要求施工速度要快,而工人操作跟不上,从而影响施工。

2)风

5级及以上大风的天气,严禁防水层施工。大风天气易将尘土及砂粒等刮起,并黏附在基层上,影响防水层与基层的黏结,涂料、胶黏剂等材料本身也会被风吹散,影响涂刷的均匀性和厚度;卷材也易被风掀起而拉裂甚至拉断,影响工程顺利进行;再者大风直接影响工人操作和安全。

3)水

水通常会以积水、流水、飞溅、结冰等形式对建筑物的不同部位产生不利影响,不同部位受到的水的影响有所差别,如屋面工程、阳台、走廊、公共通道、外墙、运动看台等通常受到雨水的影响;地下工程则受到雨水、地下水和结露的影响;室内工程及水池等受到生产、生活用水和结露的影响。水对地下工程防水层的施工影响最大,在有地下水的情况下,一般必须将地下水位降至防水层以下300 mm,直至防水层、保护层以及土方回填完成后。

4. 机具

施工机具是提高防水施工技术和工程质量的重要手段。过去,在沥青油毡的施工中,玛琋脂均在现场砌临时炉灶并用大铁锅熬制,再用油壶送到屋面上后采用人工摊铺,熬制和摊铺温度、摊铺厚度等都不易控制,对施工操作技术要求较高,而且在熬制和摊铺时挥发有害气体污染环境。因此,有人研制开发出密封性较好的电热玛琋脂摊铺机械,提高了施工机械化程度。冷玛琋脂的出现改变了沥青油毡的施工方法,高聚物改性沥青卷材和合成高分子卷材多采用冷粘贴施工法,这给施工带来了很大的方便,改善了施工作业条件,减少了环境污染,是一种比较理想的卷材铺贴方法。自粘贴施工法是冷粘贴施工法的发展,即在卷材生产过程中就在其底面涂上一层高性能胶黏剂,胶黏剂表面敷隔离纸后成卷,施工时只要剥去隔离纸,就可以直接铺贴。随着热熔卷材的研制成功,出现了热熔粘贴施工法,该方法采用火焰烘烤卷材底面热熔胶后粘贴,黏结性能可靠,施工时受气候影响较小,在较低气温下仍能铺贴,因此逐渐成为高聚物改性沥青卷材主要的施工方法。另外,由于塑性卷材的问世,焊接工艺和各种热风焊接机械也相应出现并逐渐成熟。

多年来,防水涂料一直采用手工涂刷或刮涂,施工方法简单,但施工速度慢、涂膜的厚薄均匀程度难以控制,随着热熔改性沥青涂料和高固含量水性沥青材料的引进和开发,涂料喷涂机械也开始在国内出现,并在实际工程中使用。

5. 管理

防水工程施工质量与施工条件、准备工作、管理制度、检验、相关层次的质量、施工工艺的水平、操作人员的技术和态度以及成品保护工作等方面有关。只有认真做好施工过程中各环节相关方面的工作,把好施工的每一道关,才能确保施工质量。

1)准备充分

防水施工前,必须经过严格的设计,并制订合理的施工方案,经过单位技术负责人审查批准,报监理工程师同意后,方可实施;根据施工方案的安排成立防水施工项目部,组织相关成员学习讨论施工中的技术、质量、安全、用料、工期要求及与土建工种的协作配合问题,同时明确施工任务、技术要求、施工工艺、安全防护等注意事项,并做好安全技术交底工作;对于采用新材料、新工艺、新技术或者施工技术要求较高或工程量较大或会影响工人健康等的工程,施工前要编制专项方案,并组织专家论证获得通过后,方可实施。

防水工程施工准备工作包括技术准备、物资准备和现场条件准备等内容。

(1)技术准备是指施工技术管理人员对设计图纸应有充分的了解和学习,并进行图纸会审，编制和下达施工方案及技术措施，必要时还应对施工人员进行调整和培训，建立质量检验和质量保证体系。

(2)物资准备包括防水材料的进场和抽检，配套材料准备，机具进场、试运转等。

(3)现场条件准备包括材料堆放场所和每天运到屋面上的施工材料临时堆放场地的准备、运输机具的准备以及现场工作面清理工作。

2)工作面及其相关层次质量管理

防水层是依附于基层的，基层质量的好坏将直接影响防水层的质量，所以基层质量就成为保证防水层施工质量的基础。基层的质量指结构层的整体刚度，找平层的刚度、平整度、强度、表面完善程度(无起砂、起皮及裂缝)，以及基层的含水率等。如果找平层强度高、表面完整，无疑对防水能力有提高作用；相反，如果找平层质量差，凹凸不平、坡度不准、起砂、起皮、开裂，不但本身无防水能力，而且会直接损害防水层。防水工程中，除防水层施工外，还要交叉进行与防水层相关层次的施工，如找平层、隔汽层、保温层、隔离层、保护层等。这些相关层次的施工质量对防水层的质量有很大影响，甚至直接影响整个防水工程的成败。因此，对这些相关层次的施工质量必须加以控制和保证。

3)严格的过程控制

防水工程施工应建立各道工序的自检、交接检和专职人员检查的“三检”制度，并有完整的检查记录，即操作人员和班组长在施工过程中应经常检查已完成部分的质量情况，某道工序完成后，仔细检查本道工序的质量情况，对存在的施工缺陷及时进行修补，自检合格后，由专职质量员对该道工序质量进行检查，并填写检查验收记录，还应经监理单位(或建设单位)检查验收，合格后方可进行下道工序的施工；下道工序的操作人员在施工前应对前道工序的质量进行检查，在确保前道工序合格的前提下，才可继续施工，以免出现前道工序遭到损坏仍继续施工的现象。在防水工程施工前，应事先提出相应的检验内容、工具和要求，施工过程中加强中间检验和工序检验，只有在施工过程中及早发现质量缺陷，并立即补救，消除隐患，才能确保防水层的质量。

4)竣工后的保养

防水工程竣工验收后，在长期的使用过程中常会由于材料的逐渐老化、各种变形对材料的反复影响、风雨冰冻的作用、人为的损坏以及垃圾尘土堆积堵塞排水通道等，使防水层遭到损坏。这种渐变现象，平时很少被人们注意到，直到防水层严重破损，发生了渗漏，才会引起人们的注意，但这时破损已严重，修复难度和费用都大大增加。因此，在防水层使用过程中，必须建立一个完善的保养制度，控制微小、局部损坏的扩大，排除对防水层有害的各种因素，及时进行保养和维修，以延长防水层的使用寿命，节省返修费用，提高经济效益。

8.1.4 防水施工的分类

1. 按防水材料形态划分

1)刚性防水材料施工

刚性防水材料包括防水砂浆和防水混凝土。刚性防水材料是通过合理调整水泥砂浆和混凝土的配合比，配制而成的具有一定抗渗能力的水泥砂浆、混凝土类的防水材料，以减少或抑制孔隙率，改善孔隙结构特性，增加各材料界面间的密实性等。

2)涂膜防水材料施工

涂膜防水材料(也称防水涂料)是一种流态或半流态物质,涂刷在基层表面,经溶剂或水分挥发,或各组分间的化学反应,形成有一定弹性的薄膜,使表面与水隔绝,起到防水、防潮作用。

涂膜防水材料施工按涂膜厚度可分为薄质涂料施工和厚质涂料施工。薄质涂料常采用涂刷法或喷涂法施工,厚质涂料常采用抹压法或刮涂法施工。

3)防水卷材施工

防水卷材是建筑防水材料中用量最多的防水材料,通常可分为以沥青为基本原料的沥青防水卷材、以高聚物改性沥青为基本原料的高聚物改性沥青防水卷材和以合成高分子材料为基本原料的合成高分子防水卷材三大类,不同种类的卷材,施工方法也不一样。

4)金属板(片)材防水施工

金属板(片)材防水是主要采用金属板材作为屋盖材料,将结构层和防水层合二为一的防水系统。金属板材的种类很多,有锌板、镀铝锌板、铝合金板、铝镁合金板、钛合金板、铜板、不锈钢板等。金属板的施工方式不同,有的板在工厂加工好后现场组装,有的板根据屋面工程的需要在现场加工。

5)密封材料防水施工

建筑上所用的密封材料是指填充于建筑物的接缝、裂缝、门窗框、玻璃镶嵌边以及管道接头或与其他结构的连接处起水密、气密作用的材料。

常用的密封材料主要有改性沥青密封防水材料和合成高分子密封防水材料两大类,它们的性能差异较大,施工方法应根据具体材料而定,常用的施工方法有冷嵌法和热灌法两类。

6)灌浆堵漏材料施工

灌浆堵漏材料施工一般是指将由化学材料配制的浆液,通过钻孔埋设注浆设备,并施加压力将其注入结构裂缝中,经扩散、凝固,达到防水、堵漏、补强、加固的目的。

2. 按施工时是否采用加热操作划分

1)热熔法施工

热熔法施工是指高聚物改性沥青热熔卷材的铺贴方法。热熔卷材是一种在工厂生产过程中底面涂有一层软化点较高的改性沥青热熔胶的卷材,施工时用火焰烘烤热熔胶后直接粘贴在基层上。

2)冷粘法施工

冷粘法施工通常针对高聚物改性沥青防水卷材,尤其是合成高分子防水卷材,施工时不需加热,在基层均匀地刷上一层胶结材料,然后黏结防水卷材即可。

采用冷粘法施工,不需要加热,因此给施工带来了很大的方便,减少了环境污染,改善了施工人员的劳动条件。

3)自粘法施工

自粘法施工是指自粘型卷材的铺贴方法。自粘型卷材在工厂生产时,在改性沥青卷材、合成高分子卷材、PE 膜等底面涂上一层压敏胶或胶黏剂,并在表面敷一层隔离纸,施工时只需剥去隔离纸,即可直接铺贴。自粘法施工工艺简单,施工人员操作方便。

4)焊接法施工

合成高分子卷材一般采用焊接法施工,卷材的铺设与一般高分子卷材的铺设方法相同,其搭接缝采用焊接方法连接。焊接方法有两种:一种为热熔焊接,即通过升温使卷材熔化达到焊接熔合;另一种是溶剂焊,即采用溶剂进行接合。

合金金属卷材也采用焊接法施工,即采用电加热使焊锡或焊条受热熔化后均匀覆盖于焊缝表面,冷却后将金属卷材连接在一起。

3. 按施工时防水材料的摊铺方法划分

1)喷涂施工

涂料喷涂施工是将黏度较小的防水涂料放置于密闭的容器中,通过泵将涂料从容器中压出,通过输送管送至喷枪处,由喷枪将涂料均匀喷涂于基面,形成一层均匀致密的防水膜。

2)刷涂施工

薄质涂料可采用棕刷、长柄刷、圆辊刷等进行人工涂刷涂布。涂布时应先涂立面,后涂平面,涂刷应均匀一致。

3)刮涂施工

厚质涂料宜采用刮涂施工。刮涂施工时,一般先将涂料直接分散倒在基层上,用铁抹子或胶皮板来回刮涂,直至干燥。流平性差的涂料待表面收水尚未结膜时,用铁抹子压实抹光。抹压时间应适当,过早抹压,起不到作用;过晚抹压,会使涂料粘住抹子,出现月牙形抹痕。

4)嵌填施工

嵌填施工主要指密封材料的施工。密封材料的嵌填操作可分为热灌法和冷嵌法施工。改性沥青密封材料常用热灌法施工,而合成高分子密封材料常用冷嵌法施工。

4. 按防水工程部位划分

1)屋面防水工程

屋面防水是指防止雨水从屋面侵入室内。现今对屋面一般还有综合利用的要求,如用作活动场所、停车场、屋顶花园、蓄水隔热设施等,这对防水层的要求更高。

2)卫生间及楼地面防水工程

卫生间及楼地面防水是防止生活、生产用水和生活、生产污水渗漏到楼下,或通过隔墙渗入其他房间。卫生间和某些生产车间管道多、设备多,用水量集中,飞溅严重,酸碱液体很多,有时不但要求防止渗漏,还要防止酸碱液体的侵蚀。

3)外墙防水工程

外墙防水是指防止雨水或外墙面清洗用水等渗入室内。相比于屋面、卫生间等部位,外墙渗漏量和因渗漏带来的影响要小一些,但随着人们对生产、生活环境要求的提高,外墙防水的重要性日渐显现。

4)地下防水工程

地下工程是指工业与民用建筑地下工程、防护工程、市政隧道、山岭及水底隧道、洞库、地下铁道等建筑物和构筑物。地下工程防水是对地下工程进行防水设计、防水施工和维护管理等各项技术工作。地下工程由于结构复杂,施工方法特殊,受地表水、地下水、毛细管水等的渗透和侵蚀作用,以及由于人为因素引起的附近水文地质改变的影响,其防水设计、防水施工、维护管理的难度和要求更高。

5)储水池及水中构筑物防水工程

储水池、储液池防水是防止水或液体往外渗漏,设在地下的储水池、储液池还要防止地下水往里渗透。所以,除储水(液)池结构本身具有防水(液)能力外,一般将防水层设在内部,且要求使用的防水材料不会污染水质(液体)或不被储液所腐蚀,多数采用无机类防水材料,如聚合物砂浆及水泥基类防水材料等。

6)道路桥梁防水工程

近几年来,全国各地交通设施迅猛发展,道路桥梁防水作用日益凸显,不做防水或采用的防水材料不当造成桥梁出现渗水,使钢筋锈蚀,铺装层剥落,发生碱骨料反应,由钢筋锈蚀而引起的混凝土膨胀开裂等严重损坏问题,严重影响了桥梁的坚固性和使用寿命,以及行车的舒适性和安全性。

发达国家(如美国、日本、西欧诸国)对桥梁均设置有专门的防水层,在桥梁结构类型、面层材料、防水技术、防水方法、使用性能、维修费用等方面都做了详细的规定。

8.2 屋面防水工程

8.2.1 卷材防水屋面

卷材防水屋面是最常见的一种防水屋面,与刚性防水屋面不同,卷材防水屋面有沥青卷材防水屋面、高聚物改性沥青卷材防水屋面、合成高分子卷材防水屋面三种,适用于Ⅰ~Ⅳ级屋面防水等级的建筑物和构筑物的防水。

1. 卷材防水屋面构造层次

卷材防水屋面是指利用胶结材料采用各种形式粘贴卷材进行防水的屋面,其常见构造层次如图 8-1 所示,具体施工有哪些层次,根据设计要求确定。

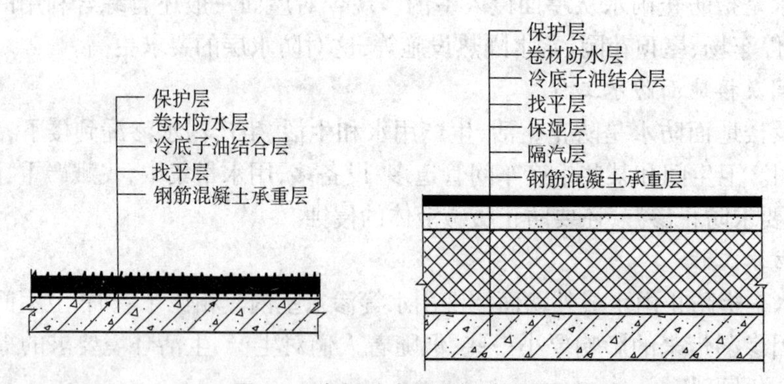

图 8-1 卷材防水屋面构造层次

2. 卷材防水屋面基本规定

1)结构层处理

结构层的作用主要是承受施工荷载,常见的形式有现浇钢筋混凝土屋面、预制屋面。预制的屋面结构要经过处理后,方可进行其他层次的施工;坐浆要平,搁置稳妥,不得翘动;相邻屋面板高低差不大于 10 mm;上口宽不小于 20 mm,用 C20 以上细石混凝土填实并捣实;

灌缝细石混凝土宜掺微膨胀剂；当缝宽大于 40 mm 时，在板下吊模板，并补放钢筋，再浇筑细石混凝土；屋面板不能三边支承；如板下有隔墙，隔墙顶和板底间有 20 mm 左右的空隙，在抹灰时用疏松材料填充，避免隔墙处硬顶而使屋面板反翘。对于预制的屋面结构板，要求表面清理干净。现浇混凝土屋面结构板宜连续浇捣，不留施工缝，应振捣密实，表面平整。现浇的钢筋混凝土屋面结构因为整体性好而利于防水的优点，在实际工程中用得较多，施工过程中通常在混凝土浇筑完成后，在表面先用木抹子抹压平实后，再用铁抹子抹压，可以使混凝土表面起到一定的防水作用。

2）找平层施工

Ⅰ. 找平层的一般做法

Ⅰ）找平层种类

找平层是铺贴卷材防水层的基层，主要有沥青砂浆找平层、水泥砂浆找平层、细石混凝土找平层。

（1）沥青砂浆找平层适合冬期、雨期施工用水泥砂浆有困难和抢工期时采用。

（2）水泥砂浆找平层中宜掺膨胀剂。

（3）细石混凝土找平层尤其适用于松散保温层上，以增加找平层的刚度和强度。

Ⅱ）分格缝的留设

为了避免或减少找平层开裂，找平层宜留设分格缝，缝宽为 20 mm 左右，并嵌填密封材料或空铺卷材条。分格缝兼作排汽屋面时，可适当加宽，并应与保温层相通。

分格缝应留设在板端缝处，其纵横缝的最大间距：找平层采用水泥砂浆或细石混凝土时，不宜大于 6 m；找平层采用沥青砂浆时，不宜大于 4 m。基层与突出屋面结构的连接处以及基层的转角处，均应做成圆弧；找平层表面平整度的允许偏差为 5 mm。

Ⅲ）找平层的厚度和技术要求

找平层的厚度和技术要求应遵守表 8-1 的规定。

表 8-1　找平层的厚度和技术要求

<table>
<tr><th>类别</th><th>基层种类</th><th>厚度 /mm</th><th>技术要求</th></tr>
<tr><td rowspan="3">水泥砂浆找平层</td><td>整体混凝土</td><td>15~20</td><td rowspan="3">水泥：砂（体积比）=1：2.5~1：3.0，水泥强度等级不低于 32.5 级</td></tr>
<tr><td>整体或板状保温层</td><td>20~25</td></tr>
<tr><td>装配式混凝土板、松散材料保温层</td><td>20~30</td></tr>
<tr><td rowspan="2">细石混凝土找平层</td><td>松散材料保温层</td><td rowspan="2">30~35</td><td rowspan="2">混凝土强度等级应不低于 C20，宜加钢筋网片</td></tr>
<tr><td>装配式混凝土板</td></tr>
<tr><td rowspan="2">沥青砂浆找平层</td><td>整体混凝土</td><td>15~20</td><td rowspan="2">沥青：砂（质量比）=1：8</td></tr>
<tr><td>装配式混凝土板、整体或板状材料保温层</td><td>20~25</td></tr>
</table>

Ⅳ）找平层的强度、平整度和坡度要求

找平层的强度、坡度和平整度对卷材防水层施工质量影响很大，要求找平层坚固、平整、干净、干燥。平整度用 2 m 的靠尺和楔形塞尺检查，最大的空隙不应超过 5 mm，且每米不多于 1 处，并且变化平缓。水泥砂浆找平层抹平后表面要进行二次压光，养护充分，表面不得有酥松、起砂、起皮和开裂现象。还要确保找平层的坡度准确，排水顺利。平屋面防水主要是以防为主，防排结合，要确保屋面雨水能够立即排走，一般情况下屋面找平层的排水坡度要求见表8-2。

表8-2　屋面找平层的排水坡度要求

项目	平屋面		天沟、檐沟		水落口周边找坡
	结构找坡	建筑找坡	纵向	沟底水落差	
坡度要求	≥ 3%	≥ 2%	≥ 1%	200 mm	≥ 5%

Ⅱ. 水泥砂浆找平层施工

Ⅰ)施工准备

(1)技术准备：施工前应根据施工图纸和施工组织设计要求，结合实际情况，编制防水施工方案或措施，考虑防水设计的细部构造，搭设高空作业防护设施；组织管理人员和操作人员进行培训，经安全技术交底后，方可进入现场施工。

(2)材料准备，包括水泥砂浆、砂、水和细石混凝土的准备。

水泥砂浆：水泥宜采用硅酸盐水泥、普通硅酸盐水泥，强度要求不低于32.5级，不同品种的水泥不能混用，进场之前应严格对品种、强度等级、出厂日期进行检查，并对强度、安定性等性能指标进行抽样复验，水泥出厂超过3个月或者怀疑水泥质量时均应复验。

砂：宜用中砂和粗砂，含泥量必须控制在一定范围内。

水：拌合用水宜采用饮用水。

细石混凝土：水泥采用普通硅酸盐水泥；砂宜用中砂，且含泥量≤ 3%，级配良好；石的最大粒径≤ 15 mm，含泥量不超过设计规定。

(3)机具准备：砂浆搅拌机、平板振动器、手推车、台秤、筛子、水桶、铁锹、钢丝刷、扫帚、靠尺、木线板、水平尺、粉线包、木抹子、水刷、托灰板、胶皮管等。

Ⅱ)工艺流程及操作要点

水泥砂浆找平层施工工艺流程：基层处理→洒水湿润→贴饼、冲筋→铺装水泥砂浆→养护。

(1)基层处理：清扫结构层、保温层上面的灰尘，清理杂物；将基层上面凸起的灰渣铲平，钢筋头用电焊机或切割机割除；将伸出屋面板的管根、变形缝、阴阳角等部位处理好。

(2)洒水湿润：水泥砂浆施工前，洒适量水湿润基层，以利于基层与找平层的黏结，不能过量洒水，以防施工后降低水泥砂浆的强度，甚至产生空鼓等现象。

(3)贴饼、冲筋：根据坡度的要求拉线找坡，每隔1 m左右贴一个灰饼，铺抹找平砂浆时，先按流水方向以间距1~2 m冲筋，并设置找平层分格缝，缝宽20 mm，分格缝最大间距6 m。

(4)铺装水泥砂浆：将配合比为1∶3，稠度为7 cm的水泥砂浆分格装入、铺平、刮平，找坡后用木抹子抹平，铁抹子压光，待收水后，再用铁抹子压第二遍即可。砂浆铺设应按由远到近、由高到低的顺序进行，每个分格内宜一次连续铺成，严格掌握坡度，可用2 m左右长的方尺找平。天沟一般先用轻质混凝土找平。

(5)养护：找平层抹平、压实后12 h内进行洒水养护，一般要求养护7 d以上，干燥后即可铺设防水层。

Ⅲ)质量要求

水泥砂浆找平层表面平整、不起砂、不起皮、无裂缝,并与基础黏结牢固,无松动、空鼓现象,而且坡度符合设计要求。

Ⅲ. 细石混凝土找平层施工

(1)细石混凝土找平层施工工艺流程:基础处理→贴饼→混凝土搅拌、运输→混凝土浇筑、振捣→找平→养护。

(2)细石混凝土找平层施工操作要点。

①基层处理:清理基层的浮浆、落地灰,保证基层干净、整洁,不得有油污等。

②贴饼:根据水平标准线和设计厚度,在屋面的墙、柱上弹出找平层的标高控制线,按控制线拉水平线并贴灰饼,考虑坡度的影响,一般灰饼的间距以 1 m 左右为宜。

③混凝土搅拌、运输:混凝土的配合比应根据设计要求通过试验确定,并严格控制混凝土的各组成材料的质量,保证混凝土施工配合比的精度,且搅拌均匀;采用合适的运输设备运送混凝土,保证混凝土在初凝前浇筑完毕。

④混凝土浇筑、振捣:浇筑混凝土前,将基层用水冲洗并保持湿润,浇筑混凝土后,立即用机械振捣密实。

⑤找平:以墙柱上的水平控制线和贴饼的高度为标志,用水平刮尺刮平,再用木抹子抹平,严格控制找平层的标高,不足的补平,过高的铲除。

⑥养护:混凝土浇筑完毕后 12 h 左右洒水或覆盖养护,并严禁上人、堆放材料,一般养护不少于 7 d。

Ⅳ. 沥青砂浆找平层施工

基层干燥后,满铺冷底子油 1~2 道,涂刷要薄而均匀,不得有气泡和空白,涂刷后表面保持清洁;冷底子油干燥后,铺设沥青砂浆,虚铺厚度为压实厚度的 1.3~1.4 倍;施工时沥青砂浆的温度要求见表 8-3。

表 8-3　沥青砂浆的施工温度

室外温度 /℃	沥青砂浆温度 /℃		
	拌制	铺设	滚压完毕
≥ +5	140~170	90~120	60
-10~+5	160~180	100~130	40

砂浆刮平后,用火滚滚压至平整、密实,直至表面没有蜂窝和压痕为止。滚筒应保持清洁,表面可涂刷柴油。滚压不到之处可用烙铁烫压平整;沥青砂浆铺设后,最好在当天铺第一层卷材,防止雨水、露水浸入。

3)隔汽层施工

隔汽层可采用气密性好的单层卷材或防水涂料,钢筋混凝土板面应抹 1∶3 水泥砂浆后刷冷底子油一道,然后做二道热沥青或铺设一毡二油卷材。铺设卷材时,可采取满涂满铺法或空铺法,其搭接宽度不得小于 70 mm。在屋面与墙面连接处,隔汽层应沿墙面向上连续铺设,高出保温层上表面不得小于 150 mm。

4)保护层施工

卷材铺设完毕,经检查合格后,应立即进行保护层的施工,及时保护防水层免受损伤。保护层的施工质量对延长防水层使用年限有很大影响,必须认真施工。

Ⅰ.绿豆砂保护层

用绿豆砂做保护层时,应在卷材表面涂刷最后一道沥青玛𤧛脂(厚 2~3 mm)时,趁热撒铺一层粒径为 3~5 mm 的绿豆砂,绿豆砂应铺均匀,并全部嵌入沥青玛𤧛脂中。绿豆砂应事先经过筛选,颗粒均匀,并用水冲洗干净,使用时应在钢板上预热至 130~150 ℃。

铺绿豆砂时,一人涂刷玛𤧛脂,另一人趁热撒绿豆砂,第三人将绿豆砂用扫帚扫平或用刮板刮平。撒时要均匀,扫时要铺平,不能有重叠堆积现象,扫后马上用软辊轻滚一遍,使砂粒一半嵌入玛𤧛脂内。铺绿豆砂应沿屋脊方向、顺卷材的连续接缝向前推进。

Ⅱ.细砂、云母及蛭石保护层

用细砂、云母或蛭石做保护层时,应筛去粉料。铺设时,应边涂刷边撒铺,同时用软质的胶辊在其上反复轻轻滚压。撒铺应均匀,不得露底,涂层干燥后,扫除未粘的材料。

Ⅲ.其他

Ⅰ)浅色反射涂料保护层

涂刷浅色反射涂料应等防水层养护完毕后进行,一般卷材防水层应养护 2 d 以上,涂膜防水层应养护 7 d 以上。涂刷前,应清除基层表面上的浮灰,可用柔软、干净的棉布擦干净,涂刷时应均匀,避免漏刷,第二遍涂刷时的方向应与第一遍垂直。

Ⅱ)水泥砂浆保护层

保护层施工前,应根据结构情况每隔 4~6 m 用木模设置纵横分格缝。铺设水泥砂浆时,应随铺随拍实,并用刮尺找平,随即用直径为 8~10 mm 的钢筋或麻绳压出表面分格缝。终凝前用铁抹子抹平压光。

Ⅲ)细石混凝土保护层

细石混凝土整浇保护层施工前,应在防水层上铺设一层隔离层,按设计要求用木模设置分格缝,分格面积不大于 36 m^2,分格缝宽度为 20 mm。一个分格缝内混凝土尽可能连续浇筑。振捣宜采用铁辊滚压或人工拍实,不宜采用机械振捣。振实后即用刮尺按排水坡度刮平,并在初凝前用木抹子提浆抹平,初凝后及时取出分格缝木模,终凝前用铁抹子压光,养护时间不应少于 7 d,养护结束后,将分格缝清理干净,嵌填密封材料。

Ⅳ)预制板块保护层

预制板块保护层、结合层采用砂或水泥砂浆,在砂结合层上铺砌块体时,砂结合层应洒水压实,再用刮尺刮平,块体应对接铺砌,缝隙宽度为 10 mm 左右。板块铺设完成后,再适当洒水并轻轻拍平压实。板缝先用砂填至一半高度,然后用 1∶2 水泥砂浆勾成凹缝。

在保护层四周 10 mm 范围内,应改用低强度等级水泥砂浆做结合层。采用水泥砂浆做结合层时,先在防水层上做隔离层,板块应先浸水湿润并阴干。如板块尺寸较大,可采用铺灰法铺砌;如板块尺寸较小,可将水泥砂浆刮在板块连接面上,再进行摆砌。每个板块摆铺完后,应立即挤压密实、平整。铺砌工作应在水泥砂浆凝结前完成,板块间预留 10 mm 的缝隙,砌完 1~2 d 后,用 1∶2 水泥砂浆勾成凹缝。

板块保护层每 100 m^2 以内应留设分格缝,缝宽 20 mm,缝内嵌填密实材料。

Ⅳ. 施工要求

卷材防水层完工并经验收合格后，应做好成品保护。保护层的施工应符合下列规定：

(1)绿豆砂应清洁、预热、撒铺均匀，并使其与沥青玛琋脂黏结牢固；

(2)云母或蛭石保护层不得有粉料，撒铺应均匀，不得露底，多余的云母或蛭石必须清除干净；

(3)水泥砂浆保护层的表面应抹平压光，并设表面分格缝，分格面积宜为 1 m²；

(4)砌体材料保护层应留设分格缝，分格面积≤ 10 m²，分格缝宽度不宜小于 20 mm；

(5)细石混凝土保护层，混凝土应密实，表面抹平压光，并留设分格缝；

(6)浅色涂料保护层应与卷材黏结牢固，厚薄均匀，不得漏掉；

(7)水泥砂浆、块材或细石混凝土保护层与防水层之间应设置隔离层；

(8)刚性保护层与女儿墙、山墙之间应预留宽度为 30 mm 的缝隙，并用密封材料嵌填严密。

3. 防水层施工

1)一般要求

Ⅰ. 卷材防水施工工艺流程

卷材防水施工工艺流程：基层处理→涂刷基层处理剂→节点附加增强处理→定位、弹线、试铺→铺贴卷材→收头处理、节点密封→清理、检查、修整。

Ⅱ. 涂刷基层处理剂和节点附加增强处理

涂刷基层处理剂前，首先检查找平层的质量和干燥程度。检查干燥程度的简易方法是铺 1 m² 卷材在找平层上，静置 3~4 h 后打开检查，找平层覆盖部位与卷材上未见水印即满足要求。在大面积涂刷前，必须对屋面节点、周边、拐角部位等防水薄弱部位进行增强处理。

Ⅲ. 确定卷材铺设方向

当屋面坡度小于 3% 时，卷材宜平行于屋脊铺贴；屋面坡度在 3%~15% 时，卷材可平行或垂直于屋面铺贴；屋面坡度 >15% 或受震动时，沥青卷材应垂直于屋脊铺贴，高聚物改性沥青卷材和合成高分子卷材还要根据防水层的敷设方式、黏结强度、是否机械固定等因素综合考虑采用平行或垂直于屋脊铺贴。上下层卷材不得相互垂直铺贴。

Ⅳ. 施工顺序

防水层施工时，应先做好节点、附加层和屋面排水比较集中部位的处理，然后由屋面最低标高处开始向上施工。铺贴多跨和有高低跨屋面时，应按先高后低、先远后近的顺序施工。

Ⅴ. 搭接方式和宽度要求

铺贴卷材采用搭接方法，相邻两幅卷材短边接缝应错开不小于 500 mm，上下两层卷材长边接缝应错开 1/3 或 1/2 幅宽。平行于屋脊的搭接缝应顺流水方向搭接，如图 8-2 所示；垂直于屋脊的搭接缝应顺主导风向搭接，如图 8-3 所示。垂直于屋脊铺贴时，每幅卷材都应铺过屋脊不小于 200 mm，屋脊处不得留设短边搭接缝。

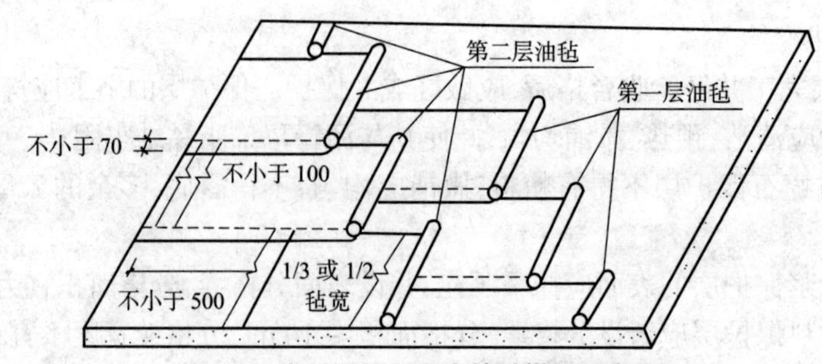

图 8-2 卷材平行于屋脊铺贴搭接示意图

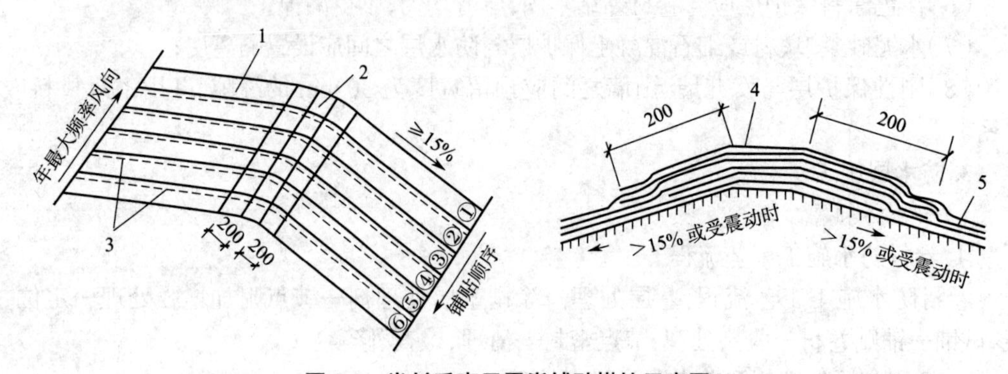

图 8-3 卷材垂直于屋脊铺贴搭接示意图

1—卷材;2—屋脊;3—顺风接槎;4—卷材;5—找平层

叠层铺设的各层卷材,在天沟与屋面连接处采用叉接法搭接,搭接缝应错开,接缝宜留在屋面或天沟侧面,不宜留在沟底。

高聚物改性沥青防水卷材和合成高分子防水卷材的搭接缝,宜用与其材性相容的密封材料封严,搭接宽度应符合表 8-4 的要求。

表 8-4 卷材搭接宽度 (mm)

卷材种类		铺贴方法			
		短边搭接		长边搭接	
		满粘法	空铺、点粘、条粘法	满粘法	空铺、点粘、条粘法
沥青防水卷材		100	150	70	100
高聚物改性沥青防水卷材		80	100	80	100
合成高分子防水卷材	胶黏剂	80	100	80	100
		50	60	50	60
	单缝焊	60,有效焊接宽度应≥ 25			
	双缝焊	80,有效焊接宽度应≥ 10 × 2+ 空腔宽			

Ⅵ. 卷材与基层的粘贴方法

卷材与基层的粘贴方法可分为满粘法、点粘法、条粘法和空铺法等。

(1)满粘法,即防水卷材与基层采用全部粘贴的施工方法。

（2）空铺法，即卷材与基层仅在四周一定宽度内黏结，其余部分不黏结的施工方法。

（3）条粘法，即卷材与基层的黏结不少于两条，每条宽度不小于150 mm。

（4）点粘法，即卷材或打孔卷材与基层采用点状黏结的施工方法，黏结不少于5点/m^2，每点面积为100 mm×100 mm。

无论采用空铺、条粘还是点粘，施工时都必须注意：距屋面周边800 mm内的防水层应满粘，保证防水层四周与基层粘贴牢固；卷材与卷材之间应满粘，保证搭接严密。

2）沥青防水卷材施工

卷材的粘贴可分为热沥青胶结料粘贴和冷沥青胶结料粘贴两种方式，铺贴的顺序为浇油、粘贴、收边铺压。

Ⅰ.热沥青胶结料粘贴油毡施工

Ⅰ）浇涂玛琋脂

（1）浇洒法，即采用有嘴油壶将玛琋脂左右来回在油毡上浇洒，其宽度比油毡每边窄10~20 mm，速度不宜太快，浇洒量以油毡铺贴后，中间满粘玛琋脂，并使两边少有挤出为宜。

（2）涂刷法，一般用长柄棕刷（或滚刷等）将玛琋脂均匀涂刷在油毡上，宽度比油毡稍宽，不宜在同一地方反复多次涂刷，以免玛琋脂很快冷却而影响黏结质量。

（3）浇涂厚度控制，每层玛琋脂厚度宜控制在1.0~1.5 mm，面层玛琋脂厚度宜为2~3 mm。

Ⅱ）铺贴油毡

铺贴时，两手按住油毡，均匀地用力将卷材向前推滚，使油毡与下层紧密结合，避免铺斜、扭曲和出现未黏结玛琋脂等。

Ⅲ）收边滚压

在推铺油毡时，应有人将油毡边挤出的玛琋脂及时擦去，并将油毡边压紧粘住，且刮平、赶出气泡。如出现黏结不良的地方，可用小刀将油毡划破，再用玛琋脂粘紧、封死、刮平，最后在上面加贴一块油毡将缝盖住。

Ⅱ.冷沥青胶结料粘贴油毡施工

冷玛琋脂粘贴油毡施工方法和要求与热玛琋脂粘贴油毡基本相同，不同之处在于：冷玛琋脂使用时应搅拌均匀，当稠度太大时可加入少量溶剂稀释并拌匀；涂布冷玛琋脂时，每层玛琋脂厚度宜控制在0.5~1.0 mm，面层玛琋脂厚度宜为1.0~1.5 mm。

3）高聚物改性沥青防水卷材施工

根据高聚物改性沥青防水卷材的特性，其施工方法有热熔法、冷粘法和自粘法，目前使用最多的是热熔法。

Ⅰ.热熔法施工

热熔法施工是指高聚物改性沥青热熔型防水卷材的铺贴方法，铺贴时不需涂刷胶黏剂，而用火焰烘烤后即可直接与基层粘贴。热熔卷材可采用滚铺法和展铺法铺贴。

Ⅰ）滚铺法

滚铺法是一种不展开卷材而边加热烘烤边滚动卷材铺贴的方法。起始端卷材的铺贴，将卷材置于起始位置，对好长、短方向搭接缝，滚展卷材1 000 mm左右，掀开已展开的部分，开启喷枪点火，喷枪头与卷材保持50~100 mm距离，与基层呈30°~45°角，将火焰对准卷材与基层交接处，同时加热卷材底面热熔胶面和基层，至热熔胶面出现黑色光泽，并发亮至稍有微泡出现，慢慢放下卷材平铺于基层；然后进行排气滚压，当起始端铺贴至剩下 300 mm 左右时，将其翻放在隔热板上，用火焰加热余下起始端基层后，再加热卷材起始端余下部分，然后将其粘贴于基层上，如图 8-4 所示。

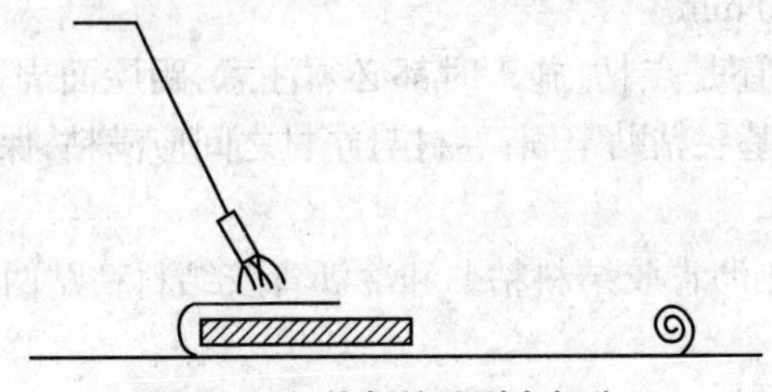

图 8-4 加热起始端剩余部分

卷材起始端铺贴完成后即可进行大面积滚铺。持喷枪的人员站于卷材滚铺的前方，按上述方法同时加热卷材和基层，条粘时只需加热两侧，加热宽度各为 150 mm 左右；推滚卷材的人员蹲在已铺好的卷材起始端上面，等卷材充分加热后缓缓推压卷材，并随时注意卷材的平整度和搭接宽度；其后紧跟一个人用棉纱团等从中间向两边抹压卷材，赶出气泡，并用刮刀将溢出的热熔胶刮压平整，另一人用压辊压实卷材，使其与基层粘贴密实，如图 8-5 所示。

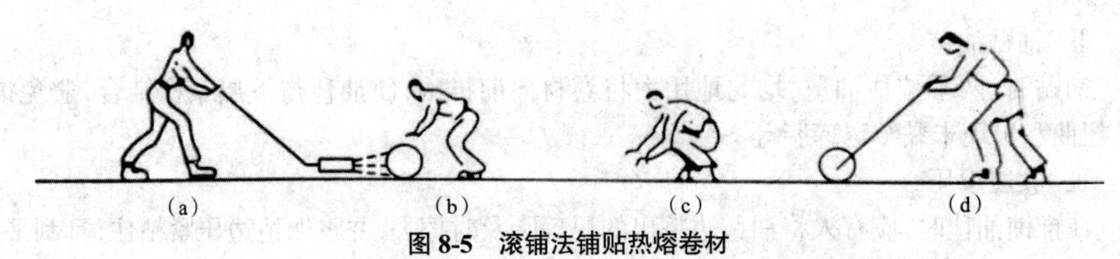

图 8-5 滚铺法铺贴热熔卷材

(a)加热 (b)滚铺 (c)排气、收边 (d)压实

Ⅱ)展铺法

展铺法是先将卷材平铺于基层上，再沿边掀起卷材予以加热粘贴，适用于条粘法铺贴卷材，其施工方法如下。

(1)将卷材平铺于基层上，对好搭接缝，按要求铺贴好起始端卷材。

(2)拉直整幅卷材，使其无皱折、波纹，能平坦地与基层相贴，并对准长边搭接缝，然后对末端做临时固定，防止卷材回缩，可采用站人等方法。

(3)从起始端开始熔贴卷材，掀起卷材边缘约 200 mm 高，将喷枪头伸入侧边卷材下，加热卷材边宽约 200 mm 的底面热熔胶和基层，边加热边向后退；然后另一人用棉纱团等由卷材中间向两边抹压平整，赶出气泡；再由紧随的操作人员持压辊压实两侧边卷材，并用刮刀将溢出的热熔胶刮压平整。

(4)铺贴到距末端 1 m 左右时，撤去临时固定，按前述滚铺法铺贴末端卷材。

Ⅲ)搭接缝施工

热熔卷材表面一般有一层防粘隔离纸，因此在热熔黏结接缝前，应先将卷材下层表面的隔离纸烧掉。

操作时，由持喷枪人员手持烫板(隔火板)柄，将烫板沿搭接缝后退，喷枪火焰随烫板移动,喷枪应离卷材 50~100 mm,紧贴烫板,移动速度要控制合适,以刚好熔去隔离纸为准,烫板和喷枪要密切配合,以免烧损卷材。排气和滚压方法与前述相同。

当整个防水层熔贴完毕后,所有搭接缝均用密封材料涂封严密。

Ⅳ)施工要求

热熔法铺贴卷材应符合下列规定。

(1)喷枪火焰加热卷材应均匀,不得过分加热或烧穿卷材;厚度小于 3 mm 的高聚物改性沥青防水卷材严禁采用热熔法施工。

(2)卷材表面热熔后应立即滚铺卷材,卷材下面的空气应排尽,不得空鼓。

(3)卷材接缝部位必须溢出热熔的改性沥青胶。

(4)铺贴的卷材应平整顺直,搭接尺寸准确,不得扭曲、皱折。

Ⅱ. 冷粘法施工

冷粘法施工是采用胶黏剂或玛琋脂进行卷材与基层、卷材与卷材的黏结,而不需要加热施工的方法。采用冷粘法施工,应控制好胶黏剂涂刷与卷材铺贴的间隔时间,一般要求基层及卷材上涂刷的胶黏剂达到表干程度,其间隔时间与胶黏剂性能及气温、湿度、风力等因素有关,通常为 10~30 min,施工时可凭经验确定,当指触不粘手时即可开始粘贴卷材。控制间隔时间是冷粘法施工的难点,在平面上铺贴卷材时,可采用抬铺法和滚铺法。

Ⅰ)抬铺法

在涂布好胶黏剂的卷材两端各安排一人拉直卷材,中间根据卷材长度安排 1~4 人同时将卷材沿长度方向对折,使涂布胶黏剂的一面向外,抬起卷材,将一边对准搭接缝处的粉线,再翻开上半部卷材铺在基层上,同时拉开卷材使之平顺。操作过程中,对折、抬起卷材、对准粉线、翻平卷材等工序均应同时进行。

Ⅱ)滚铺法

将涂布好胶黏剂并达到要求干燥度的卷材用直径 50~100 mm 的塑料管或原来用于装运卷材的纸筒重新成卷,使涂布胶黏剂的一面朝外,成卷时两端要平整,不应出现皱折,并防止砂子、灰尘等杂物粘在卷材表面。成卷后,用一根直径 50 mm、长度 1 500 mm 的钢管穿入中心的塑料管或纸筒芯内,由两人分别持钢管两端,抬起卷材的端头,对准粉线,固定在已铺好的卷材顶端搭接部位或基层面上,抬卷材的两人同时匀速向前,展开卷材,并随时注意将卷材边缘对准粉线,同时应使卷材铺贴平整,直到铺完一幅卷材,每铺完一幅卷材,应立即用干净而松软的长柄压辊从卷材一端顺卷材横向滚压一遍,彻底排出卷材和黏结层间的空气。

排出空气后,平面部位卷材可用外包塑胶的压辊滚压(一般压辊重 30~48 kg),滚压应从中间向两侧边进行。

平立面交接处,应先贴好平面,经过转角,由下往上粘贴卷材,粘贴时切勿拉紧,要沿转角压紧压实,再往上粘贴,同时排出空气,最后用手持压辊从上往下滚压密实。

Ⅲ)搭接缝的黏结

卷材表面涂刷胶黏剂时,注意在搭接缝部位不得涂刷胶黏剂。卷材铺好压实后,应将搭接部位的粘合面清除干净,可以用棉纱蘸少量汽油擦洗,然后用油漆刷均匀涂刷接缝胶黏剂,待胶黏剂表面干燥(指触不粘)后即可进行粘合,粘合时应从一端开始,边压合边排空气,不能有气泡和皱折现象,然后用手持压辊顺边仔细滚压一遍,三层重叠处要用密封材料预先加以填封,高聚物改性沥青防水卷材也可采用热熔法接缝。

搭接缝全部粘贴后，缝口要用密封材料封严，密封时用刮刀沿缝刮净，不能留有缺口，密封宽度不应小于 10 mm，如图 8-6 所示。

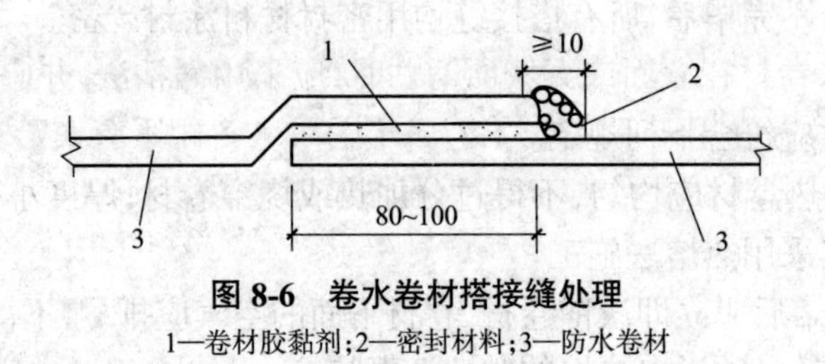

图 8-6　卷水卷材搭接缝处理

1—卷材胶黏剂；2—密封材料；3—防水卷材

Ⅲ. 自粘法施工

自粘法施工是采用带有自粘胶的防水卷材，不用热施工，也不需涂刷胶结材料，而进行黏结的施工方法。铺贴时，基层表面应均匀涂刷基层处理剂，干燥后应及时铺贴卷材，可采用滚铺法或抬铺法。

Ⅰ)滚铺法

当铺贴面积大，隔离纸容易掀剥时，采用滚铺法，即掀剥隔离纸与铺贴卷材同时进行。施工时不需打开整卷卷材，用一根钢管插入成筒卷材中心的纸筒芯内，然后由两人各持钢管一端抬至待铺位置的起始端，并将卷材向前展出约 500 mm，由另一人掀剥此部分卷材的隔离纸，并将其卷到已用过的包装纸筒芯上，将已剥去隔离纸的卷材对准已弹好的粉线轻轻平铺，再加以压实，起始端铺贴完成后，一人缓缓掀剥隔离纸卷入上述纸筒芯上，并向前移动，抬着卷材的两人同时沿基准粉线向前滚铺卷材，滚铺时要稍紧一些，不能太松弛。铺完一幅卷材后，用长柄滚刷由起始端开始，彻底排出卷材下面的空气，然后用压辊或手持轻便振动器将卷材压实，粘贴牢固。

Ⅱ)抬铺法

抬铺法是先将待铺卷材剪好，反铺于基层上，剥去卷材的全部隔离纸后再铺贴卷材的方法。该法适用于较复杂的铺贴部位，或隔离纸不易掀剥的场合，施工时按下述方法进行。首先根据基层形状裁剪卷材，然后将剪好的卷材仔细地剥除隔离纸，实在无法剥离时，应用密封材料加以涂盖。全部隔离纸剥离完毕后，将卷材带胶面朝外，沿长度方向对折卷材，然后抬起并翻转卷材，使搭接边转向搭接粉线。当卷材较长时，在中间安排数人配合。从短边搭接开始沿长度方向铺放好搭接缝侧半幅卷材，然后再铺放另半幅卷材。铺贴的松紧度与滚铺法相同。铺放完毕后再进行排气、滚压。在立面或大坡面上施工时，宜用手持汽油喷灯将卷材底面的胶黏剂适当加热后再进行粘贴、排气和滚压。

Ⅲ)搭接缝的黏结

自粘型卷材上表面常带有防粘层，在铺贴卷材前，应将相邻卷材待搭接部位上表面的防粘层先熔化掉，即手持汽油喷灯沿搭接粉线进行加热。黏结搭接缝时，应掀开搭接部位卷材，宜用扁头热风枪加热卷材底面胶黏剂，加热后随即粘贴、排气、滚压，溢出的自粘胶随即刮平封口，所有搭接缝均应用密封材料封严，宽度不应小于 10 mm。

自粘法铺贴卷材应符合以下规定。

(1)铺贴卷材前，基层表面应均匀涂刷基层处理剂，干燥后应及时铺贴卷材；铺贴卷材时，应将自粘胶底面的隔离纸全部撕净。

(2)搭接缝全部粘贴后,接缝要用密封材料密封,密封时用刮刀沿缝刮净,不能留有缺口,密封宽度不应小于 10 mm。

4)合成高分子防水卷材施工

合成高分子防水卷材在立面或大坡面铺贴时,应采用满粘法,并应减少短边搭接,立面卷材收头的端部应裁齐,并用压条或垫片钉压固定,最大钉距不应大于 900 mm,上口应用密封材料封固,具体铺贴方法有冷粘法、自粘法和热风焊接法。

Ⅰ. 冷粘法

冷粘法施工是将基层胶黏剂涂刷在基层表面或卷材底面,涂刷应均匀、不露底、不堆积;排汽屋面采用空铺法、条粘法、点粘法时,应按规定位置与面积涂刷;铺设的其他要求与高聚物改性沥青防水卷材冷粘法施工相同。

Ⅱ. 自粘法

自粘法施工要求与高聚物改性沥青防水卷材基本相同,尽量保持其自然松弛状态,但不能有皱折。

Ⅲ. 热风焊接法

热风焊接法是利用热熔焊枪进行防水卷材搭接粘合的方法。其施工要点如下:焊接前卷材的铺放应平整顺直,不得有皱折现象,搭接尺寸应准确,搭接宽度小于 50 mm;焊接面应无水滴、露珠、油污及附着物;焊接顺序应先焊长边搭接缝,后焊短边搭接缝;控制热风加热温度和时间,焊接处不得有漏焊、跳焊、焊焦或焊接不牢现象;焊接时不得损害非焊接部位的卷材。

5)排汽屋面施工

当屋面保温层、找平层施工时,因含水率过大或因雨水浸泡不能及时干燥,而又要立即铺设柔性防水层时,必须将屋面做成排汽屋面。

排汽屋面可通过在保温层中设置排汽通道实现,其施工要求如下:排汽通道应纵横贯通,不得堵塞,并同与大气连通的排汽孔相连;排汽通道间距宜为 6 m,且纵横设置;屋面面积每 36 m² 宜设置一个排汽孔,在保温层中预留槽作为排汽通道时,其宽度一般为 20~40 mm,在保温层中埋置打孔钢管(塑料管或镀锌钢管)作为排汽通道时,钢管管径为 25 mm;排汽通道应与找平层分格缝相重合。排气孔做法如图 8-7 所示,为避免排汽孔与基层接触处发生渗漏,应做防水处理。

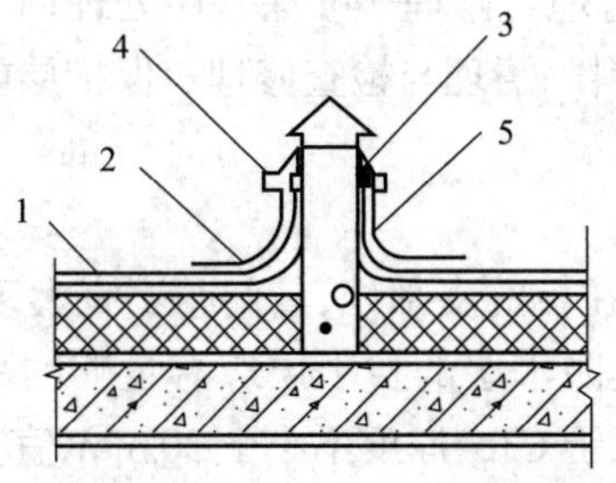

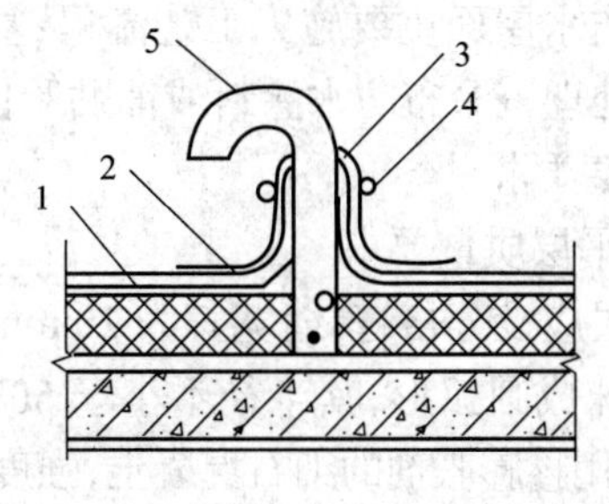

图 8-7　排汽孔做法

1—防水层;2—附件防水层;3—密封材料;4—金属箍;5—排汽管

排汽屋面防水层施工前,应检查排汽通道是否堵塞,并加以清洗;然后宜在排汽通道上对中粘贴一层宽约 200 mm 隔离纸或塑料薄膜，完成后才可铺贴防水卷材（或涂刷防水涂料）。防水层施工时不得刺破隔离纸，以免胶黏剂（或涂料）流入排汽通道，而造成堵塞或排汽不畅。

排汽屋面还可利用空铺、条粘、点粘第一层卷材或为打孔卷材铺贴防水层的方法，使其下面形成连通的排汽通道，再在一定范围内设置排汽孔。这种方法比较适合非保温屋面的找平层不能干燥的情形。同时，在檐口、屋脊和屋面转角处及突出屋面的连接处，防水卷材应满涂胶黏剂黏结，其宽度不得小于 800 mm。当采用热玛瑅脂时，应涂刷冷底子油。

8.2.2 涂膜防水屋面

1. 涂膜防水屋面构造层次

涂膜防水屋面是在屋面基层上涂刷防水涂料，经固化后形成一层有一定厚度和弹性的整体涂膜，从而达到防水目的的一种防水屋面形式。其具体做法根据屋面构造和涂料本身性能要求确定。涂膜防水屋面典型的构造层次如图 8-8 所示，具体施工应根据设计要求确定。

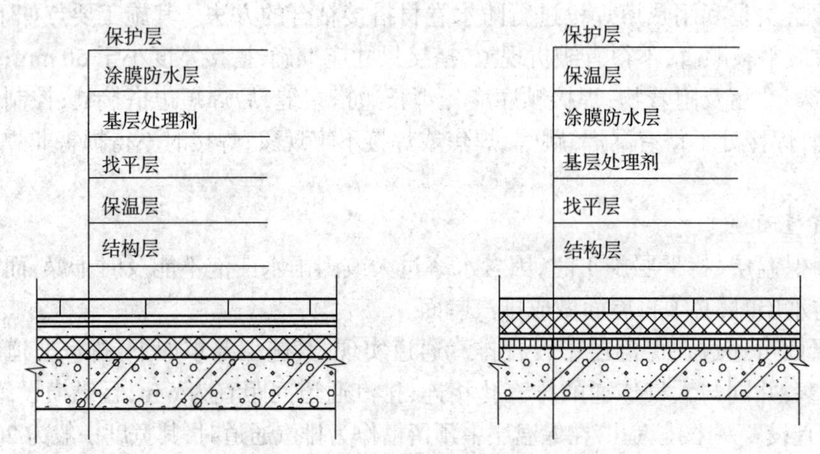

图 8-8 涂膜防水屋面构造层次示意图

2. 施工工艺流程及要求

1）施工工艺流程

涂膜防水屋面主要施工工艺流程：基层表面清理与修理→喷涂基层处理剂→特殊部位附加增强处理→涂布防水涂料或铺贴胎体增强材料→清理与检查修理→保护层施工。

2）基层要求

Ⅰ. 找平层质量要求

找平层应设分格缝，缝宽宜为 20 mm，并应设在板的支承处，其间距不宜大于 6 m；基层转角处应抹成圆弧形，其半径不小于 50 mm；涂膜防水层的找平层应有足够的平整度和强度，通常采用掺膨胀剂的细石混凝土，强度等级不低于 C15，厚度不小于 30 mm，宜为 40 mm。

Ⅱ. 分格缝处理

分格缝应在浇筑找平层时预留，要求分格缝符合设计要求，并应与板端缝对齐，均匀顺直，清扫后嵌填密封材料。分格缝处应铺设带胎体增强材料的空铺附加层，宽度为

200~300 mm。

3）一般要求

Ⅰ. 涂膜防水的施工顺序

涂膜防水的施工应按先高后低、先远后近的顺序进行。遇高低跨屋面时，一般先涂布高跨屋面，后涂布低跨屋面；在相同高度屋面上，要合理安排施工段，先涂布距上料点远的部位，后涂布近处；在同一屋面上，先涂布排水集中的部位，再进行大面积涂布。

Ⅱ. 铺设方向和搭接要求

胎体增强材料，当坡度小于 15% 时，可平行于屋脊铺设；当坡度大于 15% 时，应垂直于屋脊铺设，并由屋面最低处向高处施工。

胎体增强材料长边搭接宽度不得小于 50 mm，短边搭接宽度不得小于 70 mm。采用两层胎体增强材料时，上下层不得互相垂直铺设，搭接缝应错开，其间距不应小于幅宽的 1/3。

Ⅲ. 涂膜防水层的厚度

涂膜防水层厚度应符合表 8-5 的规定。

表 8-5　涂膜防水层厚度选用表　（mm）

屋面防水等级	设防道数	高聚物改性沥青防水涂料	合成高分子防水涂料
Ⅰ	≥三道设防	—	≥ 1.5
Ⅱ	二道设防	≥ 3	≥ 1.5
Ⅲ	一道设防	≥ 3	≥ 2
Ⅳ	一道设防	≥ 2	—

3. 涂膜防水层施工

1）沥青基涂料施工

Ⅰ. 涂刷基层处理剂

基层处理剂一般采用冷底子油，涂刷时应做到均匀一致、覆盖完全。夏季可采用石灰乳化沥青稀释后作为冷底子油涂刷一道；春秋季宜采用汽油沥青冷底子油涂刷一道。膨润土、石棉乳化沥青防水涂料涂布前可不涂刷基层处理剂。

Ⅱ. 涂布涂料

涂布涂料时，一般先将涂料直接分散倒在屋面基层上，用胶皮刮板来回刮涂，使其厚薄均匀一致，不存在气泡，然后逐渐干燥。

流平性差的涂料刮平，待表面收水尚未结膜时，用铁抹子压实抹光。抹压时间应适当，过早抹压，起不到作用；过晚抹压，会使涂料粘住抹子，出现月牙形抹痕。为了便于抹压，加快施工进度，涂膜可以分条间隔施工（图 8-9），分条宽度一般为 0.8~1.0 m，以便于抹压操作，并与胎体增强材料宽度相一致。涂膜应分层分遍涂布，待前一遍涂层干燥成膜，并检查表面合格后，才能进行后一遍涂层的涂布，否则应进行修补，且后一遍的涂刮方向应与前一遍相垂直，立面部位涂层应在平面涂刮

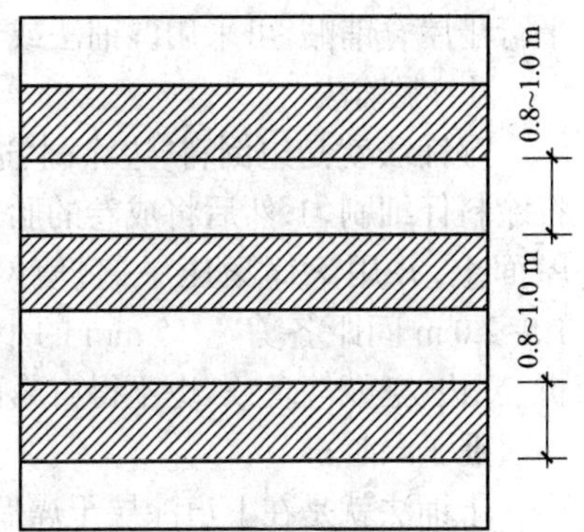

图 8-9　涂膜分条间隔施工

前进行。

Ⅲ. 胎体增强材料的铺设

胎体增强材料的铺设方法有湿铺法和干铺法两种，一般宜采用湿铺法。

Ⅰ)湿铺法

在第一遍涂层表面刮平后，立即铺贴胎体增强材料，铺贴应平整、不起皱，但也不能拉伸过紧，铺贴后用刮板或抹子轻轻刮压或抹压，使网眼中(或毡面上)充满涂料，待干燥后继续进行第二遍涂料施工。

Ⅱ)干铺法

在第一遍涂料干燥后，用稀释材料将胎体增强材料先粘在第一遍涂料上面，再将涂料倒在上面进行第二遍刮涂，第一层涂层刮涂时要用力，使网眼中填满涂料，但注意不要将胎体增强材料刮皱，然后将表面刮平或抹压平整。

无论是湿铺法，还是干铺法，收头部位胎体增强材料应裁齐，并用密封材料封压，立面收头待墙面抹灰时用水泥砂浆压封严密。

2)高聚物改性沥青防水涂料施工

Ⅰ. 涂刷基层处理剂

基层处理剂的种类有水乳型防水涂料、溶剂型防水涂料和冷底子油三种。

涂刷基层处理剂时，应用刷子用力薄涂，使涂料尽量刷进基层表面的毛细孔中，基层可能留下来的少量灰尘等无机杂质，会像填充料一样混入基层处理剂中，使之与基层牢固结合。

Ⅱ. 涂刷防水涂料

涂刷防水涂料可采用棕刷、长柄刷、胶皮板、圆滚刷等进行人工涂布，也可采用机械喷涂。用刷子涂刷，一般采用蘸刷法，也可以边倒涂料边用刷子刷匀。涂布时先涂立面，后涂平面。倒料时要注意控制涂料均匀倒洒，不可在一处倒得过多，否则涂料难以刷开、刷匀。涂刷时不能将气泡裹进涂层中，如遇气泡，应立即消除。涂刷遍数必须满足事先试验确定的遍数，涂层厚度应符合规定，切不可一遍涂刷过厚。同时，前一遍涂层干燥后，应将涂层上的灰尘、杂质清理干净后，再进行后一遍涂层的涂刷。各道涂层之间的涂刷方向应相互垂直，涂层间的接槎在每遍涂刷时应对应退槎 50~100 mm，接槎时也应超过 50~100 mm，避免在搭接处发生渗漏。

Ⅲ. 胎体增强材料铺设

在涂料第二遍涂刷时，或第三遍涂刷前，即可加铺胎体增强材料，胎体增强材料应尽量平行于屋脊铺贴，可采用湿铺法或干铺法铺贴。

Ⅰ)湿铺法

湿铺法就是边倒料、边涂刷、边铺贴的操作方法。施工时，先在已干燥的涂层上用刮板将涂料仔细刷匀，然后将成卷的胎体增强材料平放在屋面上，逐渐推滚铺贴于刚刷上涂料的屋面上，并用滚筒滚压一遍，使网眼中浸满涂料。铺贴胎体增强材料时，应将两边每隔 1.5~2.0 m 间距各剪宽 15 mm 的小口，以利于铺贴平整。铺贴好的胎体增强材料不得有皱折、翘边、空鼓等现象，也不得有露白现象。

Ⅱ)干铺法

干铺法就是在上道涂层干燥后，一边干铺胎体增强材料，一边在已展平的表面上用胶皮刮板均匀满刮一遍涂料。也可将胎体增强材料按要求在已干燥的涂层上展开后，先在边缘部位用涂料点粘固定,然后再在上面满刮一道涂料,并使涂料浸入网眼,渗透到已固化的涂膜中。当表面有露白现象时,即表明涂料用量不足,应立即补刷。

当渗透性较差的涂料和比较密实的胎体增强材料配套使用时,不宜采用干铺法。胎体增强材料可以是单一品种,也可以采用玻纤布和聚酯毡混合使用。混合使用时,一般下层采用聚酯毡,上层采用玻纤布。铺布时,切忌拉伸过紧,也不能太松。

收头处的胎体增强材料应裁剪整齐,为防止收头部位出现翘边现象,所有收头均应用密封材料压边,压边宽度不得小于 10 mm。

3)合成高分子防水涂料施工

合成高分子防水涂料是现有各类防水涂料中综合性能指标最好,质量较为可靠,值得提倡推广应用的一类防水涂料,其施工方法与高聚物改性沥青防水涂料基本相同。

4. 涂膜保护层施工

涂膜保护层的施工可参见卷材保护层的施工要求。此外,还应注意:

(1)采用细砂等粒料做保护层时,应在刮涂最后一遍涂料时,边刮涂边撒布粒料,使细砂等粒料与防水层黏结牢固,并要求撒布均匀、不露底、不堆积;

(2)待涂膜干燥后,及时清除掉多余的细砂等粒料;

(3)在水乳型防水涂料防水层上用细砂等粒料做保护层时,撒布后应进行滚压;

(4)采用浅色涂料做保护层时,涂膜固化后,才能进行保护层涂刷;

(5)保护层材料的选择应根据设计要求及所用防水涂料的特性确定,一般薄质涂料用浅色涂料或粒料做保护层,厚质涂料可用粉料或粒料做保护层,水泥砂浆、细石混凝土或板块保护层对这两类涂料均适用。

5. 涂膜防水层施工的质量控制

涂膜防水层施工应符合下列规定:

(1)涂膜应根据防水涂料的品种分层分遍涂布,不得一次涂成;

(2)应待先涂的涂层干燥成膜后,方可涂后一遍涂料;

(3)需铺设胎体增强材料时,屋面坡度 $<15\%$ 时可平行于屋脊铺设,屋面坡度 $>15\%$ 时应垂直于屋脊铺设;

(4)胎体长边搭接宽度必须 $\geqslant$ 50 mm,短边搭接宽度必须 $\geqslant$ 70 mm;

(5)采用两层胎体增强材料时,上下层不得相互垂直铺设,搭接缝应错开,其间距不应小于幅度的 1/3。

8.2.3　刚性防水屋面与密封材料施工

1. 刚性防水屋面

1)刚性防水屋面构造层次

刚性防水屋面是指利用刚性防水材料做防水层的屋面,主要有普通细石混凝土防水屋面、补偿收缩混凝土防水屋面、块体刚性防水屋面、预应力混凝土防水屋面以及近年来发展起来的钢纤维混凝土防水屋面,其中普通细石混凝土防水屋面、补偿收缩混凝土防水屋面应用最为广泛。细石混凝土防水屋面的一般构造形式如图 8-10 所示。

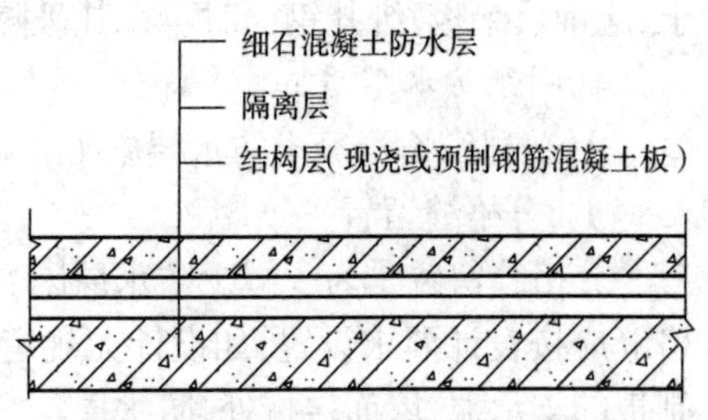

图 8-10　细石混凝土防水屋面构造

2）基本规定

细石混凝土不得使用火山灰质水泥，当采用矿渣硅酸盐水泥时，应采取降低泌水性的措施，粗骨料含泥量必须≤1%，细骨料含泥量应≤2%，混凝土水灰比应≤0.55，每立方米混凝土水泥用量不得少于330 kg，含砂率宜为35%~40%，灰砂比宜为1：2.0~1：2.5，混凝土强度等级不应低于C20。

混凝土中掺加膨胀剂、减水剂、防水剂等外加剂时，应按配合比准确计量，投料顺序得当，并应用机械搅拌、振捣。

刚性防水屋面的结构层宜为整体现浇钢筋混凝土。当采用预制混凝土屋面板时，应用细石混凝土灌缝，其强度等级不应低于C20，并宜掺膨胀剂。当屋面板板缝宽度大于40 mm或上窄下宽时，板缝内应设置构造钢筋，灌缝宽度与板面平齐，板端缝应进行密封处理。

细石混凝土防水层与基层之间宜设置隔离层，隔离层可采用纸筋灰、麻刀灰、低强度等级砂浆、干铺卷材等。

普通细石混凝土和补偿收缩混凝土防水层应设置分格缝，其纵横间距不宜大于6 m，分格缝内应嵌填密封材料。

刚性防水屋面的坡度应为2%~3%，并应采用结构找坡。细石混凝土防水层的厚度应大于40 mm，并应配置直径为4~6 mm、间距为100~200 mm的双向钢筋网片（宜采用冷拔低碳钢丝）。钢筋网片在分格缝处应断开，其保护层厚度必须大于30 mm。

3）隔离层施工

刚性防水屋面在结构层与防水层之间设置隔离层，以减少防水层产生拉应力而导致刚性防水层开裂。

Ⅰ.石灰砂浆隔离层施工

预制板嵌填细石混凝土后应将板面清扫干净，洒水湿润，且不得积水。将按石灰膏：砂=1：4配合的材料拌合均匀，砂浆以干稠为宜，铺抹的厚度为10~20 mm，要求表面平整、压实、抹光，待砂浆基本干燥后，方可进行下道工序施工。

Ⅱ.黏土砂浆隔离层施工

施工方法同石灰砂浆隔离层施工，砂浆配合比为石灰膏：砂：黏土=1：2.4：3.6。

Ⅲ.卷材隔离层施工

用1：3水泥砂浆将结构层找平，并进行压实、抹光、养护，再在干燥的找平层上铺一层厚3~8 mm干细砂滑动层，其上铺一层卷材，搭接缝用热沥青或玛琋脂胶结，也可以在找平层上直接铺一层塑料薄膜。

做好隔离层后继续施工时，要注意对隔离层的保护，不能直接在隔离层表面运输混凝土，应铺设垫板；绑扎钢筋时不得扎破隔离层的表面，浇筑混凝土时更不能振酥隔离层。

4）刚性防水层施工

Ⅰ.普通细石混凝土防水层施工

Ⅰ）分格缝留置

分格缝留置是为了减少防水层因温差、混凝土干缩、徐变等变形而造成防水层开裂。分格缝应按设计要求设置，如设计无规定，可按下述原则设置分格缝：分格缝应设置在结构预制板的支承端、屋面转折处、防水层与突出屋面结构的交接处，并应与板缝对齐，纵横分格缝间距一般应≤6 m，分格面积以≤36 m²为宜；现浇板与预制板交接处，按结构要求留有伸缩缝、变形缝的部位；分格缝宽度宜为 10~20 mm。

Ⅱ）钢筋网片施工

一般设置直径为 4~8 mm，间距为 100~200 mm 的双向钢筋网片；网片采用绑扎和焊接均可，位置以居中偏上为宜，保护层厚度应≥ 10 mm；钢筋施工质量必须符合规范要求，绑扎钢筋的搭接长度必须 >250 mm，焊接搭接长度≥ 25 倍钢筋直径，在同一钢筋网片的同一断面内接头不允许超过断面面积的 1/4；分格缝处钢筋必须断开。

Ⅲ）浇捣细石混凝土防水层

浇捣混凝土前，应清除隔离层表面浮渣、杂物；检查隔离层质量；支好分格缝模板，标出混凝土浇捣厚度，宜≥ 40 mm；混凝土搅拌必须采用机械搅拌，搅拌时间应≥ 2 min；混凝土运输过程中要采取措施防止漏浆和离析；一个分格缝范围内的混凝土必须一次浇筑完成，不得留施工缝；机械振捣、泛浆后，用铁抹子压实抹平；混凝土施工时，必须严格保证钢筋间距及位置正确；混凝土初凝后，及时取出分格缝隔板，用铁抹子第二次压实抹光，并及时修补分格缝的缺损部分；待混凝土终凝前进行第三次压实抹光，要求做到表面平整光滑，不起砂、不起层、无抹板压痕，抹压时不得撒干水泥或干水泥砂浆；混凝土浇筑 12~24 h 后（终凝后）应进行养护，养护时间不应少于 14 d，养护初期屋面不得走人、堆放材料或设备等。

Ⅱ. 补偿收缩混凝土防水层施工

补偿收缩混凝土防水层是在细石混凝土中掺入膨胀剂拌制而成的，硬化后的混凝土产生微膨胀，以补偿普通混凝土的收缩。在配筋情况下，由于钢筋限制其膨胀，而使混凝土产生自应力，起到致密混凝土、提高混凝土抗裂性和抗渗性的作用。当铺设直径为 4~8 mm，间距为 100~200 mm 的双向钢筋网片时，补偿收缩混凝土的自由膨胀率应为 0.05%~0.10%，膨胀剂掺量一般为 10%~14%，膨胀剂的掺量应严格按照设计要求控制；搅拌投料时，膨胀剂应与水泥同时加入，混凝土连续搅拌时间不应少于 3 min。

Ⅲ. 小块体细石混凝土防水层施工

小块体细石混凝土防水层是在混凝土中掺入密实剂，以减少混凝土的收缩，避免产生裂缝，混凝土中不配置钢筋，而实施除板端缝外，将特大块体划分为不大于 1.5 m × 1.5 m 的分格块体的一种防水层。其设计和施工要求与普通细石混凝土要求基本相同，不同点是在 1.5~3.0 m 范围内留置一条较宽的完全分格缝，宽度宜为 20~30 mm，分格缝中应填嵌高分子密封材料。

Ⅳ. 块体刚性防水层施工

块体刚性防水层由底层防水砂浆、块体材料（如熟土砖）和面层防水砂浆组成，防水砂浆中应掺入一定量的防水剂，且防水剂掺量应准确，并应用机械搅拌均匀，随拌随用。

Ⅰ）铺砌砖块体

铺砌前应浇水湿润结构板面或找平层，但不得积水。块材为黏土砖时，使用前浇水湿润或提前 1 d 浸水 5 min 后取出晾干。

铺砌砖块体时，应先进行试铺并做出标准点，然后根据标准点挂线，顺线采取挤浆法铺砌，使砖铺砌顺直。铺设形式宜为直行平砌，并与结构板缝垂直，严禁采用人字形铺设，砖四周缝宽均为 12~15 mm。

结合层砂浆一般用配合比为 2 ∶ 3 的水泥砂浆，厚度应不小于 20~25 mm，且随铺随砌，挤浆高度宜为 1/3~1/2 砖厚，应及时刮去砖缝中过高、过满的砂浆。砌第二排砖时，要与第一排砖错缝 1/2 砖。

铺砌砖块体应连续进行，中途不宜间断，必须间断时，接缝处继续施工前应将砖块体侧面的残浆清除干净。

铺设块材后，在铺砌砂浆终凝前不得上人踩踏。

Ⅱ）抹水泥砂浆面层

待铺完块材 24 h 后，就可以铺抹水泥砂浆面层，水泥砂浆配合比为 1：2，厚度应不小于 12 mm，铺抹时砖面要适当喷水湿润，先将砂浆刮填入砖缝，然后抹面层，用刮尺刮平，再用木抹子抹实搓平，并用铁抹子紧跟抹压第一遍。当水泥砂浆开始初凝，即上人踩踏有印但不塌陷时，即可开始用铁抹子抹压第二遍，抹压时应压实、压光、不漏压，并消除表面气泡、砂眼。在水泥砂浆终凝前，再用铁抹子抹压第三遍，抹压时用力要大些，并把第二遍抹压留下的抹纹和毛细孔压平、压光；抹压面层时，严禁在已铺砌的砖上走车和整车倒灰。

Ⅲ）养护

水泥砂浆面层压光后，根据气温和水泥品种，一般在 12~14 h 后即可浇水或覆盖砂、草帘等进行养护，有条件时应尽量采取蓄水进行养护，养护时间不少于 7 d，养护初期屋面不得上人。

5）分格缝处理

分格缝应采用嵌填密封材料，并加贴防水卷材的方法进行处理，以增加防水的可靠性。嵌缝工作应在混凝土浇水和洒水养护完毕后，用水冲洗干净且达到干燥（含水率不大于 30%）时进行，雾天、混凝土表面有冻结或有霜露时不得施工。所有分格缝应纵横相互贯通，如有间隔应凿通，缝边如有缺边掉角应修补完整，达到平整、密实，不得有蜂窝、露筋、起皮、松动现象；处理之前，必须将分格缝清理干净，缝壁和缝外两侧 50~100 mm 内的水泥浮浆、残余砂浆和杂物，可用刷缝机或钢丝刷清理，并用吹尘机具吹净。嵌填密封材料处的混凝土表面应涂刷基层处理剂，不得漏涂，分格缝一旦涂刷基层处理剂，必须当天填嵌密封材料，不宜隔天嵌填。

2. 屋面接缝密封防水施工

1）概述

建筑防水密封材料的分类见表 8-6。

Ⅰ. 按材料外观形状分类

建筑防水密封材料，按材料外观形状可分为定型密封材料与不定型密封材料。定型密封材料包括密封条、密封带、密封垫、止水带等。不定型密封材料，即通常所称的密封膏、密封剂等，可分为多组分、双组分和单组分型。其中，多组分、双组分型密封材料是在施工现场将其搅拌均匀，利用其混合后的化学反应达到硬化的目的；单组分型密封材料则是在使用中密封材料与空气中的水分发生化学反应或干燥作用，从而达到硬化的目的。

Ⅱ. 按材质分类

建筑防水密封材料，按材质可分为沥青类密封材料、改性沥青类密封材料和高分子密封材料三大类。

表 8-6 建筑防水密封材料的分类

<table>
<tr><th>材性</th><th>品种</th><th colspan="2">材性类型</th><th>品名</th></tr>
<tr><td rowspan="15">柔性防水材料</td><td rowspan="10">合成高分子密封材料</td><td rowspan="6">非定型</td><td rowspan="5">橡胶型</td><td>硅酮密封胶</td></tr>
<tr><td>有机硅密封胶</td></tr>
<tr><td>聚硫密封胶</td></tr>
<tr><td>氯磺化聚乙烯密封胶</td></tr>
<tr><td>丁基密封胶</td></tr>
<tr><td rowspan="2">树脂型</td><td>水性丙烯酸密封胶</td></tr>
<tr><td>聚氨酯密封胶</td></tr>
<tr><td rowspan="4">定型</td><td rowspan="2">橡胶类</td><td>橡胶止水带</td></tr>
<tr><td>遇水膨胀橡胶止水带</td></tr>
<tr><td>树脂类</td><td>塑料止水带</td></tr>
<tr><td rowspan="5">高聚物改性沥青密封材料</td><td>金属类</td><td>金属止水带</td></tr>
</table>

<table>
<tr><td colspan="2" rowspan="3">石油沥青类</td><td>丁基橡胶改性沥青密封胶</td></tr>
<tr><td>SBS 改性沥青密封胶</td></tr>
<tr><td>再生橡胶改性沥青密封胶</td></tr>
<tr><td colspan="2" rowspan="2">焦油沥青类</td><td>塑料油膏</td></tr>
<tr><td>聚氯乙烯胶泥（PVC 胶泥）</td></tr>
</table>

Ⅲ. 其他分类

建筑防水密封材料，从性能上可分为高模量、中模量及低模量密封材料；从产品用途上可分为混凝土接缝密封材料（有屋面、墙面、地下之分）、卷材搭接密封材料、建筑结构密封材料和非结构密封材料及道路、桥梁密封材料等。

屋面接缝密封防水施工方法有热灌法、冷嵌法两种，具体见表 8-7。

表 8-7 屋面接缝密封防水施工方法

<table>
<tr><th colspan="2">名称</th><th>施工方法</th><th>适用条件</th></tr>
<tr><td colspan="2">热灌法</td><td>采用塑化炉加热，使密封材料熔化，加热温度为 110~130 ℃，然后用灌缝车或鸭嘴壶将密封材料灌入接缝中，浇灌时温度不宜低于 110 ℃</td><td>适用于平面接缝的密封处理</td></tr>
<tr><td rowspan="2">冷嵌法</td><td>批刮法</td><td>密封材料不需加热，手工嵌填时可用腻子刀或刮刀先将密封材料批刮到缝槽两侧的黏结面，然后将密封材料填满整个接缝</td><td>适用于平面或立面接缝的密封处理</td></tr>
<tr><td>挤出法</td><td>可采用专用的挤出枪，并根据接缝宽度选用合适的枪嘴，将密封材料挤入接缝内。若采用桶装密封材料，可将包装筒塑料嘴斜向切开作为枪嘴，将密封材料挤入接缝内</td><td>适用于平面或立面接缝的密封处理</td></tr>
</table>

屋面接缝密封防水施工工艺流程如图 8-11 所示。

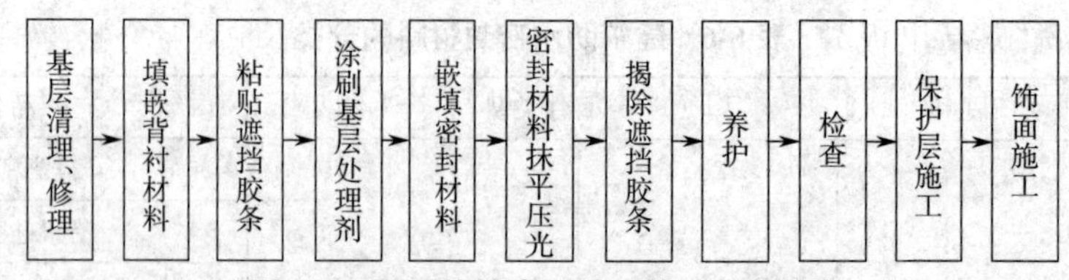

图 8-11 屋面接缝密封防水施工工艺流程

基层必须牢固,表面平整、密实,无蜂窝、麻面、起皮、起砂现象。嵌填密封材料前,基层应干净、干燥。施工前,要对基层进行检查,对不符合要求的基层必须进行清理。

基层清理后,先嵌填背衬材料和涂刷基层处理剂,再嵌填密封材料。

Ⅰ)嵌填背衬材料

背衬材料的主要用途是嵌填在接缝底部,以控制嵌填密封材料的深度,以及预防密封材料与接缝的底部发生粘贴而形成三面粘,避免造成应力集中而破坏密封膏。

背衬材料应在涂刷基层涂料前嵌填,背衬材料的形状有圆形和方形的棒状或片状,应根据实际需要选定,常用的有聚苯乙烯泡沫棒、油毡条及沥青麻丝等。

嵌填时,圆形的背衬材料直径应大于接缝宽度 1~2 mm,方形的背衬材料应与接缝宽度相同,以保证背衬材料与接缝两侧紧密接触。接缝较浅时,可用扁平的片状背衬材料加以隔离。

Ⅱ)涂刷基层处理剂

基层处理剂可采用市购配套材料,或将密封材料稀释后作为基层处理剂。

改性密封材料的基层处理剂,一般都是在施工现场配制。为了保证其质量,配合比应准确,搅拌应均匀。多组分基层处理剂一般属于反应固化型材料,配制的数量应根据使用量及固化前的有效使用时间确定,并应严格按配合比、配制顺序准确计量,充分搅拌,未用完的材料不得下次使用,过期、凝结后的基层处理剂不得使用。

基层处理剂一般均含有易挥发溶剂,涂刷后,如果在溶剂尚未挥发或尚未完全挥发前即嵌填密封材料,会影响密封材料与基层处理剂的黏结性能,使基层处理剂的使用效果降低。因此,应待基层处理剂达到表面干燥状态后,方可嵌填密封材料;且基层处理剂表面干燥后,应立即嵌填密封材料,否则基层处理剂表面易被污染,从而也会削弱密封材料与基层的黏结强度。

涂刷基层处理剂时,涂层应涂刷均匀,不得漏涂。如有露白或涂刷与嵌填密封材料的间隔时间超过 24 h,应重新涂刷基层处理剂。

2)施工操作技术

Ⅰ.热灌法施工

热灌法施工时,密封材料熬制及浇灌温度应按不同材料的要求严格控制。采用热灌法施工的密封材料需要在现场塑化或加热,使其具有流塑性后再使用。热灌法适用于平面接缝的密封处理。

当屋面坡度较小时,可采用特制的灌缝车或塑化炉灌缝,以减轻劳动强度,提高工作效率。在檐口、山墙等节点部位,灌缝车无法使用或灌缝量不大时,宜采用鸭嘴壶浇灌。灌缝应从最低标高处开始向上连续进行,尽量减少接头。一般先灌垂直屋脊的板缝,后灌平行屋脊的板缝。在纵横交叉处灌垂直屋脊板缝时,应向平行屋脊缝两侧延伸 150 mm,并留成斜槎。灌缝应饱满,略高出板缝,并超出板缝两侧各20 mm。灌垂直屋脊板缝时,应对准缝中部浇灌。灌平行屋脊板缝时,应靠近高侧浇灌,如图8-12所示。灌缝完毕,应立即检查密封材料与板缝两侧面的黏结是否良好、有无气泡。若发现有脱开现象和气泡存在,应用喷灯或电烙铁烤后压实。

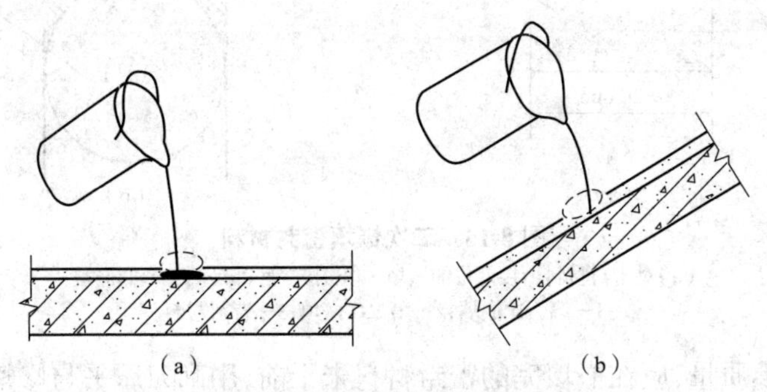

图8-12 屋脊板缝密封材料热灌法施工

(a)灌垂直屋脊板缝 (b)灌平行屋脊板缝

Ⅱ.冷嵌法施工

冷嵌法施工时,应先将少量密封材料批刮在缝槽两侧,分次将密封材料嵌填在缝内,用力压嵌密实,并与缝壁黏结牢固,接头应采用斜槎。嵌填时,密封材料与缝壁不得留有空隙,防止空气进入。

冷嵌法施工多采用手工作业,可使用腻子刀或刮刀嵌填,使用电动或手动嵌缝枪作业效果更佳。使用腻子刀嵌填时,先用刀片将密封材料刮到接缝两侧的黏结面,然后将密封材料填满整个接缝。

采用嵌缝枪施工时,应根据接缝的宽度选用合适的枪嘴。若用筒装密封材料,可将包装筒的塑料嘴斜切开作为枪嘴。嵌填时,把枪嘴贴近接缝底部,并朝移动方向倾斜一定角度,边挤边以缓慢均匀的速度使密封材料从底部充满整个接缝,如图8-13所示。

嵌填接缝交叉部位时,先填充一个方向的接缝,然后把枪嘴插进交叉部位已填充的密封材料内,填充另一方向的接缝,如图8-14所示。

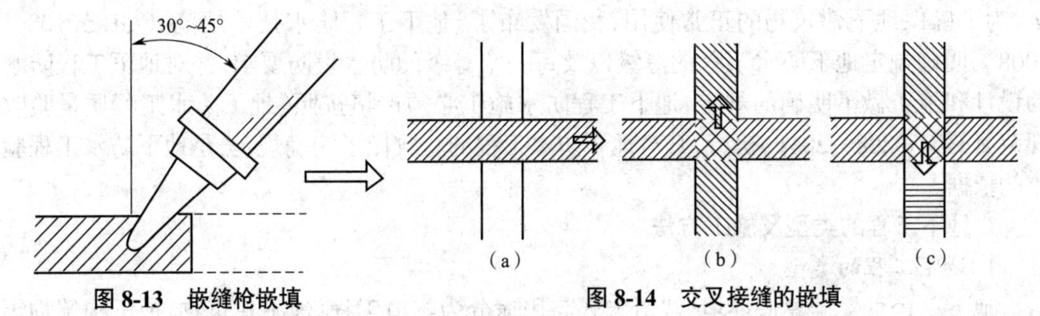

图8-13 嵌缝枪嵌填

图8-14 交叉接缝的嵌填

(a)先填一个方向的接缝 (b)(c)将枪嘴插入已填充的密封材料内填另一方向接缝

对密封材料衔接部位的嵌填,应在密封材料固化前进行。嵌填时,应将枪嘴移动到已嵌填好的密封材料内重复填充,以保证衔接部位密实饱满。如接缝尺寸宽度超过30 mm,或接缝底部是圆弧形,宜采用二次填充法嵌填,即待先填充的密封材料固化后,再进行第二次填充,如图8-15所示。

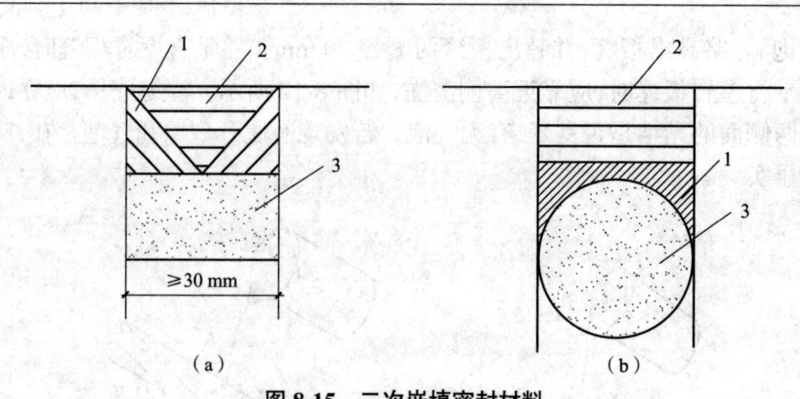

图 8-15 二次嵌填密封材料

(a)对密封材料衔接部位的嵌填 (b)接缝底部是圆弧形的嵌填

1—第一次嵌填;2—第二次嵌填;3—背衬材料

为了保证嵌填质量,应在嵌填完的密封材料未干前,用刮刀压平与修整。嵌填完毕的密封材料应养护 2~3 d,在养护期内不得碰损或污染密封材料。

屋面或地下室等对美观要求不高的接缝,为了避免密封材料直接暴露在大气中或人为穿刺破坏,需在密封材料表面做保护层,保护层按设计要求施工。对于设计无要求的,可使用稀释的密封材料做涂料,衬加一层胎体增强材料,做成宽度为 200~300 mm 的“一布二涂”的涂膜保护层。

8.3 地下防水工程

8.3.1 地下工程概述

地下工程防水是指对工业与民用建筑的全埋或部分埋于地下或水下的地下室、隧道以及蓄水池等建筑物、构筑物进行的防水设计、防水施工和维护管理等各项技术工作的总称。

地下工程受地下水等影响,如果不采取防水措施或防水措施不当,那么地下水就会渗入其结构内部,导致混凝土腐蚀、钢筋生锈、地基下沉,甚至淹没构筑物,直接危及建筑物的安全,为了确保地下建筑物的正常使用,我国发布了《地下工程防水技术规范》(GB 50108—2008),明确规定地下防水工程的等级以及每一个等级的防水设防要求,并对地下工程防水的设计和施工做了明确的规定,地下工程防水施工必须严格按照《地下防水工程质量验收规范》(GB 50208—2011)执行,其对地下防水工程的验收做了明确规定,是地下防水工程验收的依据。

1. 地下工程的类型及施工方法

1)地下工程的类型

地下工程可根据建造环境、建造方式与用途分为隧道工程、地下建筑物、地下构筑物等类型。其中,隧道工程主要是指铁路隧道、公路隧道、地下越江隧道、海底隧道以及水工、热力、电缆隧道;地下建筑物主要是指建筑物(多用途)地下室,地下厂房、仓库、车库,地铁车站,城市地道、商业街等;地下构筑物主要是指军事工程、人防工程、城市共用沟、水工构筑物、储水池、游泳池等。

地下工程按照水平坑道埋置深度的不同,可分为浅埋和深埋两种。浅埋结构一般是指埋置深度在 5 m 以内而不采用暗挖法修建的结构。

2)地下工程的施工方法

地下工程施工时,必须先开挖出相应的空间,然后方可在此空间内进行修筑衬砌,其开挖空间的施工方法由于各类工程的场地、环境、水文、地质等条件的不同而各异,总体而言可分为明挖法和暗挖法,具体而言有大开挖基坑、地下连续墙、逆作法、盾构法、顶管法、沉管法等多种方法。

采用何种开挖方法应以地质、地形及环境条件、埋置深度为主要依据,尤其是埋置深度对开挖施工方法有决定性的影响。埋置较浅的工程,施工时可先从地面挖基坑或堑壕,经修筑衬砌之后再回填,即明挖法,敞口明挖法、盖挖法、地下连续墙等均属于明挖法。当埋置深度超过一定限度后,明挖法施工则不再适用,应采用暗挖法施工。暗挖法,顾名思义,即不挖开地面,而是采用在地下挖洞的方法进行施工,常见的盾构法、顶管法均属于暗挖法。

2. 地下工程施工的特点

1)地下水渗流对地下工程施工的影响

在地下水位以下开挖基坑构筑地下室、竖井、隧道,当穿过含水地层时,均有地下水渗入的可能,施工中必须采取降低地下水位的措施,防止地面水或者地下水回流进入基坑。

在地下水位以下的土中开挖构筑地下工程时,若基坑周围或洞壁周围的土随地下水一起涌进坑内或洞内,将严重影响施工。流砂不仅对地下工程的施工有危害,而且对附近的建筑物也有很大的危害,所以必须进行流砂防治。流砂防治的主要方法是减少动水压力、使动水压力为零或为负值,具体方法可根据实际情况选择人工降低地下水位、沿基坑四周打板桩至不透水层、采用地下连续墙,或在枯水期施工、采用冻结法等。

2)地下水位变化对地下工程的影响

地下水位的变化幅度是很大的,影响地下水位变化的因素有很多,有天然因素(如气候条件、地质条件、地形条件、地区条件等)和人为因素(如修建水利设施、水管渗漏、大量抽取地下水等)。地下水位变化可对地下工程产生浮力、潜蚀影响,并对衬砌耐久性和地基强度产生影响。

3)防潮防水一体化

当地下室地板标高高于设计最高地下水位,而且无滞水可能时,可采用防潮做法,如图 8-16 所示。

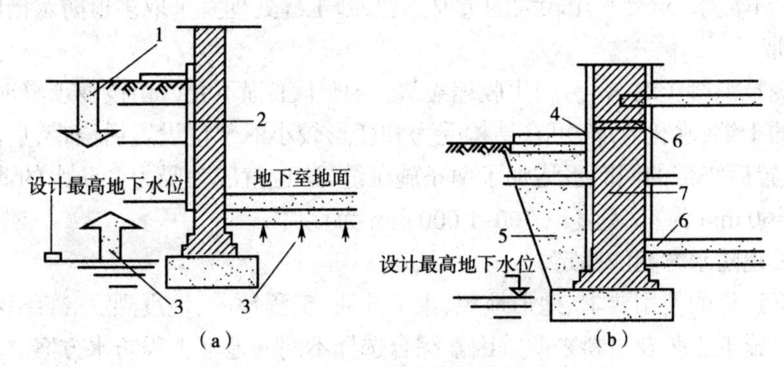

图 8-16 地下室防潮构造

(a)地下水作用情况 (b)外墙做隔水层

1—地表无压水;2—地下室外墙;3—毛细管水;4—油膏嵌缝;5—隔水层;6—水平防潮层;7—垂直防潮层

当设计最高地下水位高于地下室地面时，应根据实际情况采用内防水和外防水的形式，如图 8-17 所示。

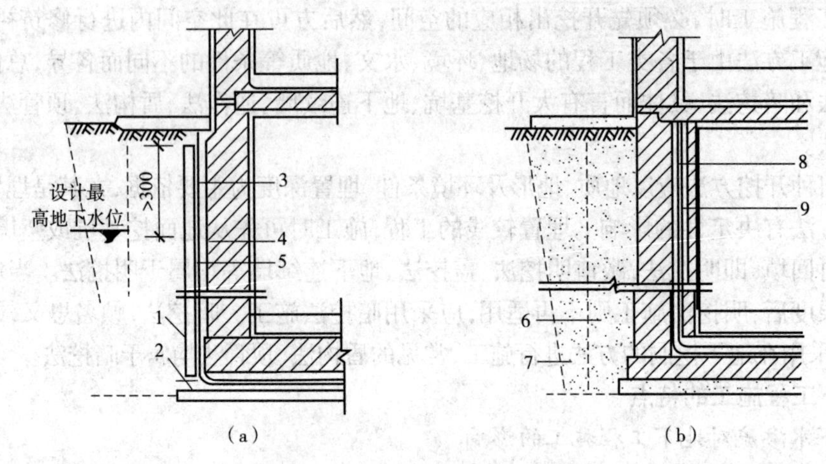

图 8-17　地下室防水构造

(a)外防水　(b)内防水

1—120 保护墙；2—干铺油毡一条；3—卷材防水层；4—20 mm 厚 1 ∶ 3 水泥砂浆；5—5 mm 厚 1 ∶ 3 水泥砂浆；6—隔水层；7—滤水层；8—垂直防水层；9—半砖保护墙

4)地下防水薄弱部位

Ⅰ. 变形缝

变形缝包括伸缩缝和沉降缝等，变形缝是最容易发生渗漏的位置，必须采取一定措施，确保防水施工的质量。

Ⅱ. 穿墙管

各种管道，如给排水管、煤气管、热水管、电缆管等，穿过地下室墙体时，容易发生渗漏。当有管道穿过地下结构的墙板时，由于受管道与周边混凝土的黏结能力、管道的伸缩、结构变形等诸多因素的影响，管道与周边混凝土之间的接缝就成为防水的薄弱环节，应采取必要的措施进行防水设防。

Ⅲ. 施工缝

施工缝是混凝土结构的薄弱环节，也是地下工程容易出现渗漏的部位，因此必须采取防水措施确保其不漏水，对受水压较大的重要工程，施工缝处理宜采取多道防水措施。

Ⅳ. 后浇带

大面积浇筑混凝土时，容易产生收缩裂缝，当地下工程不允许留设变形缝时，为了减少混凝土结构的干缩、水化收缩，可在结构受力和变形较小的部位设置后浇带，后浇带是一种刚性接缝，设置后浇带的同时也增加了两条施工缝，这也就成为受力和防水的薄弱部位，通常间距以 30~60 mm 为宜，宽度以 700~1 000 mm 为宜。

3. 地下工程防水方案的确定

依据地下工程的使用要求、地形地貌、水文地质、工程地质、地震烈度、冻结深度、环境条件、结构形式、施工工艺及材料来源等因素综合选择不同的地下工程防水方案。

1)地下工程防水等级

地下工程的防水等级可分为四级，各级的标准应符合表 8-8 的规定。

表 8-8　地下工程防水等级及对应标准（GB 50208—2011）

防水等级	标准
一级	不允许漏水，结构表面无湿渍
二级	不允许漏水，结构表面可有少量湿渍 房屋建筑地下工程：总湿渍面积不应大于总防水面积（包括顶板、墙面、地面）的 1/1 000；任意 100 m² 防水面积上的湿渍不超过 2 处，单个湿渍的最大面积不大于 0.1 m² 其他地下工程：总湿渍面积不应大于总防水面积的 2/1 000，任意 100 m² 防水面积上的湿渍不超过 3 处，单个湿渍的最大面积不大于 0.2 m²。其中，隧道工程还要求平均渗漏量不大于 0.05 L/（m²·d），任意 100 m² 防水面积上的渗漏量不大于 0.15 L/（m²·d）
三级	有少量漏水点，不得有线流和漏泥砂；任意 100 m² 防水面积上的漏水或湿渍点数不超过 7 处，单个漏水点的最大漏水量不大于 2.5 L/（m²·d），单个湿渍点的最大面积不大于 0.3 m²
四级	有漏水点，不得有线流和漏泥砂；整个工程平均漏水量不大于 2 L/（m²·d）；任意 100 m² 防水面积的平均漏水量不大于 4 L/（m²·d）

2）设防要求

（1）地下工程的设防要求，应根据使用功能、使用年限、水文地质、结构形式、环境条件、施工方法及材料性能等因素合理确定。明挖法地下工程防水设防要求见表 8-9，暗挖法地下工程防水设防要求见表 8-10。

表 8-9　明挖法地下工程防水设防要求

<table>
<tr><td colspan="2">工程部位</td><td colspan="7">主体结构</td><td colspan="7">施工缝</td><td colspan="4"></td><td colspan="6">变形缝、诱导缝</td></tr>
<tr><td colspan="2">防水措施</td><td>防水混凝土</td><td>防水卷材</td><td>防水涂料</td><td>塑料防水板</td><td>膨润土防水材料</td><td>防水砂浆</td><td>金属防水板</td><td>水膨胀止水条或止水胶</td><td>外贴式止水带</td><td>中埋式止水带</td><td>外抹防水砂浆</td><td>外抹防水涂料</td><td>水泥基渗透结晶型防水涂料</td><td>预埋注浆防水管</td><td>补偿收缩混凝土</td><td>外贴式止水带</td><td>预埋注浆管</td><td>遇水膨胀止水条或止水胶</td><td>中埋式止水带</td><td>外贴式止水带</td><td>可卸式止水带</td><td>防水密封材料</td><td>外贴防水卷材</td><td>外涂防水涂料</td></tr>
<tr><td rowspan="4">防水等级</td><td>一级</td><td>应选</td><td colspan="6">应选 1~2 种</td><td colspan="7">应选 2 种</td><td>应选</td><td colspan="3">应选 2 种</td><td>应选</td><td colspan="5">应选 1~2 种</td></tr>
<tr><td>二级</td><td>应选</td><td colspan="6">应选 1 种</td><td colspan="7">应选 1~2 种</td><td>应选</td><td colspan="3">应选 1~2 种</td><td>应选</td><td colspan="5">应选 1~2 种</td></tr>
<tr><td>三级</td><td>选</td><td colspan="6">宜选 1 种</td><td colspan="7">宜选 1~2 种</td><td>应选</td><td colspan="3">宜选 1~2 种</td><td>应选</td><td colspan="5">宜选 1~2 种</td></tr>
<tr><td>四级</td><td>选</td><td colspan="6">—</td><td colspan="7">宜选 1 种</td><td>应选</td><td colspan="3">宜选 1 种</td><td>应选</td><td colspan="5">宜选 1 种</td></tr>
</table>

表 8-10 暗挖法地下工程防水设防要求

工程部位		初砌结构							内砌施工缝						内衬砌变形缝、诱导缝			
防水措施		防水混凝土	防水卷材	防水涂料	塑料防水板	膨润土防水材料	防水砂浆	金属防水板	遇水膨胀止水条或止水胶	外贴式止水带	中埋式止水带	防水密封材料	水泥基渗透结晶型防水涂料	预埋注浆管	中埋式止水带	外贴式止水带	可卸式止水带	防水密封材料
防水等级	一级	应选	应选 1~2 种						应选 1~2 种						应选	应选 1~2 种		
	二级	应选	应选 1 种						应选 1 种						应选	应选 1 种		
	三级	选	宜选 1 种						宜选 1 种						应选	宜选 1 种		
	四级	选	宜选 1 种						宜选 1 种						应选	宜选 1 种		

(2)处于侵蚀性介质中的地下工程,应采用耐侵蚀的防水混凝土、防水砂浆、防水卷材或防水涂料等。

(3)处于冻融侵蚀环境中的地下工程,当采用混凝土结构时,其混凝土抗冻融循环能力不得少于 300 次。

(4)结构刚度小或受震动作用的地下工程,应采用伸长率较大的卷材或涂料等柔性防水材料。

(5)具有自流排水条件的地下工程,应设自流排水系统;无自流排水条件的地下工程,应设机械排水系统。

8.3.2 地下工程卷材防水施工

卷材防水层是将几层卷材用胶结材料粘贴在结构基层上而构成的一种防水工程,这种防水技术目前使用比较普遍。卷材防水层宜用于经常处在地下水环境、受侵蚀性介质作用或受振动作用的地下工程。

1. 地下室卷材防水层的要求和分类

卷材防水层的卷材品种可按表 8-11 选用。由于地下工程在施工阶段长期处于潮湿状态,使用后又受地下水的侵蚀,故采用卷材防水层时,宜选用抗菌的高聚物改性沥青防水卷材(如 SBS 改性沥青防水卷材)、合成高分子防水卷材,但施工时必须确保混凝土基面干燥,这样才能使卷材与结构混凝土密贴,否则将失去防水性能。卷材防水层材料的选用还应符合下列规定:

(1)卷材外观质量、品种规格应符合国家现行有关标准的规定;

(2)卷材及其胶黏剂应具有良好的耐水性、耐久性、耐穿刺性、耐腐蚀性和耐菌性。

表 8-11　卷材防水层的卷材品种

类别	品种名称
高聚物改性沥青防水卷材	弹性体改性沥青防水卷材
	改性沥青聚乙烯胎防水卷材
	自粘聚合物改性沥青防水卷材
合成高分子防水卷材	三元乙丙橡胶防水卷材
	聚氯乙烯防水卷材
	聚乙烯丙纶复合防水卷材
	高分子自粘防水卷材

2. 地下室卷材防水层的构造

（1）地下室底板卷材防水层构造层次如图 8-18 所示。

①基土层：素土夯实。

②垫层：C10 混凝土，厚度由设计确定。

③找平层：20 mm 厚 1∶2.5 水泥砂浆。

④防水层：冷底子油一道、沥青防水卷材或涂刷基层处理剂、合成高分子防水卷材和自粘沥青防水卷材各一层，卷材层数依水头压力而定。

⑤保护层：40 mm 厚 C20 细石混凝土。

⑥结构层：钢筋混凝土底板，厚度由设计确定。

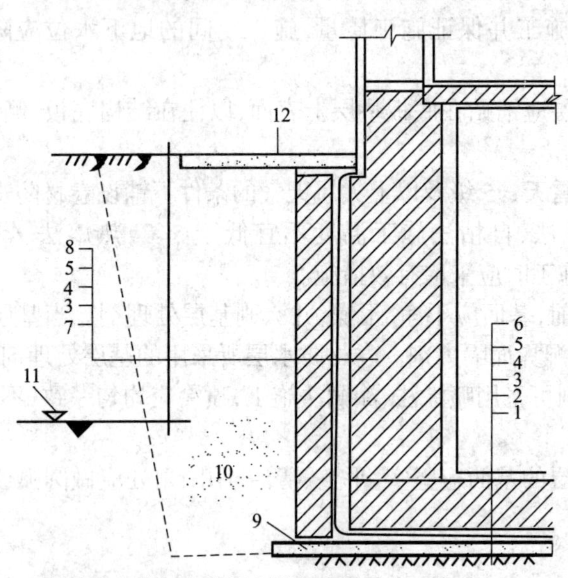

图 8-18　地下室底板和墙体卷材防水层构造

1—基土层；2—垫层；3—找平层；4—防水层；5—保护层；6、7—结构层；8—保护墙；9—干铺卷材；10—回填土；11—地下水位；12—散水

（2）地下室墙体卷材防水层构造层次如图 8-18 所示。

①结构层（7）：砖石或钢筋混凝土墙体。

②找平层（3）：20 mm 厚 1∶2.5 水泥砂浆。

③防水层(4):冷底子油一道、沥青防水卷材或涂刷基层处理剂、合成高分子防水卷材和沥青防水卷材各一层。

④保护层(5):20 mm 厚 1∶3 水泥砂浆。

⑤保护墙(8):115 mm 厚,用 M5 砂浆及普通黏土砖砌筑。

3. 卷材防水层的常用材料

卷材防水层的主要优点是防水性能较好,具有一定的韧性和延伸性,能适应结构的振动和微小变形,不至于产生破坏,而导致发生渗水现象,并能抗酸、碱、盐溶液的侵蚀。但卷材防水层耐久性差,吸水率大,机械强度低,施工工序多,发生渗漏时难以修补。

采用卷材作为地下工程的防水层,由于其长年处在地下水的浸泡中,所以不得采用极易腐烂变质的纸胎沥青防水油毡,宜采用高聚物改性沥青防水卷材和合成高分子防水卷材。

4. 卷材防水层的施工

地下工程卷材防水层是采用高聚物改性沥青防水卷材或合成高分子防水卷材和与其配套的胶结材料(沥青胶或高分子胶黏剂)胶合而成的一种单层或多层防水层。

1)作业条件和适用范围

Ⅰ. 作业条件

(1)用卷材做地下工程的防水层,由于其将长期处在地下水的浸泡中,所以严禁采用极易腐烂变质的纸胎沥青防水油毡。

(2)卷材防水层铺贴前,所有穿过防水层的管道、预埋件均应施工完毕,并做好防水处理;防水层铺贴后,严禁在防水层上面再打眼开洞,以免引起水的渗漏。

(3)卷材防水层应铺设在混凝土结构主体的迎水面上。

(4)为了便于施工并保证施工质量,施工期间的地下水位应降低到垫层以下不少于 500 mm。

(5)卷材防水层应铺贴在底板垫层上表面,以便在结构底板、侧墙以至墙体顶端以上外围形成封闭的防水层。

(6)严禁在雨雪天、5 级及以上大风天气的条件下铺设卷材防水层,正常的施工温度范围为 5~35 ℃,冷粘法、自粘法施工温度不宜低于 5 ℃,热熔法、焊接法施工温度不宜低于 -10 ℃,冬雨期施工时应采取有效措施。

(7)铺设卷材前,基面应干净、干燥,并涂刷基层处理剂。当基层较为潮湿时,应涂刷湿固化型胶黏剂或潮湿界面隔离剂。卷材防水层所采用的基层处理剂应与卷材及胶黏剂的材料相容,基层处理剂可采用喷涂法、涂刷法施工,喷涂应均匀一致、不露底,待表面干燥后,方可铺贴卷材。

(8)卷材防水层的基面应坚实、平整、清洁,阴阳角处应做圆弧或折角,并应符合所用卷材的施工要求。

Ⅱ. 适用范围

卷材防水层适用于受侵蚀性介质作用或受振动作用的地下工程需防水的结构。地下工程的防水等级分为四级,卷材防水层适用于防水等级为一、二、三级的明挖法地下工程的防水。

(1)卷材防水层承受的压力应不超过 0.5 MPa,当压力超过 0.5 MPa 或有剪力存在时,应采取结构措施。

(2)卷材防水层在经常保持不小于 0.01 MPa 的侧压力下,才能较好地发挥防水功能,一般采取保护墙分段断开,起附加荷载作用。

(3)改性沥青防水卷材耐酸、碱、盐的侵蚀,但不耐油脂及可溶解沥青的溶剂的侵蚀,所以油脂和溶剂都不能接触沥青防水卷材。

2)找平层的施工

地下工程卷材防水层应铺设在水泥砂浆找平层上,找平层施工应符合以下要求。

(1)地下工程找平层的平整度应与屋面工程相同,表面应清洁、牢固,不得有疏松、尖锐棱角等凸起物。

(2)找平层的阴阳角部位均应做成圆弧形,圆弧半径按屋面工程规定确定,合成高分子防水卷材的圆弧半径应不小于 20 mm,高聚物改性沥青防水卷材的圆弧半径应不小于 50 mm。

(3)铺贴卷材时,找平层应基本干燥。

(4)将要下雨或雨后找平层尚未干燥时,不得铺贴卷材。

找平层的做法应根据不同的部位分别考虑,对主体结构平面应利用结构自身通过多次收水、压实、找坡、抹平,满足防水层平整度的要求,这样有利于防水层适应基层裂缝的出现与延展。对于结构竖向墙的找平层,应在找平层施做前涂刷一道界面处理剂(如采用聚合物水泥或界面处理剂),再做找平层,以避免找平层出现空鼓、开裂。

3)卷材防水层的施工

Ⅰ.卷材防水层施工的一般规定

(1)地下工程防水卷材的铺贴层数要根据地下水的最大水头确定,可参考表 8-12。铺贴卷材时,橡胶、塑料类卷材的层数宜为一层,沥青类卷材的层数应根据工程情况确定。

表 8-12　防水卷材层数

最大水头 /m	卷材层数
≤3	3
3~6	4
6~12	5

(2)不同品种的防水卷材的搭接宽度要求见表 8-13。

表 8-13　防水卷材搭接宽度　(mm)

卷材种类	搭接宽度
弹性体改性沥青防水卷材	100
改性沥青聚乙烯胎防水卷材	
自粘聚合物改性沥青防水卷材	80
三元乙丙橡胶防水卷材	100/80(胶黏剂 / 胶黏带)
聚氯乙烯防水卷材	60/80(单焊缝 / 双焊缝)
	100(胶黏剂)
聚乙烯丙纶复合防水卷材	100(胶黏剂)
高分子自粘防水卷材	70/80(胶黏剂 / 胶黏带)

（3）铺贴卷材应展平压实，卷材与基层间和各层卷材间必须黏结紧密，搭接缝必须黏结封严。沥青类防水卷材应在最外层表面涂刷一层热沥青胶结材料，厚度为 1~1.5 mm。

（4）卷材在转角处或特殊部位，应增贴 1~2 层相同的卷材或拉伸强度较高的卷材。

（5）当设计地下水位与室外地坪高差小于或等于 2 m 时，地下室基础及防水层的构造和做法如图 8-19 所示。

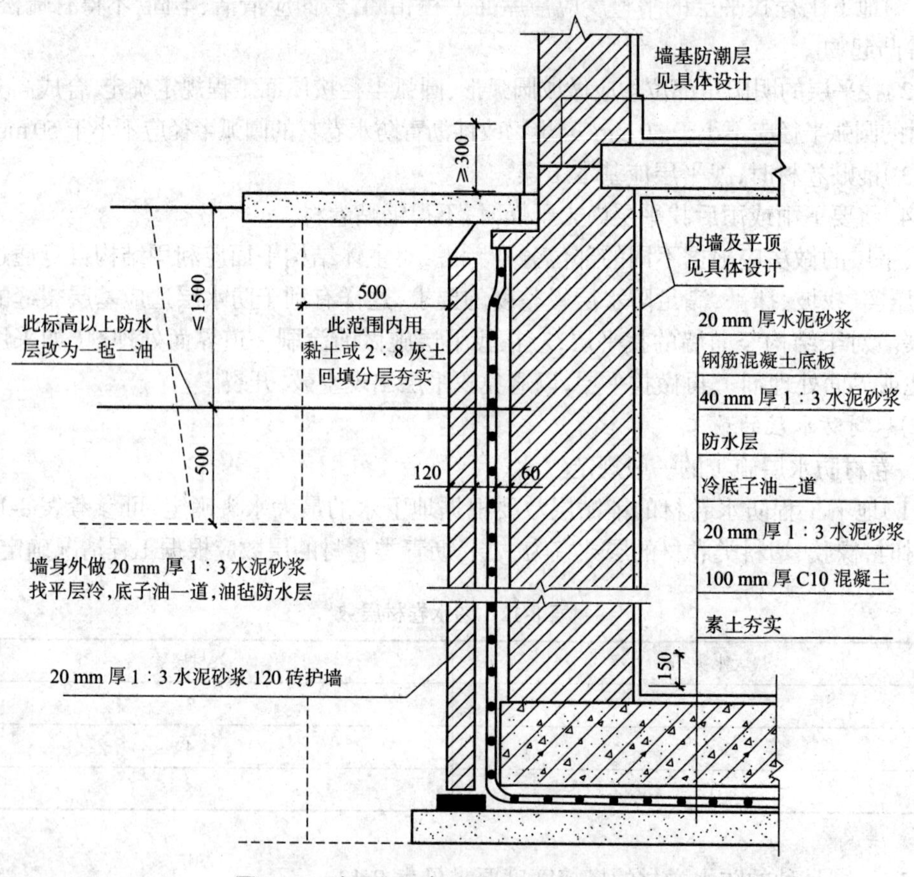

图 8-19 地下室沥青防水卷材（高差≤2 m）

（6）当设计地下水位与室外地坪高差大于 2 m 时，地下室基础及防水层的构造层次与（5）相同，但保护墙及卷材防水层仅做到高于设计地下水位以上 500 mm 处，如图 8-20 所示。

（7）铺贴各类防水卷材应符合下列规定。

①应铺设卷材加强层。

②结构底板垫层混凝土部位的卷材可采用空铺法或点粘法施工，其黏结位置、点粘面积应按设计要求确定，侧墙采用外防外贴法的卷材及顶板部位的卷材应采用满粘法施工。

③卷材与基面、卷材与卷材间应黏结紧密、牢固，铺贴完成的卷材应平整、顺直，搭接尺寸应准确，不得产生扭曲和皱折。

④卷材搭接处和接头部位应粘贴牢固，接缝口应封严或采用材性相容的密封材料封严。

⑤铺贴内层卷材防水层时，应采取防止卷材下滑的措施。

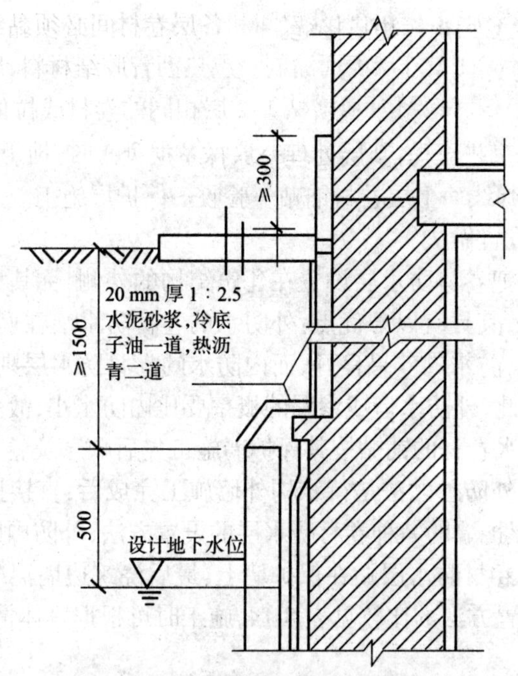

图 8-20　地下室沥青防水卷材(高差 >2 m)

⑥双层铺贴卷材时,上下两层和相邻两幅卷材的接缝应错开 1/3~1/2 幅宽,且两层卷材不得相互垂直铺贴。

(8)不同材性防水卷材的铺贴应符合下列规定。

弹性体改性沥青防水卷材和改性沥青聚乙烯胎防水卷材采用热熔法施工应加热均匀,不得加热不足或烧穿卷材,搭接缝部位应溢出热熔的改性沥青。

铺贴自粘聚合物改性沥青防水卷材,应符合下列规定:

①基层表面应平整、干净、干燥、无尖锐凸起物或孔隙;

②排出卷材下面的空气,并辊压粘贴牢固,卷材表面不得有扭曲、皱折和起泡现象;

③立面卷材铺贴完成后,应将卷材端头固定,或嵌入墙体顶部的凹槽内,并用密封材料封严;

④低温施工时,宜对卷材和基面适当加热,然后铺贴卷材。

铺贴三元乙丙橡胶防水卷材应采用冷粘法施工,并应符合下列规定:

①基底胶黏剂应涂刷均匀,不应露底或堆积;

②胶黏剂涂刷与卷材铺贴的间隔时间应根据胶黏剂的性能控制;

③铺贴卷材时,应辊压粘贴牢固;

④搭接部位的粘合面应清理干净,采用接缝专用胶黏剂或胶黏带黏结。

铺贴聚氯乙烯防水卷材,接缝采用焊接法施工时,应符合下列规定:

①卷材的搭接缝可采用单焊缝或双焊缝,单焊缝搭接宽度应为 60 mm,有效焊接宽度不应小于 30 mm,双焊缝搭接宽度应为 80 mm,中间应留设 10~20 mm 的空腔,有效焊接宽度不宜小于 10 mm;

②焊接缝的粘合面应清理干净,焊接应严密;

③应先焊长边搭接缝，后焊短边搭接缝。

Ⅱ. 卷材防水层的施工

Ⅰ)施工工艺

卷材防水层的施工工艺流程：基层处理→涂抹基层处理剂→薄弱部位处理→基层弹线→基层卷材铺贴→上层弹线→上层卷材铺贴→验收→保护层施工。

Ⅱ)卷材防水层的设置做法

地下防水工程一般把卷材防水层设置在建筑结构的外侧，称其为外防水。与将卷材防水层设在结构内侧相比，其具有以下优点：外防水的卷材防水层在迎水面，受压力水的作用而紧压在混凝土结构上，防水的效果良好，而内防水的卷材防水层则在背水面，受压力水的作用而易局部脱开。因此，外防水造成渗漏的概率要比内防水小，故一般卷材防水层多采用外防水。地下工程外防水卷材的铺贴按其保护墙施工先后顺序及卷材设置方法可分为外防外贴法和外防内贴法。外防外贴法是待结构外墙施工完成后，直接把防水层贴在防水结构的外墙外表面，最后砌保护墙的一种卷材防水层的设置方法；外防内贴法是在结构外墙施工前，先砌保护墙，然后将卷材防水层贴在保护墙上，最后浇筑边墙混凝土的一种卷材防水层的设置方法。这两种设置方法的比较见表 8-14，施工时可根据具体情况选用。

表 8-14　外防外贴法和外防内贴法的比较

方法	优点	缺点
外防外贴法	大部分防水层直接贴在结构层的外表面，受结构沉降变形影响小，防水质量可靠，后贴立面防水层，浇筑混凝土时不会损伤防水层；防水层的质量检测、修补方便	工序多，工期长，土方量大；卷材接头处需认真处理
外防内贴法	工序简单，工期短；占地少，土方量小；节约模板，卷材可连续铺贴	受结构沉降变形影响大；防水层和混凝土结构抗渗质量不易检查，渗漏修补困难

a. 外防外贴法

外防外贴法是先在垫层上铺贴底层卷材，四周留出接头，待底板混凝土和立面混凝土浇筑完毕，将立面卷材防水层直接铺设在防水结构的外墙外表面，具体施工顺序如下。

（1）浇筑防水结构底板混凝土垫层，在垫层上抹 1∶3 水泥砂浆找平层，并抹平压光。

（2）在底板垫层上砌永久性保护墙，保护墙的高度为 B+（200~500 mm）（其中 B 为底板厚度），墙下平铺油毡条一层。

（3）在永久性保护墙上砌临时性保护墙，保护墙的高度为 150 mm×（油毡层数 +1），临时性保护墙宜用石灰砂浆砌筑。

（4）在永久性保护墙和垫层上抹 1∶3 水泥砂浆找平层，转角抹成圆弧形；在临时性保护墙上抹石灰砂浆找平层，并刷石灰浆；若用模板代替临时性保护墙，应在其上涂刷隔离剂；待保护墙找平层基本干燥后，满涂冷底子油一道，但临时性保护墙不涂冷底子油。

（5）在垫层及永久性保护墙上铺贴卷材防水层，转角处加贴卷材附加层；铺贴时应先底面、后立面，四周接头甩槎部位应交叉搭接，并贴于保护墙上；从垫层折向立面的卷材永久性保护墙的接触部位，应采用空铺法施工，与临时性保护墙或围护结构模板接触部位，应将卷材临时贴附在该墙或模板上，并将顶端固定。

（6）卷材铺贴完毕，在底板垫层和永久性保护墙上抹热沥青或玛瑢脂，并趁热撒上干净的热砂，冷却后在垫层上浇筑一定厚度的细石混凝土，在永久性保护墙和临时性保护墙上抹 1∶3 水泥砂浆，作为卷材防水层的保护层。浇筑防水结构的混凝土底板和墙身混凝土时，将保护墙作为墙体外侧的模板。

（7）防水结构混凝土浇筑完毕并检查验收后，拆除临时性保护墙，清理出甩槎接头的卷材，如有破损处，应进行修补后，再依次分层铺贴防水结构外表面的防水卷材。此处卷材可错槎接缝，上层卷材盖过下层卷材应不小于 150 mm；接缝处加盖条，卷材防水层的甩槎、接槎做法如图 8-21 所示。

（8）卷材防水层铺贴完毕，立即进行渗漏检验，有渗漏立即修补，无渗漏砌永久性保护墙。永久性保护墙每隔 5~6 m 及转角处应留缝，缝宽不小于 20 mm，缝内用油毡条或沥青麻丝填塞；保护墙与卷材防水层之间的缝隙，边砌边用 1∶3 水泥砂浆填满，保护墙做法如图 8-22 所示。

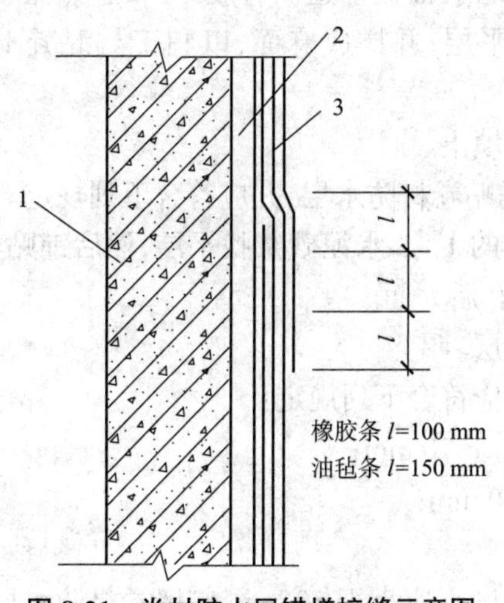

图 8-21　卷材防水层错槎接缝示意图

1—围护结构；2—找平层；3—卷材防水层

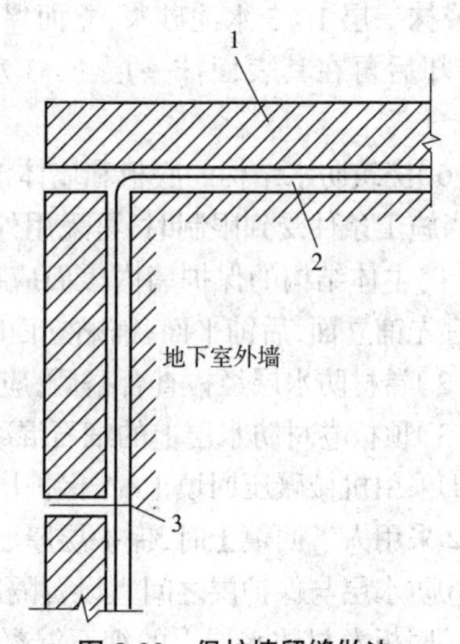

图 8-22　保护墙留缝做法

1—保护墙；2—卷材防水层；3—油毡或麻丝

（9）保护墙施工完毕，随即回填土。

采用外防外贴法铺贴卷材防水层时，应符合下列规定。

（1）铺贴卷材应先铺平面、后铺立面，交接处应交叉搭接。

（2）临时性保护墙应用石灰砂浆砌筑，内表面应用石灰砂浆做找平层，并刷石灰浆。如用模板代替临时性保护墙，应在其上涂刷隔离剂。

（3）从底面折向立面的卷材与永久性保护墙的接触部位，应采用空铺法施工。与临时性保护墙或围护结构模板接触的部位，应临时贴附在该墙上或模板上，卷材铺好后，顶端应临时固定。

（4）当不设保护墙时，从底面折向立面的卷材的接槎部位应采取可靠的保护措施。

（5）主体结构完成后，铺贴立面卷材时，应先将接槎部位的各层卷材揭开，并将其表面清理干净，如卷材有局部损伤，应及时进行修补。卷材接槎的搭接长度，高聚物改性沥青卷材为 150 mm，合成高分子卷材为 100 mm。当使用两层卷材时，卷材应错槎接缝，上层卷材应盖过下层卷材。

b. 外防内贴法

外防内贴法是先浇筑混凝土垫层，在垫层上将永久性保护墙全部砌好，抹水泥砂浆找平层，再将卷材防水层直接铺贴在垫层和永久性保护墙上，具体施工顺序如下。

（1）浇筑混凝土垫层，如保护墙较高，可采取加大永久性保护垫层厚度的做法，必要时可配置加强钢筋。

（2）在混凝土垫层上砌永久性保护墙，保护墙厚度可为一砖厚，其下干铺油毡一层。

（3）保护墙砌好后，在垫层和保护墙表面抹 1∶3 水泥砂浆找平层，阴阳角处应抹成钝角或圆角。

（4）找平层干燥后，刷冷底子油 1~2 遍，冷底子油干燥后，将卷材防水层直接铺贴在保护墙和垫层上。铺贴卷材防水层时，应先铺立面，后铺平面；铺贴立面时，应先转角，后大面。

（5）卷材防水层铺贴完毕后，及时做好保护层，平面上可浇一层厚 30~50 mm 的细石混凝土或抹一层 1∶3 水泥砂浆，立面保护层可在卷材表面刷一道沥青胶结料，趁热撒一层热砂，冷却后再在其表面抹一层 1∶3 水泥砂浆找平层，并搓成麻面，以利于与混凝土墙体黏结。

（6）浇筑防水结构的底板和墙体混凝土，并回填土。

当施工条件受到限制时，可采用外防内贴法铺贴卷材防水层，并应符合下列规定。

（1）主体结构的保护墙内表面应抹 20 mm 厚的 1∶3 水泥砂浆找平层，然后铺贴卷材，卷材宜先铺立面，后铺平面；铺贴立面时，应先转角，后大面。

（2）卷材防水层经检查合格后，应及时做保护层。

（3）顶板卷材防水层上的细石混凝土保护层，应符合下列规定：

①采用机械碾压回填土时，保护层厚度不宜小于 70 mm；

②采用人工回填土时，保护层厚度不宜小于 50 mm；

③防水层与保护层之间宜设置隔离层；

④底板卷材防水层上的细石混凝土保护层厚度不应小于 50 mm，侧墙卷材防水层宜采用软质保护材料或铺抹 20 mm 厚 1∶2.5 水泥砂浆层。

（4）防水卷材的铺贴方法及提高卷材防水层质量的技术措施可以从以下几个方面着手：

①卷材防水层粘附在具有足够刚度的结构层或结构层上的找平层上面，当结构层因种种原因产生变形裂缝时，要求卷材有一定的延伸率来适应其变形，采用条粘法、点粘法、空铺法的施工工艺可以充分发挥卷材的延伸性能，有效减少卷材被拉裂的可能性，故采用条粘法、点粘法、空铺法施工是提高卷材防水层质量的重要技术措施；

②对于变形较大，易受破坏或者易老化的部位，如变形缝、转角、三面角、穿墙管道周围、地下出入口通道等处，均应铺设卷材附加层，附加层可采用同种卷材加铺 1~2 层，亦可采用其他材料做增强处理，增铺卷材附加层也是提高卷材防水层质量的技术措施之一；

③提高卷材防水层质量的技术措施还有做密封处理，即为使卷材防水层增强适应变形的能力，提高防水层的质量，应在分格缝、穿墙管道四周、卷材搭接缝以及收头部位做密封处理。

c. 地下工程卷材防水层的施工做法

铺贴高聚物改性沥青卷材应采用热熔法施工；铺贴合成高分子卷材应采用冷粘法施工。铺贴时应展平压实，卷材与基层间和各层卷材间必须黏结紧密；铺贴立面卷材防水层时，应采取防止卷材下滑的措施；两幅卷材短边和长边的搭接宽度均不应小于 100 mm。采用合成树脂类的热塑性卷材时，搭接宽度宜为 50 mm；采用焊接法施工时，焊缝有效焊接宽度不应小于 30 mm；采用双层卷材时，上下两层和相邻两幅卷材的接缝应错开 1/3~1/2 幅宽，且两层卷材不得相互垂直铺贴；卷材接缝必须黏结封严，接缝口应用材性相容的密封材料封严，宽度不应小于 10 mm；在立面与平面的转角处，卷材的接头应留在平面上，距立面不应小于 6 mm。

（1）热熔法施工时，应符合下列规定：

①卷材表面应加热均匀，严禁烧穿卷材或加热不足；

②卷材表面热熔后立即滚铺，排出卷材下面的空气，并黏结牢固；

③铺贴卷材应平整、顺直，搭接尺寸准确，不得有扭曲、皱折；

④搭接缝部位应溢出热熔的改性沥青，并黏结牢固，封闭严密。

（2）采用冷粘法铺贴合成高分子卷材时，必须采用与卷材相容的胶黏剂，并应涂刷均匀。

（3）采用冷粘法铺贴三元乙丙橡胶防水卷材时，应符合以下规定：

①基底胶黏剂应涂刷均匀，不露底、不堆积；

②胶黏剂涂刷与卷材铺贴的间隔时间应根据胶黏剂的性能控制；

③铺贴卷材时，用力拉伸卷材，排出卷材下面的空气，并辊压黏结牢固；

④铺贴卷材应平整、顺直，搭接尺寸准确，不得有扭曲、皱折、损伤；

⑤搭接部位的粘合面应清理干净，并应采用接缝专用胶黏剂或胶黏带满粘。

（4）铺贴自粘聚合物改性沥青防水卷材，应符合以下规定：

①基层表面应平整、干净、干燥、无尖锐凸起物或空隙；

②铺贴卷材时，应将有黏性的一面朝向主体结构；

③排出卷材下面的空气，并辊压粘贴牢固；

④卷材表面不得有扭曲、皱折和起泡等现象；

⑤立面卷材铺贴完成后，应将卷材端头固定或嵌入墙体顶部的凹槽内，并应用密封材料封严；

⑥低温施工时，宜对卷材和基面适当加热，然后铺贴卷材。

d. 卷材防水层细部构造的施工

（1）转角部位的处理。阴角、阳角、三面角等平立面的交角处，防水卷材铺贴较困难，也是防水的薄弱环节，应按以下方法做加强处理。

①在底板与墙的转角处，先粘贴 1~2 层和大面相同的卷材或拉伸强度较高的卷材作为附加层，然后再铺贴卷材，如图 8-23 所示。

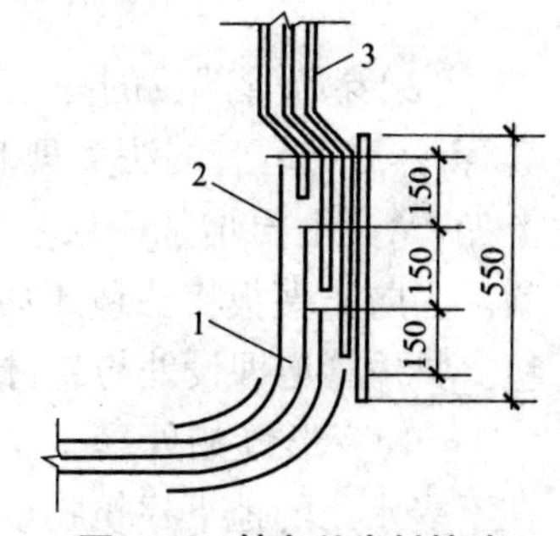

图 8-23　转角处卷材接头

1—交叉接法；2—预留外贴搭接头；3—外贴卷材

②在主墙阳角处，先铺一条宽 200 mm 的卷材条作为附加层，各层卷材铺贴完后，再在其上铺一层宽 200 mm 的卷材附加层。

③在主墙阴角处，先将卷材对折，然后自下而上粘贴左边部分卷材，左边贴好后，用刷油法粘贴右边卷材。

④在由三面组成的阴阳角处，先铺两层与大面相同的卷材或一层再生橡胶沥青卷材或沥青玻璃布卷材作为附加层。附加层尺寸为 300 mm × 300 mm，折成图 8-24 所示的形状，且折叠层之间应满涂沥青胶。附加两层卷材时，先贴一层卷材，另一层则待防水层做完后再贴。附加层铺贴好后，再贴第一层卷材。铺贴第一层卷材时，卷材的压边距转角处一面为 1/3 幅宽，另一侧为 2/3 幅宽；第一层卷材粘贴好后，再粘贴第二层卷材，第二层卷材与第一层卷材长边错开 1/3 幅宽，接头错开 300~500 mm。在立面与底面的转角处，卷材的接缝应留在底面上，距墙根不小于 600 mm。转角处卷材铺贴方法如图 8-25 所示。

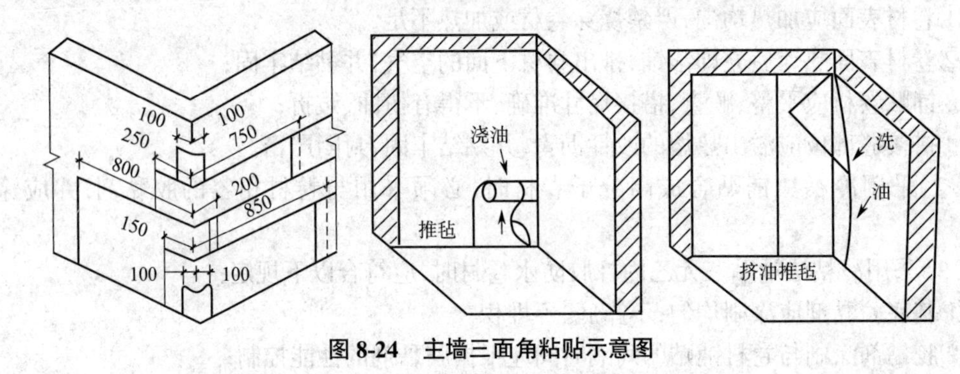

图 8-24 主墙三面角粘贴示意图

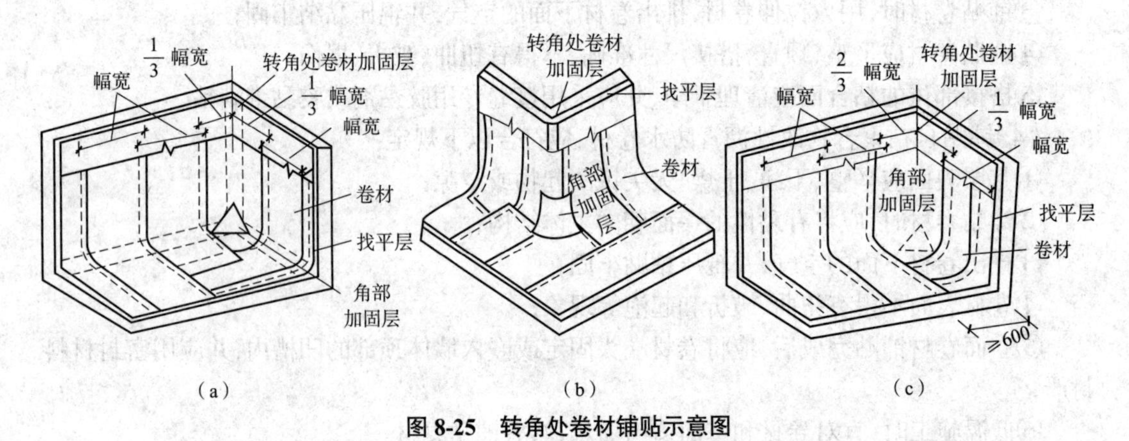

图 8-25 转角处卷材铺贴示意图

(a)阴角卷材铺贴法 (b)阳角的第一层卷材铺贴法 (c)阳角的第二层卷材铺贴法

(2)穿墙管部位的处理。穿墙管处应埋设带有法兰盘的套管，施工时先将穿墙管穿入套管，然后在套管的法兰盘上做卷材防水层。将法兰盘及夹板上的污垢和铁锈清除干净，刷上沥青，其上再增加一层卷材，卷材的铺贴宽度不小于 100 mm，铺设完毕后表面用夹板夹紧。为防止夹板将油毡压坏，夹板下可衬垫软金属片、石棉纸板、无胎油毡或沥青玻璃布油毡。具体管道埋设处与卷材防水层连接处做法如图 8-26 所示。

(3)变形缝的处理。变形缝应满足密封防水、适应变形、施工方便、检查容易的要求。在不受水压的地下建筑物或构筑物变形缝处，应用加防腐填料（如氯化钠）的沥青浸过的毛毡、麻丝或纤维板填塞严密，并用防水性能好的油膏封缝，具体结构如图 8-27 所示。

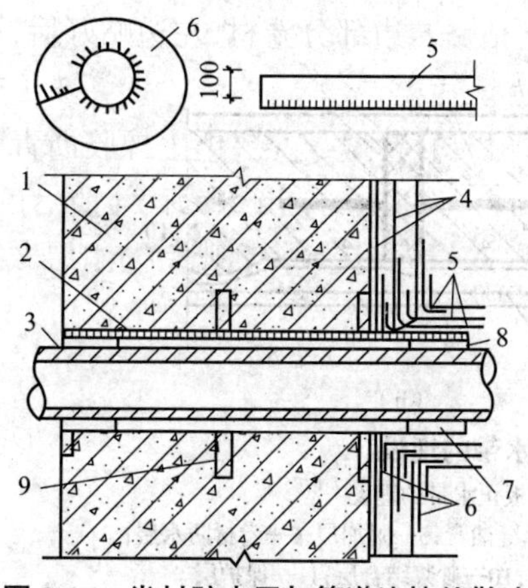

图 8-26　卷材防水层与管道连接处做法

1—防水结构；2—预埋管道；3—管道；
4—三毡四油；5—卷材防水层；6—附加卷材；
7—沥青麻丝；8—铅捻口；9—止水环

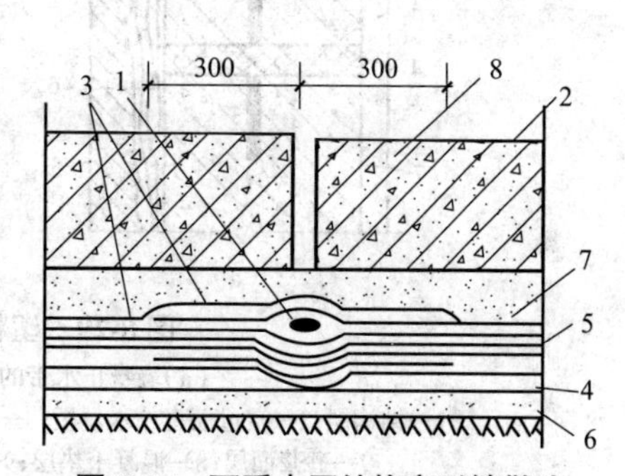

图 8-27　不受水压结构变形缝做法

1—浸过沥青的垫卷；2—底板；3—加铺的油毡；
4—砂浆找平层；5—卷材防水层；6—混凝土垫层；
7—砂浆结合层；8—填缝材料

在受水压的地下建筑物或构筑物变形缝处，变形缝绝不仅要填塞防水材料，还要装入止水带，以保证结构变形时有良好的防水能力。变形缝处通常可采用橡胶止水带、塑料止水带、紫铜板或不锈钢板制成的金属止水带等，如图 8-28 所示。当变形缝处于 50 ℃温度以下，且不受强氧化作用时，宜采用橡胶或塑料止水带，如图 8-29 所示。

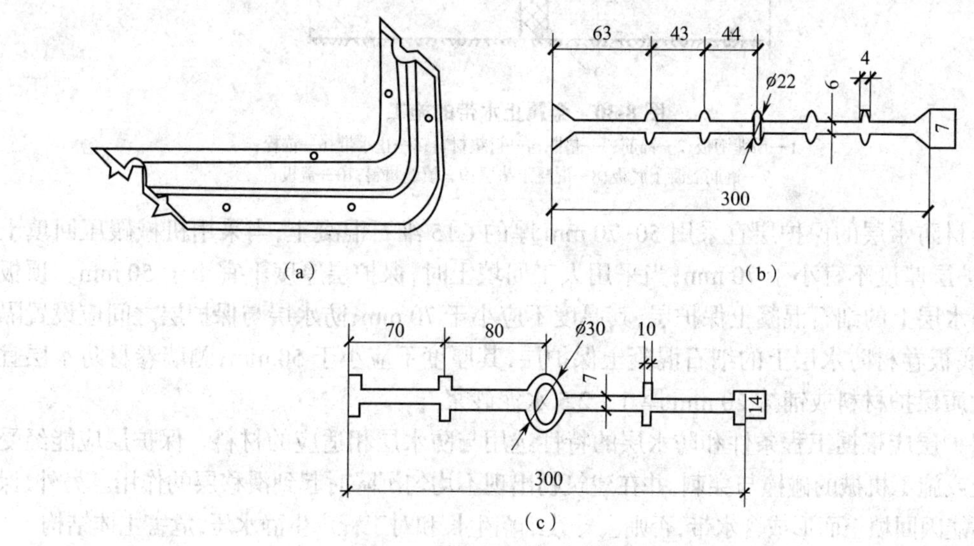

图 8-28　止水带

(a)金属止水带　(b)橡胶止水带(剖面)　(c)塑料止水带(剖面)

当有油侵蚀时，应选用相应的耐油橡胶止水带或塑料止水带；当受高压和水压作用时，变形缝处应采用 1~2 mm 厚的紫铜板或不锈钢板制成的金属止水带，金属止水带转角处应做成圆弧形，并用螺栓安装，如图 8-30 所示。

4)保护层的施工

防水层经检查合格后，应及时做保护层。

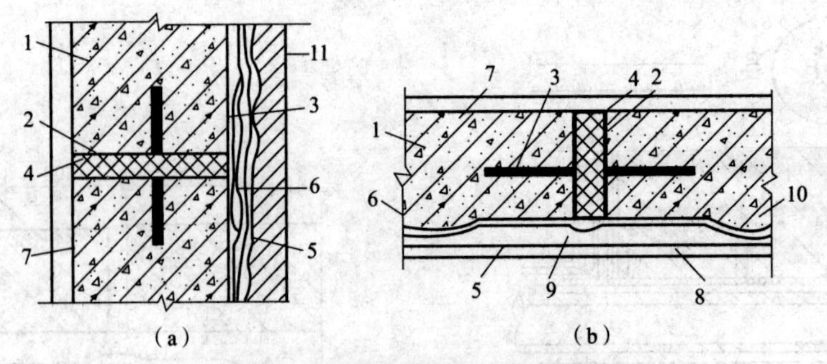

图 8-29　塑料或橡胶止水带的埋设

(a)墙身止水带的埋设　(b)底板止水带的埋设

1—结构层;2—浸过沥青的木丝板;3—止水带;4—填缝油膏;5—附加层;6—卷材防水层;
7—砂浆面层;8—混凝土垫层;9—砂浆找平层;10—砂浆结合层;11—保护层

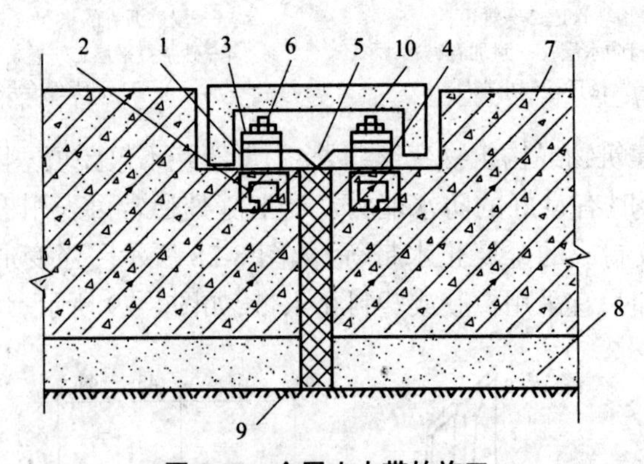

图 8-30　金属止水带的施工

1—预埋钢板;2—锚筋;3—垫圈;4—衬垫材料;5—止水带;6—锚栓;
7—钢筋混凝土底板;8—混凝土垫层;9—填缝材料;10—盖板

卷材防水层的保护层宜采用 50~70 mm 厚的 C15 细石混凝土,当采用机械碾压回填土时,保护层厚度不宜小于 70 mm;当采用人工回填土时,保护层厚度不宜小于 50 mm。顶板卷材防水层上的细石混凝土保护层,其厚度不应小于 70 mm;防水层与保护层之间应设置隔离层;底板卷材防水层上的细石混凝土保护层,其厚度不应小于 50 mm;侧墙卷材防水层宜采用软质保护材料或铺抹 20 mm 厚 1∶2.5 水泥砂浆。

保护层应根据工程条件和防水层的特性选用与防水层相适应的材料。保护层应能经受回填土或施工机械的碰撞与穿刺,并在建筑物出现不均匀沉降时起到滑移层的作用。另外,保护层不能因回填土而形成含水带,否则会导致细菌生长和对工程产生静水压,危害主体结构。

当结构埋置深度较浅,采用人工回填土时,可直接采用 6 mm 厚闭孔泡沫聚乙烯(PE)板和与卷材表层材料相容的胶黏剂粘贴或采用热熔点粘法。当结构埋置较深,采用机械回填土时,其保护层可以采用复合做法,如先贴 4 mm 厚聚乙烯板,后砌砖或其他砌块以抵抗回填土、施工机械撞击和穿刺,同时避免防水层间的摩擦作用而损坏防水层。

5. 卷材防水层施工质量验收

1)质量验收标准

(1)卷材防水层应采用高聚物改性沥青防水卷材和合成高分子防水卷材,所选用的基层处理剂、胶黏剂、密封材料等均应与铺贴的卷材材性相容。

（2）铺贴防水卷材前，基层应干净、干燥，并应涂刷基层处理剂；当基面较潮时，应涂刷湿固化型胶黏剂或潮湿界面隔离剂。

（3）防水卷材厚度应符合相关的规定。

（4）两幅卷材短边和长边搭接宽度均不应小于 100 mm。如果采用多层卷材，上下两层和相邻两幅卷材的接缝应错开 1/3 幅宽，且两层卷材不得相互垂直铺贴。

（5）冷粘法铺贴卷材应符合下列规定：胶黏剂涂刷应均匀，不露底、不堆积；铺贴卷材时应控制胶黏剂涂刷与卷材铺贴的间隔时间，排出卷材下面的空气，并辊压黏结牢固，不得有空鼓；铺贴后的卷材应平整、顺直，搭接尺寸正确，不得有扭曲、皱折；接缝口应用密封材料封严，其宽度不应小于 10 mm。

（6）热熔法铺贴卷材应符合下列规定：火焰加热器加热卷材应均匀，不得过分加热或烧穿卷材；厚度小于 3 mm 的高聚物改性沥青防水卷材，严禁采用热熔法施工；卷材表面热熔后应立即滚铺卷材，排出卷材下面的空气，并辊压黏结牢固，不得有空鼓、皱折；滚铺卷材时接缝部位必须溢出沥青热熔胶，并应随即刮封接口，使接缝黏结严密；铺贴后的卷材应平整、顺直，搭接尺寸正确，不得有扭曲。

（7）卷材防水层完工并经验收合格后，应及时做保护层，保护层应符合下列规定：顶板的细石混凝土保护层与防水层之间宜设置隔离层；底板的细石混凝土保护层厚度应大于 50 mm；侧墙宜采用聚苯乙烯泡沫塑料保护层，或砌砖保护墙（边砌边填实）和铺抹 30 mm 厚水泥砂浆。

（8）卷材防水层的施工质量验收数量，应按铺贴面积每 100 m^2 抽查 1 处，每处 10 m^2，且不得少于 3 处。

（9）主控项目和一般项目的内容及验收要求见表 8-15 和表 8-16。

表 8-15　主控项目质量要求及验收要求

编号	检查项目	质量要求	检查方法
1	卷材及配套材料质量要求	必须符合设计要求	检查产品合格证、产品性能检测报告和材料进场检验报告
2	薄弱部位处理	必须符合设计要求	观察检查和检查隐蔽工程验收记录

表 8-16　一般项目质量要求及验收要求

编号	检查项目	质量要求	检查方法
1	卷材搭接缝	卷材防水层的搭接缝应粘贴或焊接牢固、密封严密，不得有扭曲、皱折、翘边等缺陷	观察检查
2	卷材搭接宽度及允许偏差	采用外防外贴法铺贴时，立面卷材的搭接宽度，合成高分子卷材应为 100 mm，高聚物改性沥青卷材为 150 mm；卷材搭接宽度允许偏差为 -10 mm	观察检查和尺量检查
3	保护层	侧墙卷材防水层的保护层与防水层应结合紧密，保护层厚度应符合设计要求	观察检查和尺量检查

2)质量验收文件

卷材防水层工程质量验收的文件包括：

(1)防水卷材出厂合格证、现场取样试验报告；

(2)胶结材料出厂合格证、使用配合比资料、黏结试验资料；

(3)隐蔽工程验收记录。

3)质量验收记录

卷材防水层检验批质量验收记录见表8-17。

表8-17 卷材防水层检验批质量验收记录(GB 50208—2011)

单位(子单位)工程名称					
分部(子分部)工程名称				验收部位	
施工单位				项目经理	
施工执行标准名称及编号					
施工质量验收规范的规定				施工单位检查评定记录	监理(建设)单位验收记录
主控项目	1	卷材及配套材料质量	第4.3.10条		
	2	细部做法	第4.3.11条		
一般项目	1	基层质量	第4.3.12条		
	2	卷材搭接缝	第4.3.13条		
	3	保护层	第4.3.14条		
	4	卷材搭接宽度允许偏差	-10 mm		
施工检查评定结果	专业工长(施工员)			施工班组长	
监理(建设)单位验收结论	专业质量检测员				年 月 日
	专业监理工程师(建设单位项目技术负责人)				年 月 日

质量验收记录表填写说明见表8-18。

表8-18 质量验收记录表填写说明

项目	质量要求主控项目	检查方法
主控项目	(1)卷材防水层所用卷材及主要配套材料必须符合设计要求； (2)卷材防水层及其转角处、变形缝、阴阳角等细部做法均须符合设计要求	主控项目(1)项检查出厂合格证、质量检验报告、计量措施和现场抽样试验报告；(2)项观察检查和检查隐蔽工程验收记录

续表

项目	质量要求主控项目	检查方法
一般项目	（1）卷材防水层的基层应牢固，基面应洁净、平整，不得有空隙、松动、起砂和脱皮现象，基层阴阳角处应做成圆弧形； （2）卷材防水层的搭接缝应粘贴（焊接）牢固、密封严密，不得有皱折、翘边和起泡等缺陷； （3）侧墙卷材防水层的保护层与防水层应黏结牢固，结合紧密，厚度均匀一致； （4）卷材搭接宽度的允许偏差为 -10 mm	一般项目（1）~（3）项观察检查；（4）项观察和尺量检查

8.3.3　地下工程涂膜防水施工

1. 地下工程涂膜防水概述

（1）防水涂料包括无机防水涂料和有机防水涂料。无机防水涂料可选用掺外加剂、掺合料的水泥基防水涂料或水泥基渗透结晶型防水涂料。有机防水涂料可选用反应型、水乳型、聚合物水泥防水涂料等。

（2）无机防水涂料宜用于结构主体的背水面，有机防水涂料宜用于结构主体的迎水面。用于背水面的有机防水涂料应具有较高的抗渗性，且与基层有较强的黏结性。

（3）防水涂料品种的选择，应符合下列规定。

①潮湿基层宜选用与潮湿基面黏结力大的无机防水涂料或有机防水涂料，或采用先涂水泥基类无机防水涂料，而后再涂有机防水涂料构成复合防水涂层。

②冬期施工宜选用反应型涂料，如采用水乳型涂料，温度不得低于 5 ℃。

③埋置较深的重要工程、有振动或有较大变形的工程，宜选用高弹性防水涂料。

④具有腐蚀性的地下环境宜选用耐腐蚀性较好的有机防水涂料，并做刚性保护层，聚合物水泥防水涂料应选用Ⅱ型产品。

⑤采用有机防水涂料时，基层阴阳角应做成圆弧形，阴角直径宜大于 50 mm，阳角直径宜大于 10 mm，应在阴阳角及底板转角部位增加一层胎体增强材料，并增涂 2~4 遍防水保护涂料。

⑥防水涂料可采用外防外涂、外防内涂两种施工做法，如图 8-31 和图 8-32 所示。

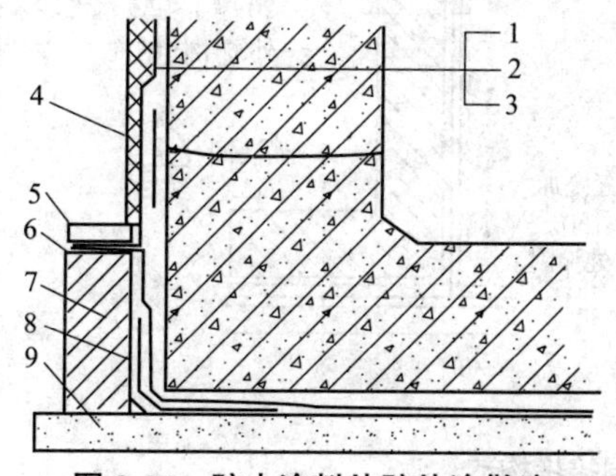

图 8-31　防水涂料外防外涂做法

1—结构层；2—涂料防水层；3—涂料保护层；4—增强层；5—防水层搭接部位保护层；6—搭接部位；7—永久保护层；8—增强层；9—混凝土垫层

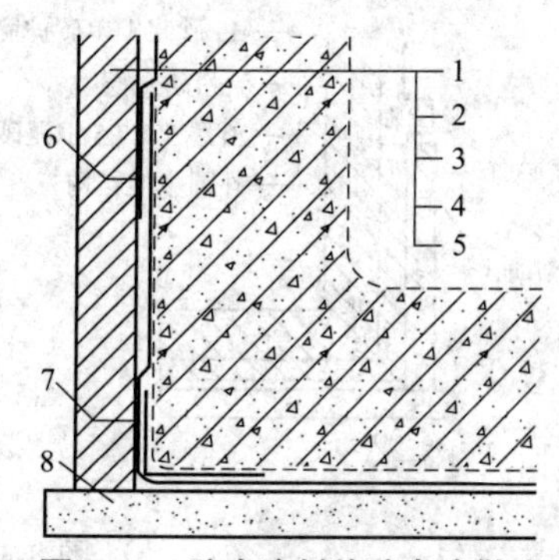

图 8-32　防水涂料外防内涂做法

1—结构层；2—砂浆保护层；3—涂料防水层；4—砂浆找平层；5—保护层；6、7—涂料防水加强层；8—混凝土垫层

⑦掺外加剂、掺合料的水泥基防水涂料的厚度不得小于 3.0 mm；水泥基渗透结晶型防水涂料的用量不应小于 1.5 kg/m²，且厚度不应小于 1.0 mm；根据材料的性能，有机防水涂料的厚度宜不小于 1.2 mm。

⑧地下室涂膜防水层的构造层次如图 8-33 和图 8-34 所示。

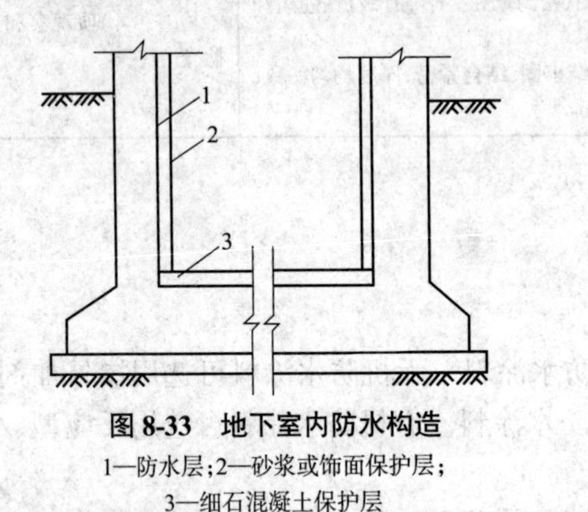

图 8-33　地下室内防水构造

1—防水层；2—砂浆或饰面保护层；3—细石混凝土保护层

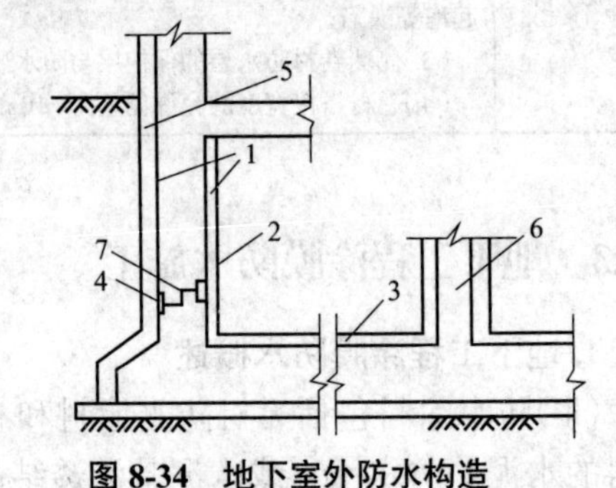

图 8-34　地下室外防水构造

1—防水涂层；2—砂浆保护层；3—细石混凝土保护层；4—嵌缝材料；5—砂浆或砖墙保护层；6—内隔墙、柱；7—施工缝

⑨涂膜防水层的甩槎、接槎构造如图 8-35 和图 8-36 所示。

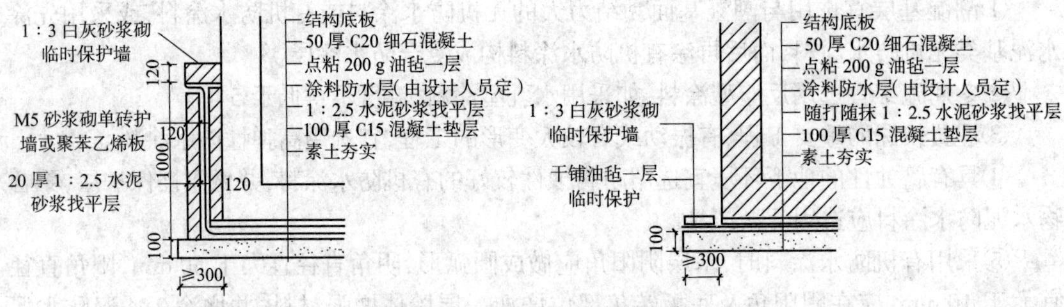

图 8-35　涂膜防水层甩槎构造

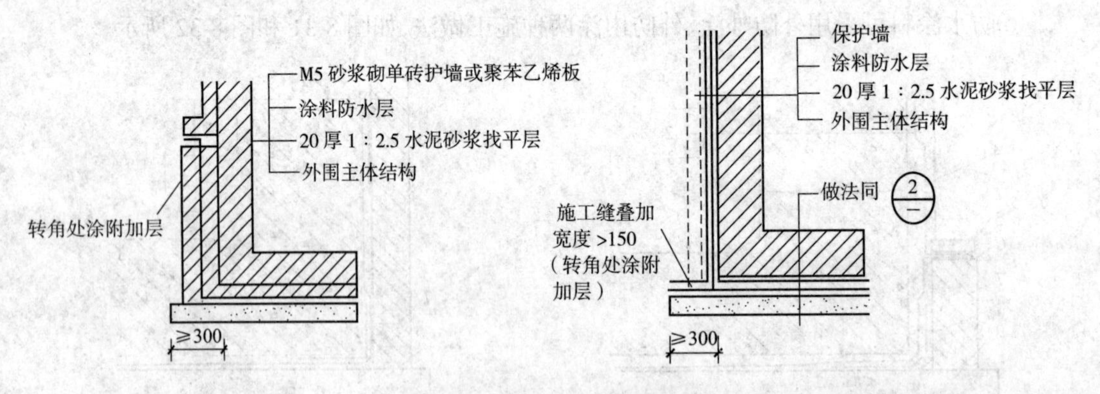

图 8-36　涂膜防水层接槎构造

⑩涂膜防水层保护墙可根据具体情况选用聚苯乙烯泡沫塑料板保护墙或抹砂浆进行保护，采用水泥基防水涂料或水泥基渗透结晶型防水涂料时，可以不设保护墙或砂浆保护层。

2. 涂膜防水层的组成材料

防水涂料应符合《地下工程防水技术规范》(GB 50108—2008)的规定。

1)地下防水工程常用的防水涂料

地下防水工程常用的防水涂料有高聚物改性沥青防水涂料(氯丁橡胶沥青防水涂料、再生橡胶沥青防水涂料(包括胶粉沥青防水涂料)、丁基橡胶沥青防水涂料)、合成高分子防水涂料(聚氨酯、丙烯酸、硅橡胶、氯磺化聚乙烯、氯丁橡胶、丁基橡胶)、水泥基渗透结晶型防水材料,形状复杂的基面以及面积窄小的节点部位,凡是可以涂刷到的部位,均可以做涂膜防水层。

2)涂膜防水层的施工要求

要保证涂膜防水层的质量,所涉及的因素较多,其中主要有材料、基层条件、自然条件、施工工艺、涂布遍数及厚度、涂布间隔距离、保护层的设置等。

(1)地下工程防水层大部分位于最高地下水位以下,长年处于潮湿环境中,采用涂膜防水层时,宜采用中、高档防水涂料,如合成高分子防水涂料、高聚物改性沥青防水涂料等,不得采用乳化沥青防水涂料。如采用高聚物改性沥青防水涂膜防水层,为增强涂膜强度,宜增铺胎体增强材料,进行多布多涂防水施工。涂膜防水层应按设计规定选用材料,对所选用的涂料及其配套材料的性能应详细了解,胎体增强材料的选用应与涂料的材性相容。储存食品或饮用水等公用设施的建(构)筑物,应选用在使用中不会产生有毒和有害物质的涂料。

(2)涂料等原材料进场时应检查其产品合格证及产品说明书,对其性能指标应进行复验,合格后方可使用。原材料进场后应由专人保管,注意通风,严禁烟火,保管温度不超过 40 ℃,以提高防水的可靠性。地下工程涂膜防水层宜涂刷在补偿收缩水泥砂浆找平层上,找平层的平整度应符合要求。无机防水涂料基层表面应干净平整,无浮浆和明显积水;有机防水涂料基层表面应基本干燥,无气孔、凹凸不平、蜂窝、麻面等缺陷。

(3)涂料防水层严禁在雨天、雾天、5 级及以上大风天气时施工。涂料防水层施工前,其自然条件最佳气温为 10~30 ℃,不得在施工环境温度低于 5 ℃及高于 35 ℃或烈日暴晒时施工。无遮蔽条件时,涂膜防水层不能在 5 级及以上大风、雨天或将要下雨或雨后未干燥时施工。涂膜固化前如有降雨可能,应及时做好已完涂层的保护工作。

(4)涂料防水层施工前,基层阴阳角应做成圆弧形,阴角直径宜大于 50 mm,阳角直径宜大于 10 mm,对于阴阳角、预埋件、穿墙管等部位应在施工前进行密封或加强处理。

(5)涂料的配制及施工,必须严格按涂料技术要求进行。

(6)涂料防水层的总厚度应符合设计要求,防水涂料应分层涂刷或喷涂,并应待前一道涂层实干后进行;涂层必须均匀,不得漏刷漏涂;施工缝接缝宽度不应小于 1 mm 。

(7)铺贴胎体增强材料时,应使胎体层充分浸透防水涂料,不得有露槎及皱折。

(8)由于地下防水工程工序较多,施工人员交叉活动频繁,故有机防水涂料施工完毕后,应及时做好保护层,且保护层应符合下列规定:

①底板、顶板应采用 20 mm 厚 1∶2.5 水泥砂浆层和 40~50 mm 厚细石混凝土保护层,顶板防水层与保护层之间宜设置隔离层;

②侧墙背水面应采用软质保护材料或 20 mm 厚 1∶2.5 水泥砂浆层保护。

3. 涂膜防水层的施工工艺

1)工艺流程

地下涂膜防水工程的工艺流程如图 8-37 所示。

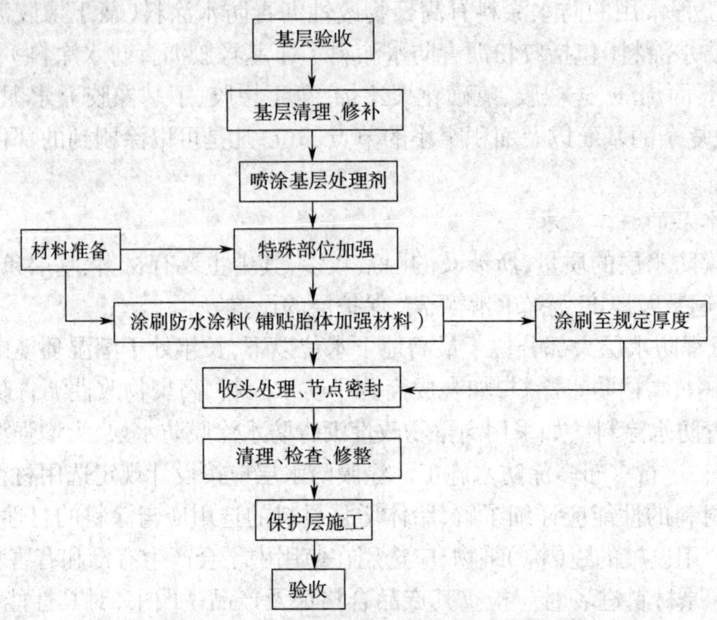

图 8-37 地下涂膜防水工程的工艺流程

(1)基层的干燥程度应根据涂料产品的特性确定,溶剂型涂料基层必须干燥,水乳型涂料基层干燥程度可适当放宽。

(2)采用双组分或多组分涂料时,配料应根据涂料生产厂家提供的配合比现场配制,严禁任意改变配合比。配料时要求剂量准确(过秤),主剂和固化剂的混合偏差不得大于 5%。对于涂料的搅拌,先将配料放入搅拌容器或电动搅拌机内,然后放入固化剂,并立即开始搅拌。搅拌筒应选用圆的铁桶,以便搅拌均匀。采用人工搅拌时,要注意将材料上下、前后、左右及各个角落都充分搅匀,搅拌时间一般在 3~5 min。掺入固化剂的材料,应在规定时间内使用完毕。

(3)涂膜防水层施工前,必须根据设计要求的涂膜厚度及涂料的含量确定(计算)每平方米涂料用量、每道涂刷的用量以及需要涂刷的遍数。如一布二涂,即先涂底层,铺加胎体增强材料,再涂面层,施工时要按试验用量,每道涂层分几遍涂刷,而且面层最少应涂刷 2 遍。合成高分子涂料还要保证涂层达到 1 mm 厚才可铺设胎体增强材料,有效、准确地控制涂膜厚度,从而保证施工质量。确保涂膜防水层的厚度是地下防水工程的一个重要问题。不论采用何种防水涂料,都应采取分次薄涂的操作工艺,并应注意质量检查。每道涂层必须实干后,方可涂刷后续涂层。涂膜防水层厚度可用每平方米的材料用量来控制,并辅以针刺法检验。

(4)涂刷防水涂料前,必须根据其表干和实干时间确定每遍涂刷的涂料用量和间隔时间。

2)喷涂(刷)基层处理剂

涂刷基层处理剂时,应用刷子用力薄涂,使涂料尽量刷进基层表面毛细孔中,并将基层可能留下的少量灰尘等无机杂质,像涂料一样混入基层处理剂中,使之与基层牢固结合。

3)涂料的涂刷

涂料涂刷可采用刷涂,也可采用机械喷涂。涂布立面最好采用蘸涂法,涂刷应均匀一致,在涂刷平面部位倒料时要注意控制涂料的均匀倒洒,避免造成涂料难以刷开、厚薄不匀的情况。前一遍涂层干燥后,应将涂布上层的灰尘、杂质清理干净后,再进行后一涂层的涂刷。每层涂料涂布应分条进行,且每条宽度应与胎体增强材料宽度一致,每次涂布前,应严格检查前一涂层的缺陷和问题,并立即进行修补后,方可再涂布后一涂层。

地下工程结构有高低差时,在平面上的涂刷应按先高后低、先远后近的顺序进行;立面则按由上而下、先转角及特殊部位再大面的顺序进行。同层涂层的相互搭接宽度宜为 30~50 mm。涂层防水层的施工缝(甩槎)应注意保护,搭接缝宽度应大于 100 mm,涂刷结束后将表面处理干净。

4)胎体增强材料的铺设

胎体增强材料可以是单一品种,也可以采用玻纤布和聚酯毡混合使用。如果混用,一般下层采用聚酯毡,上层采用玻纤布。

胎体增强材料铺设后,应严格检查表面是否有缺陷或搭接不足等现象。如发现上述情况,应及时修补完整,使它形成一个完整的防水层。

5)收头处理

为防止收头部位出现翘边现象,所有收头均应用密封材料压边,压边宽度不得小于 10 mm。收头处的胎体增强材料应裁剪整齐,如有凹槽应压入凹槽内,不得出现翘边、皱折、露白等现象,否则应先进行处理后再涂密封材料。

6)涂膜保护层的施工

涂膜防水层施工完毕,经检查合格后,应立即进行保护层的施工,及时保护防水层免受损伤。保护层材料的选择应根据设计要求及所用防水涂料的特性易造成渗漏的薄弱部位,参照卷材防水层做法,采用附加防水层加固。此时,在加固处可做成"一布二涂"或"二布三涂",其中胎体增强材料亦优先采用聚酯无纺布。

4. 薄弱部位处理

1)阴阳角

在基层涂布底层涂料后,应先进行增强涂布,同时将玻纤布铺贴好,然后再涂布第一道、第二道涂膜,阴阳角的做法如图 8-38 和图 8-39 所示。

2)管道根部

先将管道用砂纸打毛,用溶剂洗掉油污,管道根部周围基层应清洁、干燥。在管道根部周围及基层涂刷底层涂料,在底层涂料固化后做增强涂布,增强层固化后再涂刷涂膜防水层,如图 8-40 所示。

3)施工缝或裂缝

施工缝或裂缝的处理应先涂刷底层涂料,待固化后再铺设 1 mm 厚、10 m 宽的橡胶条,然后方可涂布涂膜防水层,如图 8-41 所示。

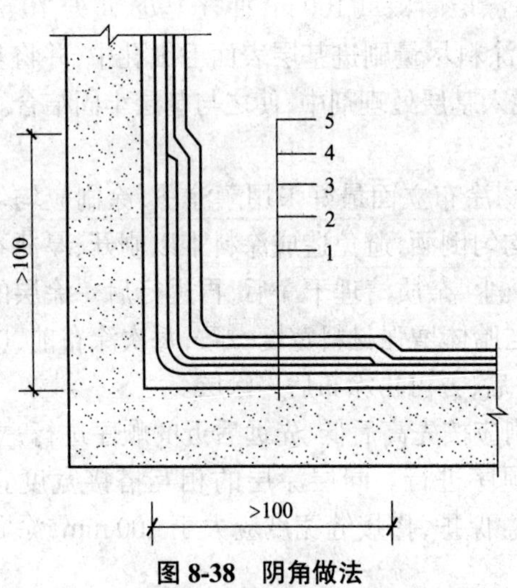

图 8-38 阴角做法

1—防水结构;2—砂浆找平层;3—基底涂层;
4—玻璃纤维布增加层;5—涂膜防水层

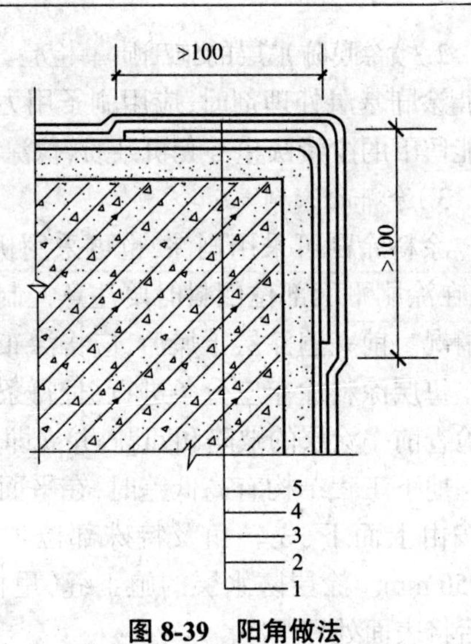

图 8-39 阳角做法

1—防水结构;2—砂浆找平层;3—基底涂层;
4—玻璃纤维布增加层;5—涂膜防水层

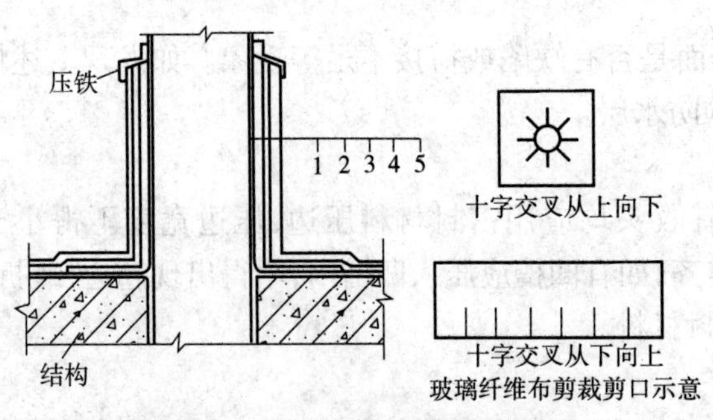

图 8-40 管道根部涂膜防水做法

1—穿墙管;2—地胶;3—铺十字交叉玻璃纤维布,
并用铜线绑扎增强层;4—增强涂布层;5—第二道涂膜防水层

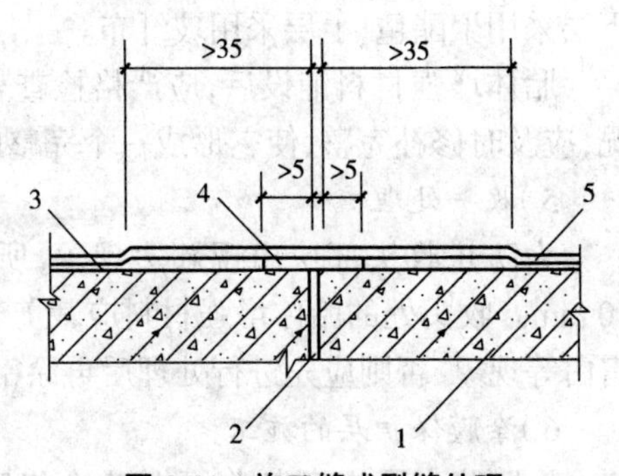

图 8-41 施工缝或裂缝处理

1—结构层;2—施工缝或裂缝;3—底胶;
4—100 mm 自粘胶条;5—涂膜防水层

5. 涂膜防水层施工质量验收

1)质量验收标准

(1)涂膜防水层应采用反应型、水乳型、聚合物水泥防水涂料或水泥基防水涂料、水泥基渗透结晶型防水涂料。

(2)涂膜防水层的施工,应符合下列规定。

①涂料涂刷前,应先在基面上涂一层与涂料相容的基层处理剂。

②涂膜应多遍涂刷完成,后一遍涂刷应待前一遍涂层干燥成膜后进行。

③每遍涂刷时应交替改变涂层的涂刷方向,同时涂膜的先后搭接宽度宜为 30~50 mm。应注意保护涂膜防水层的施工缝(甩槎),搭接缝宽度应 >10 mm,接涂前应将其甩槎表面处理干净。

④涂刷应先做转角、穿墙管道、变形缝等部位的涂料加强层,后进行大面积涂刷。

⑤涂膜防水层中铺贴的胎体增强材料,同层相邻的搭接宽度应大于 100 mm,上下层接缝应错开 1/3 幅宽。

（3）涂膜防水层的施工质量检验数量，应按涂层面积每 100 m^2 抽查 1 处，每处 10 m^2 且不得少于 3 处。

（4）主控项目和一般项目的内容及验收要求见表 8-19 和表 8-20。

表 8-19　主控项目内容及验收要求

项次	项目内容	项目编号	质量要求	检验方法
1	涂料质量配合比	第 4.4.7 条	涂膜防水层所用材料及配合比必须符合设计要求	检查出厂合格证、质量检验报告、计量措施和现场抽样试验报告
2	细部做法	第 4.4.8 条	涂膜防水层及其转角、变形缝、穿墙管道等细部做法均须符合设计要求	观察检查

表 8-20　一般项目内容及验收要求

项次	项目内容	质量要求	检验方法
1	基层质量	基层应牢固、洁净、平整，不得有空鼓、松动、起砂和脱皮现象，阴阳角处应做成弧形	观察检查和检查隐蔽工程验收记录
2	表面质量	涂膜防水层应与基层黏结牢固、表面平整、涂刷均匀，不得有流淌、皱折、起泡、露胎体和翘边等瑕疵	观察检查
3	涂膜层厚度	涂膜防水层平均厚度应符合设计要求，最小厚度不得小于设计厚度的 80%	针测法或取 20 mm × 20 mm 实测
4	保护层和防水层的黏结	应黏结牢固、结合紧密	观察检查

2）质量验收文件

涂膜防水层工程质量验收的文件如下。

（1）防水涂料及密封材料、胎体增强材料的合格证、产品的质量验收报告和现场抽样试验报告。

（2）专业防水施工资质证明及防水工的上岗证明。

（3）隐蔽工程验收记录：

①基层墙面处理验收记录；

②防水层胎体增强材料铺贴验收记录。

（4）施工记录、技术交底及“三验”记录。

（5）本分项工程检验批的质量验收记录。

（6）施工方案。

（7）设计图纸及设计变更资料。

3）质量验收记录

涂膜防水层检验批质量验收记录见表 8-21。

表 8-21 涂膜防水层检验批质量验收记录表(GB 50208—2011)

单位(子单位)工程名称					
分部(子分部)工程名称				验收部位	
施工单位				项目经理	
施工执行标准名称及编号					
施工质量验收规范的规定				施工单位检查评定记录	监理(建设)单位验收记录
主控项目	1	材料质量及配合比	第 4.4.7 条		
	2	细部做法	第 4.3.8 条		
一般项目	1	基层质量	第 4.7.9 条		
	2	表面质量	第 4.7.10 条		
	3	涂料层厚度(设计厚度)	第 4.7.12 条		
	4	保护层与防水层的黏结	80%		
施工检查评定结果	专业工长(施工员)			施工班组长	
	专业质量检测员			年　月　日	
监理(建设)单位验收结论	专业监理工程师 (建设单位项目技术负责人)			年　月　日	

质量验收记录表填写说明如下。

Ⅰ. 主控项目

Ⅰ)质量要求

(1)涂膜防水层所用材料及配合比必须符合设计要求。

(2)涂膜防水层及其转角、变形缝、穿墙管道等细部做法均须符合设计要求。

Ⅱ)检查方法

主控项目(1)项检查出厂合格证、质量检验报告、计量措施和现场抽样试验报告;(2)项观察检查。

Ⅱ. 一般项目

Ⅰ)质量要求

(1)涂膜防水层的基层应牢固,基面应洁净、平整,不得有空鼓、松动、起砂和脱皮现象;基层阴阳角处应做成圆弧形。

(2)涂膜防水层应与基层黏结牢固,平面涂刷均匀,不得有流淌、皱折、起泡和翘边等缺陷。

(3)涂膜防水层平均厚度应符合设计要求,最小厚度不得小于设计厚度的 80%。

(4)涂膜防水层的保护层与防水层应黏结牢固、结合紧密、厚度均匀一致。

Ⅱ)检查方法

一般项目(1)、(2)、(4)项观察检查;(3)项用针测法。

8.3.4 地下工程刚性防水层施工

刚性防水层是由胶凝材料、颗粒状的粗细骨料和水,必要时掺入一定数量的外加剂和矿物混合体材料,按适当的比例配制而成的。组成刚性防水层的基本材料为水泥、砂石、水、钢材、掺合料、外加剂等,常见的形式有防水混凝土和防水砂浆。

1. 防水混凝土施工

防水混凝土是因混凝土自身的密实性、憎水性而具有一定防水能力的混凝土结构或钢筋混凝土结构,这一现象称为混凝土结构自防水。其主要作用是承重、防水,同时还具备一定的耐冻融和耐侵蚀能力。

防水混凝土主要是通过提高其自身的密实性,抑制和减少其内部孔隙的生成,改变孔隙的特征,堵塞渗水通道,并以自身壁厚及憎水性来达到自防水的一种混凝土。地下工程防水重点应以结构自防水为主,而结构自防水应采用防水混凝土。

防水混凝土除满足强度要求外,还应满足抗渗等级要求,一般有 P4、P6、P8、P10、P12、P16、P20 等。防水混凝土的设计抗渗等级,应符合表 8-22 的规定。在满足抗渗等级要求的同时,其抗压强度一般可以控制在 20~30 MPa 范围内。

表 8-22 防水混凝土设计抗渗等级

工程埋置深度 /m	设计抗渗等级
$H<10$	P6
$10 \leqslant H<20$	P8
$20 \leqslant H<30$	P10
$H \geqslant 30$	P12

1)施工工艺

防水混凝土施工工艺流程:施工准备→混凝土配制→混凝土运输→混凝土浇筑→混凝土养护。

Ⅰ.施工准备

Ⅰ)技术准备

(1)按照设计资料和施工方案,进行施工技术交底和施工人员上岗操作培训。

(2)按照设计资料计算工程量,制订材料需用计划及材料技术质量要求,确定防水混凝土的配合比和施工方法。

(3)根据设计要求及工程实际情况,制订特殊部位施工技术措施。

Ⅱ)作业条件

(1)钢筋、模板工序已完成,办理隐蔽工程验收、预检手续,检查穿墙螺栓是否已做好防水处理,将模板内杂物清理干净,并提前浇水湿润,如图 8-42 所示。

(2)对各作业班组做好技术交底。

(3)材料需经检验,由实验室试配提出混凝土的配合比,并换算出施工配合比。

(4)材料的运输路线、浇筑顺序应事先规划好,并确保施工不受影响。

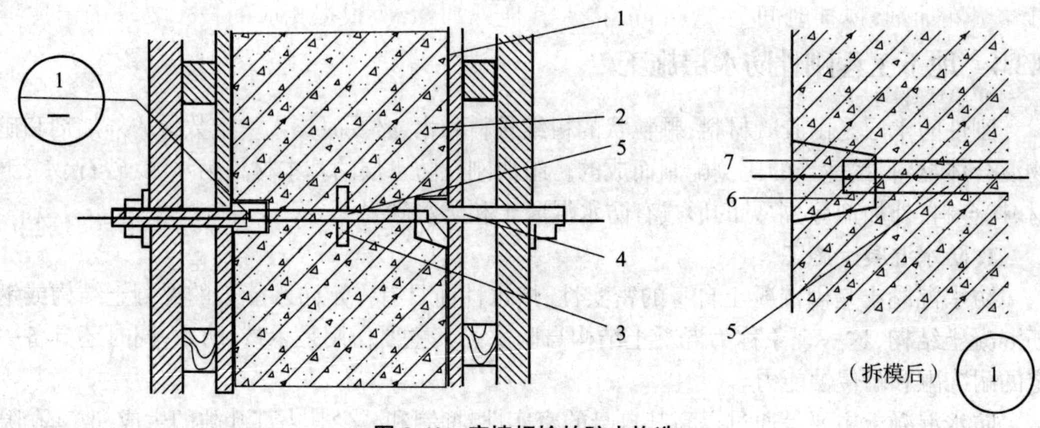

图 8-42　穿墙螺栓的防水构造

1—模板；2—墙体；3—止水环；4—工具式螺栓；5—固定模板用螺栓；6—嵌缝材料；7—聚合物水泥砂浆

Ⅱ. 施工步骤

Ⅰ)模板工程

模板应平整，有足够的强度、刚度和稳定性，接缝小且已经用卷材铺填，施工前木模板要洒水湿润。

尽可能使用滑模施工，减少用螺栓或铁丝固定模板，避免水沿铁丝或螺栓锈蚀渗入。

必须采用对拉螺栓固定模板时，应在预埋套管或螺栓上加焊止水环，穿墙螺栓必须符合以下要求：在对拉螺栓中部加焊止水环，止水环与螺栓必须满焊严密；拆模后应沿混凝土结构边缘将螺栓割断，从而造成一定浪费，现已少用。工具式穿墙螺栓加止水环做法如图 8-42 所示。

止水环与螺栓必须满焊严密，两端止水环与两侧模板之间应加垫木，拆模后除去垫木，沿止水环平面切割螺栓，凹坑以膨胀水泥砂浆封堵，该方法适用于抗渗要求较高的结构。

防水混凝土结构拆模时，对于承重模板，必须达到规定的设计强度，经监理工程师同意后才能拆除，混凝土表面温度与环境温度之差不得超过 20 ℃。

Ⅱ)钢筋工程

(1)钢筋绑扎。应保证钢筋绑扎牢固，以免混凝土浇筑时因振动棒的振动造成松散，而引起钢筋移位，形成露筋。

(2)钢筋保护层厚度。根据设计需要或者施工规范要求，施工时要严格保证保护层的厚度，并且不得有负误差，一般迎水面防水混凝土的钢筋保护层厚度不得小于 50 mm，当直接处于侵蚀性介质中时，不应小于 75 mm。

(3)架设铁马凳。钢筋及绑扎铁丝均不得接触模板，若采用铁马凳架设钢筋，在不能取掉的情况下，应在铁马凳上加焊止水环。

Ⅲ)混凝土工程

(1)准确计算、称量用料量。严格按选定的施工配合比，准确计算并称量每种用料。外加剂的掺加方法遵从所选外加剂的使用要求。水泥、水、外加剂、掺合料的计量允许偏差不应大于 ±1%；砂、石的计量允许偏差不应大于 ±2%。

(2)控制搅拌时间。防水混凝土应采用机械搅拌，搅拌时间一般不少于 2 min，若掺入引气型外加剂，搅拌时间为 2~3 min；掺入其他外加剂，应根据相应的技术要求确定搅拌时间。

Ⅲ. 混凝土运输

混凝土在运输过程中，应防止产生离析及坍落度和含气量的损失，同时要防止漏浆。拌好的混凝土要及时浇筑，常温下应在 0.5 h 内运至现场，并在初凝前浇筑完毕。运送距离远或气温较高时，混凝土中可掺入缓凝型减水剂。若浇筑前混凝土发生显著泌水离析现象，应加入适量的原水灰比的水泥并搅拌均匀，方可浇筑。

Ⅳ. 混凝土浇筑和振捣

防水混凝土在浇筑过程中，应防止漏浆、离析、坍落度损失等。

混凝土浇筑时，应严格做到分层连续进行，每层厚度不宜超过 500 mm，上下层浇筑的时间间隔不应超过 2 h，夏季可适当缩短。浇筑混凝土的自落高度不得超过 1.5 m，否则应使用串筒、溜槽或溜管等工具进行浇筑。

在结构中若有密集管群以及预埋件或钢筋稠密，而不易使混凝土浇筑密实时，应改用相同抗渗等级的细石混凝土进行浇筑。

在浇筑大体积结构，遇有预埋大管径套管或面积较大的金属板时，为保证下部的倒三角形区域浇捣密实、不漏水，可在管底或金属板上预先留置浇筑振捣孔，浇筑后再将孔补焊严密。

防水混凝土必须采用机械振捣，振捣时间宜为 10~30 s，以混凝土开始泛浆和不冒气泡为准，并避免漏振、欠振和超振；混凝土掺引气剂或引气型减水剂时，应采用高频插入式振动器振捣。

Ⅴ. 混凝土养护

在常温下，混凝土终凝后（浇筑后 4~6 h），就应在其表面覆盖草袋，并浇水湿润养护不少于 14 d，不宜用电热法养护和蒸汽养护。

在特殊地区，必须使用蒸汽养护时，应注意以下几点。

（1）对混凝土表面不宜直接喷射蒸汽加热。

（2）及时排出聚在混凝土表面的冷凝水。

（3）防止结冰。

（4）控制升温和降温的速度。升温速度，对表面系数小于 6 的结构，不宜超过 6 ℃/h；对表面系数大于或等于 6 的结构，不宜超过 8 ℃/h，恒温温度不得高于 50 ℃；降温速度，不宜超过 5 ℃/h 。

Ⅵ. 防水混凝土结构的保护

（1）及时回填。地下工程的结构部分拆模后，应抓紧进行下一分项工作的施工，以便及时对基坑进行回填，回填土应分层夯实，并严格按照施工规范的要求操作，控制回填土的含水率及干密度等指标。

（2）做好散水坡。在回填土后，应及时做好建筑物周围的散水坡，以保护基坑回填土不被地面水入侵。

（3）严禁打洞。防水混凝土浇筑后严禁打洞，因此所有的预留孔和预埋件在混凝土浇筑前必须埋设准确，对出现的小孔洞应及时修补，修补时先将孔洞洗干净，涂刷一道水灰比为 0.4 的水泥浆，再用水灰比为 0.5 的 1∶2.5 水泥砂浆填实刷平。

Ⅶ.防水混凝土冬期施工

(1)防水混凝土应尽量避开冬期施工,不能避开时必须采取严格的施工措施确保防水混凝土的强度和抗渗性合格,水泥要用普通硅酸盐水泥,施工时可在混凝土中掺入早强剂,原材料可采用预热法,水和骨料及混凝土的最高允许温度见表 8-23。

表 8-23 冬期施工防水混凝土及材料最高允许温度

水泥种类	最高允许温度 /℃		
	水进搅拌机时	砂石进搅拌机时	出机温度
42.5 级普通硅酸盐水泥	60	40	35

(2)防水混凝土冬期养护宜采用蓄热法、暖棚法等。采用暖棚法应保持一定湿度,防止混凝土早期脱水,可以采用蒸汽管片或低压电阻片加热,使暖棚保持在 5 ℃以上,混凝土入模温度也应为正温。暖棚法需经过热工计算方可采用,由于电热法和蒸汽加热法养护容易造成混凝土局部热量集中,故不宜采用。

(3)大体积防水混凝土工程以蓄热法施工时,要防止水化热过高,内外温差过大,而造成混凝土表面开裂。混凝土浇筑完后,应及时用湿草袋覆盖保持温度,再覆盖干草袋或棉被加以保温,以控制内外温差不超过 20 ℃。

2)防水混凝土结构细部构造防水的施工

Ⅰ.常用材料

防水混凝土结构细部构造防水施工常用的材料有遇水膨胀止水条或止水胶、水泥基渗透结晶型防水涂料和预埋注浆管等。

Ⅱ.细部做法

防水混凝土的施工缝、变形缝、后浇带、穿墙管等节点部位,均为防水薄弱环节,应采取加强措施,精心施工。

Ⅰ)变形缝

(1)中埋式止水带施工,应符合下列规定。

①止水带埋设位置应准确,其中间空心圆环应与变形缝的中心线重合。

②止水带应妥善固定,底板、顶板内的止水带应按盆状设置,并采用专用钢筋套或扁钢固定。采用扁钢固定时,止水带端部应先用扁钢夹紧,并将扁钢与结构内钢筋焊牢,固定扁钢的螺栓间距宜为 500 mm,如图 8-43 所示。

③中埋式止水带先施工一侧混凝土时,其端模应支撑牢固,严防漏浆。

④止水带的接缝宜为一处,应设在边墙较高位置,不得设在结构转角处,接头宜采用热压焊接,接缝应平整、牢固,不得有裂口和脱胶现象。

⑤中埋式止水带在转弯处宜采用直角专用配件,并应做成圆弧形,橡胶止水带的转角半径应不小于 200 mm,钢片止水带应不小于 300 mm,且转角半径应随止水带的宽度增大而相应加大。

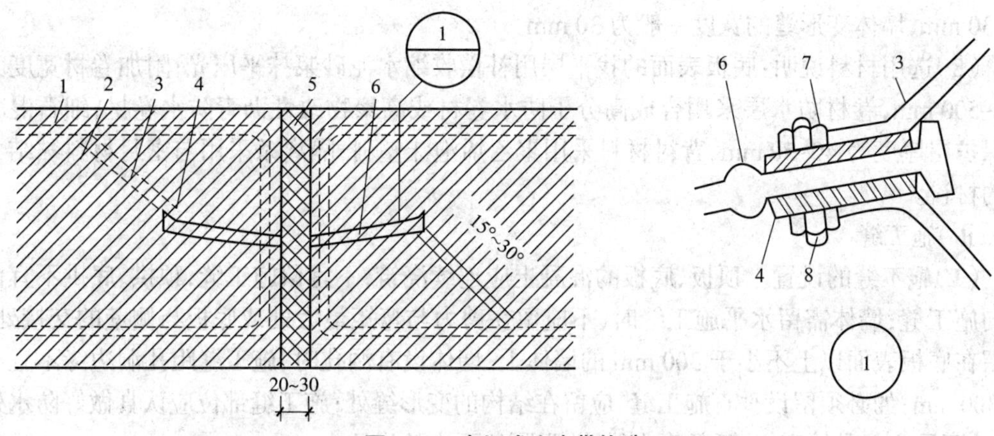

图 8-43　中埋式止水带构造

1—结构主筋;2—混凝土结构;3—固定钢筋;4—固定用扁钢;5—填缝材料;6—中埋式止水带;7—螺母;8—双头螺杆

(2)安设于结构内侧的可卸式止水带施工时,应符合下列要求。

①所需配件应一次配齐。

②转角处应做成 45° 折角,转角处应增加紧固件的数量。

③当变形缝与施工缝均用外贴式止水带时,其相交部位宜采用图 8-44 所示的专用配件。外贴式止水带的转角部位宜使用图 8-45 所示的专用配件。

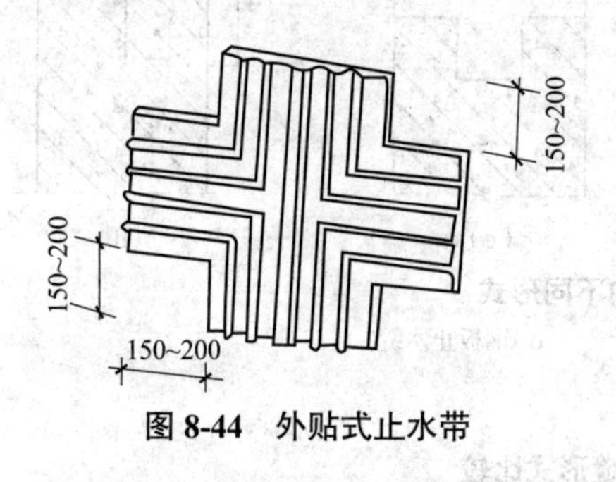

图 8-44　外贴式止水带

图 8-45　外贴式止水带在转角处的专用配件

(3)施工缝与变形缝相交处的专用配件,宜采用遇水膨胀橡胶与普通橡胶复合的复合橡胶条、中间夹有钢丝或纤维织物的遇水膨胀橡胶条、中空圆环形遇水膨胀橡胶条;当采用遇水膨胀橡胶条时,应采取有效的固定措施,防止止水条胀出缝外。

(4)嵌缝材料嵌填施工时,应符合下列要求。

①缝内两侧基面应平整、洁净、干燥,并涂刷与密封材料相容的基层处理剂。

②嵌填时应先设置与密封材料隔离的背衬材料。

③密封材料嵌填应严密、连续、饱满、黏结牢固。

(5)在缝上粘贴卷材或涂刷涂料前,应在缝上设置隔离层和加强层后再施工。

(6)变形缝通常做成平缝,缝内填塞用沥青浸渍的毛毡、麻丝或聚苯乙烯泡沫、纤维板、塑料、木丝板等材料,并嵌填密封材料。

(7)变形缝的防水措施是埋设橡胶或塑料止水带,止水带的埋入位置要准确,圆环中心线应与变形缝中心线重合。固定止水带的一般方法是用镀锌铁丝将其拉紧后绑扎在钢筋上,在浇筑混凝土时,要随时防止止水带偏离变形缝中心位置,底板变形缝的宽度一般为

20~30 mm，墙体变形缝的宽度一般为 30 mm。

（8）选用材料说明：底板表面的找平层用补偿收缩水泥砂浆抹平压光；附加卷材宽度为 300~500 mm，卷材防水层采用合成高分子防水卷材或高聚物改性沥青防水卷材；细石混凝土保护层厚度为 40~50 mm；背衬材料采用聚乙烯泡沫塑料；隔离条采用与密封材料黏结力差的材料。

Ⅱ）施工缝

（1）施工缝的设置。顶板、底板的混凝土应连续浇筑，不宜留施工缝，顶拱、底拱不宜留纵向施工缝；墙体需留水平施工缝时，不应留在剪力与弯矩最大处或底板与侧壁的交接处，应留在底板表面以上不小于 300 mm 的墙体上；墙体设有洞孔时，施工缝距孔洞边缘不宜小于 300 mm；如必须留设垂直施工缝，应留在结构的变形缝处；施工缝部位应认真做好防水处理，使两层之间黏结密实，延长渗水线路，阻隔地下水的渗透。

（2）施工缝的形式。施工缝的断面可做成不同形状，如平口缝、企口缝和钢板止水缝等，如图 8-46 所示。上述各种形式施工缝各有利弊，其优缺点对比见表 8-24。

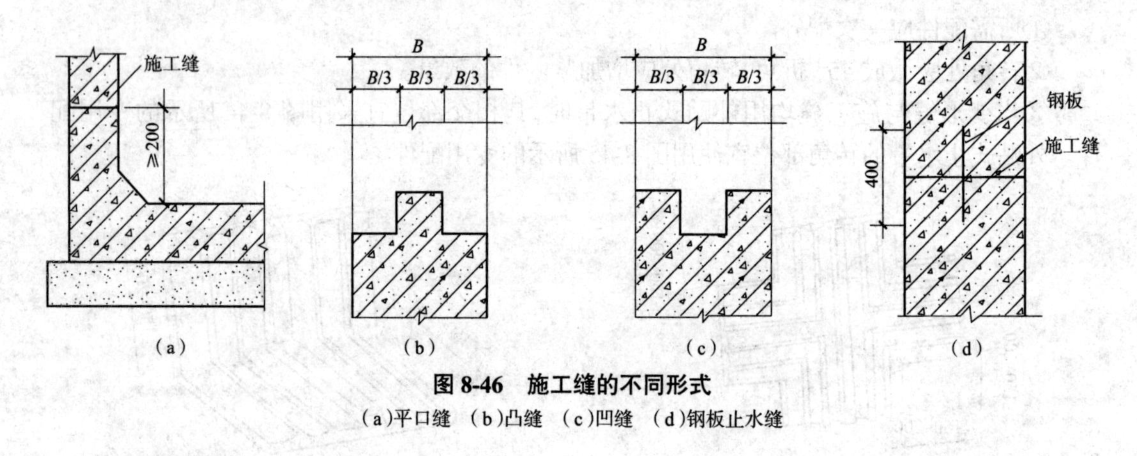

图 8-46 施工缝的不同形式

（a）平口缝 （b）凸缝 （c）凹缝 （d）钢板止水缝

表 8-24 不同施工缝形式比较

形式	优点	缺点	备注
平口缝	施工简单	防水效果差	少用
凸缝	防水效果较平口缝好	施工麻烦	较常用
凹缝	防水效果较平口缝好	施工麻烦	较常用
钢板止水缝	防水效果可靠	施工麻烦，费用较高	常用

（3）施工缝的浇筑。水平施工缝在浇筑混凝土前，应将其表面浮浆和杂物清除，然后铺设或涂刷混凝土界面处理剂、水泥基渗透结晶型防水涂料等，再铺 30~50 mm 厚 1∶1 水泥砂浆一层，并应及时浇筑混凝土。垂直施工缝浇筑混凝土前，应将其表面清理干净，再涂刷混凝土界面处理剂或水泥基渗透结晶型防水涂料，并及时浇筑混凝土。

Ⅲ）后浇带

后浇带的施工，应符合下列规定。

(1)膨胀剂掺量不宜大于12%,以胶凝材料总量的百分比表示。

(2)后浇带混凝土施工前,后浇带部位和外贴式止水带应防止落入杂物和损伤外贴式止水带。

(3)后浇带两侧的接缝处理应符合《地下工程防水技术规范》(GB 50108—2008)第4.1.26条的规定。

(4)采用膨胀剂拌制补偿收缩混凝土时,应按配合比准确计量。

(5)后浇带混凝土应一次浇筑,不得留设施工缝;混凝土浇筑后应及时养护,养护时间不得少于28 d。

(6)浇捣后浇带的混凝土前,应清理掉落缝中杂物,由于底板很厚,钢筋又密,清理杂物较困难,应认真做好清理工作。后浇带的混凝土应采用补偿收缩混凝土浇筑,其抗渗和抗压强度等级不能低于两侧混凝土;后浇带与两侧底板的施工缝采用夹膨胀橡胶条做法,施工比较困难。

Ⅳ)穿墙管

(1)穿墙管防水施工时,应符合下列规定:

①金属止水环应与主管或套管满焊密实,采用套管式穿墙防水构造时,翼环与套管应满焊密实,并在施工前将套管内表面清理干净;

②相邻穿墙管之间的距离应不小于300 mm;

③采用遇水膨胀止水圈的穿墙管,管径宜小于50 mm,止水圈应用胶黏剂满粘固定于管上,并应涂缓胀剂或采用缓胀遇水膨胀止水圈。

(2)穿墙管线较多时,宜相对集中,采用穿墙盒方法。穿墙盒的封口钢板应与墙上的预埋角钢焊严,并从钢板上的预留浇筑孔注入柔性密封材料或细石混凝土。

(3)当工程有防护要求时,穿墙管除应采取有效的防水措施外,还应采取措施满足防护要求。

(4)穿墙管伸出外墙的主体部位,应采取有效措施防止回填时将管损坏。

3)混凝土结构自防水工程施工质量验收

Ⅰ.质量验收标准

混凝土结构自防水工程施工质量验收标准适用于防水等级为一至四级的地下整体式混凝土结构,不适用于环境温度高于80 ℃或处于耐侵蚀系数小于0.8的侵蚀性介质中的地下工程。

耐侵蚀系数是指在侵蚀性水中养护6个月的混凝土试块的抗折强度与在饮用水中养护6个月的混凝土试块的抗折强度之比。

(1)防水混凝土所用的材料,应符合下列规定。

①水泥品种应按设计要求选用,其强度等级不应低于32.5级,不得使用过期或受潮结块的水泥;碎石或卵石的粒径宜为5~40 mm,含泥量不得大于1.0%,泥块含量不得大于0.5%。

②宜用中粗砂,含泥量不得大于3.0%,泥块含量不得大于1.0%;所用的水,应采用不含有害物质的洁净水。

③外加剂的技术性能,应符合国家或行业标准一等品及以上的质量要求。

④粉煤灰的组别应不低于Ⅱ级,掺量宜为胶凝材料总量的20%~30%;硅粉掺量宜为胶

凝材料总量的 2%~5%，其他掺合料的掺量应通过试验确定。

（2）防水混凝土的配合比，应符合下列规定。

①试配要求的抗渗水压值应比设计值提高 0.2 MPa。

②水泥用量不宜少于 320 kg/m³，掺加活性掺合料时，水泥用量不得少于 260 kg/m³。

③砂率宜为 35%~45%，灰砂比宜为 1∶1.5~1∶2.5。

④水灰比不得大于 0.55。

⑤普通防水混凝土坍落度不宜大于 50 mm，泵送时入泵坍落度宜为 120~160 mm。

（3）混凝土拌制和浇筑过程控制，应符合下列规定。

①拌制混凝土所用材料的品种、规格，每个工作班应检查不少于两次。每盘混凝土各组成材料计量结果的允许偏差应符合表 8-25 的规定。

表 8-25　混凝土组成材料计量结果的允许偏差　（%）

混凝土组成材料	每盘计量	累计计量
水泥、掺合料	± 2	± 1
粗、细骨料	± 3	± 2
水、外加剂	± 2	± 1

注：累计计量仅适用于微机控制计量的搅拌站。

②混凝土在浇筑地点的坍落度，每工作班应至少检查两次。混凝土的坍落度试验应符合现行《普通混凝土拌合物性能试验方法标准》（GB/T 50080—2016）的有关规定。

③混凝土实测的坍落度与要求坍落度之间的允许偏差应符合表 8-26 的规定。

表 8-26　混凝土坍落度允许偏差　（mm）

要求坍落度	允许偏差
≤ 40	± 10
50~90	± 15
>90	± 20

④养护混凝土抗渗试件应进行试验结果评定，试件应在浇筑地点制作。

⑤连续浇筑混凝土每 500 m³ 应留置一组抗渗试件（一组为 6 个抗渗试件），每项工程不得少于两组。采用预拌混凝土的抗渗试件，留置组数应根据结构的规模和要求确定，抗渗性能试验应符合现行《普通混凝土长期性能和耐久性能试验方法标准》（GB/T 50082—2009）的有关规定。

（4）防水混凝土的施工质量检验数量，应按混凝土外露面积每 100 m² 抽查一处，每处 10 m²，且不得少于三处；细部构造应按全数检查。

（5）主控项目的内容及验收要求见表 8-27。

表 8-27　主控项目内容及验收要求

项次	项目内容	规范编号	质量要求	检验方法
1	原材料、配合比及坍落度	第 4.1.7 条	防水混凝土的原材料、配合比及坍落度必须符合设计要求	检查出厂合格证、质量检验报告、计量措施和现场抽样试验报告
2	抗压强度、抗渗压力	第 4.1.8 条	防水混凝土的抗压强度和抗渗压力必须符合设计要求	检验混凝土抗压、抗渗试验报告
3	细部做法	第 4.1.9 条	防水混凝土的变形缝、施工缝、后浇带、穿墙管道、埋设件等设置和构造必须符合设计要求，严禁有渗漏	观察检查

（6）一般项目的内容及验收要求见表 8-28。

表 8-28　一般项目内容及验收要求

项次	项目内容	规范编号	质量要求	检验方法
1	表面质量	第 4.1.10 条	防水混凝土结构表面应平整、坚实，不得有露筋、蜂窝等缺陷，埋设件位置应正确	观察和尺量检查
2	裂缝宽度	第 4.1.11 条	防水混凝土结构表面的裂缝宽度不应大于 0.2 mm，且不得贯通	刻度放大镜检查
3	混凝土结构厚度、迎水面钢筋保护层	第 4.1.12 条	防水混凝土结构厚度不得小于 250 mm，允许偏差为 +15 mm/−10 mm，迎水面钢筋保护层厚度应 ≥ 50 mm，允许偏差为 ±10 mm	尺量检查和检查隐蔽工程验收记录

Ⅱ. 质量验收文件

防水混凝土工程质量验收的文件如下：

（1）水泥、砂、石、外加剂、掺合料合格证及抽样试验报告；

（2）预拌混凝土的出厂合格证；

（3）防水混凝土的配合比单及因原材料情况变化的调整配合比单；

（4）材料计量检验记录及计量器具合格检验证明；

（5）坍落度检验记录；

（6）隐蔽工程验收记录；

（7）技术复核记录；

（8）抗压强度和抗渗压力试验报告；

（9）施工记录，包括技术交底记录及“三检”记录；

（10）本分项工程验收批的验收记录；

（11）施工方案；

（12）设计图纸及设计变更资料。

Ⅲ. 质量验收记录

防水混凝土检验批质量验收记录见表 8-29。

表 8-29　防水混凝土检验批质量验收记录

单位(子单位)工程名称					
分部(子分部)工程名称				验收部位	
施工单位				项目经理	
施工执行标准名称及编号					
施工质量验收规范的规定				施工单位检查评定记录	监理(建设)单位验收记录
主控项目	1	原材料、配合比及坍落度	第 4.1.7 条		
	2	抗压强度、抗渗能力	第 4.1.8 条		
	3	细部做法	第 4.1.9 条		
一般项目	1	表面质量	第 4.1.10 条		
	2	裂缝宽度	≤ 0.2 mm,并不得贯通		
	3	混凝土结构厚度≥迎水面保护层厚度			
施工检查评定结果			施工工长(施工员)	施工班组长	
			专业质量检测员		年　月　日
监理(建设)单位验收结论			专业监理工程师(建设单位项目技术负责人)		年　月　日

质量验收记录表填写说明如下。

Ⅰ)主控项目

(1)质量要求:

①防水混凝土的原材料、配合比及坍落度必须符合设计要求;

②防水混凝土的抗压强度和抗渗压力必须符合设计要求;

③防水混凝土的变形缝、施工缝、后浇带、穿墙管道、埋设件等设置和构造,均须符合设计要求,严禁有渗漏。

(2)检查方法:主控项目①项检查出厂合格证、质量检验报告、计量措施和现场抽样试验报告;②项检查混凝土抗压、抗渗试验报告;③项观察检查和检查隐蔽工程验收记录。

Ⅱ)一般项目

(1)质量要求:

①防水混凝土结构表面应坚实、平整,不得有露筋、蜂窝等缺陷,埋设件位置应正确;

②防水混凝土结构表面的裂缝宽度不应大于 0.2 mm,且不得贯通。

③防水混凝土结构厚度不应小于 250 mm,其允许偏差为 +15 mm/−10 mm,迎水面钢筋保护层不应小于 50 mm,其允许偏差为 ±10 mm。

(2)检查方法:一般项目①项观察和尺量检查;②项刻度放大镜检查;③项尺量检查和检查隐蔽工程验收记录。

2. 水泥砂浆防水层施工

用于建筑防水层的砂浆称为防水砂浆,防水砂浆是通过严格的操作和掺入适量的防水剂、高分子聚合物等材料，提高砂浆的密实性，达到抗渗防水目的的一种重要的刚性防水材料，水泥砂浆防水层属于刚性防水层。

1）施工要求

基层表面应平整、坚实、清洁，并应充分湿润、无明水；基层表面的孔洞、缝隙，应采用与防水层相同的砂浆堵塞并抹平；施工前应将预埋件、穿墙管预留凹槽内嵌填密封材料后，再做防水砂浆层；普通水泥砂浆防水层的配合比见表 8-30；掺外加剂、掺合料、聚合物等防水砂浆的配合比和施工方法应符合所掺材料的规定，其中聚合物砂浆的用水量应包括乳液中的含水量。

表 8-30　普通水泥砂浆防水层的配合比

名称	配合比（质量比）		水灰比	适用范围
	水泥	砂		
水泥浆	1	—	0.55~0.60	水泥砂浆防水层的第 1 层
水泥浆	1	—	0.37~0.40	水泥砂浆防水层的第 3、5 层
水泥砂浆	1	1.5~2.0	0.40~0.50	水泥砂浆防水层的第 2、4 层

水泥砂浆防水层应分层铺抹或喷射，铺抹时应压实、抹平，最后一层表面应提浆压光；聚合物水泥砂浆拌合后应在规定时间内用完，且施工中不得任意加水；水泥砂浆防水层各层应紧密贴合，每层宜连续施工；如必须留槎，采用阶梯坡形槎，但离阴阳角处不得小于 200 mm；接槎应依层次顺序操作，层层搭接紧密；水泥砂浆防水层不宜在雨天、5 级及以上大风天气施工；冬期施工时，气温不应低于 5 ℃，且基层表面温度应保持在 0 ℃以上。夏期施工时，不应在 30 ℃以上或烈日照射下施工；普通水泥砂浆防水层终凝后，应及时进行养护，养护温度不宜低于 5 ℃，并应保持砂浆表面湿润，养护时间不得少于 14 d；聚合物水泥砂浆防水层未达到硬化状态时，不得浇水养护或直接受雨水冲刷，硬化后应采用干湿交替的养护方法养护，在潮湿环境中，可在自然条件下养护；水泥砂浆防水层的构造做法如图 8-47 所示；抹面层出现渗漏水现象，应找准渗漏水部位，做好堵漏工作后，再进行抹面交叉施工；当需要在地下水位以下施工时，应使地下水位下降到工程施工部位以下，并保持至施工完毕。

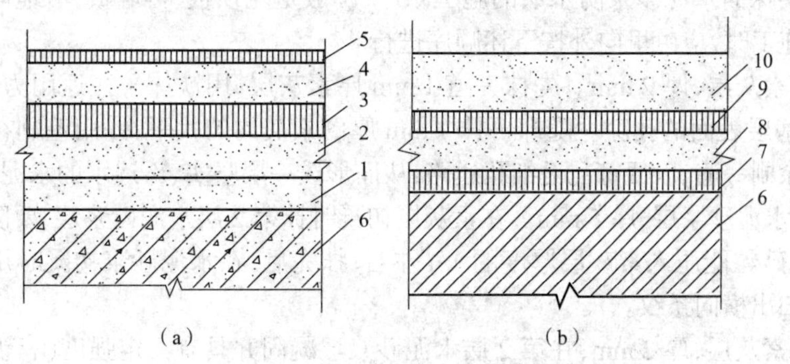

图 8-47　水泥砂浆防水层构造做法

（a）刚性多层防水层　（b）氯化铁防水砂浆防水层

1、3—素灰层；2、4—水泥砂浆层；5、7、9—水泥砂浆；6—结构基层；8—水泥砂浆垫层；10—防水砂浆面层

2)水泥砂浆防水层基层处理

为保证防水层黏结牢固,不产生空鼓和透水现象,必须对基层进行处理,基层处理一般包括清理、浇水、补平等工作。其处理顺序为先将基层油污、残渣清除干净,再将表面浇水湿润,最后用砂浆等将凹处补平,使基层表面达到清洁、平整、潮湿和坚实、粗糙。

Ⅰ. 混凝土和钢筋混凝土基层处理

混凝土和钢筋混凝土基层模板拆除后应立即将表面清扫干净,并用钢丝刷将混凝土表面打毛,若混凝土表面有凹凸不平处,可按以下方法处理。

(1)当深度小于 10 mm 时,用凿子打平或剔成斜坡,表面凿毛。

(2)当深度大于 10 mm 时,先剔成斜坡,用钢丝刷清扫干净,浇水湿润,再抹素灰浆 2 mm,水泥面浆 10 mm,抹完后将砂浆表面打毛。

(3)当深度较深时,待水泥砂浆凝固后,再抹素灰浆和水泥砂浆各一道,直至与基层表面平直。

混凝土表面的蜂窝、孔洞、麻面,需先用凿子将松散不牢的石子剔掉,用钢丝刷清理干净,并浇水湿润,再用素灰浆和水泥砂浆交替抹压,直至与基层平齐为止,最后将表面横向扫毛。

Ⅱ. 砖砌体基层处理

砖砌体基层处理,需将砖墙面残留的灰浆和污物清除干净,使基层和防水层紧密结合。

对于用石灰砂浆和混合砂浆砌筑的新砌体,需将砌体灰缝剔成 10 mm 深的直角,以增强防水层和砌体的黏结力。

对于用水泥砂浆砌筑的砌体,灰缝不需要剔除,但已勾缝的,需将勾缝用砂浆剔除。

对于旧砌体,用钢丝刷或剁斧将疏松表皮和残渣清除干净,直至露出坚硬砖面,并浇水冲洗。

基层处理完毕,必须浇水湿润,夏天应增加浇水次数,以便防水层和基层结合牢固。若浇水不足,防水层抹灰内的水分会被墙体吸收,防水砂浆内的水泥水化不能正常进行,从而影响防水砂浆的强度和抗渗性,因此要求浇水必须充分。

3)刚性多层抹面水泥砂浆防水层的施工

Ⅰ. 施工顺序及要求

刚性多层抹面水泥砂浆防水层的施工顺序,一般是先顶板、再墙板、后地面。当工程量较大需分段施工时,应由里向外按下述顺序进行。

第 1 层:素灰层,厚 2 mm。先抹一道 1 mm 厚素灰层,用铁抹子往返用力抹压,使素灰填实混凝土基层表面的孔隙。随即再抹 1 mm 厚的素灰均匀找平,并用毛刷在素灰层表面按顺序轻轻涂刷一遍,以便打乱毛细孔通路,从而形成一层坚实、不透水的水泥结晶层。

第 2 层:水泥砂浆层,厚 5 mm。在素灰层初凝时抹第 2 层水泥砂浆层,要防止素灰层过软和过硬,使砂粒能压入素灰层厚度的 1/4 左右;抹完后,在水泥砂浆初凝时用扫帚按顺序向一个方向扫出横向条纹。

第 3 层:素灰层,厚 2 mm,在第 2 层水泥砂浆层凝固并具有一定强度(常温下间隔一昼夜)后,适当浇水湿润,方可进行第 3 层操作,其方法同第 1 层。

第 4 层:水泥砂浆层,厚 2 mm。按照第 2 层做法抹此水泥砂浆层。在水泥砂浆硬化过程中,用铁抹子分次抹压 5~6 遍,以增加密实性,最后再压光。

第 5 层：水泥浆层，厚 1 mm。在第 4 层水泥砂浆层抹压两遍后，用毛刷均匀涂刷水泥浆一道，随第 4 层抹实压光。

四层抹面做法与五层抹面做法相同，去掉第 5 层水泥浆层即可，水泥砂浆防水层各层应紧密结合，连续施工不留施工缝，如确因施工困难需留施工缝，施工缝的留槎应符合下列规定：平面留槎采用阶梯坡形槎，接槎要依层次顺序操作，层层搭接紧密；接槎位置一般应留在地面上，亦可留在墙面上，但需离开阴阳角处 200 mm；在接槎部位继续施工时，需在阶梯形槎面上均匀涂刷水泥浆或抹素灰一道，使接头密实不渗漏；基础面与墙面防水层转角留槎如图 8-48 和图 8-49 所示。

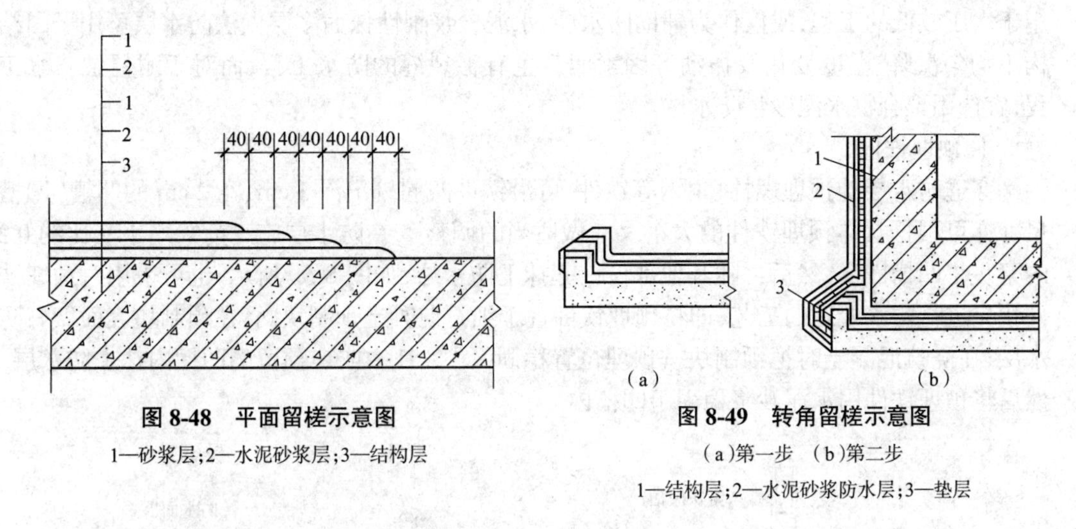

图 8-48　平面留槎示意图

1—砂浆层；2—水泥砂浆层；3—结构层

图 8-49　转角留槎示意图

(a)第一步　(b)第二步

1—结构层；2—水泥砂浆防水层；3—垫层

Ⅱ. 水泥砂浆防水层施工操作要点

(1)素灰抹面。素灰抹面要薄而均匀，不宜太厚，太厚宜形成堆积，反而黏结不牢，且容易脱落、起壳。素灰在桶中应经常搅拌，以免产生分层离析和初凝。抹面不要干撒水泥粉，否则容易造成厚薄不匀，影响黏结。

(2)水泥砂浆揉浆。揉浆的作用主要是使水泥砂浆和素灰紧密结合。揉浆时首先薄抹一层水泥砂浆，然后用铁抹子用力揉压，使水泥砂浆渗入素灰层(但注意不能压透素灰层)。揉压不够会影响两层的黏结，揉压时严禁加水，否则容易开裂。

(3)水泥砂浆收压。水泥砂浆初凝前，待收水 70%(用手指按上去，砂浆不粘手，有少许水印)时，可进行收压工作。收压是用铁抹子抹光压实，一般做两遍。第一遍收压表面要粗毛，第二遍收压表面要细毛，使砂浆密实、强度高、不易起砂，收压一定要在砂浆初凝前完成，避免在砂浆凝固后再反复抹压，否则容易破坏表面水泥结晶和扰动底层而起壳。

Ⅲ. 水泥砂浆防水层的养护

素灰与水泥砂浆层应在同一天内完成，即防水层的前两层基本上连续操作，后两层(或者后三层)连续操作，切勿抹完素浆后放置时间过长或次日再抹水泥砂浆，否则会出现黏结不牢或空鼓等现象，从而影响防水层的质量。水泥砂浆防水层凝结后，应及时用草袋覆盖进行浇水养护。

防水层施工完，砂浆终凝后，表面呈灰白色时，就可覆盖并浇水养护。养护时先用喷壶慢慢喷水，养护一段时间后再用水管浇水。

养护温度不宜低于 5 ℃,养护时间不得少于 14 d,夏天应增加浇水次数,但避免在中午最热时浇水,对于易风干部分,每隔 4 h 浇水一次。

防水层施工完后,要防止踩踏,其他工程施工应在防水层养护完毕后进行,以免破坏防水层。

地下室、地下沟道比较潮湿,往往透风不良,可不必浇水养护。

4)水泥砂浆防水层细部构造防水的施工

水泥砂浆防水层细部构造防水的选材应遵循设计规定,一般而言,掺相当于水泥重量 3%~5% 的无机盐类防水剂的水泥砂浆防水层,其抗压能力较低,约在 0.4 MPa 以下,故仅适用于水压较低的工程,或仅作为辅助防水层;水泥砂浆刚性抹面多层做法防水层可用于因结构不均匀沉降、温度变化及振动等因素而产生有害裂缝的防水工程;而对于耐侵蚀防水工程,宜选用聚合物水泥砂浆防水层。

Ⅰ. 预埋铁件

穿透防水层的预埋螺栓、角钢等铁件,可沿铁件四周剔出深 3 cm、宽 2 cm 的凹槽(凹槽尺寸亦可根据具体预埋铁件的大小尺寸做适当的调整),在防水层施工前采用水灰比约 0.2 的素灰将凹槽嵌实,然后再随其他部位一起抹上防水层,如图 8-50 所示;也可采用对预埋铁件预先进行防水处理的工艺,即将预埋铁件置于细石混凝土预制块内,在预制块表面做好防水层,在浇筑混凝土时把预制块按预埋位置稳固(图 8-51),或在预留的凹槽内抹上防水层,然后将预埋铁件用水泥砂浆稳固于凹槽内。

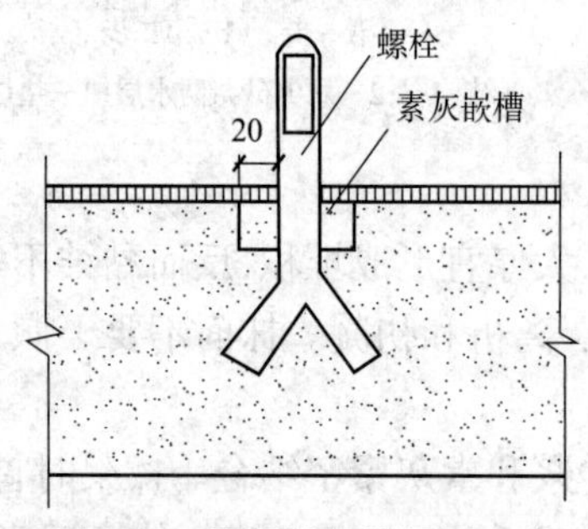

图 8-50 预埋铁件的埋置方式

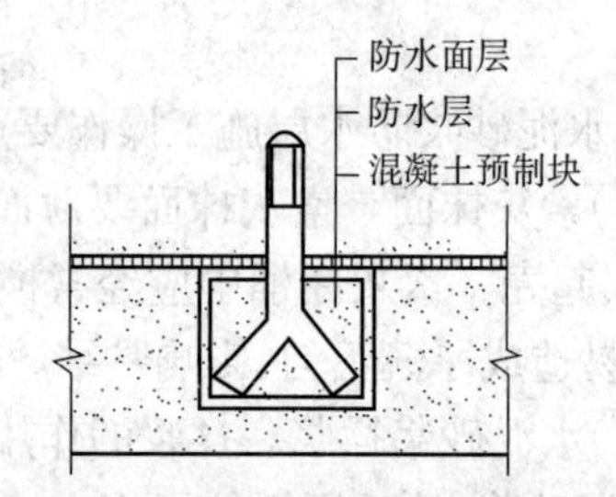

图 8-51 用预制块稳固预埋铁件

Ⅱ. 预埋木砖

先在预埋木砖的位置预留凹槽,槽内随墙或地面一起做好防水层,然后用水泥砂浆把预埋木砖稳固在凹槽内;也可先将预埋木砖置于细石混凝土预制块内,然后在预制块表面做好防水层,将预制块随墙体砌筑或浇筑混凝土时置在设计的位置上,如图 8-52 所示。

Ⅲ. 预埋管道

穿过防水层的一般管道,可按预埋铁件的做法处理,如图 8-53 所示。对于穿透内墙的热管道,可在穿管位置留一个比管径大 10 cm 的圆孔,圆孔内做好防水层,待管道安装后,将空隙用麻刀灰或石棉水泥嵌填,如图 8-54 所示。当热管道穿透外墙而又没有地下沟道时,为了适应热管道的伸缩变形和保证不渗漏水,可采用橡胶止水套方法进行处理,如图 8-55 所示。

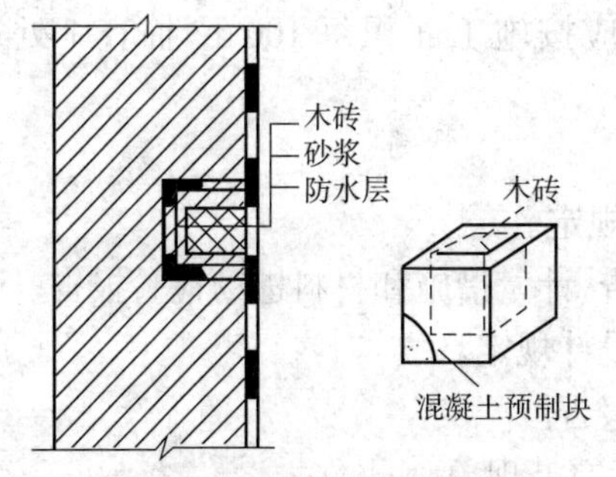

图 8-52　预埋木砖的稳固方法

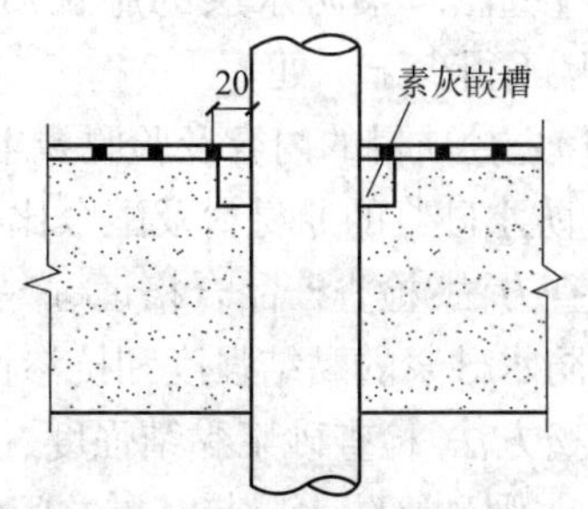

图 8-53　预埋管道的处理方法

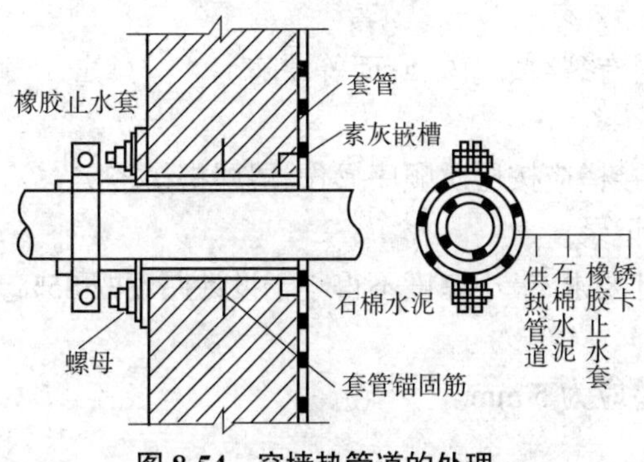

图 8-54　穿墙热管道的处理

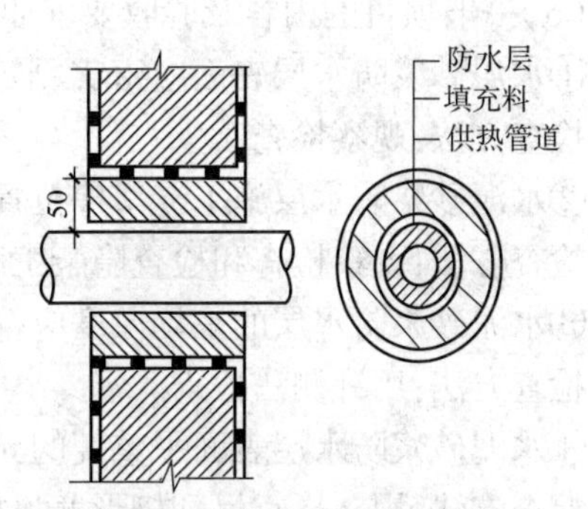

图 8-55　热管道穿透外墙的处理

5)水泥砂浆防水层工程施工质量验收

Ⅰ.质量验收标准

(1)水泥砂浆防水层所用的材料,应符合下列规定。

①水泥品种应按设计要求选用,其强度等级不应低于 32.5 级,不得使用过期或受潮结块的水泥。砂宜采用中砂,粒径在 3 mm 以下,含泥量不得大于 1%,硫化物和硫酸盐含量不得大于 1%。

②水应采用不含有害物质的洁净水。

③聚合物乳液的外观应为均匀液体,无杂质、沉淀、分层。外加剂的技术性能应符合国家或行业标准的质量要求。

(2)水泥砂浆防水层的基层质量,应符合下列规定。

①水泥砂浆铺抹前,基层的混凝土和砌筑用砂浆强度应不低于设计值的 80%。

②基层表面应坚实、平整、粗糙、洁净,并充分湿润,且无明水。

③基层表面的孔洞、缝隙应用与防水层相同的砂浆填塞并抹平。

(3)水泥砂浆防水层施工,应符合下列规定。

①分层铺抹或喷涂,铺抹时应压实、抹平和表面压光,最后一层表面应提浆压光。防水层各层应紧密贴合,每层宜连续施工,必须留施工缝时应采用阶梯坡形槎,但离开阴阳角处不得小于 200 mm。

②防水层的阴阳角应做成圆弧形。

③水泥砂浆终凝后应及时进行养护,养护温度不宜低于 5 ℃,并保持湿润,养护时间不得少于 14 d。

（4）水泥砂浆防水层的施工质量检验数量，应按施工面积每100 m² 抽查1处，每处10 m²，且不得少于3处。

（5）主控项目的内容及验收要求如下。

① 防水砂浆的原材料及配合比必须符合设计规定。

检查方法：检查产品合格证、产品性能检测报告、计量措施和材料进场检验报告。

②防水砂浆的黏结强度和抗渗性能必须符合设计规定。

检查方法：检查砂浆黏结强度、抗渗性能检验报告。

③ 水泥砂浆防水层与基层之间应结合牢固，无空鼓现象。

检查方法：观察和用小锤轻击检查。

（6）一般项目的内容及验收要求如下。

①水泥砂浆防水层表面应密实、平整，不得有裂纹、起砂、麻面等缺陷。

检查方法：观察检查。

②水泥砂浆防水层施工缝留槎位置正确，接槎应按层次顺序操作，层层搭接密实。

检查方法：观察检查和检查隐蔽工程验收记录。

③水泥砂浆防水层的平均厚度应符合设计要求，最小厚度不得小于设计厚度的85%。

检查方法：用针测法检查。

④水泥砂浆防水层表面平整度的允许偏差应为5 mm。

检查方法：用2 m靠尺和楔形塞尺检查。

Ⅱ. 质量验收文件

水泥砂浆防水层工程质量验收的文件如下：

（1）水泥砂浆防水层配合比报告；

（2）原材料及外加剂出厂合格证；

（3）水泥砂浆防水层施工记录；

（4）隐蔽工程记录。

Ⅲ. 质量验收记录

水泥砂浆防水层检验批质量验收记录见表8-31。

表8-31　水泥砂浆防水层检验批质量验收记录

<table>
<tr><td colspan="4">单位（子单位）工程名称</td><td colspan="3"></td></tr>
<tr><td colspan="4">单位（子单位）工程名称</td><td colspan="3"></td></tr>
<tr><td colspan="4">分部（子分部）工程名称</td><td></td><td>验收部位</td><td></td></tr>
<tr><td>施工单位</td><td colspan="4"></td><td>项目经理</td><td></td></tr>
<tr><td colspan="3">施工执行标准名称及编号</td><td colspan="4"></td></tr>
<tr><td colspan="4">施工质量验收规范的规定</td><td colspan="2">施工单位检查评定记录</td><td>监理（建设）单位验收记录</td></tr>
<tr><td rowspan="2">主控项目</td><td>1</td><td>原材料、配合比</td><td>第4.2.7条</td><td colspan="2"></td><td rowspan="2"></td></tr>
<tr><td>2</td><td>结合牢固</td><td>第4.2.8条</td><td colspan="2"></td></tr>
</table>

续表

一般项目	1	表面质量	第 4.2.10 条							
	2	留槎、接槎	第 4.7.11 条							
	3	防水层厚度	≥ 85% 设计厚度							
施工检查评定结果	施工工长(施工员)					施工班组长				
	专业质量检测员									年　月　日
监理(建设)单位验收结论	专业监理工程师 (建设单位项目技术负责人)									年　月　日

质量验收记录表填写说明如下。

Ⅰ)主控项目

(1)质量要求：

①水泥砂浆防水层的原材料及配合比必须符合设计要求；

②水泥砂浆防水层各层之间必须结合牢固,无空鼓现象。

(2)检查方法：主控项目①项检查出厂合格证、质量检验报告、计量措施和现场抽样试验报告；②项观察和用小锤轻击检查。

Ⅱ)一般项目

(1)质量要求：

①水泥砂浆防水层表面要密实、平整,不得有裂纹、起砂、麻面等缺陷,阴阳角应做成圆弧形；

②水泥砂浆防水层施工缝留槎位置应正确,接槎应按层次顺序操作,层层搭接紧密；

③水泥砂浆防水层的平均厚度应符合设计要求,最小厚度不得小于设计值的 85%。

(2)检查方法：一般项目①项观察检查；②项观察检查和检查隐蔽工程验收记录；③项观察和尺量检查。

第 9 章　建筑装饰装修工程

【内容提要】

建筑装饰装修工程的作用是保护结构免受风雨、潮气等的侵蚀,改善隔热、隔音、防潮功能,提高居住条件,以及增加建筑物美观和美化环境。建筑装饰装修工程包括抹灰工程、门窗工程、吊顶工程、轻质隔墙工程、饰面板(砖)工程、幕墙工程、涂料工程、裱糊与软包工程及细部工程等。其中,门窗工程、吊顶工程、轻质隔墙工程、幕墙工程、裱糊与软包工程及细部工程主要用于房屋建筑工程,而抹灰工程、涂料工程、饰面板(砖)工程在各类土木工程中均有运用。

9.1　概述

9.1.1　材料

建筑装饰装修工程是对建筑结构主体的内、外表面用装饰装修材料和饰物进行各种处理的过程,因而装饰材料质量必须符合要求。我国现行的《建筑装饰装修工程质量验收标准》(GB 50210—2018)对建筑装饰装修工程所用的材料有如下规定:

(1)材料质量必须符合国家现行标准,严禁使用国家明令淘汰的材料;

(2)各类保温隔热材料的燃烧性必须符合国家有关防火规范的要求;

(3)各类材料应符合国家对相关材料的有害物质限量标准的规定;

(4)各类材料应按设计要求进行防火、防腐和防虫处理;

(5)所有材料应有合格证书,进场时应对品种、规格、外观和尺寸进行验收,需要复验的应按规定抽样复验,对材料质量发生争议时,应请有相应资质的检测单位进行见证检测。

9.1.2　施工

建筑装饰施工的过程是有计划、有目的地达到某种特定效果的工艺过程,是一个再创作的过程。因此,施工人员应熟悉装饰设计的一般知识,理解设计师的意图和达到装饰装修的效果,这尤为重要。此外,还应了解设计中所要求的装饰材料的性质、来源等。

实施实物样板是建筑装饰施工中保证装饰效果的重要手段,这一方法在高级装饰工程中被普遍采用。通过做实物样板,可以检验设计效果,也可以根据材料、机具等具体情况确定各部位的节点大样、具体构造和色彩。

我国现行的《建筑装饰装修工程质量验收标准》(GB 50210—2018)对建筑装饰装修工程施工有如下主要规定:

(1)建筑装饰装修工程施工中,严禁违反设计文件擅自改动主体建筑、承重结构或主要使用功能;

(2)施工单位严禁未经设计单位确认和有关部门批准擅自拆改水、暖、电、燃气、通信等配套设施;

（3）施工单位应遵守有关环境保护的法律法规，并应采取有效措施控制施工现场的各种粉尘、废气、废弃物、噪声、振动等对周围环境造成的污染和危害；

（4）墙面采用保温材料的建筑装饰装修工程，保温材料必须符合设计及有关工艺要求，施工过程中严禁有明火作业，施工场地内必须设置灭火设施。

我国现行的《建筑装饰装修工程质量验收标准》（GB 50210—2018）对抹灰工程、门窗工程、吊顶工程、轻质隔墙工程、饰面板（砖）工程、幕墙工程、涂饰工程、裱糊与软包工程等做了比较详细的施工规定，对材料要求及配比、施工程序、质量标准等做了说明，同时也制订了相应的施工安全技术、劳动保护、防火防毒等要求。装饰装修施工应严格按照该规范的要求进行。

9.2 抹灰工程

9.2.1 抹灰工程的分类和组成

抹灰工程按材料和装饰效果可分为一般抹灰和装饰抹灰两类。

一般抹灰采用石灰砂浆、水泥混合砂浆、水泥砂浆、聚合物水泥砂浆、膨胀珍珠岩水泥砂浆和麻刀灰、纸筋灰、石膏灰等材料。一般抹灰按质量要求和相应的主要工序可分为普通抹灰和高级抹灰。普通抹灰由一遍底层、一遍中层、一遍面层三遍完成，主要工序为分层赶平、修整和表面压光，施工要求阳角找方，设置标筋（又称冲筋）控制厚度和表面平整度。高级抹灰由一遍底层、几遍中层、一遍面层多遍完成，施工要求阴阳角找方，设置标筋，分层赶平、修整和表面压光。

一般抹灰应分层涂抹，抹灰层与基层间及抹灰层与抹灰层间必须黏结牢固，如一次涂抹太厚，由于内外收水速度不同会产生裂缝、起鼓或脱落，易造成材料浪费。一般抹灰底层（又称头度糙或刮糙）的作用是使底层与基体黏结牢固并初步找平；中层（又称二度糙）的作用是找平；面层（又称光面）是使表面光滑细致，起装饰作用。一般抹灰层的组成如图 9-1 所示。

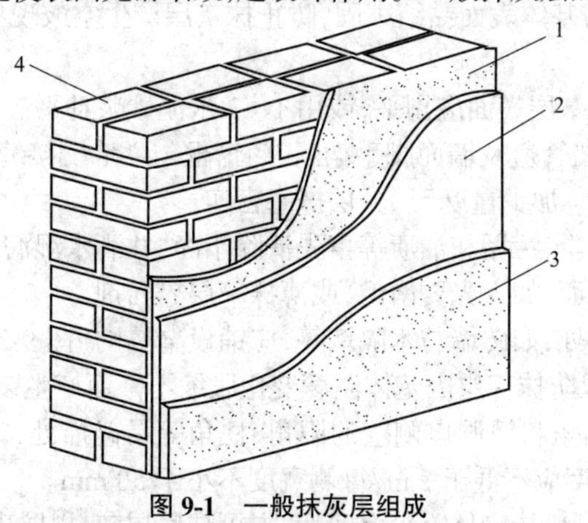

图 9-1　一般抹灰层组成

1—底层；2—中层；3—面层；4—基体

各抹灰层的厚度根据基体的材料、抹灰砂浆种类、墙体表面的平整度和抹灰质量要求以及各地气候情况确定。抹水泥砂浆每遍厚度宜为 7~10 mm；抹石灰砂浆和水泥混合砂浆每遍厚度宜为 5~7 mm；抹灰面层用麻刀灰、纸筋灰、石膏灰等罩面时，经赶平压实后，其厚度一般不大于 3 mm，若罩面灰厚度太大，容易收缩产生裂缝与起壳，影响质量与美观。

抹灰层的总厚度,应根据具体部位及基体材料确定。顶棚为板条、空心砖、现浇混凝土时,总厚度不大于 15 mm;顶棚为预制混凝土板时,总厚度不大于 18 mm。内墙为普通抹灰时总厚度不大于 18 mm;中级抹灰和高级抹灰总厚度分别不大于 20 mm 和 25 mm。当抹灰总厚度大于或等于 35 mm 时,应采取加强措施,以防止墙面开裂。外墙抹灰总厚度不大于 20 mm;勒脚和突出部位的抹灰总厚度不大于 25 mm。

装配式混凝土大板和大模板建筑的内墙面和大楼板底面,若平整度较好、垂直偏差小,其表面可以不做抹灰,用腻子分遍刮平,待各遍腻子黏结牢固后,进行表面刷浆即可,总厚度为 2~3 mm。

装饰抹灰种类很多,其底层多为 1∶3 水泥砂浆打底,面层可为水刷石、水磨石、斩假石、干粘石、假面砖、拉条灰、喷涂、滚涂、弹涂、仿石、彩色抹灰等。

9.2.2 一般抹灰施工

1. 施工准备

1)确定施工流程

为保证装饰工程质量,一般应遵循的施工流程如下。

(1)先室外后室内,即先完成外墙的外粉刷抹灰,再进行室内抹灰,如外墙面上无脚手架眼等孔洞,也可先做室内抹灰;室内抹灰通常在屋面防水工程完工后进行,特别是顶层的内装饰,以防漏水造成抹灰层损坏及污染。

(2)先上面后下面,即屋面工程完成后宜从上层往下层进行室内外抹灰施工。

(3)先地面后顶墙,即室内抹灰一般可采取先进行地面抹灰,再进行顶棚和墙面抹灰。

2)材料准备

一般抹灰所用材料的品种和性能应符合设计要求。水泥的凝结时间和安定性复验应合格,砂浆配合比应符合设计要求。当要求抹灰层具有防水、防潮功能时,应采用防水砂浆。

3)基层处理

为了使抹灰砂浆与基体表面黏结牢固,防止抹灰层产生空鼓现象,抹灰前应对基层进行以下必要的处理。

(1)对凹凸不平的基层表面应剔平,或用 1∶3 水泥砂浆补平。

(2)对楼板洞、穿墙管道及墙面脚手架眼、门窗框与立墙交接缝隙处,均应采用 1∶3 水泥砂浆或水泥混合砂浆(加少量麻刀)分层嵌塞密实。

(3)对表面上的灰尘、污垢和油渍等事先清除干净,并洒水湿润。

(4)钢筋混凝土墙面,如太光要凿毛,或薄抹一层界面剂。

(5)不同材料相接处,如砖墙与木隔墙等,应铺设金属网(图 9-2),搭接宽度从缝边起两侧均不小于 100 mm,以防抹灰层因基体温度变化胀缩不一而产生裂缝。

(6)在内墙面的阳角和门洞口侧壁的阳角、柱角等易碰撞处,宜用强度较高的 1∶2 水泥砂浆制作护角,其高度应不低于 2 m,每侧宽度不小于 50 mm。

(7)对砖砌体基体,应待砌体充分沉实后,方可抹底层灰,以防砌体沉陷拉裂抹灰层。

2. 抹灰施工

为控制抹灰层厚度和墙面平直度,一般先做出灰饼和标筋(图 9-3),标筋的材料稍干后,以标筋为平整度的基准进行底层抹灰。如抹灰材料采用水泥砂浆或混合砂浆,应待前一层抹灰凝结后再进行后一层抹灰;如抹灰材料采用石灰砂浆,则应待前一层抹灰达到七八成干后,方可进行后一层抹灰。中层砂浆凝固前,可在其上划痕,以增强与面层的黏结。

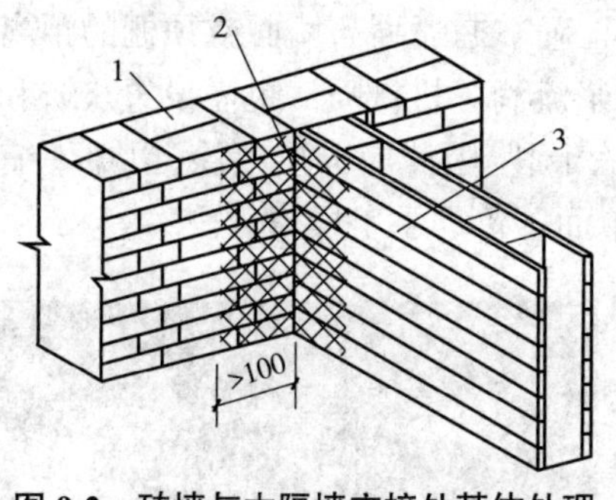

图 9-2　砖墙与木隔墙交接处基体处理

1—砖墙(基体);2—钢丝网;3—木隔墙

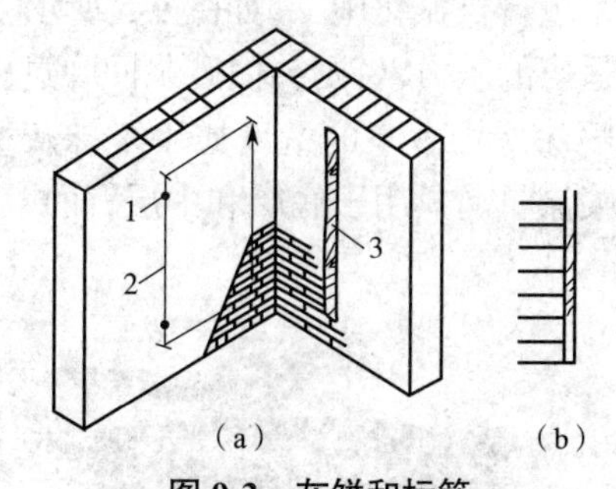

图 9-3　灰饼和标筋

(a)灰饼和标筋的制作　(b)灰饼剖面

1—灰饼;2—引线;3—标筋

顶棚抹灰时,应先在墙顶四周弹出水平线,以控制抹灰层厚度,然后沿顶棚四周抹灰并找平。如有线脚,宜先用准线拉出线脚,再抹顶棚大面,罩面应两遍压光,特殊部位的抹灰构造如图 9-4 所示。

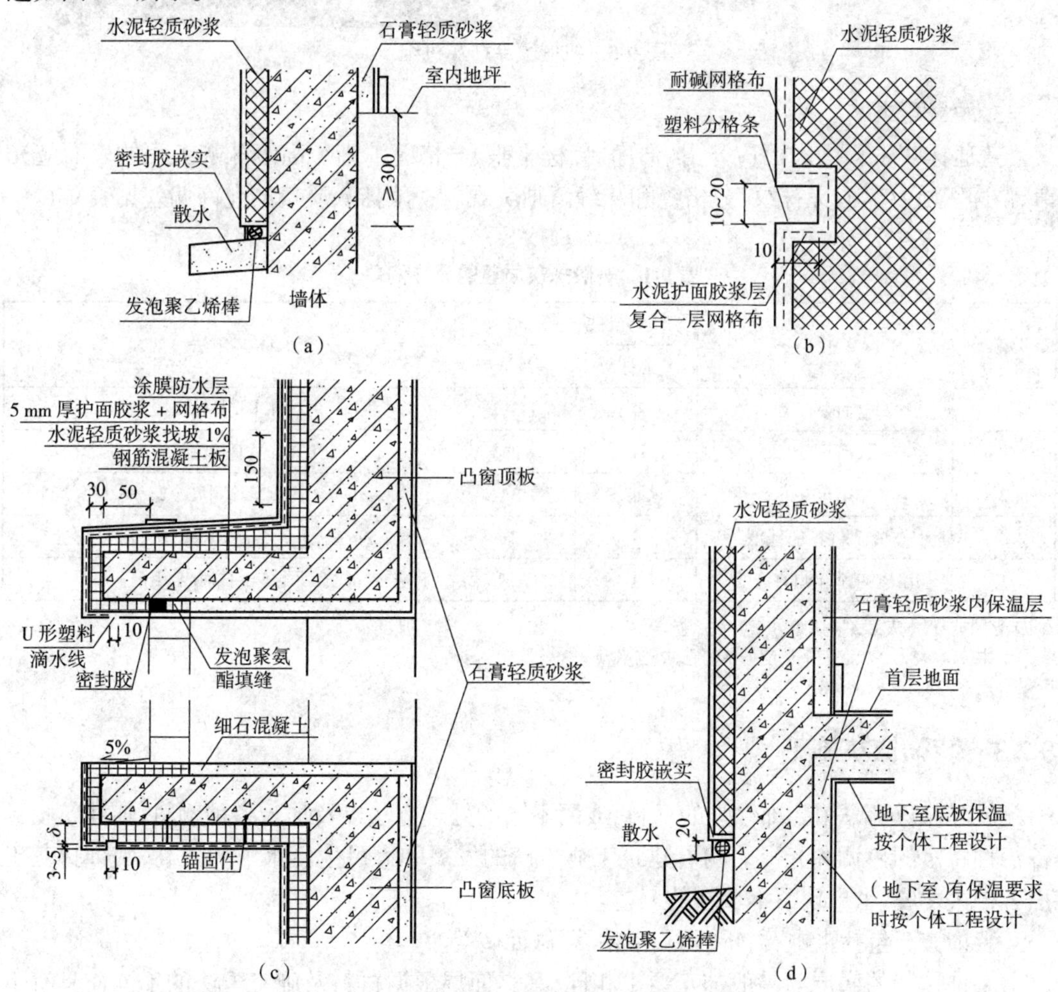

图 9-4　特殊部位的抹灰构造

(a)勒脚　(b)分格缝　(c)凸窗　(d)地下室底板及墙面

抹灰以手工作业居多,大面积抹灰也可用机械喷涂,将砂浆搅拌、运输和喷涂有机地衔接起来进行机械化施工,如图 9-5 所示。操作时应正确掌握喷嘴与墙面或顶棚的距离,并应选用适当的压力,否则会使砂浆回弹过多或造成砂浆流淌。机械喷涂也需设置灰饼和标筋,机械喷涂所用砂浆的稠度比手工抹灰稀,故易收缩干裂,因此应分层喷涂,以免干缩过大。机械喷涂目前只用于底层和中层,而找平、搓毛和罩面等仍需手工操作。

图 9-5 机械喷涂抹灰机组

3. 质量要求

普通抹灰工程的表面应光滑、洁净、接槎平整、分格缝清晰。高级抹灰工程的表面应光滑、洁净、颜色均匀、无抹纹、分格缝和灰缝清晰美观。一般抹灰质量的允许偏差见表 9-1。

表 9-1 一般抹灰质量的允许偏差

项次	项目	允许偏差 /mm		检验方法
		普通抹灰	高级抹灰	
1	立面垂直度	4	3	用 2 m 垂直检测尺检查
2	表面平整度	4	3	用 2 m 垂直检测尺检查
3	阴阳角方正	4	3	用直角检测尺检查
4	分格条(缝)直线度	4	3	拉 5 m 线,不足 5 m 拉通线,用钢直尺检查
5	墙裙、勒脚上口直线度	4	3	拉 5 m 线,不足 5 m 拉通线,用钢直尺检查

注:①普通抹灰,本表第 3 项阴角方正可不检查。
②顶棚抹灰,本表第 2 项表面平整度可不检查,应当平顺。

9.2.3 装饰抹灰施工

装饰抹灰是采用装饰性强的材料,或用不同的处理方法以及加入各种颜料,使建筑物具备某种特定的色调和光泽。随着建筑工业生产的发展和人民生活水平的提高,装饰抹灰工程有很大发展,也出现了不少新的工艺。

装饰抹灰包括水刷石、斩假石、干粘石、假面砖等。

装饰抹灰的底层与一般抹灰要求相同,只是面层根据材料及施工方法的不同而具有不同的形式。下面介绍几种常用的材料和饰面施工。

1. 水刷石

水刷石多用于外墙面，其具体制作是用 12 mm 厚的 1∶3 水泥砂浆打底，待底层砂浆终凝后，在其上按设计的分格弹线，根据弹线安装分格木条，用水泥浆在两侧黏结固定，以防大片面层收缩开裂，然后将底层浇水湿润后刮水泥浆（水灰比为 0.37~0.40）一道，以增加与底层的黏结；随即抹上稠度为 5~7 cm、厚度为 8~12 mm 的水泥石子浆（水泥∶石子 =1∶1.25~1∶1.50）面层，并拍平压实，使石子密实且分布均匀；待面层凝结前，用棕刷蘸水自上而下刷掉面层水泥浆，使石子表面完全外露。为使表面洁净，可用喷雾器自上而下喷水冲洗。

水刷石的质量要求是石粒清晰、分布均匀、色泽一致、平整密实，不得有掉粒和接槎的痕迹。

2. 干粘石

在水泥砂浆上面直接干粘石子的做法，称为干粘石法。该方法也是先在已经硬化的底层水泥砂浆层上按设计要求弹线分格，根据弹线镶嵌分格木条；再将底层浇水湿润，并抹上一层 6 mm 厚 1∶2~1∶2.5 的水泥砂浆层，随即涂抹一层 2 mm 厚的 1∶0.5 水泥石灰膏黏结层，同时将配有不同颜色或同色的粒径为 4~6 mm 的石子甩至黏结层上并拍平压实。拍时不得把砂浆拍出，以免影响美观，且石子嵌入深度不小于石子粒径的 1/2，待黏结层有一定强度黏结住石子后再洒水养护。

上述为手工甩石子，亦可采用喷枪将石子均匀有力地喷射到黏结层上，用铁抹子轻轻压一遍，使表面搓平。

干粘石装饰抹灰的施工质量要求石粒黏结牢固、分布均匀、不掉石粒、不露浆、不漏粘、颜色一致。

3. 斩假石与仿斩假石

1）斩假石

斩假石又称剁斧石，属中高档外墙装修，装饰效果接近于花岗石，但较费工。施工时，先抹水泥砂浆底层，养护硬化后弹线分格，并黏结分格木条；再洒水湿润后，涂抹素水泥浆一道，接着涂抹厚约 10 mm 的水泥石渣砂浆罩面层，罩面层的配合比为水泥∶石渣 =1∶1.25，内掺 30% 石屑；罩面层应采取防晒措施，并养护 2~3 d，待强度达到设计强度的 60%~70% 时，用剁斧将面层斩毛。

斩假石面层的剁纹应均匀，方向和深度一致，棱角和分格缝周边留 15 mm 不斩。一般情况下斩两遍，即可做出近似用石料砌成的墙面。

2）仿斩假石

仿斩假石为一种新型的外墙装饰。施工时，先用混合砂浆进行基层抹灰，用墨斗弹出分格线，分格竖向缝宽 1.5 cm、横向缝宽 1 cm；将分格木条加工成梯形，短边面用纸筋粘贴，固定在弹好的分格线上。仿斩假石面层配合比可根据建筑物的特征和要求调整，抹面层与普通粉刷操作相同，表面抹平，抹灰面积根据操作人员多少确定，以免砂浆固化、影响施工。抹面层表面用木抹子抹平，但不抹光。在面层收水阶段，在 15 ℃气温下大约 2 h（根据墙面的干湿和吸水程度确定）后，用长木引条平行于墙角或门窗洞的边，轻轻地用左手压紧引条，使引条贴紧抹面，不左右摆动，右手用预先加工的钢箅子自上而下轻缓慢地往下拉，钢箅子与墙面成 45°~50° 角，从头到尾拉完一条后，将引条向左平行移动，移动的距离比钢箅子宽度小 1~2 齿，依此步骤向前平移，直至拉完为止。

初拉只需要拉一次，不准往复拉，约隔 48 h 后，开始进行复拉，可不用引条，用钢箅子仍从第一次拉的地方拉起，顺着第一次齿纹拉，仍旧自上而下拉，拉得长一些，可多拉几次，由轻而重，由重而轻地边拉边刮。只能自上而下拉，拉好的齿纹与斩假石相似即可。

4. 喷涂、滚涂与弹涂饰面

1）喷涂饰面

喷涂饰面工艺是用挤压式灰浆泵或喷斗将聚合物水泥砂浆经喷枪均匀喷涂在墙面底层上。

根据涂料的稠度和喷射压力的大小，以质感区分，可喷成砂浆饱满、呈波纹状的波面喷涂和表面布满点状颗粒的粒状喷涂。

喷涂饰面底层为厚 10~13 mm 的 1∶3 水泥砂浆，喷涂前须喷或刷一道胶水溶液（107 胶∶水 =1∶3），使基层吸水率趋于一致，并确保与喷涂层黏结牢固。喷涂层厚 3~4 mm，粒状喷涂应连续三遍完成；波面喷涂必须连续操作，喷至全部泛出水泥浆但又不致流淌为宜。在大面喷涂后，按分格位置用铁皮刮子沿靠尺刮出分格缝。喷涂层凝固后，再喷罩一层有机硅疏水剂。

喷涂饰面的质量要求为表面平整、颜色一致、花纹均匀、不显接槎。

2）滚涂饰面

滚涂饰面是在基层上先抹一层厚 3 mm 的聚合物砂浆，随后用带花纹的橡胶或塑料滚子滚出花纹。滚子表面花纹不同即可滚出不同图案，最后喷罩一层有机硅疏水剂。

滚涂砂浆的配合比为水泥∶骨料（砂子、石屑或珍珠岩）=1∶（0.5~1），再掺入占水泥用量 20% 的 107 胶和 0.3% 的木钙减水剂。对于手工操作，滚涂可分为干滚和湿滚两种。干滚时滚子不蘸水，滚出的花纹较大，工效较高；湿滚时滚子反复蘸水，滚出的花纹较小。

滚涂工效比喷涂低，但便于小面积局部应用。滚涂应一次成活，多次滚涂易产生翻砂现象。

3）弹涂饰面

弹涂饰面在基层上喷刷一遍掺有 107 胶的聚合物水泥色浆涂砂层，然后用弹涂器分几遍将不同色彩的聚合物水泥浆弹在已涂刷的涂层上，形成 1~3 mm 大小的扁圆花点。不同颜色的组合和浆点所形成的质感相互交错、互相衬托，有近似于干粘石的装饰效果；也能做成色光面、细麻面、小拉毛拍平等多种花色。

弹涂的做法是在 1∶3 水泥砂浆打底的底层砂浆面上洒水湿润，待干至 60%~70% 时进行弹涂，先喷刷底色浆一道，弹分格线，贴分格条，弹头道色点，待稍干后即弹二道色点，最后进行个别修弹，再喷射树脂罩面层。

弹涂器有手动和电动两种，后者工效高，适合大面积施工。

5. 保温砂浆

保温砂浆是建筑节能领域的重要功能材料之一，由于其热工性能较好、质量轻、施工方便、工程造价低，关键是可以通过改变保温砂浆容重和涂抹厚度调节墙体热阻值，因此成为建筑节能的理想材料。

目前，我国广泛应用的保温砂浆按主要的组成划分，主要有硅酸盐保温砂浆、有机硅保温砂浆和聚苯颗粒保温砂浆。这些保温砂浆兼具砂浆本身和保温材料的双重功能，干燥后形成有一定强度的保温层，起到增加保温效果的作用。与传统砂浆相比，保温砂浆的优点在于导热系数低，保温效果显著，特别适用于其他保温材料难以解决的异型设备保温，而且具有生产工艺简单、能耗低等特点，应用前景十分广阔。保温砂浆抹灰在墙体阴阳角处的构造如图 9-6 所示。

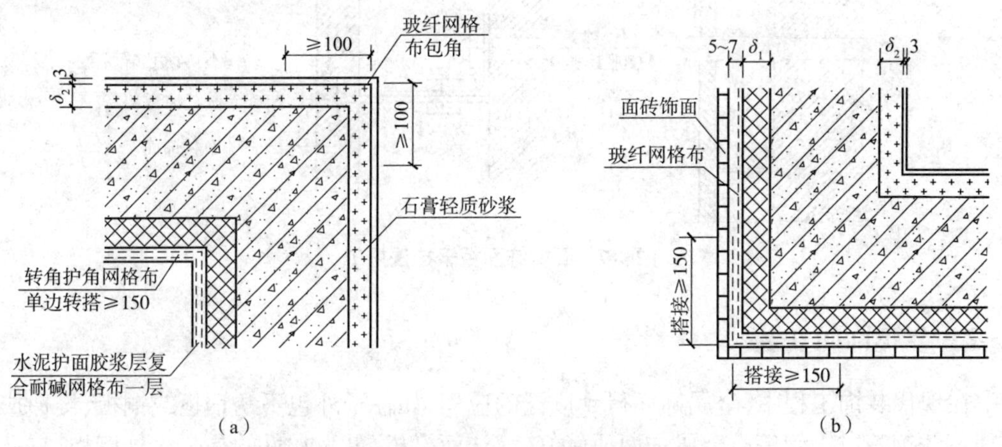

图 9-6　保温砂浆抹灰在墙体阴阳角处的构造

（a）涂料饰面阴角　（b）面砖饰面阳角

注：δ_1，δ_2—外保温层、内保温层厚度，由个体工程设计确定

9.3　饰面板工程

饰面板一般适用于内墙饰面和高度不大于 24 m 的外墙饰面。饰面板工程可采用石材饰面、瓷板饰面、金属饰面、木材饰面等。

9.3.1　石材饰面安装

石材饰面包括人造石材或天然石材（大理石、花岗岩、青石板），用于建筑物的内外墙面、柱面等高级装饰。

石材饰面安装可采取湿贴法，即用水泥砂浆、聚酯砂浆或树脂胶等黏结材料粘贴饰面板。湿贴法的石材饰面板的尺寸和厚度相对较小，为防止外墙饰面板掉落，对粘贴高度有一定限制，饰面板与基体之间的黏结材料灌注时应饱满、密实，且黏结材料必须做黏结强度试验。采用水泥砂浆湿贴天然石材时，由于水泥砂浆在水化作用时会在石材表面产生泛碱现象，应事先在石材背面涂刷防碱剂。

石材饰面安装也可采取干挂法，即用螺栓或金属卡具将饰面石材挂在墙上（图 9-7），这种方法目前应用较多。其具体做法是在需铺设板材部位预留木砖、金属卡具等，饰面板安装后用螺栓或金属卡具固定，最后进行勾缝处理；也可在基层内打入膨胀螺栓，用以固定饰面板。

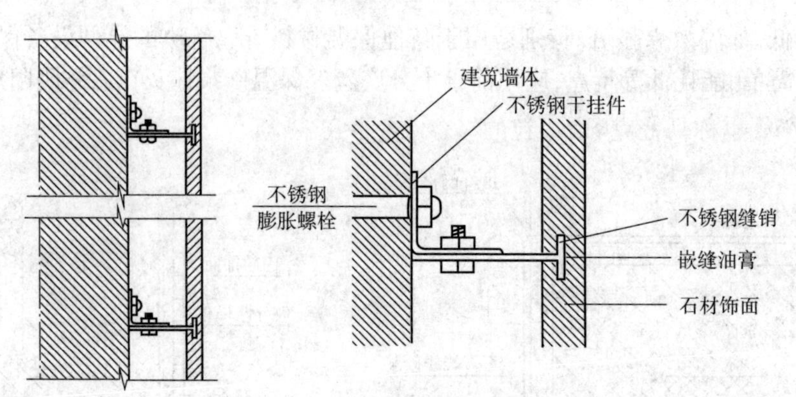

图 9-7 石材饰面板干挂法施工

9.3.2 金属饰面安装

在现代装饰工程中,金属饰面得到广泛的应用,如柱子外包不锈钢板或铜板、楼梯扶手采用不锈钢管或铜管等。金属饰面质感好、简洁而挺拔,最为常见的是金属外墙板,它具有典雅、庄重、坚固、质轻、耐久、易拆卸等优点。

铝合金板墙面施工质量要求高,技术难度也比较大。在施工前应认真查阅图纸,领会设计意图,并应进行详细的技术交底,使操作者能够主动地做好每一道工序,甚至一些小的节点也要认真施工。铝合金板固定方法较多,建筑物的立面也不尽相同。

常用的铝合金板墙面安装施工程序:放线→固定骨架的连接件→固定骨架→安装铝合金板→收口构造处理。

9.4 饰面砖工程

饰面砖一般适用于内墙饰面砖和高度不大于 100 m 的外墙工程。

饰面砖包括陶瓷面砖、玻璃面砖等。陶瓷面砖有釉面瓷砖、外墙面砖、陶瓷锦砖、陶瓷壁画、劈裂砖等;玻璃面砖主要有玻璃锦砖、彩色玻璃面砖、釉面玻璃等。

9.4.1 饰面砖施工工艺要求

地面饰面砖镶贴的一般工艺流程:清理基层(找平层)→弹线→镶贴饰面砖→清洁面层→勾缝→清洁面层。

墙面饰面砖镶贴的一般工艺流程:清理基层表面→湿润→基层刮糙→底层找平划毛→立皮数杆→弹线→做灰饼→镶贴饰面砖→清洁面层→勾缝→清洁面层。

饰面砖的基层应清洁、湿润,基层刮糙后涂抹 1∶3 水泥砂浆找平层。饰面砖粘贴必须按弹线和标志进行,墙面上弹好水平线,并做好粘贴厚度标志,墙面的阴阳角、转角处均须拉垂直线,并进行找方,阳角要双面挂垂直线,划出纵横皮数杆,沿墙面进行预排。粘贴第一层饰面砖时,应以房间内最低的水平线为准,并在砖的下口用直尺托底。

饰面砖铺贴顺序为自下而上,从阳角开始,将不成整块的留在阴角或次要部位。地面一般从门口处往房间里铺贴,铺贴的过程中随时用水平尺测饰面砖地面的水平度。待整个墙面或地面铺贴完毕，接缝处用石膏浆或水泥浆或填缝剂填抹或勾缝。勾缝材料硬化后，用盐酸溶液刷洗，再用清水冲洗干净。

陶瓷锦砖（也称马赛克）由小粒的马赛克粘在纸板上，施工时在基层上用 1∶3 水泥砂浆抹平后划毛，并浇水养护；然后抹厚 5~6 mm 黏结层（1∶1 水泥砂浆，另加占水泥用量 2%~4% 的 107 胶），从上往下弹分格线。粘贴时先将马赛克纸板中贴有马赛克的一面朝上放于托板上，用 1∶1 水泥细砂干灰填缝，再刮一层 1~2 mm 厚的素水泥浆，随即将托板上的马赛克纸板对准分格线贴于墙面或地面上，并拍平拍实。在纸板上刷水湿润，0.5 h 后揭纸并调整缝隙使其整齐，待黏结层凝固后用同色水泥浆擦缝，最后用酸清洗。

玻璃马赛克是一种新型装饰材料，色彩绚丽，更富于装饰性，且价廉、生产工艺简单。其成品是将玻璃马赛克小块贴于纸板上，其施工工艺与陶瓷锦砖基本相同。

9.4.2　饰面砖施工质量要求

对于饰面砖的施工质量，有以下几点要求。

（1）饰面砖粘贴的找平、防水、黏结和勾缝材料及施工方法，应符合设计要求及国家现行产品标准和工程技术标准的规定。

（2）饰面砖粘贴必须牢固，满粘法施工的饰面砖应无空鼓、裂缝。

（3）饰面砖粘贴后，其立面垂直度、表面平整度、阴阳角方正度、接缝直线度、接缝高低差及宽度等应符合规范要求。

9.5　幕墙工程

幕墙是覆盖于建筑物外立面的建筑围护结构。幕墙由面板和支撑体系组成。面板材料可采用玻璃、金属板材、石材（天然石材、人造石材）及预制混凝土板材等。本节主要介绍玻璃幕墙的构造与施工。

9.5.1　玻璃幕墙的类型

玻璃幕墙可分为框支式玻璃幕墙和无框玻璃幕墙两类。框支式玻璃幕墙根据框架外观形式又可分为隐框幕墙、明框幕墙、半隐框幕墙和明隐混合幕墙四种。无框玻璃幕墙可分为点支式玻璃幕墙和边支式玻璃幕墙（全玻璃幕墙）。

1. 框支式玻璃幕墙

框支式玻璃幕墙的支撑结构通常采用型钢和铝合金型材，型钢多选择角钢、方钢管、槽钢等型材，铝合金型材多选择经特殊挤压成型的幕墙骨架型材。玻璃幕墙根据施工方式可分为单元式幕墙、构件式幕墙和半单元式幕墙。

1）单元式幕墙

单元式幕墙是在工厂内将幕墙各组件（包括面板、支撑框架）组装成板状单元，一个单元组件的高度要大于或等于一个楼层的高度，将单元组件运至工地进行整体吊装，通过预埋转接系统固定在主体结构上，如图 9-8 所示。单元式幕墙具有以下优点：

（1）工厂化程度高，构件采用高精度设备加工，因而单元式幕墙精度高，易保证幕墙工程的质量；

（2）单元板材整体吊装，安装速度快；

（3）可与主体结构同步施工，可垂直交叉作业，有利于缩短施工工期；

（4）单元板块采用插接方式相互连接，对温度变形、层间变位、地震变形等具有很强的吸收能力。

图 9-8 单元式幕墙

2）构件式幕墙

构件式幕墙是指在施工现场依次安装幕墙的预埋转接系统、支撑框架系统和幕墙面板系统中的各组成构件，且各组成构件是以单件形式分别安装的幕墙。

构件式幕墙具有系统配置简单灵活、适用性强、经济性好等特点，尤其适用于异型、复杂的建筑立面。构件式幕墙的饰面材料宜采用玻璃、金属板材、石材及人造板材等。

饰面材料为玻璃的构件式幕墙，根据其支撑框架系统是否可见与可见程度（外立面上）可分为以下几种。

（1）构件式隐框玻璃幕墙：幕墙的横向和竖向支撑框架隐藏在玻璃面板以内，外观只见玻璃板面，看不见支撑框架，如图 9-9 所示。

（2）构件式明框玻璃幕墙：在玻璃幕墙的外侧利用通长压板将玻璃面板固定在支撑框架上，再用装饰盖板条扣接压板外侧，从而在立面上形成水平和垂直的线条，如图 9-10 所示。

图 9-9 构件式隐框玻璃幕墙

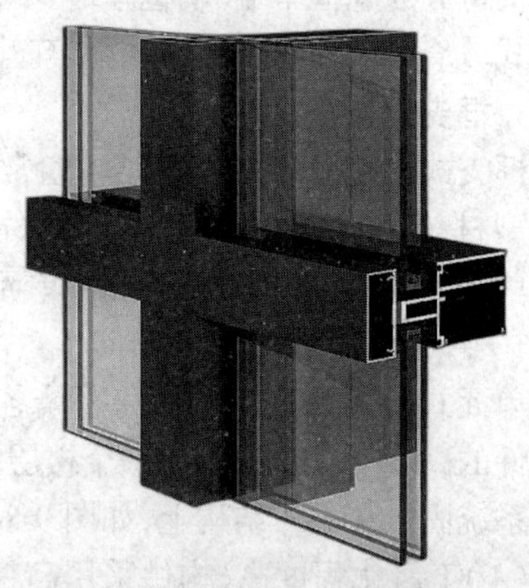

图 9-10 构件式明框玻璃幕墙

(3)构件式半隐框玻璃幕墙:它是隐框玻璃幕墙和明框玻璃幕墙的结合,即在明框玻璃幕墙上隐去水平支撑件或竖向支撑件,从而形成竖向线条的玻璃幕墙(图9-11(a))和横向线条的玻璃幕墙(图9-11(b))。

(a)

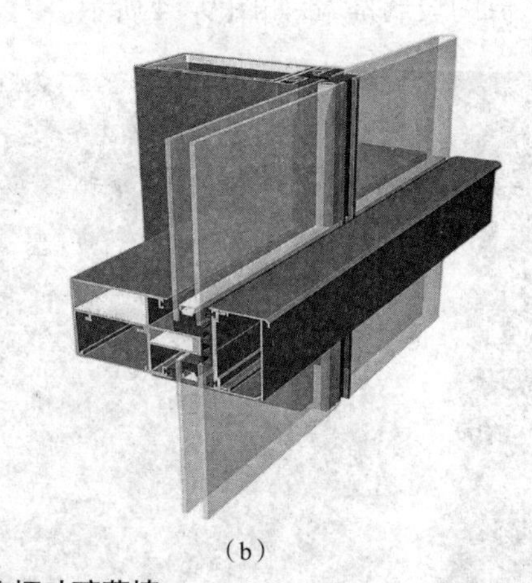
(b)

图9-11　构件式半隐框玻璃幕墙

(a)存在竖向线条　(b)存在横向线条

3)半单元式幕墙

半单元式幕墙是介于单元式幕墙和构件式幕墙之间的一种幕墙系统,在整个幕墙系统中,除支撑框架的主龙骨在现场安装外,其余幕墙构件均在工厂加工,并组装成板块单元,再运至施工现场后安装在主龙骨上,如图9-12所示。

半单元式幕墙与构件式幕墙相比,具有工厂化程度高、构件加工精度高、质量容易控制、板块单元较小、安装灵活简便、施工效率高且维修更换方便等优点。

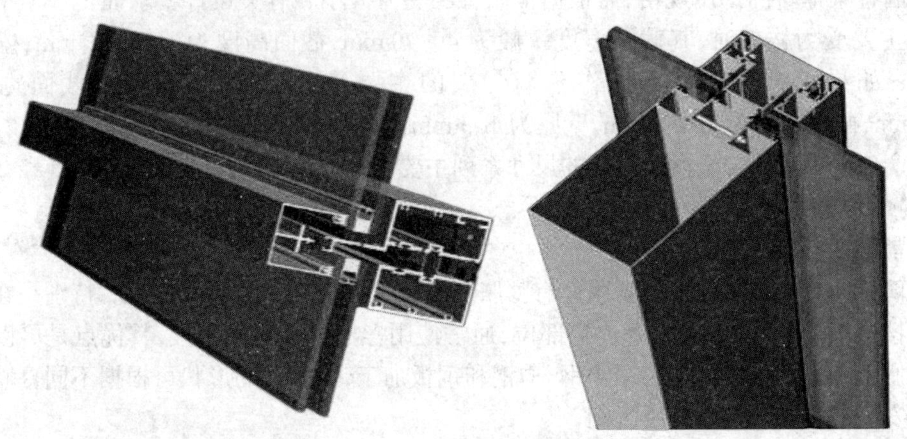

图9-12　半单元式幕墙

2. 无框玻璃幕墙

采用预应力索(杆)体系作为幕墙支撑结构的幕墙称为无框玻璃幕墙。无框玻璃幕墙具有通透性、采光性能及装饰效果俱佳的特性,一般用于大空间的公共建筑的立面。无框玻璃幕墙又可分为点支式和边支式两种。

点支式无框玻璃幕墙是在玻璃的角部及边部采用金属支撑装置支撑,通过支撑装置将玻璃连接并固定在幕墙支撑结构上,如图 9-13 所示。

边支式无框玻璃幕墙是对玻璃板材的边部采用固定的方式将其与主体结构或玻璃肋相连所形成的玻璃幕墙,如图 9-14 所示。

图 9-13 点支式无框玻璃幕墙

图 9-14 边支式无框玻璃幕墙

9.5.2 玻璃幕墙用材及附件

1. 骨架框材

构成幕墙骨架的框材主要是型钢和铝合金型材。如果采用型钢类材料,多选择角钢、方钢管、槽钢等型材;如果采用铝合金材料,多选择经特殊挤压成型的幕墙骨架型材。

幕墙骨架框材的选用规格,需根据幕墙骨架受力大小和有关设计要求而定。当铝合金框材为主要受力构件时,其截面宽度一般为 40~70 mm,截面高度为 100~210 mm,壁厚为 3~5 mm;如果铝合金框材不用作幕墙骨架的主要受力构件,一般选择截面宽度为 40~60 mm,截面高度为 40~50 mm,壁厚为 1~3 mm 的幕墙骨架型材。

国产玻璃幕墙铝合金框架型材的尺寸系列主要有 100、120、240、150、160、180 和 210 等数种。

2. 紧固件与连接件

玻璃幕墙骨架安装的主要紧固件有膨胀螺栓、铝拉铆钉、射钉及螺栓等。特别是在幕墙骨架与楼板面、楼板底或楼板等连接部位,通常使用螺栓进行柔性连接,其优点是可以满足变形且便于调节。连接件多采用角钢、槽钢和钢板加工,连接件的形状可根据不同幕墙结构及骨架安装的不同部位而有所区别。

第 10 章　BIM 技术及应用

【内容提要】

BIM 是对工程项目信息的数字化表达,是数字技术在建筑业的直接应用,它代表了信息技术在我国建筑业应用的新方向。BIM 涉及整个建筑工程生命周期各环节的实践过程。随着我国建筑业的快速发展,BIM 技术不断完善,业主对工程项目的建设要求日益提高,BIM 必将得到更好的应用。

10.1　BIM 技术发展概况

10.1.1　BIM 的概念

BIM(Building Information Modeling,建筑信息模型)的概念基础可以追溯到 1962 年。Douglas C. Englebart 在其论文《扩张人类智慧》中将未来建筑师描述得不可思议:建筑师接下来将开始输入一系列规范和数据——6 in(15.24 cm)的平板楼板、12 in(30.48 cm)的混凝土墙等,当他完成输入时,这些场景将出现在屏幕上,结构已初具规模,他开始检查、调整这些数据,以形成更具细节的、内部相连的结构,代表实际设计背后的成熟思考。

Englebart 提出了基于对象的设计、参数化操作和关系数据库,这个想法在几年后成为现实。许多设计研究者对此有极大的影响力,包括 Herbert Simon、Nicholas Negroponte 和开发 GIS 并行跟踪的 IanMcHarg。Christopher Alexander 的工作促成了基于对象编程的计算机科学家学派的形成,影响巨大。这些系统周到且完善,要是没有能与建筑模型交互的图形界面,这样的概念框架不会被人们意识到。

20 世纪 70 年代的美国,BIM 的定义由美国佐治亚理工大学建筑与计算机学院的查克伊士曼博士提出。他将 BIM 定义为"建筑信息建模是将一个建筑建设项目在整个生命周期内的所有几何特性、功能要求与构件的性能信息综合到一个单一的模型中。同时,这个单一模型的信息中还包括施工进度、建造过程的过程控制信息"。

BIM 综合了所有的几何模型信息、功能要求和构件性能,将一个建筑建设项目在整个生命周期内的所有信息整合到一个单独的建筑模型中,而且还包括施工进度、建造过程、维护管理等的过程控制信息。

从 BIM 技术出现开始,人们就想对其概念进行严格的界定,但是受到两方面因素的影响,使得人们难以对其进行准确的解释。一方面,BIM 技术出现的时间比较晚,至今发展也不过 40 多年,相关的理论还不全面,无法对其进行准确的定义,或者说无法使定义内容概括 BIM 技术涉及的方方面面;另一方面,从建筑描述系统出现开始,BIM 技术是不断发展和变化的,至今还处于不断完善和改进的过程中,这就使得相关概念的界定变得更加困难,无法对其进行统一的解释说明。

虽然无法对 BIM 技术进行准确的定义,但是 BIM 技术的概念通常包括以下几个方面的内容。

(1)BIM技术涉及的内容包括建筑工程管理的方方面面,贯穿于建筑工程项目的全过程,而不仅仅是建立一个信息系统模型。

(2)与传统的二维建筑工程设计和管理模式相比,BIM技术具有精细、高效、信息统一的优势,BIM技术的出现改变了传统建筑工程粗放管理的模式。

(3)BIM技术的出现将会引起建筑行业新一轮的技术变革,使建筑行业面临更大的挑战和机遇。

美国M. A. Mortenson公司定义BIM为“建筑的智能模拟”,且此模拟必须具备以下6个特点:

(1)数字化;

(2)空间化;

(3)定量化、可计量化、坐标化、可查询化;

(4)全面化,整合及沟通设计意图、整体建筑性能、可施工性,且包括施工方式方法的顺序性及经济性;

(5)可操作化,整个美国工程委员会及业主都可以通过具有互用性和直观性的平台进行操作;

(6)持久化,在建筑工程项目生命周期的所有阶段都具有可用性。

美国McGraw-Hill建筑公司在2009年题为“BIM的商业价值”的市场调研报告中对BIM做了如下定义:“BIM是创建并且利用数字化模型对项目进行设计、施工和运营维护的过程。”

Autodesk公司提出的BIM定义为“建筑物在设计和建造的过程中,创建和使用‘可计算’的数字信息,这些数字信息能够被程序系统自动管理,使得由这些数字信息计算出来的各种文件自动具有彼此吻合、一致的特性,BIM是计算机辅助设计理念的进一步延伸。”

Autodesk公司的市场部经理Ken Hall给出了更形象的解答:当你设计出一个建筑时,你可以用书面文字去描述它的设计;你可以用二维平面图表达;你也可以用三维空间对象的方式,以更加清晰的方式表达;同时,还有第四个维度——时间维度的加入,还可以加入第五个维度,就是建筑的成本;更进一步,我们可以分别估测建筑的运营成本和工程成本。这是一个基于整体、逐层深入的过程,BIM的体系也体现了这种递归思想。

美国国家BIM标准对BIM的定义如下:“BIM是建设项目兼具物理特性与功能特性的数字化模型,且是从建设项目的最初概念设计开始的对整个生命周期做出任何决策的可靠共享信息资源。实现BIM的前提是在建设项目生命周期的各个阶段,不同的项目参与方通过在BIM建模过程中插入、提取、更新及修改信息,支持和反映出各参与方的职责。BIM是基于公共标准化协同作业的共享数字化模型。”

10.1.2 BIM的必要性

目前,全球正逐渐步入全面信息化的时代,信息已成为主导全球经济的基础。在制造业、金融业、电子行业,信息技术早已成为提高生产率和竞争力的核心手段,而建筑业正逐渐暴露出其相对于以上行业的低效率。美国国家标准和技术协会的研究数据表明,2004年建筑业每年约有 158 亿美元的损失；2008 年,418 万亿美元的总投资中约有 30% 的资金浪费。我国在 2010 年向建筑项目投入逾 1 万亿美元,首次超越美国,成为全球第一建筑大国。但目前我国单位面积能耗却是发达国家的 2~3 倍,由此引发的能源枯竭、环境破坏等问题日益严重。针对以上建筑业的低效率和浪费现象,发达国家从建筑业信息化方面进行了深入的研究和工程实践,并且已经认识到要提高建筑业的生产效率、节约能源,必须提高建设项目管理的水平。而在信息高度发达的今天,对建设项目的管理已经转变为对建设项目信息的管理。因此,必须及时采取先进的信息管理技术和方法,提升整个建筑业的管理水平,促进建筑业的发展。在建设项目整个生命周期中,参与方众多,产生的信息类型复杂、形式多样、数量庞大。因此,在建设项目管理的过程中,信息沟通不畅或不及时和普遍存在的“信息孤岛”现象,导致在建设项目整个生命周期中存在严重的信息流失现象,从而在很大程度上制约了建设项目管理水平和效率的提高。目前,建设项目整个生命周期各个阶段的信息化程度已经无法满足现状发展的需要。例如,计算机辅助建设建筑设计领域的二维 CAD 绘图工具已经无法满足现阶段建筑工程复杂的结构需求。工程建设的成功实施在很大程度上取决于各参与方之间信息交流的效率和有效性。建设项目管理过程中的许多问题,如成本增加、工程变更、工期延误等都与各参与方之间的信息交流问题有关。

长期以来,三维空间作为建筑最主要的属性,其形态组织一直是建筑师关注的焦点。然而,随着市场经济的发展、能源危机和环境问题的出现,建筑的另外两个维度——时间与成本,成为人们无法忽视的主题。20 世纪 70 年代的石油危机之后,保护生态环境、建设绿色家园的呼声在全球范围内日益高涨,对可持续建筑的研究也迅速在世界各国展开。这种“可持续”的概念已经在事实上突破了传统建筑的三维空间概念。建筑增加了时间与成本两个向量,呈现一种“五维”的特性,建筑设计进一步走向复杂化。这就要求建筑从业者要以更快速、更节能、成本更加低廉、风险更小的方式进行管理、设计与施工,BIM 应运而生。

BIM 采用面向对象的方法描述包括三维几何信息在内的建筑的全面信息,这些对象化的信息具有可复用、可计算的特征,从而支持通过面向对象编程实现数据的交换与共享。在建筑项目中,采用遵循共同标准的建筑信息模型作为建筑信息表达和交换的方式,将显著地促进项目信息的一致性,减少项目不同阶段之间信息传递中的信息丢失,增强信息的复用性,减少人为错误,极大地提高建筑行业的工作效率和技术、管理水平。

10.1.3　BIM 的发展历史

1.BIM 在美国的发展

美国是最早提出 BIM 技术概念的国家,同时也是将 BIM 技术应用得最为成功的国家。虽然亚洲的一些发达国家和地区,如新加坡、日本和中国香港等,在 BIM 技术发展和应用方面也比较成功,但与美国相比还有很大的差距。因此,进行 BIM 技术在美国应用现状的研究,能比较全面地了解美国 BIM 技术发展的情况,及时发现我国在 BIM 技术应用方面和先进国家存在的差距,借鉴其成功经验,并吸取其教训,从而为我国 BIM 技术的发展设定目标。

美国在 20 世纪 70 年代就开始进行 BIM 技术的研究,最早提出的名称是建筑描述系统,即 BIM 技术的雏形。在 2002 年，BIM 这一名词才真正出现,由美国 Autodesk 公司提出。从20世纪70年代至今BIM技术已经发展了40多年,在美国获得了大众的认可,很多建筑企业开始使用BIM技术,同时美国政府对此也大力支持,不仅颁布了一系列的使用BIM技术标准、指南、手册,还引导建筑企业建立了BIM协会。目前,美国大多数建筑项目已开始应用BIM技术。美国政府和相关机构推广BIM技术的方法值得我国学习和借鉴。

美国的计算机技术发展也比较早,同时也处于世界领先地位,计算机技术的发展和应用使得美国很多行业都获得了飞速的发展,但建筑行业却是例外。计算机技术的应用并没有使建筑工程规划设计和施工技术发生太大的变化。但计算机技术的发展带动了信息化的发展,美国建筑行业在信息化应用方面已经比较成熟,能将很多的理论研究成果转化为生产力,从而使得建筑行业的发展出现了根本性的变化。

美国总务管理局为了提高建筑行业的生产效率,在全国建筑行业中大力推广信息化手段,而BIM技术正是其中的代表。为使BIM技术能更加规范化地应用于建筑行业中,美国总务管理局制定了一系列的计划、标准,而事实已经证明这一决策的正确性。

2.BIM在英国的发展

2010年,英国组织了全国性的BIM调研,有43%的人从未听说过BIM,而使用BIM的人仅有13%,有78%的人看好BIM的未来趋势,同时有94%的人表示会在5年之内应用BIM。

2011年5月,英国内阁办公室发布了政府建设战略文件,其中有整个章节是关于BIM的。该章节明确要求,到2016年,政府要求全面协同三维BIM,并将全部的文件进行信息化管理。为了实现这一目标,该文件制定了明确的阶段性目标。例如,2011年7月,发布BIM实施计划;2012年4月,为政府项目设计一套强制性的BIM标准;2012年夏季,BIM中的设计、施工信息与运营阶段的资产管理信息实现结合;2012年夏天起,分阶段在政府所有项目中推行BIM实施计划;至2012年7月,在多个部门确立试点项目,运用三维BIM技术协同交付项目。

该文件也承认由于缺少兼容性的系统、标准和协议,以及客户和主导设计师的要求存在分歧,大大限制了BIM的应用。因此,政府将工作重点放在制定标准上,确保BIM链上的所有成员能够通过BIM实现协同工作。政府要求强制使用BIM的文件得到了英国建筑业BIM标准委员会的支持。迄今为止,英国建筑业BIM标准委员会已于2009年11月发布了英国建筑业BIM标准,于2011年6月发布了适用于Revit的英国建筑业BIM标准,于2011年9月发布了适用于Bentley的英国建筑业BIM标准。目前,英国建筑业BIM标准委员会还在制定适用于ArchiCAD、Vectorworks的类似BIM标准以及已有的更新版本。

3.BIM在我国的发展

目前,我国对BIM的研究和应用尚处于起步阶段,但是随着建筑业对信息化要求的不断提高,国家科研投入不断增多,相关的机构和各个部门已经开始着手研究和应用BIM技术。

2008年,成立了中国BIM门户网站(www.chinabim.com),该网站以“推动发展以BIM为核心的中国土木建筑工程信息化事业”为宗旨,是一个为BIM应用者提供信息资讯、专业资料、技术软件以及交流沟通的平台。

2009年4月15日,中国首届“BIM建筑设计大赛”在北京举行,这次设计大赛吸引了来自建设单位、设计单位、施工单位、高等院校的大量科研、技术人员参与。

2010年开始,中国房地产业协会商业地产专业委员会每年组织科研人员编制和发布《中国商业地产BIM应用研究报告》,以促进BIM在商业地产领域的推广和应用。

2010年10月14日,我国建设部发布的《关于做好〈建筑业10项新技术(2010)〉推广应用的通知》提出,要推广使用BIM技术辅助施工管理。

2011年,我国科技部将BIM系统作为"十二五"重点研究项目"建筑业信息化关键技术研究与应用"的课题。

2011年5月,我国住建部发布的《2011—2015年建筑业信息化发展纲要》中明确指出:在施工阶段开展BIM技术的研究与应用,推进BIM技术从设计阶段向施工阶段的应用延伸,降低信息传递过程中的衰减;研究基于BIM技术的4D项目管理信息系统在大型复杂工程施工过程中的应用,实现对建筑工程有效的可视化管理等。这一举动拉开了BIM技术在我国应用的序幕。

随后,关于BIM的相关政策进入了一个冷静期,没有BIM的专项政策出台,但政府在其他文件中都重点提出了BIM的重要性与推广应用意向。例如,《住房和城乡建设部工程质量安全监管司2013年工作要点》明确指出,研究BIM技术在建设领域的作用,研究建立设计专有技术评审制度,提高勘察设计行业技术能力和建筑工业化水平;2013年8月,住建部发布的《关于征求关于推荐BIM技术在建筑领域应用的指导意见(征求意见稿)意见的函》明确提出,2016年以前政府投资的2万平方米以上大型公共建筑以及省报绿色建筑项目的设计、施工采用BIM技术;截至2020年,完善BIM技术应用标准、实施指南,形成BIM技术应用标准和政策体系。

2014年,各地方政府关于BIM的讨论与关注更加活跃,北京、上海、广东、山东、陕西等相继出台了各类具体的政策推动和指导BIM的应用与发展。其中,上海市政府《关于在本市推进建筑信息模型技术应用的指导意见》(以下简称《指导意见》)的正式出台最为突出。《指导意见》由上海市人民政府办公厅发文,市政府15个分管部门参与制订BIM发展规划、实施措施,协调推进BIM技术应用推广。《指导意见》明确提出,要求2017年起,上海市投资额1亿元以上或单体建筑面积2万平方米以上的政府投资工程、大型公共建筑、市重大工程,以及申报绿色建筑、市级和国家级优秀勘察设计、施工等奖项的工程,实现设计、施工阶段BIM技术应用。另外,《指导意见》中还提到,扶持研发符合工程实际需求、具有我国自主知识产权的BIM技术应用软件,保障建筑模型信息安全;加大产学研投入和资金扶持力度,培育发展BIM技术咨询服务和软件服务等国内龙头企业。

10.1.4　BIM软件的发展

20世纪60年代初,计算机辅助建筑设计在科学信息技术和建筑理论等多重影响下,不断进步发展、更新改进,在建筑工程领域逐步占据举足轻重的地位。时至今日,计算机技术与建筑设计的结合已从"辅助设计"转向"智能设计"。现在的BIM技术是在计算机辅助设计的基础上为建筑项目从策划设计到运行维护的整个生命周期提供有力的支持,因此BIM软件的发展离不开计算机辅助设计软件的发展。

1. 萌芽阶段——20世纪50年代

20世纪40年代第一代计算机——电子管数字机问世,其采用机器语言编程,应用领域以军事和科学计算为主。到20世纪50年代末,出现了第二代计算机,在硬件方面将逻辑元件改进为晶体管,应用领域以科学计算和事务处理为主,并开始进入工业控制领域。1956年,曾从事过建筑的美国科幻作家罗伯特·安森·海因莱因在小说《进入盛夏之门》中预言了计算机辅助设计系统,提出"绘图机器人"的设想。

2. 形成时期——20 世纪 60 年代

1963 年,伊凡·萨瑟兰在美国麻省理工学院发表了博士论文《Sketchpad:一个人机通信的图形系统》,在计算机的图形终端上实现了用光笔绘制、修改图形和图形的缩放。此项研究中提出的计算机图形学、交互技术及图形符号的存储采用分层的数据结构等思想,对 CAD 技术的发展及应用具有重要的推动作用。

与此同时,随着计算机技术的发展,在 20 世纪 60 年代初,第三代计算机在硬件方面采用了中小规模的集成电路,软件方面出现了分时操作系统以及结构化、规模化程序设计方法,应用开始进入文字处理和图形图像处理领域。在此基础上,陆续开发了一系列交互式绘图软件,如 Sketchpad、IGL 等,它们被认为是第一代 CAD 软件。这一时期的 CAD 在当时的应用范围很小,只在重点研究部门和个别大型建筑事务所才能得到使用。虽然这一时期 CAD 软件由于成本高昂、技术复杂、功能有限等原因尚未在建筑领域迅速发展,但计算机技术与建筑技术融合的思想拉开了计算机辅助建筑设计(CAAD)技术发展的序幕。

3. 发展时期——20 世纪 70 年代

随着 16 位计算机的逐渐普及,计算机的性价比大幅度提高,光栅扫描图形输入板、绘图仪等图形设备也相继推出和完善,大大推动了 CAAD 的发展。美国工程师索德和克拉克研发的 Coplanner 系统,可用于估算医院的交通问题,以改进医院的平面布局。美国波士顿出现了第一个商业化的 CAAD 系统——ARK 2,可以进行建筑方面的可行性研究、规划设计、平面图及施工设计、技术指标及设计说明的编制等。同时,还有一批通用型的 CAAD 系统(如 Computer Vision、CADAM 等)被应用到建筑设计的绘图中。美国著名的 SOM 建筑事务所,运用 CAAD 技术完成了多项建筑设计,如 1975 年沙特阿拉伯的"吉达航空港"、1978 年的"阿卜杜尔·阿齐兹国王大学"等。

在英国,也开发了几个著名的用于公共建筑设计的 CAAD 系统,如用于医院设计的 Harness 系统和 OXSYS 系统,用于邮局设计的 CEDAR 系统。爱丁堡大学也开发了一个 SSHA 系统,主要用于住宅设计。日本在 20 世纪 70 年代就开展了 CAAD 系统的研制工作。

经过前一阶段的摸索,这一阶段的软件研发者开始从建筑专业特点出发,以二维图形为基础,将过去 CAD 中通用的绘图功能结合建筑技术加以改进,建筑师将设计构思按照传统方法在计算机上绘制正式图形,计算机在建筑创作过程中扮演高级绘图员的角色,大幅提高了绘图效率。除绘图外,这一时期的 CAAD 软件还具备初步分析、评价的功能,并取得了一定的进步。

4. 普及与成熟时期——20 世纪 80—90 年代

20 世纪 80 年代,采用超大规模集成电路的微型计算机出现,计算机软硬件性能得到迅速发展,然而成本却随着计算机的普及下降。1983 年,美国苹果公司研发的 Apple Lisa 是第一台使用鼠标和图形用户界面的电脑,全新的人机交互模式使得计算机进一步被广泛接受。建筑师由此将设计工作从大型机转到微型计算机上,这促进了一系列 CAAD 软件的研发。其中,具有代表性、使用范围最广的软件为美国 AutoDesk 公司于 1982 年开发的 Auto-

CAD。

图形工作站的出现使得计算机图形学和计算机几何造型技术更加完善,其出色的三维建模能力使得 CAAD 系统开始由二维向三维进化。到 20 世纪 90 年代,个人计算机和工作站在价格和性能等各方面已无明显区别。CAAD 系统由于其高效性得到了空前和广泛的应用,成为每个建筑设计事务所的必备工具。此阶段的 CAAD 系统为了满足绘图、图形布局、三维建模和渲染等不同专业领域的使用需求推出了相应的多级产品。在我国,出现了以 CAD 为平台,满足不同专业使用需求的插件,如天正。这类软件将各个建筑构件定义为相应的对象,如柱、门窗、墙体等,在计算机上绘图由具有属性和三维尺寸的建筑构件构成。然而,局限于当时 CAD 系统绘图软件的技术,无法确保信息的质量、可靠性和协调性。

5.BIM 时期——21 世纪初至今

随着建筑业的不断发展, CAAD 系统也日益完善,对项目工程的设计、建造、管理、运维也提出了更高的要求。BIM 技术在 21 世纪初逐步受到重视,成为建筑行业的发展趋势。相较于传统的 CAAD 系统, BIM 系统基于三维建筑实体建模,在整个项目生命周期中都可与项目进行实时互动,并可以随时使用和修改模型信息,修改的信息会同步体现在与之相关的各文件中。此时的三维建筑模型不再是以往由简单图元——点、线、面构成,而是一个包含建筑综合信息的数据库;除建筑构件的构造信息外,其还集合了建筑项目的材料、造价、能耗、施工进程等多方面的信息,被称为由不同器官共同控制的“有机生命体”。

BIM 技术可节省时间和资金,减少错误,提高生产效率,越来越被市场认可。为了顺应市场发展, BIM 软件应运而生。20 世纪 80 年代, Graphisoft 公司研发的 ArchiCAD 是最早的 BIM 软件。随后 Bentley 公司、Revit 公司等都分别推出了自己的 BIM 软件。BIM 系统逐步进入蓬勃发展的时代。

由于 BIM 应用涉及不同的专业、不同的进度、不同的使用方,人们也意识到要实现一个项目的全生命周期只应用一个软件是很难做到的,它需要多个软件的协同合作。美国 Building Smart 联盟主席 Dana K. Smith 在其出版的 BIM 专著中下了这样一个论断:“依靠一个软件解决所有问题的时代已经一去不复返了。”

面对众多的软件,应该如何分类认识呢?伊士曼根据软件的使用功能将 BIM 应用软件分为三大类:用于专业的 BIM 工具软件(BIMtool)、用于信息的 BIM 平台软件、用于整合管理的 BIM 环境软件。美国总承包商协会按照应用领域将 BIM 应用软件分为以下八大类:

(1)概念设计和可行性研究软件;

(2)BIM 核心建模软件;

(3)BIM 分析软件;

(4)施工图和预制加工软件;

(5)施工管理软件;

(6)算量和预算软件;

(7)计划软件;

(8)文件共享和协同软件。

通过整合归纳,可将 BIM 应用软件简单分为 BIM 基础软件、BIM 工具软件、BIM 平台软件三类。

(1)BIM 基础软件是指可用于建立能为多个 BIM 应用软件所使用的 BIM 数据的软

件。一般利用 BIM 基础软件建立具有建筑信息数据的模型,该模型可用于基于 BIM 技术的专业应用软件。简单来说,它主要用于项目建模,是 BIM 应用的基础。目前,常用的 BIM 基础软件有美国 AutoDesk 的 Revit 软件、匈牙利 Graphisoft 公司的 ArchiCAD 等。

(2)BIM 工具软件是指利用 BIM 基础软件提供的 BIM 数据信息开展各种工作的应用软件。例如,可以利用由 BIM 基础软件建立的建筑模型,进行进一步的专业配合,如节能分析、造价分析以及施工进度控制。目前,常用的 BIM 软件有美国 AutoDesk 的 Ecotect 以及国内产品鲁班、鸿业等。

(3)BIM 平台软件是指能对各类 BIM 基础软件及 BIM 工具软件产生的 BIM 数据进行有效管理,以便支持建筑生命周期 BIM 数据共享应用的软件。这类软件架构了一个信息共享的平台,各专业人员可以通过网络共享和查看项目数据信息,避免了以往信息变更沟通不及时而导致的错误。目前,常用的 BIM 平台软件有美国 AutoDesk 的 BIM360 系列。

10.2 BIM 技术在施工组织中的应用

10.2.1 BIM 技术在施工场地布置中的应用

1. 施工场地布置的重要性

对施工现场进行合理规划是保障施工正常进行的前提。在施工过程中往往存在材料乱堆乱放、机械设备安置位置妨碍施工的情况,为了进行下一步施工必须将材料设备挪来挪去,从而影响施工的正常进行。施工场地布置要求在设计之初考虑施工过程所需材料以及机械设备的使用情况,合理地进行材料的堆放,通过确定最优路径等方法,为施工提供便利。同时,在施工过程中由于场地狭小等原因,对成品和半成品通过小车或人力进行第二次或多次转运会产生大量的二次搬运费用,增加项目的成本支出。在施工场地布置时要结合施工进度,合理对材料进行堆放,减少因为二次搬运而产生的费用,降低施工成本。

图 10-1 至图 10-3 是施工现场各类材料的堆放模型。

图 10-1 钢筋堆放模型

图 10-2 木方堆放模型

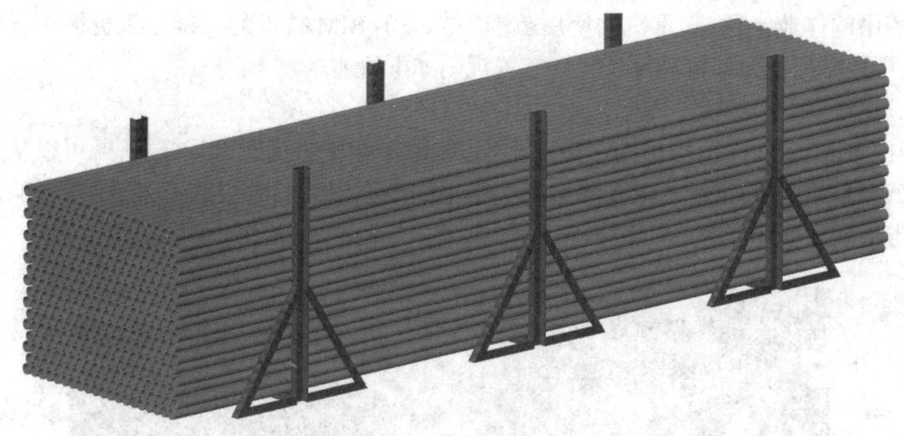

图10-3　长钢管堆放模型

2. 基于BIM的施工场地布置

1)安全文明施工布置

借助BIM技术对施工场地的安全文明施工设施进行建模,并进行尺寸、材料等相关信息的标注,形成统一的安全文明施工设施库。施工现场常用的安全防护设施、加工棚、卸料平台、用电设施、施工通道等都可以通过BIM软件的族功能,建立各种施工设施的BIM族库,并且对尺寸、材质等进行准确标注,为施工设施的制作提供数据支持。图10-4是电箱防护棚,图10-5是二级消防电箱,对尺寸建立标准,在满足场地空间的情况下进行推广,形成企业统一标准。随着企业BIM族库的不断丰富,施工现场设施布置也会变得更加简单。对所有的族文件进行分类整理,建立BIM构件库,在建立施工现场的三维模型时,可以将构件随意拖进三维模型中,建立丰富的施工现场BIM模型,为施工现场布置提供可视化参照。

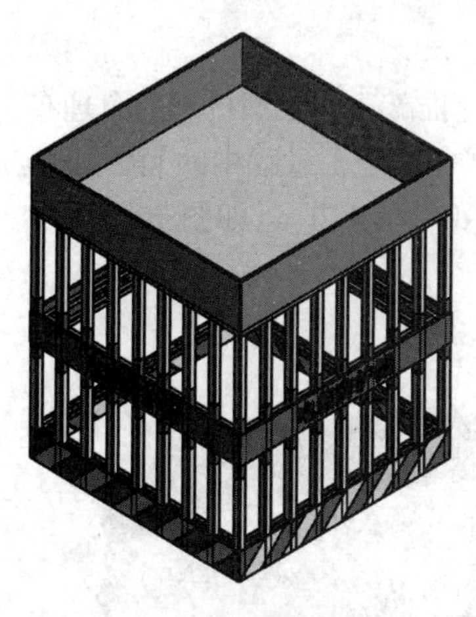

图10-4　电箱防护棚

图10-5　二级消防电箱

2)机械设备管理布置

在施工过程中会用到各种各样的重型施工机械,大型施工设备的进场和安置是施工场地布置的重要环节。传统的二维CAD施工平面设计只能二维显示出施工机械的作业半径,如塔吊的作业半径、起重机的使用范围等。基于 BIM 技术的二维施工机械布置则可以应用在更多方面。大型机械设备现场布置规则如下所述。

Ⅰ. 塔吊

利用 BIM 软件进行塔吊的参数化建模,并引入现场的模型进行分析,既可以从三维的视角来观察塔吊的状态,又能方便地调整塔吊的姿态以判断临界状态,同时不影响现场施工,节省工期和节约能源,如图 10-6 所示。

图 10-6 某塔吊布置 BIM 模型

Ⅱ. 机械设备

(1)混凝土泵布置,BIM 技术可将混凝土泵的水平排布直观地表现出来。

(2)对于超高层泵送,其中需要设置的缓冲层也可以基于 BIM 技术很方便地表达出来。

Ⅲ. 吊车类

Ⅰ)平面规划

在平面规划上,制订施工方案时往往要在平面图上推敲这些大型机械的合理布置方案。但是单一地看平面的 CAD 图纸和施工方案,很难发现一些施工过程中的问题,而应用 BIM 技术就可以通过 3D 模型较直观地选择更合理的平面规划布置方案,如图 10-7 所示。

图 10-7 汽车吊

Ⅱ)方案技术选型与模拟演示

以往采用履带吊吊装过程中,一旦履带吊仰角过小,就容易发生前倾,导致事故发生。现在利用 BIM 技术模拟施工,可以预先对吊装方案进行实际可靠的指导。

Ⅲ)建模标准

建筑工程主要用到的大型机械设备包括汽车吊、履带吊、塔吊等,这些机械建模时最关键的是参数的可设置性,因为不同的机械设备其控制参数是有差异的。如履带吊的主要技术控制参数是起重量、起重高度和半径。考虑到模拟施工对履带吊动作真实性的需要,一般可以将履带吊分成以下几个部分:履带部分、机身部分、驾驶室及机身回转部分、机身吊臂连接部分、吊臂部分和吊钩部分。汽车吊与履带吊有相似之处,主要区别是增加了车身水平转角、整体转角、吊臂竖直平面转角等参数。

Ⅳ)协调

在施工过程中,往往因受到各种场外因素干扰,导致施工进度不可能按原先施工方案所制订的节点计划进行,经常需要根据现场实际情况进行修正,这同样也会影响大型机械设备的进场时间和退场时间。以往没有 BIM 模拟施工时,对于这种进度变更情况,很难及时调整机械设备的进出场时间,经常会发生各种调配不力的问题,造成不必要的等工。

现在,利用 BIM 技术的模拟施工可以很好地根据现场施工进度的调整,来同步调整大型机械设备进出场的时间节点,以此来提高调配的效率,并节约成本。

3)施工机械进场模拟

施工机械体积庞大,施工现场的既有设施、施工道路等可能会阻碍施工机械的进场。依托 BIM 技术,设置施工机械进场路径,找出施工机械在整个进场环节中的碰撞点,再进行进场路径的重新规划或者碰撞位置的调整,确保施工机械在进场过程中不出现任何问题。

Ⅰ. 施工机械的固定验算

施工企业对于施工机械的现场固定要求较高,如塔吊等设备在固定前都要进行施工受力验算,以确保在施工过程中能够保证塔吊的稳定性。近几年,塔吊事故频发,造成大量的生命财产损失。借助 BIM 技术对施工现场的塔吊固定进行校验和检查,可保证塔吊基座和固定件的施工质量,确保塔吊在施工过程中的稳定性。

Ⅱ. 成本控制

BIM 技术的优势在于其信息的可流转性,一个 BIM 模型不仅包含构件的三维样式,更重要的是其所涵盖的信息,包括尺寸、重量、材料类型以及材料生产厂家等。在使用 BIM 软件进行场地建模后,可以对布置过程中所使用的施工机械设备数量、临电临水管线长度、场地硬化混凝土工程量等一系列的数据进行统计,形成可靠的工程量统计数据,为工程造价提供可靠依据。通过在 BIM 软件中选择要进行统计的构件,设置要显示的字段等信息,可以输出工程量清单计算表。

4)碰撞检测

施工现场总平面布置模型中需要做碰撞检查的内容主要如下。

(1)物料、机械堆放布置,进行相应的碰撞检查,检查施工机械设备之间是否有冲突、施工机械设备与材料堆放场地的距离是否合理。

(2)道路的规划布置,所用的道路与施工道路尽量不交叉或者少交叉,保证施工现场的安全生产。

（3）临时水电布置，避免与施工现场固定式机械设备的布置发生冲突，避免施工机械如吊臂等与高压线发生碰撞，应用 BIM 软件进行漫游和浏览，及时发现危险源并采取措施。

10.2.2 BIM 技术在深化设计中的应用

1.BIM 技术在钢筋混凝土结构工程中的深化设计应用

钢筋工程是钢筋混凝土结构施工工程中的一个关键环节，它是整个建筑工程中工程量计算的重点与难点。据统计，钢筋工程的计算量占总工程量的 50%~60%，其中列计算式的时间约占 50%。

1）现浇钢筋混凝土深化设计

由于结构的形式日趋复杂，越来越多的工程节点处钢筋非常密集，施工难度比较大，同时不少设计采用型钢混凝土的结构形式，在本已密集的钢筋工程中加入了尺寸比较大的型钢，带来了新的矛盾，通常表现在以下几点。

（1）型钢与箍筋之间的矛盾，大量的箍筋需要在型钢上留孔或焊接。

（2）型钢柱与混凝土梁接头部位钢筋的连接形式较为复杂，需要通过焊接、架设牛腿或者贯通等方式来完成连接。

（3）多个构件相交处钢筋较为密集，多层钢筋重叠，钢筋本身的标高控制及施工有很大的难度。

采用 BIM 技术虽不能完全解决以上矛盾，但是可以给施工单位提供一种很好的手段来与设计方进行交流，同时利用三维模型的直观性可以很好地模拟施工的工序，避免因为施工过程中的操作失误而导致钢筋无法放置。

2）钢筋的数字化加工

对于复杂的现浇混凝土结构，除由模板定位保证其几何形状正确外，内部钢筋的绑扎和定位也是一项很大的挑战。对于三维空间曲面的钢筋结构，传统的钢筋加工机器已经无法满足，也无法用常规的二维图纸将其表示出来，必须采用 BIM 软件建立三维钢筋模型，同时以合适的格式传递给相关的三维钢筋弯折机器，以便顺利完成钢筋的加工。

模板工程是钢筋混凝土结构施工工程中的另一个关键环节，BIM 模板深化设计的基本流程：基于建筑结构本身的 BIM 模型进行模板的深化设计→进行模板的 BIM 建模→调整深化设计→完成基于 BIM 的模板深化设计。

对于混凝土结构而言，首先必须确保的就是模板排架的定位准确、搭设规范。只有在此基础上，再加强混凝土的振捣、养护，才能确保现浇混凝土形状的准确。

通过 BIM 技术可以有效地将模板的构造通过三维可视的模式细化出来，便于工人安装。同时，定型钢模等相关模板可以通过相关计算机数控机床完成定制模板的加工，首先由 BIM 确定模板的具体样式，再通过人工编程确定数控机床刀头的运行路径完成模板的生成及切割。

随着 3D 打印技术的发展，异型结构已经可以结合 3D 打印技术等完成相关的设计，这对于工作效率的提高将是一个更大的改进，同时精确度也将显著提高。

2.BIM 技术在钢结构工程中的深化设计应用

钢结构 BIM 三维实体建模出图深化设计过程的本质就是进行计算机预拼装，实现“所见即所得”的过程。首先,所有的杆件、节点连接、螺栓焊缝、混凝土梁柱等信息都通过三维实体建模进入整体模型,该三维实体模型与以后实际建造的建筑完全一致;其次,所有加工详图(包括布置图、构件图、零件图等)均是利用三视图原理投影生成的,图纸中所有尺寸,包括杆件长度、断面尺寸、杆件相交角度等均是从三维实体模型上直接投影产生的。

钢结构BIM三维实体建模出图深化设计的过程基本可分为四个阶段,具体流程如图10-8所示,每一个深化设计阶段都有校对人员参与,实施过程控制,由校对人员审核通过后才能出图,并进行下一阶段的工作。

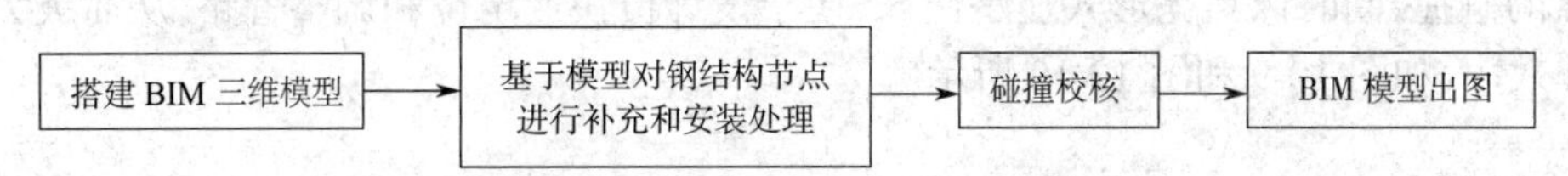

图10-8　钢结构BIM三维实体建模出图深化设计过程示意图

(1)根据结构施工图,建立轴线布置和搭建杆件实体模型,导入AutoCAD中的单线布置,并进行相应的校核和检查,保证两套软件设计出来的构件数据在理论上完全吻合,从而确保构件定位和拼装的精度,并创建轴线系统以及创建和选定工程中所要用到的截面类型、几何参数。

(2)根据设计图纸,对模型中的杆件连接节点、构造、加工和安装工艺细节进行补充和安装处理。在整体模型建立后,需要对每个节点进行装配,结合工厂制作条件、运输条件,考虑现场拼装、安装方案及土建条件。

(3)对搭建的模型进行碰撞校核,并由审核人员进行整体校核、审查。所有连接节点装配完成后,运用“碰撞校核”功能进行所有细微的碰撞校核。

(4)采用BIM技术对钢网架复杂节点进行深化设计,提前对重要部位的安装进行动态展示、施工方案预演和比选,实现三维指导施工,从而更加直观地传递施工意图,避免二次返工,最后完成BIM模型出图。

3.BIM技术在机电工程中的深化设计应用

1)机电管线全方位冲突碰撞检测

利用BIM技术建立三维可视化的模型,在碰撞发生处可以实时变换角度进行全方位、多角度的观察,便于讨论修改,这是提高工作效率的一大突破。BIM技术使各专业可以在统一的建筑模型平台上进行修改,各专业的调整实时显现、实时反馈。

BIM技术应用下的任何修改的优点体现在:能最大限度地发挥BIM技术所具备的参数化联动特点,可实现从参数信息到形状信息各方面的同步修改;无改图或重新绘图的工作步骤,更改完成后的模型可以根据需要生成平面图、剖面图以及立面图;与传统利用二维方式绘制施工图相比,在效率上的巨大差异一目了然。

为避免各专业管线发生碰撞,提高碰撞检测工作效率,可采用如下实施流程。

(1)将综合模型按不同专业分别导出,模型导出格式为DWF或NWC的文件。

(2)在BIM软件中将各专业模型叠加成综合管线模型进行碰撞检测。

(3)根据碰撞结果回到Revit软件中对模型进行调整。

(4)将调整后的结果反馈给深化设计员,深化设计员调整深化设计图,然后将图纸返回给BIM设计员,最后BIM设计员将三维模型按深化设计图进行调整和碰撞检测。

如此反复,直至碰撞检测结果为“零”碰撞。

全方位碰撞检测时,首先进行的应该是机电各专业与建筑结构间的碰撞检测,在确保机电与建筑结构间无碰撞后,再对模型进行综合机电管线间的碰撞检测。同时,根据碰撞检测结果对原设计进行综合管线调整,对碰撞检测过程中可能出现的误判,人工对报告进行审核调整,进而得出修改意见。

可以说,各专业间的碰撞交叉是深化设计阶段中无法避免的一个问题,但运用 BIM 技术则可以通过将各专业模型汇总到一起后再利用碰撞检测的功能,快速检测到并提示空间某一点的碰撞,同时以高亮形式显示出来,便于设计员快速定位和调整管路,从而极大地提高工作效率,如图 10-9 和图 10-10 所示。

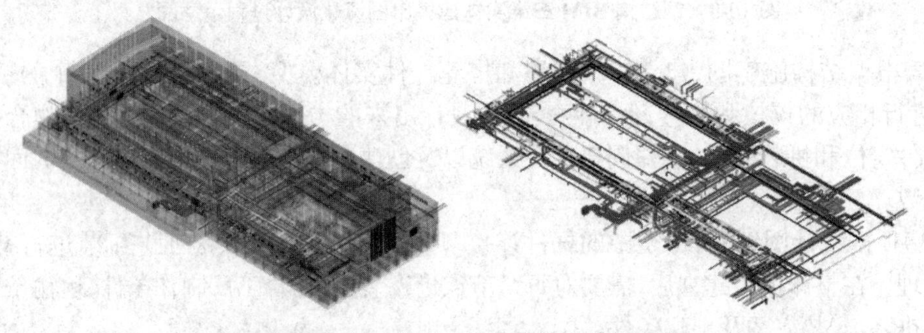

图 10-9 某工程机电设备及管线整体模型

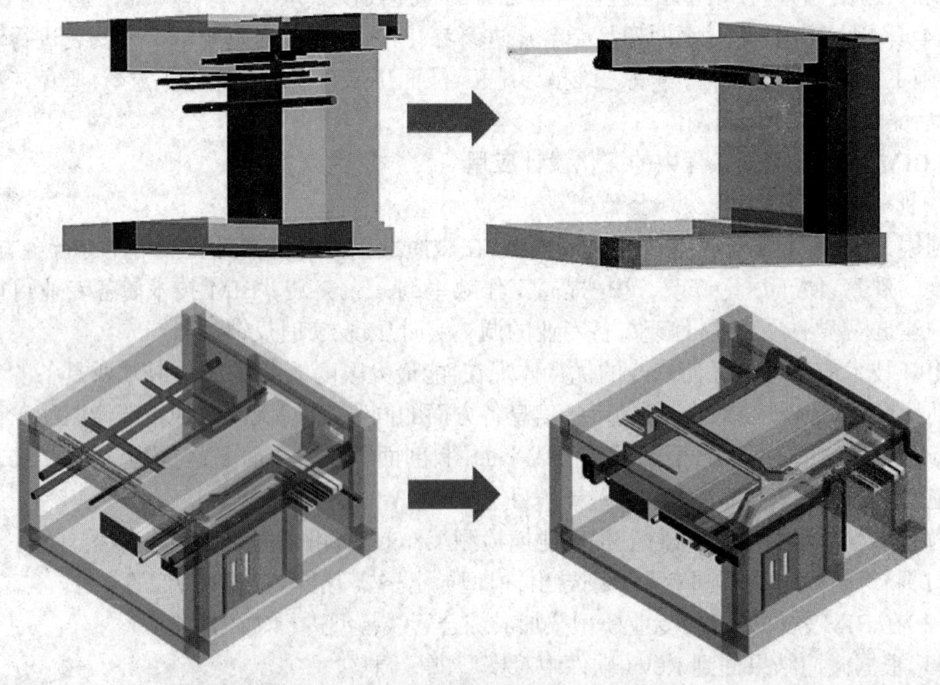

图 10-10 各专业管线碰撞检查优化前后对比

一般根据以下原则解决碰撞问题:小管让大管、有压管让无压管、电气管在水管上方、风管尽量贴梁底、充分利用梁内空间、冷水管道避让热水管道、附件少的管道避让附件多的管道、给水管在上、排水管在下等。

同时,也必须注意有安装坡度要求的管路,如除尘、蒸汽及冷凝水管路,最后综合考虑疏水器、固定支架的安装位置和数量,应该满足规模要求和实际情况的需求,通过对管道的修改消除碰撞点。调整完成后,要对模型进行第二次碰撞检测,如有碰撞则继续进行修改,如此反复,直至最终检测结果为“零”碰撞。

BIM 技术的应用在碰撞检测中起到了重大作用,其在机电工程深化碰撞检测中的优越性见表 10-1。

表 10-1　机电工程应用 BIM 技术碰撞检测前后对比

项目	工作方式	影响	调整后工作量
传统碰撞检测工作	各专业反复讨论、修改、再讨论,耗时较长	调整工作对同步操作要求高,牵一发而动全身,工程进度因重复劳动而受拖延、效率低下	重新绘制各部分图纸(平、立、剖面图)
BIM 技术下的碰撞检测工作	在模型中直接对碰撞进行实时调整	简化异步操作中的协调问题,模型实时调整,统一、即时显现	利用模型按需生成图纸,无须进行绘制

2)方案对比

利用 BIM 软件可进行方案对比,通过不同的方案对比,选择最优的管线排布方式。若最优方案与深化设计有出入,则可与深化设计人员进行沟通,修改深化设计。

3)空间合理布留

管线综合是一项技术性较强的工作,不仅可利用它来解决碰撞问题,同时也能考虑系统的合理性和优化问题。当多专业系统综合后,个别系统的设备参数不足以满足运行要求时,可及时做出修正,对于设计中可以优化的地方也可尽量完善。

空间优化、合理布留的策略是在不影响原管线机能及施工可行性的前提下,对机电管线进行适当调整。这类空间优化正是通过 BIM 技术应用中的可视化设计实现的。深化设计人员可以任意角度查看模型中的任意位置,呈现三维实际情况,弥补个人空间想象力及设计经验的不足,保证各深化设计区域的可行性和合理性,而这些在二维平面图上是很难实现的。

4)精确确定留洞位置

凭借 BIM 技术三维可视化的特点, BIM 能够直观地表达出需要留洞的具体位置,不仅不容易遗漏,还能做到精确定位,可有效解决深化设计人员出留洞图时的诸多问题。同时,出图质量的提高也省去了修改图纸返工的时间,大大提高了深化出图效率。

利用 BIM 技术可以巧妙地运用 Navisworks 的碰撞检测功能,不仅能发现管线和管线间的碰撞点,还能利用其快速、准确地找出需要留洞的地方。BIM 技术人员通过碰撞检测功能确定留洞位置的优点是不用逐一在 Revit 软件中寻找留洞处,而是根据碰撞检测结果,快速、准确地找到需要留洞区域,解决漏留、错留、乱留的问题,有效辅助深化设计人员出图,提高出图质量,节省大量修改图纸的时间,提高深化出图效率。

5)精确确定支架布留预埋位置

在机电深化设计中,支架布留预埋是极为重要的一部分。首先,在管线情况较为复杂的地方，经常会存在支架摆放困难、无法安装的问题。对于剖面未剖到的地方，支架是否能够合理安装，是否符合吊顶标高要求，是否满足美观、整齐的施工要求就显得尤为重要。其次，从施工角度而言，部分支架在土建阶段就需在楼板上预埋钢板，如冷冻机房等管线较多的地方，为了使支架能承受管线的重量，需在楼板中进行预埋，但在对机电管线未仔细考虑的情况下，具体位置无法精确定位，现在普遍采用"盲打式"预埋法在一个区域的楼板上均布预留，这就存在以下几个问题：

(1)支架不是为机电管线量身定做，支架布留无法保证100%成功安装；

(2)预埋钢板利用率较低，造成大量浪费；

(3)对于局部特殊要求的区域可变性较小，容易造成无法满足安装或吊顶要求的现象。

针对以上几个问题，BIM软件可以模拟出支架的布留方案，在模型中可以提前模拟出施工现场可能遇到的问题，对支架具体的布留摆放位置给予准确定位。

特别是剖面未剖到和未考虑到的地方，在模型中都可以形象具体地进行表达，确保100%能够满足布留及吊顶高度要求。同时，按照各专业设计图纸、施工验收规范、标准图集要求，可以正确选用支架形式、控制间距、确定布置及拱顶方式。

对于大型设备、大规格管道、重点施工部分进行应力、力矩验算，包括支架的规格、长度，固定端做法，采用的膨胀螺栓规格，预埋件尺寸及预埋件具体位置，这些都能够通过BIM直观地反映出来，通过模型模拟使得出图更加精细。

例如，某项目中需要安装支架、托架的地方很多，结合各个专业的安装需求，通过BIM直观地反映出支架及预埋的具体位置及施工效果，尤其对于管线密集、结构突兀、标高较低的地方，通过支架两头定位、中间补全的设计方式辅助深化出图，为深化修改提供良好依据，使深化出图更加精细。

6)精装图纸可视化模拟

BIM不仅可以反映管线布留的关系，还能模拟精装吊顶，吊顶装饰图也可根据模型出图。

在模型调整完成后，BIM设计人员可赶赴现场实地勘察，对现场实际施工进度和情况与所建模型进行详细比对，并将模型调整后的排列布局与施工人员进行讨论协调，充分听取施工人员的意见后，确定模型的最终排布。

系统管线或末端有任何修改，都可以及时反映在模型中，及时模拟出精装效果，在进行灯具、风口、喷淋头、探头、检修口等设施的选型与平面设置时，除满足功能要求外，还可兼顾精装方面的选材与设计理念，力求达到功能和装修效果的完美统一。

10.2.3 BIM技术在施工方案模拟中的应用

1. 概述

通过BIM技术建立建筑物的几何模型和施工过程模型，可以实现对施工方案进行实时、交互和逼真的模拟，进而对已有的施工方案进行验证、优化和完善，逐步代替传统的施工方案编制方式和方案操作流程。在对施工过程进行三维模拟操作过程中，能预知在实际施工过程中可能碰到的问题，提前避免和减少返工以及资源浪费的现象，优化施工方案，合理配置施工资源，节省施工成本，加快施工进度，控制施工质量，以达到提高建筑施工效率的目的。

施工方案模拟体系流程如图 10-11 所示。从图中可以看出,在建筑工程项目中使用虚拟施工技术是一个庞杂繁复的系统工程,其中包括建立建筑结构三维模型、搭建虚拟施工环境、定义建筑构件的先后顺序、对施工过程进行虚拟仿真和管线综合碰撞检测以及最优方案判定等,同时也涉及建筑、结构、水暖电、安装、装饰等不同专业、不同人员之间的信息共享和协同工作。

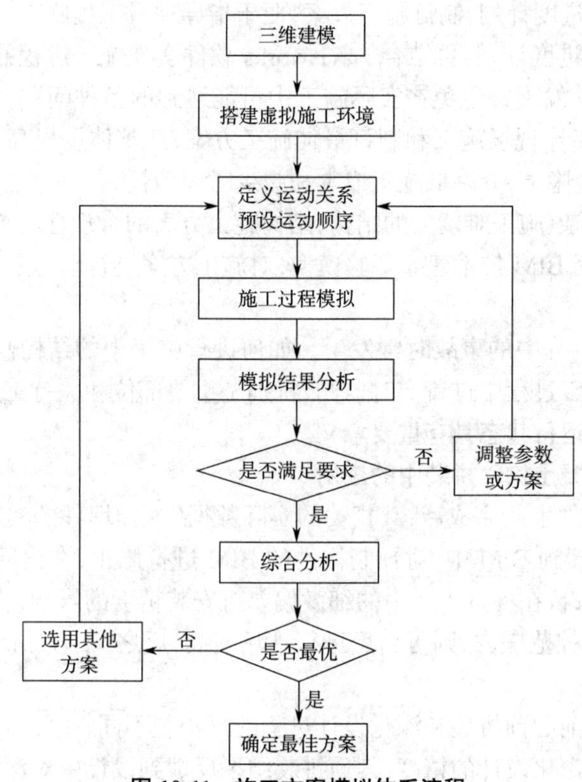

图 10-11　施工方案模拟体系流程

将施工方案模拟应用于建筑工程实践中,首先需要应用 BIM 软件 Revit 创建三维数字化建筑模型,然后可从该模型中自动生成二维图形信息及大量相关的非图形化的工程项目数据信息。借助于 Revit 强大的三维模型立体化效果和参数化设计能力,可以协调整个建筑工程项目信息管理,增强与客户的沟通能力,及时获得包括项目设计、工作量、进度和运算方面的信息反馈,在很大程度上减少文档和数据信息不一致所造成的资源浪费。利用 Revit 可将所创建的 BIM 模型方便地转换为具有真实属性的建筑构件,促使视觉形体研究与真实的建筑构件相关联,从而实现 BIM 中的虚拟施工。

在 BIM 技术应用过程中,总包单位作为项目 BIM 技术管理体系的核心,从设计单位拿到 BIM 的设计模型后,先将模型拆分给各个专业分包单位进行专业深化设计,深化完成后汇总到总包单位,并采用 Navisworks 软件对结构预留、隔墙位置、综合管线等进行碰撞校验,各分包单位在总包单位的统一领导下不断深化、完善施工模型,使之能够直接指导工程实践,并不断完善施工方案。另外, Navisworks 软件还可以对模型进行实时的可视化、漫游与体验,实现四维施工模拟,确定工程各项工作的开展顺序、持续时间及相互关系,反映各专业的施工进度与预测进度,从而指导现场施工。

在工程项目施工过程中,各专业分包单位要加强维护和应用 BIM 技术,按要求及时更新和深化 BIM,并提交相应的 BIM 技术应用成果。对于复杂的节点,除利用 BIM 技术检查施工完成后是否有冲突外,还要模拟施工安装的过程,避免后安装构配件由于运动路线受阻、操作空间不足等问题而无法施工。

根据利用 Revit 软件建立的 BIM 施工模型,确定合理的施工工序,完善材料进场管理,进而编制详细的施工进度计划,制订施工方案,便于指导项目工程施工。

按照制订的施工进度计划,再结合 Navisworks 软件实现施工过程的三维模拟。通过三维仿真模拟,可以提前发现并避免在实际施工中可能遇到的各种问题,如机电管线碰撞、构件安装错位等,以便指导现场施工和制订最佳施工方案,从整体上提高建筑的施工效率,确保施工质量,消除安全隐患,并降低施工成本和减少时间消耗。

对于结构体系复杂、施工难度大的结构,结构施工方案的合理性与施工技术的安全可靠性都需要验证,可利用 BIM 技术建立试验模型,对施工方案进行动态展示,从而为试验提供模型基础信息。

长期以来,建筑工程中的事故时常发生。如何进行施工中的结构监测已成为国内外的前沿课题之一。在施工过程中进行实时监测,特别是重要部位和关键工序,对及时了解施工过程中结构的受力和运行状态具有重要意义。

2.BIM 技术在混凝土构件拼装中的应用

在预制混凝土构件生产完成后,其相关的实际数据(如预埋件的实际位置、窗框的实际位置等参数)需要反馈到 BIM 中,对预制构件的 BIM 进行修正,在出厂前需要对修正的预制构件进行虚拟拼装,旨在检查生产中的细微偏差对安装精度的影响,若经虚拟拼装显示对安装精度的影响在可控范围内,则可出厂进行现场安装;反之,不合格的预制构件则需要重新加工。

混凝土构件出厂前的预拼装和深化设计过程的预拼装不同,主要体现在:深化设计阶段的预拼装主要是检查深化设计的精度,其预拼装结果反馈到设计中对深化设计进行优化,可提高预制构件生产设计的水平;而出厂前的预拼装主要融合生产中的实际偏差信息,其预拼装结果反馈到实际生产中对生产过程工艺进行优化,同时对不合格的预制构件进行报废,可提高预制构件生产加工的精度和质量。

3.BIM 技术在钢结构构件拼装中的应用

钢构件的虚拟拼装优势体现在以下方面:

(1)节省大块预拼装场地;

(2)节省预拼装临时支撑设施;

(3)减少劳动力投入;

(4)缩短加工周期。

这些优势都能够直接转化为成本的节约,以经济的形式直接回报加工企业,以节省工期的形式回报施工和建设单位。

要实现钢构件的预拼装,首先要实现实物结构的虚拟化。所谓实物结构的虚拟化,就是把真实的构件准确地转变成数字模型。该工作依据构件的大小有各种不同的转变方法,目前直接可用的设备包括全站仪、三坐标检测仪、激光扫描仪等。

采集数据后，就需要分析实物产品模型与设计模型之间的差距。由于检测坐标值与设计坐标值的参照坐标系互不相同，所以在比较前必须将两套坐标值转化到同一个坐标系下。

利用空间解析几何及线性代数的一些理论和方法，可以将检测坐标值转化到设计坐标值的参照坐标系下，使转化后的检测坐标与设计坐标尽可能接近，也就使节点的理论模型与实物的数字模型尽可能重合，以便于后续的数据比较。

分别计算每个控制点是否在规定的偏差范围内，并在三维模型中逐个体现，从而逐步用实物产品模型代替原有设计模型，形成实物模型组合，所有的不协调和问题就都能够在模型中反映出来，也就代替了原来的预拼装工作。这里需要强调的是，在两种模型组合的过程中，必须使用“最优化”理论求解。因为构件拼装时，工人会发挥主观能动性，将构件调整到最合理的位置。

在虚拟拼装过程中，如果构件比较复杂，手动调整模型较难调整到最合理的位置，容易发生误判。

10.3　BIM 技术在施工过程中的应用

10.3.1　BIM 技术在基坑工程施工中的应用

随着超高层和大跨度建筑的迅猛发展，基坑工程的规模和深度不断扩大，而基坑坍塌等安全事故频发，对基坑工程的设计和施工提出了更高的要求。BIM 技术作为建筑行业新兴的技术手段也被逐渐应用于基坑领域。

通过创建基坑工程的三维模型，基坑工程实现可视化交底，在投标过程中可以将利用 BIM 技术建立的三维模型编制在投标文件中，让招标方对建设项目有直观清晰的理解。对于 BIM 技术在基坑工程施工管理中的应用，可利用 Revit 软件对基坑工程进行三维模型的创建，并结合应用 Project 和 Navisworks 软件，根据施工进度计划安排进行施工进度的动态模拟，全面形象地展示基坑工程的施工过程，使施工管理更高效，避免施工效率低下及窝工现象，实现项目部对施工过程的高效管理和控制。

下面以某实际案例为工程背景，介绍基坑工程的主要施工方法及 BIM 技术应用。

1. 工程概况

某工程基坑呈长方形，基坑周长 898 m，面积约 4.75 万平方米，平均开挖深度 14.7 m，土方开挖量约 53.76 万立方米，局部深坑最大开挖深度 18.4 m。

围护结构：基坑采用二级支护，南侧、西侧及北侧第一级支护为预制桩悬臂，角部为预制桩 + 支撑形式，而后设置宽度不小于 9.8 m 的平台，平台内第二级支护为单排钢筋混凝土灌注桩 + 锚索形式，局部设置单排钢筋混凝土灌注桩 + 支撑形式；东侧第一级支护为天然放坡、二级放坡，而后设置宽度 9.0 m 的平台，平台内第二级支护为单排钢筋混凝土灌注桩 + 锚索形式，局部设置单排钢筋混凝土灌注桩 + 支撑形式。基坑外围卸土土坡做护坡，护坡采用 50 mm 厚喷射混凝土，混凝土强度等级 C20，内配置单层双向直径 4 mm、间距 250 mm 钢筋网片，坡面每 4 m^2 设置一个泄水孔。斜桩位置开挖后，喷射 C20 混凝土防止桩间土塌落，每 4 m^2 设置一个泄水孔。

止水帷幕:设置闭合止水帷幕防止基坑外地下水流入基坑内,止水帷幕采用直径 850 mm、间距 1 200 mm 的单排三轴水泥土搅拌桩。

支护结构安全等级:基坑外围各处均为一级,基坑内局部深坑均为三级。

该工程基坑支护平面图和部分剖面图如图 10-12 至图 10-16 所示。

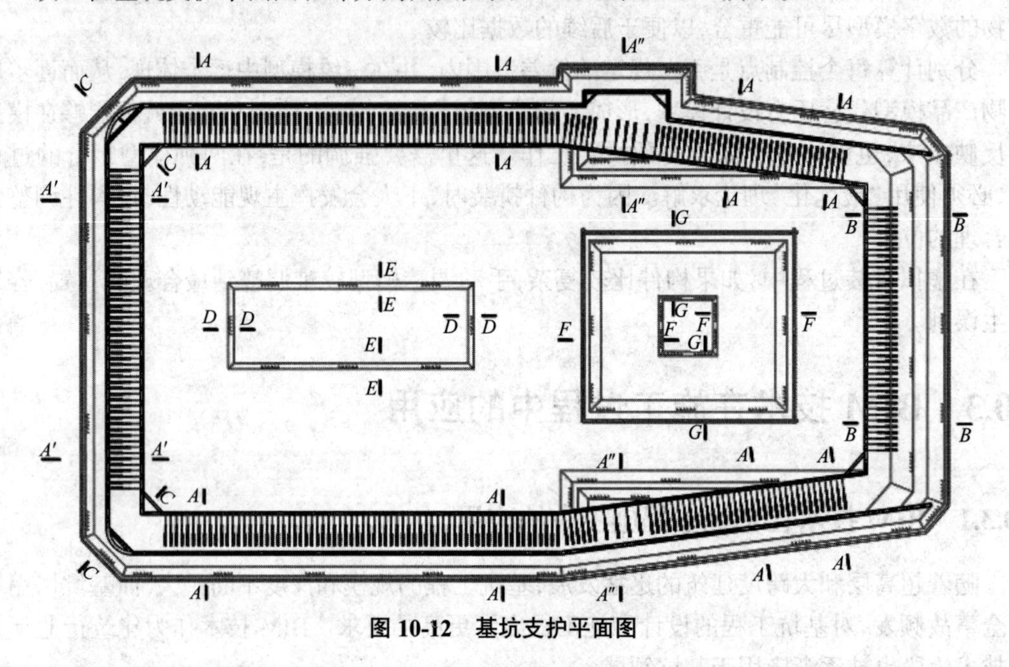

图 10-12 基坑支护平面图

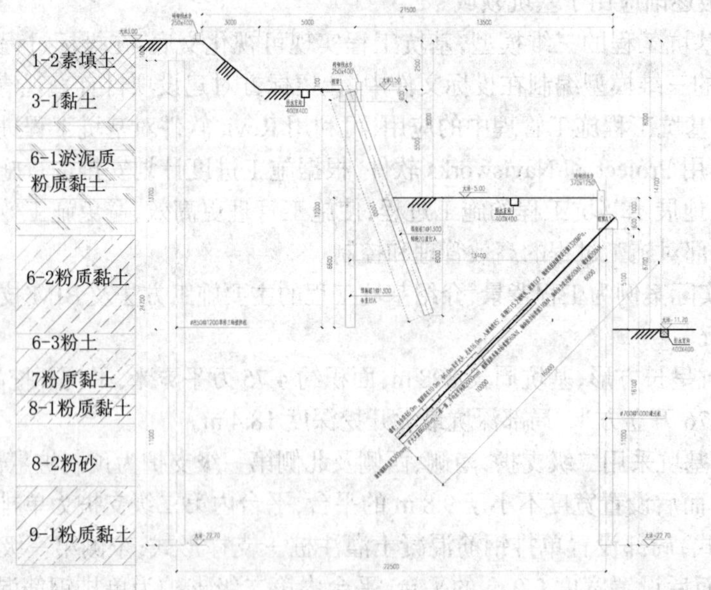

图 10-13 *A—A* 剖面图

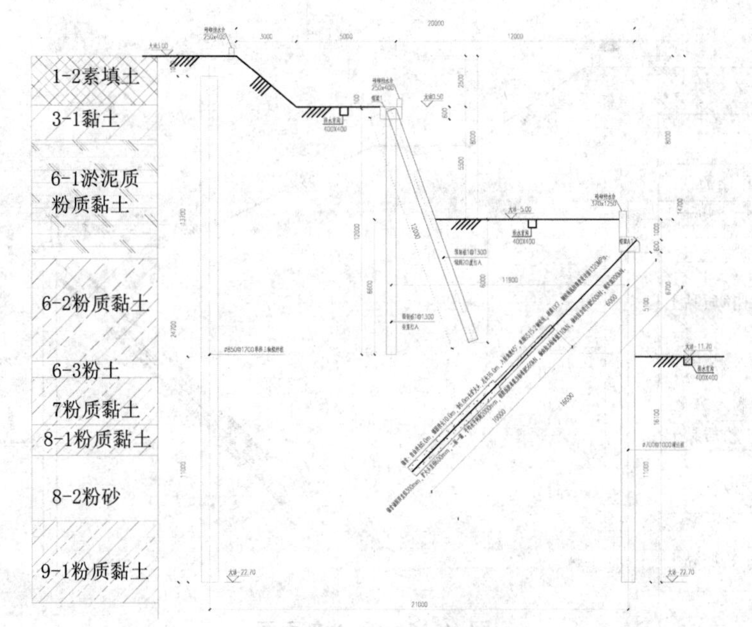

图 10-14　A′—A′ 剖面图

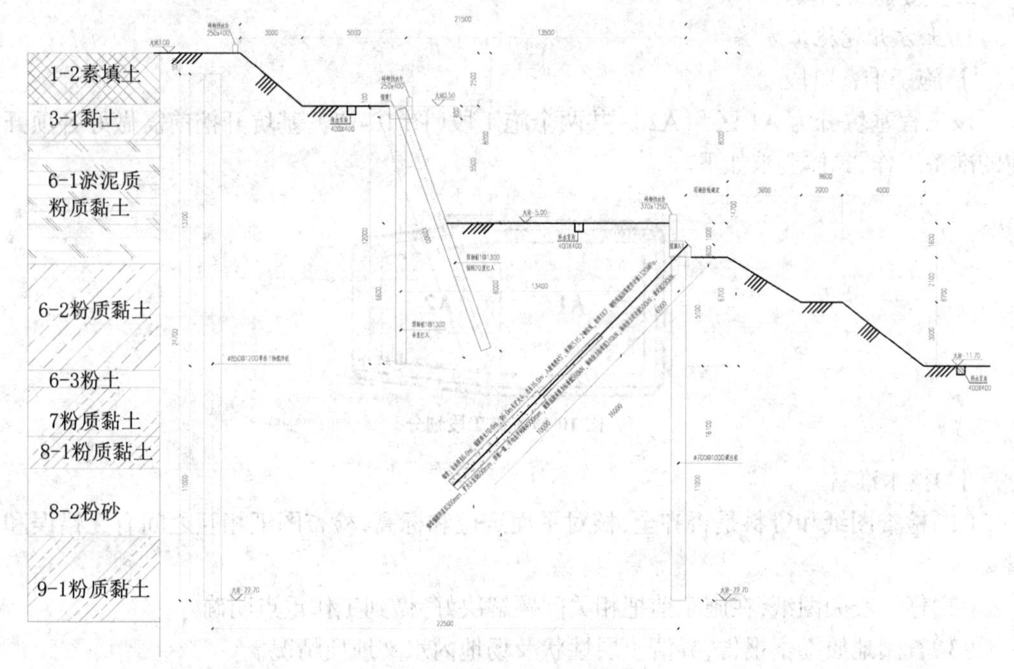

图 10-15　A″—A″ 剖面图

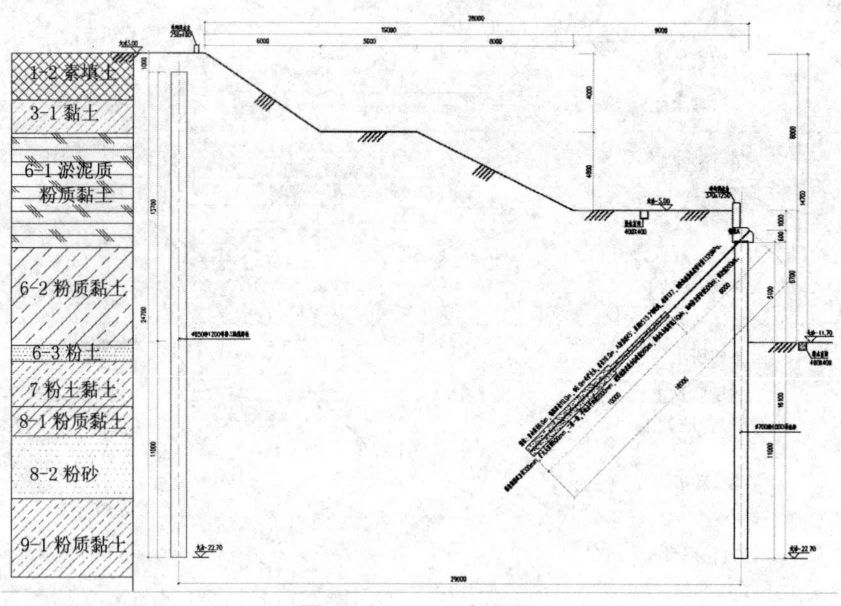

图 10-16 *B*—*B* 剖面图

2. 主要施工方案

1)土方开挖施工方法

Ⅰ.施工准备阶段

该工程基坑分为 A1 区和 A2 区共两个施工段(图 10-17),基坑开挖前需做好各项开挖前的准备工作,具体要求如下。

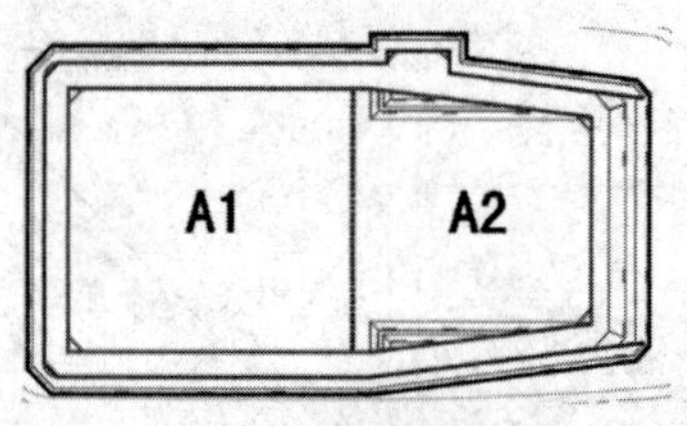

图 10-17 施工段划分

Ⅰ)技术准备

(1)检查图纸和资料是否齐全,核对平面定位和标高,检查图纸相互之间有无错误和矛盾。

(2)仔细查阅图纸,在施工前把相关问题解决好,做到工作重点明确。

(3)查阅地质勘察报告,弄清土层性状及场地内水文地质情况。

(4)熟悉设计内容和技术要求,充分了解工程规模、特点和质量要求。

(5)施工前,将设计意图层层交底,确保各级施工人员充分了解工程特点。

(6)提前制订基坑降水开挖施工方案,绘制基坑土方开挖图,确定开挖路线、顺序、边坡坡度、出土路线等。

Ⅱ)现场准备

(1)调查周边道路、地下管网线路、障碍物情况,形成书面资料,以指导施工。

（2）与交通、城建、市政、市容、环保等政府相关部门联系，办理渣土外运手续，落实弃土场地。

（3）实现场地“三通一平”，对施工场地及车辆行走路线做出必要的规划，对不适于车辆行走的软土地段，采取相应措施进行垫碎石、渣土、钢板或地面硬化处理。

（4）配备足够的夜间照明设备，卸土场地、运土道路及其他危险地段也要安装必要的散光灯和警戒灯。

（5）所有材料、设备、运输作业机械必须进场到位，水、电必须接通。

（6）机械设备进行维护检查、试运转，使其处于良好的工作状态。

Ⅲ）检查井点降水效果、现场排水

为确保基坑开挖的安全，首先应进行基坑降水，降水工作在整个开挖过程中应持续进行，挖至坑底标高时，坑内形成排水盲沟，并与降水井相连，实现同步运行。基坑内地下水位应控制在坑底以下 1.0 m，基坑开挖前应进行 20 d 以上全面降水，以保证土方开挖面无明水作业。同时，在基坑内外布置排水系统，所有排水系统设置三级沉淀箱，保证污水全部经过三级沉淀后，再排入市政污水管道。

Ⅱ. 实施阶段

土方开挖工程量约为 53.76 万立方米，分两步开挖，即先在 A1 区由北侧中部向西开挖，再在 A2 区由南侧中部向东开挖。

Ⅰ）第一步土方开挖

由地坪至二级支护帽梁部位，开挖范围为大沽 3.00 m 至大沽 −6.60 m，开挖深度为 9.6 m，按二层退台接力开挖，其中第一层为自然地坪至大沽 −0.10 m（帽梁 1 底面），第二层为大沽 −0.10 m 至大沽 −6.60 m（帽梁 A1 底面），土方开挖量共约 37 万立方米。

第一层土方开挖：首先进行坡道区域帽梁 1 部位的土方开槽，为帽梁 1 施工提供工作面，帽梁 1 提前插入施工，并做好保温养护工作，使强度尽快达到设计要求，并及时回填土；然后沿帽梁 1 长度方向向两侧继续开槽，使帽梁 1 接连施工，如图 10-18 所示。帽梁 1 部位土方开挖完成后，开挖其他区域土方。在此期间，机械、车辆通过临时坡道通行。待坡道部位帽梁 1 混凝土强度达到设计强度 C35，对该区域进行土方回填。土方回填的目的是在此处形成机械、车辆通行的坡道。土方回填要求是素土分层夯实，夯实厚度 300 mm，压实系数不低于 0.94，采用人工配合机械夯实，在回填完毕后，在坡道上铺 20 mm 厚钢板，并焊钢筋作为防滑条。

第二层土方开挖：此时帽梁 1 施工完成，首先进行帽梁 A1 部位土方开槽，为帽梁 A1 和旋喷锚索施工提供工作面，使帽梁 A1 和旋喷锚索提前插入施工；帽梁 A1 工作面全部具备后，开挖其他区域土方，形成分层退台接力开挖方式，由中间向东、西两边退台接力开挖，坡度系数为 1∶1.5，如图 10-19 所示。在此期间，机械、车辆通过正式出土坡道通行。

为保证交界处挖土安全，在 A1 和 A2 区交界部位提前撒白灰线定点划分，进行每一步土方开挖时都要保证交界位置处高差不得大于 0.5 m。

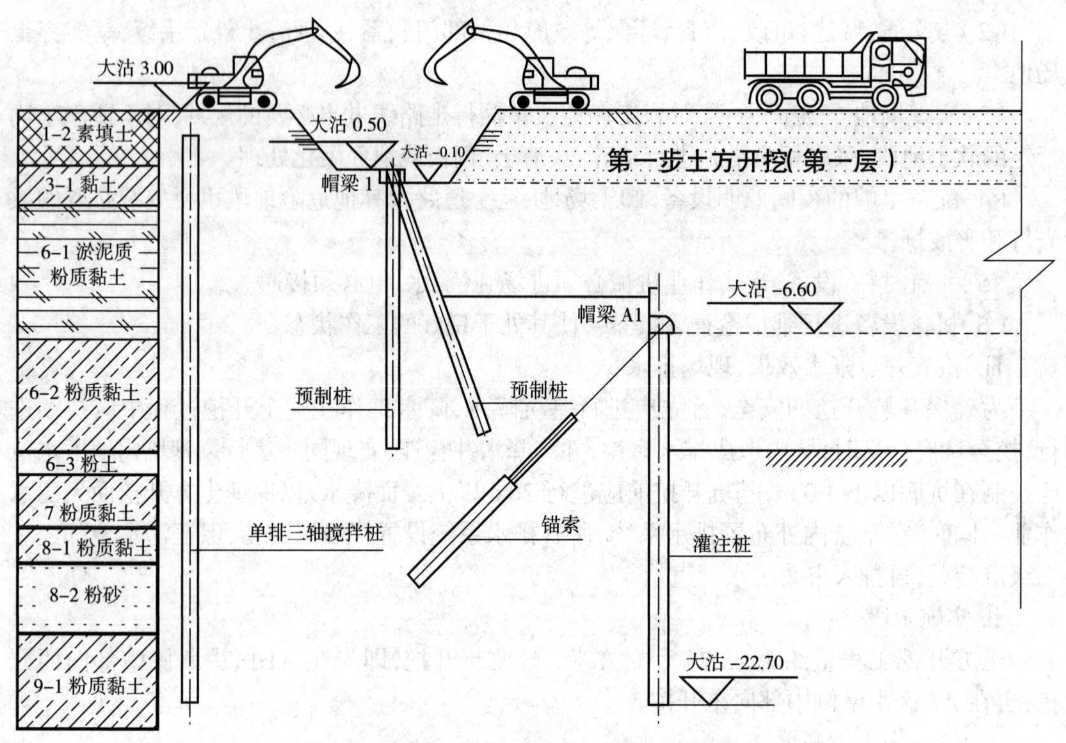

图 10-18　第一步第一层土方开挖剖面示意图

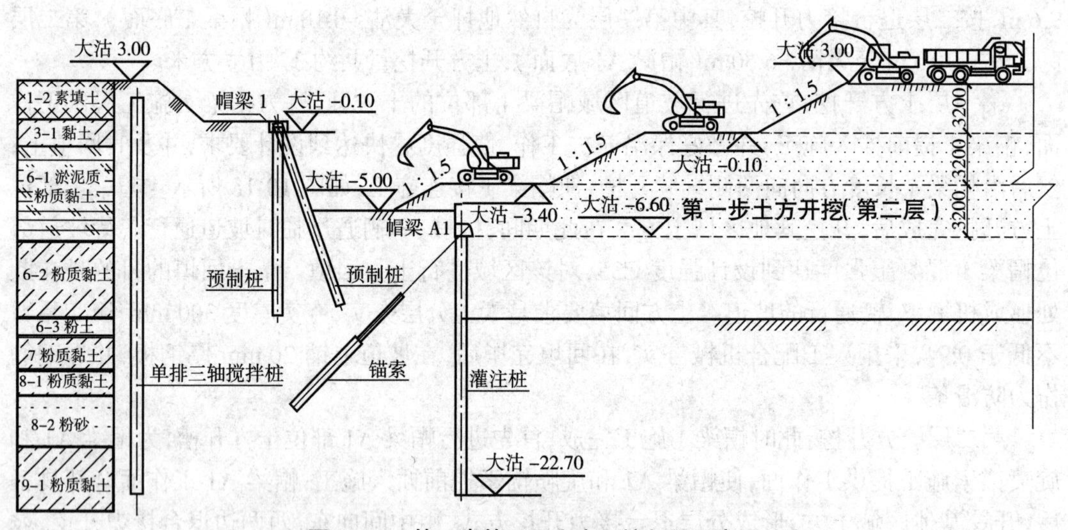

图 10-19　第一步第二层土方开挖剖面示意图

Ⅱ)第二步土方开挖

大沽高程 -6.60 m 至基底范围土方，采用分层退台接力开挖，由中间分别向东、西方向退台开挖，机械一直挖到距基坑底部以上 300 mm 处，预留 300 mm 厚土方由人工清槽，如图 10-20 所示。为避免基坑内土体被扰动，在坑底标高以上 300 mm 采用人工清槽，局部电梯井、集水坑、承台下部等可采用小型挖掘机配合人工挖土，同时挖出盲沟、降水井等。

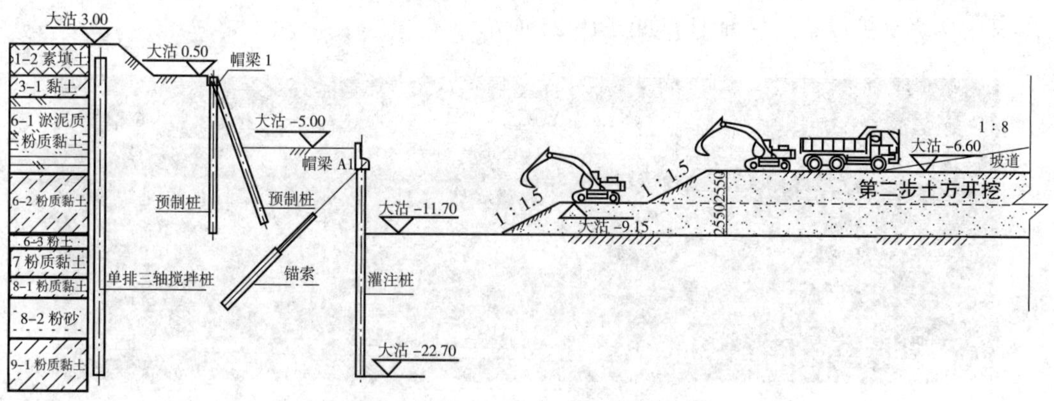

图 10-20　第二步土方开挖剖面示意图

2）边坡防护施工方法

（1）放坡开挖前，应准确定出外边线，该工程因基坑内边坡较多，现场边坡开挖施工应结合图纸对边坡边角部位进行坐标定位，并结合现场三级高程控制网进行引测复核，以确保各级放坡的坡度准确无误。

（2）基坑开挖施工应按设计要求自上而下分段分层进行，在机械开挖后，应辅以人工修整坡面，坡面平整度的允许偏差宜为 ±20 mm。

（3）对有高低差的部位，在开挖过程中严格控制标高，严禁超挖；同时采取退挖方式，由深到浅进行开挖。

（4）设置坡顶、坡面和坡脚排水系统，坡顶 1 000 mm 宽混凝土面向坑外坡度为 5%，坡面采用 C20 混凝土覆盖，防止冲刷及扬尘。

（5）基坑护坡采用挂直径 6.5 mm、间距 200 mm 钢筋网片，喷射 50 mm 厚 C20 混凝土。

边坡防护及挡水台示意如图 10-21 所示。

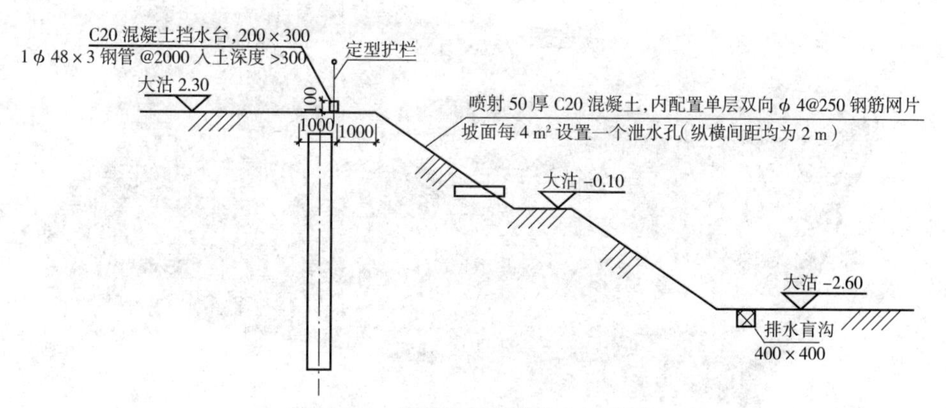

图 10-21　边坡防护及挡水台示意图

3.BIM 技术应用

为保障挖土效率，兼顾机械配置的高效率利用，利用 BIM 技术进行土方开挖施工模拟，如图 10-22 和图 10-23 所示。经过施工模拟，最终确定第一步土方开挖需 PC300 型挖掘机 8 台、PC200 型挖掘机 12 台、12 t 自卸车 120 辆，第二步土方开挖需 PC300 型挖掘机 6 台、PC200 型挖掘机 10 台、12 t 自卸车 100 辆。最终基坑开挖完成的 BIM 模型如图 10-24 所示，其中两级支护体系的局部细节如图 10-25 所示。

图 10-22 第一步土方开挖施工模拟

图 10-23 第二步土方开挖施工模拟

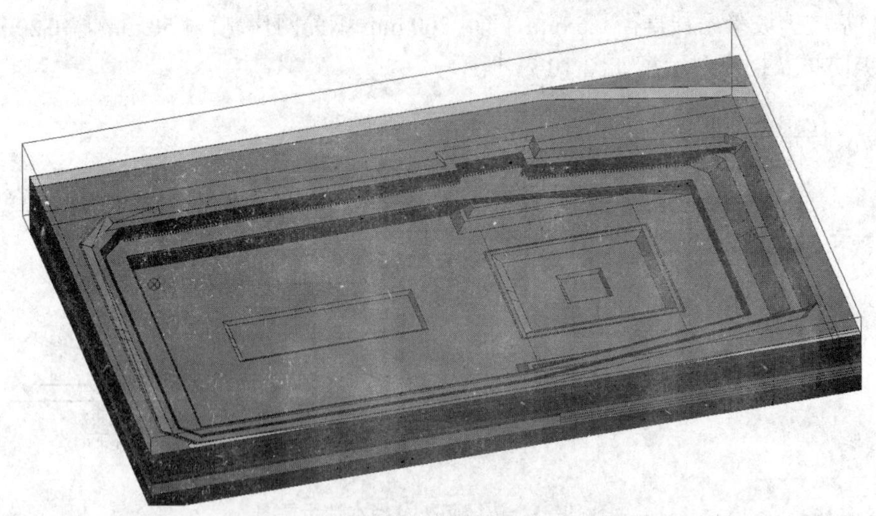

图 10-24 最终基坑开挖完成的 BIM 模型

图 10-25　两级支护体系的局部细节

4. 施工质量管控关键要点

1)土方工程

(1)对冬季待开挖的地基土要进行保温防冻工作。地基土的防冻工作必须在冻结前进行,可通过覆盖保温材料进行保温。开挖完的基坑基底土层也要做好保温防冻工作。

(2)已开挖的沟槽铺设在沟底表面,靠近沟壁处的棉毡或草袋要加厚。未开挖的沟槽,棉毡或草袋铺设宽度为土层冻结深度的两倍与沟槽宽度之和。

(3)土方开挖完毕,要立即施工上部基础,防止地基土遭受冻结,如有间歇(1~2 d)要覆盖岩棉被等保温。由于该工程预留第二步土方开挖春节后施工,间歇时间约 20 d,为保护土体,在地基上预留一层松散土层(200~300 mm 厚)不挖除,并用保温材料覆盖,待基础施工时再清除到设计标高。

(4)冻土的一次松碎量要根据挖运能力和气候条件确定,松碎后的冻土要挖掘清除,避免重新冻结。

(5)施工前应仔细检查、清除基槽周围的积水和积冰,以防止积水和融化冰水流入基槽内,引起基槽内地基土冻融性质改变而产生不应有的冻融沉降。

(6)在冻土地基上进行基础砌筑时,各部位应同时进行,严禁局部晾晒。基础砌筑过程中,应随砌随填基坑侧土,并分层夯实,以使基础下冻层均匀融化。

(7)应切实做好施工场地的排水沟,施工过程中严禁雨水或施工用水等浸泡基槽。

(8)冬期施工期间,基槽开挖后不能马上进行基础施工时,在基槽(坑)底标高预留土层,并覆盖棉毡材料保温。当温度在 -10~5 ℃时,采用一层棉毡覆盖保温;低于 -10 ℃时,采用两层棉毡覆盖保温。

(9)准备用于冬期回填的土方须大堆堆放,上面覆盖保温材料,以防冻结。

(10)为避免车辆行走湿滑,施工道路可适当撒盐融雪,出土坡道如铺设钢板,应焊防滑钢筋。

2)混凝土工程

混凝土工程冬季施工主要涉及基础底板施工、灌注桩施工、喷锚护坡、帽梁及旋喷锚索施工。该工程冬季施工期间采用商品混凝土施工,混凝土在施工过程中采用综合蓄热法。

Ⅰ. 一般要求

（1）水泥采用普通硅酸盐水泥配制，普通混凝土受冻临界强度为设计混凝土强度标准值的30%，有抗渗要求时，不小于设计混凝土强度标准值的50%。混凝土采用综合蓄热法施工，当室外最低气温不低于 -15 ℃时，其受冻临界强度不小于4 MPa。当需要提高混凝土强度等级时，应按提高后的强度等级确定。水泥的强度等级不低于42.5级，每立方米混凝土中的水泥用量不少于280 kg，水灰比不大于0.55。

（2）混凝土所用骨料必须清洁，不得含有冰雪等冻结物及易冻裂的物质。掺用含有钾、钠离子防冻剂的混凝土中，不得采用活性骨料或在骨料中混有这类物质的材料，以免发生碱骨料反应。冬期浇筑的混凝土，应合理选用各种外加剂，使用无氯盐防冻剂。对非承重结构的混凝土使用氯盐外加剂，氯盐掺量不超过水泥重量的1%。拌合水中不得含有可能导致延缓水泥正常凝结硬化的物质，以及能引起钢筋和混凝土腐蚀的离子。加强测温工作，控制混凝土的内部温度与表面温度之差以及表面温度与环境温度之差均不超过25 ℃。

（3）保证预拌混凝土在运输中没有表层冻结、混凝土离析、水泥砂浆流失、坍落度损失等现象。混凝土采用汽车泵及地泵浇筑，采用地泵浇筑时，泵管需采取保温措施。灌注混凝土时，保证混凝土入模温度在10 ℃左右，且不低于5 ℃，保证灌注混凝土的连续性。尽量安排在白天及气温较高时间段灌注混凝土，6级以上大风、大雾及雨雪天气不安排施工。撑杆、支撑、帽梁及锚索混凝土采用防冻早强混凝土，入模温度控制在7~12 ℃为宜。混凝土浇筑后，采用保温棉毡进行覆盖，并进行测温工作。

（4）根据施工要求留置混凝土试件，做好试件的标准养护工作，试件是桩基强度评定的依据。混凝土养护采用塑料薄膜覆盖保温，并延缓混凝土侧模拆除时间，基础混凝土覆盖一层棉毡保温。

（5）冬期施工时，应较常温至少多留置2组同条件养护试件，一组用来测定混凝土受冻临界强度，另一组用来检验养护28 d的强度，混凝土试块应在浇筑现场用浇筑结构的混凝土制作。试压前，试件应在拥有正温条件的室内停放，解冻后再进行试压，停放时间需达到4~12 h。

（6）模板和保温层在混凝土冷却到5 ℃后方可拆除，当混凝土与外界温差大于20 ℃时，拆模后的混凝土表面应临时覆盖保温材料以缓慢冷却。对承受荷载的构件模板，应在构件达到设计及规范要求的条件后方可拆除。

Ⅱ. 喷锚混凝土技术措施

（1）喷射混凝土时，要掌握好水量，控制水灰比在0.4~0.5，使混凝土具有较强的抗冻性能。

（2）混凝土喷射前，应消除钢筋网片上的冰雪和污垢。

（3）桩间护壁混凝土喷射完后要及时覆盖保温材料。

（4）喷锚拌合料中按规范要求添加外加剂。

（5）喷锚施工所用的石屑、砂等骨料应保持干燥，尽量减少含水量，施工间隙期间骨料采用草帘覆盖，防止受冻。根据施工阶段采取不同的冬期施工措施，一般采用掺3%~5%的防冻外加剂，覆盖草帘保温。当温度过低时，应当在喷射混凝土表面覆盖塑料薄膜并加盖草帘进行防冻。

Ⅲ. 锚索混凝土技术措施

(1)当遇到雨雪天气时,锚杆加工和堆放场地必须用彩条布遮盖;在水泥浆中加入防冻剂,保证水泥浆的出管温度不低于5℃;水泥严禁直接暴露在场外,应有防雨雪措施,可用彩条布遮盖。

(2)水泥浆搅拌必须在临时搭设的工棚中进行,工棚的前后台出入口处应挂棉布保温封闭,必要时工棚内放电加热器采暖。

(3)锚杆注浆完毕后,立刻用两层阻燃草布和扎丝绑扎孔口,进行密封保温。锚杆施工用水和灌浆管必须用阻燃草袋进行保温,同时注意节约用水。打孔施工时排出的水积聚在坑内沉淀后,及时用水泵回抽再利用。张拉锚杆时,必须保证水泥浆强度达到设计强度。

Ⅳ. 桩间护壁防冻措施

如果现场发现桩间护壁有渗水现象,必须及时截断水源,如不能及时截断水源,应疏水并加阻燃草帘保温,防止冻胀。

Ⅴ. 帽梁施工防冻措施

与商品混凝土搅拌站进行协商,按照冬季施工的要求,进行混凝土加工及运输。混凝土在浇筑前,应消除钢筋上的冰雪和污垢。采用综合蓄热法进行养护,通过保温延缓混凝土冷却,在使混凝土降到0℃或外加剂规定的温度以前达到临界强度,在-15℃及以上时临界强度为4 MPa,帽梁拆模时必须达到临界强度以上。

混凝土罐车到达施工现场后必须尽快浇筑,保证在0.5 h内浇筑完成。混凝土浇筑后,不再加热,仅做保护性覆盖,进行保温养护。为防止热量及水分散失过快及风雪侵袭,抵御气温骤降,提高混凝土的早期强度,应随浇筑随覆盖,先用一层塑料布覆盖表面,再用棉毡覆盖,操作人员由一侧开始向另一侧推进,对于帽梁插筋部位应用阻燃草帘遮盖严实,并应将踩出的脚印随即抹平,对已覆盖好的楼板,在能踩出脚印前严禁上人和堆放材料及机具。混凝土养护温度成型开始每2 h一次,达到临界强度后每6 h一次。

3)降水工程

做好降水系统管道的保温防冻工作,暴露在室外的管道应外包岩棉,并用防水丝布缠紧,采用电伴热加热。水龙头部位应用砖砌围护,内填充保温锯末。对外露水平管可增设泄水口,并派专人开关泄水阀。在做好管道保温工作的同时,还需考虑热源的保护措施,针对突发自然灾害等因素可能导致现场施工用电瘫痪的情况,需单独编制临时用电应急预案,现场配备临时发电机,以满足施工现场临时用电要求。现场施工用水及生活用水给水管道保温系统应采用50 mm厚橡塑海绵+电伴热系统,且用橡塑海绵专用胶带包裹严密。

10.3.2　BIM技术在钢结构工程施工中的应用

下面以某实际工程为例,分别介绍两种大跨度钢结构屋面的施工。

1. 平面桁架体系

1)结构概况

屋盖主桁架为梯形平面桁架,桁架跨度为45 m,安装高度为36.9 m,屋盖尺寸为104 m×46 m,采用双肢格构柱+平面桁架的结构体系,屋盖由14榀平面桁架组成,桁架间由次桁架及支撑杆件、檩条等连接。该工程钢结构剖面图与立面图如图10-26所示,屋面桁架尺寸如图10-27所示,主要构件尺寸见表10-2。

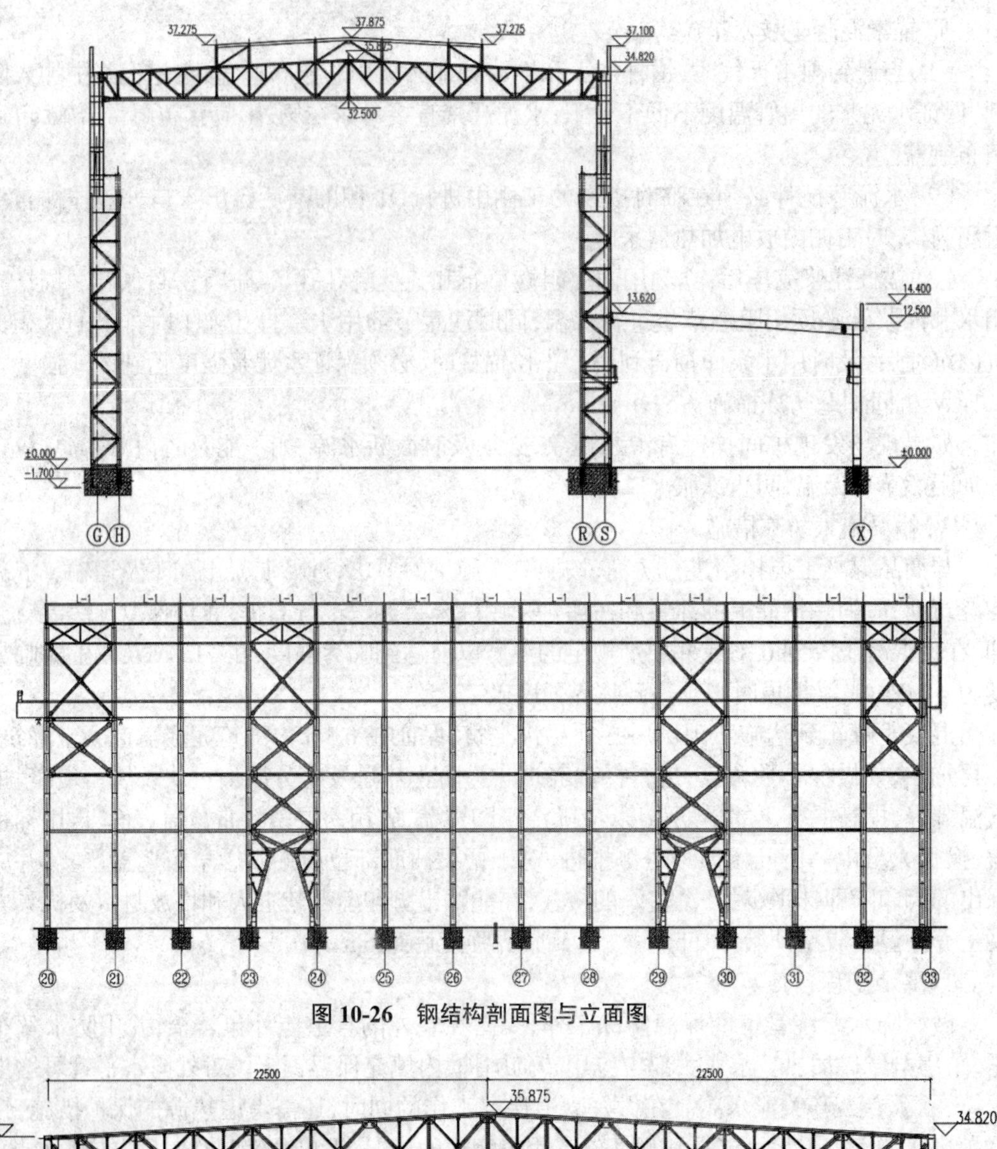

图 10-26 钢结构剖面图与立面图

图 10-27 屋面桁架尺寸

表 10-2 主要构件尺寸

名称	规格
桁架腹杆	HW244×175×7×11、HN250×125×6×9、 2TM74×100×6×9、2TM97×150×6×9
桁架上、下弦杆	HW250×250×9×14

2）桁架吊装顺序

桁架吊装顺序为轴线 ㉕、轴线 ㉖ 两榀桁架同时吊装完成后，吊装轴线 ㉔ 至轴线 ⑳ 之间桁架，再吊装轴线㉗至轴线㉝之间桁架，具体如图 10-28 所示。

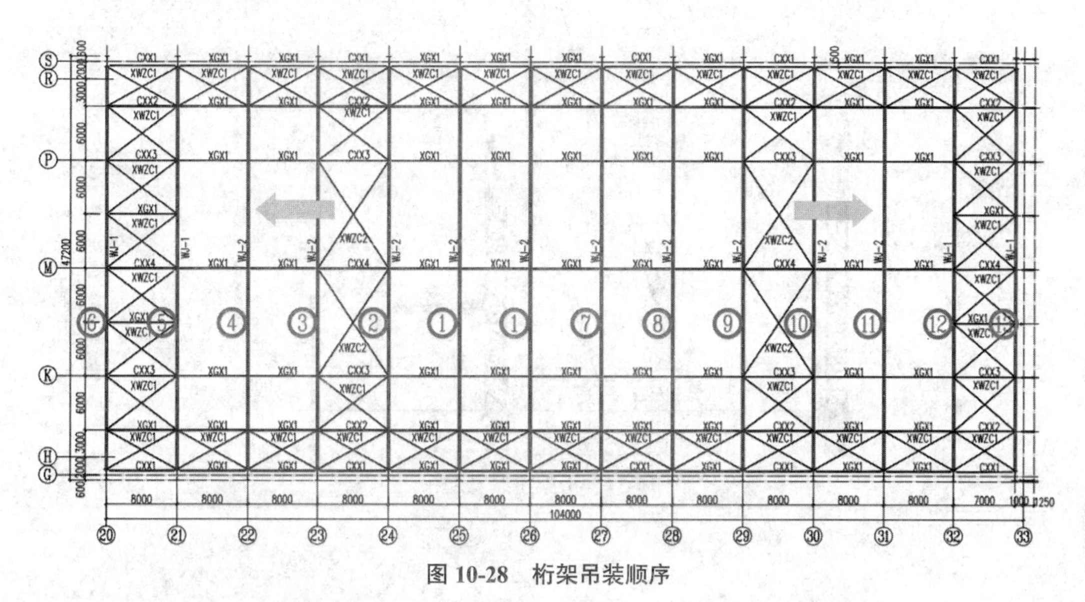

图 10-28　桁架吊装顺序

3）施工方案

主桁架采用地面胎架分段拼装、单榀整体吊装的安装方法。自轴线 ㉕、轴线 ㉖ 开始每侧各设置一台 220 t 汽车吊同时安装完成后，吊装轴线 ㉔ 至轴线 ⑳ 之间桁架，再吊装轴线㉗至轴线㉝之间桁架。桁架就位后先不摘钩，在 50 t 汽车吊吊装两榀桁架间次桁架完成后，主桁架吊机摘钩，保证桁架安装工况下的平面外稳定性。桁架分为 3 段，在加工厂加工，在现场设置拼装胎架，采用立拼方式拼装成整体，桁架跨中预起拱值为 50 mm，拼装时按要求进行预起拱。主桁架分段情况及胎架布置如图 10-29 和图 10-30 所示。

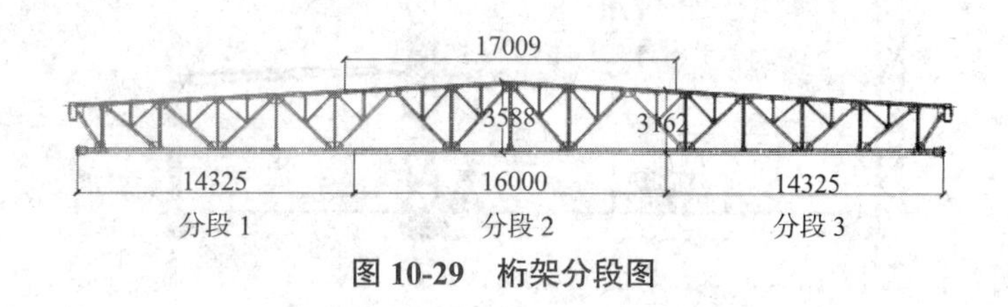

图 10-29　桁架分段图

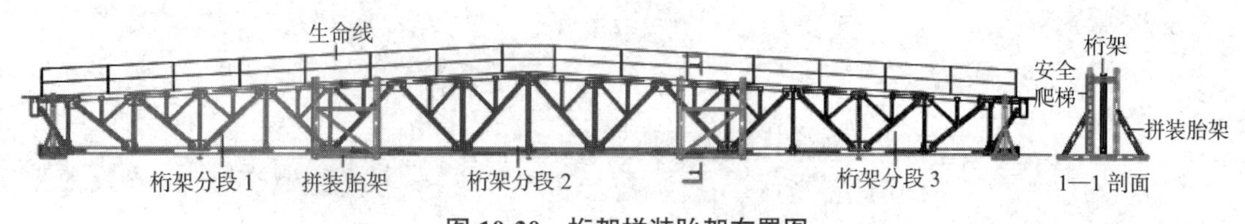

图 10-30　桁架拼装胎架布置图

桁架吊装时，从立拼位置起吊后，吊装至超过双肢格构柱柱顶标高时，旋转 90° 再吊装至就位位置，具体施工步骤如图 10-31 至图 10-33 所示。

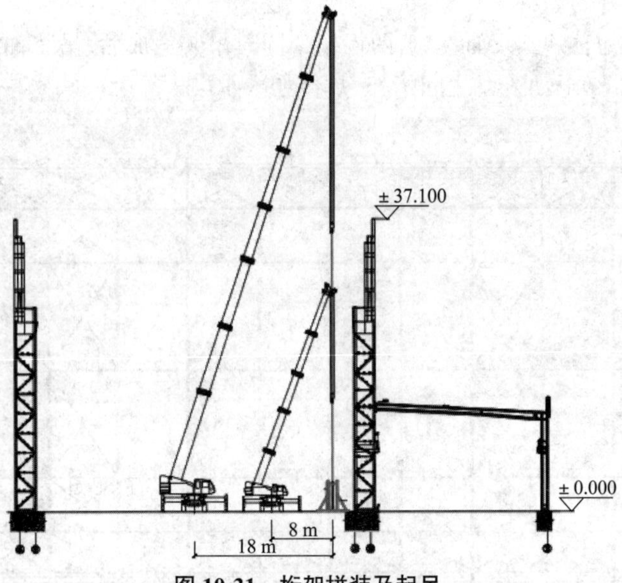

图 10-31 桁架拼装及起吊

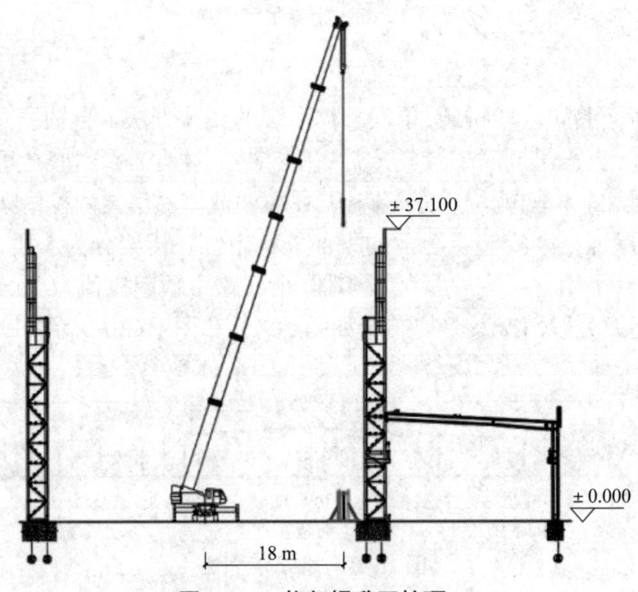

图 10-32 桁架提升至柱顶

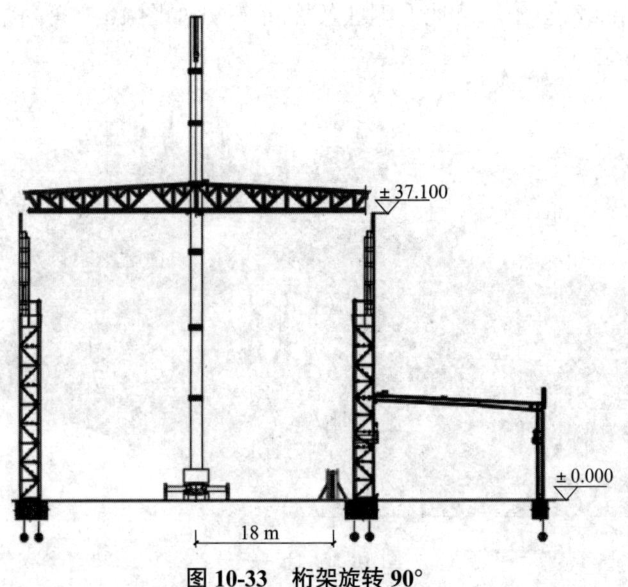

图 10-33 桁架旋转 90°

通过计算确定起吊高度不小于 57 m，回转半径为 16 m，桁架及桁架间次桁架起重力分别为 14.5 t 与 2 t。根据上述数据查吊装性能表，采用 220 t 汽车吊，其性能满足桁架吊装要求，主臂长 62.7 m，桁架就位安装位置吊装半径为 16 m，此时吊车额定吊重为 19.2 t，满足吊装要求；采用 50 t 汽车吊，其性能满足次桁架吊装要求，在 42 m 主臂工况下，吊装半径为 16 m，此时额定吊重为 6 t，满足吊装需求。通过对 45 m 跨度屋面桁架吊装工况进行模拟分析，保证桁架在吊装过程中变形小，稳定性满足要求，桁架采用设置钢扁担四点吊装，吊点选取位置如图 10-34 所示。

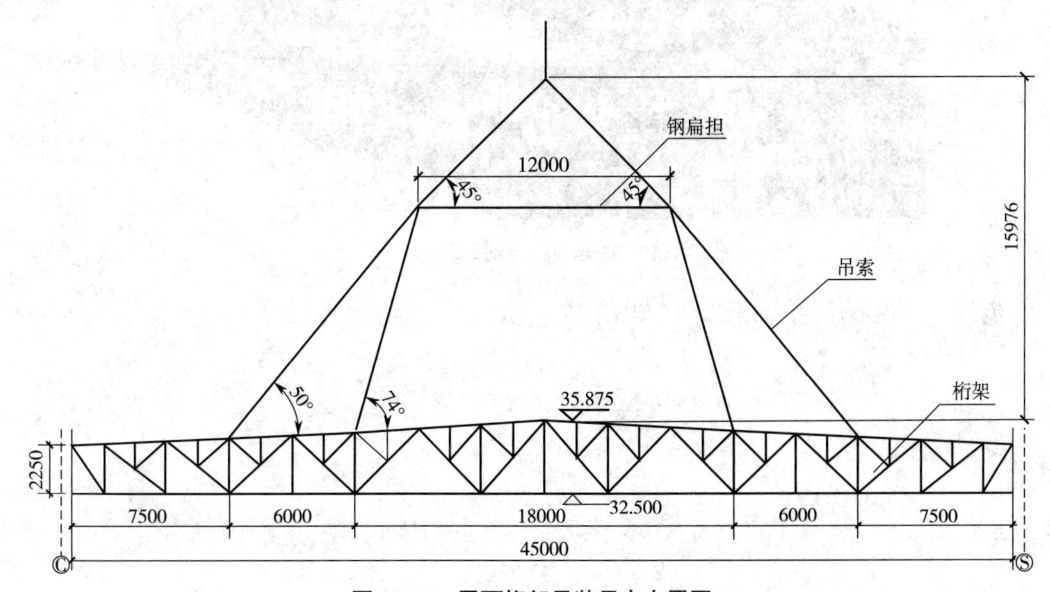

图 10-34 屋面桁架吊装吊点布置图

通过 BIM 软件对吊装进行安装模拟，具体施工流程如下。

步骤一:使用 80 t 汽车吊吊装地上钢柱及柱间支撑,如图 10-35 所示。

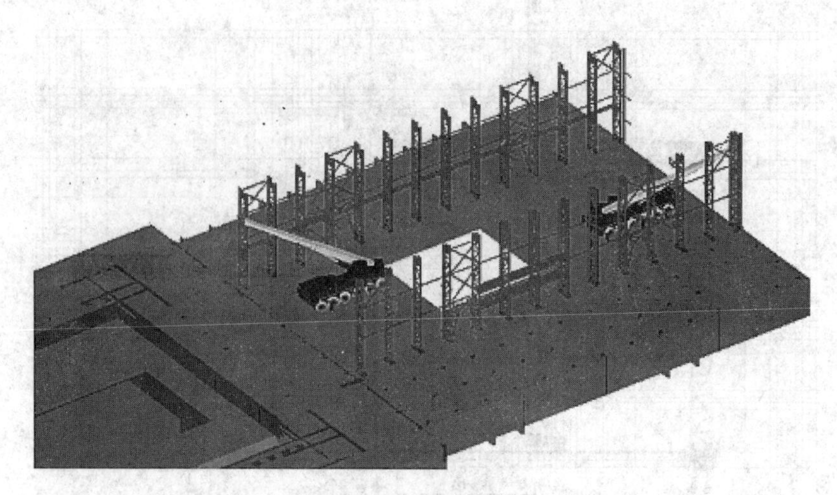

图 10-35 步骤一

步骤二:使用 80 t 汽车吊安装吊车梁,如图 10-36 所示。

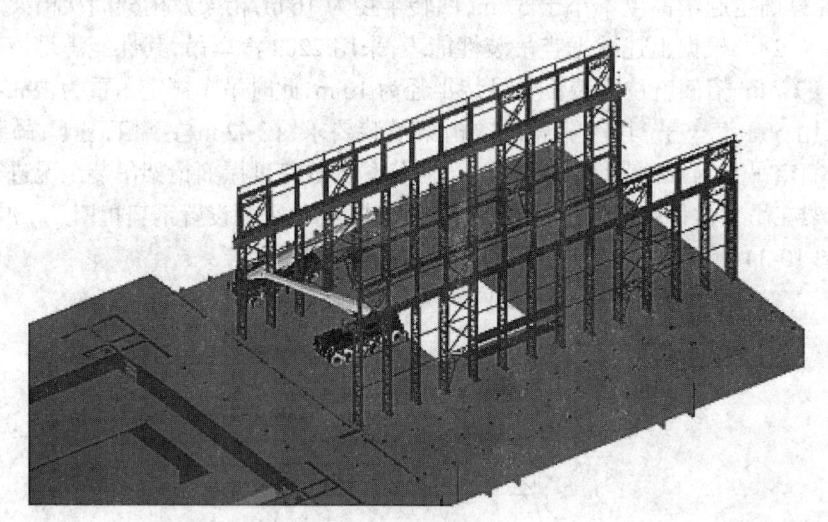

图 10-36 步骤二

步骤三:拼装 ㉕、㉖ 轴桁架,如图 10-37 所示。

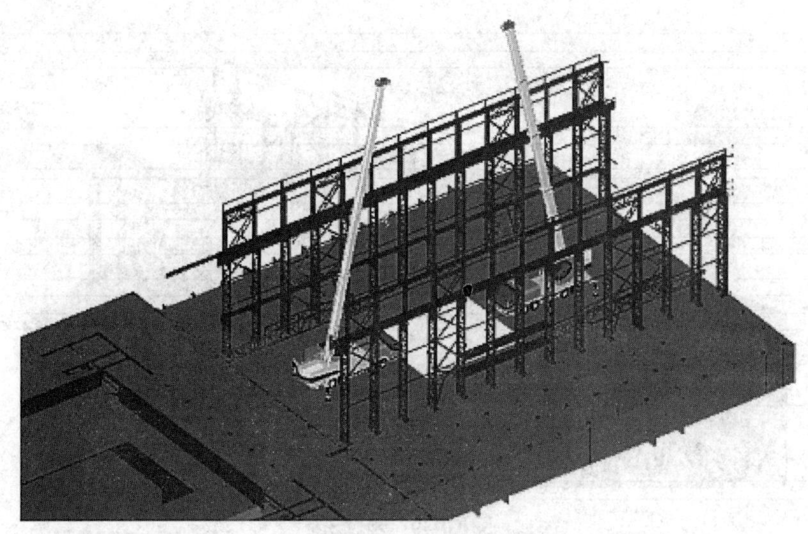

图 10-37　步骤三

步骤四:同时吊装 ㉕、㉖ 轴桁架,拼装 ㉔、㉗轴桁架,如图 10-38 所示。

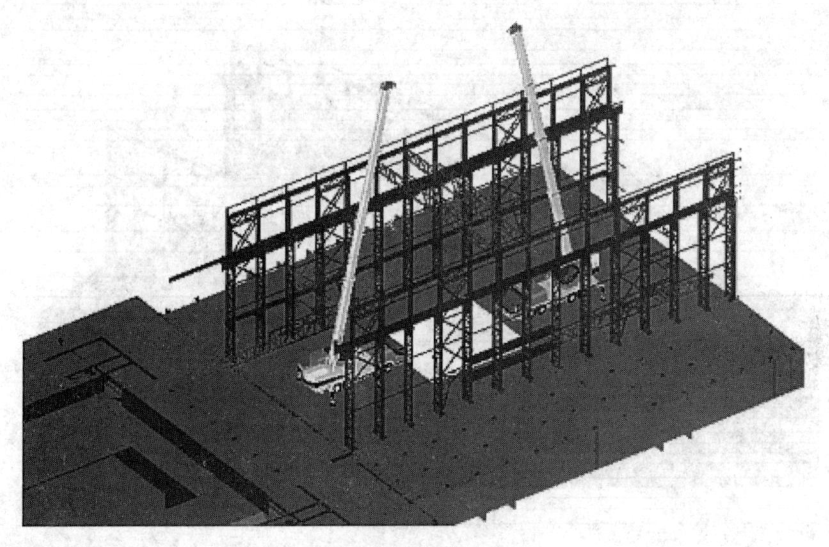

图 10-38　步骤四

步骤五: ㉕、㉖ 轴桁架安装就位后,使用 50 t 汽车吊及时进行桁架间次杆件的安装,如图 10-39 所示。

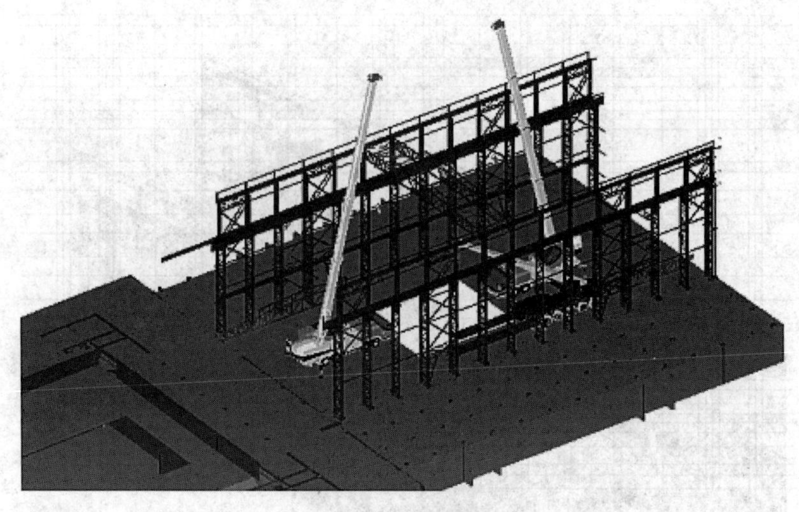

图 10-39　步骤五

步骤六:安装 ㉔、㉗轴桁架及桁架间次结构,如图 10-40 所示。

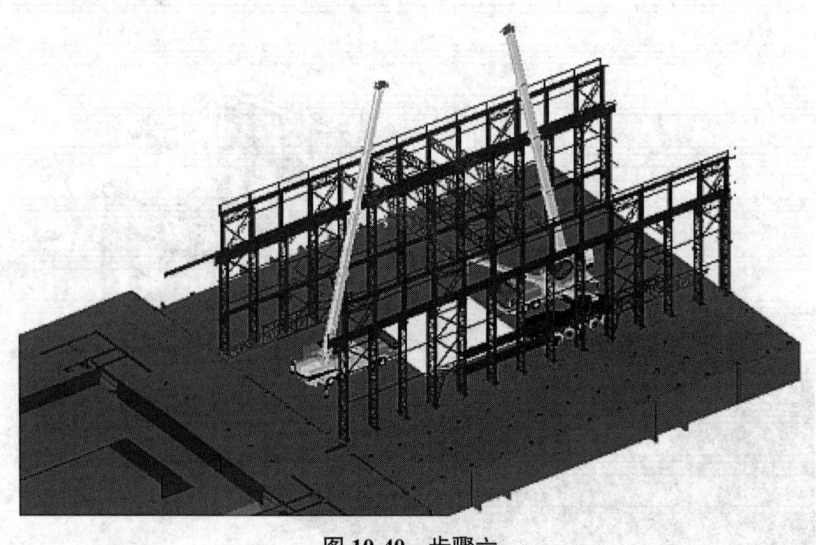

图 10-40　步骤六

步骤七:依次完成屋面结构安装,如图 10-41 所示。

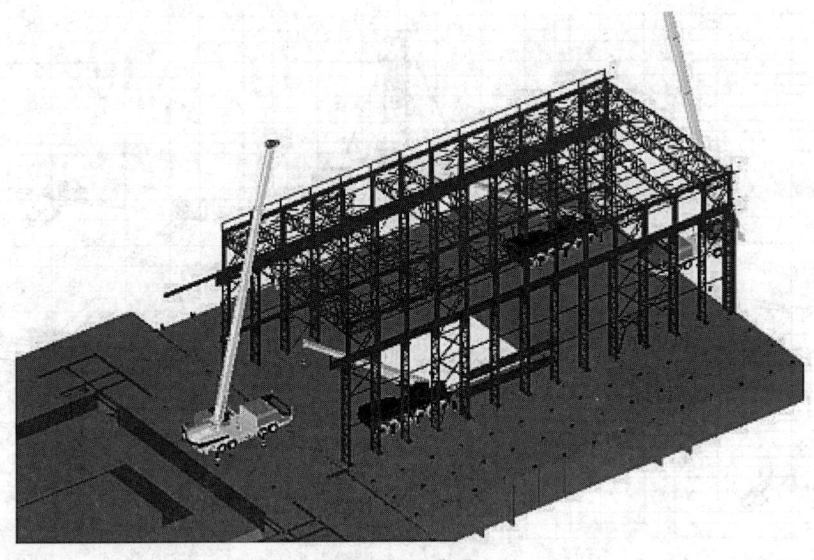

图10-41　步骤七

4)主要技术措施

(1)设立分段桁架拼装胎架,以便于桁架的精确就位,桁架拼装位置应避开设备坑位置。

(2)在桁架拼装时,先对桁架分段位置的胎架采取起拱措施。根据桁架整体分节方案计算每个桁架吊装单元上下弦杆的标高区段,通过水准仪调整拼装胎架上每个支座的标高,并根据设计要求的起拱值调整相应分段的起拱值。

(3)桁架加工精度控制措施。

①加工制作前,上报专项加工制作方案,选择合理加工工艺及加工控制措施。

②桁架构件加工完成后,使用三维激光扫描仪对每个构件进行扫描,将扫描结果与三维模型进行比对;同时使用计算机进行虚拟预拼装,保证加工精度满足设计及规范要求。

(4)桁架对接焊接质量控制措施。

①按规范要求,进行焊接工艺评定,保证焊接工艺满足要求。

②根据焊接工艺评定,编制焊接作业指导书,对管理人员及操作焊工进行专项交底。

③质量管理人员重点检查对接接口焊接,焊接作业严格按照焊接作业指导书进行。

④组织焊工考试,挑选类似操作经验丰富、专业技术过硬的焊工进行对接接口焊接,焊接完成后,对一级全熔透焊缝进行100%探伤,保证焊缝质量。

(5)现场安装时,时刻关注风力情况,同时对风力进行监测,风力超过7级时,对未形成稳定框架结构的双肢格构柱拉设缆风绳,与地面路基箱进行固定,在路基箱上焊接吊耳,如图10-42所示。

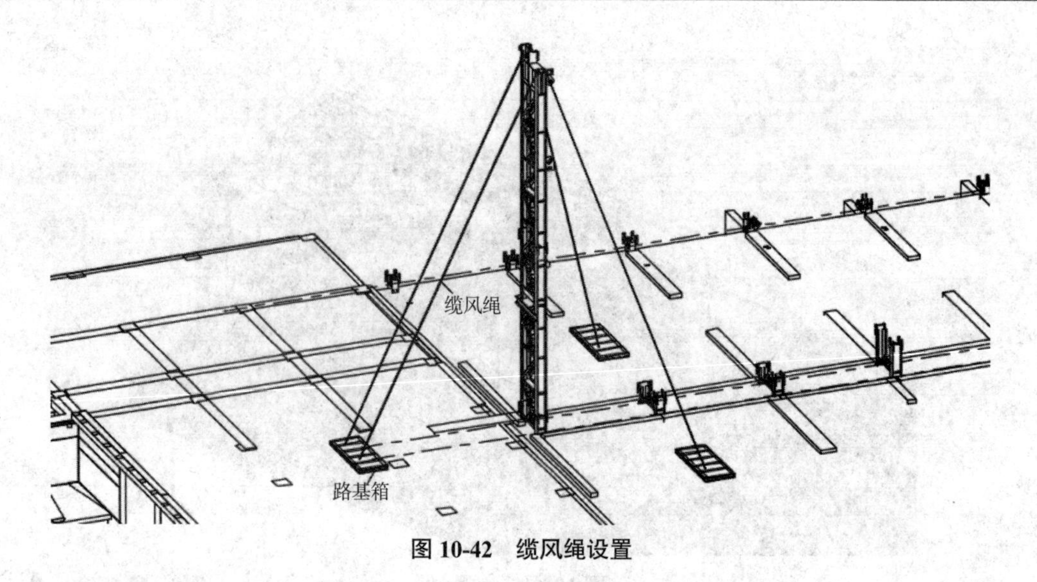

图 10-42 缆风绳设置

(6)汽车吊停在混凝土楼板上时,在支腿下方垫设木模板、木方及 1 m×1 m 路基箱。

5)安全措施

大跨度屋面施工属于危险性较大的分部分项工程,利用 BIM 软件对整体模型进行风险源辨识,并采取有针对性的安全措施,具体措施如下。

(1)在双肢格构柱上设置爬梯、防坠器、安全立杆、操作平台等,保证高空作业人员安全,如图 10-43 所示。

(2)设置操作平台,为施工人员提供可靠的操作面,保证施工安全,如图 10-44 所示。

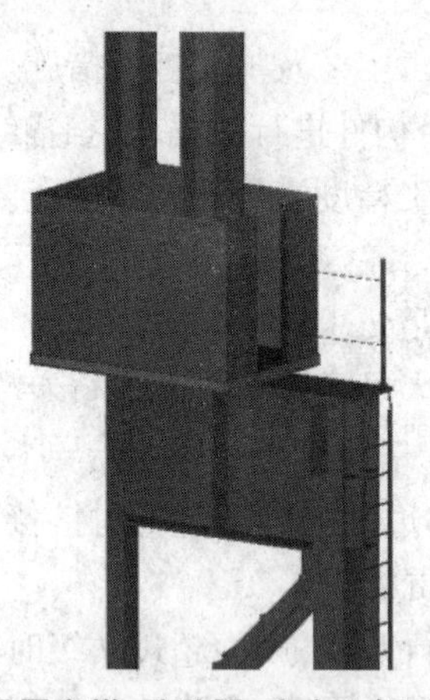

图 10-43 设置爬梯、防坠器、安全立杆、操作平台等

图 10-44 设置操作平台

(3)在桁架上设置吊笼,保证高空作业人员安全,如图 10-45 所示。

(4)在桁架上设置安全平网,保证高空作业人员安全,如图 10-46 所示。

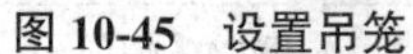
图 10-45　设置吊笼

图 10-46　设置安全平网

（5）在吊装区域设置吊装警示牌并拉设警戒线，安排专门的安全员进行巡视检查，设立安全立杆，保证人员可以按要求挂设安全带，并且随身使用的工具需设置防坠绳，防止高空坠物。

（6）当高空作业及地面作业人员存在交叉作业时，要求不得在同一垂直方向上同时作业，下层作业的位置，必须处于上层作业可能坠落的半径之外，因作业需求无法满足此条件时，中间必须设立安全防护层。

2. 立体管桁架体系

1）结构概况

桁架跨度为 73.3 m，安装高度为 36.9 m，屋盖尺寸为 128 m × 75 m，采用双肢格构柱 + 倒三角管桁架的结构体系，屋盖由 17 榀倒三角管桁架组成，桁架间由次桁架及支撑杆件、檩条等连接。立体管桁架布置图和立面图分别如图 10-47 和图 10-48 所示，主要构件尺寸见表 10-3。

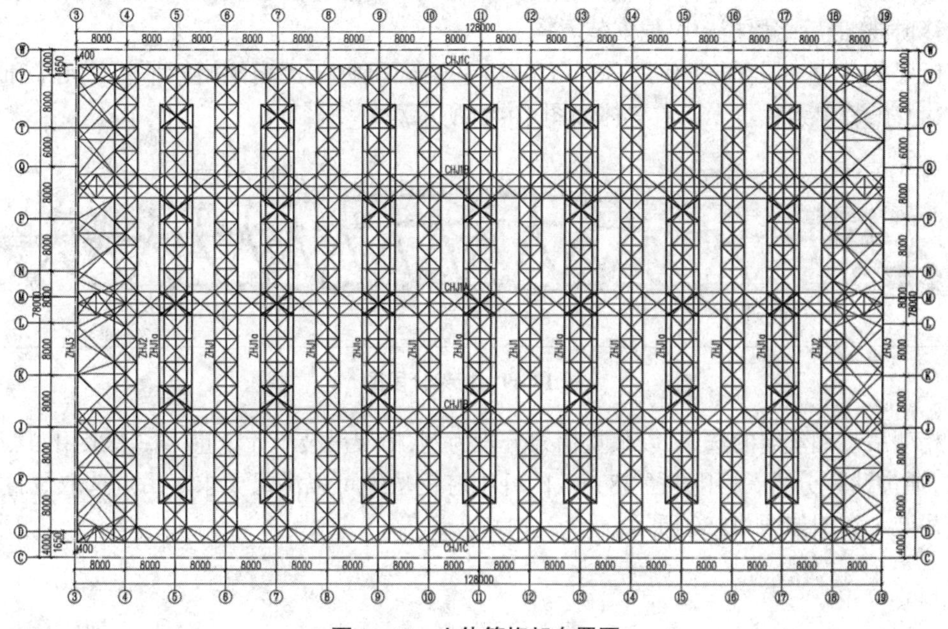

图 10-47　立体管桁架布置图

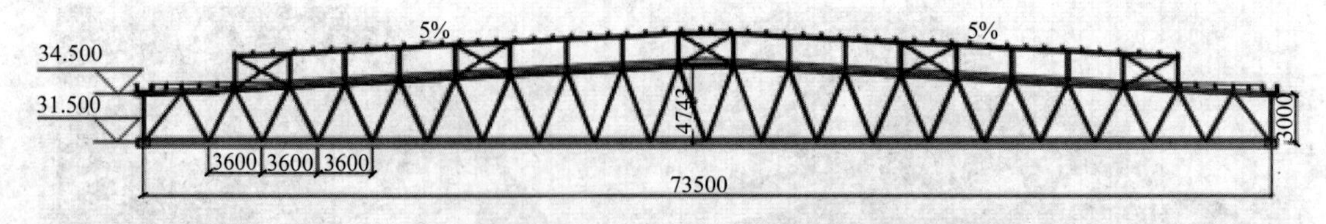

图 10-48 立体管桁架立面图

表 10-3 主要构件尺寸

名称	规格 /mm
桁架腹杆	ϕ 133 × 6、ϕ 168 × 5
桁架上、下弦杆	ϕ 299 × 14、ϕ 450 × 14

2)施工方案

结构主要由双肢格构柱及屋面倒三角管桁架组成,钢柱分段运至现场,使用汽车吊进行安装。桁架安装时,先布设好顶推轨道及支撑系统,搭设拼装平台,单榀桁架分三段在地面进行拼装,吊装到拼装平台上完成整体拼装,桁架自轴线③处开始安装,完成前两榀桁架安装后向前顶推一跨安装第三榀桁架,第三榀桁架安装完成再次整体顶推一跨,依次完成所有桁架安装。桁架采用地面设置胎架分段拼装,高空组装成滑移单元用累积滑移的方法进行安装,桁架散件在地面拼装成 3 个吊装单元,在最后两榀桁架安装位置下方设置滑移拼装平台,支撑架支撑桁架上下弦。桁架先安装两侧吊装单元,最后安装中间吊装单元。顶推的第一榀和第二榀主桁架在拼装区拼装,桁架间的次结构、系杆、水平支撑等连接成整体后,通过液压爬行器推动滑移单元向终点方向顶推 8 m。前两榀桁架同步顶推一个单元后,再次在拼装区拼装第三榀桁架,拼装好前三榀桁架后继续向终点方向顶推 8 m。依次完成 16 榀桁架滑移顶推,最后一榀桁架原位安装。

桁架共分为 3 段,长度有 23.363 m 和 27.399 m 两种,带天窗架桁架吊装单元 1 和单元 2 重 14 t,吊装单元 3 重 16.3 t,具体如图 10-49 所示。

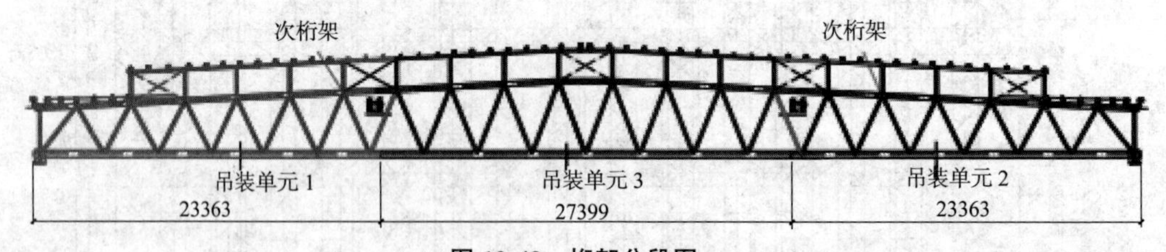

图 10-49 桁架分段图

桁架吊装钢丝绳的选用,以最重桁架分段为例,桁架吊装单元 3 重 16.3 t,采用四点吊装方式,通过计算分析,采用直径 38 mm 的纤维芯钢丝绳可以满足要求。吊点选取位置及吊索具吊装示意图如图 10-50 所示。

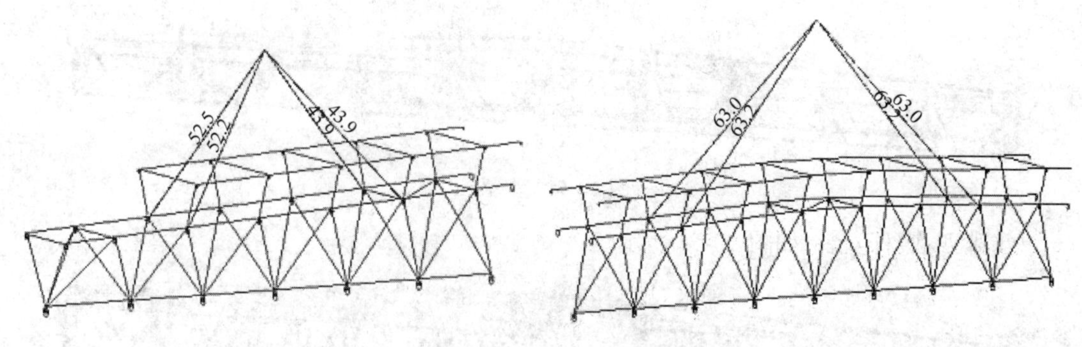

图 10-50　吊装计算简图

主桁架的主体部分可分为三段吊装,每段都采用四点吊装,吊钩与重心在同一铅垂线上,且对称布置,并选择公称抗拉强度不低于 1 770 MPa 的纤维芯钢丝绳,钢丝绳与水平面的夹角不小于 45°,并确保不与构件碰撞。吊点设置如图 10-51 所示。

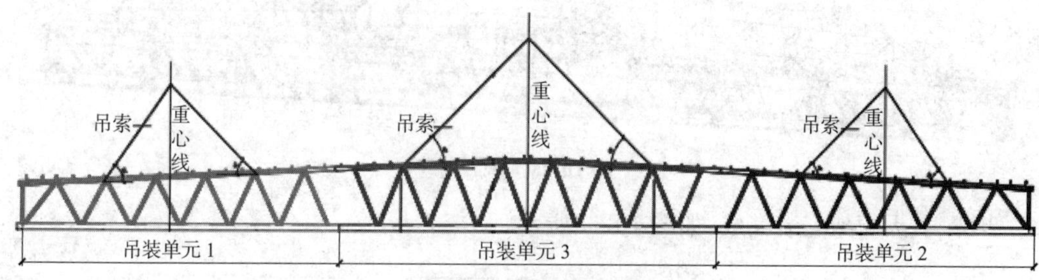

图 10-51　吊点设置图

3)桁架拼装流程

步骤一:布设拼装胎架,校正支撑点,如图 10-52 所示。

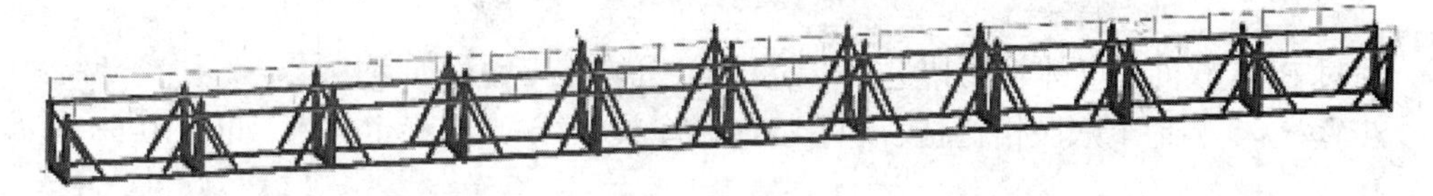

图 10-52　步骤一

步骤二:下弦管、上弦管安装,如图 10-53 所示。

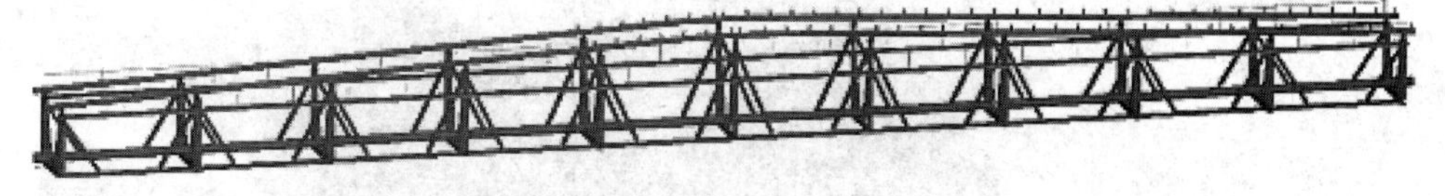

图 10-53　步骤二

步骤三:下弦管、上弦管安装完成,如图 10-54 所示。

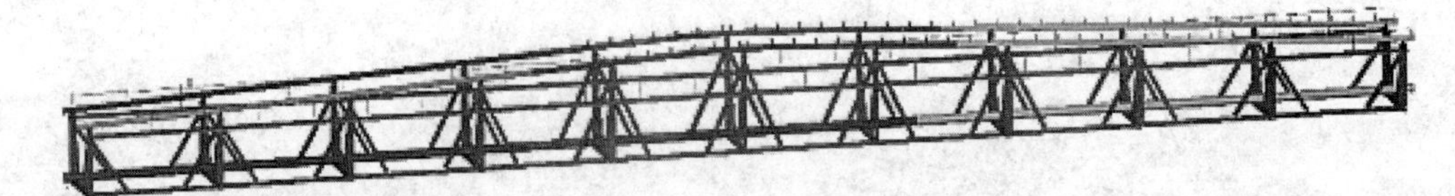

图 10-54　步骤三

步骤四:腹杆安装,如图 10-55 所示。

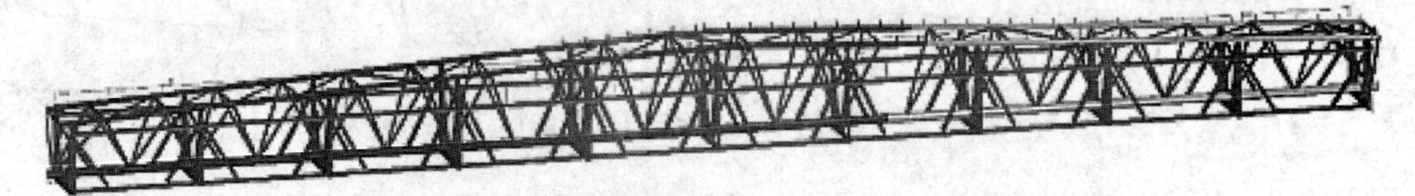

图 10-55　步骤四

步骤五:腹杆安装完成,安装天窗架,如图 10-56 所示。

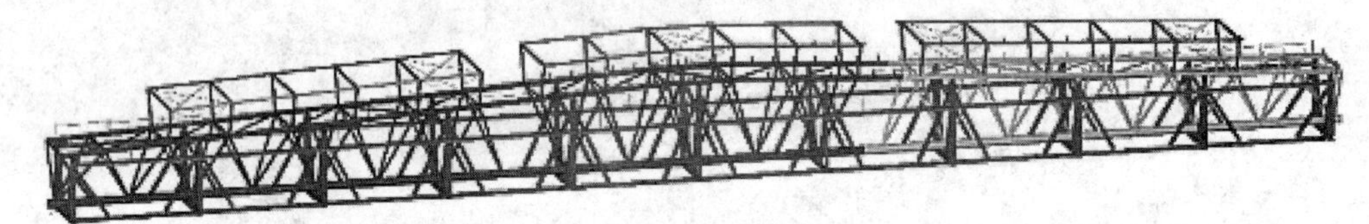

图 10-56　步骤五

步骤六:天窗架安装完成,如图 10-57 所示。

图 10-57　步骤六

通过 BIM 软件对立体管桁架进行安装模拟,具体施工流程如下。

步骤一:安装地上双肢格构柱、柱间支撑、吊车梁系统,形成稳定体系,如图 10-58 所示。

图 10-58　步骤一

步骤二:安装西侧 ③、④ 轴辅房框架结构,如图 10-59 所示。

图 10-59　步骤二

步骤三:安装南侧抗风柱及抗风桁架,如图 10-60 所示。

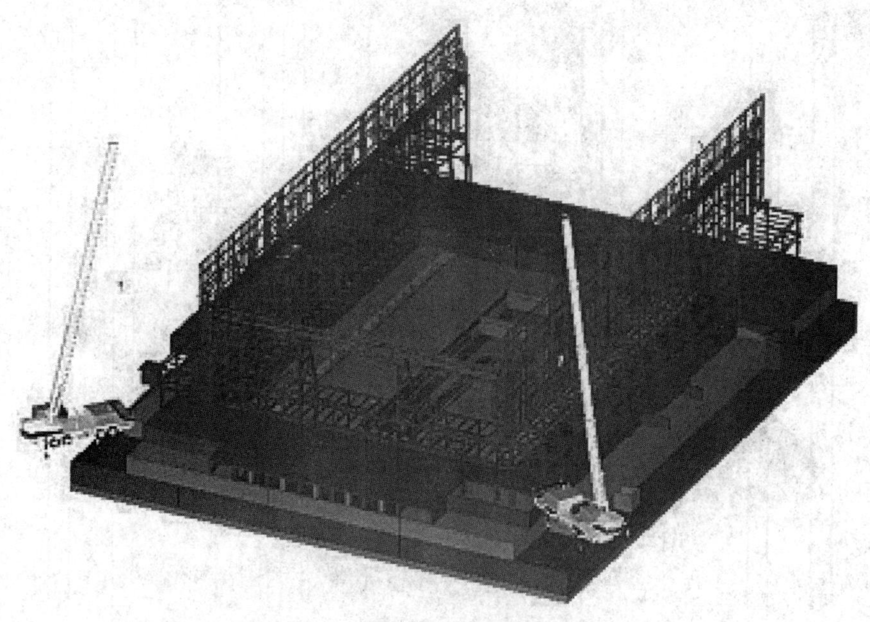

图 10-60　步骤三

步骤四:安装滑移桁架拼装支撑架及拼装平台,如图 10-61 所示。

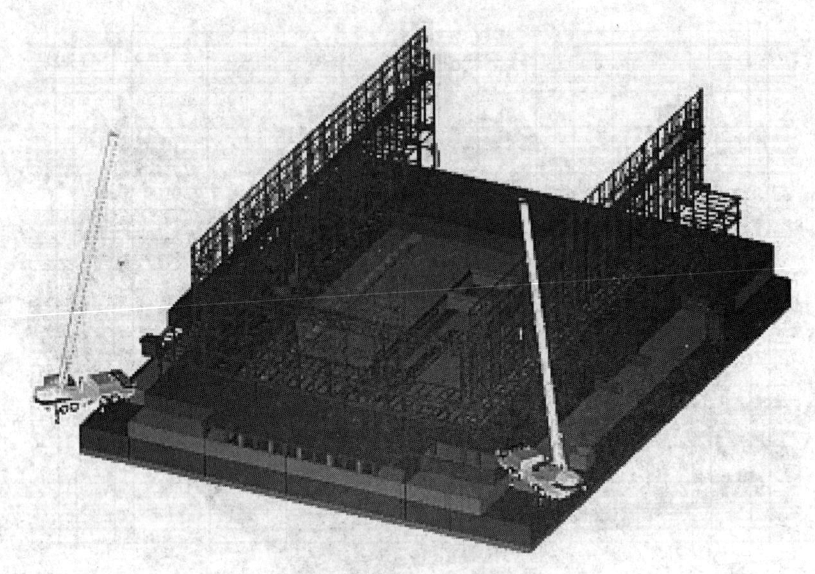

图 10-61 步骤四

步骤五:安装第 1、2 榀主桁架及桁架间次结构,如图 10-62 所示。

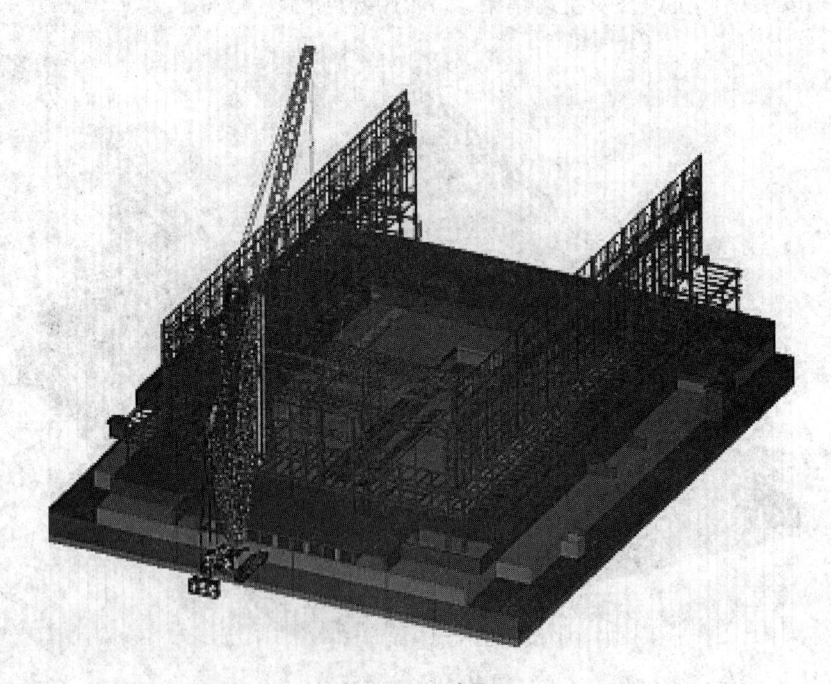

图 10-62 步骤五

步骤六：采用累积滑移方法完成 16 榀桁架滑移施工，如图 10-63 所示。

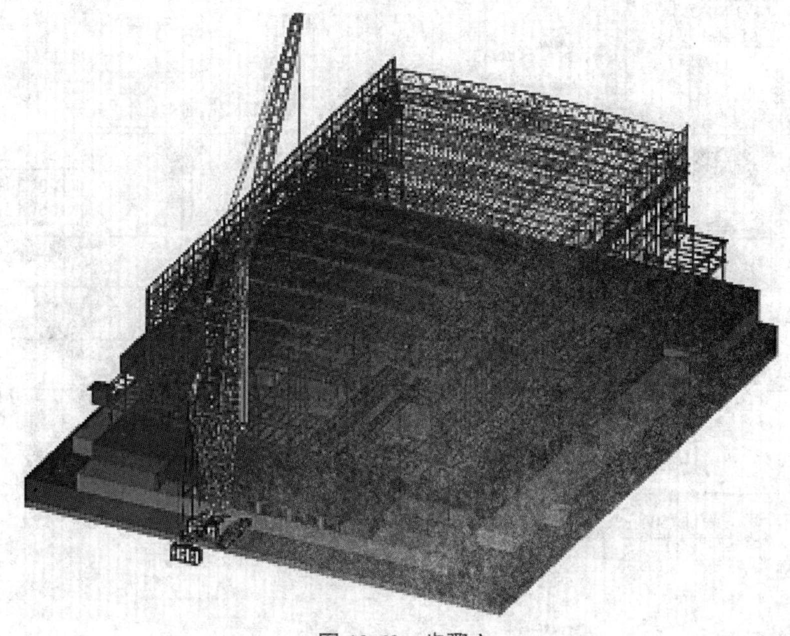

图 10-63　步骤六

10.3.3　BIM 技术在特殊工程施工中的应用

某些工程由于使用功能的特殊性，其精度要求、施工工艺等与一般项目差异较大，这时 BIM 就能发挥其自身的优势，在施工方案制订、质量控制等方面显示其特点。

以某新建实验室为例，该实验室在土建竣工后需进行试验设备的安装、调试，设备预埋件需在土建中提前按照设备厂商的要求进行预留，其精度要求和加工质量远高于一般土建施工规范要求。

1. 基本情况

埋件主要有导向作动器埋件、支撑作动器埋件、盲孔埋件、造流区埋件、造流泵预埋法兰、防水盖板、坑边埋件等，总计 4 800 余件，最大板厚 350 mm，施工及加工精度要求控制在 1~2 mm 以内，工艺设备埋件总体布置如图 10-64 所示。

总体分析工艺设备埋件构造特点、安装精度要求和安装工况等因素，主要有以下重难点内容。

（1）超厚板件间焊接控制难度大，零件机加工工程量大，质量控制是重点。

（2）超厚板件间需要 T 形对接焊，对于超厚板件 T 形对接焊很容易在板厚方向出现层状撕裂；对于板厚≥ 40 mm 的 钢板有 Z 向性能要求。

（3）作动器面板需要进行机加工，工作量较大，机加工质量直接影响后续埋件安装精度。以作动器埋件 ZDQ-MJ-A 为例，其详图和重量如图 10-65 所示。

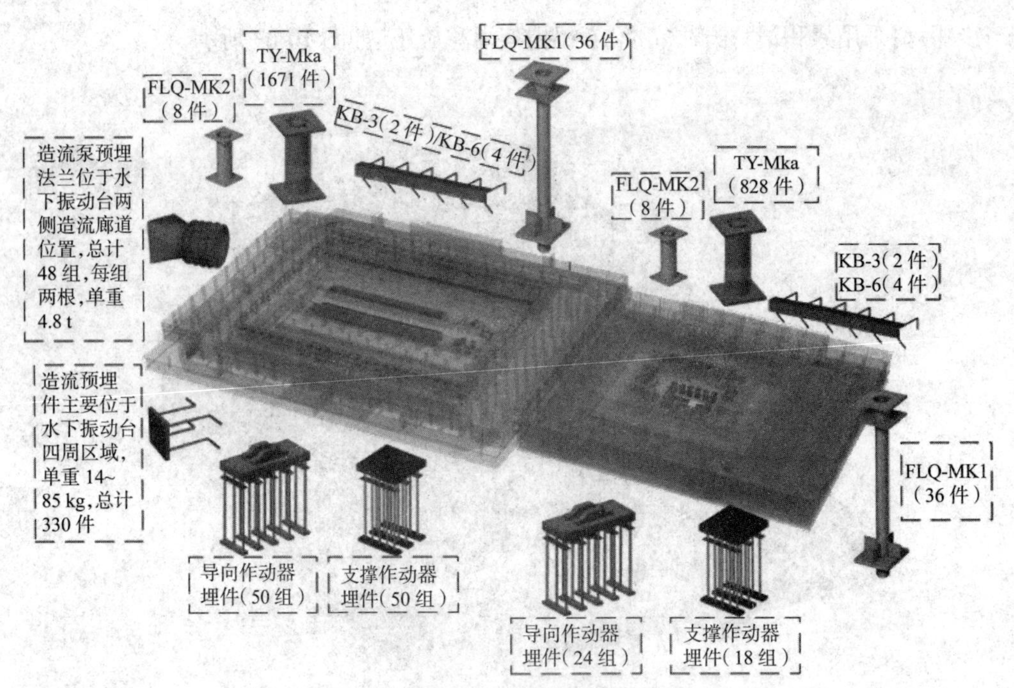

图 10-64　工艺设备埋件总体布置图

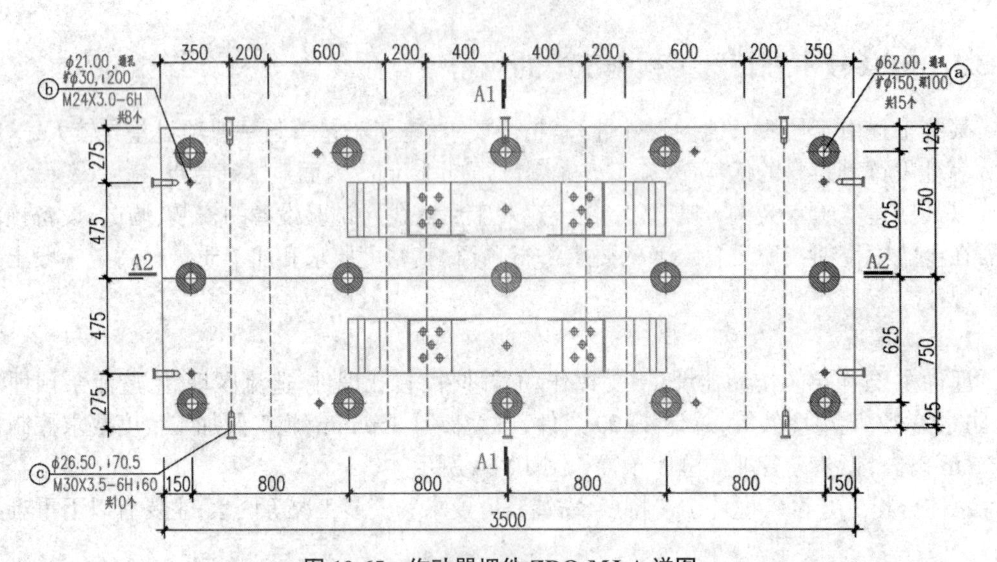

图 10-65　作动器埋件 ZDQ-MJ-A 详图

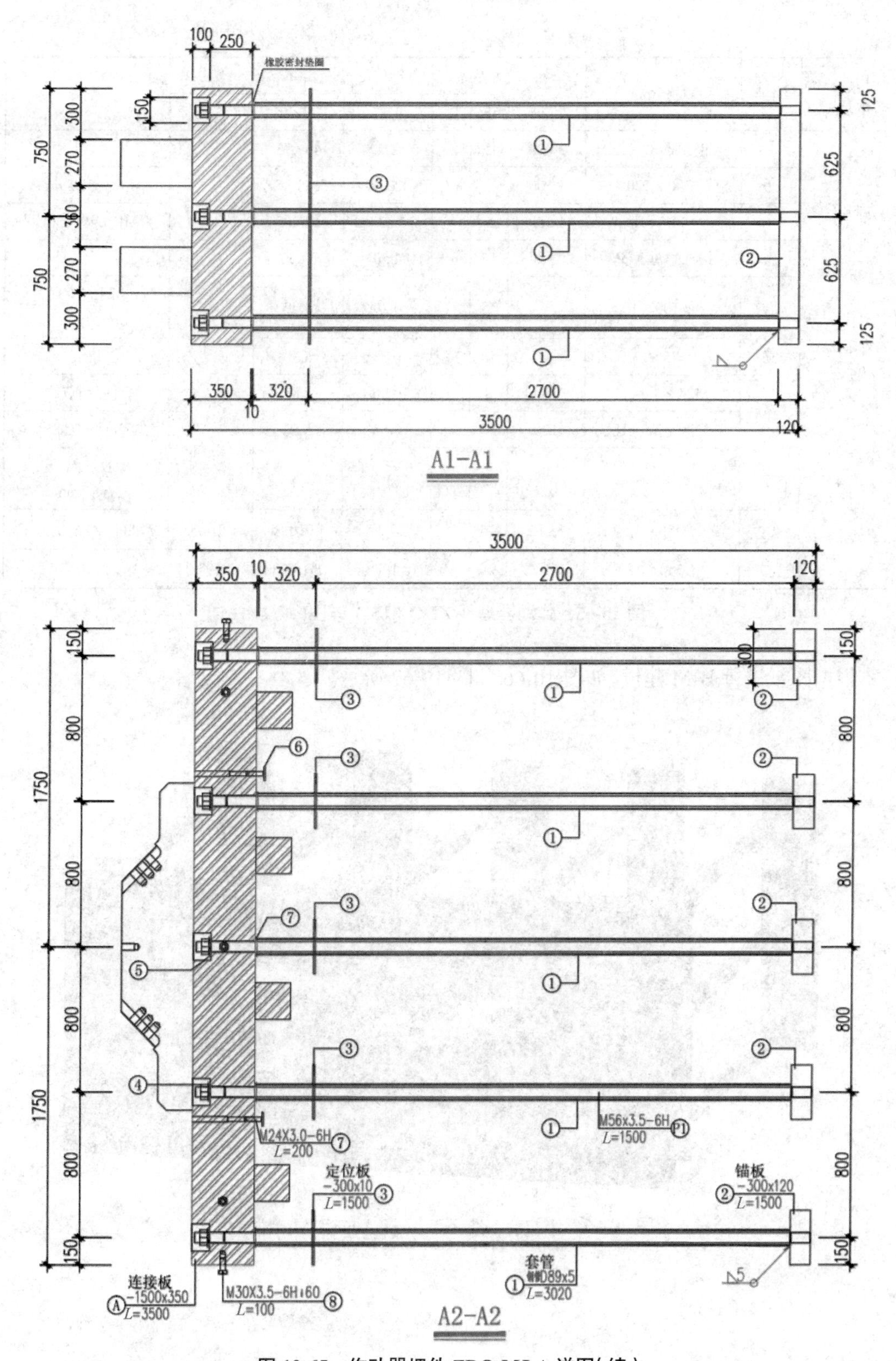

图 10-65　作动器埋件 ZDQ-MJ-A 详图(续)

构件（数量）	编号	规格 /mm	长度 L/mm	数量		重量 /kg			备注
				正	反	单重	共重	总计	
ZDQ-MJ-A（4）	①	钢管 ϕ 89×5	3 020	15		31.29	469.35	2 850.73	
	②	−300×120	1 500	5		423.90	2 119.5		孔，d=50.5 mm
	③	−300×10	1 500	5		35.33	176.65		孔，d=90 mm
	④	锚杆螺母 M56		15		4.50	67.50		
	⑤	− ϕ 100×10		15		0.20	3.00		垫圈，中心孔 d=58 mm
	⑥	−75×8	75	18		0.35	6.30		垫板
	⑦	M24×3.0-6H	200	8		0.36	2.88		垂直度调节螺栓
	⑧	M30×3.5-6H	100	10		0.55	5.50		定位调节螺栓
	⑨	− ϕ 100×10		15					橡胶垫圈，孔 d=56 mm
	Ⓟ1	锚杆 M56×3.5-6H	3 485	15		67.37	1 010.55	1 010.55	f_y>800 MPa，机加工
	Ⓐ	−1 500×350	3 500	1		18 197.00	18 197.00	18 197.00	机加工

图 10-65　作动器埋件 ZDQ-MJ-A 详图（续）

根据图纸进行 BIM 建模，如图 10-66 和图 10-67 所示。

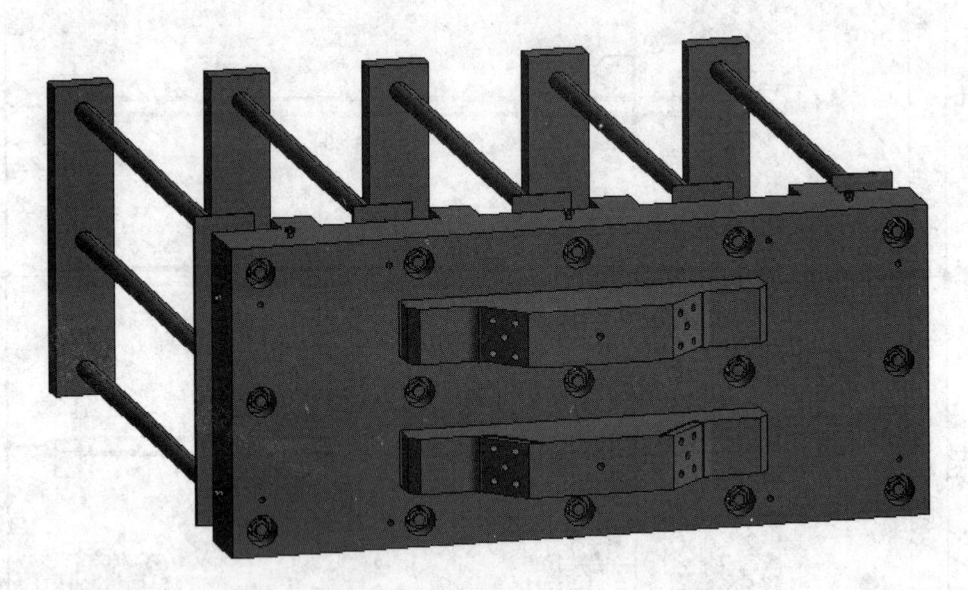

图 10-66　作动器埋件 ZDQ-MJ-A 的 BIM 模型

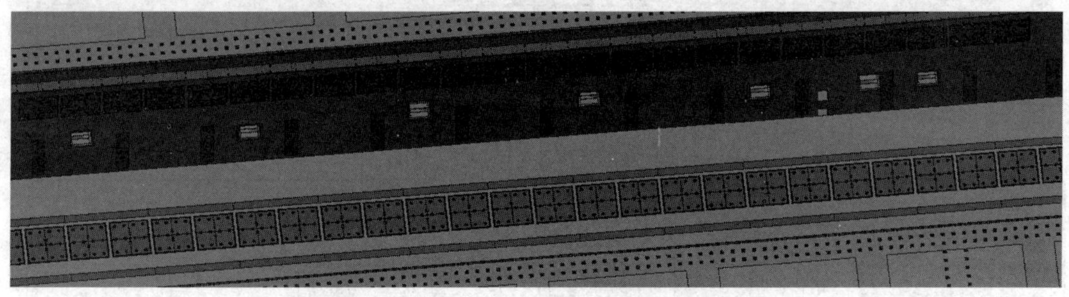

图 10-67　作动器埋件安装后整体 BIM 模型

作动器套管组埋件安装精度要求在 ±2 mm 以内,套管直径小,管壁薄,自身刚度小,易变形,与套管连接的后锚板板厚达 120 mm,单重 0.4 t,两者一起安装需要进行多次精确就位调节,在调节过程中需要保证套管不变形,精度达到要求。

作动器面板板厚大,最大吊重 18.197 t,最小吊重 8.79 t,安装精度要求在 ±1 mm 以内,水平作动器面板安装需要将 15 根栓杆插入面板上孔内,并将面板送入深度 590 mm、四边比面板宽 50 mm 的混凝土凹槽内,精度要求高,且安装难度较大。

盲孔埋件数量有 2 579 件,安装精度要求在 ±2 mm 以内,埋件安装位置与已浇筑混凝土面有 5 m 高,安装过程容易产生累积误差。以盲孔埋件 FLQ-MK1 和 FLQ-MK2 为例,其详图和重量如图 10-68 和图 10-69 所示。

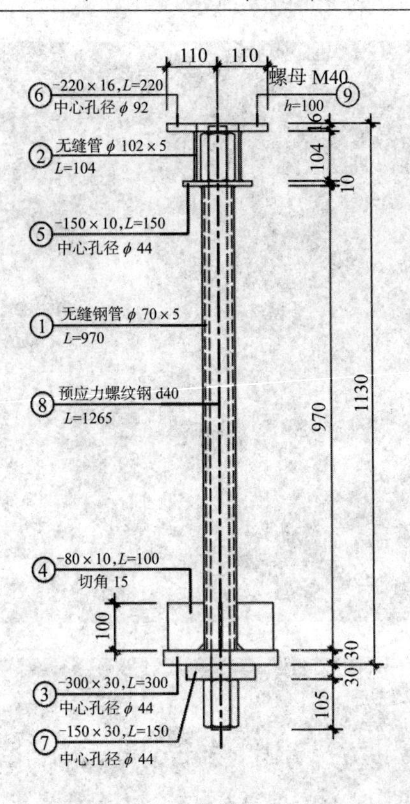

构件（数量）	编号	规格 /mm	长度 L/m	数量		重量 /kg			备注
				正	反	单重	共重	总计	
FLQ-MK1（36）	①	钢管 φ 70×5	970	1		7.05	7.05	61.60	
	②	钢管 φ 102×5	104	1		1.24	1.24		
	③	−300×30	300	1		21.20	21.20		中心孔 d=44 mm
	④	−80×10	100	4		0.63	2.52		切角 15°
	⑤	−150×10	150	1		1.60	1.60		中心孔 d=44 mm
	⑥	−220×16	220	1		5.87	5.87		中心孔 d=92 mm
	⑦	−150×30	150	1		4.80	4.80		中心孔 d=44 mm
	⑧	预应力螺纹钢 φ40	1 265	1		13.08	13.08		
	⑨	螺母 M40	100	1	1	2.12	4.24		定制

图 10-68 盲孔埋件 FLQ-MK1 详图

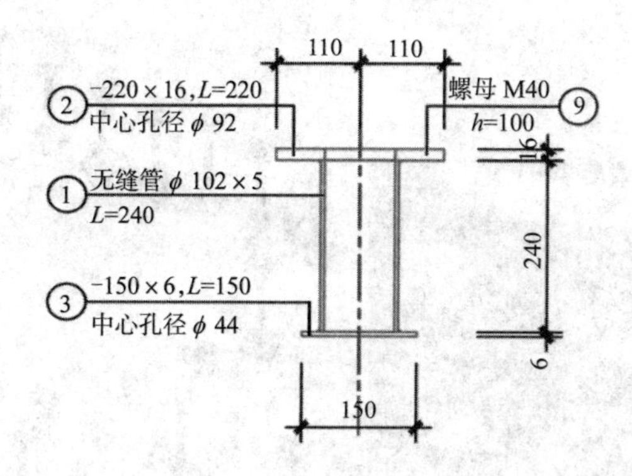

构件（数量）	编号	规格 /mm	长度 L/mm	数量		重量 /kg			备注
				正	反	单重	共重	总计	
FLQ-MK2（16）	①	钢管 φ 102 × 5	240	1		4.68	4.68	12.32	
	②	−220 × 16	220	1		5.87	5.87		中心孔 d=92 mm
	③	−150 × 10	150	1		1.77	1.77		

图 10-69　盲孔埋件 FLQ-MK2 详图

根据图纸进行 BIM 建模，如图 10-70 至图 10-72 所示。

图 10-70　盲孔埋件 FLQ-MK1 的 BIM 模型

图 10-71　盲孔埋件 FLQ-MK2 的 BIM 模型

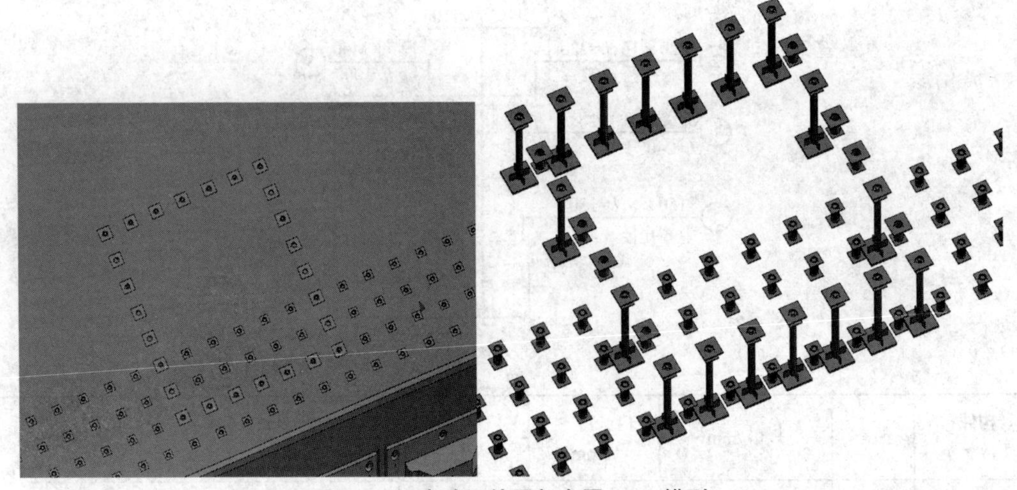

图 10-72 盲孔埋件局部布置 BIM 模型

造流泵预埋法兰为“天圆地方”,与阀门及泵连接采用法兰连接,重量为 2.32 t,直径为 1.62 m,安装精度要求在 ±2 mm 以内,混凝土浇筑过程中容易发生移位,安装过程中质量控制是重点。造流泵预埋法兰构造如图 10-73 所示。

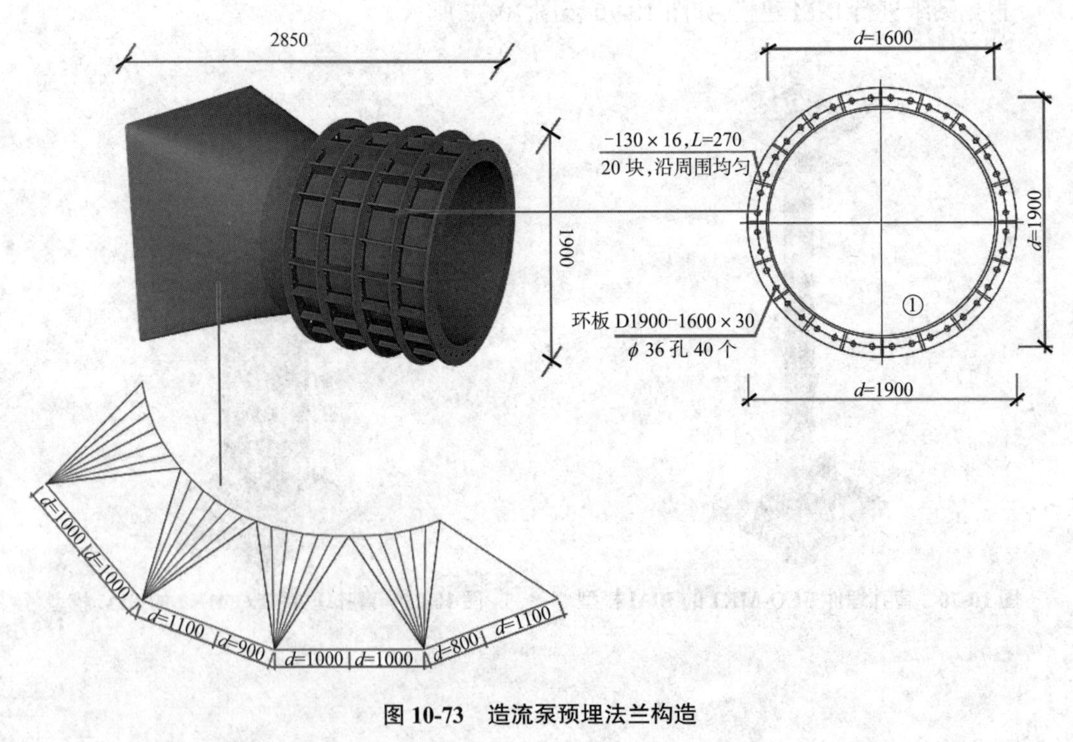

图 10-73 造流泵预埋法兰构造

根据图纸进行 BIM 建模,如图 10-74 所示。

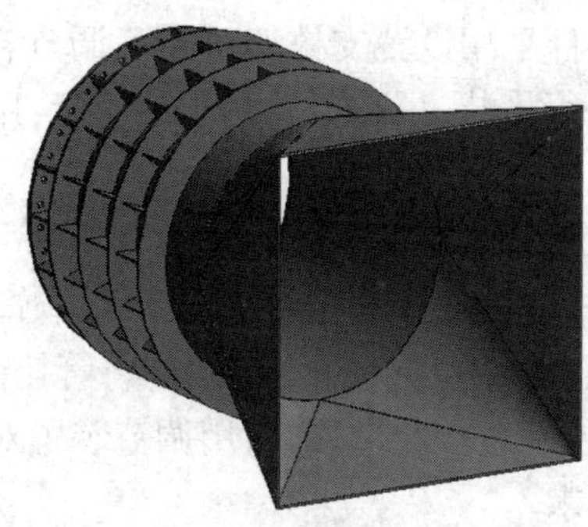

图 10-74　造流泵预埋法兰 BIM 模型

2. 施工方案

1）作动器埋件

作动器埋件采用设置支撑架 + 精确调节装置的方法安装，作动器埋件分 3 个阶段安装完成，第 1 阶段为套管、锚板、预应力螺杆安装；第 2 阶段为混凝土浇筑完成并达到设计强度后，安装作动器锚固面板；第 3 阶段为二次灌浆完成后，张拉预应力螺杆。

为了保证埋件安装精度，第 1 阶段安装中，采用设置支撑架 + 精确调节装置的方法安装，在加工厂将套管、锚板、预应力螺杆组成吊装单元，现场采用塔吊将吊装单元吊装至支撑架上，初步就位后，用三向精确调节装置对单元进行精确就位调节，测量合格后用加固杆将单元和支撑架杆件进行刚性连接，确保埋件在混凝土浇筑过程中位置不发生变化。第 2 阶段安装中，考虑到面板重量较大且需要在混凝土凹槽中就位，采用设置临时支撑架 + 临时固定顶推装置的方法进行安装，现场将垂直度调节螺栓和定位调节螺栓位置调整合适后，用起重机将作动器面板吊装至临时支撑架上进行临时固定，通过顶推装置施加水平力配合起重机将面板初步就位，通过调节定位螺栓和垂直度调节螺栓对面板进行精确就位。作动器面板安装验收合格后进行二次灌浆，灌浆完成并达到设计强度后，用专用扳手对预应力螺杆进行张拉。作动器埋件安装 BIM 示意如图 10-75 所示。

图 10-75　作动器埋件安装 BIM 示意图

2)盲孔埋件

盲孔埋件采用设置支撑架+精确调节装置的方法安装,盲孔埋件在现场与固定架组成吊装单元进行吊装,吊装单元初步就位后,用精确调节装置对固定架位置进行精确调节,保证满足盲孔埋件精度要求。

3)造流泵预埋法兰

造流泵预埋法兰采用支撑架+可调节管托的方法安装,按照预埋法兰安装位置,设置支撑架+可调节管托,预埋法兰安装前将管托位置按照设计位置调节好,吊装预埋法兰至管托上,初步就位后进行测量检查,用调节装置对管托位置及标高进行调节,保证满足预埋法兰安装精度要求。

当埋件与钢筋发生冲突时,施工中可采取以下措施:

(1)应在钢筋(包括插筋)绑扎之前,放线标识,定出埋件的锚固筋、锚板位置,避免竖向钢筋与埋件锚筋、锚板在安装时相碰,保证埋件的安装顺利、准确;

(2)当埋件锚筋与板构造钢筋相碰时,可根据埋件定位,将钢筋移开,以避免碰到埋件,但移开的距离不能超过一根钢筋直径的大小;

(3)对于钢筋已经绑扎成型,无法移动的,如埋件难以按正确位置埋设,应先申请设计变更,将埋件位移一根钢筋直径的位置后进行安装,若不能移动则可在不影响钢筋整体结构的情况下并征得设计同意后,先割掉阻碍钢筋,待埋件安装完后,再按规范与设计要求进行补筋加强。

造流泵预埋法兰安装 BIM 示意如图 10-76 所示。

图 10-76 造流泵预埋法兰安装 BIM 示意图

除上述安装方法外,埋件的测量同样面临一系列重难点,主要可采取以下措施。

(1)根据现场实际情况,通过给定的测量基准点建立闭合导线控制网,通过测量平差对加密控制点进行误差分配,提高控制点精度。

(2)通过预埋件支座等的应用,提高预埋件螺杆群的整体精度,作动器埋件利用调节螺杆进行细部调整。

(3)利用全站仪自动监测技术实时监测埋件坐标数据,及时进行调整,保证预埋精度。

10.3.4　BIM 技术在成本管理中的应用

1. 成本管理的难点

成本管理是企业根据一定时期预先建立的成本管理目标，由成本控制主体在其职权范围内，在生产耗费发生以前和成本控制过程中，对各种影响成本的因素和条件采取一系列预防和调节措施，以保证成本管理目标实现的管理行为。

成本管理过程是运用系统工程的原理，对企业在生产经营过程中发生的各种耗费进行计算、调节和监督的过程，也是一个发现薄弱环节、挖掘内部潜力、寻找一切可能降低成本途径的过程。科学地组织实施成本控制，可以促进企业改善经营管理，转变经营机制，全面提高企业素质，使企业在市场竞争的环境下生存、发展和壮大。然而，工程成本控制一直是项目管理中的重点及难点，主要体现在以下几点。

（1）牵涉部门和岗位众多：实际成本核算，在传统情况下需要预算、材料、仓库、施工、财务等多部门多岗位协同分析汇总数据，才能汇总出完整的某时点的实际成本，若某个或某几个部门不实行，整个工程成本汇总就难以做出。

（2）对应分解困难：一种材料、人工、机械甚至一笔款项往往用于多个成本项目，拆分分解对应对于专业的要求相当高，难度也非常大。

（3）消耗量和资金支付情况复杂：对于材料而言，部分进库后并未付款，部分付款后并未进库，还有出库后未使用完以及使用了但并未出库等情况；对于人工而言，部分干完活但并未付款，部分已付款但并未干活，还有干完活仍未确定工价等情况；机械周转材料租赁以及专业分包也有类似情况。情况如此复杂，成本项目和数据归集在没有一个强大的平台支撑情况下，不漏项做好三个维度（时间、空间、工序）的对应很困难。

（4）数据量大：每一个施工阶段都牵涉大量材料、机械、工种消耗和各种财务费用，人、材、机和资金消耗都要统计清楚，数据量巨大。面对如此巨大的工作量，实行短周期（月、季）成本在当前管理手段下就变成了一种奢侈。随着工程施工的推进，应付进度工作自顾不暇，过程成本分析、优化管理就只能搁置一边。

2.BIM 技术在成本管理中的应用

BIM 技术作为一种协同的信息数据库技术，包括设计、施工、运营等建设项目全生命周期完整的数据信息流。作为一种信息技术，BIM 以三维数字技术为基础，可以对施工过程中的相关工程数据进行模拟建模，从而方便设计者进行建筑设计，方便施工者进行施工，方便运营者进行运营。

BIM 技术下的成本计划的编制是以业主为主导，由设计单位、施工单位、建设单位、监理单位和材料供应商共同定成的。通过前期建筑信息模型的搭建，各单位根据自身要求，在模型搭建阶段沟通交流，能够尽早发现现场施工中可能出现的问题，并尽早解决，从而制订出合理优化后的进度计划，指导项目顺利进行，从而对成本计划进行优化。

BIM 技术能够把工程项目设计、施工、运营、维护和拆除等各个环节的所有参与部门的数据都联系起来，从而实现对工程的精细化管理。这就需要 BIM 技术的信息是联系协调一致的，而且在资源共享的过程中不会因为时间和空间上的差异而使资源出现偏差。

在工程造价控制环节引入 BIM 理念，在 BIM 技术下建立三维模型，对时间成本进行实时监督、控制。这样,可以使资金计划、人员安排以及设备管理等更加科学、合理。在三维模型下,能够提前计算出每个时间段的工作量,然后在核算的基础上,对资金计划以及工作计划做出调整。通过BIM技术对施工进行的模拟,建设单位及供应商可以较为准确地知道材料供应的数量和时间,包括施工所用方案以及材料用量,且以模型为基准开展的管理工作不会与实际情况相脱离,材料供应计划更加准确,保证材料、设备供应不影响工期,并节省运输、仓储成本。同时, BIM技术可以根据工程进展情况对建模形式做出优化,具有可协调性,造价管理人员能够直观地观察到各项目建设所需资金,为实现精细化造价打好基础。

在传统的设计方式下,常常由于考虑角度不同和专业技术水平不同,造成业主方和设计方或者施工方信息不对称,很多时候出图后才发现需要变更的地方,甚至现场施工时才发现有错误,只能重做,从而大大增加项目的施工成本。

BIM技术具有极强的可视性,通过BIM技术业主可以提前了解工程设计效果、施工技术质量等,业主方能更加清晰明了地表达意愿和想法,设计方能更加明确业主方想要的效果,减少甲方"改改改"的常态,而通过模拟全过程的建设施工,发现施工中可能考虑不周的地方,从而进行优化改正,可以减少实际施工中造成的返工,避免不必要的成本浪费。

同时,全方位三维建模技术,在传统二维技术基础上做了整改,融入现代科技理念,不但图形更立体,所表述的内容也更全面。非专业造价管理人员,例如图纸设计师,通过观察模型也能直观地了解工程建设所用成本,从而根据预算成本对设计进行优化。传统的二维图表总会使具体施工人员产生误解,而且由于各个建设项目并不完全相同,实际施工工艺也千差万别,在施工之前不能详细地了解相关知识往往会造成返工现象,因此可视化的施工过程的培训加上传统进度计划图表的辅助是向建设项目具体执行层交代任务的必然选择,有利于项目的顺利进行,从而更好地控制项目成本。

在现阶段, Revit直接算量运用相对较少,还不够成熟,但是各大造价软件运营商均已开发相关BIM工程量计算模块,通过Revit模型导入,可以节省大量的图纸翻模时间,相对于将传统二维图纸导入造价软件翻模的方式能够避免一些图纸无法识别或识别错误的问题,可以大幅度提升效率。BIM技术的应用,使设计人员可以使用BIM直接进行设计,各造价人员可以运用同一个平台的BIM模型提供的工程量数据进行概预算,让造价人员从繁复的工程翻模、工程量计算、工程量核对等工作中解放出来,有更多的时间进行工程经济分析,而不是将时间主要运用在工程量计算上。

同时,从项目开始到项目结算阶段,涉及不同的造价部门和造价人员,若各个参与方都使用基于同一平台的BIM信息模型,工程量计算及价格均统一,则变更管理更为清晰,对数据的争议也会大幅减少,从项目开始的概算审批到项目最后的结算都能更快速、更准确地进行,从而优化流程、节省时间,为项目的顺利进行提供支持。

BIM技术在处理实际工程成本核算中具有巨大的优势。建立BIM的5D施工资源信息模型(3D实体、时间、工序)关系数据库,让实际成本数据及时进入5D关系数据库,成本汇总、统计、拆分对应瞬间可得。建立实际成本BIM,周期性(月、季)地按时调整维护好该模型,软件强大的统计分析能力可轻松满足对各种成本分析的需求。基于BIM的实际成本核算方法,较传统方法具有以下几点优势。

(1)快速:基于BIM的5D实际成本数据库,汇总分析能力大大加强,且速度快,短周期成本分析不再困难,且工作量小、效率高。

(2)准确:成本数据动态维护准确性大为提高,通过总量统计的方法,可消除累积误差,成本数据随进度进展准确度越来越高。另外,通过实际成本 BIM,可以很容易检查出哪些项目还没有实际成本数据,监督各成本实时盘点,提供实际数据。

(3)分析能力强:可以多维度(时间、空间、工作分解结构)汇总分析更多种类、更多统计分析条件的成本报表。

(4)提升企业成本控制能力:将实际成本 BIM 通过互联网集中在企业总部服务器,企业总部的成本部门、财务部门就可共享每个工程项目的实际成本数据,实现总部与项目部的信息对称,总部成本管控能力大为加强。

总之,BIM 成本控制解决方案的核心内容是利用 BIM 软件技术、造价软件、项目管理软件、FM 软件,创造出一种适合中国现状的成本管理解决方案。整体解决方案包含设计概算、施工预算、竣工决算、项目管理、运营管理等所有环节成本管理的模块,构成项目总成本控制体系。

BIM 作为最能推动建设管理方式改革的技术,针对目前成本管理存在的问题,有较好的应用前景,也能够有效改进成本管理存在的问题。

1)快速精确的成本核算

BIM 是一个强大的工程信息数据库,进行 BIM 建模所完成的模型包含二维图纸中所有的几何尺寸等信息,并包含二维图纸中不包含的材料等信息,而这些信息的背后是强大的数据库支撑。因此,计算机通过识别模型中的不同构件及模型的几何和物理信息(时间维度、空间维度等),对各种构件的数量进行汇总统计。基于 BIM 的算量方法,将算量工作大幅简化,并可减少由于人为原因造成的计算错误,降低工作量和所花费时间。有研究表明,工程量计算所占用的时间占整个造价计算过程的 50%~80%,而运用 BIM 算量方法可节约近 90% 的时间,误差可控制在 1% 以内。

2)虚拟施工及碰撞检查减少设计错误

BIM 的一个重要应用就是建模完成后的碰撞检查。通常在一般工程中,在建筑、结构、水暖电等各专业二维图纸设计汇总后,各参与方及总图工程师需人工会审发现和解决各方面不协调的问题,该过程会花费大量时间并且不能保证完全无误。未发现的错误设备管线碰撞等引起的拆装、返工和浪费是成本浪费的重要原因。而 BIM 技术中整合了建筑、结构、水暖电等模型信息,能够彻底消除硬碰撞、软碰撞,检查和解决各专业的矛盾以及同专业间存在的冲突,减少额外的修整成本,避免成本的增加。另外,施工人员可以利用碰撞优化后的设计方案进行施工交底、施工模拟,业主能够更真实地了解设计方案,提高沟通的效率。

3)设计优化与变更成本管理、造价信息实时追踪

在传统的成本核算方法下,一旦发生设计优化或者变更,都需要进行审批、流转,造价工程师需要手动检查设计变更,更改工程造价,该过程不仅缓慢,而且可靠性不高。BIM 依靠强大的工程信息数据库,实现了二维施工图与材料、造价等各模块的有效整合和关联变动,使得设计变更和材料价格变动可以在 BIM 中进行实时更新,变更各环节间的关联时间缩短、效率提高,更加及时准确地将数据提交给工程各参与方,以便各方做出有效的应对和调整。目前,BIM 的建造模拟功能已经发展到了 5D 维度。5D 模型集三维建筑模型、施工组织方案、成本及造价等部分于一体,能实现对成本的实时模拟和核算,并为后续建设阶段的管理工作所利用,解决阶段割裂和专业割裂的问题。BIM 通过信息化的终端和 BIM 数据后

台使整个工程的造价信息顺畅地流通起来,从企业级的管理人员到每个数据的提供者都可以监测,保证各种信息数据可以被及时准确地调用、查阅、核对。

4)具体应用

BIM技术正在引领建筑业的变革,以软件和信息为载体,形成完整的工程数据库,改变项目各参与方的协作方式,提高项目整合度。它在工程成本管理中的应用可以在很大程度上解决管理低效、体系混乱等问题,更高效地进行项目全过程成本管理。

但在国内的BIM实践中,成本管理应用的案例非常少,主要原因是国内目前使用的造价软件与BIM三维模型不能实现较顺畅的连接,而国内技术人员也无法达到全部使用BIM技术进行设计和算量的程度。随着BIM的推广,建设工程成本管理也要从技术变革、人才培养等多个方面进行转变,才能实现真正的信息化的成本管理。

成本管理是整个工程建设的重要环节。随着工程建设规模的不断扩大,人员、技术方面的原因给工程造价控制带来了很大困难。与此同时,传统的成本管理方法过于死板,不能准确控制成本,从而存在很大的局限性。而BIM在成本管理中具有工作效率高、节省成本等优势,其将会成为未来工程项目进行成本管理的主要工具。

10.3.5 BIM技术在安全管理中的应用

在建筑施工项目中,安全管理和其他方面的管理存在差异,安全管理贯穿整个建筑施工过程,从内容来看,它涉及场地布置、材料采购、质量控制、进度控制等方面,从合作单位来看,它涉及项目设计方、施工方、建设方等。安全管理是建筑施工过程中最基本也是最重要的要求,一旦某个建筑施工项目离开了安全管理,那么这个建筑施工项目的质量和安全就得不到保障。由此可知,建筑施工安全管理在建筑施工项目中是非常重要的。

基于BIM技术的管理模式是创建信息、管理信息、共享信息的数字化方式,在工程安全管理方面具有很多优势,主要体现在以下方面。

1. 自动查找危险洞口和自动布置防护栏杆

BIM系统通过对各楼层的结构空间形体的自动计算分析,可以主动查找到需采取安全措施的洞口,提升预警报告,并自动布置安全防护栏杆,标明部位、位置,方便施工布置任务,自动计算防护工程量。

2.iBan 移动应用及时报告反映现场安全问题

智能终端与BIM系统结合的专门现场管理应用,现场人员一旦发现问题,即可拍照上传系统,系统自动向相关领导报告。照片有多个参数和定位功能,其数据更加有效。

3. 视频系统与BIM系统结合,提升可视化管理效果

视频系统采集的图像源自何处,在过去不容易确定,但其与BIM系统关联后,图像在建筑中的位置对应问题就解决了。由此可见, BIM在施工方面除可以指导施工、精确算量外,对人防安全也具有广泛的应用价值,具体可体现在以下几方面。

1)施工准备阶段安全控制

在施工准备阶段,利用BIM进行与实践相关的安全分析,能够降低施工安全事故发生的可能性。例如,4D模拟与管理、安全表现参数的计算,可以在施工准备阶段排除很多建筑安全风险;BIM虚拟环境划分施工空间,可以排除安全隐患;基于BIM及相关信息技术的安全规划,可以在施工前的虚拟环境中发现潜在的安全隐患并予以排除;将BIM结合有限元分析平台,进行力学计算,可保障施工安全;通过BIM发现施工过程重大危险源,并实现水平洞口危险源自动识别。

2)施工过程仿真模拟

仿真分析技术能够模拟建筑结构在施工过程中不同时段的力学性能和变形状态,为结构安全施工提供保障。通常采用大型有限元软件实现结构的仿真分析,但复杂建筑物的模型建立需要耗费较多时间。在BIM的基础上,开发相应的有限元软件接口,实现三维模型的传递,再附加材料属性、边界条件和荷载条件,结合先进的时变结构分析方法,可以将BIM、4D技术和时变结构分析方法结合起来,实现基于BIM的施工过程结构安全分析,有效捕捉施工过程中可能存在的危险状态,指导安全维护措施的编制和执行,防止发生安全事故。

3)施工动态监测

近年来,建筑安全事故不断发生,人们的防灾减灾意识也有很大提高,结构监测研究已成为国内外的前沿课题之一。对施工过程特别是重要部位和关键工序进行实时施工监测,可以及时了解施工过程中结构的受力和运行状态。施工监测技术的先进性、合理性,对施工控制具有至关重要的作用,也是施工过程信息化的重要内容。为了及时了解结构的工作状态,发现结构未知的损伤,建立工程结构的三维可视化动态监测系统就显得十分迫切。

三维可视化动态监测系统与传统的监测手段相比,具有可视化的特点,可以通过人为操作在三维虚拟环境下提前发现现场的各类潜在危险源,提供更便捷的方式查看监测位置的应力、应变状态,当某一监测点的应力或应变超过拟订的范围时,系统会自动报警给予提醒。

可使用自动化监测仪器对基坑沉降进行观测,并将感应元件监测的基坑位移数据自动汇总到基于BIM技术开发的安全监测软件上。通过对数据进行分析,并结合现场实际测量的基坑坡顶水平位移和竖向位移变化数据进行对比,实现动态的监测管理,确保基坑在土方回填之前的安全稳定性。

4)防坠落管理

坠落危险源包括尚未建造的楼梯井和天窗等,通过在BIM中的危险源存在部位建立防护栏杆构件模型,研究人员能够清楚地识别多个坠落风险;并可以向承包商提供完整且详细的信息,包括安装或拆卸防护栏杆的地点和日期等。

5)塔吊安全管理

大型工程施工现场需布置多个塔吊同时作业,由于塔吊旋转半径不足而造成的施工碰撞屡有发生。确定塔吊回转半径后,在整体BIM施工模型中布置不同型号的塔吊,能够确保其与电源线和附近建筑物的安全距离,确定哪些员工在哪些时段使用塔吊。在整体施工模型中,用不同颜色的色块表明塔吊的回转半径和影响区域,并进行碰撞检测,生成塔吊回转半径范围内的任何安装活动的安全分析报告。该报告可以用于项目定期安全会议,减少由于施工人员和塔吊操作人员缺少交流而发生的意外风险。

6)灾害应急管理

随着建筑设计的日新月异,相关规范已经无法满足超高型、超大型或异型建筑空间的消防设计。利用BIM及相应灾害分析模拟软件,可以在灾害发生前,模拟灾害发生的过程,分析灾害发生的原因,制订避免灾害发生的措施以及发生灾害后人员疏散、救援支持的应急预案，以便发生意外时减少损失并赢得抢救时间。BIM能够模拟人员疏散时间、疏散距离、有毒气体扩散时间、建筑材料耐燃烧极限、消防作业面等，主要表现为4D模拟、3D漫游和3D渲染能够标识各种危险，且BIM中生成的3D动画、3D渲染可用来与工人沟通应急预案计划方案。应急预案包括五个子计划：施工人员的出入口、建筑设备和运送路线、临时设施和拖车位置、紧急车辆路线、恶劣天气预防措施。利用BIM数字化模型进行物业沙盘模拟训练，训练安保人员对建筑的熟悉程度；在模拟灾害发生时，通过BIM数字模型指导人员进行快速疏散；通过对事故现场人员感官的模拟，使疏散方案更合理；通过BIM判断监控摄像头布置是否合理，与BIM虚拟摄像头关联，可随意打开任意视角的摄像头，摆脱传统监控系统的弊端。

另外，当灾害发生后，BIM可以提供救援人员紧急状况点的完整信息，配合温感探头和监控系统发现温度异常区，获取建筑物及设备的状态信息，通过BIM和楼宇自动化系统的结合，使BIM能清晰地呈现出建筑物内部紧急状况的位置，甚至到达紧急状态点最合适的路线，救援人员可以由此做出正确的现场处置，提高应急行动的成效。

10.3.6 BIM技术在质量管理中的应用

为了满足国家发展和人民物质生活的需要，大型综合体育场馆、会展中心等项目的建设日渐增多。而这类项目通常空间跨度大、悬挑长、体系受力复杂、形体关系相对复杂，故常采用钢结构体系并配合预应力技术。大体量钢结构或预应力钢结构项目施工时存在很多难点和关键问题。例如，由于施工过程是不可逆的，如何合理地安排施工进度；安装数量大，如何控制安装质量；如何控制施工过程中结构的应力状态，使变形状态始终处于安全范围内等，这些都是传统的施工技术难以解决的。而为了满足预应力空间结构的施工需求，把BIM技术、仿真分析技术和监测技术结合起来，实现学科交叉，建立一套完整的全过程施工控制及监测技术，并运用到此类工程的建设和施工项目管理中，以保证结构施工的质量，是目前BIM应用中崭新的课题。BIM技术在质量管理中有以下几方面应用。

1. 建模前期的协同设计

建模前期，需要建筑专业和结构专业的设计人员大致确定吊顶高度及结构梁高度；对于净高要求严格的区域，要提前告知机电专业；各专业针对空间狭小、管线复杂的区域，要协调出二维局部剖面图。建模前期协同设计的目的是在建模前期就解决部分潜在的管线碰撞问题，预知潜在质量问题。

2. 碰撞检测

在原来的二维图纸设计中，将结构、水暖电等各专业设计图纸汇总后，由总工程师人工发现和协调问题，人为的失误在所难免，从而使施工中出现很多冲突，造成建设投资产生巨大浪费，并且还会影响施工进度。另外，由于各专业承包单位实际施工过程中对其他专业或者工种、工序不了解，甚至是漠视，产生的冲突与碰撞也较多。在施工过程中，这些碰撞的解决方案往往受限于现场已完成部分，大多数只能牺牲某部分利益、效能而被动地变更。调查表明，施工过程中相关各方有时需要付出几十万、几百万甚至上千万的代价来弥补由设备管线碰撞引起的拆装、返工和浪费。

目前，BIM技术在三维碰撞检查中的应用已经比较成熟，依靠其特有的直观性及精确性，在设计建模阶段就可一目了然地发现各种冲突和碰撞。在水、暖、电建模阶段，利用 BIM 技术可随时自动检测及解决管线设计初级碰撞，其效果相当于将校审部分的工作提前进行，可大大提高成图质量。碰撞检测的实现主要依托于虚拟碰撞软件，其实质为 BIM 可视化技术，设计、施工人员在建造之前就可以对项目进行碰撞检查，不但能够彻底消除碰撞，优化工程设计，减少在建筑施工阶段可能存在的错误和返工的可能性，而且能够优化净空和管线排布方案。最后，施工人员可以利用碰撞优化后的三维方案，进行施工交底、施工模拟，提高施工质量，同时也提高与业主沟通的主动权。

碰撞检测可分为专业间碰撞检测及管线综合碰撞检测。专业间碰撞检测主要包括土建专业间（如检查标高、剪力墙、柱等位置是否一致，梁与门是否冲突）、土建专业与机电专业间（如检查设备管道与梁、柱是否发生冲突）、机电各专业间（如检查管线末端与室内吊顶是否冲突）的软、硬碰撞点检查；管线综合碰撞检测主要包括管道专业、暖通专业、电气专业系统内部检查以及管道、暖通、电气、结构专业之间的碰撞检查等。另外，解决管线空间布局问题，如机房过道狭小等，也是常见的碰撞检测内容之一。

在对项目进行碰撞检测时，要遵循如下检测优先级顺序：第一，进行土建碰撞检测；第二，进行设备内部各专业碰撞检测；第三，进行结构与水、暖、电专业碰撞检测等；第四，解决各管线间交叉问题。其中，全专业碰撞检测的方法是建立各专业的精确三维模型后，选定一个主文件，以该文件轴网坐标为基准，将其他专业模型链接到该主模型中，最终得到一个包括土建、管线、工艺设备等全专业的综合模型。该综合模型可为设计提供模拟现场施工碰撞检查的平台，在这个平台上可完成仿真模拟现场碰撞检查，并根据检测报告及修改意见对设计方案进行合理评估，且做出设计优化决策，然后再进行碰撞检测，如此循环，直至解决所有的硬碰撞、软碰撞问题。

常见碰撞形式复杂、种类较多，且碰撞点很多，甚至高达上万个，对碰撞点进行有效标识与识别，就需要采用轻量化模型技术，把各专业三维模型数据以直观的模式存储于展示模型中，对模型碰撞信息采用“碰撞点”和“标识签”进行有序标识，通过结构树形式的“标识签”可直接定位到碰撞位置。

碰撞检测完毕后，在计算机上以相关命名规则出具碰撞检查报告，方便快速读出碰撞点的具体位置与碰撞信息。在读取并定位碰撞点后，为了更加快速地给出针对碰撞检测中出现的软、硬碰撞点的解决方案，可以将碰撞问题划分为以下几类：

（1）重大问题，需要业主协调各方共同解决；

（2）由设计方解决的问题；

（3）在施工现场解决的问题；

（4）因未定因素（如设备）而遗留的问题；

（5）因需求变化而带来新的问题。

针对由设计方解决的问题，可以通过多次召集各专业主要骨干参加三维可视化协调会议的方法，把复杂的问题简单化，同时将责任明确到个人，从而顺利地完成管线综合设计、优化设计，得到业主的认可。针对其他问题，则可以通过三维模型截图、漫游文件等协助业主解决。另外，管线优化设计应遵循以下原则：

（1）除管线穿梁、碰柱、穿吊顶等必要情况，尽量不要改动；

（2）只需调整管线安装方向即可避免的碰撞，属于软碰撞，可以不修改，以减少设计人员的工作量；

（3）为满足建筑业主要求，对没有碰撞但不满足净高要求的空间，也需要进行优化设计；

（4）管线优化设计时，应预留安装、检修空间。

管线避让原则如下：有压管让无压管；小管线让大管线；施工简单管让施工复杂管；冷水管道避让热水管道；附件少的管道避让附件多的管道；临时管道避让永久管道。

3. 大体积混凝土测温

使用自动化监测管理软件进行大体积混凝土温度的监测，将测温数据无线传输、自动汇总到分析平台上，通过对各个测温点的分析，形成动态监测管理。电子传感器按照测温点布置要求，自动直接将温度变化情况输出到计算机，形成温度变化曲线图，随时可以远程动态监测基础大体积混凝土的温度变化，根据温度变化情况，随时加强养护措施，确保大体积混凝土的施工质量，确保在工程基础筏板混凝土浇筑后不出现由于温度剧烈变化而引起的温度裂缝。

4. 施工工序管理

工序质量控制就是对工序活动条件即工序活动投入、工序活动效果及分项工程质量的控制。在利用 BIM 技术进行工序质量控制时，要侧重于以下几方面的工作。

（1）利用 BIM 技术能够更好地确定工序质量和控制工作计划。一方面要求对不同的工序活动制订专门的保证质量的技术措施，做出物料投入及活动顺序的专门规定；另一方面要求规定质量控制工作流程、质量检验制度。

（2）利用 BIM 技术主动控制工序活动条件的质量。工序活动条件主要指影响质量的五大因素，即人、材料、机械设备、方法和环境等。

（3）能够及时检验工序活动效果的质量，主要是实行班组自检、互检、上下道工序交接检，特别是对隐蔽工程和分项（部）工程的质量检验。

（4）利用 BIM 技术设置工序质量控制点（工序管理点），实行重点控制。工序质量控制点是针对影响质量的关键部位或薄弱环节确定的重点控制对象。正确设置控制点并严格实施是进行工序质量控制的重点。

另外，在大型复杂工程进行施工技术交底时，工人往往难以理解技术要求，从而造成施工质量难以保证。针对技术方案无法细化、不直观、交底不清晰的问题，应改变传统的思路与做法（通过纸介质表达），转由借助三维技术呈现技术方案，使施工重点、难点部位可视化，提前预见问题，确保工程质量，加快工程进度。三维技术交底即通过三维模型让工人直观地了解自己的工作范围及技术要求，主要方法有两种：一种是虚拟施工和实际工程照片对比；另一种是对整个三维模型进行打印输出，用于指导现场施工，方便现场的施工管理人员根据图纸进行施工指导和现场管理。

10.3.7 BIM 技术在进度管理中的应用

BIM 技术在三维模型的基础上不断发展，其中包括对建设项目的设计与实施以及运营维护，贯穿建设项目整个生命周期，是一个数据化模型，可以实现数据信息的共享与传递，为参与项目建设的各方提供所需的基础数据，节约施工成本，科学缩短工期。

在建设项目进度控制中应用BIM技术,主要是利用4D-BIM技术实现施工进度的控制与管理。该建模方法是以三维模型为基础进行时间参数的关联最终形成的,4D-BIM技术具有可视化特点,将项目施工的进度计划清晰、直观地展示出来,同时还可以随时查询不同时间点三维进度的状态,根据项目计划进度数据、实际进度数据,做出可视化对比分析,4D-BIM技术主要是在时间维度上对施工项目计划进度与实际施工进度进行比较,只需将具体的施工项目实际操作时间、结束时间输入4D-BIM系统中,该模型就会根据不同的颜色进行对比,展示出该工程项目的实际进度,若该项施工出现施工延误情况,则会立即呈现出来,以便项目管理者可以在第一时间发现并采取相应的调整措施,包括调整施工人员以及资源,保证项目施工进度得到有效控制。

在4D-BIM中可以对各个子工程进行工程量的精准统计,由于每一个项目使用的劳动力、原材料以及机械设备等不同,对施工进度的影响也就不同,在进行优化时,以双代号网络计划为基础,在双代号网络计划中对各项工作与紧前以及紧后工作构建一种衔接关系,也就是设置为仅在完成一项工作后,再开始另一项工作。项目工作进度可以通过工作班制、施工人数、机械设备数量等进行调节,由此可以采用定额法进行项目时间的计算,严格控制施工项目需要的时间,保证项目施工的进度。由于人工或者机械设备的产量定额受到科技水平的影响,所以需要将其设置为定值。项目施工的总工期是根据关键路径法计算得出的,是由各个项目施工所花费的时间成本构成的,在进行总成本的计算时,需要将其直接成本以及间接成本进行合并,其中不考虑税率与资金所产生的时间价值。在4D-BIM中生成工程量清单时,要将工程各部分工作量设置为确定值,4D-BIM控制施工进度时,还需要保证物料供应及时,以免给项目施工进度造成影响。

每一种技术或者理论都需要与其他技术、方法等相结合使用,相互合作、相互协调、相互弥补不足,以发挥最大优势,提供更优质的服务。BIM技术的应用主要是在工程项目相关数据的基础上,构建建筑项目模型,利用数字信息仿真技术,将建筑物真实的数据模拟出来,在应用的过程中结合BIM技术、网络计划技术、工作分解结构等,有效地解决建设项目中的目标优化问题,不仅可以提高建筑行业的信息水平,还可以节约资源,有效控制项目的施工进度,进一步实现优化施工成本目标,科学合理地缩短施工工期。

10.4 BIM技术在后期运营中的应用

10.4.1 BIM技术在空间管理中的应用

基于BIM技术可为管理人员提供详细的空间信息,包括实际空间使用情况、建筑对标等。同时,BIM技术能够通过可视化功能帮助各部门跟踪监控所需位置,将建筑信息与具体的空间相关信息协同,并进行动态数据信息监控,提高空间利用率;根据建筑使用者的实际需求,提供基于运维空间模型的工作空间可视化规划管理功能,并提供工作空间变化可能带来的建筑设备、设施功率负荷方面的数据作为决策依据,以及在运维单位方案中快速更新三维空间模型。BIM技术在空间管理中的应用可以总结为以下几方面。

1. 租赁管理

应用BIM技术对空间进行可视化管理,分析空间使用状态、收益、成本及租赁情况,判断影响不动产财务状况的周期性变化及发展趋势,提高空间的投资回报率,并抓住出现的机会和规避潜在的风险。

通过查询定位可以轻易查询到租户空间,并且查询到租户或商户信息,如客户名称、建筑面积、租约区间、租金、物业费用。系统可以提供租金收取提醒等客户定制化功能,还可以根据租户信息的变更,对数据进行实时调整和更新,形成一个快速共享平台。另外,BIM运维平台不仅提供对租户的空间信息管理,还提供对租户能源使用及费用情况的管理。这种功能同样适用于商业信息管理,与移动终端相结合,租户的活动情况、促销信息、位置、评价可以直接推送给终端客户,提高租户的使用程度,同时也为其创造更高的价值。

2. 垂直交通管理

3D电梯模型能够正确反映所对应的实际电梯空间位置以及相关属性等信息。电梯的空间相对位置信息包括门口电梯、中心区域电梯、电梯所能到达楼层信息等;电梯的相关属性信息包括直梯、扶梯以及电梯型号、大小、承载量等。3D电梯模型中采用直梯实体形状图形表示直梯,采用扶梯实体形状图形表示扶梯。BIM运维平台对电梯的实际使用情况进行了渲染,物业管理人员可以清楚直观地看到电梯的能耗及使用状况,通过对人行动线、人流量的分析,可以帮助管理人员更好地对电梯系统的策略进行调整。

3. 车库管理

目前的车库管理系统基本都是以计数系统为主,只显示空车位的数量,空车位的位置无法显示。在停车过程中,车主随机寻找车位,缺乏明确的路线,容易造成车道堵塞和资源浪费(时间、能源)。应用无线射频技术(RFID)将定位标识标记在车位卡上,汽车停好后自动判断某车位是否被占用。通过该系统就可以在车库入口处屏幕上显示出所有已经占用的车位和空的车位。通过车位卡还可以在车库监控屏幕上查询汽车所在的位置。

10.4.2 BIM技术在维护管理中的应用

维护管理主要是指设备的维护管理。通过将BIM技术运用到设备管理系统中,可使系统包含设备所有的基本信息,也可以实现三维动态地观察设备实时状态,从而使设施管理人员了解设备的使用状况,并根据设备的状态提前预测设备会发生的故障,从而在设备发生故障前就对设备进行维护,降低维护费用。将BIM技术运用到设备管理中,可以查询设备信息、设备运行和控制、自助进行设备报修,也可以进行设备的计划性维护等。

BIM技术在维护管理中的应用可以总结为以下几方面。

1. 可视化资产信息管理

传统资产信息整理录入主要是由档案室的资料管理人员或录入人员采取纸质的方式进行管理,这样既不容易保存又不容易查阅,一旦发生人员调整或周期较长会出现遗失或记录不可查询等问题,造成工作效率降低和成本提高。

由于上述原因,公司、企业或个人对固定资产信息的管理已经逐渐脱离传统的纸质方式,不再需要传统的档案室和资料管理人员。信息技术的发展使基于BIM技术的互联网资产管理系统可以通过在RFID的资产标签芯片中注入用户需要的详细参数信息和定期提醒设置,同时结合三维虚拟实体的BIM技术使资产在智慧建筑物中的定位和相关参数信息一目了然,可以实现精确定位、快速查阅。

新技术的产生使二维的、抽象的、纸质的传统资产信息管理方式变得鲜活生动。资产的管理范围也从以前的重点资产延伸到资产的各个方面。例如,对于机电安装的设备、设施,资产标签中的报警芯片会提醒设备需要定期维修的时间以及设备维修厂家等相关信息,同时可以提示设备的使用寿命,以便及时更换,避免发生伤害事故和一些不必要的麻烦。

2. 可视化资产监控、查询、定位管理

资产管理的重要性就在于可以实时监控、实时查询和实时定位,然而传统的做法很难实现,尤其对于高层建筑的分层处理,资产管理很难从空间上进行定位。BIM技术和互联网技术的结合完美地解决了这一问题。

现代建筑通过BIM系统对整个物业的房间和空间进行划分,并对每个划分区域的资产进行标记,通过使用移动终端收集资产的定位信息,并随时和监控中心进行通信联系。

(1)监控:基于BIM的信息系统可以取代和完善视频监视录像,该系统可以追踪资产的整个移动过程和相关使用情况;再配合工作人员身份标签定位系统,可以了解资产经手的相关人员,并且系统会自动记录,查阅方便。一旦发现资产位置在正常区域外、由无身份标签的工作人员移动或无定位信息等非正常情况,监控中心就会自动报警,并且将BIM的位置自动切换到出现报警的资产所在的位置。

(2)查询:资产的所有信息,包括名称、价值和使用时间等,都可以随时查询。

(3)定位:随时定位被监视资产的位置和相关状态情况。

3. 可视化资产安保及紧急预案管理

传统的资产管理安保工作无法对被监控资产进行定位,只能够对关键的出入口等进行排查处理。互联网技术虽然可以在某种程度上加强产品的定位,但是缺乏直观性,难以提高安保人员的反应速度,经常发现资产遗失后无法及时追踪,无法确保安保工作的正常开展。基于BIM技术的互联网资产管理可以从根本上提高紧急预案的管理能力和资产追踪的及时性、可视性。

一些比较昂贵的设备或物品可能有被盗的危险,在工作人员赶到事发现场前,犯罪分子有足够的时间逃脱。然而使用无线射频技术和报警装置可以及时了解贵重物品的情况,当贵重物品发出报警后,其对应的BIM追踪器随即启动,通过BIM三维模型可以清楚地分析出犯罪分子所在的精确位置和可能的逃脱路线,BIM控制中心只需要在关键位置及时布置工作人员进行阻截就可以保证追回贵重物品,同时将犯罪分子绳之以法。

BIM控制中心的建筑信息模型与互联网无线射频技术的完美结合彻底实现了非建筑专业人士或对该建筑物不了解的安保人员可以正确了解建筑物安保关键部位。指挥人员只需给进入建筑的安保人员配备相应的无线射频标签,并与BIM系统动态连接,就可以根据BIM三维模型直接查看风管、排水通道等容易疏漏的部位和整个建筑三维模型,动态地调整人员部署,对出现异常情况的区域第一时间做出反应,从而为资产的安保工作提供巨大的便捷,真正实现资产的安全保障管理。

信息技术的发展推动了管理手段的进步,基于BIM技术的物联网资产管理方式通过最新的三维虚拟实体技术使资产在智慧建筑中得到合理的使用、保存、监控、查询、定位。资产管理的相关人员以全新的视角诠释资产管理的流程和工作方式,使资产管理的精细化程度得到提高，确保资产价值最大化。

10.4.3 BIM 技术在公共安全中的应用

BIM 技术在公共安全中的应用可以总结为以下几方面。

1. 安保管理

（1）视频监控：目前的监控管理基本以显示摄像视频为主，传统的安保系统相当于有很多双眼睛，但是基于 BIM 技术的视频安保系统不但拥有“眼睛”，而且拥有“脑子”。因为其摄像视频管理是运维控制中心的一部分，也是基于 BIM 技术的可视化管理。通过配备监控屏幕可以对整个区域的视频监控系统进行操作；当用鼠标选择建筑的某一层时，该层的所有视频图像立刻显示出来；一旦发生突发事件，基于 BIM 技术的视频安保监控就能与协作 BIM 的其他子系统结合进行突发事件管理。

（2）可疑人员定位：利用视频识别及跟踪系统，对不良人员、非法人员甚至恐怖分子等进行标识，利用视频识别软件使摄像头自动跟踪及互相切换，对目标进行锁定。在夜间设防时段，还可以将双鉴、红外、门禁、门磁等各种信号一并传入 BIM 的监控屏幕中。当然这一系统不但要求 BIM 的配合，更要有多种联动软件及相当高的系统集成才能完成。

（3）安保人员位置管理：对于安保人员，可以通过将无线射频芯片植入工卡，利用无线终端来定位安保人员的具体方位。对于商业地产，尤其是大型商业地产，人流量大、场地面积大、突发情况多，其安全保护价值更大。一旦发现险情，管理人员就可以利用这个系统指挥安保工作。

（4）人流量监控（含车流量）：利用视频系统 + 模糊计算，可以得到人流（人群）、车流的大概数量，在 BIM 上了解建筑物各区域出入口、电梯厅、餐厅及展厅等区域以及人多的步梯、步梯间的人流量（人数 /m^2）、车流量。当人流量大于 5 人 /m^2 时，发出预警信号；当大于 7 人 /m^2 时，发出警报，从而做出是否要开放备用出入口、投入备用电梯、人为疏导人流以及车流的应急安排。这对安全工作是非常有用的。

2. 火灾消防管理

在消防管理中，基于 BIM 技术的管理系统可以通过喷淋感应器感应信息，如果发生着火事故，在建筑的信息模型界面中就会自动进行火灾报警，对着火的三维位置和房间立即进行定位显示，并且控制中心可以及时查询相应的周围情况和设备情况，为及时疏散和处理提供信息。

（1）消防电梯：按目前规范，普通电梯及消防电梯不能供消防疏散使用（其中消防电梯仅可供消防人员使用）。若有 BIM，且 BIM 具有上述动态功能，就有可能使电梯在消防应急救援，尤其是超高层建筑消防救援中发挥重要作用。

当火灾发生时，指挥人员可以在大屏幕前利用对讲系统或楼宇（全区）广播系统、消防专用电话系统，根据大屏幕显示的起火点（此显示需是现场视频动画后的图示）、蔓延区及电梯的各种运行数据指挥消防救援人员（每部电梯由消防人员操作），帮助群众乘电梯疏散至首层或避难层。哪些电梯可用，哪些电梯不可用，在 BIM 可充分显示。

（2）疏散演习：在大型的办公室区域可为每个办公人员的个人电脑安装不同地址的 3D 疏散图，标示出模拟的火源点以及距离最短的通道、步梯疏散的路线，平时对办公人员进行常规的训练和演习。

（3）疏散引导：对于大多数不具备乘梯疏散的情况，BIM 同样发挥着很大作用。凭借上述各种传感器（包括卷帘门）及可靠的通信系统，指挥人员可指挥人们从正确的方向由步梯疏散。

3. 隐蔽工程管理

在建筑设计阶段会有一些隐蔽的管线信息是施工单位不关注的，或者说这些管线可能在某个角落，只有少数人知道。特别是随着建筑物使用年限的增加，人员更换频繁，这些安全隐患日益突出，有时直接酿成悲剧。例如，2010 年南京市某废旧塑料厂在进行拆迁时，因对隐蔽管线信息了解不全，工人不小心挖断地下埋藏的管道，引发了剧烈的爆炸，此次事件引起了社会的强烈关注。

基于 BIM 技术的运维可以管理复杂的地下管网，如污水管、排水管、网线、电线以及相关管井，并且可以直接获得相对位置关系。当改建或二次装修时，可以避开现有管网位置，便于管网维修、更换设备和定位。内部相关人员可以共享这些信息，有变化可随时调整，保证信息的完整性和准确性。同样的情况也适用于室内隐蔽工程的管理。这些信息全部通过电子化保存下来，内部相关人员可以进行共享，有变化可以随时调整，保证信息的完整性和准确性，从而大大降低安全隐患。

例如，对于一个大型项目，有电力、光纤、自来水、中水、热力、燃气等几十个进楼接口，在封堵不良且验收不到位时，一旦外部有水（如市政自来水爆裂、雨水倒灌），水就会进入楼内。利用 BIM 可对地下层入口进行精准定位、验收，方便封堵，质量也易于检查，可大大降低事故发生的概率。

10.4.4　BIM 技术在能耗管理中的应用

基于 BIM 技术的运营能耗管理可以大大降低建筑能耗。BIM 可以全面了解建筑能耗水平，积累建筑物内所有设备用能的相关数据，将能耗按照树状能耗模型进行分解，从时间、分项等不同维度剖析建筑能耗及费用，还可以对不同分项进行对比分析，并进行能耗分析和建筑运行的节能优化，从而促使建筑在平稳运行时达到能耗最低。BIM 还通过与互联网云计算等相关技术相结合，将传感器与控制器连接起来，对建筑能耗进行诊断和分析，当形成数据统计报告后可自动管控室内空调系统、照明系统、消防系统等所有用能系统，它所提供的实时能耗查询、能耗排名、能耗结构分析和远程控制服务，可使业主对建筑实行最智能化的节能管理，摆脱传统运营管理模式下由建筑能耗大引起的成本增加。BIM 技术在能耗管理中的应用可以总结为以下几方面。

1. 电量监测

基于 BIM 技术，通过安装具有传感功能的电表，在管理系统中可以及时收集所有能源信息，并且通过开发的能源管理功能模块，可以对能源消耗情况进行自动统计分析，如各区域、各租户的每日用电量、每周用电量等，并对异常能源使用情况进行警告或者标识。

2. 水量监测

通过与水表进行通信，BIM 运维平台在可以清楚显示建筑内水网位置信息的同时，还能对水平衡进行有效判断。通过对整体管网数据的分析，可以迅速找到渗漏点，并及时维修，减少浪费。而且当物业管理人员需要对水管进行改造时，无须为隐蔽工程而担忧，每条管线的位置都清楚明了。

3. 温度监测

从BIM运维平台可以获取建筑中每个温度测点的相关信息数据，还可以在建筑中接入湿度、二氧化碳浓度、光照度、空气洁净度等信息。温度分布页面将公共区域的温度测点用不同颜色的小球直观展示，通过调整观测的温度范围，可将温度偏高或偏低的测点筛选出来，进一步查看该测点的历史变化曲线，将室内环境温度分布尽收眼底。

物业管理人员还可以调整观察温度范围，把温度偏高或偏低的测点找出来，再结合空调系统和通风系统进行调整。基于BIM技术，可对空调送出水温、风量、风温及末端设备的送风温湿度、房间温度、湿度均匀性等参数进行相应调整，方便运行策略研究。

4. 机械通风管理

机械通风系统通过与BIM技术相融合，可以在3D基础上更为清晰直观地反映每台设备、每条管路、每个阀门的情况。根据应用系统的特点进行分级、分层，可以使用整体空间信息，或是聚焦在某个楼层或平面局部，也可以利用某些设备信息进行有针对性的分析。

物业管理人员通过BIM运维界面的渲染即可清楚地了解系统风量和水量的平衡情况，以及各个出风口的开启状况。特别是当与环境温度相结合时，可以根据现场情况直接进行风量、水量调节，从而达到调整效果实时可见。在进行管路维修时，物业管理人员也无须为复杂的管路发愁，BIM系统可清楚地标明各条管路的情况，为维修提供极大的便利。

参考文献

[1] 穆静波. 土木工程施工 [M]. 北京:机械工业出版社,2017.

[2] 刘宗仁. 土木工程施工 [M].2 版. 北京:高等教育出版社,2009.

[3] 李忠富,周智. 土木工程施工 [M]. 北京:中国建筑工业出版社,2018.

[4] 陈云钢. 土木工程施工技术与组织管理 [M]. 北京:机械工业出版社,2016.

[5] 徐伟,吴水根. 土木工程施工基本原理 [M]. 上海:同济大学出版社,2014.

[6] 中华人民共和国住房和城乡建设部. 建筑施工组织设计规范:GB/T 50502—2009[S]. 北京:中国建筑工业出版社,2009.

[7] 中华人民共和国交通运输部. 公路土工试验规程:JTG 3430—2020[S]. 北京:人民交通出版社,2020.

[8] 中华人民共和国建设部. 施工现场临时用电安全技术规范:JGJ 46—2005[S]. 北京:中国建筑工业出版社,2005.

[9] 中华人民共和国住房和城乡建设部. 混凝土泵送施工技术规程:JGJ/T 10—2011[S]. 北京:中国建筑工业出版社,2012.

[10] 中华人民共和国住房和城乡建设部. 混凝土结构工程施工质量验收规范:GB 50204—2015[S]. 北京:中国建筑工业出版社,2015.

[11] 中华人民共和国住房和城乡建设部. 建筑施工模板安全技术规范:JGJ 162—2008[S]. 北京:中国建筑工业出版社,2008.

[12] 中华人民共和国住房和城乡建设部. 建筑结构荷载规范:GB 50009—2012[S]. 北京:中国建筑工业出版社,2012.

[13] 中华人民共和国住房和城乡建设部. 混凝土结构工程施工规范:GB 50666—2011[S]. 北京:中国建筑工业出版社,2012.

[14] 中华人民共和国住房和城乡建设部. 混凝土质量控制标准:GB 50164—2011[S]. 北京:中国建筑工业出版社,2012.

[15] 中华人民共和国住房和城乡建设部. 建筑工程冬期施工规程:JGJ/T 104—2011[S]. 北京:中国建筑工业出版社,2011.

[16] 中华人民共和国住房和城乡建设部. 混凝土结构设计规范(2015 年版):GB 50010—2010[S]. 北京:中国建筑工业出版社,2015.

[17] 中华人民共和国国家质量监督检验检疫总局. 预应力混凝土用钢绞线:GB/T 5224—2014[S]. 北京:中国标准出版社,2015.

[18] 中华人民共和国住房和城乡建设部. 建筑地基基础设计规范:GB 50007—2011[S]. 北京:中国计划出版社,2012.

[19] 中华人民共和国住房和城乡建设部. 砌体结构设计规范:GB 50003—2011[S]. 北京:中国计划出版社,2012.

[20] 中华人民共和国住房和城乡建设部. 建筑抗震设计规范(2016 年版):GB 50011—

2010[S]. 北京:中国建筑工业出版社,2016.
[21] 中华人民共和国住房和城乡建设部. 地下工程防水技术规范: GB 50108—2008[S]. 北京:中国计划出版社,2009.
[22] 中华人民共和国住房和城乡建设部. 地下防水工程质量验收规范: GB 50208—2011[S]. 北京:中国建筑工业出版社,2012.
[23] 中华人民共和国住房和城乡建设部. 普通混凝土拌合物性能试验方法标准: GB/T 50080—2016[S]. 北京:中国建筑工业出版社,2017.
[24] 中华人民共和国住房和城乡建设部. 普通混凝土长期性能和耐久性能试验方法标准: GB/T 50082—2009[S]. 北京:中国建筑工业出版社,2010.
[25] 中华人民共和国住房和城乡建设部. 建筑装饰装修工程质量验收标准: GB 50210—2018[S]. 北京:中国建筑工业出版社,2018.
[26] 上海市政府. 关于在本市推进建筑信息模型技术应用的指导意见,2014.
[27] 伊凡·萨瑟兰.Sketchpad:一个人机通信的图形系统 [C]//Proceedings of the May 21-23, 1963, Spring Joint Computer Conference on - AFIPS ’63 (Spring). 美国麻省理工学院, 1963.